材料研究与应用丛书

材料科学研究方法

Research Methods of Materials Science

（第2版）

金祖权 主编

内容简介

本书系统地介绍了材料研究常用的分析测试方法，包括X射线衍射分析、射线成像技术、光学显微分析、电子成像与微观表征分析、核磁共振波谱分析、热分析、光谱与能谱分析、孔结构分析、压痕硬度测试技术等，并给出了这些分析测试方法在材料研究中的一些应用实例，应用实例广泛吸纳了当前无机非金属材料测试的最新成果；同时介绍了各种分析测试方法的基本原理、样品制备、主流的测试仪器构造，并介绍最先进的分析测试方法及测试仪器，如中子成像技术、纳米压痕仪、扫描隧道显微镜、原子力显微镜等，阐明其最新的应用方向。

本书可作为高等院校材料科学与工程专业（尤其是无机非金属材料专业）研究生的专业课教材，也可作为材料科学与工程类及相关专业本科生和工程技术人员的参考用书。

图书在版编目（CIP）数据

材料科学研究方法/金祖权主编. —2版. —哈尔滨：哈尔滨工业大学出版社，2024.5

（材料研究与应用丛书）

ISBN 978-7-5767-1222-3

Ⅰ.①材… Ⅱ.①金… Ⅲ.①材料科学-研究方法 Ⅳ.①TB3

中国国家版本馆CIP数据核字（2024）第030543号

策划编辑 许雅莹
责任编辑 杨 硕
封面设计 刘 乐
出版发行 哈尔滨工业大学出版社
社 址 哈尔滨市南岗区复华四道街10号 邮编150006
传 真 0451-86414749
网 址 http://hitpress.hit.edu.cn
印 刷 哈尔滨市工大节能印刷厂
开 本 787 mm×1 092 mm 1/16 印张25.25 字数583千字
版 次 2018年8月第1版 2024年5月第2版
2024年5月第1次印刷
书 号 ISBN 978-7-5767-1222-3
定 价 68.00元

《材料科学研究方法(第2版)》

编　委　会

第2版前言

与人类要持之以恒地探索宇宙相似，人们也想探知肉眼看不见的世界，并了解这些微观世界的结构、性能与时变规律。材料测试方法，尤其是近代发展起来的先进测试方法，为探索未知世界提供了有力的工具，使人们可以更方便地了解材料、研究材料和设计材料。编者在东南大学孙伟院士课题组学习以及在青岛理工大学海洋环境混凝土技术课题组等单位工作期间，为了科研与教学需要，学习并应用了部分先进的材料测试设备。编者结合自身的工作经历，广泛吸纳当前有关无机非金属材料先进测试的最新成果，编写了本书，希望能为广大研究人员和相关专业学生提供一些借鉴和参考。本书可满足高等院校材料科学与工程专业（尤其是无机非金属材料专业）研究生的教学要求，也可作为材料科学与工程类及相关专业本科生和工程技术人员的参考用书。

本书较为系统地介绍了材料（尤其是无机非金属材料）研究中常用的分析测试方法，包括X射线衍射分析、射线成像技术、光学显微分析、电子成像与微观表征分析、核磁共振波谱分析、热分析、光谱与能谱分析、孔结构分析及压痕硬度测试技术等；同时简要介绍上述各类测试方法的基本原理与相关设备构造，重点通过编者及相关研究人员所开展的研究工作来阐述具体的应用方法。

本书由青岛理工大学金祖权主编并统稿。参加编写的人员有：青岛理工大学张苹、于泳、张小影、逄博、王鑫鹏、张悦、张鹏、姜玉丹、马衍轩、卢桂霞；石家庄铁道大学孙国文；济南大学张秀芝；河南理工大学孙广、廖建国等。在编写和出版过程中，得到青岛理工大学的大力支持，部分研究生参与了整理工作，在此表示衷心的感谢！

由于编者水平有限，书中疏漏之处在所难免，希望读者不吝赐教。

编　者

2024年1月

目　　录

第1章　绪　　论

1.1　引　　言

人类社会历史的发展和进步与材料的发明、制造和使用息息相关，正是种类繁多的材料构成了丰富多彩的世间万物，人类的发明与创造丰富了材料世界，材料的更新与发展又推动了人类社会的进步与文明。人类用材料制成用于生活和生产的物品、器件、机器及其他产品，材料是人类赖以生存和发展的物质基础。

材料，尤其是新兴材料，会给工业带来革命性的改变。新材料是材料工业发展的先导，是重要的战略性新兴产业。进入21世纪后，高性能新材料的研究日新月异，新材料层出不穷，量子金属、超固体、第三代半导体乃至特种纤维等成为研究的新热点。

材料的成分与组织结构、制备工艺、材料效能、性质之间相互联系、相互影响，成为一个有机的整体(图1.1)。优化或改进材料结构是获得材料性能及开发新材料的有效途径。因此，高性能新材料的问世总是和材料结构的突破联系在一起。材料结构的揭示与表征离不开现代分析测试技术，所以先进的测试技术对新材料的开发研究和发展应用具有重要的作用。

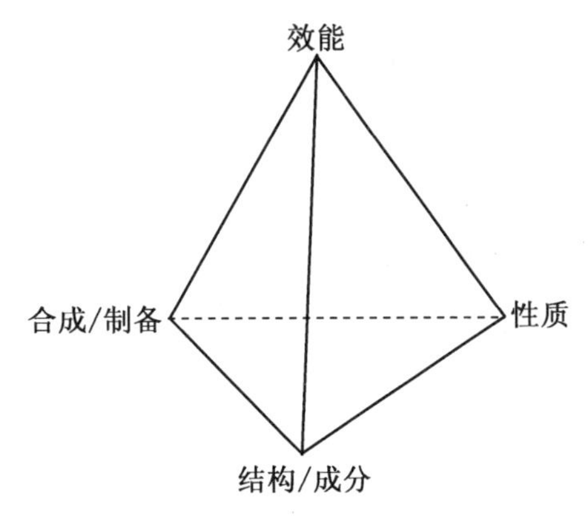

图1.1　材料四要素的相互关系

材料的结构是指材料系统内各组成单元之间相互联系和相互作用的方式，材料的性能取决于材料的内部结构。材料的所有性能都是其组织结构在一定外界因素(荷载性质、应力状态、工作温度和环境介质)作用下的综合反映。材料结构与性能的表征包括材料性能、微观结构和成分的检测与表征。描述或鉴定材料的结构涉及材料的化学成分，组成相的结构及其缺陷,组成相的形貌、大小和分布,以及各组成相之间的取向关系和界面状态等,所有这些特征都对材料性能有重要的影响。因此,材料结构与性能的表征在材料研究中占据了十分重要的地位,材料分析测试方法是材料科学研究的一个重要组成部分。

随着科学技术的进步,用于材料性能检测、微观结构和化学成分分析的实验方法和检测手段不断丰富,新型仪器设备不断出现,种类繁多,这些为材料的测试分析工作提供了强有力的基础平台,不同的实验方法和仪器可以获得不同的结构和成分信息。但是大多数分析方法或检测技术都针对特定的研究内容,并有一定的适用范围和局限性。因此,在材料的分析测试过程中必须根据具体研究问题的内容和研究目的来选择合适的方法和手段,必要时要采用多种手段进行综合分析,以确定影响材料性能的各种因素。

1.2 材料结构与测试方法的分类

材料现代分析测试方法的原理主要是通过对表征材料的物理性质或物理化学性质参数及其变化(称为测量信号或者特征信号)的检测,使测量信号与材料成分、结构等存在特征关系,对应于各种不同的材料分析方法。尽管不同方法的分析原理(检测信号及其与材料的特征关系)不同,具体的检测操作过程和相应的检测分析仪器不同,但各种方法的分析、检测过程大体可分为信号发生、信号检测、信号处理及信号读出等步骤。相应的分析仪器则由信号发生器、检测器、信号处理器与读出装置等组成。信号发生器使样品产生原始分析信号,检测器则将原始分析信号转换为更易于测量的信号(如光电管将光信号转换为电信号)并加以检测,被检测信号经信号处理器放大、运算和比较后,由读出装置转变为可读出的信号被记录或显示出来,依据检测信号与材料的特征关系,分析、处理读出信号,即可实现材料分析的目的。

材料现代分析测试方法有多种,主要分类方法包括:按照材料结构层次分类、按照测试内容分类、按照信息形式分类。

1.2.1 按照材料结构层次分类

长久以来,人们对于材料结构层次的划分意见不一,有三层次、四层次甚至更多层次的划分之说,但毋庸置疑的是,材料是由多尺度的各种结构组合而成的。每个层次的观察所要求的分辨率不同,相应所采用的方法和设备就不同。表1.1列出了四层次理论对材料结构层次的划分及研究方法。

宏观结构是人眼可分辨的结构,组成单元为颗粒、相等,包括肉眼可见的材料中的大孔、裂纹等,如混凝土中的纤维、骨料;显微结构是指在光学显微镜下可分辨出的结构,组成单元主要为相,包含相的大小、多少及相互之间的关系;亚显微结构是指在普通电子显微镜下所能分辨的结构,主要包括微晶粒、胶粒等;微观结构则是指高分辨电子显微镜所能分辨的结构,包括原子、分子、质子、离子团等。

表 1.1 四层次理论对材料结构层次的划分及研究方法

结构层次	物体尺寸/nm	研究对象	研究方法
宏观结构	$\geqslant 10^5$	大晶粒、颗粒集团	肉眼、放大镜
显微结构	$200 \sim 10^5$	多晶集团	显微镜
亚显微结构	$10 \sim 200$	微晶集团	扫描电子显微镜、透射电子显微镜等
微观结构	$\leqslant 10$	晶格点阵	扫描隧道显微镜、场离子显微镜等

材料的结构可大致分为表面结构及内部组织结构,相应的测试方法也可分为表面测试和内部组织结构测试。观察表层宏观组织,优先选用光学显微镜,光学显微镜也可观察表层以下一定范围内的组织。扫描电子显微镜(Scanning Electron Microscope,SEM)主要用来观察材料断口、粉体颗粒表面、晶界等。扫描探针显微镜(Scanning Probe Microscope,SPM)或原子力显微镜(Atomic Force Microscope,AFM)可观察原子表面图形,横向分辨率可达0.2 nm,纵向分辨率可达0.01 nm。俄歇电子能谱(Auger Electron Spectroscopy,AES)在靠近表面5 ~20 nm 范围内化学分析灵敏度高,空间分辨率可达6 nm。X 射线光电子能谱(X-ray Photoelectron Spectroscopy,XPS)的光电子来自表面 10 nm 以内,仅代表表面的化学信息。X 射线荧光分析可测定几微米厚的金属薄膜的元素定性及定量信息,所以可以根据不同的样品及测试要求来选择合适的测试手段及设备。

此外,按照材料测试方法的发展进程,测试方法还可分为传统/常规的化学分析方法及现代先进的表征手段。从测试原理上,现代分析测试技术又可分为电化学技术、光分析技术、色谱技术、能谱技术、波谱技术、显微技术、热分析技术等。材料测试方法中的质谱、紫外-可见光谱、红外光谱、气液相色谱、核磁共振、X 射线荧光光谱、俄歇电子能谱与X 射线光电子能谱、电子探针、原子探针(与场离子显微镜联用)、激光探针等已经成为逐渐普及的常规分析手段。例如,质谱能够提供该化合物的分子质量和元素组成的信息,已是鉴定未知有机化合物的基本手段之一;色谱,特别是裂解气相色谱(Pyroldysis Gas Chromatography,PGC),能较好地显示出高分子类材料的组成特征,它和质谱、红外光谱、薄层色谱、凝胶色谱等联用,可大大扩展其使用范围;红外光谱测试不仅方法简单,而且积累了大量的已知化合物的红外谱图及各种集团的特征频率等数据资料,使其测试结果的解析更为方便,因而在高分子材料的表征上有特殊的重要地位。

1.2.2 按照测试内容分类

按照测试内容不同,材料的研究方法可分为组织形貌分析、相结构分析、成分与价键分析及分子结构分析等。

1. 组织形貌分析

材料的组织形貌是指不同层次材料的相分布、形状、大小、数量等各种晶粒的组合特征,可分为表面形貌和内部组织形貌两种。具体包括材料的外观形貌(如断口、裂纹等),晶粒的数量、尺寸大小与形态(等轴晶、柱状晶、枝晶等),界面(表面、相界、晶界)及分布特征等。组织分为单相组织和多相组织,对多相组织来说,组织是指材料中两相或者多相的体积分数，各相的尺寸、形状及分布特征等。材料的显微组织形貌受到材料的化学成分、晶体结构及工艺过程等因素的影响，它与材料的性能有密切的关系。从某种意义上说，材料的显微组织形貌特征对材料性能有着决定性的影响。材料的组织形貌分析借助各种显微技术探索材料的微观结构，主要包括光学显微技术、透射电子显微技术、扫描电子显微技术、扫描隧道显微技术、原子力显微技术、场离子显微技术等。

光学显微镜是在微米尺度上观察材料的普及方法，是最常用、最简单的观察材料显微组织的工具，它能直接反映材料样品的组织形态（如晶粒大小、珠光体还是马氏体、焊接热影响区的组织形态、铸造组织的晶粒形态等）。但由于其分辨率低（约 200 nm）和放大倍数低（约 1 000 倍），因此只能观察到 100 ~ 200 nm 尺寸级别的组织结构，而对于更小的组织形态与结构单元（如位错、原子排列等）则无能为力。同时由于光学显微镜只能观察表面形态而不能观察材料内部的组织结构，更不能对所观察的显微组织进行同位微区的成分分析，而目前材料研究中的微观组织结构分析已深入到原子的尺度，因此光学显微镜已远远无法满足当前材料研究的需要。扫描电子显微镜与透射电子显微镜则把观察的尺度推进到亚微米和微米以下的层次，扫描探针显微镜更是推进到纳米层级。不同类型显微镜适用的分辨率和放大倍数如图 1.2 所示。

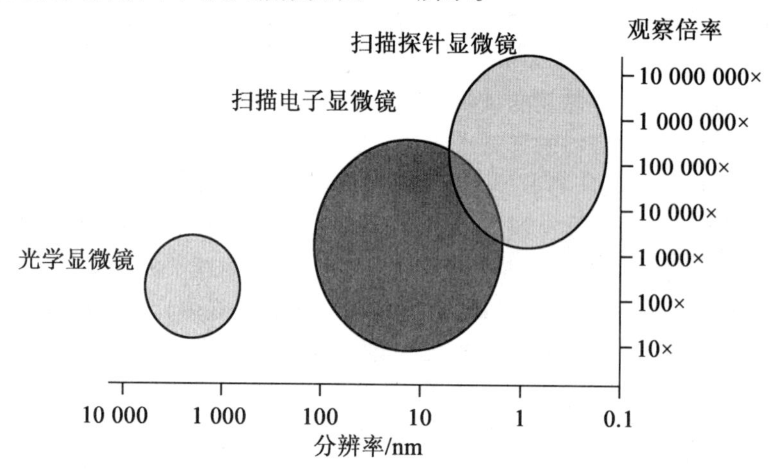

图 1.2 不同类型显微镜适用的分辨率和放大倍数

2. 相结构分析

材料的相结构是指各种相的结构（即晶体结构类型和晶体常数）、相组成、各种相的尺寸与形态及含量[①]与分布（球、片、棒、沿晶界聚集或均匀分布等）、位向关系（新相与母相、孪生面、惯习面）、晶体缺陷（点缺陷、位错、层错）、夹杂物及内应力。在化学成分相同的情况下，晶体结构不同或局部点阵常数的改变同样会引起材料性能的变化。物相结构分析是指利用衍射的方法探测晶格类型和晶胞常数，确定物质的相结构。主要的晶体物相分析方法有 X 射线衍射（X-ray Diffraction，XRD）、电子衍射（Electron Diffraction，ED）及

---

① 本书中含量均指质量分数。

中子衍射(Neutron Diffraction,ND),其共同的原理是利用电磁波或运动电子束、中子束等与材料内部规则排列的原子作用产生相干散射,获得材料内部原子排列的信息,从而重组出物质的结构。3种衍射方法的比较见表1.2。

表1.2 3种衍射方法的比较

衍射分析方法	X射线衍射	电子衍射 (在透射电子显微镜上)	中子衍射
信号源	X射线 (λ为0.1 nm数量级)	电子束 (λ为10^{-3} nm数量级)	中子束(λ在γ射线范畴为0.1 nm数量级)
技术基础	X射线被样品中各原子核外电子弹性散射的相长干涉	电子束被样品中各原子核弹性散射的相长干涉	中子束被样品中各原子核弹性散射的相长干涉
样品	固相	薄膜,制样较困难	规整固相
辐射深度	几至几十微米	<1 μm	几至几十毫米
辐射对样品作用体积	0.1~0.5 mm^3	<1 μm^3	10~30 mm^3
衍射角$(2\theta)/(°)$	0~180	0~3	0~180
衍射方向的描述	布拉格方程	布拉格方程	布拉格方程
应用技术	晶体结构的检测结果逊于中子衍射测试结果,点阵参数测定结果最优	微区测量(应变、取向等)	轻元素结构、同位素、磁结构的检测

(1)X射线衍射。

在材料的结构测试方法中,X射线衍射分析仍是最主要的方法,这一技术包括德拜粉末照相分析,高温、常温和低温衍射仪,背散射和透射劳厄照相,测定单晶结构的四圆衍射仪,织构的极图测定等。在计算机及软件的帮助下,只要提供试样的尺寸及完整性满足一定的要求,现代的X射线衍射仪就可以打印出测定晶体样品有关晶体结构的详尽资料。但X射线不能在电磁场作用下汇集,所以要分析尺寸在微米量级的单晶晶体材料需要更强的X射线源,才能采集到可供分析的X射线衍射强度。

(2)电子衍射。

由于电子与物质的相互作用比X射线强4个数量级,而且电子束又可以会聚很小,所以电子衍射特别适用于测定微细晶体或材料的亚微米尺度结构。电子衍射分析多在透射电子显微镜上进行,与X射线衍射分析相比,选区电子衍射可实现晶体样品的形貌特征和微区晶体结构相对应,而且能进行样品内组成相的位向关系及晶体缺陷分析。以能量为10~1 000 eV的电子束照射样品表面的低能电子衍射,能给出样品表面15个原子层的结构信息,成为分析晶体表面结构的重要方法,已应用于表面吸附、腐蚀、催化、表面处理等表面工程领域。

(3)中子衍射。

中子受物质中原子核的散射,所以轻、重原子对中子的散射能力差别比较小,中子衍射有利于测定轻原子的位置。近几年,一种安装在扫描电子显微镜上的EPSP自动分析系统,可利用电子背散射花样测定样品表面微区的晶体结构和位向信息,最佳空间分辨率可达0.1 μm。如果这种自动分析系统和能谱分析仪联用,就可以在同一仪器中获得晶体样品的微区成分、晶体结构和形貌特征,并且避免了透射电子显微镜制样的困难,因此其越来越广泛地应用于金属材料、电子材料及矿物材料的研究领域中。

此外,值得一提的是热分析技术。热分析技术虽然不属于衍射法的范畴,但它是研究材料结构(特别是材料组成与结构)的一种重要手段。目前热分析已经发展成为系统的分析方法,是材料研究中一种极为有用的工具,它不但能够获得材料结构方面的信息,而且能够测定一些物理性能。

3. 成分与价键分析

材料的成分与价键主要包括宏观和微观化学成分(不同相的成分、基体与析出相的成分)、同种元素的不同价键类型和化学环境。化学成分是影响材料性能的最基本因素。材料性能不仅受主要化学成分的影响,在许多情况下还与少量杂质元素的种类、浓度和分布情况等有很大关系。研究少量杂质元素在材料组成中的聚散特性、存在状态等,不仅涉及探讨杂质的作用机理,而且开拓了利用少量杂质元素改善材料性能的途径。在大多数情况下,不仅要检测材料中元素的种类和浓度,还要确定元素的存在状态和分布特征。

在成分与价键的分析中主要应用X光谱和电子能谱。X光谱包括X射线荧光光谱(X-ray Fluorescence Spectrometry,XFS)、电子探针X射线显微分析(Electro Probe Microanalysis,EPMA)等,电子能谱主要有俄歇电子能谱、X射线光电子能谱、电子能量损失谱(Electron Energy Loss Spectroscopy,EELS)等。大部分成分与价键(电子)结构的分析方法都是基于同一个原理,即核外电子的能级分布反映了原子的特征信息。利用不同的入射波激发核外电子使之发生层间跃迁,在此过程中产生元素的特征信息。

4. 分子结构分析

有机物的分子结构包括高分子链的局部结构(官能团、化学键)、构型序列分布、共聚物的组成等。分子结构分析的基本原理是利用电磁波与分子键和原子核的作用而产生的辐射的吸收、发射、散射等来获得分子结构信息。红外光谱(Infrared Radiation,IR)、拉曼光谱(Raman Scattering,RS)、荧光光谱(Photoluminescence,PL)等利用的是电磁波与分子键作用时的吸收或发射效应,而核磁共振(Nuclear Magnetic Resonance,NMR)则是利用原子核与电磁波的作用来获得分子结构信息。

1.2.3 按照信息形式分类

材料结构与性能表征一般需要借助于仪器设备的分析,仪器分析按信息形式可分为图像分析法和非图像分析法。按照工作原理,前者主要是显微术,后者主要是衍射法和成分谱分析(图1.3)。显微术和衍射法均基于电磁辐射及运动粒子束与物质之间的相互作用,其工作原理是利用入射电磁波或物质波(可见光、电子束、离子及X射线等)轰击样品,激发产生特征物理信息,产生携带样品信息的各种出射电磁波或物质波(X射线、电子束、可见光、红外光等),探测这些出射的信号,将其收集并加以分析处理从而获得材料的组织、结构、成分和价键信息。基于这种物理原理的具体仪器有光学显微镜、电子显微镜、场离子显微镜、X 射线衍射仪、电子衍射仪等。而非图像分析法中的衍射法主要用来研究材料的结晶相及晶格常数,成分谱分析法则主要用来定性及定量地测定材料元素及物相组成。

1. 图像分析法

图像分析法是材料结构分析的重要研究手段,以显微术为主。显微术主要包括光学显微术、透射电子显微术、场离子显微术、扫描电子显微术、扫描隧道显微术、原子力显微术等。光学显微术是在微米尺度观察材料结构的比较普及的方法,扫描电子显微术可达到亚微观结构的尺度,透射电子显微术把观察尺度推进到纳米甚至原子尺度。图像分析法既可根据图像的特点及有关的性质来分析和研究固体材料的物相组成,也可形象地展现其结构特征和测定各项结构参数,其中最有代表性的是形态学和体视学研究。形态学是研究材料组成相的几何形状及变化,从而进一步探究它们与生产工艺及材料性能的关系的科学。体视学是研究材料组成相的二维形貌特征,通过结构参数的测量确定各物相三维空间颗粒的形态和大小以及各相含量的科学。

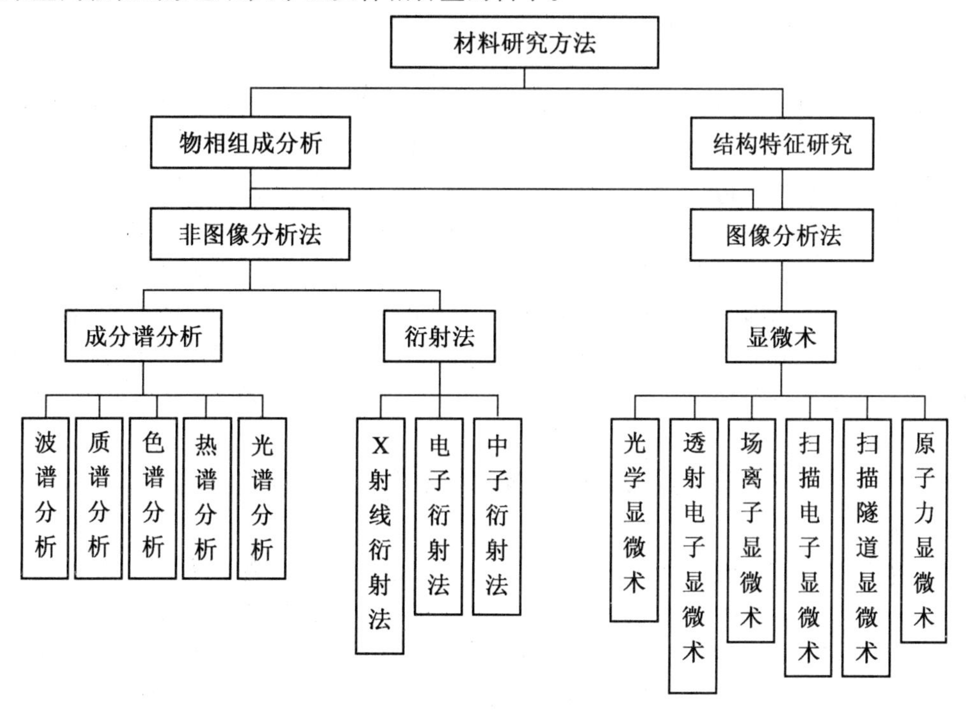

图 1.3 材料研究方法分类

2. 非图像分析法

(1)衍射法。

衍射法是以材料结构分析为基本目的的现代分析方法。电磁辐射或者运动电子束、中子束等与材料相互作用产生相干散射,相干散射干涉加强产生衍射,这是材料衍射分析方法的技术基础。衍射法包括 X 射线衍射法、电子衍射法及中子衍射法等。

无机非金属材料的结构测定仍以 X 射线衍射法为主,包括德拜照相法、劳厄法、衍射仪法等。X 射线衍射分析物相较简便、快捷，适用于多相体系的综合分析，也能对尺寸在微米量级的单颗晶体材料进行结构分析。由于电子与物质的相互作用远强于 X 射线，而且电子束又可以在电磁场作用下会聚得很细，所以微细晶体或材料的亚微米尺度结构测定特别适合用电子衍射来完成。与 X 射线、电子受原子散射的作用机理不同，中子受物质中原子核的散射，所以轻原子和重原子对中子的散射能力差别比较小，中子衍射有利于测定材料中轻原子的分布。总之，这三种衍射方法各有特点，应视分析材料的具体情况而做出选择。

X 射线衍射（XRD）是利用 X 射线在晶体中的衍射现象来分析材料的晶体结构、晶格参数、晶体缺陷（位错等）、不同结构相的含量及内应力的方法，这种方法是建立在一定晶体结构模型基础上的间接方法。根据与晶体样品产生衍射后的 X 射线信号的特征去分析计算出样品的晶体结构与晶格参数，可以达到很高的精度。然而，由于它不是像显微镜那样直观可见的观察，因此也无法把形貌观察与晶体结构微观分析同位地结合起来。由于 X 射线聚焦的困难，所能分析样品的最小区域在毫米数量级，因此不能对微米及纳米级的微观区域进行单独选择性分析。

（2）成分谱分析。

成分谱分析用于材料的化学成分分析（包括主要化学成分及少量杂质元素分析），是基于其物理性质或电化学性质与材料的特征关系而建立的。成分谱种类很多，有光谱（包括紫外线谱、红外光谱、荧光光谱、激光拉曼光谱等）、色谱（包括气相色谱、液相色谱、凝胶色谱等）、热谱（包括差热分析、差示扫描量热分析、热重分析等）、质谱、波谱等。上述成分谱分析的信息来源于整个样品，因而结果是统计性信息。与此不同的是用于表面分析的能谱和探针，前者有 X 射线光电子能谱、俄歇电子能谱等；后者包括电子探针、原子探针、离子探针、激光探针等。另有一类成分谱分析是基于材料受激发的发射谱和与具体缺陷附近的原子排列状态密切相关的原理设计而成的，如核磁共振谱等。

1.3 材料研究方法发展趋势

材料分析技术的最初阶段以化学分析为主，是在分析化学学科的基础上建立的。而现代材料分析测试方法则起源于金相显微镜的应用与发展。德国科学家阿贝（Abbe）和他的合作者蔡司（Zeiss）在 19 世纪 60 年代对金相技术做出了重要的贡献。德国的科勒（Köhler）在 1893 年引入新的照明方法，极大地改善了图像质量。荷兰物理学家泽尔尼克（Zernike）在 20 世纪 30 年代发展了相位衬度光学理论。随后将电视技术引入光学显微镜，CCD（Charge-coupled Device）照相机使显微镜获得优于视频照相机和胶片照相机数十乃至数百倍光强空间的分辨率。20 世纪 80 年代末，共聚焦激光扫描显微镜的问世解决了光学显微镜景深不够的缺点，极大地拓展了显微镜的应用领域。可以说，金相显微镜至今仍是材料微观组织表征的重要技术之一。

随着基础理论的重大进展，分析方法也开始了快速发展的阶段，德国物理学家伦琴（Röntgen）于 1895 年发现了 X 射线，随后发展出了 X 射线的照相法和衍射仪法。X 射线分析反映的是大量原子散射行为的统计结果，因此与材料的宏观性能有良好的对应关系。X 射线衍射技术的应用范围非常广泛,现已渗透到物理学、化学、地质学、生命科学、材料科学以及各种工程技术科学中,成为一种重要的实验手段和分析方法。

德布罗意(de Broglie)于 1924 年提出了电子与光一样具有波动性的假说,布什(Bush)于 1926 年发现了旋转对称、不均匀的磁场可作为用于聚焦电子束的透镜,为电子显微镜的问世奠定了理论基础。1938 年,冯 · 阿登(von Ardenne)把扫描线圈装入透射电子显微镜中,试制出第一台扫描透射电子显微镜。1939 年,德国西门子公司在卢斯卡(Ruska)的指导下生产了第一批作为商品的透射电子显微镜。透射电子显微镜在 20 世纪 50 年代后期开始配备选区电子衍射装置,这样不仅可获得形貌图像,而且可以进行微区的结构分析,材料的显微组织和亚结构的研究有了决定性的突破。场发射电子枪的商业化使电子显微镜获得了相干性好、照明亮度高和能量发散小的电子源。1956 年,蒙特(Monte)用双束电子成像的方法,开创了高分辨电子显微术。1965 年,斯图尔特(Steuart)和其合作者在剑桥科学仪器公司制造出世界上第一批扫描电子显微镜商品。20 世纪 70 年代末,日本大阪大学应用物理系教授桥本(Hashimoto)应用透射电子显微镜直接观察到单个重金属原子(金原子)及原子集团中的近程有序排列,并用快速摄影记录下原子跳动的踪迹,终于实现了人类直接观察原子的夙愿。

Bloch 和 Purcell 建立了核磁共振测定方法,获得了 1952 年诺贝尔物理学奖;20 世纪 40 年代,Martin 和 Synge 建立了气相色谱分析法,有后人认为他们是因此而获得了当年的诺贝尔化学奖;Heyrovsky 建立了极谱分析法,获得了 1959 年诺贝尔化学奖。在 20 世纪 60 年代末研制出的 X 射线能谱仪,在 20 世纪 70 年代中期被用于透射电子显微镜对薄样品的成分分析。随后电子能量损失谱仪的问世,不仅弥补了 X 射线能谱仪在超轻元素分析中的不足,同时克服了 X 射线能谱仪在微分析与高分辨成像和高空间分辨率微区成分分析方面的缺点,为材料的结构和成分表征提供了有力的工具。电子探针 X 射线显微分析仪是在电子光学和 X 射线光谱学的基础上发展起来的,习惯上简称为“电子探针”。

从 20 世纪 90 年代开始,计算机技术使得分析仪器的发展产生了质的飞跃,分析测试技术更加高效、灵敏,在实时、智能等方面也有了长足的发展。新型的材料研究手段日益精密、全面,并向综合化和大型化发展,同时,单一的分析方法已经不能满足人们对于材料分析的要求,在一个完整的研究工作中,常常需要综合利用组织形貌分析、晶体物相分析、成分和价键(电子)结构分析才能获得丰富而全面的信息。

材料现代分析测试技术的发展使得材料分析不仅包括材料的成分与结构分析,也包括材料表面与界面分析、微区分析、形貌分析等诸多内容。材料现代分析测试方法也不再是以材料成分、结构等分析、测试为唯一目的,而是成为材料科学的重要研究手段,广泛应用于研究与解决材料理论和工程实际问题。近些年,材料测试方法呈现出如下发展趋势。

1. 多种手段联合使用

随着材料科学研究的发展,人们更希望在原子或分子尺度上直接观察材料的内部结构,能够同时对材料的组元、成分、结构特征以及组织形貌或缺陷等进行观察和分析。当前的材料科学研究强调综合分析,希望分析仪器能够同机进行形貌观察、晶体结构分析和成分分析,即具有分析微相、观察图像、测定成分和鉴定结构等组合功能。而且每种测试方法都有局限性，因此在研究材料时不能单靠一种仪器或一种方法，而要将多种手段联合应用。例如，能谱仪(Energy Dispersive Spectrometer，EDS)经常作为扫描电子显微镜的附件出现，而利用特征能量损失电子进行元素分析的电子能量损失谱仪也经常作为透射电子显微镜的附件出现，且能量分辨率远高于能谱仪，特别适合轻元素的分析，从而具备了全面的分析功能。此外，还有色谱-质谱联用技术、色谱-核磁共振波谱联用技术、色谱-红外吸收光谱联用技术、差热-热重联用技术等。现代的材料研究不仅向纵向及横向多尺度方向发展，多因素作用下材料损伤及破坏机理的研究也对新材料的合成制备及应用至关重要。根据预期目的，选用合适的测量技术，才能带来研究领域的重大进展。

2. 制样手段个性化

对于材料微观性能分析来说，样品的制备方法和分析手段同样重要。例如，透射电子显微镜的制样方法有支持膜法、超薄切片法、一级复型、二级复型等多种方法，其制备过程难简各异、图像优劣不等。再如，压汞法制备混凝土试样，为获得准确度更高、更能反映试样特征的孔结构特征参数，具体制样方法针对不同的净浆、砂浆及混凝土也有细微的差异。与砂浆和净浆相比，混凝土样品中粗骨料的存在会使测试结果出现较大的偏差，所以钻芯后尽量去除粗骨料，且使用大容量的膨胀计($15\ cm^3$)进行实验，必要时进行多次实验，结果取平均值。

3. 从静态研究材料结构性能向动态研究材料形成过程发展

我们不仅需要对各种材料的力学性能、光学性能、声学性能等有透彻的了解，更重要的是要弄清楚不同的材料形成过程会衍生出不同的材料性能，这样才有可能精准控制材料的制备过程，通过控制中间产物的化学组成和矿物组成最终得到希望获得的组成及结构。所以，动态研究材料形成过程成为材料研究的发展趋势和热点，其中，使用环境扫描电子显微镜是一个典型代表。

4. 测试设备大型化、精密化和高科技化

当今材料测试设备发展的一大趋势是大型化、精密化和高科技化。例如，用于成分谱分析等多种功能的中子衍射仪在全世界仅有100余台，该装置占地面积大且造价高昂。

思考题与习题

1. 材料是如何分类的？材料的结构层次有哪些？
2. 材料研究的主要任务和对象是什么？有哪些相应的研究方法？
3. 材料研究方法是如何分类的？如何理解现代研究方法的重要性？

第 2 章　X 射线衍射分析

2.1　X 射线衍射原理

2.1.1　X 射线技术发展历史

1895 年，德国物理学家伦琴（Röntgen）在研究真空管中的高压放电现象时发现了一种不可见的射线，它不但能量高、直线传播、穿透能力强，而且能杀死生物组织和细胞，并具有荧光效应和电离效应，因当时对它完全不了解，故称为 X 射线。X 射线问世后，即在医学和工程技术上获得广泛应用，产生了 X 射线探伤学和放射医学。1912 年，德国物理学家劳厄（Laue）首先发现了 X 射线衍射现象，证实了 X 射线的电磁波本质及晶体原子的周期性排列，奠定了 X 射线衍射结构分析的实验和理论基础。随后，布拉格（Bragg）父子对劳厄衍射花样进行了深入研究，认为衍射花样中各斑点是由晶体的不同晶面反射造成的，推导出了著名的布拉格定律（方程），从而发展了 X 射线晶体学。

由于 X 射线的波长位于 0.001 ~ 10 nm，与物质的结构单元尺寸数量级相当，因此 X 射线技术成为物质结构分析的主要手段，被广泛应用于材料科学领域及工程技术学、地质学、矿物学等其他学科领域。

大多数由粉末制成的材料（如陶瓷）是多晶体。对应单晶或多晶的物相分析方法有单晶X 射线衍射法和多晶（粉末）X 射线衍射法。在材料科学中许多材料很难制成单晶，所以，本书重点介绍多晶 X 射线衍射法。

X 射线物相分析不能直接测出所鉴定物相的化学成分及各种元素的含量，而只能根据鉴定出来的物相间接地推知其主要的化学组成。另外，对于混合物相中含量较少的物相而言，X 射线物相分析方法的灵敏度不高，这一点与其他物相的鉴定方法相似。所以，应当充分了解各种分析方法的特点及优势，在实际工作中，根据研究目的、具体条件以及各种分析方法的特点，将 X 射线物相分析方法与其他方法相结合，取长补短、综合使用，以达到预期的目的。

X 射线衍射技术可以测定材料的结构、晶格畸变、晶粒大小、晶体取向、晶体织构、晶体内应力、结晶度，还可以进行固溶体分析、相变研究等方面的工作。随着 X 射线衍射仪的不断更新及 X 射线衍射技术的不断发展，X 射线衍射的应用领域也不断拓展。

2.1.2　X 射线衍射性质

X 射线与无线电波、可见光、紫外线、γ 射线等在本质上同属于电磁辐射，只是占据的波长范围不同。X 射线的波长范围为 0.01 ~ 100 Å（$1\ \text{Å}=1\times10^{-8}$ cm），介于紫外线和 γ 射线的波长范围之间,并有部分重叠,如图2.1所示。

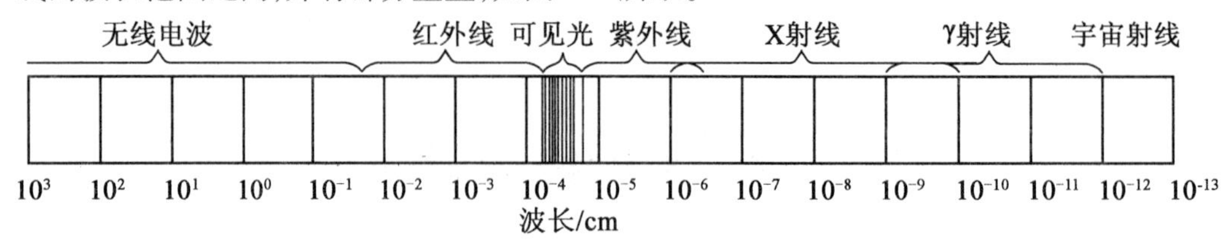

图2.1 电磁波谱

此外,X射线与可见光、紫外线及电子、中子、质子等基本粒子一样,具有波粒二象性,也就是说它们既具有波的属性,也具有粒子的属性,只是在某些场合主要表现出波动的特性,而在另外一些场合则主要表现出粒子的特性。描述X射线波动性质的物理量为频率和波长,描述其粒子特性的物理量则是光量子的能量和动量。这些物理量之间遵循爱因斯坦关系式,即

$$\varepsilon = h\nu = hc/\lambda \tag{2.1}$$

式中 h——普朗克常数,$h=6.626\times10^{-34}$ J·s;

c——光速,$c\approx3\times10^{8}$ m/s;

ε、ν、λ——X射线光量子的能量、频率、波长。

在单位时间内,X射线通过垂直于其传播方向的单位截面的能量大小称为强度,常用的单位是J/(cm^2·s)。以波动形式描述,强度与波的振幅平方成正比;按粒子形式表达,强度则是通过单位截面的光子数量。在空间任意一点处,波的强度和粒子在该处出现的概率成正比,因而波粒二象性在强度这一点上也是统一的。

X射线与可见光相比,除具有波粒二象性的共性之外,还因其波长短、能量大而显示出如下特性。

(1)穿透能力强。能穿透可见光不能穿透的物质,如生物的软组织、木板、玻璃,甚至除重金属外的金属板;还能使气体电离。X射线具有一定的波长分布范围,不同波长的X射线有不同的用途。在通常情况下,用于晶体结构分析的X射线,波长为0.25~0.05 nm,其中短波长的X射线称为硬X射线,长波长的X射线则称为软X射线。X射线波长越短,其穿透材料的能力越强。

(2)折射率几乎等于1。X射线穿过不同媒质时几乎不折射、不反射(折射和反射极小,可忽略不计),仍可视为直线传播。所以,X射线不可能用一般光学方法使其会聚、发散及变向。

(3)通过晶体时发生衍射。由于X射线的波长与晶体中原子间距相当,晶体起衍射光栅的作用,X射线的散射、干涉、衍射为研究晶体及内部结构提供了丰富的信息,因而可用X射线研究晶体内部结构,这一点是可见光无法达到的。

2.1.3 X射线产生

实验表明,在真空中高速运动的带电粒子撞击任何物质时,均可产生X射线。通常使用的X射线发生装置为X射线管,管壁用玻璃或透明陶瓷制成。这是一种装有阴阳极

的真空封闭管,管内高真空可减小电子运动的阻力。X 射线管的阴极由钨灯丝构成,阳极为金属靶(由 Cu、Mo、Ni 等熔点高且导热性好的金属制成)。灯丝被电流加热后发出大量的热电子,如果在阴阳两极之间施加高电压,则阴极灯丝所发射出的电子流将被加速以高速撞击到金属阳极靶上,电子猝然减速或停止运动,使大部分能量以热辐射的形式耗散,少部分能量则以 X 射线的形式向外辐射,并产生 X 射线谱。为避免靶材长期受热熔解,加循环冷却水可使靶面迅速冷却。由于 X 射线在与靶面约成 6°夹角处的强度最大,所以按此角度在 X 射线管上开一个窗口,窗口材料由对 X 射线吸收很少的薄铍片(约 0.2 mm 厚)制成,让 X 射线透过,如图 2.2 所示。

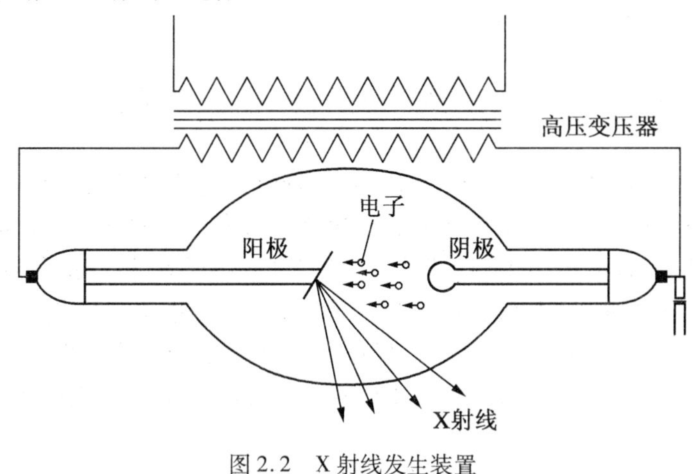

图 2.2 X 射线发生装置

2.1.4 X 射线谱

由于 X 射线管所产生的 X 射线具有复杂的组成,所以在波长和强度上存在明显的差异。从产生机理和射线的特点上看,由 X 射线管发出的 X 射线包含两部分:一部分是具有连续波长的 X 射线,称为连续谱;另一部分是由阳极金属材料成分决定的波长确定的特征 X 射线,称为特征谱或标识谱。当 X 射线管外加电压足够大时,各靶材产生的 X 射线谱都由这两部分组成。图 2.3 所示为 Mo 阳极 X 射线管在不同外加电压下所产生的 X 射线谱。由图 2.3 可见,这些曲线的分布特征恰好对应上述两种 X 射线辐射的物理过程。

1. 连续谱

连续谱是从某个最短波长开始,强度随波长连续变化,曲线呈丘包状的 X 射线谱。产生连续谱的机理是:当高速运动的电子撞击靶材时,电子穿过靶材原子核附近的强电场时减速。电子所减少的能量($\Delta\varepsilon$)转为所发射的 X 射线光量子能量($h\nu$),即$h\nu=\Delta\varepsilon$。由于击靶的电子数目极多(当管电流为 10 mA 时,每秒有 10^{17} 个电子),并且击靶时间不同、穿透的深浅不同、损失的动能不同,因此,由电子动能转换为 X 射线光量子的能量不等,产生的 X 射线频率也不同,从而形成一系列不同频率、不同波长的 X 射线,构成了连续谱。在极限情况下,若电子将其能量完全转换为一个光子的能量,则此光子能量最大、波长最短、频率最高,因此不同管电压下的连续谱的短波端,都有一个突然截止的极限波长值 λ,称为短波限 λ_{min}。λ_{min} 与X射线管工作电压的关系可由下式推导:

$$eU = h\nu_{max} = \frac{hc}{\lambda_{min}} \tag{2.2}$$

式中 e——电子电荷,$e=1.6\times10^{-19}$ C;

U——X射线管的管电压,kV;

h——普朗克常数,$h=6.626\times10^{-34}$ J · s;

ν_{max}——X射线的频率最大值,s^{-1};

c——光速,$c=3.0\times10^{8}$ m/s;

λ_{min}——短波限,Å。

将光速 c、普朗克常数 h、电子电荷 e 的值代入式(2.2),可得

$$\lambda_{min} = 12.4/U \tag{2.3}$$

式(2.3)说明,X射线的连续谱短波限只与管电压有关,当增大管电压时,击靶电子的动能、电子与靶材原子的碰撞次数和辐射出来的X射线光量子的能量都会增加,从而解释了图2.3所示的连续谱的变化规律,即随着管电压增大,连续谱各波长的强度都增大,连续谱最大强度所对应的波长和短波限都向短波方向移动。操作电压、管电流、阳极靶材都对连续谱产生不同程度的影响。操作电压越大,相对强度越大,短波限越小;电流强度越大,相对强度越大,短波限不变;靶材原子序数越大,相对强度越大,短波限也维持不变。

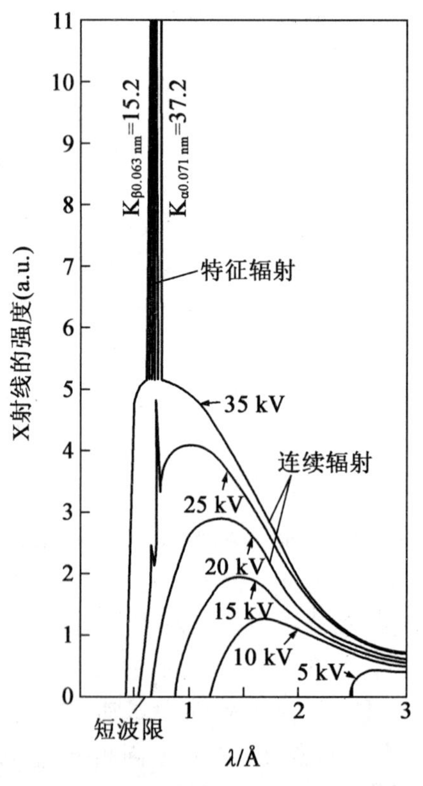

图2.3 Mo阳极X射线管在不同外加电压下所产生的X射线谱

在连续谱中,峰值对应的波长约为 $1.5\lambda_{\min}$。连续谱强度分布曲线下所包围的面积与一定实验条件下单位时间所发射的连续 X 射线总强度成正比。根据实验规律,连续 X 射线的强度为

$$I=\alpha iZU^2 \tag{2.4}$$

式中 U——X 射线管的管电压,kV;

i——管电流,A;

α——常数,$\alpha=(1.1\sim1.4)\times10^{-9}\ \mathrm{V}^{-1}$;

Z——靶材的原子序数。

式(2.4)表明,靶材原子序数越大,则连续 X 射线的强度越高。

根据式(2.4)可计算出 X 射线管发射连续 X 射线的效率 η,即

$$\eta=\frac{\alpha iZU^2}{iU}=\alpha ZU \tag{2.5}$$

如果采用钨阳极($Z=74$),管电压取 100 kV,则 $\eta\approx1\%$,可见效率很低。电子能量的绝大部分在其与阳极撞击时生成热能而损失掉,因此一般阳极靶皆选用导热性好、熔点高的材料制成,并且必须加装循环水冷系统以对 X 射线管采取有效的冷却措施。为提高 X 射线管发射连续 X 射线的效率,应选用重金属靶 X 射线管并施以高电压。连续谱只有在 X 射线衍射的劳厄照相法中才使用,在其他方法中均用单色 X 射线作为光源。连续谱的存在只能造成不希望有的背底,通常用滤波片或晶体单色器将其除去。

2. 特征谱

图 2.3 还表明,当钼阳极 X 射线管压超过一定程度时,在某些特定波长位置(0.063 nm和 0.071 nm 处)出现强度很高、非常狭窄的谱线,它们叠加在连续谱强度分布曲线上。当改变管电压或管电流时,这类谱线只改变强度,而波长值固定不变,这就是特征 X 射线辐射过程所产生的特征(标识)谱。

特征谱的产生与靶材的原子结构及原子内层电子跃迁过程有关。当高速运动的电子击靶时,具有高能量的电子激出原子内层电子,而使原子处于不稳定的激发状态,为使原子恢复至稳定的低能态,邻近层的电子立即自发地填补其空穴,同时伴随多余能量的释放,产生波长确定的 X 射线,其 X 射线的频率和能量由电子跃迁前后的电子能级(ε_2 和 ε_1)决定,即

$$h\nu=\varepsilon_2-\varepsilon_1 \tag{2.6}$$

当电子由主量子数为 n_2 的壳层跃入主量子数为 n_1 的壳层时,所得 X 射线频率由下式决定:

$$h\nu_{n_2\to n_1}=\varepsilon_{n_2}-\varepsilon_{n_1} \tag{2.7}$$

可见,特征 X 射线的波长与靶材有关,改变工作条件只能改变其强度,而不能改变其波长。图 2.4 为特征 X 射线产生的示意图。

特征 X 射线的命名主要考虑以下几点。

①某层电子被激发,称为某系激发。如 K 层电子被激发,称为 K 系激发。

②由不同外层电子跃迁至同一内层所辐射出的特征谱线,属于同一线系,称某系辐射或某系谱线。例如,外层电子填充 K 层的空穴后所产生的特征 X 射线,称为 K 系辐射

或K系谱线。

③按电子跃迁所跨越能级数目的顺序，在对应谱线名称下方标上α、β、γ等符号。如图2.5所示，L→K及M→K的电子跃迁辐射出K系特征谱线中的K_α及K_β谱线；M→L及N→L的电子跃迁则辐射出L系特征谱线中的L_α及L_β谱线；以此类推，还有M系特征谱线等。

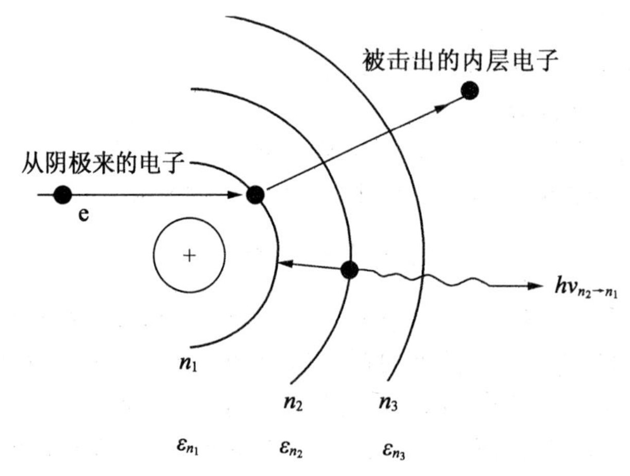

图2.4 特征X射线产生的示意图

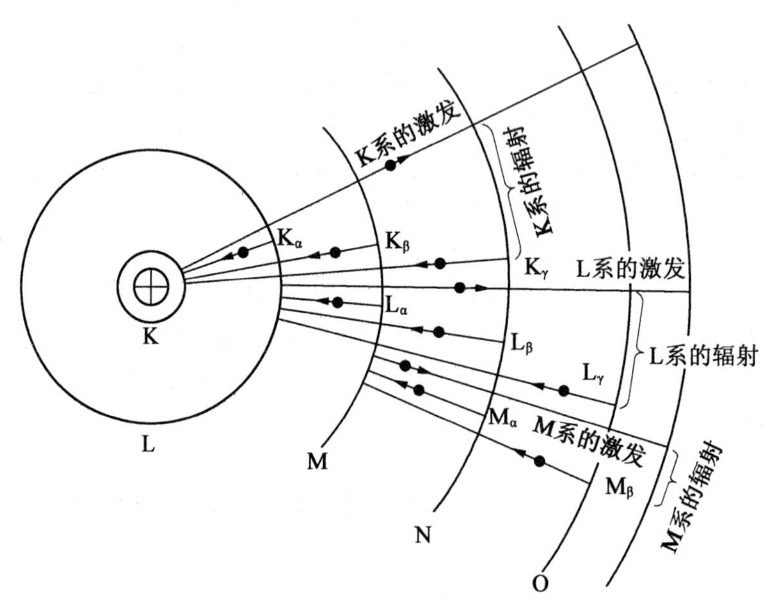

图2.5 原子能级及电子跃迁产生特征X射线

④原子中同一壳层上的电子并不处于同一能量状态，而是分属于若干个亚能级。当电子充填空穴前处于某电子层的各亚电子层时，则在该谱线名称的下方再标上数字，如L层8个电子分属于L_{I}、L_{II}、L_{III} 3个亚能级，M层的18个电子分属于5个亚能级等。亚能级间有微小的能量差，因此，电子从同层但不同亚层向同一内层能级跃迁，所辐射的特

征谱线波长必然有微小的差值。此外,电子在各能级间的跃迁并不是随意的,电子的跃迁必须服从选择法则,因此 L_{I} 亚能级上的电子不能跃迁至 K 层,所以 K_{α} 谱线是由 $L_{III}\to K$ 和 $L_{II}\to K$ 电子跃迁时辐射出来的两根谱线(即 $K_{\alpha1}$ 和 $K_{\alpha2}$)所组成的。同理,电子从 M 层的各亚能级跃迁至 K 能级,产生 $K_{\beta1}$、$K_{\beta3}$ 等谱线,$K_{\beta1}$ 谱线通常称为 K_{β} 谱线。

实际上,X 射线物相分析及结构分析主要用 K_{α} 谱线作为单色 X 射线源,其他谱线均为干扰因素,需将它们除去。由于 $K_{\alpha1}$ 与 $K_{\alpha2}$ 的波长相差很小,故统称为 K_{α} 谱线,K_{α} 谱线的波长一般用双线波长的加权平均值来表示,即

$$\lambda_{K_{\alpha}}=\frac{2\lambda_{K_{\alpha1}}+\lambda_{K_{\alpha2}}}{3} \tag{2.8}$$

同样,由于电子跃迁概率的关系,K 系谱线中 K_{α} 谱线的强度大于 K_{β} 谱线的强度,两者的比值大约为 5∶1。

莫塞莱于 1914 年建立了特征 X 射线波长 λ 与靶材原子序数 Z 之间的关系,称为莫塞莱定律,其公式为

$$\left(\frac{1}{\lambda}\right)^{\frac{1}{2}}=K(Z-\sigma) \tag{2.9}$$

式中 K,σ——常数。

式(2.9)表明特征谱波长与原子序数的平方成反比,由于不同元素具有不同的原子结构,故相对于同一系的特征谱,其波长也不同,这说明随着原子序数的增加,所产生的 K 系谱线波长变短。不同靶材的 K_{α} 波长与原子序数关系可参见附录 1。特征谱波长反映了原子结构的特征,或称提供了辨别不同元素的判据,此规律已成为现代 X 射线光谱分析法的基础。

由特征谱的产生机理可知,只有当击靶的电子获得足够的能量才能激发出原子的内层电子,这个 X 射线管产生特征 X 射线所必需的最低电压称为激发电压。由于越靠近原子核的电子与核的吸引力越大,因此激发 K 系射线所需的电压比激发 L 系射线所需的电压要高。原子序数越大,原子核对 K 层电子的吸引力越大,所需的激发电压也越大。

对于给定的靶材,K 系特征 X 射线强度与管电压、管电流关系的经验公式为

$$I=Ai(U-U_{K})^{n} \tag{2.10}$$

式中 I——特征 X 射线强度;

A——常数;

i——X 射线管的管电流;

U——X 射线管的管电压;

U_{K}——K 系激发电压;

n——与 X 射线管的管电压有关的常数,$n\approx1.5$。

式(2.10)表明,特征谱线的辐射强度随管电流 i 及管电压 U 的增大而增大。当管电压增大时,特征谱线强度随之增大,同时连续谱强度也增大,这对于需要单色特征辐射的 X 射线衍射分析是不利的。为了获得较大的特征 X 射线强度,又要考虑避免其他谱线的干扰,经验表明,欲得到最大特征 X 射线与连续 X 射线的强度比,X 射线管的工作电压选择(3~5)U_{K} 时为最佳。

由于L系及M系的特征谱线波长较长，容易被物质吸收，所以在晶体衍射分析中主要是应用K系谱线。对于轻元素靶材，即使利用K系辐射，其波长也较长，但容易被吸收而无法被利用；而重元素靶材所产生K系谱线的波长又太短，且连续辐射所占比例太大，同样不能被利用。由于从V($Z=23$)至Ag($Z=47$)的K系谱线的波长均落在物相分析及结构分析所用的X射线波长(0.5～2.5 Å)范围内，所以它们均适合成为物相分析用的K_α光源的靶材，宜采用的靶材为Cr、Fe、Co、Cu、Mo及Ag等，最常用的是Cu靶材。

2.1.5 X射线与物质的相互作用

X射线有较强的穿透能力，但物质对X射线存在各种作用，使X射线被吸收并散射，X射线能量转变为其他形式的能量，最后将使X射线强度显著减弱，只有一小部分透射线保持原有能量，沿原方向直线穿过并继续传播。

除透射线外，入射X射线可能被物质吸收，转变为热能、光电效应、荧光效应、俄歇效应等，并发生能量和波长不变的相干散射或损失部分能量的非相干散射。严格地说，非相干散射也属于X射线被物质吸收的内容，但为了方便与相干散射比较，仍将其归入散射的内容来讨论。因此，X射线与物质的相互作用形式可分为散射和真吸收两大类。

1. X射线散射

X射线穿过物质时，物质的原子可能使X射线光量子偏离原射线方向，即发生散射。X射线的散射现象可分为相干散射和非相干散射两种类型。

(1)相干散射。

X射线是电磁波，当电磁波遇到任何带电粒子时，均将迫使其做受迫振动，并向四周辐射电磁波。当入射X射线光量子与原子中束缚较紧的电子发生弹性碰撞时，X射线光量子的能量不足以使电子摆脱束缚，电子的散射线波长与入射线波长相同，有确定的相位关系，这种散射称为相干散射或汤姆孙(Thomson)散射。相干散射波之间产生相互干涉，就可获得衍射，故相干散射是X射线衍射技术的基础。

(2)非相干散射。

当入射X射线光量子与原子中束缚较弱的电子(如原子中的外层电子)发生非弹性碰撞时，电子被撞离原子并带走光量子的一部分能量而成为反冲电子，由于损失能量而波长变长的光量子也被撞偏了一定角度(2θ)，如图2.6所示。

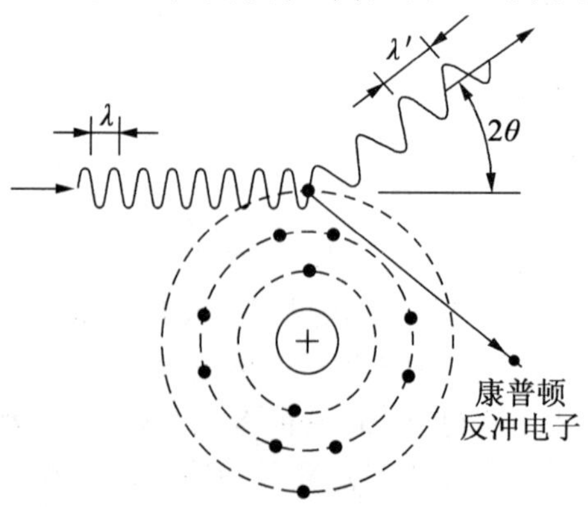

图2.6 X射线非相干散射

对于图2.6中光量子与电子所组成的体系，散射前后体系的能量和动量守恒，由此可以推导出散射X射线的波长增大值：

$$\Delta\lambda=\lambda'-\lambda=0.002\,43(1-\cos 2\theta) \tag{2.11}$$

式中 λ'和λ——非相干散射线和入射线的波长，nm。

上述散射效应是由康普顿(Compton)和我国物理学家吴有训首先发现的，各原子产生的X射线散射波散布于空间的各个方向，不仅波长不相同，而且这些散射波之间不存在确定的位相关系，因此它们之间互不干涉，所以称这类散射为非相干散射或康普顿散射。

非相干散射不能在晶体中参与衍射，只会在衍射图像上形成强度随 $\sin\theta/\lambda$ 增大而增大的连续背底，从而给衍射分析工作带来干扰和不利的影响。入射X射线波长越短，被照物质元素越轻，则非相干散射效应越显著。

2. X射线真吸收

X射线光量子与原子中电子相互作用，会产生光电效应以及俄歇效应，同时伴随着热效应。由于这些效应而消耗的入射X射线能量，统称为物质对入射X射线的真吸收。

(1)光电效应与荧光辐射。

当入射光子能量大于物质中原子核对电子的束缚能时，电子将吸收光量子的全部能量而脱离原子核的束缚，成为自由电子。被激出的电子称为光电子，这种因为入射线光子的能量被吸收而产生光电子的现象称为光电效应。当高能X射线光量子激发出被照射物质原子的内层电子后，较外层电子填其空穴而产生了次生特征X射线(或称二次特征辐射)。因其本质上属于光致发光的荧光现象，即与短波射线激发物质产生次生辐射的荧光现象本质相同，故称为荧光效应(或辐射)。

荧光效应产生的次生特征X射线的波长与原射线的波长不同，位相也与原射线的位相无确定关系，因而不会产生衍射，但所产生的背底比非相干散射产生的背底严重得多，所以在X射线衍射研究中，应正确选择所使用的X射线波长，以尽可能避免产生明显的荧光辐射。

(2)俄歇效应。

当较外层电子填充空穴时所释放的能量不产生次生X射线，而是转移给另一个外层的电子，并使之发射出来时，这个次生电子称为俄歇电子，这个过程称为俄歇效应(图2.7)。产生俄歇电子除用X射线照射外，还可用电子束、离子束轰击。俄歇电子的能量分布曲线称为俄歇电子能谱。俄歇电子能谱反映了该电子从属的原子以及原子的结构状态特征，因此，俄歇电子能谱分析(AES)可以分析固体表面化学组成元素的分布，可用于精确测量包括价电子在内的化学键能，也可测量化学键之间细微的能量差。扫描俄歇电子能谱仪还可观测被测物质的表面形貌。

(3)热效应。

当X射线照射到物质上时，可导致电子运动速度或原子振动速度加快，部分入射X射线能量将转变为热能，从而产生热效应。

3. X射线衰减规律

当X射线透过物质时，与物质相互作用而产生散射与真吸收，强度将被衰减。X射线强度衰减主要是由真吸收造成的(很轻的元素除外),而散射只占很小一部分。在研究X射线的衰减规律时,一般都忽略散射部分的影响。

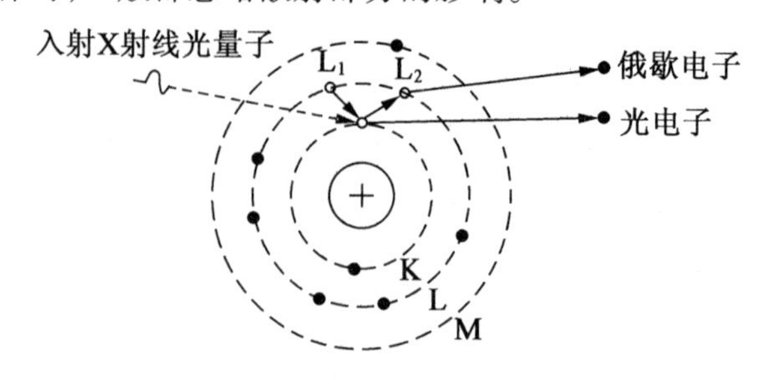

图2.7 俄歇效应

(1)衰减规律与线吸收系数。

X射线被物质吸收而使强度显著减弱,并遵循一定的规律。当X射线通过1 cm厚的物质时,被吸收的比率称为线吸收系数,则透射线强度与入射线强度及所透过的物质层厚度的关系为

$$I=I_0 e^{-\mu_1 t},\quad I/I_0=e^{-\mu_1 t} \tag{2.12}$$

式中 I_0——入射线强度;

I——透射线强度;

t——被透过的物质层厚度,cm;

μ_1——线吸收系数,cm^{-1};

I/I_0——透过系数或透射因子。

(2)质量吸收系数。

质量吸收系数定义为$\mu_m=\mu_1/\rho$,则式(2.12)可变为

$$I=I_0 e^{-\mu_m \rho t} \tag{2.13}$$

式中 ρ——吸收物质的密度,g/cm^3;

μ_m——质量吸收系数,cm^2/g。

由此可见,透射X射线的强度是按指数规律迅速衰减的。μ_m对一定波长和一定物质来说,是与物质密度无关的常数,各元素的质量吸收系数见附录2。对于非单质元素组成的复杂物质(如固溶体、化合物等)μ_m值的计算,可近似取组成该物质的各元素吸收系数与其质量分数乘积之和。设一复杂物质的第i种元素的质量分数为w_i,则该复杂物质的质量吸收系数为

$$\mu_m=\sum_{i=1}^{n}\mu_{mi}w_i \tag{2.14}$$

(3)质量吸收系数与波长λ和原子序数Z的关系。

一般来说,当吸收物质一定时,X射线的波长越长则越容易被吸收;当波长一定时,吸收体的原子序数越大,X射线被吸收得越多。实验表明,质量吸收系数μ_m与波长λ、原子序数Z以及某常数K之间的关系为

$$\mu_m \approx K\lambda^3 Z^3 \tag{2.15}$$

图 2.8 为金属 Pb 的 μ_m 与 λ 之间的关系曲线，图中整个曲线并非随 λ 值减小而单调下降。当波长减小到某几个值时 μ_m 值骤增，于是若干个跳跃台阶将曲线分割成若干段。每段曲线的连续变化满足式(2.15)，各段之间仅 K 值有所不同。质量吸收系数发生突变时的波长称为吸收限。所有元素的 $\mu_m-\lambda$ 关系曲线均相似，只是吸收限的位置不同。吸收限是吸收元素的特征量，不随实验条件而变。吸收限产生的原因可用光电效应解释。由于对应这几个波长的 X 射线光量子能量恰好等于或略大于击出原子中某内层（如 K、L 等）电子的结合能，光量子的能量因大量击出内层电子而被消耗，于是 μ_m 值突然增大。

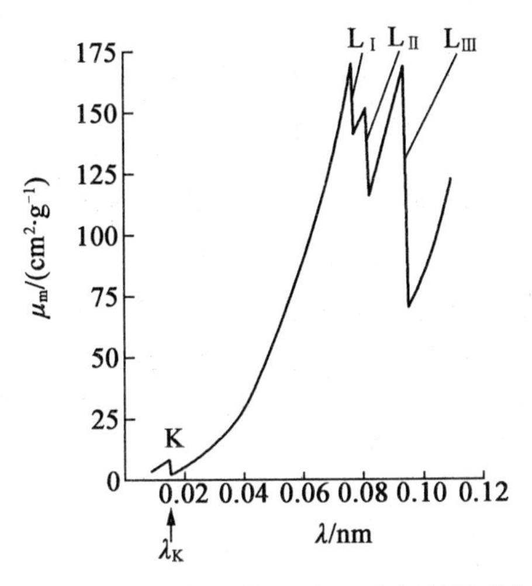

图 2.8 金属 Pb 的 μ_m 与 λ 之间的关系曲线

综上，X 射线与物质作用后，将产生图 2.9 所示的具体过程。

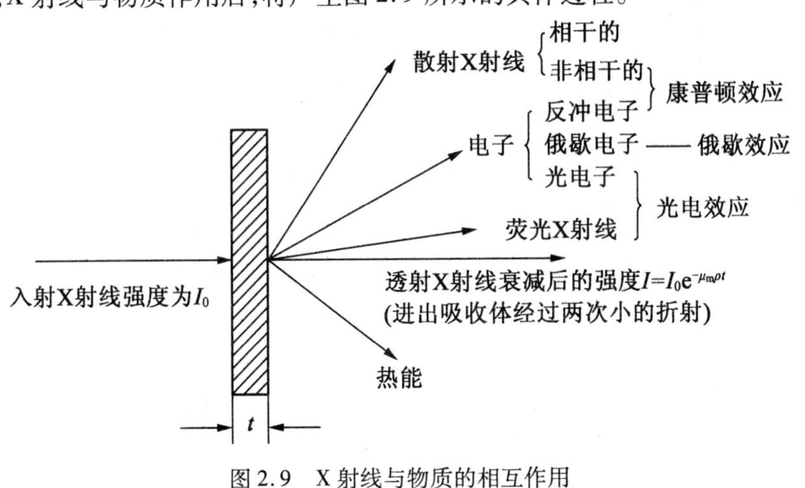

图 2.9 X 射线与物质的相互作用

4. X 射线吸收效应的应用

(1) 根据试样化学成分选择靶材。

在使用 X 射线衍射方法进行晶体结构分析时，要求入射 X 射线尽可能地减少激发试样的荧光辐射，以降低衍射背底，使衍射图像清晰。因此，根据吸收限的性质，最好是入射线的波长略大于试样 K_α 谱线的波长或者比其小很多。换言之，是要求所选 X 射线管靶材的原子序数比试样原子序数稍小或者大很多，这样 X 射线管辐射出的 K 系谱线波长就会满足上述要求。

实践证明，根据试样化学成分选择靶材的原则是 $Z_{靶} \leqslant Z_{样}+1$ 或 $Z_{靶} \gg Z_{样}$。如果试样含有多种元素，应在含量较多的几种元素中以原子序数最小的元素来选择靶材。必须指出，上述选择靶材的原则仅从减少试样荧光辐射的方面考虑。在实际中，靶材选择还要顾及其他方面，这将在其他章节中进行介绍。

(2)滤片选择。

K 系特征谱线包括 K_α、K_β 两种谱线，它们将在晶体衍射中产生两套衍射花样，从而使分析工作复杂化，因此希望能从 K 系谱线中滤除 K_β 谱线。可选择一种合适的材料，使其吸收限 λ_K 刚好位于 K_α 与 K_β 的波长之间。将此材料制成薄片（滤波片），置于入射线束或衍射线束光路中，滤片将强烈吸收 K_β 谱线，而对 K_α 谱线吸收很少，这样就可得到基本是单色的 K_α 辐射。滤除 K_β 谱线的另一种方法是利用晶体单色器，通过衍射方法，只让 K_α 谱线满足衍射条件，K_β 谱线不满足该条件而被除去。图 2.10 为 Cu 靶辐射谱线通过 Ni 滤波片前后的强度（实线）比较，虚线为 Ni 的质量吸收系数曲线，曲线在 $\lambda=1.488\ 1$ Å 处有突变，为 Ni 的 K 系谱线吸收限。典型元素的 K 系特征 X 射线波长可参见附录 2。

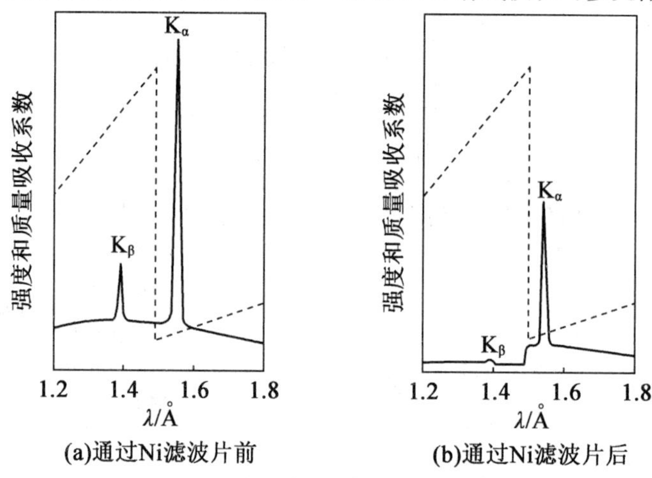

图 2.10 Cu 靶辐射谱线通过 Ni 滤波片前后的强度（实线）比较

由图 2.10(b) 可见，滤波片滤去 K_β 谱线后，仍有一部分连续谱存在，若采用滤波器和脉冲高度分析器联合使用或晶体单色器和脉冲高度分析器联合使用的方法，则可达到滤除连续谱的目的。常用滤波片的选择见表 2.1。

表 2.1 常用滤波片的选择

靶材元素	原子序数	λ_{K_α}/Å	λ_{K_β}/Å	滤波片				
				材料	Z	λ_K/Å	厚度/mm	$\frac{I}{I_0}(K_\alpha)$
Cr	24	2.209 09	2.084 8	V	23	2.269 0	0.016	0.50
Fe	26	1.937 3	1.756 5	Mn	25	1.896 4	0.016	0.46
Co	27	1.790 2	1.620 7	Fe	26	1.742 9	0.018	0.44
Ni	28	1.659 1	1.500 1	Co	27	1.607 2	0.013	0.53
Cu	29	1.541 8	1.392 2	Ni	28	1.486 9	0.021	0.40
Mo	42	0.710 7	0.632 3	Zr	40	0.688 8	0.108	0.31
Ag	47	0.560 9	0.497 0	Rh	45	0.533 8	0.079	0.29

2.2 X 射线衍射方向和衍射强度

晶体几何学认为，晶体中原子按照一定规则周期性地排列，形成空间点阵，点阵排列方式决定了晶胞类型，晶体结构可分为 7 个晶系、14 种布拉维点阵类型，晶胞则是晶体的基本单元。晶体结构参数主要包括晶向指数、晶面指数等。描述晶体物质结构特征的方法主要有两种，一是引入晶体结构参数，二是建立晶体结构的几何投影图。为了解释晶体的衍射现象，还需要从实际晶体点阵中抽象出倒易点阵的概念。

利用晶体几何学的知识科学地描述晶体结构的问题，是研究 X 射线衍射分析的基础。X 射线在晶体中的衍射，因此它们实质上是大量原子散射波互相干涉的结果。每种晶体所产生的衍射花样都是其内部原子分布规律的反映。研究 X 射线衍射现象，可从两方面来讨论，即衍射方向和衍射强度。

2.2.1 X 射线衍射方向

X 射线衍射方向是由晶胞大小、形状和位向等因素决定的，衍射强度则主要与原子在晶胞中的位置有关。建立衍射规律与晶体结构之间的内在联系，有助于利用衍射信息来分析晶体的内部结构。

若用照相法收集衍射线，则可使胶片感光，留下相应的衍射花样（衍射光斑、衍射光环或衍射线条，不同照相法所得的衍射花样不同）；若用衍射仪法探测衍射线，则得到的衍射花样为一系列衍射峰（晶体结晶程度越高，衍射峰越尖锐）；若用 X 射线照射非晶体，由于非晶体结构为长程无序、短程有序，不存在明显的衍射光栅，故不产生清晰尖锐的衍射线条。由以上衍射现象可知，衍射现象与晶体的有序结构有关，即衍射花样的规律性反映了晶体结构的规律性。衍射必须满足适当的几何条件才能产生。衍射线的方向与晶胞大小和形状有关。决定晶体衍射方向的基本方程有劳厄方程和布拉格方程。这两个方程均反映衍射方向、入射线波长、点阵参数、入射角关系，都是规定衍射条件和衍射方向的方程，因此它们实质上是相同的。但劳厄方程需同时考虑3个方程，实际应用不方便；而布拉格方程将衍射现象理解为晶体面网有选择地反射，比劳厄方程更直观且更实用。

1. 劳厄方程

劳厄把空间点阵看作互不平行又相互贯穿的3组直线点阵，从研究直线点阵衍射条件出发得到了立体点阵结构产生衍射的条件，即劳厄方程。

设一个直线点阵与晶胞的单位矢量 $\boldsymbol{a}$ 平行。$\boldsymbol{S}_0$ 和 $\boldsymbol{S}$ 分别代表入射X射线和衍射X射线的单位矢量，如图2.11(a)所示。如果每个结点所代表的原子之间散射的次生X射线互相叠加，则要求相邻原子的光程差(Δ)为波长的整数倍：

$$\Delta = OA - BP = \boldsymbol{aS} - \boldsymbol{aS}_0 = \boldsymbol{a}(\boldsymbol{S} - \boldsymbol{S}_0) = h\lambda \tag{2.16}$$

式(2.16)称为劳厄方程，表示当 $\boldsymbol{a}$ 和 $\boldsymbol{S}_0$ 夹角为 φ_{a0} 时，在与 $\boldsymbol{a}$ 呈 φ_a 角的方向上产生衍射。实际上以 $\boldsymbol{a}$ 为轴线，以 $2\varphi_a$ 为顶角的圆锥面上的各方向均满足这一条件。同理可得，同时满足 $\boldsymbol{a}$、$\boldsymbol{b}$、$\boldsymbol{c}$ 和 $\boldsymbol{S}$ 关系的劳厄方程组为

$$\begin{cases} \boldsymbol{a}(\boldsymbol{S} - \boldsymbol{S}_0) = h\lambda \\ \boldsymbol{b}(\boldsymbol{S} - \boldsymbol{S}_0) = k\lambda \\ \boldsymbol{c}(\boldsymbol{S} - \boldsymbol{S}_0) = l\lambda \end{cases} \tag{2.17}$$

在劳厄方程中 h、k、l 均为整数，称 hkl 为衍射指数。X射线衍射方向 $\boldsymbol{S}$ 是3个分别以 a、b、c 为轴的圆锥面的交线方向，如图2.11(b)所示。这说明进入晶胞的X射线只有满足劳厄方程才在空间的某些方向上出现衍射线。

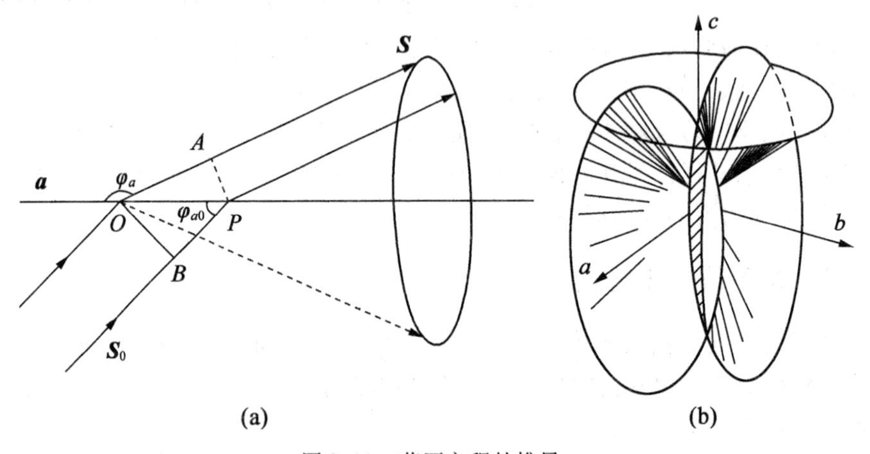

图2.11 劳厄方程的推导

2. 布拉格方程

(1)布拉格方程简介。

晶体可看成由平行的原子面所组成，晶体衍射线则是原子面的衍射叠加效应，也可视为原子面对X射线的反射，这是导出布拉格方程的基础。由于X射线具有穿透性，不仅可照射到晶体表面，而且可以照射到晶体内部的原子面，这些原子面都要参与对X射线的散射。

当波长为 λ 的X射线射到相邻两个面网对应的原子上,并在反射线方向产生叠加时,则要求入射角 θ 和反射角 θ' 相等,入射线、衍射线和平面法线三者在同一平面内,它们的光程差(Δ)为波长的整数倍,如图2.12所示,即

$$\Delta = AB+BC = 2d_{hkl}\sin\ \theta_n = n\lambda \tag{2.18}$$

得

$$2d_{hkl}\sin\ \theta_n = n\lambda \tag{2.19}$$

式中 d_{hkl}——晶面间距,Å;

θ_n——布拉格角或掠射角;

n——衍射级数,可取1、2、3等整数,对应称为一级衍射、二级衍射、三级衍射等;

λ——入射X射线的波长,Å。

式(2.19)即布拉格方程的一般表达式。布拉格方程的物理意义在于规定了X射线在晶体产生衍射的必要条件,即只有在 d、θ、λ 同时满足布拉格方程时,晶体才能对X射线产生衍射。

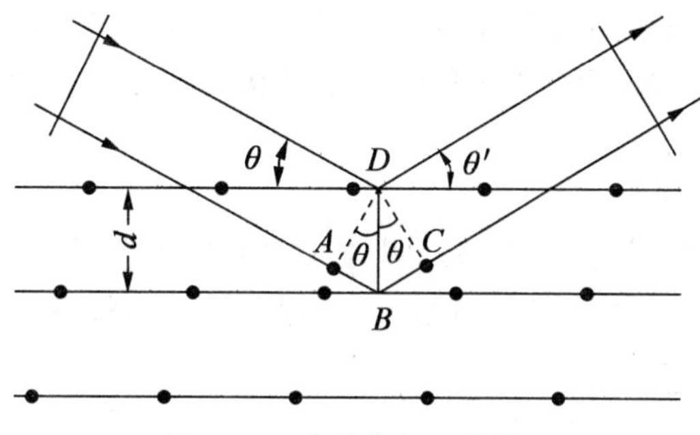

图2.12　布拉格方程的推导

(2)布拉格方程的讨论。

由于布拉格方程是晶体X射线衍射分析的最重要的关系式,为了更深刻地理解布拉格方程的物理含义,下面将就某些问题进行详细讨论。

①X射线衍射与可见光反射的差异。

将衍射看成反射是布拉格方程的基础,X射线的反射与可见光的镜面反射有所不同,虽然两者均满足反射定律,但可见光在大于某一临界角的任意入射角方向均能产生反射,而X射线则只能在有限(满足布拉格方程)的布拉格角方向产生反射。另外,可见光的反射只是物体表面的光学现象,而衍射则是一定厚度内许多面间距相同的平行面网共同作用的结果。

②简化布拉格方程。

由结晶学可知,晶面间距 d_{hkl} 和面网间距 $d_{(nh,nk,nl)}$ 关系为

$$d_{(nh,nk,nl)} = d_{hkl}/n \tag{2.20}$$

将此关系式代入式(2.19),另外,为简便起见,用衍射指数 hkl 代替面网符号(nh,nk,nl),则得到简化的布拉格方程,即

$$2d_{hkl}\sin\ \theta = \lambda \tag{2.21}$$

式中 d_{hkl}——在简化的布拉格方程中称为衍射面间距或面网间距;

θ——布拉格角或掠射角;

λ——入射X射线的波长,Å。

此式将(hkl)晶面的任意级衍射均简化为衍射面(hkl)的一级衍射,在实际工作中更实用。因为对于给定的衍射面只对应一个θ值,这样对某一条衍射线可以只确定它是哪个衍射面所产生的,而不必考虑其衍射等级。

③入射线波长与面间距的关系。

由布拉格方程的一般表达式(2.19)可知,由于$|\sin\theta|\leqslant 1$,所以要产生衍射,入射线波长与晶体的面间距关系应满足$\lambda<2d$,否则不产生衍射。可见,λ和d的数量级相当才可发生衍射;只有当面间距大于$\lambda/2$的晶面才能参与衍射。这说明λ和d的数量级相当是发生衍射的先决条件。

④布拉格方程是X射线在晶体中产生衍射的必要条件而非充分条件。

在推导布拉格方程时,仅考虑简单晶体的衍射问题。实际上,即使对于无缺陷的完整晶体,其结构也不只是由单原子组成,对应的空间格子也不只是原始格子,所以,在有些情况下晶体虽然满足布拉格方程,但不一定出现可观察的具有一定强度的衍射线,即有些晶体在某些方向上出现衍射波与干涉相抵,使衍射强度为0,也就是说出现衍射系统消光。

⑤布拉格方程的应用。

布拉格方程的表达形式简单,能够说明d、λ及θ这3个参数之间的基本关系,因而应用非常广泛。在实际应用中,如果知道其中的两个参数,就可通过布拉格方程求出另一个参数。在不同的应用场合下,一些参数可能表现为常量或变量。

布拉格方程的用途主要包括两个方面:一方面是用已知波长的X射线去照射未知试样,通过测量衍射角来求得试样中的晶面间距(d),这就是结构分析,属于常规衍射分析的范畴;另一方面则是利用一种已知面间距的晶体,来反射从未知试样发射出来的X射线,通过测量衍射角求得X射线的波长(λ),这就是X射线光谱学或称为X射线波谱分析,它不但可进行光谱结构研究,还可确定试样的组成元素。

2.2.2 X射线衍射强度

布拉格方程只是解决了X射线的衍射方向问题,却无法描述衍射强度。辐射线的强度实质是其空间能量密度。基于光的波动性,射线强度与电磁波振幅的平方成正比;基于光的粒子性,强度则与单位面积的光子数成正比。由于获得严格物理意义的辐射强度比较困难,通常所说的X射线强度均是指相对强度。

X射线照射到晶体后,在不同干涉指数的衍射方向上,衍射强度将发生变化,这种变化不但受晶体结构的影响,而且与原子在晶胞中的位置及原子种类有关。晶胞大小和形状主要影响晶体衍射方向,原子在晶胞中位置及原子种类则决定了衍射强度。晶体是无数个晶胞在空间的有规则排列,每个晶胞都包含若干按一定位置分布的原子,原子则由原子核和若干核外电子组成。晶体的衍射强度,其实质是X射线受众多电子散射后干涉并发生叠加的结果。

1. 完整晶体的衍射强度

设晶胞中有n个原子,其中第j个原子在晶胞中的坐标为x_j、y_j、z_j,原子散射因子为f_j。晶胞参数由$\boldsymbol{a}$、$\boldsymbol{b}$、$\boldsymbol{c}$ 3个矢量确定,从晶胞原点到第j个原子的位移矢量为

$$\boldsymbol{r}_j = x_j\boldsymbol{a} + y_j\boldsymbol{b} + z_j\boldsymbol{c} \tag{2.22}$$

在某衍射方向 hkl 中,通过原点的衍射波和通过第 j 个原子的衍射波相互间的波程差 Δ 为

$$\Delta = \boldsymbol{r}_j(\boldsymbol{S} - \boldsymbol{S}_0) \tag{2.23}$$

式中 $\boldsymbol{S}_0$——入射 X 射线的单位矢量;

$\boldsymbol{S}$——衍射 X 射线的单位矢量。

将劳厄方程组(2.17)整理为

$$\begin{cases} x_j\boldsymbol{a}(\boldsymbol{S}-\boldsymbol{S}_0) = hx_j\lambda \\ y_j\boldsymbol{b}(\boldsymbol{S}-\boldsymbol{S}_0) = ky_j\lambda \\ z_j\boldsymbol{c}(\boldsymbol{S}-\boldsymbol{S}_0) = lz_j\lambda \end{cases} \tag{2.24}$$

可得

$$\Delta = \lambda(hx_j + ky_j + lz_j) \tag{2.25}$$

位相差为

$$a_j = \frac{2\pi\Delta}{\lambda} = 2\pi(hx_j + ky_j + lz_j) \tag{2.26}$$

考虑每个原子散射振幅(即原子散射因子 f_j)和原子的位相差,则晶胞中 n 个原子散射波互相叠加,在衍射方向上叠加而成的合成波可表示为

$$\begin{aligned} F_{hkl} &= \sum_{j=1}^{n} f_j \exp[2\pi i(hx_j + ky_j + lz_j)] \\ &= \left[\sum_{j=1}^{n} f_j \cos 2\pi(hx_j + ky_j + lz_j)\right] + \left[\sum_{j=1}^{n} f_j \sin 2\pi(hx_j + ky_j + lz_j)\right] \end{aligned} \tag{2.27}$$

$$|F_{hkl}|^2 = \left[\sum_{j=1}^{n} f_j \cos 2\pi(hx_j + ky_j + lz_j)\right]^2 + \left[\sum_{j=1}^{n} f_j \sin 2\pi(hx_j + ky_j + lz_j)\right]^2 \tag{2.28}$$

式中 F_{hkl}——衍射 hkl 的结构因子,是复数,其模量 $|F_{hkl}|$ 称为结构振幅;

$|F_{hkl}|^2$——结构振幅的平方,代表晶胞的散射能力;

f_j——原子散射因子,代表一个原子的散射能力。

对于一般完整晶体,衍射的峰值强度与结构振幅的平方 $|F_{hkl}|^2$ 成正比,即

$$I_{hkl} = k|F_{hkl}|^2 \tag{2.29}$$

$$k = f_e^2 N^2 \tag{2.30}$$

式中 N——被 X 射线照射的晶体的晶胞数目;

f_e^2——一个电子的相干散射强度,可由汤姆孙公式给出,即

$$f_e^2 = I_e = I_0\left(\frac{e^2}{mc^2R}\right)^2 \frac{1+\cos^2 2\theta}{2} \tag{2.31}$$

式中 m——电子质量;

c——光速;

R——衍射线的路程。

将式(2.30)和式(2.31)代入式(2.29),则一般完整晶体的衍射峰值强度公式为

$$I_{hkl} = I_0|F_{hkl}|^2 N^2 \frac{e^4}{m^2c^4R^2} \frac{1+\cos^2 2\theta}{2} \tag{2.32}$$

2. 粉晶的衍射强度

以上讨论的完整晶体结构是假定晶体各部分对应同一个空间格子,因而其散射波都是具有确定周期的相干波。但实际晶体总是在不同程度上存在结构上的缺陷,尤其是粉晶样品,它是由许多微小晶粒构成的,而且入射 X 射线有一定的宽度和发散度,因而不仅在与入射线成准确的布拉格角 θ 处发生衍射,在该角度附近$\pm\Delta\theta$ 内也有衍射存在。在衍射强度分布曲线(图 2.13)中,某一衍射线则表现为有一定宽度的衍射峰。

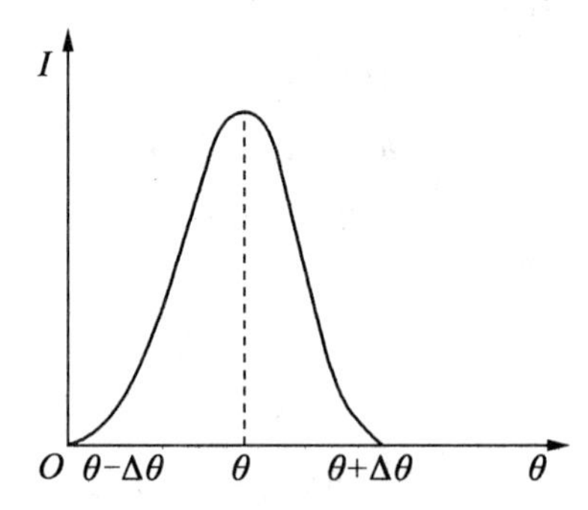

图 2.13 衍射强度分布曲线

衍射线的总强度相当于其衍射峰的面积,称为积分强度或累积强度。考虑影响实际晶体的诸多因素后,实际粉晶衍射强度方程并非严格地如式(2.32)所示,而是加入了一些修正因子。对于粉晶片状样品,在 hkl 方向衍射积分强度表达式为

$$I_{hkl}=\frac{e^4}{32\pi m^2c^4}\frac{I_0\lambda^3}{R}|F_{hkl}|^2P_{hkl}N^2\varphi(\theta)\mathrm{e}^{-2M}\frac{1}{2\mu}V \tag{2.33}$$

式中 e——电子电荷;

m——电子质量;

c——光速;

I_0——入射 X 射线强度;

λ——X 射线波长;

R——衍射线的路程;

N——单位体积内的晶胞数;

P_{hkl}——(hkl)晶面多重性因子;

$|F_{hkl}|^2$——(hkl)晶面结构因子;

$\varphi(\theta)$——角因子或洛伦兹偏振因子,$\varphi(\theta)=\dfrac{1+\cos^2 2\theta}{\sin^2\theta\cos\theta}$;

θ——布拉格角;

e^{-2M}——温度因子;

μ——线吸收系数;

V——参与衍射的体积。

式(2.33)是实际单相粉晶的某条衍射线强度绝对值的表达式。衍射强度包括绝对强度和相对强度,对于不同的衍射方法,表示衍射绝对强度的方式是不同的。例如,照相法用衍射线黑度表示衍射绝对强度,衍射仪法用衍射峰的峰高或面积表示衍射绝对强度。

3. 影响衍射强度各因子的物理意义及其计算方法

衍射线的强度反映了晶体物质内微观结构的信息，因此通过衍射强度的分析，能够最终完成晶体结构的分析，所以衍射强度分析是衍射分析基本理论的重要组成部分。由式(2.33)可见，影响实际单相粉晶的某条衍射线强度的因素是多方面的。了解影响衍射强度各因子的物理意义及其计算方法是十分必要的。

(1)结构因子和原子散射因子。

结构因子是指一个晶胞中所有原子散射波沿衍射 hkl 方向叠加的合成波，由式(2.27)表示。结构因子与晶胞中原子的种类 f_j 及原子的数目和位置 x_j、y_j、z_j 有关。所以，通过结构因子的计算和测量，可以获得衍射相对强度值，也可以了解晶体的结构。

计算结构因子时，必须先计算原子散射因子 f。原子散射因子代表原子在某方向上散射波的振幅，f 随 $\frac{\sin\theta}{\lambda}$ 的增大而减小。原子散射因子 f 的值可由对应的 $f-\frac{\sin\theta}{\lambda}$ 关系表和曲线查出(见附录3)，也可用近似方程式利用计算机进行运算。近似方程式为

$$f = \left[\sum_{j=1}^{4} a_j \exp(-b_j \lambda^{-2} \sin^2\theta)\right] + c \tag{2.34}$$

式中 a_j、b_j、c——系数。

衍射强度与衍射方向、晶胞中原子的种类和分布等因素有关。在考虑衍射线叠加的基础上，由衍射强度的定量表达式可以引出联系衍射方向(用衍射指数 hkl 表示)、晶胞中原子种类(用 f_j 表示)和原子分布(用原子坐标 x、y、z 表示)这些因素的关系式，即结构因子表达式，从而讨论衍射系统消光的问题。

(2)角因子。

对于粉末衍射法，$(1+\cos^2 2\theta)/(\sin^2\theta\cos\theta)$ 为角因子，又称洛伦兹偏振因子，是为修正角度因素对衍射强度的影响而引入的修正因子，是在衍射强度计算公式的推导过程中，将所有与衍射角有关的项归并而成的。

晶体衍射强度方程是在假设理想晶体、入射线单色且平行的情况下推导出来的，实际上，晶体并非理想完整，入射线也并非单色平行，所以实际衍射线并非严格布拉格方向上的衍射，而是在$(\theta_{hkl}\pm\Delta\theta)$范围内的衍射，从而引起衍射强度的偏差。另外，不同方向上原子及晶胞的散射强度及实验中某些几何因素对衍射强度的影响，都会引起衍射强度的变化。

角因子是反映衍射线强度随衍射角而变化的因素，从物理意义上来说，它反映不同方向上原子及晶胞的散射强度不同以及能参与衍射的晶粒数目的不同。进行衍射线强度计算时，角因子的值可根据 θ 由角因子表达式算出。

(3)温度因子。

由于晶体中原子热振动引起衍射强度减弱，因此在强度计算公式中引入一个反映热振动影响因素的因子，称为温度因子，用 e^{-2M} 表征。其值可由下式进行计算：

$$e^{-2M} = \exp\left(-\frac{B\sin^2\theta}{\lambda^2}\right)$$

式中 B——均方位移参数；

θ——布拉格角;

λ——入射线波长。

即

$$B=\frac{6h^2}{m_a K\Theta}\left[\frac{\varphi(x)}{x}+\frac{1}{4}\right] \tag{2.35}$$

式中 h——普朗克常数,$h=6.626\times10^{-34}\ \mathrm{J\cdot s}$;

m_a——原子质量,$m_a=A\times1.66\times10^{-24}$ g,A 为元素的相对原子质量;

K——玻尔兹曼常数;

Θ——德拜特征温度。

实际晶体中原子(或离子)是在其平衡位置附近进行热振动,温度越高,热振动越剧烈,原子或离子偏离其平衡位置(即振幅)也越大,甚至可达到与衍射面间距相比拟的程度,因此这种热运动必然会对X射线的衍射产生显著的影响。

晶体中原子的热振动在减弱布拉格方向上衍射强度的同时,却增强了非布拉格角方向的散射强度,其结果必然是造成衍射花样背底的增高,并且随 θ 增加而越趋严重,这当然对正常的衍射分析是不利的。

温度因子的计算较复杂。先由附录4查出物质的德拜特征温度 Θ;按 $x=\frac{\Theta}{T}$ 计算出 x 的值;由 x 值查附录5,得出 $\varphi(x)$ 的值;由式(2.35)计算 B 值,再从附录6查得 e^{-M} 的值,最后计算出 e^{-2M} 的值。

式(2.35)表明,温度 T 越高,则 M 越大,即 e^{-2M} 越小,说明原子振动越剧烈则衍射强度的减弱越严重。当温度 T 一定时,$\frac{\sin\theta}{\lambda}$ 越大则 M 越大,即 e^{-2M} 越小,说明在同一衍射花样中,θ 越大则衍射强度减弱得越明显。

需要说明的是,对于圆柱形状的试样,布拉格角 θ 对温度因子与吸收因子的影响相反,两者可以近似抵消,因此在一些对强度要求不十分精确的工作中,可以把温度因子和吸收因子同时略去。但对于精确的X射线衍射分析,必须考虑温度因子 e^{-2M} 的影响。

(4)多重性因子。

在粉末法中,某族(hkl)晶面中等同晶面的数量,即为该晶面的多重性因子 P_{hkl}。由于多晶物质中某晶面族{hkl}的各等同晶面的倒易球面互相重叠,它们的衍射强度必然也发生叠加。因此,在计算多晶体物质衍射强度时,必须乘多重因子。通过晶体几何学的计算或查表,可获得各类晶系的多重性因子。不同晶系各面网的多重性因子 P_{hkl} 见表2.2。

表2.2 不同晶系各面网的多重性因子

晶系	多重性因子					
立方晶系	{hkl} 48	{hhl} 24	{$hk0$} 24	{$hh0$} 12	{hhh} 8	{$h00$} 6
四方晶系	{hkl} 16	{hhl} 8	{$h0l$} 8	{$hk0$} 8	{$hh0$} 4	{$h00$} 4

续表 2.2

晶系	多重性因子
六方晶系、三方晶系	{hkl} {hhl} {h0l} {hk0} {hh0} {h00} 24 12 12 12 6 6
正交晶系	{hkl} {h0l} {hh0} {0kl} {h00} {0k0} 8 4 4 4 2 2
单斜晶系	{hkl} {h0l} {h00} 4 2 2
三斜晶系	全部晶面均为 2

(5)吸收因子。

入射 X 射线通过试样时大部分被吸收。吸收因试样的形状和大小而异。在 X 射线粉末衍射仪中,采用计数器和平板试样,衍射强度中的吸收因子$\frac{1}{2\mu}$是与 θ 无关的,即对各衍射线的衰减都是近于相同的。因此在计算相对强度时,吸收因子可略去不用计算。

综上所述,对于同一物相的同一次衍射结果,各衍射线的相对衍射强度除了 $|F_{hkl}|^2$、P_{hkl}、$(1+\cos^2 2\theta)/(\sin^2\theta\cos\theta)$ 和 e^{-2M} 这 4 项之外,其余几项是相同的或不需计算的。在实际工作中,主要是比较衍射强度的相对变化,并不需要计算衍射强度的绝对值。如果忽略,则粉晶衍射法中衍射的相对强度可简化为

$$\frac{I_{hkl}}{I_0}=|F_{hkl}|^2 P_{hkl}\frac{1+\cos^2 2\theta}{\sin^2\theta\cos\theta} \tag{2.36}$$

(6)多晶衍射强度计算方法。

现以 Cu 粉的前 4 条 X 射线衍射线为例,用式(2.36)来计算其相对强度,并与实验数据相比较。计算的结果见表 2.3,其中,用 $\varphi(\theta)$ 表示角因子 $(1+\cos^2 2\theta)/(\sin^2\theta\cos\theta)$。

表 2.3 Cu 粉前 4 条 X 射线衍射线相对强度的计算(Cu-K_α 辐射)

1	2	3	4	5	6	7	8	9		
hkl	$h^2+k^2+l^2$	$\sin\theta$	$\theta/(°)$	f_{Cu}	$\|F_{hkl}\|^2$	P_{hkl}	$\varphi(\theta)$	$I_{相对}=F^2_{hkl}P_{hkl}\varphi(\theta)$		
								计算值/$\times10^5$	相对值/%	实测值
111	3	0.369	21.7	22.1	7 810	8	12.03	7.52	100	很强
200	4	0.427	25.3	20.7	6 990	6	8.05	3.56	47	强
220	8	0.603	37.1	16.8	4 520	12	3.70	2.01	27	强
311	11	0.707	45.0	14.8	3 500	24	2.83	2.38	32	强

已知,入射 X 射线波长 $\lambda=1.541\ 78$ Å,Cu 为面心立方点阵,晶胞参数 $a=3.615$ Å,由前面章节可知,对于立方晶系有

$$\sin^2\theta=\left(\frac{\lambda}{2a}\right)^2(h^2+k^2+l^2) \tag{2.37}$$

表2.3各列数据的计算方法简要说明如下。

第1列:衍射指数 hkl 标定与结构因子计算有关。

第3列:将已知的 a、λ、hkl 值代入式(2.37),得 $\sin^2\theta$ 值。

第5列:由附录3计算原子散射因子 f。

第6列:由 f_{Cu} 计算各衍射线的 $|F_{hkl}|^2$ 的值,按式(2.28)计算。

第7列:多重性因子 P_{hkl} 由表2.2查得。

第8列:根据第4列的 θ 值,计算各条衍射线的角因子 $\varphi(\theta)=(1+\cos^2 2\theta)/(\sin^2\theta\cos\theta)$。

第9列:将第6~8列的数值连乘而得。

在晶体结构比较复杂的情况下,利用列表法人工计算其衍射线相对强度是十分困难的,但如果编制相应的计算机程序,则可快速且准确地计算这类复杂结构的X射线衍射线相对强度。在求解过程中,计算机法与人工列表法大致相同,即:①根据晶体结构确定干涉指数;②根据布拉格定律及晶面间距公式计算布拉格角(θ);③计算单类原子或多类原子的散射因子;④计算体系结构因子;⑤计算体系多重因子;⑥计算角因子;⑦最终计算出衍射线的相对强度。

2.3 X射线衍射方法

2.3.1 简介

用特征X射线照射多晶粉末(或块状)获得衍射谱图或数据的方法称为粉晶法或粉末法。当单色X射线以一定的入射角射向粉晶时,在无规则排列的粉晶中,总有许多小晶粒中的某些面网处于满足布拉格方程的位置,因而产生衍射。所以,粉晶衍射谱图是无数微小晶粒各衍射面产生的衍射叠加的结果。

当单色X射线照射粉晶样品时,若其中一个晶粒的一组面网(hkl)的取向和入射X射线的夹角为 θ,满足衍射条件,则在衍射角 2θ(衍射线与入射X射线的延长线的夹角)处产生衍射,如图2.14(a)所示。由于晶粒的随机取向,因而与入射线夹角为 2θ 的衍射线不只一条,而是顶角为 $2\theta\times2$ 的衍射圆锥面,如图2.14(b)所示。在晶体中有许多面网组,其衍射线相应地形成许多以样品为中心、入射线为轴、张角不同的衍射圆锥面,如图2.15所示,即粉晶X射线衍射形成中心角不同的系列衍射圆锥面,通常这种同心圆称为德拜环。

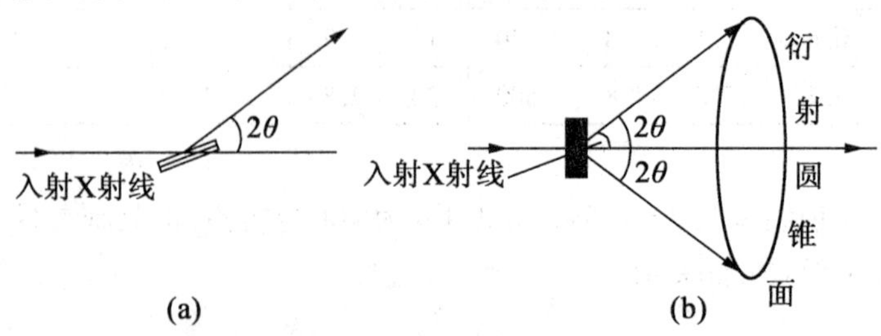

图2.14 粉晶产生的衍射情况

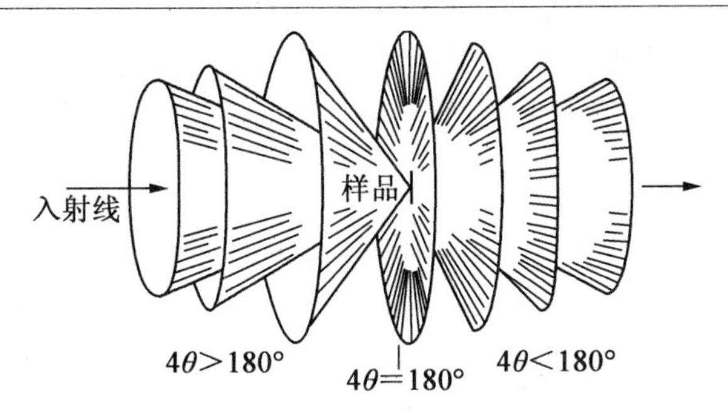

图 2.15 粉晶衍射圆锥面分布

如果使粉晶衍射仪的探测器以一定的角度绕样品旋转，则可接收到粉晶中不同面网、不同取向的全部衍射线，获得相应的衍射谱图。

衍射数据指代表衍射方向和衍射强度的有关数据。不同的衍射方法获得衍射数据的方式是不同的。照相法用照相底片摄取衍射谱图，经计算后获得衍射数据。衍射仪法用辐射探测器接收 X 射线衍射光量子，经相关器件和计算机软件处理获取衍射谱图，直接显示代表衍射方向和衍射强度的衍射数据。

为了获得晶体的衍射谱图及衍射数据，必须采用一定的衍射方法。对于不同的衍射方法，其测量和计算衍射数据的方法也不同。

由简化布拉格方程 $2d_{hkl}\sin\theta=\lambda$ 可知，在 d_{hkl}、θ、λ 这 3 个量中，d_{hkl} 是定量（取决于晶体），θ 和 λ 是变量。对于一定的晶体，d_{hkl} 的一系列数值已定，只有选择适当的 θ 或 λ，才能使之满足布拉格方程。最基本的衍射方法有劳厄法、转晶法和粉晶法（表 2.4）。

表 2.4 3 种基本衍射方法的比较

衍射方法	入射 X 射线	样品	λ	θ
劳厄法	连续	单晶	变	不变
转晶法	单色	单晶	不变	变
粉晶法	单色	多晶粉末	不变	变

（1）劳厄法。

劳厄法，也称固定单晶法，用连续 X 射线作为入射光源，单晶体固定不动，入射线与各衍射面的夹角也固定不变，靠衍射面选择不同波长的 X 射线来满足布拉格方程。产生的衍射线表示各衍射面的方位，故此法能够反映晶体的取向和对称性。

（2）转晶法。

转晶法，也称旋转单晶法或周转法，用单色 X 射线作为入射光源，单晶绕一个晶轴（通常是垂直于入射线方向）旋转，靠连续改变各衍射面与入射线的夹角来满足布拉格方程。利用此法可进行单晶的结构分析和物相分析。

（3）粉晶法。

粉晶法，也称粉末法或多晶法，用单色 X 射线作为入射光源，入射线以固定方向照射多晶粉末或多晶块状样品，靠粉晶中各晶粒取向不同的衍射面来满足布拉格方程。由于粉晶含有无数的小晶粒，各晶粒中总有一些面网与入射线的交角满足衍射条件，这相当于θ是变量,所以,粉晶法是利用多晶样品中各晶粒在空间的无规则取向来满足布拉格方程而产生衍射的。只要是同一种晶体,它们所产生的衍射花样在本质上都应该相同。在X射线物相分析法中,一般都用粉晶法得出的衍射谱图或衍射数据作为对比和鉴定的依据。

粉晶法分为粉晶照相法和粉晶衍射仪法。照相法应用于衍射分析,是多晶衍射方法的基础;衍射仪法在近几十年取得了很大发展,粉末衍射仪应用最为广泛,它作为一种通用的实验仪器,在大多数情况下取代了照相法。考虑到衍射仪法是未来发展的趋势,本章重点介绍衍射仪法及其测量条件等相关内容。与其他方法相比,X射线衍射分析是非破坏性的,实验结果可靠,真正代表检测区域的平均结果,而且对试样没有太严格的要求,可采用粉末压片试样,甚至可直接对小型零件进行测量。

2.3.2 X射线粉末衍射仪

衍射仪法利用计数管来接收衍射线,可以省去照相法中的暗室工作,具有快速、灵敏及精确等优点。X射线衍射仪包括辐射源、测角仪、探测器、检测记录装置、控制和数据处理系统等。辐射源包括X射线管、高压变压器、管电压和管电流控制器、循环水泵等部件。测角仪是衍射仪的核心组成部分,包括精密的机械测角仪、光缝(指梭拉(soller)狭缝、发射狭缝、防散射狭缝、接收狭缝)、样品架和探测器的传动系统等。探测器包括计数器、前置放大器及电子设备。检测记录装置主要由电脉冲高度分析器、计数率计、记录仪、定标器、打印机、绘图仪、图像显示终端等组成。控制和数据处理系统实现了衍射分析全过程的计算机自动化,包括各种硬件和软件,如操作控制软件,数据采集、处理和分析软件及各种应用软件包;还可以安装各种附件,如高低温衍射、小角散射、织构及应力测量等。

衍射仪工作过程大致如下:X射线管发出单色X射线照射片状试样,所产生的衍射线光子用辐射探测器接收,经检测电路放大处理后在显示或记录装置上给出精确的衍射数据和谱线。这些衍射信息可作为各种X射线衍射分析应用的原始数据。

一台优良的X射线衍射仪首先应具有足够的辐射强度,例如,采用旋转阳极辐射源可有效增加试样的衍射信息。从测量角度讲,仪器性能主要体现在以下方面:①衍射角测量要准确;②采集衍射计数要稳定可靠;③尽可能除掉多余的辐射线并降低背底散射。本节主要介绍与测量有关的仪器部件,包括发生器、测角仪、狭缝系统、计数器和滤波系统。

1. 发生器

X射线多晶衍射仪的X射线发生器由X射线管、高压发生器、管电压和管电流稳定电路及各种保护电路等部分组成。

现代衍射用的X射线管(图2.16)都属于热电子二极管,有密封式和转靶式两种。前者最大功率在2.5 kW以内,视靶材料的不同而异;后者是为获得高强度X射线而设计的,一般功率在10 kW以上,目前常用的有9 kW、12 kW和18 kW。

图 2.16 X 射线管实物图

X 射线管实质是一个真空二极管,其原理如图 2.17 所示。给阴极加上一定的电流,被加热时便能放出热辐射电子。在数万伏高压电场的作用下,这些电子被加速并轰击阳极。常用的阳极材料有 Cr、Fe、Co、Ni、Cu、Mo、Ag、W 等,最常用的是 Cu 靶。常用靶材的标识 X 射线的波长和工作电压见表 2.5。

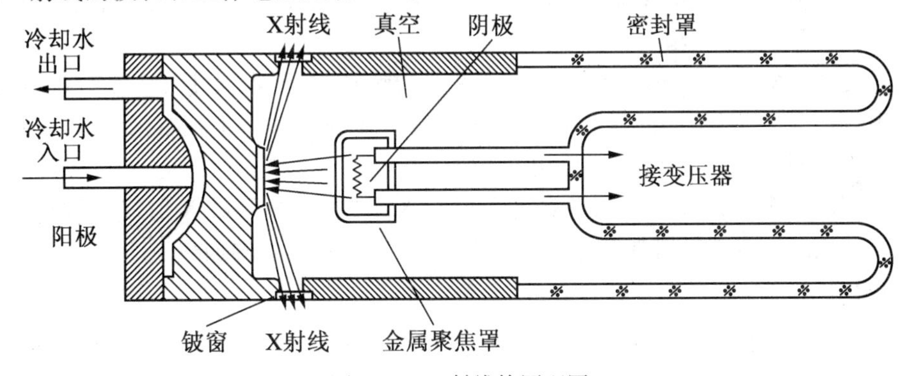

图 2.17 X 射线管原理图

表 2.5 常用靶材的标识 X 射线的波长和工作电压

靶材金属	原子序数	$K_{\alpha1}$ 波长/nm					U_K/kV	工作电压/kV
Cr	24	2.289 62	2.293 51	2.909	2.084 80	2.070 1	5.98	20~25
Fe	26	1.935 97	1.939 91	1.937 3	1.756 53	1.743 3	7.10	25~30
Co	27	1.788 92	1.792 78	1.790 2	1.620 75	1.608 1	7.71	30
Ni	28	1.657 84	1.661 69	1.659 1	1.500 10	1.488 0	8.29	30~35
Cu	29	1.540 51	1.544 33	1.541 8	1.392 17	1.380 4	8.86	35~40
Mo	42	0.709 26	0.713 54	0.710 7	0.632 25	0.619 8	20.0	50~55
Ag	47	0.559 41	0.563 81	0.560 9	0.497 01	0.485 5	25.5	55~60

阳极靶面受电子束轰击的焦点呈细长的矩形(称为线焦点或线焦斑),从射线出射窗中心射出的X射线与靶面的掠射角为3°~6°。因此,从出射方向相互垂直的两个出射窗观察靶面的焦斑,看到的焦斑形状是不一样的。从出射方向垂直焦斑长边的两个出射窗口观察,焦斑如呈线状称为线光源;从另外两个出射窗口观察,焦斑如呈点状称为点光源。残余应力和织构测量一般要求使用点光源,而其他应用一般要求使用线光源,因此,每次在衍射仪上安装X射线管时,必须辨别所使用的X射线出射窗是否为线焦点方向(X射线管上有标记)。此外,还要求测角仪相对于靶面平面要有适当的倾斜角。

X射线管的额定功率因靶材的种类及厂家而异。在长时间连续运行时,使用功率建议在额定值的80%以下,有利于延长X射线管的寿命。X射线管消耗的功率只有很小部分转化为X射线,99%以上都转化为热量而被消耗掉,因此X射线管工作时必须用水流从靶面后面冷却,以免靶面熔化毁坏。为提高靶面与水的热交换效率,冷却水流是用喷嘴喷射在电子焦点的背面,流量要求大于3.5 L/min。

提高X射线源的强度是X射线结构分析工作中的重要问题之一。提高X射线强度的主要途径是提高X射线管的功率。然而,提高功率的主要障碍是电子束轰击阳极时所产生的热量不能及时散发出去。解决这个问题的有效办法是采用旋转阳极。让阳极以很高的转速(2 000~10 000 r/min)转动,这样,受电子束轰击的焦点不断地改变位置,使其有充分的时间散发热量。

X射线管的窗口非常脆弱,任何情况下都严禁触碰,否则容易使真空系统漏气;不要直接用手触摸X射线管的外壳,如果弄脏X射线管或X射线管上粘有水气,应当用漂白布轻轻擦洗,使其干燥以后才可以使用。

当使用新的X射线管或长期没有使用过的X射线管时,要对X射线管进行老化处理。每天使用时也要缓慢增加管电压和管电流,应当避免过急的加载。

2. 测角仪

测角仪是衍射仪中最精密的机械部件,是X射线衍射仪测量中最核心的部分,用来精确测量衍射角,其原理图如图2.18所示。

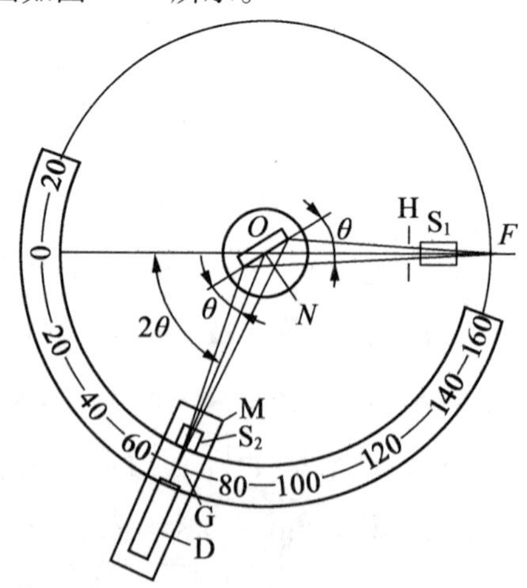

图2.18 测角仪原理图

S_1,H—入射光阑系统;M,S_2,G—接收光阑系统;D—计数器试样台位于测角仪中心，试样台的中心轴 ON 与测角仪的中心轴（垂直图面）O 垂直。试样台既可以绕测角仪中心轴转动，又可以绕自身的中心轴转动。在试样台上装好试样后，要求试样表面严格地与测角仪中心轴重合。入射线从 X 射线管焦点 F 发出，经入射光阑系统 S_1、H 投射到试样表面产生衍射，衍射线经接收光阑系统 M、S_2、G 进入计数器 D。射线管焦点 F 和接收狭缝 G 位于同一个圆周上，这个圆周称为测角仪（或衍射仪）圆，该圆所在的平面称为测角仪平面。试样台和计数器分别固定在两个同轴的圆盘上，由两个步进马达驱动。在衍射测量时，试样绕测角仪中心轴转动，不断地改变入射线与试样表面的夹角 θ，计数器沿测角仪圆运动，接收各衍射角 2θ 所对应的衍射强度。根据需要，θ 角和 2θ 角可以单独驱动，也可以自动匹配，使 θ 角和 2θ 角以 1∶2 的角速度联合驱动。测角仪的扫描范围：正向可达 165°，负向可达-100°（受设计限制，不同厂家的仪器测角范围稍有不同，使用时必须参考使用手册），角测量的绝对精度可达 0.01°，重复精度可达 0.001°。

测角仪的衍射几何是按照 Bragg-Brentano 聚焦原理设计的。如图 2.19 所示，X 射线管的焦点 F、计数器的接收狭缝 G 和试样表面位于同一个聚焦圆上，因此可以使由 F 点射出的发散束经试样衍射后的衍射束在 G 点聚焦。除 X 射线管焦点 F 之外，聚焦圆与测角仪圆只能有一点相交。也就是说，无论衍射条件如何改变，在一定条件下，只能有一条衍射线在测角仪圆上聚焦。因此，沿测角仪圆移动的计数器只能逐个地对衍射线进行测量。

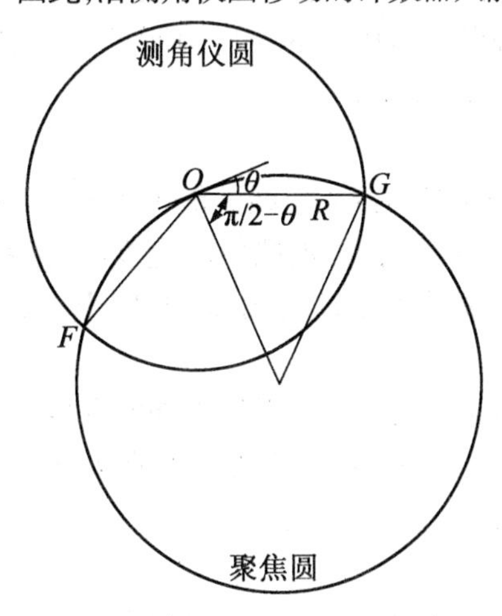

图 2.19 测角仪的衍射几何

按聚焦条件的要求，试样表面应永远保持与聚焦圆有相同的曲面。但由于聚焦圆曲率半径在测量过程中不断变化，而试样表面却无法实现这一点，因此只能做近似处理，采用平板试样，使试样表面始终保持与聚焦圆相切，即聚焦圆圆心永远位于试样表面的法线上。为了使计数器永远处于试样表面（即与试样表面平行的 *hkl* 衍射面）的衍射方向，必须让试样表面与计数器同时绕测角仪中心轴向同一个方向转动，并保持 1∶2 的角速度关系，即当试样表面与入射线成 θ 角时，计数器正好处在 2θ 角的方位。由此可见，粉末多晶衍射仪所探测的始终是与试样表面平行的那些衍射面。

3. 狭缝系统

测角仪光路上配有一套狭缝系统。如果只采用通常的狭缝光阑便无法控制沿狭缝长边方向的发散度，从而会造成衍射环宽度的不均匀性。为了排除这种现象，在测角仪光路中采用由梭拉光阑和狭缝光阑组成的联合光阑系统，如图2.20所示。

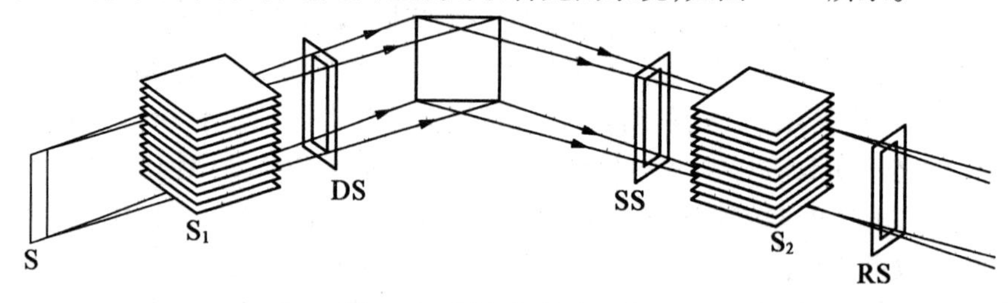

图2.20 测角仪的狭缝光阑

(1)梭拉光阑。

梭拉光阑(S_1、S_2)由一组互相平行、间隔很小的重金属(Ta或Mo)薄片组成，分别设在射线源与样品和样品与检测器之间，用来限制X射线在测角仪轴向的发散，使X射线束可以近似地看作仅在扫描圆平面上发散的发散束。安装时要使薄片与测角仪平面平行，这样可将垂直测角仪平面方向的X射线发散度控制在2°左右。衍射仪的梭拉狭缝的全发射角约为3.5°，因此，轴向发散引起的衍射角测量误差较小，峰形畸变也较小，可以获得较佳的峰形，有较佳的衍射角分辨率。

(2)发散狭缝光阑。

发散狭缝(DS)光阑的作用是控制入射线的能量和水平发散度，因此也限定了入射线在试样上的照射面积。随着2θ角增大，被照射的宽度(或面积)减小。如果只测量高衍射角的衍射线时，可选用较大的发散狭缝光阑，以便得到较大的入射线能量。

(3)防散射狭缝光阑。

防散射狭缝(SS)光阑的作用是挡住衍射线以外的寄生散射(如各狭缝光阑边缘的散射、光路上其他金属附件的散射、空气散射等非试样散射X射线)进入检测器，有助于降低背景，它的宽度应稍大于衍射线束的宽度。

(4)接收狭缝光阑。

接收狭缝(RS)光阑是用来控制衍射线进入计数器的衍射线宽度，它的大小可根据实验测量的具体要求选定。

(5)光源。

射线由光源(S)发出，经过入射梭拉光阑(S_1)和发散狭缝(DS)光阑，照射到垂直放置的试样表面后，衍射线束依次经过防散射狭缝(SS)光阑、衍射梭拉光阑(S_2)及接收狭缝(RS)光阑，最终被计数管接收。使用上述一系列狭缝，可以确保正确的衍射光路，有效阻挡多余散射线进入计数管中，提高衍射分辨率。

光阑和狭缝都有多种宽度可供选择，狭缝越小，接收强度越低，但越精确。有些厂家的光阑和狭缝通过插件方式来选择，有些厂家的设备则通过程序进行调控。

4. 计数器

衍射仪的 X 射线探测元件为计数器，主要功能是将 X 射线光量子的能量转换成电脉冲信号。通常用于 X 射线衍射仪的辐射探测器有闪烁计数器、正比计数器和位敏正比计数器及阵列探测器等。

(1)闪烁计数器。

闪烁计数器属于气体电离计数器，是利用 X 射线光量子使计数器内惰性气体电离，所形成的电子流在外电路中产生一个电脉冲。闪烁计数器由加入约 0.5% Tl(铊)作为活化剂的 NaI(碘化钠)单晶体及光电倍增管组成，其构造及探测原理如图 2.21 所示。

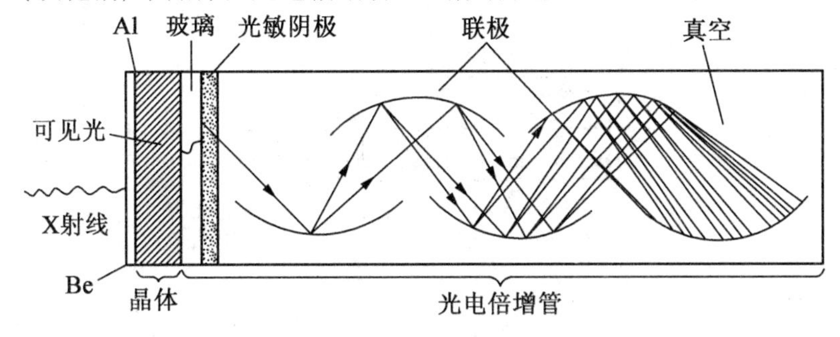

图 2.21　闪烁计数器的构造及探测原理

闪烁计数器的工作原理是利用 X 射线的荧光效应产生电脉冲。先将 X 射线光量子转变为可见光光量子，再转变为电子，然后形成电脉冲而进行计数。闪烁计数器窗口用一薄层 Al 片和 Be(铍)片密封，Be 不能透可见光，但对 X 射线是透明的。闪烁单晶体经 X 射线照射后可发射蓝紫色光。Al 能将晶体发射的光反射到光敏阴极上，并撞出许多光电子，光电子经光电倍增管得到数目巨大的电子，因而产生数伏的脉冲。由于电脉冲的大小正比于入射线强度，从而实现对 X 射线强度的测量。闪烁计数器作用迅速，稳定性好，使用寿命长；其分辨时间仅 10^{-8} s，计数率在 10^6 次/s 以下时不存在计数损失。由于输出脉冲幅度正比于 X 射线光量子的能量，所以也可与脉冲高度分析器联用，从而准确地反映衍射强度，提高测试精度。其主要缺点在于背底脉冲过高，在没有 X 射线光量子射进计数管时仍会产生无照明电流的脉冲，其来源是光敏阴极因热离子发射而产生电子。此外，闪烁计数器体积较大，对温度的波动比较敏感，受振动时容易损坏，且晶体易于受潮解而失效。

(2)正比计数器。

正比计数管及其基本电路如图 2.22 所示。计数管外壳为玻璃，内充 Ar(氩)、Kr(氪)及 Xe(氙)等惰性气体。计数管窗口由云母或 Be 等低吸收系数的材料制成。计数管阴极为一个金属圆筒，阳极为共轴的金属丝，阴阳极之间保持一定的电位差。X 射线光量子进入计数管后，使其内部气体电离，并产生电子。在电场力的作用下，这些电子向阳极加速运动。电子在运动期间，又会使气体进一步电离并产生新的电子，新电子运动再次引起更多气体的电离，于是出现电离过程的连锁反应。在极短的时间内，所产生的大量电子便会涌向阳极，从而产生可探测到的电流。这样，即使少量光量子的照射，也可以产生大量的电子和离子，这就是气体的放大作用。当施加较低电压时，无气体放大作用。当电压升高到一定程度时，一个X射线光量子能电离的气体分子数可达电离室气体分子数的$10^3 \sim 10^5$倍，从而形成电子雪崩现象，因而这是正比计数器的工作区域，该区间一般为600～900 V。

正比计数器所给出的脉冲大小与它所吸收的X射线光量子能量成正比，在进行衍射强度测量时的结果比较可靠。正比计数器的反应极快，对两个连续到来的脉冲分辨时间只需10^{-6} s。它性能稳定，能量分辨率高，背底脉冲低，光子计数效率高，在理想情况下可认为没有计数损失。正比计数器的缺点是对温度比较敏感，计数管需要高度稳定的电压，而且雪崩放电所引起电压的瞬时降落只有几毫伏。

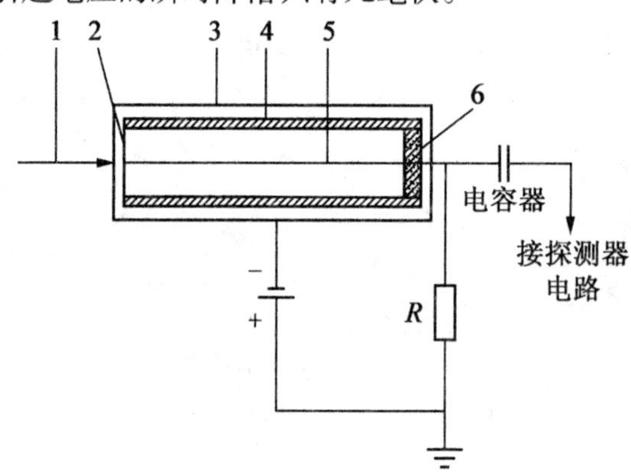

图2.22 正比计数器及其基本电路

1—X射线；2—窗口；3—玻璃壳；4—阴极；5—阳极；6—绝缘体

(3)位敏正比计数器。

位敏正比计数器是一种高速测量的计数器，适用于高速记录衍射花样，测量瞬时变化的研究对象（如相变）、易于随时间而变的不稳定试样和容易因受X射线照射而损伤的试样，以及微量试样和强度弱的衍射信息（如漫散射）。在X射线衍射仪上一般使用一维丝状位敏正比计数器。它是在一般正比计数器的中心轴上安装一根细长的高电阻丝而制成的。因为正比计数器在接收X射线光量子时，只在其接收位置产生局部电子雪崩效应，所形成的电脉冲向计数器两端输出，不同位置产生的脉冲与两端距离不等，因此不同脉冲之间产生一定的时间差。这个时间差使正比计数器在芯线方向具有位置分辨能力。利用一套相应的电子测量系统可以同时记录下输入的X射线光量子数目和能量以及它们在计数器被吸收的位置。

(4)阵列探测器。

通常的探测器也称为点探测器，在任何一个时刻只能接收一个2θ角的衍射。现代衍射仪通常配置一维或二维阵列探测器，在任何时刻可同时接收多个2θ角的衍射，其探测强度相对于点探测器的探测强度可提高100倍以上。使用这些探测器后，测量1 h的样品只需要几分钟就可以完成测试，而且数据质量并不降低。不能将非常强的X射线长时间射入计数管，高强度X射线会使计数管损伤，缩短其使用寿命。例如，做小角度衍射实验（最小衍射角通常小于1°）时，应将狭缝设置为最小值，防止X射线管发出的直射光直接进入探测器而损坏探测器。

5. 滤波系统

粉晶X射线衍射应使用严格的单色光源，在X射线进入计数管之前，需要除掉连续辐射线及K_β辐射线，特别是进行微量相分析、晶体缺陷的研究及小角散射测量时，需尽可能降低背底散射，以获得良好的衍射效果。单色化处理的方法包括使用滤波片、晶体单色器及波高分析器等。

(1)滤波片。

前面章节已经介绍，为了滤去X射线中无用的K_β辐射线，需要选择一种合适的材料作为滤波片，这种材料的吸收限刚好位于K_α与K_β波长之间，滤波片将强烈地吸收K_β辐射线，而对K_α辐射线的吸收很少，从而得到基本上是单色的K_α辐射。

对于单滤波片，通常是将一个K_β滤波片插在衍射光程的接收狭缝光阑RS处。但某些情况下例外，如在Co靶测定Fe试样时，Co靶K_β线可能激发出Fe试样的荧光辐射，此时应将K_β滤波片移至入射光程的发散狭缝DS处，这样可以减少荧光X射线，降低衍射背底。使用K_β滤波片后难免还会出现微弱的K_β峰。

(2)晶体单色器。

为了消除衍射花样的背底，最有效的方法是采用晶体单色器(图2.23)。通常的做法是在衍射线光路上安装弯曲晶体单色器。由试样衍射产生的衍射线(一次衍射线)经光阑系统投射到单色器中的单晶体上，调整单晶体的方位使其某个高反射本领晶面(高原子密度晶面)与一次衍射线的夹角刚好等于该晶面对K_α辐射的布拉格角。这样，由单晶体衍射后发出的二次衍射线就是纯净的与试样衍射线对应的K_α衍射线。晶体单色器既能消除K_β辐射，又能消除由连续X射线和荧光X射线产生的背底。

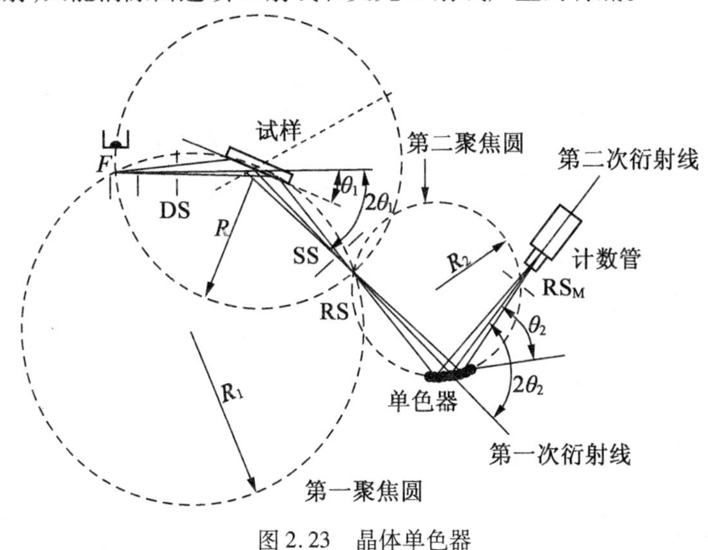

图2.23 晶体单色器

选择单色器的晶体及晶面时，有两种方案：①强调分辨率；②强调反射能力(即强度)。对于前者，一般选用石英等晶体；对于后者，则使用石墨弯曲晶体单色器，它的(002)晶面的反射效率高于其他单色器。但是，通常使用的衍射束石墨弯曲晶体单色器却不能消除$K_{\alpha 2}$辐射，所以经弯曲晶体单色器聚焦的二次衍射线由计数器检测后得出的

是 $K_{\alpha1}$ 和 $K_{\alpha2}$ 双线衍射峰。

(3)波高分析器。

闪烁计数器或正比计数器所接收到的脉冲信号,除了试样衍射特征 X 射线的脉冲外,还将夹杂一些高度大小不同的无用脉冲,它们来自连续辐射、其他散射及荧光辐射等,这些无用脉冲只能增加衍射背底,必须设法消除。

来自探测器的脉冲信号的脉冲波高正比于所接收的 X 射线光量子能量,反比于波长,因此通过限制脉冲波高就可以限制波长,这就是波高分析器的基本原理。如图 2.24 所示,根据靶的特征辐射(如 Cu-K_{α})波长确定脉冲波高的上下限,设法除去上下限以外的信号,保留与该波长相近的脉冲信号(图 2.24 中 WINDOW 区间),这就是所需要的衍射信号。

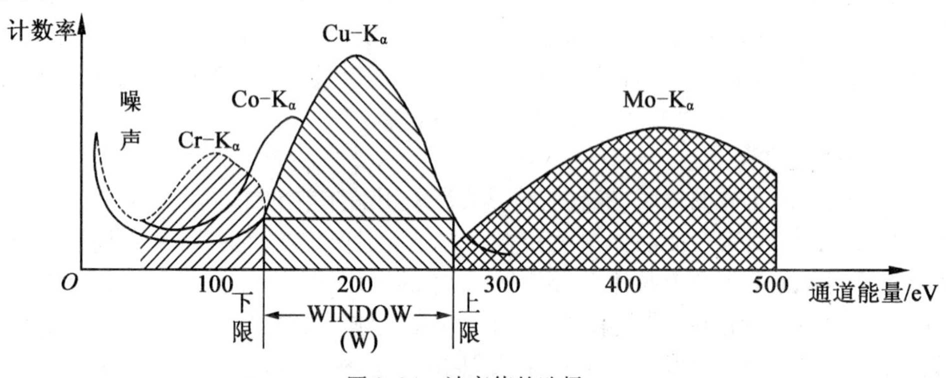

图 2.24 波高值的选择

波高分析器又称脉冲高度分析器,实际是一种特殊的电路单元。脉冲高度分析器由上下甄别器等组成。上下甄别器分别可以限制高度过大或过小的脉冲进入,从而起到去除杂乱背底的作用。上下甄别器的阈值可根据工作要求加以调整。脉冲高度分析器可选择微分和积分两种电路。只允许满足道宽(上下甄别器阈值之差)的脉冲通过时称为微分电路,超过下甄别阈高度的脉冲可以通过时称为积分电路。采用脉冲高度分析器后,可以使入射 X 射线束基本上成单色。所得到的衍射谱线峰背比(峰值强度与背底之比)I_P/I_B 明显降低,谱线质量得到改善。

在实际应用中,为了尽可能地提高单色化效果,一般是滤波片与波高分析器联合使用,或者是晶体单色器与波高分析器联合使用。

2.3.3 其他 X 射线衍射仪

1. 转靶 X 射线衍射仪

提高 X 射线源的强度有利于提高检测灵敏度和检测精度以及加快测量速度。要提高 X 光源强度,就要使高压变压器功率和 X 射线管功率增大。而在常用 X 射线衍射仪中,X 射线源由固定靶提供,功率的提高受到一定的限制。

1949 年,Taylor 制成转靶 X 射线管,由于靶面每分钟做几千次的旋转,不断地改变热焦斑在靶面上的位置,以达到加强冷却的目的,其功率比固定阳极的 X 射线管高出几倍至几十倍。目前,转靶 X 射线衍射仪的高压变压器及 X 射线管的功率可高至 100 kW。

转靶 X 射线衍射仪(旋转阳极)与通常的 X 射线衍射仪(固定阳极)相比,一般封闭式 X 射线管的管电压为 20 ~ 50 kV、最大管电流为 50 mA;旋转阳极 X 射线管的管电压为 20 ~ 60 kV、最大管电流为 300 mA。

由于转靶 X 射线仪的有效功率高,它除了可用于常规衍射分析外,更可用于需要进行精确衍射的实验,如粉晶的晶胞参数测定、微量物相的鉴定、晶体结构的精修及蛋白质结晶学等方面的研究。

2. 面探测器 X 射线衍射仪

面探测器 X 射线衍射仪与一般 X 射线衍射仪的区别在于探测器是采用二维面探测器,从而有效地解决了常规衍射仪对微量样品、大晶粒样品和具有择优取向样品衍射信息大量丢失的问题,并可适时、快速、灵敏、全面地采集多个德拜(Debye)环衍射信息,再通过对二维衍射图形的积分转换为标准的粉末 X 射线衍射图(I-2θ 关系曲线)。可应用于常规粉末衍射分析(包括物相鉴定与定量相分析、指标化与点阵参数的精确测定、结晶度测定、镶嵌尺寸与晶格畸变测定、织构与应力测定、各向同性或各向异性物质小角散射测量),还可像 X 射线探针一样进行微区衍射、微区残余应力分析等。面探测器 X 射线衍射仪具有以下特点。

(1)常规粉末衍射分析。

①速度快,强度高,特别适合高温相变、纤维拉伸等动态研究。因为常规的探测器(如正比计数器、位置敏感探测器等)得到的是德拜环中一个点的信息,而面探测器得到的是二维德拜环信息,然后对整个德拜环进行积分,因而强度高;再加上一次测量可得到大角度范围的数据,因此测量速度很快。

②适合如金属、聚合物等有取向样品的研究,样品中取向的存在,使得衍射德拜环不连续,用常规的点探测器衍射仪探测时很难得到全面的信息(即使用常规的衍射仪要得到全面的信息将会比用面探测器多花上几倍甚至几十倍的时间),而采用面探测器收集的是二维信息,衍射谱能正确反映样品的真实信息。

③特别适合微量样品(需解决衍射强度弱的问题)、粗大颗粒样品(需解决德拜环不连续而导致信息丢失的问题)、有择优取向样品(需解决德拜环不连续的问题)等常规衍射仪较难解决的特殊样品的研究。

(2)织构/取向分布。

正是由于采用了二维面探测器,得到的德拜环衍射信息比较全面且快速,而在常规的衍射仪上需要对样品进行三维空间的转动并进行相应的测量,速度很慢。

(3)应力分析。

常规衍射仪需要几小时的工作,面探测器衍射仪只需几分钟,而且一次测量可得到不同方向的应力分析。又由于直接对整个德拜环的二维信息进行处理,相对于常规的应力分析来说,可得到很高的分析精度。

(4)微区分析。

对常规衍射仪来说,对微小区域的分析由于强度太弱而比较困难,而采用面探测器,测量的强度是将二维的德拜环的强度积分,强度提高几个数量级,从而有效地解决了微区分析强度太弱的问题。可在计算机上直接提供样品的视频图像,通过激光定位系统可任意选择测量点。微区分析功能非常适合界面研究、矿物、材料失效等方面,还可进行微区织构/取向样品及微区应力分析等。

(5)结晶度分析。

对高分子等这类存在择优取向的样品来说,结晶度的测量非常重要,使用常规的衍射仪和常规的方法进行分析会由于丢失信息而使测量结果不可信。因此在常规的衍射仪上,需要像测量织构样品那样进行三维空间的转动以测量整个德拜环的信息,但速度非常慢,而且数据处理软件也不完全匹配;或者将样品研磨成粉末再测量,但制样困难,也未能完全消除取向影响。采用面探测器衍射仪,可完全消除择优取向对结晶度测量的影响,而且测量速度快,可以进行无损测量。

面探测器衍射仪非常适用于快速粉末衍射、快速高质量的织构/取向研究、快速高质量的应力研究、微区或选区衍射、X 射线小角散射(Small Angle X-ray Scattering,SAXS)、高分子研究等方面。

综上所述,衍射仪法突出的优点是简便快速和精确度高。随着衍射仪自动化程度的不断完善及具有各种功能的计算机软件的不断改进,衍射仪的优点会更加突出,所以目前衍射仪技术已在国内外被广泛使用。

2.4 X射线分析方法

X 射线照射晶体所产生的衍射具有一定的特征,可用衍射线的方向及强度表征,根据衍射特征来鉴定晶体物相的方法称为物相分析法。X 射线物相分析原理基于任何结晶物质都有其特定的化学组成和结构参数(包括点阵类型、晶胞大小、晶胞中质点的数目及坐标等)。当 X 射线通过晶体时,产生特定的衍射图形,对应一系列特定的面间距 d 和相对强度 I/I_1。其中,d 与晶胞形状及大小有关,I/I_1 与质点的种类及位置有关。所以,任何一种结晶物质的衍射数据 d 和 I/I_1,是其晶体结构的必然反映。不同物相混合在一起时,它们各自的衍射数据将同时出现,互不干扰地叠加在一起,因此,可根据各自的衍射数据来鉴定不同的物相。

任何多晶物质都具有其特定的 X 射线衍射谱,此衍射谱包含大量的结构信息。根据此特点,国际上建立了相应的标准物质衍射卡片库,收集了大量多晶物质的衍射信息。卡片库中包含了标准物质的晶面间距和衍射强度,是进行物相分析的重要参考数据。

X 射线物相分析包括定性分析与定量分析。定性分析是将实测衍射谱线与标准卡片数据进行对照,来确定未知试样中的物相类别。定量分析则是在已知物相类别的情况下,通过测量这些物相的积分衍射强度来测算它们各自的质量分数。

下面将介绍标准衍射卡片并举例说明利用标准卡片进行定性分析的过程及常见问题,讨论几种主要的定量分析方法及其特点。

2.4.1 标准卡片

卡片是由粉末衍射标准联合委员会(Joint Committee on Powder Diffraction Standards,

JCPDS）收集、校订和编辑的，俗称PDF卡片。该卡片于1969年开始发行，其具体格式如图2.25所示。下面就PDF卡片的各栏内容以及缩写符号含义说明如下。

（1）d：1a、1b、1c为该物相的三条最强线的d值，最后的1d为其衍射线中最大的d值。

（2）I/I_1（相对强度）：2a、2b、2c、2d所列的是4条衍射线的相对强度。其中最强线的相对强度为100，依此类推。

（3）测定条件：

Rad.——阳极靶材（X射线辐射种类）；

λ——辐射波长；

Filter——滤波片材料；

Dia.——所用相机直径；

Cut off——该设备所能测得的最大面间距；

Coll.——光阑狭缝的宽度或圆孔尺寸；

I/I_1——测量衍射线条相对强度的方法（照相法、衍射仪法、计算法）；

Ref.——参考文献（数据来源）。

（4）晶体学参数：

Sys.——晶系；

S. G.——空间群符号；

a_0，b_0，c_0——晶胞棱长；

A，C——轴比，$A=a_0/b_0$，$C=c_0/b_0$；

α，β，γ——晶轴夹角；

Z——单位晶胞中化学式单位的数目；

V——单位晶胞体积；

Ref.——参考文献（数据来源）。

（5）光学及主要物理性质：

ε_α，$n\omega_\beta$，ε_γ——折射率；

Sign——光学性质的正或负；

$2V$——光轴间夹角；

D——实测密度；

M-P——熔点；

Color——颜色；

Ref.——参考文献（数据来源）。

（6）样品来源、制备方法、化学成分及相关资料：

S-P——升华点；

T-P——转变点；

D-T——分解温度。

（7）分子式：矿物学名称或化学式名称。

（8）卡片数据的可靠性：

★——较高的可靠性；

i——已指标化,并估计强度,数据可靠性稍差;

C——衍射数据来自计算值;

O——可靠性较差;

无标记——可靠性一般。

(9)卡片号:“—”线前面数字为组号,后面为序号。

卡片集是将几组卡片按号码序编辑成册,如1~5组为一集,6~10组为一集等,这是为了迅速地从数万张卡片中找出所需的卡片,可使用卡片索引。随着计算机技术的发展,一般的物相鉴定可由计算机自动进行。但对于多相物质,仍需人工检索和鉴定。

<table>
<tr><td colspan="12">9</td></tr>
<tr><td>d</td><td>1a</td><td>1b</td><td>1c</td><td>1d</td><td colspan="7" rowspan="2">8
7</td></tr>
<tr><td>I/I_1</td><td>2a</td><td>2b</td><td>2c</td><td>2d</td></tr>
<tr><td colspan="6" rowspan="2">Rad. λ Filter
Dia. Cut off Coll. I/I_1
Ref.
3</td><td>d/Å</td><td>I/I_1</td><td>hkl</td><td>d/Å</td><td>I/I_1</td><td>hkl</td></tr>
<tr><td rowspan="4"></td><td rowspan="4"></td><td rowspan="4"></td><td rowspan="4"></td><td rowspan="4"></td><td rowspan="4"></td></tr>
<tr><td colspan="6">Sys. S.G.
a_0 b_0 c_0 A C
α β γ Z V
Ref.
4</td></tr>
<tr><td colspan="6">ε_α $n\omega_\beta$ ε_γ Sign
2V D M-P Color
Ref.
5</td></tr>
<tr><td colspan="6">6</td></tr>
</table>

图2.25 PDF卡片

2.4.2 物相定性分析

1. 基本原理

在物相定性分析前,要尽可能地了解一些相关的样品信息,如样品来源和产状,是否经过深化加工和预处理,以及化学成分和其可能的矿物成分等。根据这些信息,按不同专业特点,对所做样品进行物相判断,然后进行物相定性分析。

物相定性分析需要进行以下工作:①利用照相法或衍射仪法获得被测试样的X射线衍射谱线,确定每个衍射峰的衍射角2θ和衍射强度I,规定最强峰的强度为$I_1=100$,依次计算其他衍射峰的相对强度I/I_1;②根据辐射波长λ和各个2θ值,由布拉格方程计算出各个衍射峰对应的晶面间距d,并按照d由大到小的顺序分别将d与I/I_1排成两列;③利用这一系列d与I/I_1的数据进行PDF卡片检索,将这些数据与标准卡片中的数据进行对照,从而确定出待测试样中各物相的类别。

现代 X 射线衍射系统都配备有自动检索匹配软件,通过图形对比方式检索多物相样品中的物相。从 PDF 卡片库中检索出与被测谱图匹配的物相的过程称为检索与匹配(search and match)。

计算机检索是按照事先编制的程序和建立的数据库进行对比检索。对于不同的程序,对比检索的方法也不同。在编制程序时,先要给定检索的方法和原则。例如,是否以 d 值或其他数据匹配的好坏作为主要判据;是否考虑化学组成的核对等。然后,将未知样品的数据输入,计算机即按一定的程序进行检索。一般是先在较低的精度范围内进行粗检,即选出相对命中率较高的一系列卡片,若卡片上三强线在试样数据中出现,则被选中;然后再以较高的精度要求,即设置各种标准,对粗选的卡片进行对比。例如,d 值误差范围在±1%,强度误差范围在±40%。凡在误差范围内的物相均可能被检出,所以初选出的可能物相会很多,应再输入有关数据(如试样化学成分、物理性质等),将物相按可靠性因子 R 值的次序分类、筛选,由计算机判断实际存在的物相。最后,将相对命中率较高的卡片输出,作为选中的卡片,从而对待测物相做出鉴定。由计算机检索出的物相是否与实际物相相符,最终还需靠人工的经验做出最后的判断。

在进行物相鉴定时,考虑到实验误差及试样与标准样品的差异,允许实测的衍射数据与索引或卡片数据有一定的误差。要求 d 值尽量符合(误差约为±1%);相对强度误差可较大,至少变化趋势或强弱次序应尽量相符。自动测定和自动检索定性相分析的步骤如图 2.26 所示。

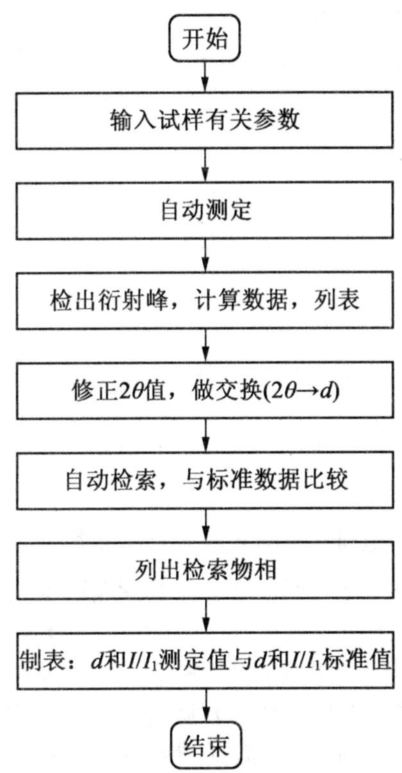

图 2.26 自动测定和自动检索定性相分析的步骤

多相混合物质的衍射谱图是由构成试样各相的衍射谱图叠加而成的，某相的衍射线位置不因其他相的存在而改变。如果各相的吸收系数类似，则相对强度也不受其他相存在的影响。固溶体的衍射谱图则是以主晶相的衍射谱图为主，即与主晶相谱图相似。

2. 多相物质鉴定的一般方法

(1)衍射强度归一化。

计算全部衍射数据的相对强度。由于多相试样实测数据包含各物相的衍射数据，所以在多相物质鉴定前计算全部衍射数据的相对强度值，并不是某个物相的相对强度值，故称为"衍射数据归一化"，其作用在于易于分辨所有衍射数据的强度分布情况，且有利于对重叠线的分析。这一点与单相物质鉴定前求 I/I_1 值是有所区别的。直到最后找出所有物相后，才分别计算各物相的相对强度。

(2)鉴定第一相。

了解所测样品的化学元素、组成，先用试探法或二强组合试探法找出第一种物相。

(3)妥善处理余下数据。

当确定第一种物相后，标记其数据，将余下的数据重新归一化，再按单相的方法确定剩余数据对应的物相，依次逐一确定所有的物相。在开始进行第二相、第三相等的鉴定时，应注意重叠线的问题，即若第一相与其他相的某一衍射线重叠时，则当确定了第一相后，此重叠线对应的衍射数据不可剔除，应继续留用。多相鉴定的步骤如图 2.27 所示。

为了配合计算机检索的应用，JCPDS 发行了新的粉末衍射卡版本(称 PDF-2，包含物相的单胞、晶面指数、实验条件等全部数据)及其 CD-ROM 产品，此粉晶衍射卡版本包含约 60 000 个物相，可全部存入高密度的 CD-ROM 中。使用 CD-ROM 数据库，可在大约 60 s 内完成物相的识别工作。

3. 物相定性分析应注意的问题

定性分析的原理和方法虽然简单，但在实际工作中往往会遇到很多问题，不但涉及衍射谱线的问题，更主要是物相鉴别中的问题。

(1) d 值比 I/I_1 值重要。

晶面间距 d 是定性物相分析的主要依据，在衍射数据中，d 值通常可以测得很准，多数卡片的 d 值可测准到小数点后四位。但由于试样和测试条件与标准状态的差异，不可避免存在测量误差，使 d 测量值与卡片上的标准值之间有一定偏差，误差范围一般在 ±1% ~ ±2%。当被测物相中含有固溶元素时，此偏离量可能更大，要根据试样本身的情况加以判断。

相对衍射强度 I 对试样物理状态和实验条件等很敏感。对于同一物相，影响其衍射强度的因素有样品结晶程度(影响衍射峰形)、纯度(影响分辨率)、粉末试样细度(在 θ 值相同时，对 X 射线的吸收不同)、辐射波长(在 d 值相同时，角因子 $\varphi(\theta)$ 不同)、粉末样品制备条件(存在择优取向)。使用不同的测试方法(照相法或衍射仪法)时，由于它们的 $R(\theta)$ 不同，衍射强度也不同。卡片的标准数据中绝大多数为衍射仪所得，少数为早期照相法所得。早期所用样品不但纯度低，数据精度也低，强度偏差较大。即使采用衍射仪获得较为准确的强度测量，也可能与卡片中数据存在差异。如果不同相的晶面间距相近,必然造成衍射线条的重叠,也就无法确定各物相的衍射强度。当存在织构时,会使衍射相对强度出现反常分布。这些都是导致实测相对强度与卡片数据不符的原因。所以,试样的强度数据不一定与卡片的强度数据完全一致。在进行数据核对时,主要要求 d 值相符合,而 I/I_1 值不一定要求数值相符,通常要求其变化趋势相符即可。因此,在进行物相定性分析时,要求试样的 d 值测准。

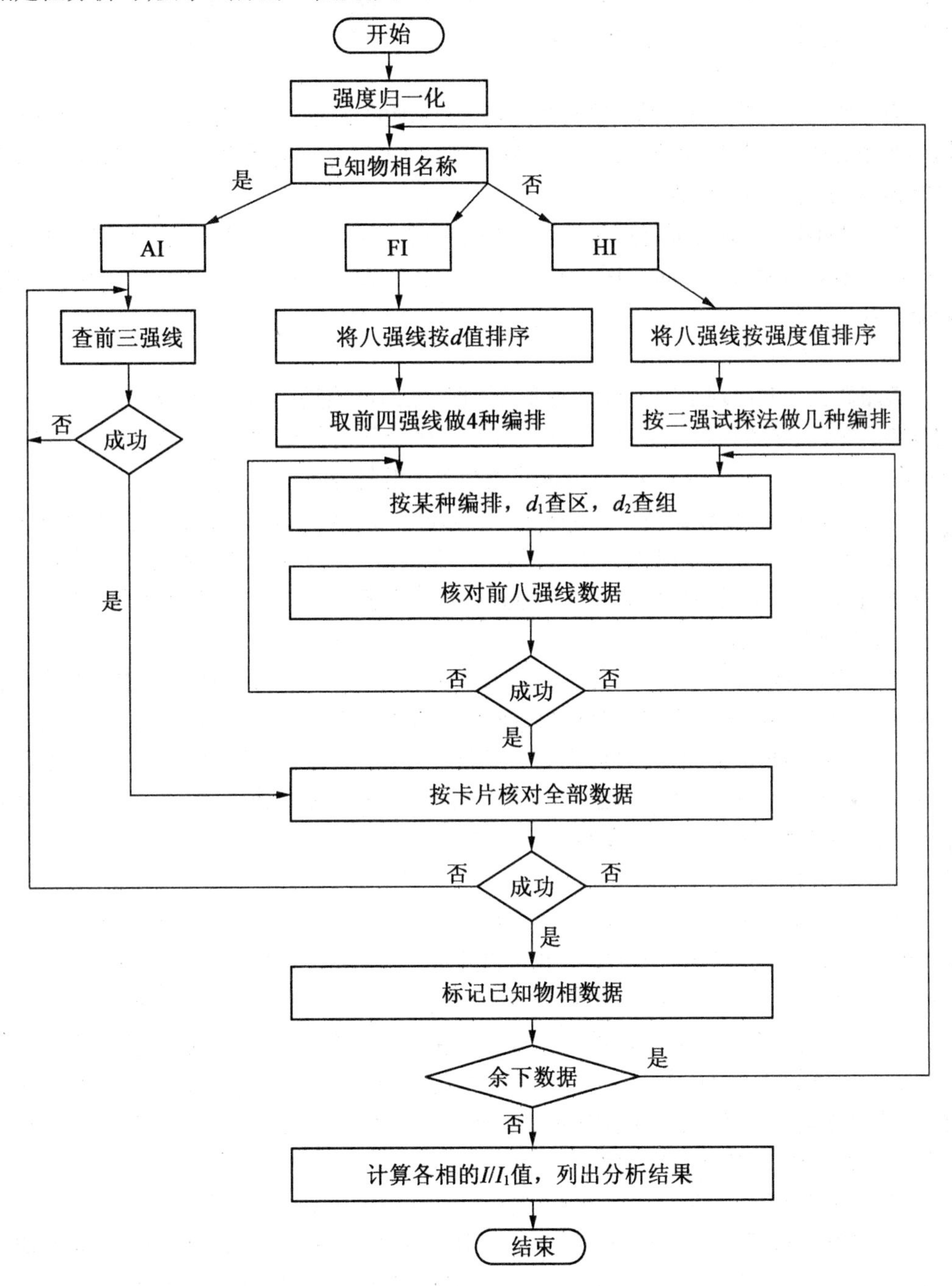

图 2.27　多相鉴定的步骤

(2)低角度的数据比高角度的数据重要。

对于不同物相,低角区 d 值相同的机会很少,即出现重叠线的机会很少。但对于高角区的线(d 值小的线),不同物相衍射线之间相互重叠的机会就会增多。此外,当使用波长较长的 X 射线时,一些高角度线会消失,但低角度线则总是存在;当样品粒度过小或结晶不良时,会导致高角度线的缺失。所以,在对比衍射数据时,对于无机材料,应重视低角度的线,特别是 $2\theta=20°\sim60°$ 的线。

(3)强线比弱线重要。

强线代表了主成分的衍射,较易被测定,且出现的情况比较稳定;弱线则可能由于其物相在样品中的含量低而缺失或难以分辨。所以,在核对衍射数据时应对强线给予足够的重视,特别是低角区的强线。

在做出鉴定后,有时可能还余下几条弱线得不到解释,这很可能是样品引入的杂质或外部环境对衍射仪测定时的影响所产生的。通常,I/I_1 值在 1% ~10% 的弱线,可靠性较差,可以舍弃。

(4)部分线缺失。

实测数据有时出现个别衍射线缺失的情况,原因可能是:测量角度范围过小,只有测试范围内的线;样品有明显的择优取向,造成某些面网衍射概率低,使部分衍射线缺失;衍射仪灵敏度低,测不出样品结晶度低或物相含量低的弱线。

在混合物中,含量较低的物相的最强线的强度相对来说不是很大,且属于此物相的衍射线很可能仅有一两条或两三条。因此,对含量较低的物相,核对数据时不可能将标准数据全部对上,必须根据多方面的信息进行综合分析,从而做出正确的判断。

(5)重视特征线。

对一个物相来说,只有当某几条衍射线同时存在时,才能肯定这个物相的存在。在低角区内,属于某物相而不与其他物相衍射线重叠的几条强线称为该物相的特征线或特征峰。对于结构相似的物相,如某些黏土矿物及许多类质同晶的晶体,它们的衍射数据往往大同小异,对于这些物相的鉴定,必须重视特征线,以便快速准确地做出判断。熟悉某些物相的特征线有助于对混合物相的鉴定。

(6)重叠线的处理。

在鉴定混合物相时,必须充分考虑到不同相的衍射线条会因晶面间距相近而互相重叠,致使谱线中的最强线可能并非某单一相的最强线,而是由两个或多个相的次强或三强线叠加的结果。在鉴定第一相时,如果发现某条线的实测 I/I_1 值比标准 I/I_1 值高很多,就必须特别注意该线是否有重叠的可能。在鉴定出第一相后,剔除重叠线中属于第一相的 I/I_1 值,即减去标准卡中对应线条的强度后,与其他未用过的线条一起,再次挑选强线,继续查索引。目前,全自动衍射仪已配备了分峰程序,可以对实测的衍射图进行分峰处理,从而降低了物相鉴定的难度。

(7)同一物相对应多种标准衍射数据。

由于试样的来源、成因、纯度、测试方法、仪器及条件等的差异,一种物相常常对应几种略有出入的标准数据,甚至有的差异很大,尤其是难以得到纯品及固溶体的数据。因此,在将实测数据与标准数据对比时,应注意这些标准数据所附的说明,或把同种物相的所有卡片进行对比，总结它们的差异及特点，再与实测数据进行比对。

(8)注意鉴定结果的合理性。

在物相鉴定前，应了解样品的来源、产状、处理或加工过程、做过的其他各种分析实验结果、可能存在的物相及其物理性质，这有利于对物相做出准确的鉴定。对物相做出最后鉴定时，要注意鉴定结果是否合理，即是否与光谱分析、化学分析等结果相符；是否与样品的形态特征、物理性质、成因产状等相符。对矿物则应考虑所鉴定出的几种矿物是否可能共生或伴生。总之，物相的定性分析除考虑数据的核对之外，还应结合各方面的知识和信息综合进行分析，以获得合理正确的结论。

2.4.3 物相定量分析

如果不仅要求鉴别物相的种类，还要求测定各相的含量，就必须进行定量分析。物相的定量分析是用X射线衍射方法测定样品中各种物相的含量。物相定量的分析原理为：每种物相的衍射线强度随其相含量的增加而提高，由强度值的计算可确定物相的含量。多相试样中各相的衍射强度随该物相的含量增加而加强，但由于衍射强度还受其他因素的影响，并不一定呈线性的正比关系，在利用衍射强度计算物相含量时必须进行适当修正。进行物相定量分析时，对强度的测试及分析精度要求较高。

1. 基本原理

定量分析的依据是物质中各相的衍射强度。在多相混合物中任一相j的某条衍射线的强度不仅与j相在混合物中的含量有关，而且与混合物各相吸收作用有关。若设多相混合试样中j相参与衍射的体积为V_j，密度为ρ_j，质量为m_j，质量分数为w_j，体积分数为f_j，I为某物相的衍射强度，C为未知常数，混合试样的质量为m，密度为ρ，参与衍射的体积为V，线吸收系数为μ，质量吸收系数为μ_m，则

$$I=C\frac{V}{\mu} \tag{2.38}$$

$$m_j=V_j\rho_j \tag{2.39}$$

$$w_j=\frac{m_j}{m} \tag{2.40}$$

$$f_j=\frac{V_j}{V} \tag{2.41}$$

$$\mu=\rho\mu_m \tag{2.42}$$

$$\rho=\frac{m}{V}=\frac{f_j\rho_j}{w_j} \tag{2.43}$$

将式(2.38)推广到多相物质中，则多相混合物中第j相的某条衍射线强度为

$$I_j=C_j\frac{f_j}{\mu} \tag{2.44}$$

式中 C_j——样品中与第j相相关的常数。

式(2.44)中，I_j是以线吸收系数μ和体积分数f_j表示的。现利用式(2.42)和式(2.43)，将式(2.44)变换为以质量分数w_j和质量吸收系数μ_m表示的形式：

$$I_j=\frac{C_j w_j}{\rho_j \mu_m} \tag{2.45}$$

式(2.45)是多相混合物X射线物相定量分析的基本公式。式中，C_j/ρ_j 是 j 相某一特定衍射线的特征常数；μ_m 不是 j 相的质量吸收系数，而是整个待测试样总的质量吸收系数。

若试样中有 n 种相，则

$$\mu_m = \sum_{j=1}^{n} w_j\mu_{mj} = w_j\mu_{mj} + (1 - w_j)\mu_{mM} \tag{2.46}$$

$$I_j=\frac{C_j w_j}{\rho_j[w_j(\mu_{mj}-\mu_{mM})+\mu_{mM}]} \tag{2.47}$$

式中 μ_{mj}——j 相的质量吸收系数；

μ_{mM}——基体(混合物中除 j 相以外的其余部分)的质量吸收系数。

对于多相混合试样而言，由于物质吸收的影响，多相物质中各相的吸收系数不同，从而使各相衍射强度(I_j)与其含量(w_j)呈非线性关系。这种由于基体吸收引起 I_j 与 w_j 呈非线性关系的现象称为基体吸收效应，简称基体效应。

基体效应给X射线定量分析带来一定的困难。多相混合试样的各种定量分析方法的关键问题是处理试样吸收的影响。通常采用实验处理或简化计算等方法解决基体效应的影响，从而在式(2.47)的基础上引出了各种定量分析方法。

2. 物相定量分析方法

以下对几种常用的定量方法做简要的介绍。

(1)内标法。

内标法是将一定数量的标准物质(内标样品)掺入待测试样中，以这些标准物质的衍射线作为参考，来计算未知试样中各相的含量，这种方法避免了强度因子计算的问题。

在包含 n 种相的多相物质中，j 相的质量分数为 w_j，如果掺入质量分数为 w_s 的内标样品，则 j 相的质量分数 w_j' 变为 $(1-w_s)w_j$，将此质量分数以及 w_s 分别代入式(2.47)，整理后得到

$$w_j=\frac{C_s\rho_j}{C_j\rho_s}\frac{w_s}{1-w_s}\frac{I_j}{I_s}=R\frac{I_j}{I_s} \tag{2.48}$$

式中 I_j——j 相的衍射强度；

I_s——内标样品的衍射强度。

式(2.48)表明，当 w_s 一定时，j 相的含量 w_j 只与强度比 I_j/I_s 有关，而不受其他物相的影响。

利用式(2.48)测算 j 相的含量，必须首先确定常数 R 值。为此，制备不同 j 相含量(w_j)的已知试样，它们中都掺入相同含量(w_s)的内标样品。分别测量不同 w_j 的已知试样衍射强度比 I_j/I_s，利用测得的数据绘制出 I_j/I_s 与 w_j 的关系曲线，这就是定标曲线，如图2.28所示。采用最小二乘法求得直线斜率，该斜率即为系数 R 值。然后，方可测量未知试样中 j 相的含量。在待测试样中也掺入与上述相同含量 w_s 的内标样品，并测得 I_j/I_s 值，根据式(2.48)及系数 R 来计算待测试样中 j 相的含量 w_j。需要说明的是，未知试样与上述已知试样所含内标样品的质量分数 w_s 必须相同，在其他方面两者之间并无关系，

而且也不必要求两类试样所含物相的种类完全相同。

常用的内标样品包括 $\alpha-Al_2O_3$、ZnO、SiO_2 等,它们易于做成细粉末,能与其他物质混合均匀,且具有稳定的化学性质。

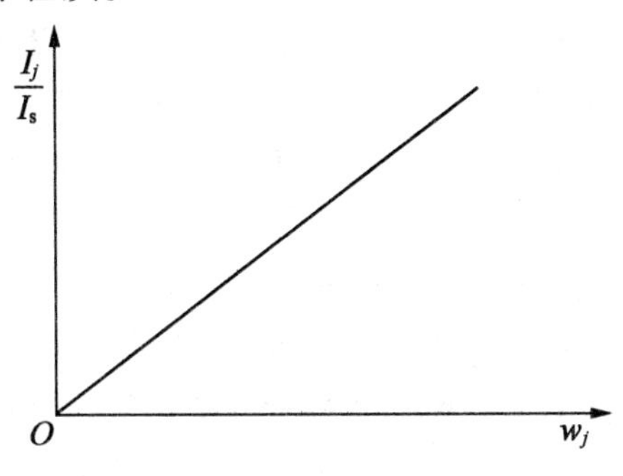

图 2.28　内标法的定标曲线(w_s 一定)

内标法的缺点是:首先在绘制定标曲线时需配制多个混合样品,工作量较大;其次由于需要加入恒定含量的内标样品粉末,所绘制的定标曲线只能针对同一标样含量的情况,使用时非常不方便。为了克服这些缺点,可采用下面介绍的 K 值内标法。

图 2.29 的定标曲线用于测定工业粉尘中的石英含量。制作曲线时采用 20% 萤石(CaF_2)粉末作为标准物质。

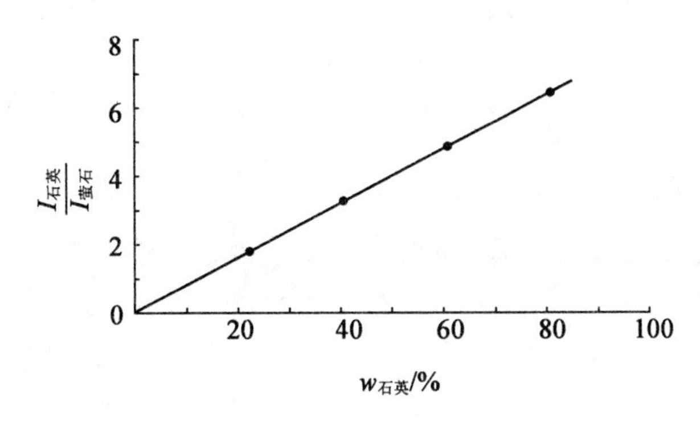

图 2.29　石英分析的定标曲线

(2)K 值内标法(基体清洗法)。

Chung 对内标法加以改进,引入常数 K,所形成的定量分析法称为 K 值法或基体清洗法。此 K 值就是内标法中定标曲线的斜率。

在 K 值法中,将刚玉 $\alpha-Al_2O_3$ 作为普适内标物(当样品待测物相中有 Al_2O_3 时,可考虑选其他标准物)和纯 j 相物质,将它们按质量 1 : 1 的比例进行混合,混合物中它们的质量分数为 $w_j'=w_s=50\%$。代入式(2.48)中,得到此混合物的衍射强度比为

$$\frac{I_j}{I_s}=\frac{C_j\rho_s}{C_s\rho_j}=K_c^j \tag{2.49}$$

式中　I_j——j 相的衍射强度;

I_s——内标物质的衍射强度;

K_c^j——j 相的参比强度或 K 值。

K 值只与物质参数有关，而不受各相含量的影响。

目前，许多物质的参比强度已经被测出，并以 I/I_c 的标题列入 PDF 卡片索引中，以供查找使用，这类数据通常以 $\alpha-Al_2O_3$ 为参考物质，并取各自的最强线计算其参比强度。

另外，对一定的辐射条件和衍射线来说，K_c^j 是恒定的，即一个精确测定的 K_c^j 值具有普适性，可用于任何多相混合物的物相定量分析，即使有非晶相的存在，也不受干扰，并可将其定量。

K 值法除了不需配置一系列标准试样、不必绘制定标曲线之外，还因所需测定的数据是由同一次扫描过程获得的，所以使来自仪器和样品制备的误差减至最小。实际上 K 值法可看成是一种改进的内标法，既可避免基体吸收的影响，又应用简便。所以，K 值法已得到广泛应用。

下面具体举例说明 K 值法的应用。

【例 2.1】 在由 ZnO、KCl、LiF 组成的三相混合物中，所用物质均为分析纯试剂，取 $\alpha-Al_2O_3$ 为参比物。先将各物质研磨至粒径为 5 ~ 10 μm，然后将各相与参比物按质量比 1 : 1 混匀，测定各物相的参比强度 K_c^j，所得实验数据和计算结果见表 2.6。

表 2.6 3 种物相参比强度的测定结果

试样	衍射强度比值	参比强度 K_c^j 的计算值	JCPDS 的参比强度值
$m_{ZnO} : m_{Al_2O_3} = 1 : 1$	8 178 : 1 881	4.35	4.5
$m_{KCl} : m_{Al_2O_3} = 1 : 1$	4 740 : 1 223	3.88	3.9
$m_{LiF} : m_{Al_2O_3} = 1 : 1$	3 283 : 2 487	1.32	1.3

混合试样的配合比及相关测试数据列于表 2.7。如求 ZnO 含量时，先配制 ZnO 和刚玉 $w_{ZnO} : w_s = 1 : 1$ 的内标样品，测试样品中 ZnO 和刚玉的最强线强度，得到 $I_{ZnO} =$ 8 178 CPS，$I_s =$ 1 881 CPS，则 $K_c^j = I_{ZnO}/I_s = 8\ 178/1\ 881 = 4.35$，而 JCPDS 卡片中 ZnO 的参比强度 $I_{ZnO}/I_s = 4.5$。然后在原始试样中加入 0.818 1 g 的刚玉粉，$w_s = 17.96\%$。以相同的实验条件测含有刚玉粉的混合试样中 ZnO 和刚玉的最强线，得 $I_{ZnO} =$ 5 968 CPS，$I_s =$ 599 CPS，则 ZnO 在混合试样中的含量为

$$w'_{ZnO} = \frac{w_s}{K_c^j} \cdot \frac{I_{ZnO}}{I_s} = \frac{0.179\ 6}{4.35} \times \frac{5\ 968}{599} = 41.14\%$$

表 2.7 物相含量测定结果

物相	质量/g	理论含量/%	衍射强度/CPS	混合试样中实际含量/%	原试样中含量/%
ZnO	1.890 1	41.49	5 968	41.14	50.56
KCl	1.012 8	22.23	2 845	21.99	27.09
LiF	0.834 8	18.32	810	18.40	22.33
Al_2O_3	0.818 1	17.96	599	—	—

最终可得 ZnO 在原试样中的含量为

$$w_{ZnO}=\frac{w'_{ZnO}}{1-w_s}=0.411\ 4\div(1-0.179\ 6)=50.56\%$$

【例 2.2】 ZnO、TiO_2(金刚石)、$BaSO_4$、SiO_2(非晶相)组成的四相混合物,以刚玉为标准物,分析数据及结果见表 2.8。

表 2.8 物相含量测定结果

物相	质量/g	实际含量/%	衍射线 *hkl*	衍射强度/CPS	参比强度 K_c^j	混合试样中的含量 w_j'/%	原试样中的含量 w_j/%
ZnO	1.288 6	80.10	002	1 034	2.15	28.91	36.09
TiO_2			110	617	2.97	12.49	15.59
$BaSO_4$			211	860	2.07	24.89	31.19
SiO_2			—	0	—	13.72	17.13
Al_2O_3	0.320 2	19.90	104	331	1.00	—	—

(3)绝热法(自清洗法)。

绝热法是由 K 值法(基体清洗法)简化而来。当试样中各相均为晶体材料时,j 相的质量分数为 w_j,则满足式(2.49),此时不难证明

$$w_j=\frac{1}{1+\dfrac{K_c^j}{I_j}\sum_{j=2}^{n}\dfrac{I_j}{K_c^j}} \tag{2.50}$$

在这种情况下,一旦获得各物相的参比强度 K_c^j 值,测量出各物相的衍射强度 I,利用式(2.50)即可计算出每相的质量分数。其中,各个物相的参比强度为相同内标物质,测量谱线与参比谱线晶面指数也相对应,否则必须进行相应换算。

例如,对于表 2.6 和表 2.7 所示的四相混合物试样(此时 Al_2O_3 不为内标物质,而是作为混合物试样中待测物相之一而存在,其含量也需测算),按式(2.50)计算,其中 ZnO 的质量分数为 $w_j=41.33\%$,具体计算过程如下:

$$w_{ZnO}=\frac{1}{1+\dfrac{4.35}{5\ 968}\times\left(\dfrac{2\ 845}{3.88}+\dfrac{599}{1.00}+\dfrac{810}{1.32}\right)}=41.33\%$$

类似地,还可求出其余 3 种物相的质量分数,其结果见表 2.9。

表 2.9 测试 4 种物相含量的数据

物相	参比强度 K_c^j	衍射强度 I_j/CPS	含量 w_j/%
ZnO	4.35	5 968	41.33
KCl	3.88	2 845	22.14
LiF	1.32	810	18.48
Al_2O_3	1.00	599	18.04

绝热法(自清洗法)不需添加标准物,因此它比 K 值法更简便。特别是当有些物相某条衍射线与刚玉的衍射线重叠,此时绝热法就显得更为有利。但是,如果样品中存在非晶相,则绝热法就不能使用,而 K 值法不受此限制。

上述几种内标法特别适合于粉末试样,而且效果也比较理想。尤其是 K 值内标法,在已知各物相参比强度 K 值的情况下,不需要向待测试样中添加任何物质,而根据衍射强度及 K 值计算各物相的含量,因此该方法对块体试样同样适用。

(4)多相全谱拟合无标样定量相分析。

1967 年,Rietveld 在粉末中子衍射结构分析中,提出了粉末衍射全谱最小二乘拟合结构修正法;1977 年,Young 等人把这种方法引入多晶粉末 X 射线衍射分析。Rietveld粉末衍射花样全谱拟合精修晶体结构的方法,利用数据化的全谱衍射数据,充分利用衍射谱图的全部信息,几乎解决了所有结晶学问题,在多晶体衍射分析的各领域占有重要的地位。

无标定量的基本原理为:多晶衍射在三维空间的衍射被压缩成一堆,失去了各 *hkl* 衍射的方向性;衍射峰之间的重叠模糊了每个 *hkl* 衍射强度分布曲线的轮廓,从而失去了隐藏在粉末衍射图中丰富的结构信息。Rietveld 充分利用衍射谱图上每步的数据,根据衍射谱图上 $2\theta_i$ 处的实测强度 $y_i(\text{obs})$ 是由临近范围内许多布拉格(Bragg)反射共同参与形成的,计算强度 $y_i(\text{calc})$ 则是结构模型结构参数与峰值参数临近范围内各 Bragg 反射的贡献进行累加计算的结构因素值等因素造成的,在用最小二乘法全谱拟合的过程中,要使下式的残差值(目标函数)达到最小值:

$$S = \sum_i w_i [y_i(\text{obs}) - y_i(\text{calc})]^2 \tag{2.51}$$

用最小二乘法求残差值最小,需用残差函数 S 对计算强度 $y_i(\text{calc})$ 中每一个可调的参数求导数,包括测角仪的零点、衍射峰峰形函数的参数、样品的晶胞参数、晶胞内原子的坐标参数、温度因子参数以及占有率、比例因子等,最后通过求解非线性方程组可得。

多相全谱拟合无标样定量相分析的关键是:首先对试样中的物相鉴定结果必须确定无误;其次要求有高质量的数据谱;最后要求具有试样中所有物相的晶体结构数据(通常要求具有数据库)。

定量分析方法很多,除以上介绍的以外,还有直接对比法、增量内标法、外标法等,因篇幅所限不能一一列出,详见有关参考文献。

3. 物相定量分析应注意的问题

X 射线定量分析方法的根本依据在于衍射强度与含量呈一定的函数关系,但由于衍射强度易受各方面条件的影响,因而在进行定量分析时应注意减少各种因素的影响。

(1)标样的选择。

在 X 射线衍射定量分析方法中,标样的选择是定量分析的一项重要工作。通常,内标样品的选择应注意以下几点:

①具有良好的稳定性。使用时或长期放置后不氧化、不吸水、不分解、不腐蚀、不与样品起化学反应且无毒性。

②在常用 K 系辐射($Cu-K_\alpha$、$Fe-K_\alpha$、$Co-K_\alpha$ 等)下,不产生 K 系荧光,以免增加背底

而影响微量相的检测。

③衍射峰较少,与被测物相所选衍射峰靠近,且不与其他物相衍射峰重叠或受其干扰。

④衍射强度较强,结晶完整性及粒度与被测物相相当,且无内应力。

⑤吸收系数与被测物相的吸收系数尽量接近。

⑥加入量要适当。内标样品的加入量与待测衍射峰的强度有关,一般1 g试样中含0.1~0.3 g的内标样品即可,两者要混匀。

常用的标准物有α-Al_2O_3、ZnO、TiO_2、Cr_2O_3、α-SiO_2、CaF、KCl、NaCl、Fe_2O_3、MgO等。

(2)样品的制备。

试样应具有足够的大小和厚度,使入射线光斑在扫描过程中始终照射在试样表面以内,且不能穿透试样。试样的粒度、显微吸收和择优取向也是影响定量分析的主要因素。粉末试样应满足以下要求:

①粒度适宜。通常定量分析的样品细度应在45 μm左右。因为当粒度小时,适合布拉格条件,参与衍射的晶粒数目增多,使晶粒取向分布的统计性波动减小,强度的再现性误差减少。粒度不能太大,否则衍射环不连续,参与衍射的晶粒数目不够,也会降低衍射强度,衍射强度的重现性较差。粒度太小将增大显微吸收,使衍射强度降低,并产生衍射峰的宽化,使积分强度测量不准而产生误差。

②混样。样品需要进行混合、过筛,使其尽量均匀。一般用玛瑙研钵研磨和混合,尽可能地延长混样时间,以减少择优取向。各样品研磨、混合的时间和条件应尽量一致。

③装样。衍射仪法是把粉末样品填入样品架的试样槽后进行测量的。定性分析对样品的装填要求不高,定量分析则要求较高,因为样品的制备直接影响衍射强度的大小。样品装填时应尽量轻压或采用自由落体装样,以减少择优取向的影响,各样品(或各次装样)的装填密度基本相同,样品表面应呈现严格平面。

(3)测试方法及条件。

①衍射强度。定量分析希望获得尽可能大的衍射强度,所以,在X射线管功率许可的条件下,尽量选择较大的管电压和管电流。

②狭缝选择。为使入射线能照射到较大的样品体积,以获得所含组分较好的强度数据,在样品尺寸允许的条件下,应选较大的发散狭缝。为获得较大的衍射强度,接收狭缝也应选较大的。

③强度测量。在所有的定量分析计算公式中,衍射强度均为积分强度,因此一般应测量扣除背底后的衍射峰的净积分强度。现代衍射仪均由计算机程序控制系统自动打印出扣除背底后的积分强度。

④衍射峰的选择。不论对标样还是被测物相,一般一个物相只需选择一个衍射峰。应尽量选择不与其他衍射峰重叠且各物相的衍射峰尽量靠近的强峰。

(4)检测的灵敏度。

检测的灵敏度是指可以检测到的相的最低含量。在混合试样中,含量低的物相所产生的衍射强度也弱,此时背底等因素的影响,往往使其不易被察觉。特别是当吸收系数很小的某种物相混在吸收系数很大的基体中时,更不易显示。用大功率转靶X射线衍射仪可对微量物相进行检测,可测定含量为0.1%的微量物相。

(5)衍射强度的测量精度。

衍射强度不仅受实验条件的影响,还受测量技术的影响。所以,要求在制备标样和试样时,应采用尽可能严格一致的实验条件(包括所用仪器、制样方法、样品来源等)。对于同一样品,当用不同方法分析时,或用同一方法但按不同标准进行测算时,所得结果往往会有偏差,严重时可能相差百分之几。

除以上所述几点外,X射线衍射定量分析时还应注意其他一些因素的影响。尽管X射线衍射定量分析方法所受影响因素较多,使测量结果的准确性受到影响,但在有些情况下,还难以被其他方法代替,因而仍然是一种必要和有益的方法。

4. 计算机在定量分析中的应用

多相混合物的定量分析是繁杂且费时的。应用计算机不但可节省时间,还可提高测量的精度和结果的准确性。目前,全自动X射线粉末衍射仪具有测量、收集、运算、处理数据并最终给出定量分析结果的功能。

在定量分析前,先定性地扫描出试样的谱图,找出待测相衍射线的始角和终角以及适宜的分析条件。然后将欲测量谱线的始角和终角按顺序输入计算机,若使用K值法或内标法,还应将K值及斜率值输入。当选好实验条件后,衍射仪会自动寻找标准物质的始角和终角,并开始扫描、计数;记录仪也开始绘图;显示屏随之开始图像显示,直至扫描到终角,停止计数。然后再测量背底,并得到自动扣除背底的净强度。当所有欲测谱线测完,按照一定的计算机程序进行运算和数据处理,最后得出各物相的质量分数。

所以,对于那些得不到纯样、需由理论计算求出K值的物相定量分析,可通过编制有关的程序,在计算机上完成。

2.5 X射线衍射技术的应用实例

X射线在衍射峰位及强度方面有以下应用:

①晶体结构分析,如晶体织构测定、物相定性和定量分析、相变的研究、薄膜结构分析;②晶体取向分析,如晶体取向、解理面及惯析面的测定、晶体变形与生长方向的研究;③点阵参数的测定,如固溶体组分的测定、宏观应力和弹性系数的测定、热膨胀系数的测定;④衍射线形分析,如晶粒度和镶嵌块尺度的测定、冷加工形变研究和微观应力的测定、层错的测定、有序度的测定、点缺陷的统计分布及畸变场的测定。

2.5.1 样品制备

在粉晶衍射仪法中,样品制作上的差异对衍射结果影响很大。因此,通常要求样品无择优取向(晶粒不沿某一特定的晶向规则地排列),而且在任何方向上都应有足够数量的可供测量的结晶颗粒。

X射线粉末衍射仪的基本特点是所用的测量试样由粉末(许多小晶粒)聚集而成,要求试样中小晶粒的数量很大。小晶粒的取向是完全混乱的,则在入射X射线束照射范围内找到任一取向的任一晶面(hkl)的概率可认为是相同的。故相对衍射强度可以反映结构因子的相对大小,这是一切粉末衍射的基础。

使用聚焦衍射几何时,能满足准聚焦几何试样的表面应当平整紧密,应准确与测角器轴相切,以准确位于聚焦圆上,如表面不平整,试样的颗粒处于不同的平面上,那些不在聚焦圆上的试样颗粒产生的衍射线就不会落在聚焦点上,就会增加衍射峰宽度,降低分辨率。位于低处颗粒产生的衍射线会被高处的颗粒所吸收,降低衍射强度;另外,试样最好有较大的吸收率,若吸收率小,X 射线的透入深度大,会在试样的深度方向产生衍射,也偏离了聚焦条件。

1. 粉末样品

在粉晶衍射仪法中,样品可以是多晶的块、片或粉末,但以粉末最为适宜。如果晶粒度不够小,就不能保证有足够的晶粒参与衍射,所以粉末试样可增加参与衍射的晶粒数目。

脆性物质宜用玛瑙研钵研细,粉末粒度一般要求为 10 ~45 μm,定量相分析要求粉末粒度为 1 ~5 μm,用手搓无颗粒感即可。对延展性好的金属及合金,可将其制成细粉;有内应力时宜采用真空退火来消除。将粉末装填在铝或玻璃制的特定样品板的窗孔或凹槽内,用量一般为 1 ~2 g,粉粒密度不同,用量稍有变化,以填满样品窗孔或凹槽为准。

取适量粉末样品撒入玻璃样品架的样品槽,使松散样品粉末略高于样品架平面;装填粉末样品时用力不可太大,防止择优取向。用平整光滑的玻璃板适当压紧,然后将高出样品板表面的多余粉末刮去,如此重复一两次即可,使样品表面平整。若使用窗式样品板,则应先使窗式样品板正面朝下,放置在一块表面平滑的厚玻璃板上,然后再填粉并压平。在取出样品板时,应使样品板沿所垫玻璃板的水平方向移动,而不能沿垂直方向拿起,否则,会因垫置的玻璃板与粉末样品表面间的吸引力而使粉末剥落。测量时应使样品表面对着入射 X 射线,或者在装样时用一玻璃片盖在样品板表面,用夹子把两者夹住,从而在两者之间形成一段空心槽,然后使样品板侧向竖立,让样品粉末自由落下而装入空心槽内,最后放平样品板,小心地移去其上所覆盖的玻璃片即可,此方法实际上可称为“粉样自由落体”装样法。

制作粉末样品时,一般不需掺加胶黏剂,必要时可在样品粉末中掺入等体积的细粒硅胶,但这样会导致衍射强度降低而使背底增强。只要试样粉末足够细,并适当压紧,粉末便不会掉落,但也可在第一次装入粉末刮平后,滴一定量的含 5% 虫胶的酒精溶液,再撒上一层粉末,适当压紧,过几分钟再刮平。

2. 块状样品

块体样品一般都用带空心样品槽的铝样品架固定测量,块体样品只需要一个测量面,不同衍射仪使用的样品框大小略有不同,为获得最大衍射强度,样品大小应与样品框大小一致,至少不小于 10 mm×10 mm。对于块状样品,要求被测表面平整和清洁,可先将其尺寸锯成与窗孔大小一致,磨平一面,再用橡皮泥或石蜡将其固定在窗孔内。对于片状、纤维状或薄膜样品也可类似地直接固定在窗孔内,应注意使固定在窗孔内的样品表面与样品板平齐。块体样品由于存在各向异性,因此,一般只适用于物相的鉴定,而不适用于物相定量分析。但残余应力测量、织构测量和薄膜样品测量则必须是块体样品。

3. 平板试样制备的其他问题

在平板试样制备中还有如下问题需要注意：

①试样制备中带入的缺陷。X射线衍射要求结构完美的试样，即不存在使衍射线加宽或发生位移的各种缺陷，如应力、位错等。若试样经过研磨处理，则需要做适当时间的退火处理，以消除或减少各种缺陷。但是，如果退火处理改变了试样的化学和物理性状，则不可做退火处理。一般物相鉴定的样品也不需要做退火处理。

②样品的厚度。填样深度是为了保证在样品整个 2θ 扫描范围都能满足无穷厚度的要求，以保证在整个扫描范围的衍射体积不变。对X射线具有不同吸收系数的试样，对样品的厚度要求不同。

③待测相富集方法。当某些物相含量较少时，它的衍射峰强度低，衍射峰数量也较少，查索引和核对衍射卡片都不易得到准确的判断。利用它们不同的化学性质和物理性质，对物相含量较少的矿物进行富积(除去杂质成分，使某一种矿物在样品中的质量分数提高的方法)，再测量衍射图，能够得到物相较完整的衍射图，是准确地进行物相分析的有效方法。

2.5.2 测量条件

在进行X射线衍射分析之前，必须对仪器进行精心调整和校准，以获得最大衍射强度、最佳分辨率和正确角度读数，这样才能显示出衍射仪法的优点。被测试样必须满足一定要求，根据实验对象及目的，选择合适的测量条件。

1. 辐射光源

(1)靶材类型与焦点尺寸。

实验采用何种靶的X射线管，要根据被测样品的元素组成而定。选靶的原则是避免使用能被样品强烈吸收的波长，否则将使样品激发出强的荧光辐射，增大衍射图的背景。为了减少试样的荧光辐射，根据元素吸收性质的规律，选靶规则是X射线管靶材的原子序数要比试样的原子序数小或相等，相差不宜大于1。如果试样含有多种元素，应在含量较多的几种元素中根据原子序数最小的元素来选择靶材。在实际工作中，靶材选择还必须考虑到其他方面，其中Cu靶是用途最广的靶材。常见靶材的特长及用途见表2.10。

表2.10 常见靶材的特长及用途

靶材种类	主要特长	用途
Cu	适用于晶面间距0.1～1 nm的测定	几乎全部测定，采用单色器滤波。测试含Cu试样时荧光背底强；如采用 K_β 滤波，则不适用于Fe系试样的测定
Co	Fe试样的衍射线强，如用 K_β 滤波，背底强	最适宜于用单色器方法测定Fe系试样
Fe	Fe系试样的背底弱	最适宜于用滤波片方法测定Fe系试样
Cr	波长大	包括Fe系试样的应用测定，利用PSPC-MDG的微区(反射法)测定

续表2.10

靶材种类	主要特长	用途
Mo	波长小	奥氏体相的定量分析，金属 Pt 的透射方法测量（小角散射等）
W	连续 X 射线强	单晶的劳厄照相测定

X 射线管的表观焦点尺寸主要与辐射线的取出角有关。采用较小的辐射线取出角，表观焦点尺寸较细，可以有效地提高分辨率，但此时的辐射效率即强度较低。兼顾到分辨率与辐射强度，通常在衍射实验时选用 6°的取出角。

（2）管电压与管电流。

管电压的影响是比较复杂的问题。当管电压较低时，特征 X 射线强度近似与其平方成正比，当管电压超过激发电压 5 ~6 倍时射线强度的增加率下降。另外，连续 X 射线的强度与管电压的平方成正比，当管电压较低时，特征 X 射线与连续 X 射线强度之比随管电压的增加接近一个常数，但当管电压超过激发电压 4 ~5 倍时反而变小。常用Cu 靶的最佳管电压范围为 35 ~45 kV。

管电流的影响则相对简单。由于 X 射线辐射强度与管电流成正比，一般是通过调节管电流来增加辐射线的输出功率，但最大负荷（管压与管流之积）不允许超过额定功率的 80%，否则会影响 X 射线管的使用寿命。

2. 各类狭缝

如前所述，在测角仪中，除梭拉狭缝固定外，发散狭缝（DS）、防散射狭缝（SS）和接收狭缝（RS）均有若干不同规格可供选择。狭缝宽度影响强度、峰位及峰形。大狭缝可得到较大的衍射强度，但降低了分辨率；小狭缝可提高分辨率，但降低了衍射强度。在实际应用中应根据实际情况，兼顾两者，选用合适的狭缝宽度。

（1）发散狭缝（DS）。

如果使用较宽的发散狭缝，X 射线强度虽然增加，但平板样品两侧的衍射线聚焦程度越差，产生的衍射峰宽化也越明显，且移向低角一侧；而且在低角处入射线将超出试样范围，照射到边上的试样架，出现试样架物质的衍射信息，改变了试样的相对衍射强度，给定量分析工作带来不利的影响。因此，有必要按实验目的来选择合适的发散狭缝宽度。在定性分析时常选用 1°发散狭缝，当低角衍射特别重要时可使用$\left(\frac{1}{2}\right)^{\circ}$或$\left(\frac{1}{6}\right)^{\circ}$发散狭缝。

（2）防散射狭缝（SS）。

在一般情况下，狭缝宽度应与发散狭缝选取一致。如果插入防散射狭缝后发现衍射强度明显减弱，则说明狭缝宽度太小，应换成较宽的狭缝。X 射线衍射峰强度通常随 2θ 的增大而减小，部分原因是入射线束变窄。避免方法是使用可变的入射狭缝代替标准的固定狭缝。

（3）接收狭缝（RS）。

衍射谱线的分辨率取决于接收狭缝的宽度。采用较细的接收狭缝，衍射分辨率虽高但其强度降低。接收狭缝宽度的变化还影响衍射线与散射线的强度比，采用较宽的接收狭缝,衍射谱线信噪比(峰值强度与背底之比)I_P/I_B 较大,衍射峰宽化,叠峰概率增加,实验结果不理想。在定性分析中,一般采用0.3 mm的接收狭缝。当分析有机化合物的复杂谱线时,为获得较高分辨率,宜采用0.15 mm的接收狭缝。

3. 测量及记录

(1)扫描范围与扫描速度。

扫描范围即 2θ 角的测量范围,通常与被测试样材料和实验目的有关。利用Cu靶对无机化合物进行常规定性分析时,扫描范围一般为5°~90°即可满足要求。在定量分析时,可以只对待测衍射峰的附近区进行扫描。在测定点阵参数及应力时,为了减小晶面间距 d 值测量误差,扫描范围通常选取高角衍射区,并且也可以只对待测衍射峰的附近区进行扫描。

在连续扫描中,扫描速度是计数管在测角仪圆上均匀转动的角速度。如果扫描速度太慢,虽然可使衍射峰形光滑,但需要漫长的测试时间,从而浪费仪器资源。如果扫描速度太快,则由于计数强度不足,峰值下降,峰形不对称宽化,峰位后移,分辨率下降,这样的结果缺乏准确性和可靠性。尤其是当扫描速度太快时,不但可造成强度和分辨率的下降,同时还导致衍射峰的位置向扫描方向偏移。

在定性分析检测试样的主要组成相时,常用2(°)/min或4(°)/min的扫描速度。在进行定量分析及点阵参数测定时,一般采用0.5(°)/min或0.25(°)/min的扫描速度。扫描速度的选择,还要根据具体情况,当被测物相的衍射强度很高时,一般定性分析允许使用更快的扫描速度,其扫描速度甚至允许超过20(°)/min。

(2)步长的选择。

步进扫描采用步宽(步长)表示计数管每步扫描的角度,有多种取值来表示扫描速度的快慢。用计算机进行衍射数据采集时,可选定连续扫描方式,也可以选定步进扫描方式。这两种方式都要适当选择采集数据的步长。采样步长小,数据个数增加;每步强度总计数小,计数误差大;但能更好地再现衍射的剖面图。采样步长大,能减少数据的个数,减少数据处理时的数据量;每步强度总计数较大,计数误差较小;但若步长过大,将影响衍射峰形的再现。步长取衍射峰半高宽的1/5~1/10作为基准。定性分析时将0.02°作为基准,精确测定衍射峰形时步长通常取0.01°~0.005°。

(3)扫描方式与时间常数。

扫描方式可分为连续扫描和步进扫描(阶梯扫描)。

①连续扫描。连续扫描方式是探测器在均匀转动的过程中同时进行计数测量,一定角度间隔内的积累计数即为间隔的强度值,此强度是计数管在角度间隔内连续运动期间测得的。连续扫描由扫描速度和角度间隔参数来描述,在要求不高的定性分析工作中,一般是采用扫描速度4(°)/min及角度间隔0.02°的连续扫描。

②步进扫描。步进扫描(阶梯扫描)方式是让探测器依次转到各角度间隔位置,停留并采集数据,其积累计数即为该角度的强度值,此强度是探测器在角度间隔停留期间测得的,探测器转动期间并不采集衍射数据。阶梯扫描通常要比连续扫描的测量精度高。当需要准确测定峰形、峰位和累积强度时(如定量分析、晶粒大小测定、微观应力测定、未知结构分析及点阵参数的精确测定),需用步进扫描,主要应用于要求较高的分析工作

中。这种扫描方式由时间常数和角度间隔参数来描述,时间常数是计数管在各角度间隔停留的时间,是阶梯扫描方式中的一个重要参数,直接影响衍射谱线质量。时间常数过小则扫描速度太快,虽然可节约测试时间,但每个角度的积累计数强度不足,导致衍射谱线的质量较差。时间常数过大则扫描速度太慢,虽然可以提高积累计数强度,使衍射谱线光滑,但需要过长的测试时间。在进行定量分析及点阵参数测定时,可采用时间常数2 s及角度间隔0.01°的阶梯扫描。步进扫描测量准确,但所花费的时间较多。

在连续扫描和步进扫描中设置平滑和寻峰条件,可避免出现一些伪峰(由强度测量中统计起伏和可能存在的噪声小尖峰引起)。平滑次数增加,峰高强度会减小。在衍射仪中随机软件可有多种寻峰条件供选择。在平滑寻峰过程中,所有那些超过设定宽度和陡度的峰都作为峰而被记录,并打印对应的2θ、d值,所有未超过设定宽度和陡度的峰都做无峰处理。带有平滑和寻峰条件的扫描测量对于快速寻找衍射峰,从而鉴定物相是非常有利的。

(4)量程。

量程是指记录纸满刻度时的CPS值(衍射图中纵坐标的最大值)。当测量结晶不良的物质或探测弱峰时,应选小量程,以提高弱峰的分辨率;当测量结晶良好的物质或探测强峰时,量程可适当加大,但以使弱峰显示、强峰不超出记录纸满刻度为限。

X射线衍射仪功能强大,应用广泛。现代衍射仪的附件也特别多,每一种附件都是为了实现一种特殊功能。本节仅介绍常规衍射仪的常规参数和操作,对于一些特殊的实验,如应力测量,织构测量,薄膜衍射、散射、反射等不做介绍。

4.衍射数据的确定和表示

(1)衍射方向的确定。

在衍射仪测出的衍射图上标出了CPS、2θ、d值,而hkl值可从标准数据卡片或手册查出,也可通过衍射指数指标化的计算求出。对于某些特殊峰形的衍射图,则需要准确地确定峰位,即确定衍射峰对应的2θ位置。下面先探讨峰位的测量,然后再分析与衍射强度有关的问题。

在衍射图上,每一条衍射线表现为一个高出背底的衍射峰。由于入射X射线及衍射线有一定的分散度,再加上样品的结晶程度等因素的影响,因此在有的衍射图上衍射峰并不全都呈现狭窄且尖锐的峰形,而是有相当的宽度,且两边往往是不对称或不完全对称的。衍射仪测量若出现误差,或衍射图上没有标出峰位,或需要进行结构计算时,则应重新测量或考虑用以下的方法来确定峰位。

①峰巅法。以峰顶所对应的2θ值作为衍射峰的峰位,即过峰顶作直线,对应的2θ值则为所求。

②交点法。以峰两侧(最近于直线处)切线的交点所对应的2θ值作为峰位,即过峰两侧切线交点作垂线,对应的2θ值则为所求。

③弦中法。以半高宽(背底线以上衍射峰高度一半处的峰宽)或2/3高宽、3/4高宽等的中点连线的延长线与峰的交点所对应的2θ值为准。

④中心法。以任意两弦的中点连线与峰的交点所对应的2θ值作为峰位。

⑤重心法。以背底线以上整个衍射峰面积的重心所在的2θ值为准,用带有步进扫描装置及计算机的衍射仪可自动进行测量和计算。

以上几种方法中,当衍射峰对称性较好时,所得的结果应很接近。最常用的方法是峰巅法,该法较简便,但缺点是当测量出现误差(如对同一衍射峰重复进行扫描)时,峰位稍有变化。重心法则常在精确测定点阵参数时使用。

(2)衍射强度的测定。

①绝对强度。

在衍射仪法中,探测器每秒脉冲数与衍射强度成正比,故在衍射图上标出的衍射强度为绝对强度,以 CPS 为单位。根据测量方法的不同,绝对强度可用峰高强度或积分强度来表示。

a. 峰高强度:以减去背底后的峰巅高度代表衍射峰的绝对强度。峰高强度易受实验条件的影响,如当扫描速度太快,会使衍射峰变矮、拖宽并后移,从而降低了分辨率。但由于测量峰高比较简便,而物相定性分析对衍射强度要求不高,在一般的物相定性分析中,仍常用峰高强度表示绝对强度。

b. 积分强度(累积强度):以整个衍射峰在背底线以上部分的面积表示衍射峰的绝对强度。由于峰面积受实验条件的影响小,所以常用于要求衍射强度尽可能精确的物相定量分析中。

②相对强度。

相对强度(I/I_1)可用百分制或十分制表示。对单相物质而言,相对强度是对比同一次扫描所得各衍射线绝对强度之间比值的百分数,即以最强峰的强度(I_1)作为100(或10)时,其他各衍射线对它的相对强度。

对多相物质而言,确定相对强度时,应先找出各相所对应的衍射峰,再按上述方法分别进行计算,也就是说,各峰的相对强度值是与该相最大峰值做比较而得出的。

2.5.3 X射线衍射分析实例

1. 水泥定性分析

水泥和水化后的水泥都是组成复杂的多相混合物。在水泥粉末衍射谱图中经常显示相当多的重叠,很难单独观察某一相。图2.30是几种典型的工业水泥XRD谱图。无论什么品种的水泥都至少由三个主要相辅以不同的次要相组成。图中展示了白水泥(WPC)、硅酸盐水泥(PC)、铝酸盐水泥(CAC)和硫铝酸盐水泥(CSA)的各个衍射峰。大多数峰都存在重叠,需要采用技术进行分离。

2. 水泥的无标定量分析(rietveld analysis 方法)

应用无标定量分析方法可将不同的重叠衍射峰分离开来,当水泥中某些相含量很少时这种分离会很困难和烦琐。PC52.5(PO52.5)水泥的定量分析结果如图2.31所示。

3. 水泥净浆硫酸盐腐蚀产物演变分析

欲研究水泥净浆在硫酸盐作用下的腐蚀产物演变,首先将水泥净浆在水、海水、硫酸钠以及硫酸钠+氯化钠复合溶液中室温腐蚀60 d,然后用球磨机磨粉,经0.08 mm标准筛筛过后,采用XRD测试腐蚀产物演变,其结果如图2.32所示。其中$2\theta=18°$和11.6°分别为$Ca(OH)_2$和石膏的衍射特征峰值。钙矾石衍射特征峰对应的2θ值分别为9.1°和

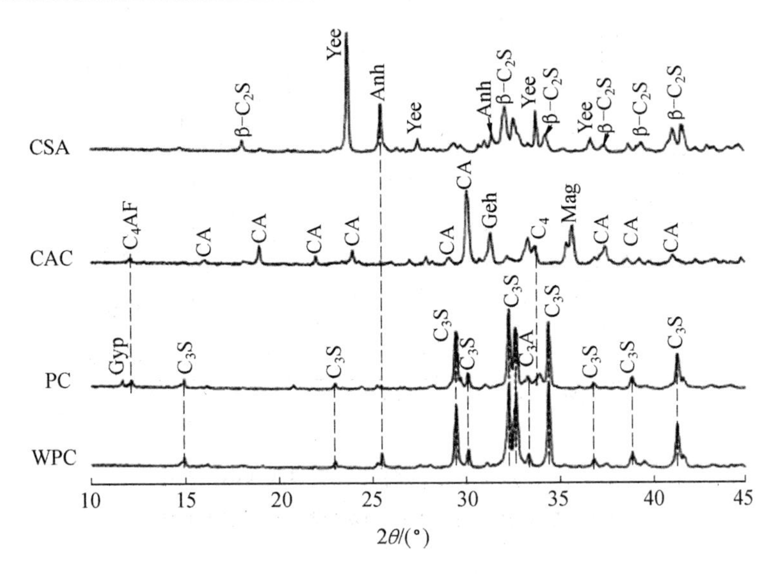

图 2.30 几种典型的工业水泥 XRD 谱图

Anh—无水石膏；Mag—磁铁矿；Geh—钙铝黄长石；Gyp—二水石膏；Yee—硫铝酸钙

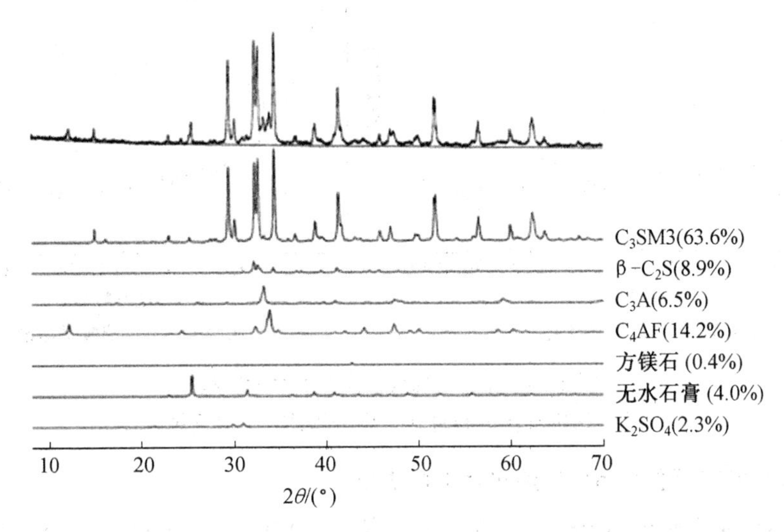

图 2.31 PC52.5 水泥的定量分析结果(质量分数)

16°，其中 9.1°为最强峰。显然，水泥净浆在水中养护 60 d，其钙矾石晶体与石膏晶体含量较少；在 5% 硫酸钠溶液中腐蚀，可发现钙矾石和石膏腐蚀产物的特征峰；而在复合盐和海水中腐蚀，石膏峰减弱。

对室温和 50 ℃下硫酸钠溶液中腐蚀的水泥净浆粉末进行 XRD 分析，其结果如图 2.33所示。显然，水泥净浆在 50 ℃硫酸钠溶液中腐蚀，其钙矾石的特征峰值十分微弱，取而代之的是明显的石膏晶体特征峰值。这说明升高腐蚀溶液温度至 50 ℃，混凝土硫酸盐化学腐蚀产物将由石膏、钙矾石混合型转化为石膏型腐蚀。

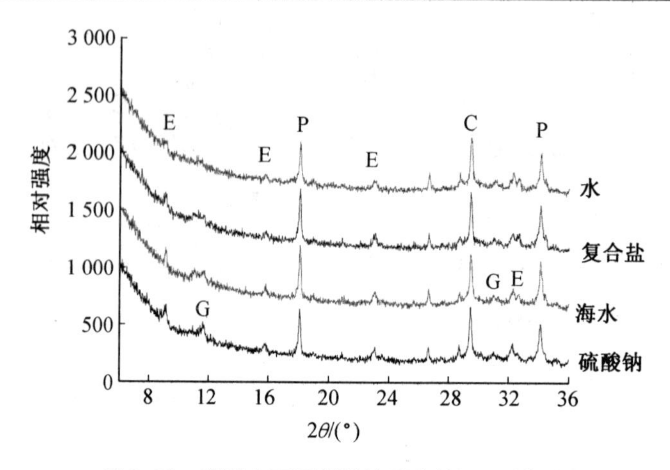

图 2.32 净浆在不同腐蚀溶液中的 XRD 谱图

E—钙矾石;G—石膏;C—碳酸钙;P—氢氧化钙

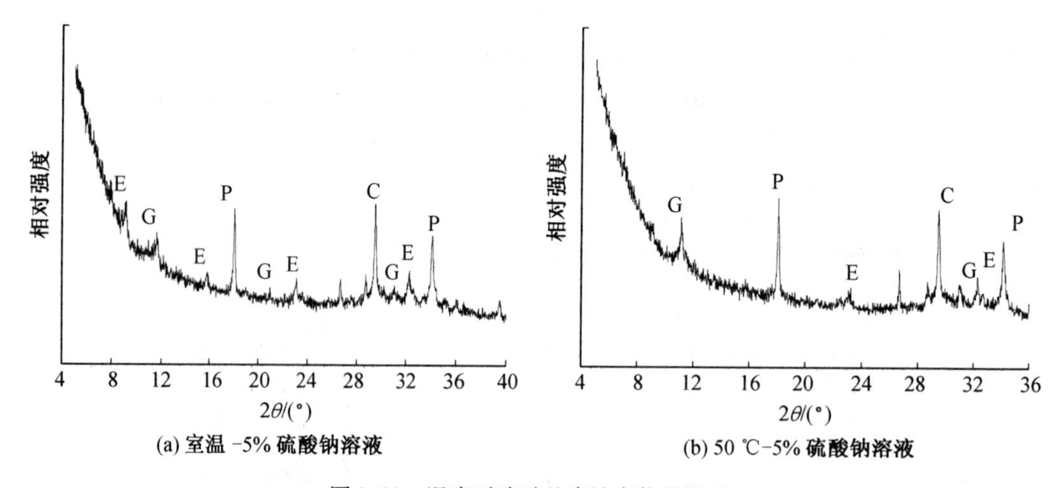

图 2.33 温度对硫酸盐腐蚀产物的影响

E—钙矾石;G—石膏;C—碳酸钙;P—氢氧化钙

4. 不同含氮碳源包覆 MnO 纳米材料的表征

将 $MnCO_3$ 在马弗炉中 500 ℃下分解 3 h,定义为 M0。将 1.5 g 样品 M0 与 0.5 mL 的碳源混合,然后放入 30 mL 的高压釜中,在 600 ℃下保温 5 h。将以吡咯、丙烯腈和吡啶作为碳源得到的氮掺杂碳包覆样品分别命名为 M1、M2 和 M3。所制备样品 M0 的 XRD 谱图如图 2.34(a)所示。从图中可以看出,主要的衍射峰能够与方铁锰矿 Mn_2O_3 对应,其他较弱的峰对应 Mn_5O_8,这是由于在烧结过程中 Mn^{2+} 被氧化成 Mn_2O_3;Mn_2O_3 又被部分氧化生成 Mn_5O_8。当在 600 ℃碳化 5 h 后,高价态的氧化物被彻底还原为 MnO,如图 2.34(b)所示。

5. UHPC 试样制备及养护

机制砂和胶凝材料(水泥和硅灰)干混合 2 min,然后均匀加入钢纤维,加入混有减水剂的拌合水继续搅拌 15 min,然后将新拌 UHPC(表 2.11)倒入 160 mm×40 mm×40 mm 的

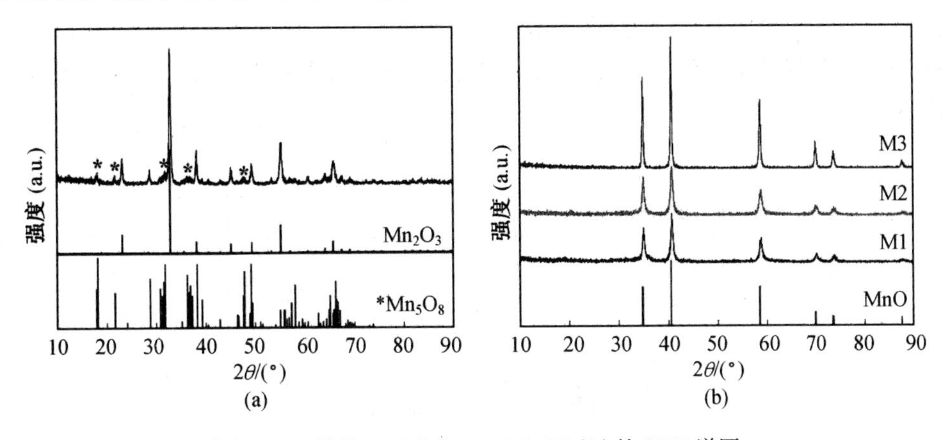

图2.34 样品M0(a)和M1、M2、M3(b)的XRD谱图

模具。在20 ℃下用塑料薄膜覆盖24 h后从模具中取出,放置在90 ℃的蒸汽养护箱中养护3 d,然后进行抗压和抗折强度测试。参考相关文献,采用的蒸汽养护制度如图2.35所示。

表2.11 UHPC工程配比 kg/m^3

编号	水泥	硅灰	机制砂	水	减水剂	钢纤维
U0	1 032	0	1 204	172	20.6	0
U1	826	206(20%)	1 204	172	20.6	0
U2	826	206(20%)	1 204	172	20.6	78(1%)

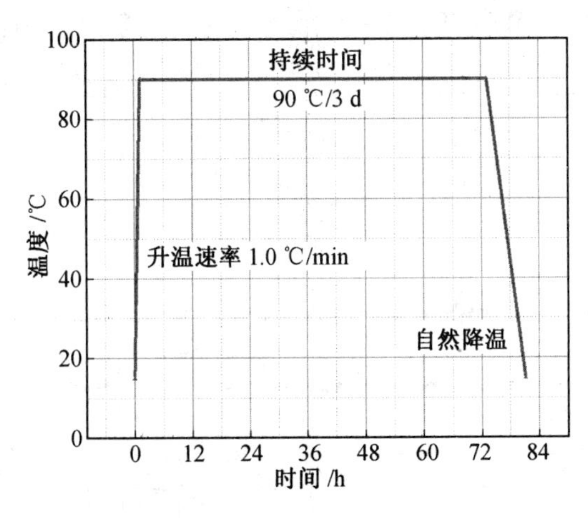

图2.35 蒸汽养护制度

蒸汽养护和标准养护条件下UHPC的XRD谱图如图2.36所示。对比U0-3 d和U0-28 d的XRD测试结果可以看出,U0-28 d中水泥净浆的残余C_3S大于U0-3 d,这表明蒸汽养护3 d后UHPC的水化程度略高于标准养护28 d的UHPC。蒸汽养护3 d的U1

配比中 $Ca(OH)_2$ 的衍射峰强度明显低于蒸汽养护 3 d 时的 U0 和标准养护 28 d 时的 U1，这表明在蒸汽养护条件下，水泥水化形成的 $Ca(OH)_2$ 与硅灰发生二次水化反应并被部分消耗。

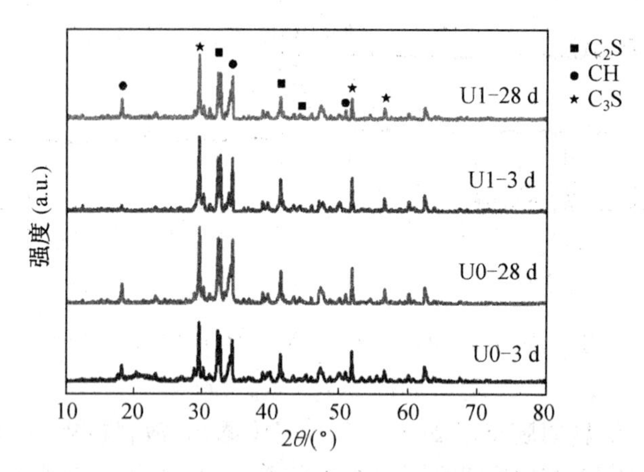

图 2.36 蒸汽养护和标准养护条件下 UHPC 的 XRD 谱图

6. 不同氢处理温度的氢化 TiO_2 石墨烯复合物的晶体结构表征

欲研究氢化处理对 TiO_2 晶体结构的影响，首先将 GO-TiO_2 样品放置在管式炉石英管的中央，在石英管中通入 20 bar（1 bar = 10^5 Pa）的氢气，在此气氛下以 5 ℃/min 的速度升温到 250～650 ℃，并在此温度下保持 1 h，随后冷却得到灰色的氢化 GO-TiO_2（记为 RGO-HMT *T*，*T* 代表氢还原处理的温度）。如图 2.37 所示，XRD 谱图表征介孔 TiO_2 和不同处理温度的氢化 TiO_2-石墨烯复合物（RGO-HMT 250、RGO-HMT 350、RGO-HMT 450、RGO-HMT 550 和 RGO-HMT 650）的晶型结构。在所有复合物中都没有观察到 GO 或 RGO 的特征衍射峰，这可能是它们在复合物中的含量较低造成的。除了 RGO-HMT 650，

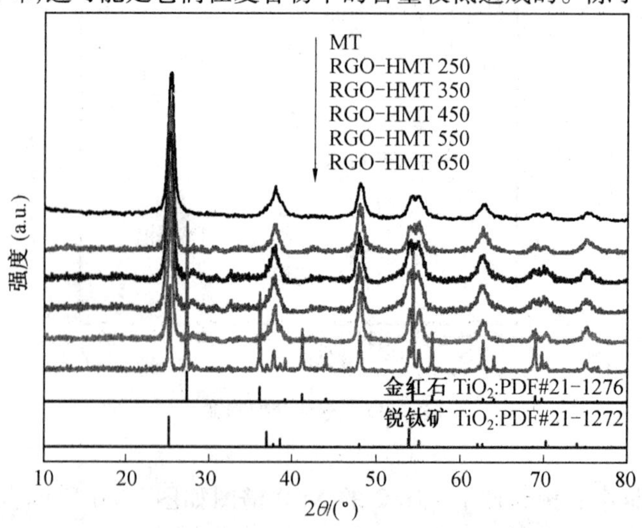

图 2.37 不同氢处理温度的氢化 TiO_2-石墨烯复合物的 XRD 谱图

其他复合材料的衍射峰都与HMT的衍射峰相似，并可将它们的晶型结构归为锐钛矿型TiO_2(PDF#21-1272)。RGO-HMT 650表现出两种不同的晶型结构，包括锐钛矿和金红石TiO_2相结构。位于25.3°、37.8°、48.0°、53.9°和55.1°的衍射峰可以归为锐钛矿型TiO_2的(101)、(004)、(200)、(105)和(211)面上的衍射，而衍射峰在27.4°、36.1°、41.2°、44.1°、54.3°和56.6°是金红石型TiO_2的(110)、(101)、(111)、(210)、(211)和(220)晶面。这意味着当温度达到650 ℃时，氢化TiO_2的晶型从锐钛矿型转变到金红石型。

思考题与习题

1. 特征X射线与荧光X射线的产生机理有何不同？

2. X射线与物质的相互作用有哪些现象和规律？利用这些现象和规律可以进行哪些科学研究工作？有哪些实际应用？

3. 试阐述X射线衍射原理，以及布拉格方程和劳厄方程的物理意义。

4. 请从布拉格定律出发，说明几种可行的衍射方法。

5. 为什么衍射线束的方向与晶胞的形状和大小有关？

6. 为什么说衍射线束的强度与晶胞中的原子位置和种类有关？获得衍射线的充分条件是什么？

7. 影响粉末衍射花样谱线位置、数目和强度的因素有哪些？

8. 物相定性分析的原理是什么？用X射线法进行成分分析和物相分析，其原理有何区别？

9. 物相定量分析的原理是什么？试阐述用K值法进行物相定量分析的过程。

10. 简述X射线衍射方法在现代材料科学研究中的主要应用。

第3章　射线成像技术

3.1　X-CT技术

3.1.1　概述

在1895年德国物理学家伦琴发现X射线后，X射线胶片成像无损检测方法应运而生。由于胶片成像无须复杂的检测设备即可达到很高的空间分辨率，并可根据检测要求选择胶片参数，且人们在胶片使用过程中积累了丰富的经验，目前这种方法在实际应用中仍然占有主导地位。但计算机技术的发展，以及功能强大的图像处理软件和X射线探测器的发展，使得X射线图像的数字化成像更具有吸引力和可行性。尤其是Hounsfield和Ambrose在1972年开创临床CT(Computed Tomography)检测后，数字图像处理技术在X射线成像检测领域得到了应用和推广。

X射线数字化成像(X-CT)方法的基本原理是将有关信息转换为数字化视频数据后在计算机屏幕上观测。其中一部分是获得可见光模拟信号图像后通过光学系统和数字相机组合而成的系统将射线模拟信号图像转化为数字信号图像，也有一部分直接获得数字化的射线图像，如平板探测器，通过计算机处理后在计算机屏幕上显示图像。X-CT技术首先应用于医疗领域，在20世纪80年代，工业CT技术也得到了快速的发展。国际上主要的工业化国家已把X-CT技术应用于航空、航天、军事、冶金、机械、石油、电力、地质等领域的无损检测与无损评价。我国于20世纪90年代也逐步把X-CT技术应用于工业无损检测与无损评价。X-CT技术的主要优势如下。

(1)在无损伤状态下得到被检测断层的二维甚至三维灰度图像，受被检物体的材料种类、外形、表面状况的限制较少。

(2)检测结果是反映某断面密度变化的截面图，可直观地得到目标细节的空间位置、形状、大小，易于识别和理解。

(3)它以图像的灰度来分辨被检测断面内部的结构组成、装配情况、材质状况、有无缺陷、缺陷的性质和大小等。只需沿扫描轴线扫描得到足够多的断层二维图像，就可以得到被检物的三维图像。

(4)图像清晰，与一般透视照相法相比不存在影像重叠与模糊，检测动态范围大，图像对比灵敏度比透视照相法得到的图像对比灵敏度要高出两个数量级。

(5)图像数字化，便于记录、分析、传输和存储。

3.1.2　X-CT技术的基本原理

工业用X-CT技术的基本原理与医用X-CT技术相似，唯一不同的是检测对象，前者是检测工件,后者是检查人体。但与常规X射线摄像不同,普通的X射线仪将三维空间的图像投影到一个二维平面上,使厚度方面的信息都叠加在一起,因而不易判断。而X-CT使用高度准直的X射线束围绕目标的某一部分做一个断面的扫描,扫描过程中由灵敏的探测器记录下大量的信息,再由快速的A/D转换器将模拟量转换成数字量,然后输入计算机,经过计算机的高速运算,计算出该断层上各点的X射线吸收系数值,由这些数据组成图像矩阵,再由图像显示器将不同的数据用不同的灰度等级显示出来,这样物体断层截面的结构就能显示出来,如图3.1所示。因此,X-CT装置能得到与物体长轴垂直的十分清晰的截面断层图像,它能将衰减系数在0.5%之内的差异区分出来,具有较高的密度分辨率。

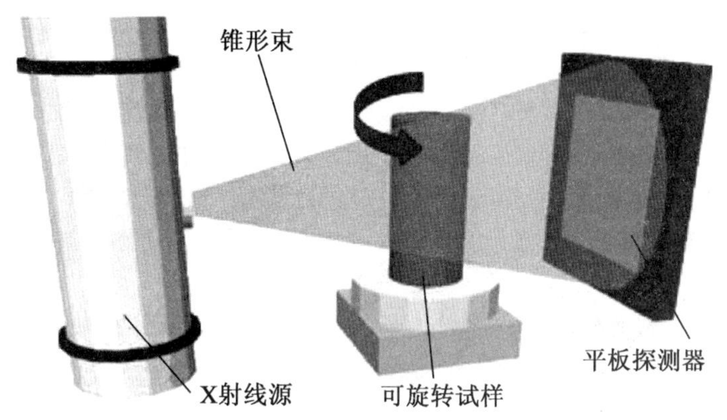

图3.1 工业X-CT系统的工作原理

1917年,丹麦数学家拉东(Radon)在数学上证明:某种物理参量的二维分布函数由该函数在其定义域内的所有线积分完全确定,即需要有无穷多个且积分路径互不完全重叠的线积分,才能精确无误地确定该二维分布,否则只能是实际分布的一个估计。因此,只要知道一个未知二维分布函数的所有线积分,就能求得该二维分布函数。获得CT断层图像,就是求取能反映断层内部结构和组成的某种物理参量的二维分布。当二维分布函数已知,要将其转换为图像,则是一个简单的显示问题。因此,首要问题是如何求取能反映被检测断层内部结构组成的物理参量二维分布函数的线积分。

如前文所述,一束X射线穿过物质并与物质相互作用后,X射线强度将因射线路径上物质的吸收或散射而衰减,衰减规律由比尔定律(见式(3.1))确定,可用衰减系数度量衰减程度。考虑一般性,设物质是非均匀的,一个面上的衰减系数分布为$\mu(x,y)$。当射线穿过该物质面时,入射强度I_0的射线经衰减后以强度I穿出,X射线在物质面内的路径长度为L,如图3.2所示。

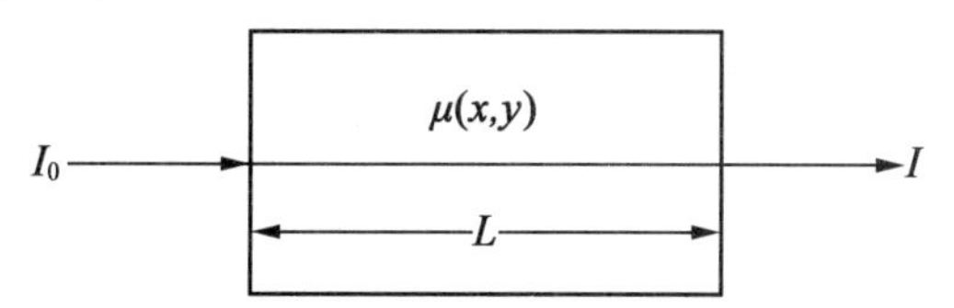

图3.2 射线穿过衰减系数分布为$\mu(x,y)$的物质的情况

由比尔定律确定的 I_0、I 及 $\mu(x,y)$ 的关系如下：

$$I = I_0 \exp\left[-\int_L \mu(x,y)\,\mathrm{d}x\mathrm{d}y \right] \tag{3.1}$$

由式(3.1)可得

$$\int_L \mu(x,y)\,\mathrm{d}x\mathrm{d}y = \ln \frac{I_0}{I} \tag{3.2}$$

式(3.2)表明，射线路径 L 上衰减系数 $\mu(x,y)$ 的线积分等于射线入射强度 I_0 与出射强度 I 之比的自然对数。I_0 和 I 可用探测器测得，则路径 L 上衰减系数的线积分即可算出。推而广之，当射线以不同方向和位置穿过该物质面，对应的所有路径上衰减系数的线积分值均可依此求出，从而得到一个线积分集合。该集合若是无穷大，则可精确无误地确定该物质面的衰减系数二维分布，反之，则是具有一定误差的估计。因为物质的衰减系数与物质的质量密度直接相关（当然还与原子序数有关），故衰减系数的二维分布也可体现为密度的二维分布，由此转换成的断面图像能够展现其结构关系和物质组成。实际的射线束总有一定的截面，只能与具有一定厚度的切片或断层物质相互作用，故所确定的衰减系数或密度的二维分布及其图像表示应是一定体积的积分效应，绝不是理想的点、线、面的结果。

有了上述数学、物理的基础后，避开硬件技术要求，在方法上还需解决两个主要问题：首先是如何提取检测断层衰减系数线积分的数据集；然后是如何利用该数据集，确定衰减系数的二维分布。对于第一个问题可采用扫描检测法，即用射线束有规律地（含方向、位置、数量等）穿过被测物体待检测断层并相应地进行射线强度测量，围绕提高扫描检测效率，可采用各具特色的扫描检测模式。对于第二个问题则可应用图像重建算法，即利用衰减系数线积分的数据集，按照一定的重建算法进行数学运算，求解出衰减系数的二维分布并予以显示。

因此，X-CT 成像与一般 X 射线成像最大的不同之处在于：它用 X 射线束扫描检测一个断层的方法将该断层从被测体孤立出来，使扫描检测数据免受其他部分结构及组成信息的干扰；对所扫描检测断层，并非直接应用穿过断层的射线在成像介质上成像，而仅仅是将不同方向穿过被测断层的射线强度作为重建算法数学运算所需的数据，或者说，断层图像是通过数学运算才得到的。

3.1.3 X-CT 成像装置

工业 X-CT 系统通常由 X 射线源、探测器、机械扫描系统、主计算机系统及安全防护系统等部分组成，如图 3.3 所示。

(1) X 射线源。提供 CT 扫描成像的 X 射线束，以便探测器采集数据进行图像重建，射线源的稳定性及一些相关特性是影响图像质量的关键因素。与其相关的是射线准直器和射线控制系统。射线源的主要参数包括射线能量、射线强度、X 射线源焦点尺寸、输出能量的稳定性等。射线能量决定了射线的穿透能量，也就决定了被测物体的材料和尺寸范围；射线强度决定了系统的信噪比，信噪比的大小影响被测物体密度场的分辨率；X 射线源焦点尺寸的大小影响了检测的空间分辨率，焦点尺寸越小，空间分辨率越高；输出能量的稳定性影响测量数据的一致性，如果输出不稳定会产生伪影。理想的射线源是单一能量或者窄的能谱范围下发射的高强度射线光子束，并从极小的区域发射，能量大小能穿透物体并保持输出稳定。

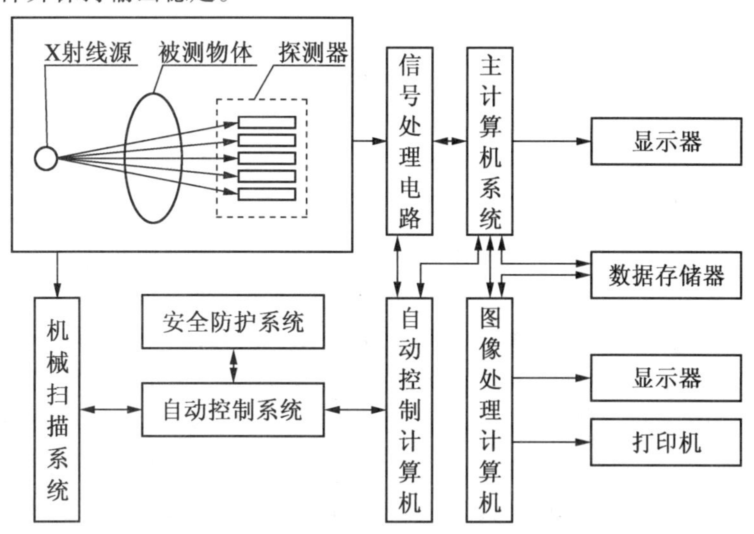

图3.3 工业 X-CT 系统组成框图

(2)探测器。探测器用来测量穿过物体的X射线信号，经放大和模数转换后送入计算机进行图像重建。探测器是工业 X-CT 的核心部件，它的性能对图像质量影响很大。探测器的主要性能包括效率、尺寸、线性度、稳定性、响应时间、动态范围、通道数量、均匀一致性等。探测器的效率是探测器在采集入射射线光子并将其转换成测量信号过程中有效性的量度，它与探测器间的死区间隔、吸收材料(如闪烁体)的种类等因素有关。探测器效率高，有利于缩短扫描时间和提高信噪比。探测器的尺寸包括宽度和高度，宽度是影响空间分辨率的重要因素，宽度越小，空间分辨率就越高；高度决定了最大可切片的厚度，切片厚度大时，信噪比高，有利于提高密度分辨率，但会降低切片垂直方向上的空间分辨率。线性度是探测器产生的信号在大的射线强度范围内与入射强度成正比的能力。稳定性是随工作时间的增加，探测器仍能对信号产生一致响应的能力。线性度和稳定性直接影响数据精度。响应时间是探测器从接收射线光子到获得稳定的探测信号所需的有效时间，它是影响独立采样的速率及数据质量的关键因素。

(3)机械扫描系统。机械扫描系统实现CT扫描时被测物体的旋转或者平移，它包括机械驱动轴、物体转台、支架、底座、移动控制系统(电机、编码器、移位控制板等)。机械扫描系统一般是根据被测物体情况(如尺寸、密度等)和分辨率的要求专门设计的，分为卧式和立式两种。对于机械扫描系统的移位特性，关键是移动精度，特别是物体的旋转和平移精度是影响空间分辨率的重要因素。

(4)主计算机系统。主计算机系统包括信号处理、扫描过程控制、参数调整、图像重建和显示处理等，可分为硬件部分和软件部分。

(5)安全防护系统。安全防护系统主要用于X射线的安全防护。

3.1.4 X-CT 系统成像的质量分析

X 射线实时成像检测系统的成像质量与射线源、工件、成像系统、成像工艺等很多因素有关。与胶片照相质量三要素(灵敏度、黑度、清晰度)相对应,X 射线实时成像的图像质量也有三要素——灵敏度、灰度、图像清晰度。灵敏度是对细小缺陷检测能力的表征。灰度以黑色为基准色,用不同饱和度的黑色来显示图像。当把黑-灰-白连续变化的灰度值量化为 256 个灰度级,灰度值范围为 0 ~ 255,表示亮度由深到浅,对应图像颜色从黑到白。图像清晰度是描述图像细节表现能力的物理量,它表达的是相邻影像之间边界的清晰程度,用相邻两影像之间边界的宽度表示。

边界宽度越大表示图像越清晰,反之,表示图像越不清晰。但是,图像清晰度是一个定性的概念,其边界宽度具有不确定性,不易定量地测量出来。图像清晰度的相反概念是“图像不清晰度”,它表达的是相邻影像之间边界的模糊程度,以模糊区域的宽度表示,模糊区域的宽度较易被测量出来。X 射线具有很高的能量,射线的衍射使影像边界变得模糊。另外,射线源不是真正的点光源,几何投影会使影像边界变得模糊,边界模糊的程度可以通过公式计算或实验方法测试出来,也可以通过量具(或计算机软件)定量地测量出来。因此,在 X 射线检测中(包括胶片照相检测和实时成像检测)以“图像不清晰度”来间接地评价清晰度指标,其单位是 mm。图像不清晰度的值越小,表示图像越清晰。

不清晰度主要来源于探测器或图像增强器所固有的屏不清晰度(U_i)和由焦点尺寸 d_s 引起的几何不清晰度(U_g),总的不清晰度 U 表示为

$$U=\sqrt{U_i^2+U_g^2} \tag{3.3}$$

1. 几何不清晰度

图 3.4 表示 X 射线源焦点尺寸大小引起图像几何不清晰度的原因。其中,d 和 e 之间是透过试样并被探测器接收到有强度衰减的 X 射线,f 以外的是没有经过试样吸收而被探测器接收到的几乎无强度衰减的 X 射线,这样被探测器接收到的 X 射线强度在 e 和 f 之间存在一个过渡带,形成了一圈“伪影”。

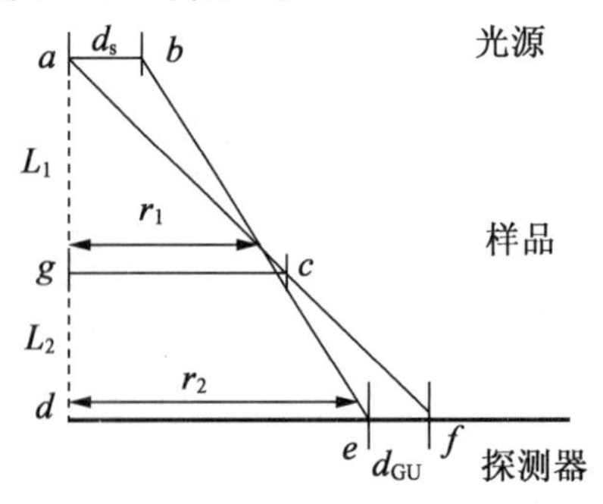

图 3.4 几何不清晰度示意图

图像的几何不清晰度与射线源焦点尺寸 d_s 的关系为

$$d_{GU}=d_s(m-1) \tag{3.4}$$

式中 m——图像的放大倍数，$m=\frac{L_1-L_2}{L_1}$。

在图 3.4 中，L_1 为 X 光源到试样的距离，L_2 为试样到探测器接收屏的距离；r_1 为试样半径，r_2 为试样放大后在探测器屏上的半径。图像的放大倍数越大，对图像细节反映得越清晰。但是，在实际操作中，图像放大倍数越大，图像的"伪影"影响也越严重，所以不能一味地追求增大图像的放大倍数，保证放大倍数能满足成像的要求即可。

此外，当 X 射线源焦点的尺寸越小时，X 射线辐射图像几何不清晰度越小，图像的分辨率才能越高。所以，X 射线源焦点的大小决定着整个图像系统的分辨率。

2. 屏不清晰度

除了几何不清晰度之外，还有屏不清晰度的概念。在胶片法 X 射线照相中，胶片因电子散射在乳剂层引起不清晰度，于电压为 100 kV 时不清晰度 U_i 约为 0.05 mm，于 200 kV 时 U_i 约为 0.09 mm，于 300 kV 时 U_i 约为 0.12 mm。不采用胶片，而用显示屏时，其图像增强器上有较大的屏不清晰度 U_i，通常在 0.5 mm 以上。

由于图像是放大的，所以与图像细节尺寸有关的实际总不清晰度 U' 应由下式给出：

$$U'=U/m=\sqrt{U_i^2+U_g^2}/m \tag{3.5}$$

微焦点与普通焦点的区别：用普通焦点的 X 射线进行透视成像时，一般要求探测器或者图像增强器紧贴被测物体，而射线源与物体表面的距离要尽可能地大，不过这样的细节影像放大率一般不会大于 10%；用微焦点 X 射线进行透视成像时，探测器或图像增强器要放到与被测物体有一定距离的位置，而射线源与被测物体表面的距离通常等于或者小于探测器或图像增强器和被测物体之间的距离，这样使得被测物体的细节图像能够充分地放大。所以，相对于普通焦点 X 射线成像方式来说，微焦点 X 射线成像的放大倍数更大，其实际的总不清晰度小，而且与屏不清晰度 U_i 相比，几何不清晰度并不起主要影响，因此采用微焦点可以不需使用大的焦距就能达到 m 倍放大被测物体的效果，使得探测细节的灵敏度更高。

3.1.5 X-CT 技术应用实例

X-CT 具有适用范围广、重建图像精度较高的特点，作为现代无损可视检测手段，可提供材料的 3D、2D 图像及缺陷分布，已在工业领域得到广泛应用。例如，Lopes 等人用微焦点 X-CT 测量铝球（直径 3 mm）内 0.1 mm 的空洞；Coles 等人对砂石岩内部结构进行 X-CT成像；Simons 等人对煤内部结构用微焦点 X-CT 进行定量的结构和特性分析；东南大学孙伟院士课题组则利用 X-CT 对混凝土损伤、钢筋锈蚀、钢纤维分布等进行了系统的研究。在此，以作者及孙伟院士课题组的部分研究成果为例进行 X-CT 应用分析说明。上述研究所用 X-CT 为德国产的 YXLON 微焦点计算机断层扫描系统，采用的平板探测器具有较高的动态监测范围，较好地接受 X 射线信号源；最小分辨率为 0.01 mm×0.01 mm×0.01 mm，试件尺寸越小则分辨率越高；X 射线管电压和管电流分别为 195 kV 和0.41 mA，探测器长度为 204.8 mm，旋转角度为 360°，像素数为 1 024×1 024，探测器单元数为 1 024。

1. 硫酸盐作用下混凝土缺陷的 X-CT 分析

成型 100 mm×100 mm×100 mm 混凝土试件，标准养护 28 d 后，将混凝土置于 50 ℃下的"Na_2SO_4+NaCl"复合溶液及 Na_2SO_4 溶液中腐蚀 60 d，对其进行 X-CT 扫描分析，混凝土的 2D 透射图像和 3D 缺陷如图 3.5 和图 3.6 所示。显然，X-CT 可以很好地分辨混凝土中的骨料、空隙及亚微观缺陷等，实现了混凝土内部缺陷的可视化。混凝土在复合盐溶液中腐蚀，其腐蚀程度很小，难以观测到腐蚀薄弱区域。混凝土在 Na_2SO_4 溶液中腐蚀 60 d，混凝土边缘原有缺陷处出现腐蚀，其腐蚀层厚度小于0.5 mm。

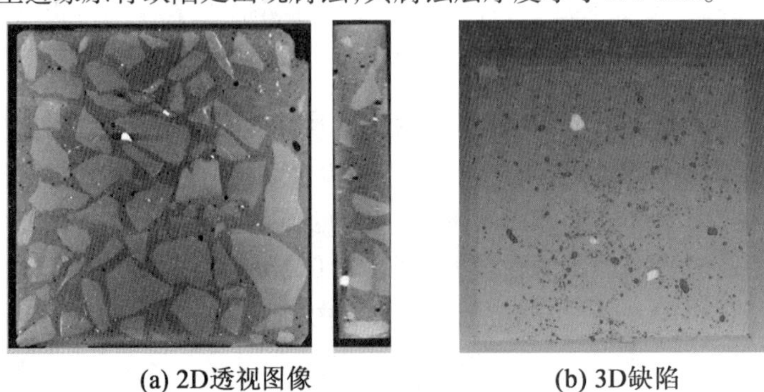

(a) 2D透视图像　　(b) 3D缺陷

图 3.5　混凝土在复合盐溶液中腐蚀的 X-CT 谱图

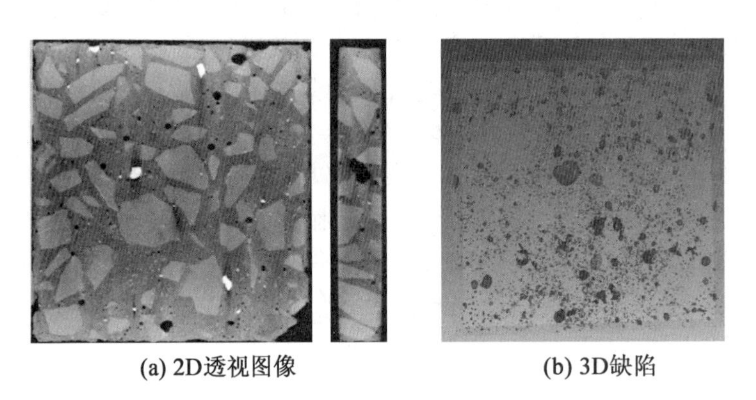

(a) 2D透视图像　　(b) 3D缺陷

图 3.6　混凝土在 Na_2SO_4 溶液中腐蚀的 X-CT 谱图

根据 X-CT 的 3D 缺陷分析，混凝土在 Na_2SO_4 溶液以及复合盐溶液中腐蚀，其孔隙率分别为 1.41% 和 0.975%；计算混凝土在上述两种腐蚀溶液作用下缺陷的累积分布与微分分布，其结果如图 3.7 所示。由图 3.7 可知，混凝土在 Na_2SO_4 溶液和复合盐溶液中腐蚀，其亚微观缺陷（0.01 mm^3 ≤缺陷体积≤1 mm^3）分别为 35.69% 和 29.23%，小尺度裂纹（1 mm^3 ≤缺陷体积≤5 mm^3）的累积含量分别为 17.86% 和 16.52%，Na_2SO_4 溶液对混凝土造成的腐蚀更为严重，这与宏观测试结果一致。

2. 混凝土中钢纤维分布及钢筋锈蚀的 X-CT 分析

采用总量为 800 kg 的胶凝材料，用量为 960 kg 的河砂，体积分数为 1.0% 和 1.5% 的微细钢纤维，以水胶比为 0.2 制备超高强水泥基材料。水泥基材料养护 28 d 后对其进行

X-CT 扫描分析,如图 3.8 和图 3.9 所示。

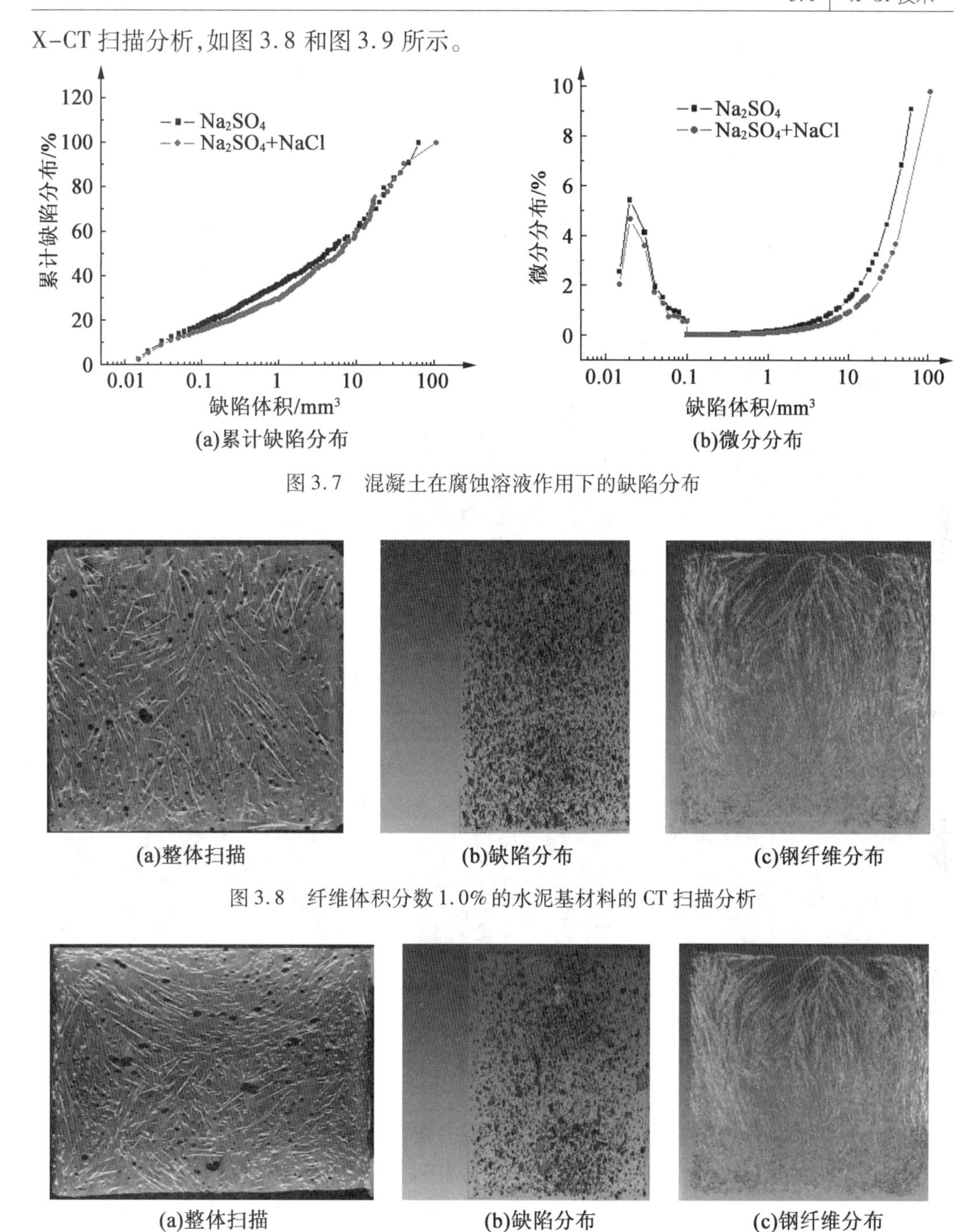

图 3.7 混凝土在腐蚀溶液作用下的缺陷分布

(a)整体扫描 (b)缺陷分布 (c)钢纤维分布

图 3.8 纤维体积分数 1.0% 的水泥基材料的 CT 扫描分析

(a)整体扫描 (b)缺陷分布 (c)钢纤维分布

图 3.9 纤维体积分数 1.5% 的水泥基材料的 CT 扫描分析

由于气孔、钢纤维与基体存在明显的吸收系数和密度差异,通过 CT 扫描可清晰地观测到水泥基材料中的气孔和纤维分布。纤维在水泥基材料中实现了乱向分布,但在试件边缘分布密度要略高于中心部位。当纤维体积分数由 1.0% 增加到 1.5% 时,纤维团聚现象有所增加;水泥基材料中的微细缺陷(小尺度黑点)减少,但大缺陷和大气孔(大尺度区域)显著增加。因此,纤维掺加可实现水泥基材料的增强、增韧,但纤维掺量过大易导致较大尺度缺陷的产生和纤维的团聚,其效果反而下降。

对掺加1%(体积分数,下同)NaCl以及1% NaCl+0.5% Na_2SO_4的锈胀开裂钢筋混凝土进行X-CT分析,其2D谱图如图3.10和图3.11所示。显然,骨料、钢筋及裂缝通过X-CT分析可实现无损观测。

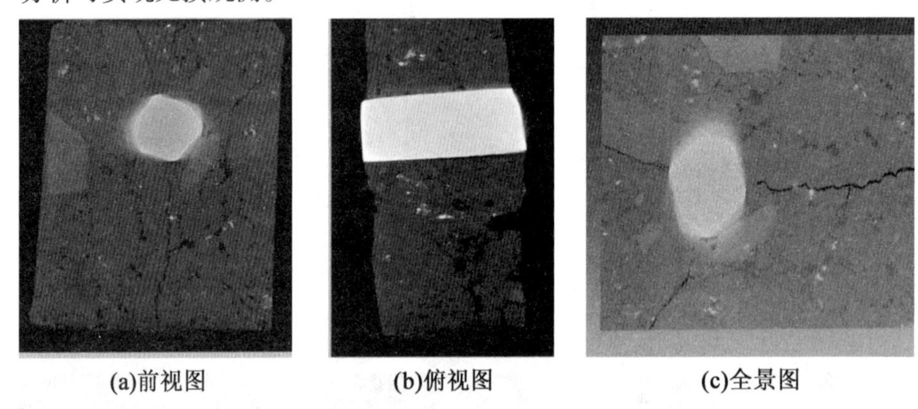

(a)前视图 (b)俯视图 (c)全景图

图3.10 掺加1% NaCl的钢筋混凝土的2D谱图

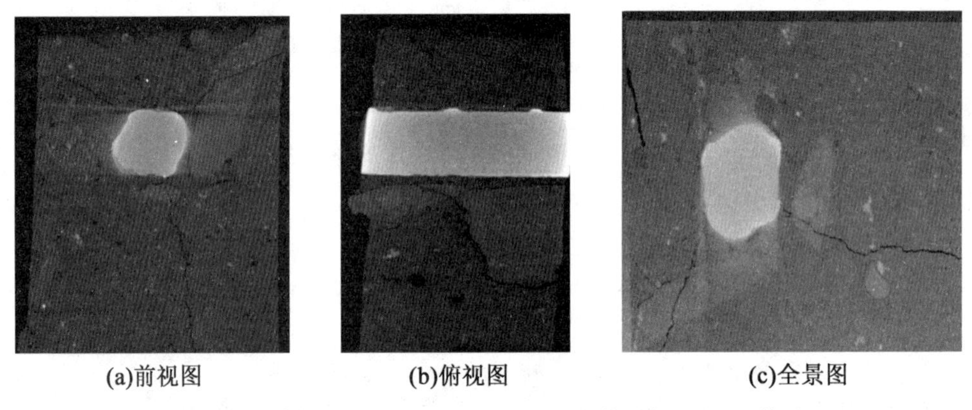

(a)前视图 (b)俯视图 (c)全景图

图3.11 掺加1% NaCl+0.5% Na_2SO_4 的钢筋混凝土的2D谱图

此外,氯盐诱导的腐蚀裂缝从钢筋向基体扩散,部分裂缝甚至贯穿骨料。混凝土表面裂缝宽度大,内部裂缝小;腐蚀产物层主要集中在钢筋表面,厚度在1.0 mm左右。

图3.12为钢筋混凝土缺陷分布3D谱图,其中从黑到白代表缺陷尺寸由小到大。显然,大尺度裂缝主要集中在钢筋混凝土表面,裂缝相互连通并从钢筋扩展到混凝土表面。

定量计算掺加不同腐蚀溶液混凝土的内部裂缝,其结果如图3.13所示。显然,掺加复合溶液的钢筋混凝土微观缺陷($\leqslant 0.01\ mm^3$)量是单一掺加氯盐混凝土的1.5倍,这表明硫酸根离子存在导致早龄期混凝土孔结构细化。两类混凝土的微细缺陷($0.01\ mm^3 \leqslant$缺陷体积$\leqslant 1\ mm^3$)量大致相同。然而,掺加氯盐混凝土的大尺度缺陷($1\ mm^3 \leqslant$缺陷体积$\leqslant 5\ mm^3$)量是掺加复合盐溶液混凝土大尺度缺陷量的2.4倍左右。这表明硫酸根离子存在削减了钢筋锈蚀产物的膨胀应力。因此,硫酸根离子的存在导致钢筋混凝土锈胀开裂的时间延长。

(a)掺加1%NaCl

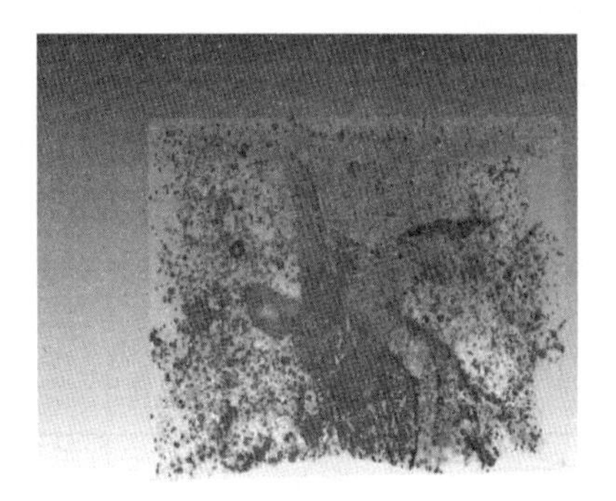

(b)掺加1%NaCl+0.5%Na_2SO_4

图 3.12 钢筋混凝土缺陷分布3D谱图

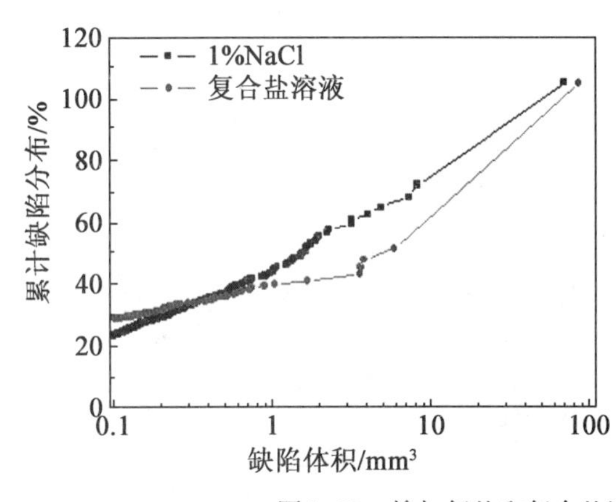

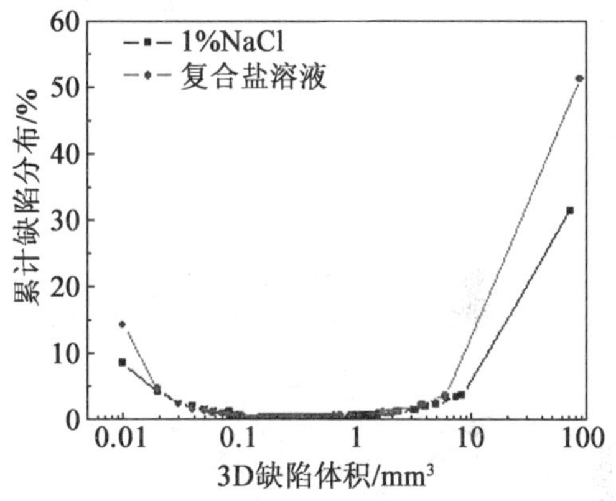

图 3.13 掺加氯盐和复合盐溶液混凝土缺陷的分布分析

为进一步证实上述观点，对锈蚀钢筋混凝土界面区进行 SEM 分析，如图 3.14 所示。显然，掺加氯盐的钢筋混凝土锈蚀产物是致密而粗大的，而掺加复合盐溶液的钢筋锈蚀产物是薄而分散的。腐蚀产物形貌的不同也导致钢筋锈蚀产物产生的膨胀应力不同。

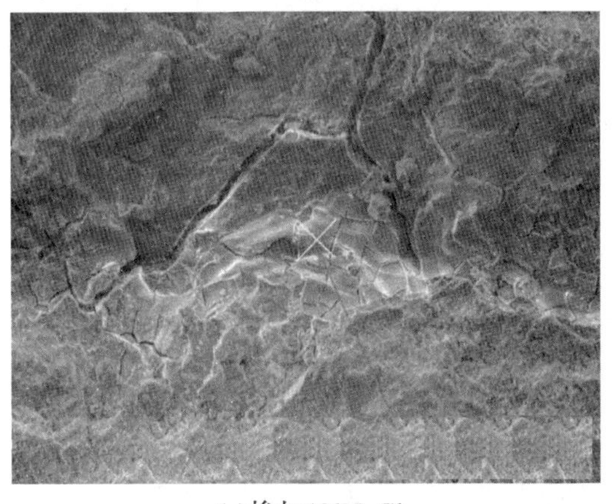

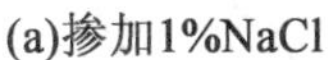

(a)掺加1%NaCl

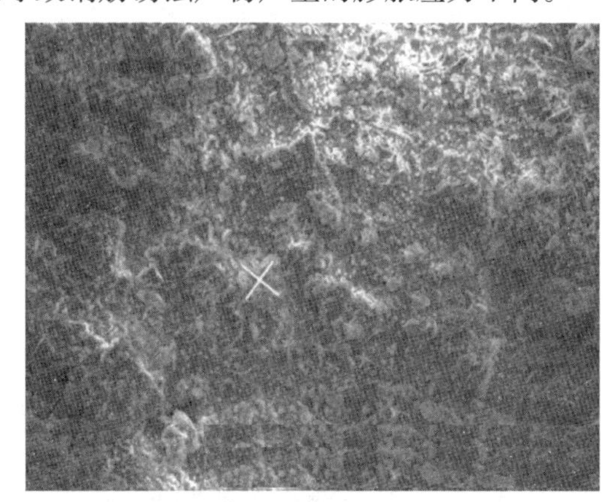

(b)掺加1%NaCl+0.5%Na_2SO_4

图 3.14 锈蚀钢筋混凝土界面区 SEM 分析

3. 混凝土冻融前后的 X-CT 分析

对于北方寒冷地区，混凝土盐冻损伤是最常见的破坏形式，孙伟院士课题组针对两种强度等级、不同配合比的混凝土(表 3.1)进行盐冻实验。X-CT 试样尺寸为ϕ100 mm×50 mm，混凝土标准养护 28 d 后进行 X-CT 分析，其结果如图 3.15 所示。

表 3.1 实验用混凝土配合比

编号	减水剂含量/%	消泡剂含量/%	引气剂含量/%	含气量(体积分数)/%	坍落度/mm	28 d 强度/MPa	84 d 强度/MPa
C35-A2	0.54	0.43	0	1.9	175	46.4	52.4
C35-A3	0.61	0	0.40	2.9	220	46.7	53.2
C50-A2	1.00	0.41	0	2.0	220	61.8	71.5
C50-A5	0.85	0	0.80	5.4	190	66.1	63.2

注：C35-A2 代表混凝土强度等级为 C35，含气量为 2%，以此类推。

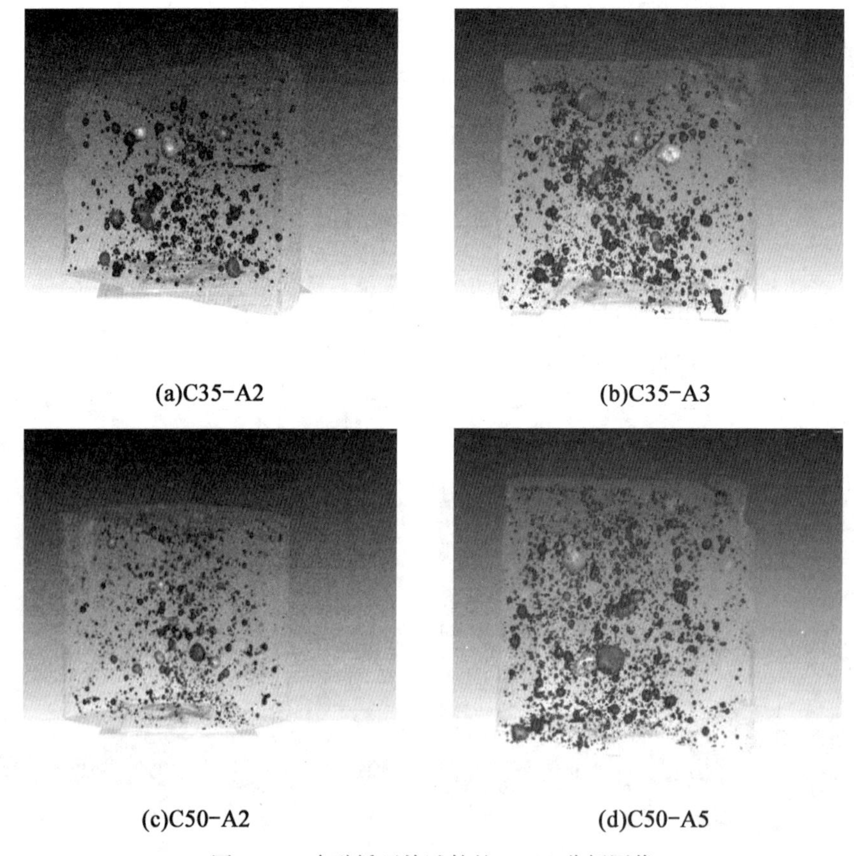

(a)C35-A2　(b)C35-A3

(c)C50-A2　(d)C50-A5

图 3.15 冻融循环前试件的 X-CT 分析图像

可以直观地看出，掺入引气剂的混凝土试件（C35-A3 和 C50-A5）里面的气泡数量明显多于未掺加引气剂的混凝土试件（C35-A2 和 C50-A2），而且单个气泡体积相对较大。C50-A5 混凝土的含气量最高，其中可以看到大量微小、均匀的气泡，其氯离子扩散系数也最小；C50-A2 混凝土的含气量少，其气泡数量也很少，封闭的孔隙不多，因而氯离子扩散系数相对 C50-A5 混凝土的较大；而 C35-A2 混凝土和 C35-A3 混凝土的气泡比 C50-A5 混凝土的气泡大，其氯离子扩散系数也相应较大。

可以看出，掺入引气剂之后引入很多均匀、微小和封闭的气泡，这些气泡不是氯离子传输的通道，氯离子传输依赖于连通的孔结构或者混凝土中的微裂缝，因而含气量越多，氯离子扩散系数越低。混凝土中引入的气泡越少，气泡间距系数越小，对提高其抗冻性和减小氯离子扩散系数有益。

对气泡体积为 0～0.1 mm^3 的气泡数量分段统计，组距为 0.01，横坐标代表体积，纵坐标代表在某体积范围内的气泡数量，做出频数分布直方图，如图 3.16 所示。由图 3.16 可以看出，掺加引气剂的混凝土试件（C35-A3 和 C50-A5）在 0～0.1 mm^3 的气泡数量明显高于未掺引气剂的混凝土试件（C35-A2 和 C50-A2）的气泡数量，这是因为混凝土内部由引气剂引入的气泡和成型时截留的空气气泡尺寸在 X-CT 测试范围之内，对比可以看出加入引气剂的效果是明显的。

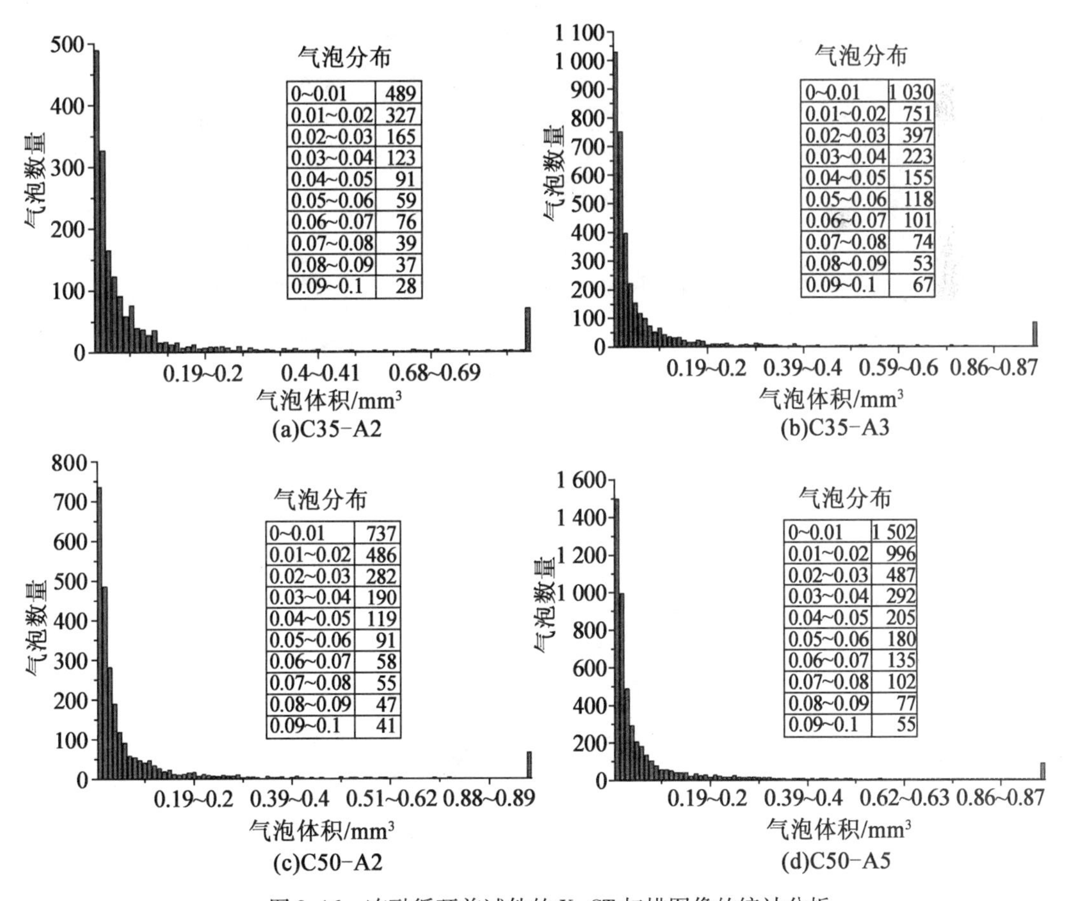

图 3.16 冻融循环前试件的 X-CT 扫描图像的统计分析

选择含气量为3%的C35试件(C35-A3),对其在自来水(标号为J)和盐水(标号为Y)中快速冻融过程中相对动弹性模量下降到90%和80%时进行CT分析,其结果如图3.17所示。显然,当混凝土相对动弹性模量从90%下降到80%时,体积为0~0.07 mm^3的微小气泡数量减小,0.07~0.1 mm^3的较大气泡数量增加。这与混凝土在冻融过程中相对动弹性模量先慢后快的下降趋势相符,即随着冻融过程的进行,大气泡数量逐渐增多,混凝土抗冻性降低,劣化加剧。此外,相对动弹性模量从90%下降到80%,混凝土试件内部的气泡数量减少,气泡间距变大,与硬化混凝土气泡间距系数测试结果相符。

在淡水环境中冻融循环,当相对动弹性模量下降到90%时,混凝土内部微小气泡与未冻融时相比表现出增大的趋势。随着冻融循环实验继续进行,当相对动弹性模量下降到80%时,混凝土内部微小气泡开始减少。出现这种情况的原因可能是混凝土在28 d龄期水化不完全,在冻融初期混凝土水化继续进行,内部结构进一步完善,微小气泡增多,随着冻融循环进行,对混凝土内部的破坏加剧,开始出现裂缝的增长和贯通。

与淡水中的冻融破坏相比,盐冻下混凝土的相对动弹性模量下降到90%和80%时,其0~0.1 mm^3体积范围内气泡数量明显少于淡水冻融之后的。这可能是由于盐分在冻融的过程中不断结晶,填充了混凝土的孔隙,使结构不断密实,虽然造成了损伤,形成了微裂缝,但是微裂缝和稍大的缺陷孔结构被填充了。这种结构虽然密实,但不能与周围的混凝土体系形成稳固的结合,结构的强度还是没有实质性的提高。

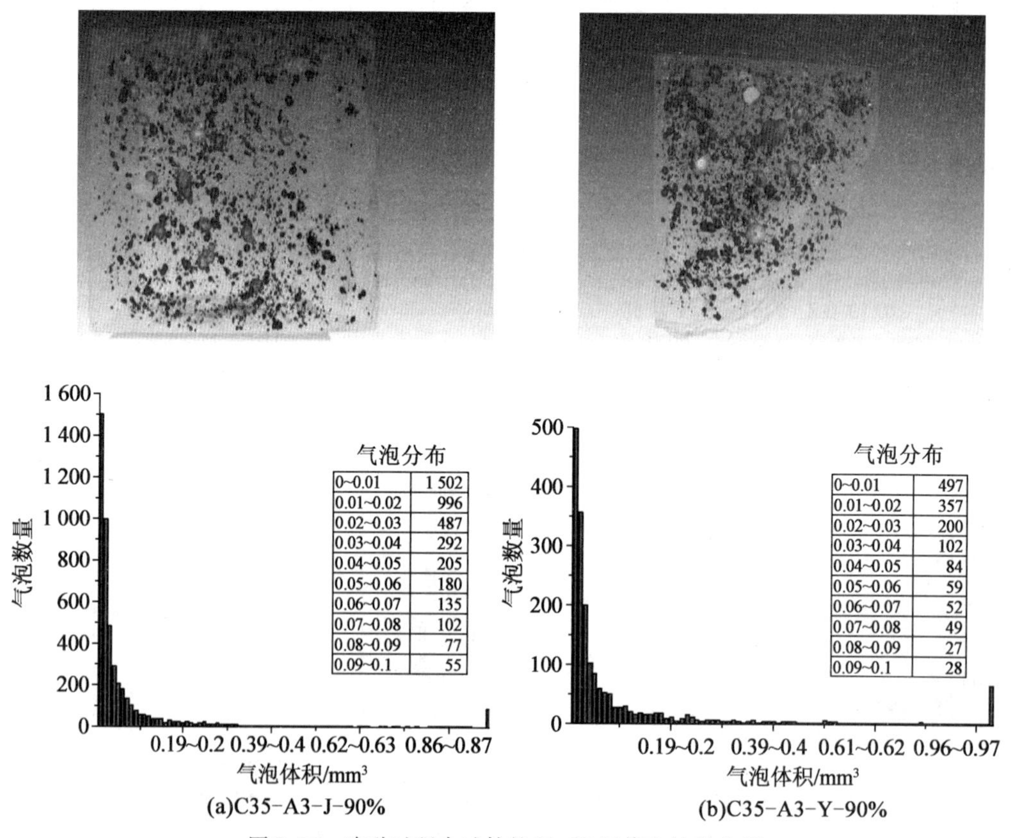

图3.17 冻融过程中试件的X-CT图像和结果分析

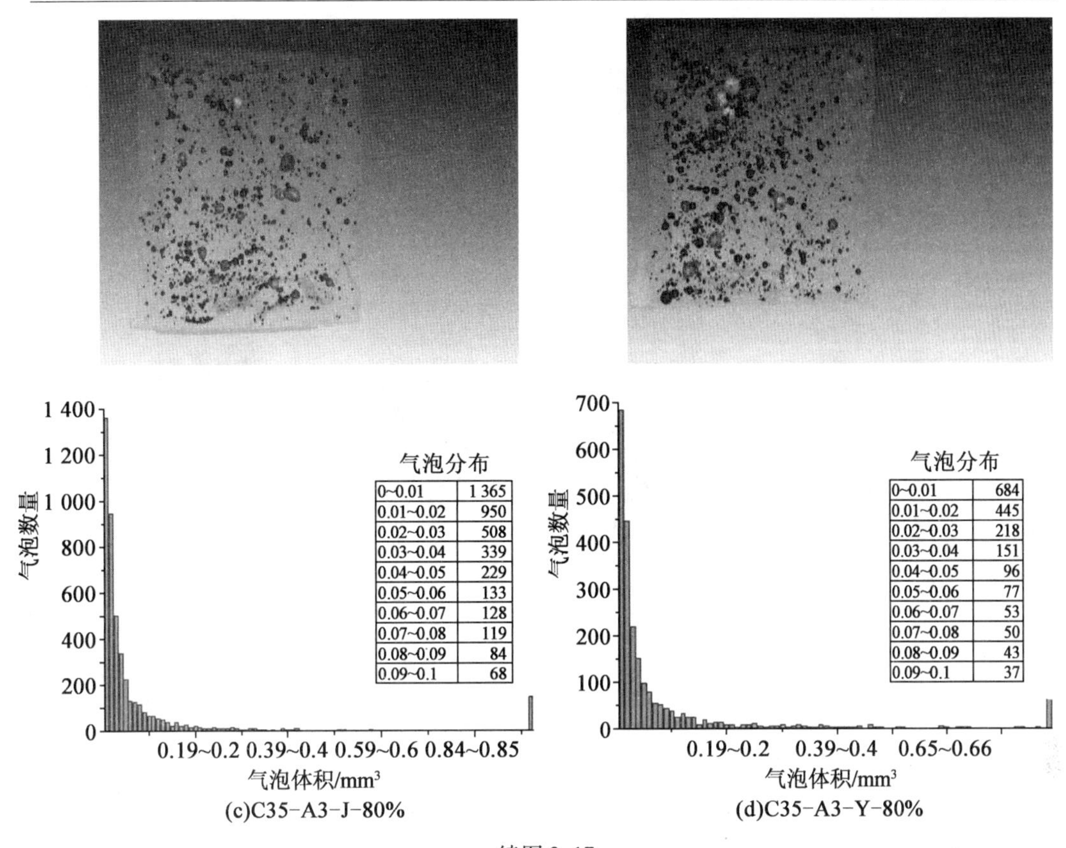

(c)C35-A3-J-80%　　(d)C35-A3-Y-80%

续图 3.17

4. 结构混凝土孔隙变化

海水环境下混凝土的孔隙结构随着长期暴露和深度水化而逐渐发生变化和退化。此外,不同的海洋暴露带可能是造成孔隙分布不同的原因。利用 X-CT 成像技术并在 Dragonfly 软件中通过阈值分割得到岩心样品表面和内部的孔隙分布,如图 3.18 和图 3.19所示。C16 岩心样品位于大气区,最大孔隙率为 1.54%。同时,岩心样品表面分布有许多细小的空隙。同样,位于潮汐带高潮面的第 10 个岩心样品表面也分布有一些空隙,但其空隙较大。相比之下,靠近低潮水位的岩心样品品孔隙率(P)较小,淹没区岩心样品品孔隙率也较小。其主要原因是混凝土在海水浸泡下水化深入,水化产物增多,致密化增加。此外,已有研究报道,适当添加矿物掺合料可显著改善海洋环境下混凝土的孔隙特性。

5. 轻质多孔材料中孔结构分析

测试水泥基材料孔结构的方法一般有压汞法(MIP)、背散射电子图像(BSEM)、气体吸附等,这些方法一般需要对测试样品进行预处理,如真空干燥、切割、研磨和抛光等,在一定程度上会对材料原始孔结构造成损伤。而且这些方法难以得到试样内部最直观、最真实的孔信息;特别是对于轻质多孔材料,由于其强度低,X-CT 技术显示了其优越性。

将掺加中空微球的超轻泡沫混凝土样品进行 X-CT 扫描,完成之后,采用 Avizo9.4.0 软件对扫描结果进行三维重构和分析。一般分为以下几步:①使用 median filter(中值滤

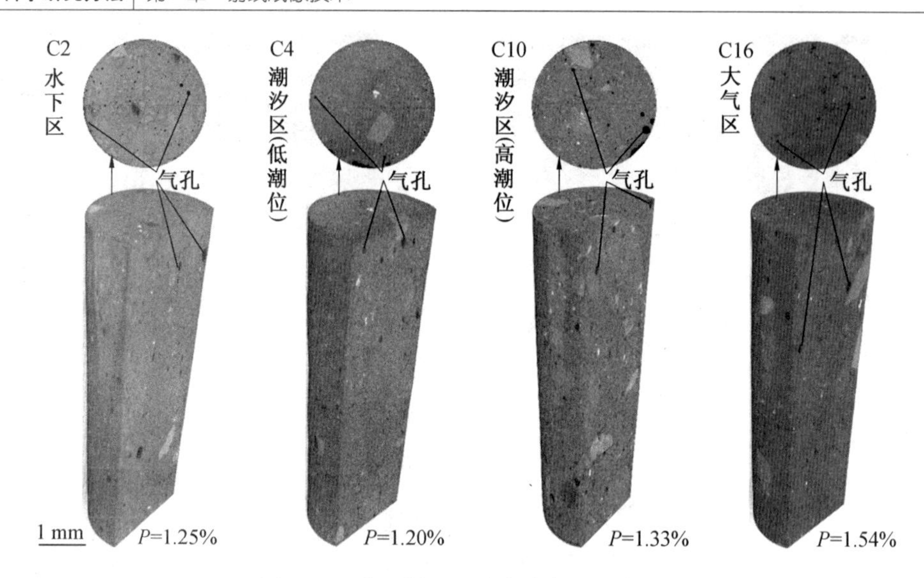

图 3.18 岩心样品的孔隙分布及孔隙率

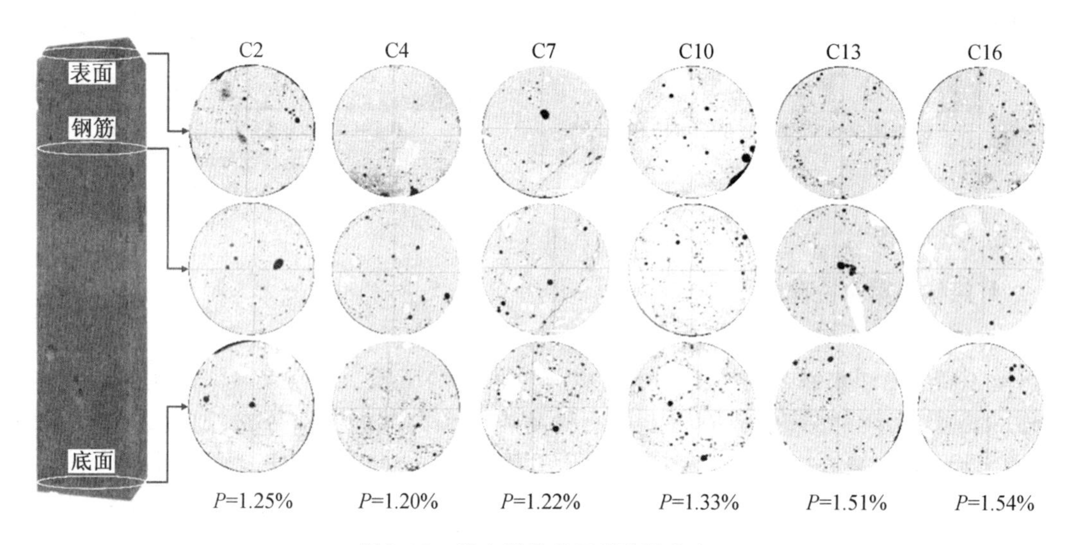

图 3.19 岩心样品截面的孔隙分布

波器)去除图像信号中的噪声;②使用 interactive thresholding(交互阈值)进行阈值分割,因为图像存在明显的颜色边界,很容易确定阈值,分隔气相和固相,黑色代表气相(气孔),白色代表连续固相(硬化水泥浆体);③使用 volume fraction(体积分数)可以得到泡沫混凝土中气孔所占的百分比,即孔隙率;④使用 separate objects(目标分离)将连通孔分隔,“手串”似的连通孔认为是多个单独的气孔,并且以此获得气孔中心的坐标位置和孔径数据,图 3.20(a)为泡沫混凝土 2D 分割图;⑤使用 generate pore network model(生成气孔网络模型)建立泡沫混凝土孔结构模型,如图 3.20(b)所示。

采用 X-CT 法可以对材料内部孔隙率、孔结构以及孔的空间分布状态进行有效的重构。图 3.21 为中空微球 S80W 不同掺量(质量分数)时超轻泡沫混凝土(干密度小于

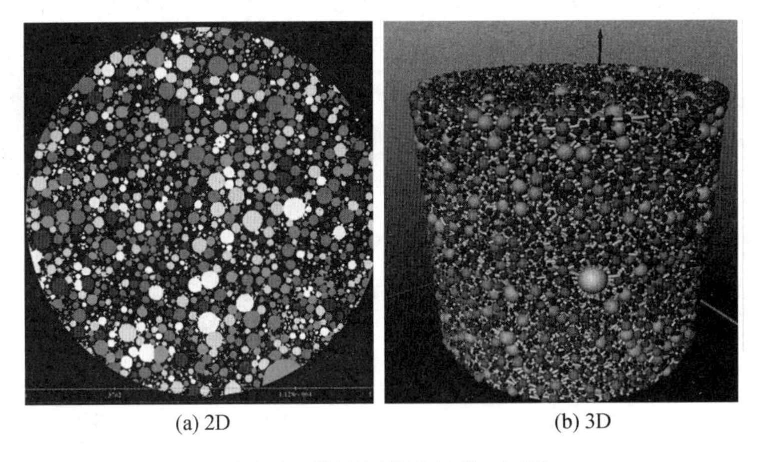

图 3.20 泡沫混凝土的 X-CT 图

300 kg/m^3)的孔径分布图。由图中可以看出泡沫混凝土中孔径在 100 ~ 150 μm 的孔最多。随着中空微球 S80W 的加入,超轻泡沫混凝土试件的 100 μm 以下的孔相对频率先上升后下降,不同掺量样品的最大孔径尺寸范围分别为 900 ~ 1 000 μm、900 ~ 1 000 μm、700 ~ 800 μm、800 ~ 850 μm、850 ~ 900 μm、1 000 ~ 1 100 μm,可见掺量为 6.5% 的 S80W 的样品孔径更加细小,分布最为集中,此时样品的抗压强度下降缓慢,并且导热系数值最小。这是因为 S80W 的加入会直接给超轻泡沫混凝土引入细小闭口孔隙,改善了泡沫混凝土的孔结构,但当掺量超过 8% 后,S80W 不能在浆体中分散均匀,产生水泥与 S80W 的团聚体,且容易受挤压而破裂,使孔结构变差。

对图 3.21 孔径分布相对频率对进行累积,得到孔径累积分布图,通过累积分布图也能反应泡沫混凝土气孔的整体分布情况。

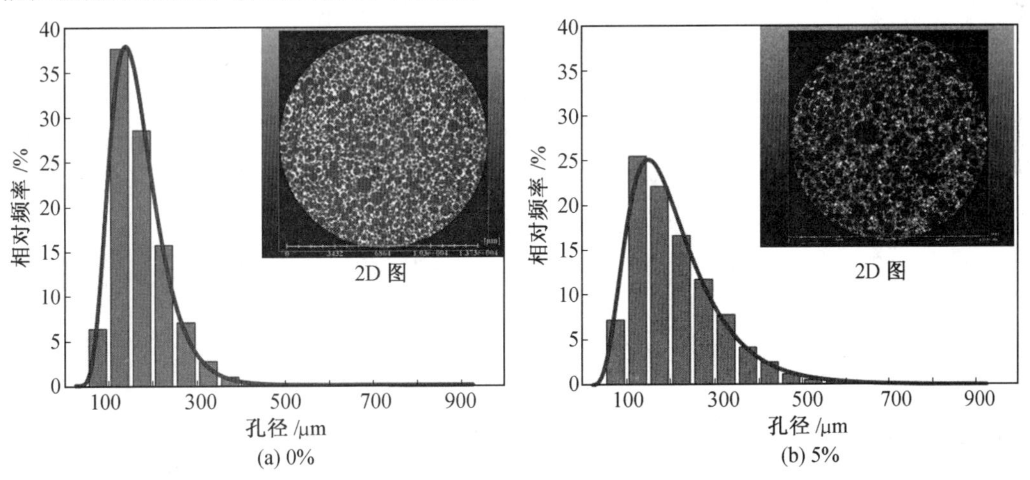

图 3.21 中空微球 S80W 不同掺量时超轻泡沫混凝土的孔径分布图

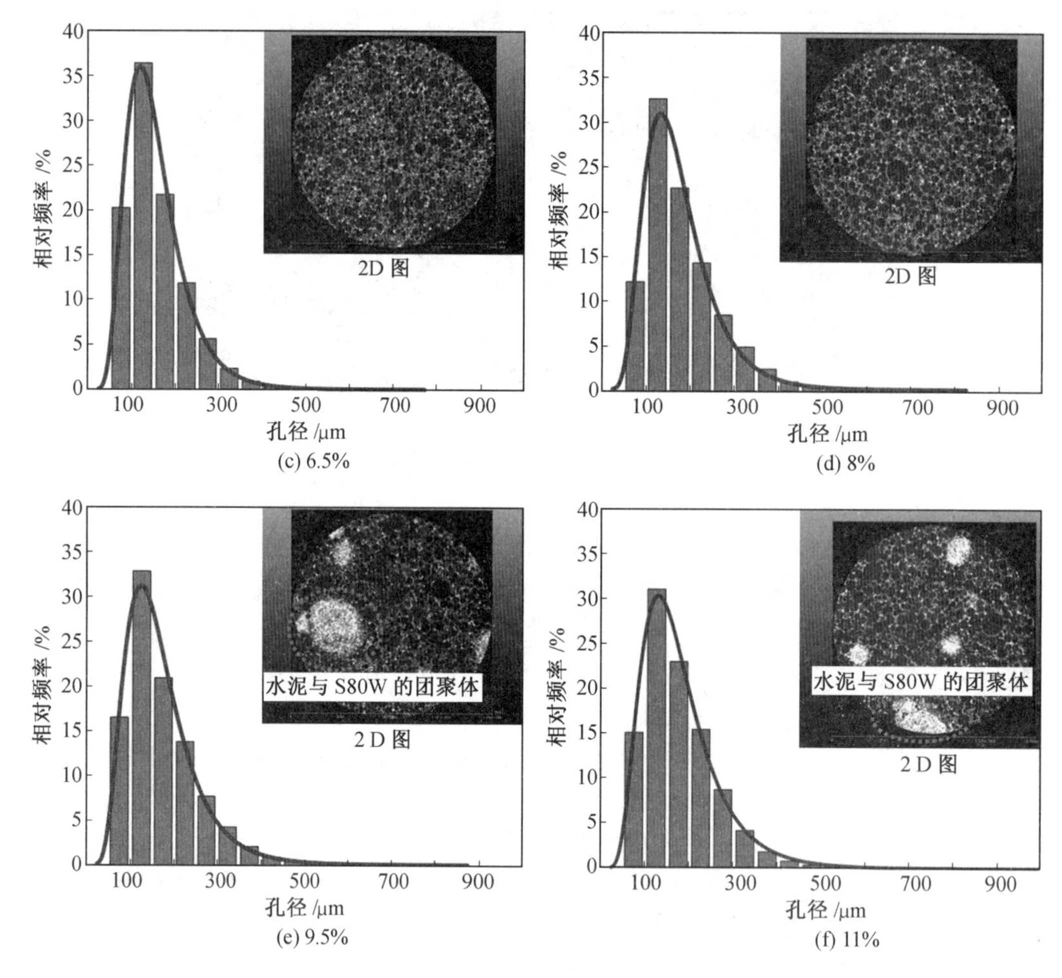

续图 3.21

图 3.22(a)为不同 S80W 掺量下超轻泡沫混凝土的孔径累积分布图,其陡峭程度可以表示样品孔径分布情况。S80W 掺量为 6.5% 和 11% 的试件曲线分别是最陡和最缓的,这意味着它们的孔径分布分别是最均匀和最分散的。从图 3.22(a)得到泡沫混凝土的累积孔径频率,用 D_{10}、D_{50}、D_{90}三个参数表示,如图 3.22(b)所示,D_{10}、D_{50}、D_{90}的物理意义分别为孔径小于该气孔的数量占气孔总数的 10%、50%、90%。由图 3.22(b)可知,随着 S80W 掺量的增多,超轻泡沫混凝土的三个参数对应的孔径先减小后增大,当 S80W 掺量为 6.5% 时,试样的 D_{10}、D_{50}、D_{90}达到最低,分别为 49.8 μm、116.0 μm、230.8 μm,此时对应的导热系数也达到了最低(0.045 6 W/(m · K)),当 S80W 掺量为 11% 时,D_{10}、D_{50}、D_{90}最大,分别为 79.4 μm、164.0 μm、318.0 μm,此时对应的导热系数也有所回升(0.050 8 W/(m · K))。

除了利用 X-CT 研究了泡沫混凝土的孔隙率和孔径分布外,还可以模拟由 X-CT 试验得到的三维重建试样的曲折度。多孔材料中流体流动的复杂性可以通过多孔材料的曲折度来进行解释。一般来讲,曲折度越高,材料的内部孔隙结构越复杂,流体流动路径

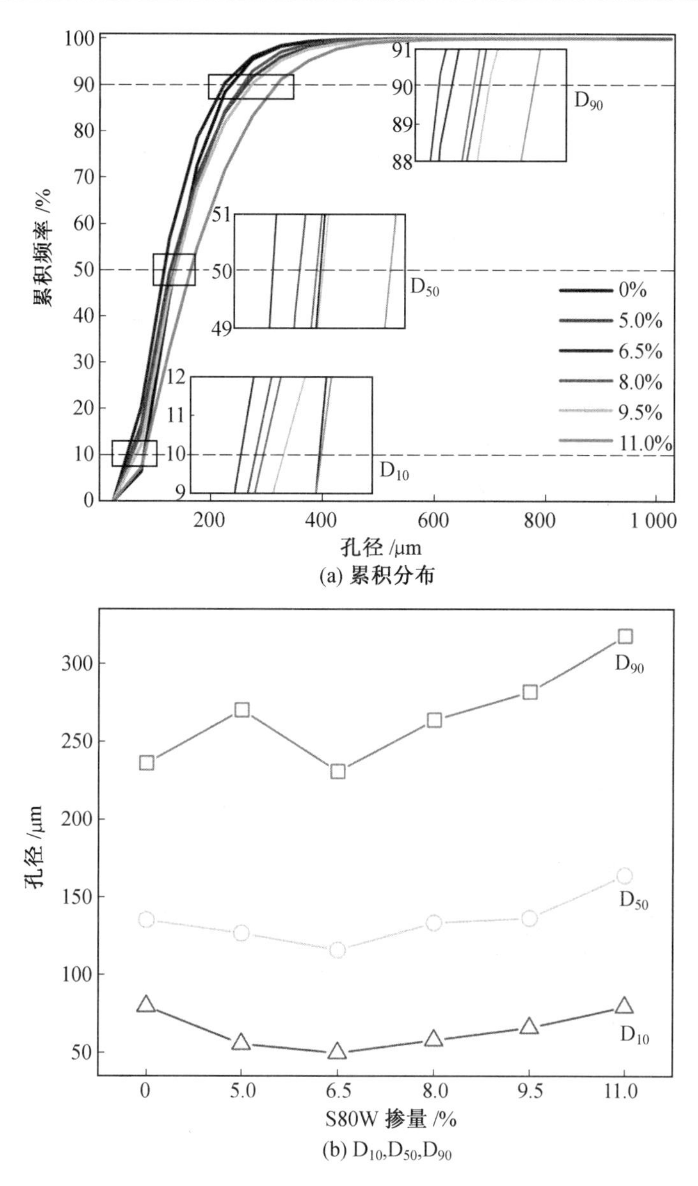

图 3.22 不同 S80W 掺量下超轻泡沫混凝土的孔径累积分布图

越复杂,材料的导热性越好。

图 3.23 为四种泡沫混凝土内部曲折度的模拟计算结果。通过 X-CT 对材料曲折度的模拟结果可知,S40W-FC、S60W-FC、S80W-FC 和 SCW-FC 的曲折度分别为 1.899、1.791、2.015 和 1.924,曲折度越大,材料的导热性能越好。

总之,X-CT 技术是以 X 射线照射样品,根据不同样品对 X 射线的衰减特性,通过计算机进行重构图像,可清晰、准确、直观地表征出样品内部的结构、组成及缺陷的情况,属于一种多功能无损检测技术,且对样品的制备没有特殊要求,可以用于水泥的水化、孔结构、界面过渡区、增强材料在基体中的几何分布、硫酸盐侵蚀、水分传输、钢筋锈蚀、冻融

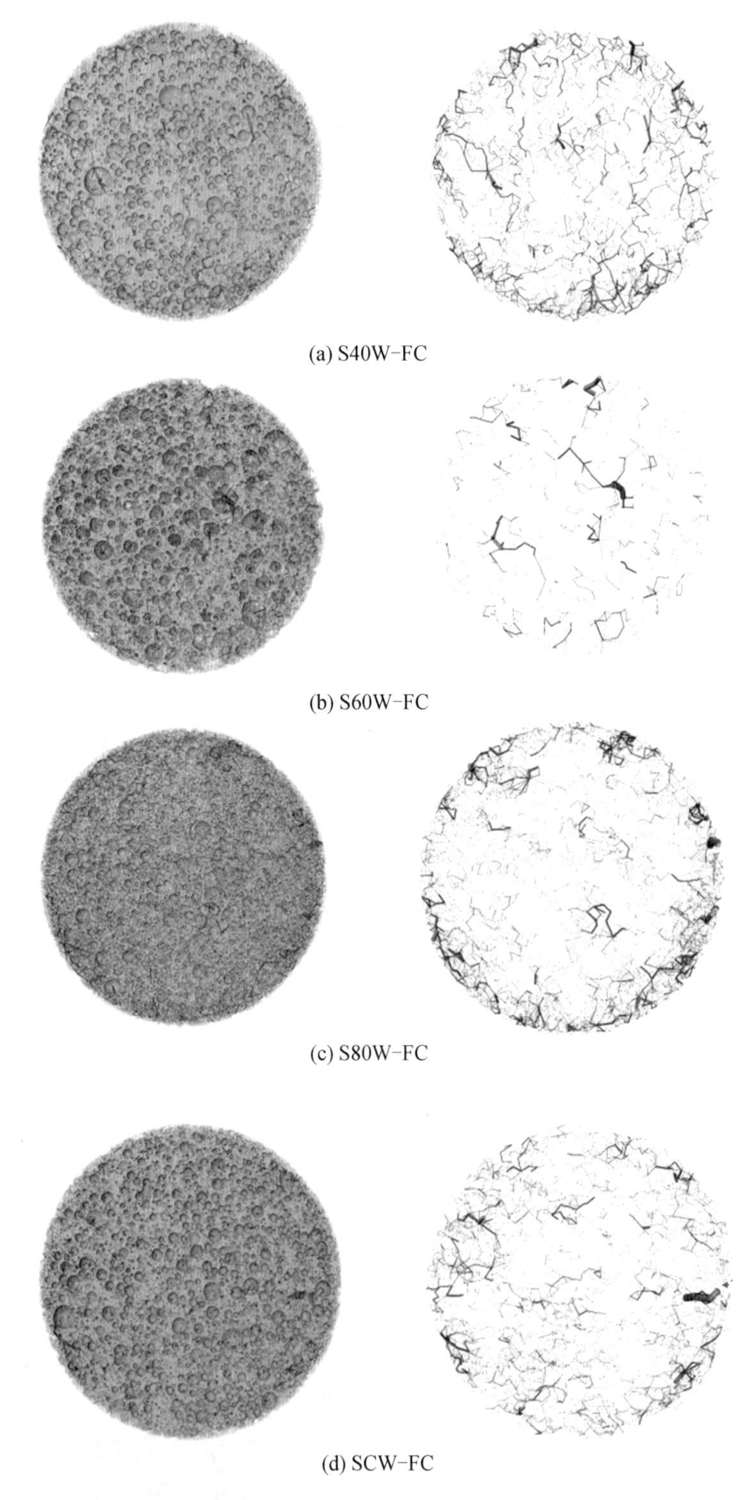

(a) S40W-FC

(b) S60W-FC

(c) S80W-FC

(d) SCW-FC

图 3.23 四种泡沫混凝土内部曲折度的模拟计算结果

损伤等测试,特别是对于一些不易进行样品制备的材料如强度较低的轻质多孔材料,更有利于其分析。

3.2 中子成像技术

3.2.1 概述

1930 年,德国物理学家 Bothe 和 Becker 利用天然放射性元素发射的 α 粒子轰击 Be、Li 等元素时,发现了一种穿透力极强的辐射;1932 年,英国的 Chadwik 发现这种辐射的电荷非常小,质量为 $1.674\ 928\ 6\times10^{-27}$ kg,存在时间仅为 $10^{-9}\sim10^{-6}$ s,他根据 Rutherford 的建议将这种粒子命名为中子。随着中子的发现,中子照相图片在 1946—1947 年就有报道;1956 年,英国的 Thewlis 成功利用 Harwell 中心的 BEPO 反应堆中子源进行了中子照相,得到了优质的中子照相图片;到 20 世纪 70 年代,中子照相已进入工业实用阶段;20 世纪 80 年代初,清华大学核能与新能源技术在反应堆上率先开展了热中子照相的研究工作,成为我国首批建成运行的中子照相系统。随着中国散裂中子源(China Spallation Neutron Source,CSNS)国家实验室在广东东莞设立并运行,我国基础科学研究和新材料研发有了新的平台。

随着电子技术和计算机图像技术的发展,利用中子转换屏和图像增强器并借助于图像处理系统来记录信息,利用高灵敏和抗辐射 CCD 摄像机的中子成像系统的中子成像技术得以发展。目前,中子成像已经发展成为系统的数字成像技术,作为集核科学、光机电一体化及计算机图像处理等于一体的无损检测高新技术,在航空、航天、材料、机械、建筑、石化、核工业、地质学、考古及医学、军事、工业等领域有着广泛、独特、重要的应用。

3.2.2 中子成像原理

中子按能量的不同可分为快中子、中能中子、慢中子、超热中子、热中子、冷中子等。能量大于0.1 MeV的中子为快中子;能量为 100 eV ~0.1 MeV 的中子为中能中子;能量小于100 eV的中子为慢中子,其中能量为 0.1 ~100 eV 的为超热中子,能量为 0.025 eV 的为热中子,能量低于 0.005 eV 的为冷中子。因此,中子辐射成像按中子束的能量可以划分为热中子辐射成像、快中子辐射成像、冷中子辐射成像和超热中子辐射成像。其中,大多数中子辐射成像是用热中子实施的,因为热中子具有十分有利的衰减特性和高分辨率,目前应用最为普遍,技术也相对较为成熟。

在中子成像实验中,由于中子与被测物体中的成分发生一系列作用(包括散射和吸收等),中子束强度会发生衰减。材料内部组分对中子束的衰减程度可以表述为该组分的中子宏观截面,该值为其吸收截面和散射截面之和。从宏观角度来说,透射中子强度与入射中子强度之间存在一定的衰减规律,如下:

$$I(x,y,z)=I_0(x,y,E)\cdot\exp\left(-\sum\nolimits_{\text{tot}}(x,y,E)\cdot s\right)\tag{3.6}$$

式中 $I_0(x,y,E)$——射入被测物体的中子通量;

$I(x,y,z)$——射出被测物体到达信号探测器的中子通量;

s——被测物体的厚度；

$\sum_{tot}$——被测材料的总宏观截面（或衰减系数），该截面反映的是中子与全体靶原子核相互作用的概率，宏观截面可以通过已知的微观截面和靶原子核的成分计算得到。

因此，整体材料总的中子衰减系数是其内部所有 N 个组分各自衰减系数与其所占质量分数的乘积的总和：

$$\sum(E)=\sum_{i}^{N}m_i\sum_{i}(E) \tag{3.7}$$

式中 $\sum(E)$——材料所有组分总的中子衰减系数；

N——材料内所有组分原子核的个数；

m_i——各组分的质量分数；

$\sum_i(E)$——各组分的中子衰减系数，该系数可以进一步表示为

$$\sum_i(E)=\frac{N_A}{A_i}\rho_iE_i(E) \tag{3.8}$$

式中 N_A——阿伏伽德罗（Avogadro）常数，$N_A=6.022\ 136\ 7\times10^{23}\ mol^{-1}$；

A_i 和 ρ_i——第 i 种组分的原子质量或分子质量和其质量密度；

$E_i(E)$——第 i 种组分与中子发生反应的微观截面，需要注意的是，在计算总微观截面时，还必须对材料成分中不同同位素的总截面进行加权求和。

简单来说，中子成像的基本原理就是通过信号探测器用成像的方式记录被测物体的中子射线透射信息。信号探测器所记录的通过被测物体的信号中隐含有材料空间及其内部结构信息，再进一步通过定量分析方法便能够计算得到材料内部结构及其分布状况。由于原本为三维的被测物体是在二维平面内进行实验测定，因此，中子成像的测定结果是沿被测物体厚度方向的平均值。

3.2.3 中子成像装置

中子成像（照相）装置主要由3个基本部件组成：中子源、中子准直器和成像探测系统（包括中子转换屏），如图3.24所示。这3个基本部件对中子成像（照相）的灵敏度、分辨率、穿透力等都有直接影响，各个部件均有多种选择，与实际的应用情况有关，以下以热中子成像装置为例，分别对这些主要部件及相关技术进行简要介绍。

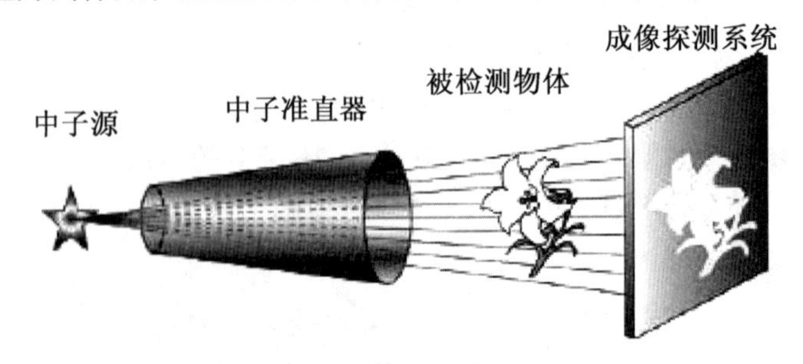

图3.24 中子成像装置示意图

1. 中子源

能产生中子辐射束的装置称为中子源，用于中子照相的中子源主要有 4 种：反应堆中子源、加速器中子源、同位素中子源和次临界装置中子源。4 种中子源的典型特性见表 3.2。

表 3.2 4 种中子源的典型特性

中子源	强度/($n \cdot cm^{-2} \cdot s^{-1}$)	能谱	空间分辨率	曝光时间
反应堆	$10^5 \sim 10^8$	连续、快中子	高	短
加速器	$10^3 \sim 10^6$	单能、快中子	中	中
同位素	$10^1 \sim 10^4$	多能、快中子	中	长
次临界装置	$10^4 \sim 10^8$	—	较高	中

2. 中子准直器

在获得了选定能量的中子源后，还需要将这些中子变成可用于中子成像的射线束，与电子不同的是，中子是不能被聚焦的，因此，必须设计一个中子束准直器，通过准直器对中子限束以获得准直的中子束。一个中子成像准直器的设计直接影响着整个中子成像系统的分辨率、反差灵敏度和成像速度。常见的中子准直器有圆管形、多束圆管形、多束平板形和发散形等。

定义准直孔道的长度 L 和入口直径 D 的比值为准直比，L/D 越大，提取的热中子束的平行度越好。对于加速器热中子成像系统的准直器，准直比一般在 20～100，对于反应堆热中子成像系统，准直比一般达 100～500。准直比越大，图像的几何分辨率也越好，但中子强度会减弱，要根据应用的需要和中子源的实际情况，综合考虑设计准直比的大小。

3. 中子转换屏

由于中子不能被像探测器直接探测，因此必须使用转换屏将中子转换为次级粒子才能进行探测。中子转换屏含有中子转化物质和荧光物质，其中，中子转化物质可吸收热中子和快中子，通过相互作用后放出 α、β、γ 射线或反冲质子。这些次级射线或带电粒子能够使荧光物质发光，从而产生可被探测的物质影像。适合热中子成像的中子转换物质主要有以下两类。

①含 Li、B、Cd 和 Gd 与荧光材料均匀混合制作的热中子转换屏，它配合高灵敏感光胶片或其他数码成像技术（CCD、IP 板）能够直接获取中子空间分布的影像，实现直接曝光。6LiF/ZnS(Ag) 和 6LiF/ZnS (Cu) 是最常用的热中子转换屏材料，其工作原理是：6Li 吸收中子产生高能 α 粒子，反应式如下，α 粒子激发 ZnS 发光，从而将中子转换为可见光。

$$^{6}Li+^{1}n \longrightarrow ^{3}H+\alpha+4.79\ MeV$$

②钢和 Ag 等转换屏，俘获热中子后形成一定寿命的放射性核，配合胶片实现间接曝光，获取中子空间分布的影像。

4. 成像探测系统

透射过物体的中子束便含有物体内部材料和结构信息，这些信息需要通过成像探测技术读出。探测技术又分为两类，一类是直接或间接曝光技术，另一类是光电转换技术。曝光技术采用含乳胶层的胶片和固体径迹探测器直接形成物体影像的潜影，然后通过冲洗、腐蚀等方法显影,曝光技术可以达到较高的分辨率,但不能实时成像;而光电转换技术则使用 CCD 相机获取物体影像,能够实现实时成像。

3.2.4 中子成像技术应用实例

随着科技的发展与进步,中子成像技术已经在航空、航天、核工业、建筑业、环境学、地质学、生物学、考古学、医学、国防、军工武器、工业应用及刑事侦查等众多科学研究与应用领域得到了非常广泛的应用。目前,世界上共有中子成像装置 110 余台,分布于 40 多个国家和地区,其中以美国和日本最多,欧洲和南非紧随其后。青岛理工大学海洋环境混凝土技术教育部工程技术中心开展了水泥基材料中水分传输的中子成像研究,在此,以张鹏博士和王鹏刚博士的部分研究成果为例,进行中子成像应用的分析说明。上述研究所用中子成像实验均是在瑞士 Paul Schemer Institute (PSI) 中子裂变中心内的大型中子放射装置 NEUTRA 上进行的。整个 NEUTRA 设备如图 3.25 所示,中子成像装置的平面示意图如图 3.26 所示。中子放射装置 NEUTRA 上的中子束共有 3 个实验位置,3 个位置处出射中子的主要技术性能指标见表 3.3。中子的平均能量为 25 MeV,不随时间变化,中子成像的曝光时间约为 20 s。

图 3.25 Paul Schemer Institute 内的中子放射装置 NEUTRA 的整体外观图

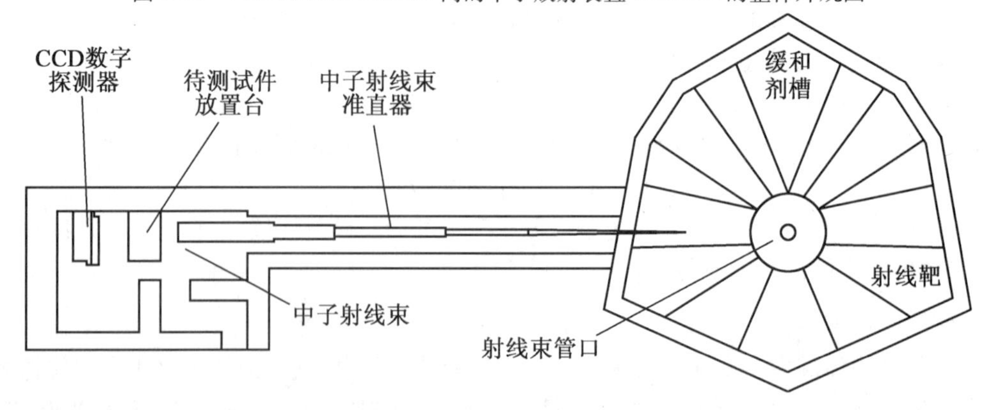

图 3.26 NEUTRA 中子成像装置的平面示意图

表 3.3 放射装置 NEUTRA 的中子束上 3 个实验位置处中子束的主要技术性能指标

实验位置	1	2	3
距出口距离/mm	3 820	7 292	10 547
中子束直径/mm	150	290	400
中子流量强度/($n \cdot cm^{-1} \cdot s^{-1} \cdot mA^{-1}$)	1.6×10^7	5.0×10^6	3.0×10^6
准直器准直比 L/D	200	350	550
几何非锐化/nm	0.4	0.2	0.16

1. 水泥基材料毛细吸水过程的中子成像

在不同吸水时间对试件的毛细吸水情况进行中子透射,经过中子散射修正、图像平面场修正和背景修正等一系列图像处理后,72 h 内砂浆试件水分侵入的实时中子成像结果如图 3.27 所示。从图中可以看出,当水泥基材料与水接触时,在毛细孔附加压力的作用下,水分能够在短时间内迅速侵入试件内部,15 min 后便能够通过肉眼观测到明显的水分渗透前锋;并且,随着吸水时间的延长,水分前锋不断向试件深处推进,说明水泥基体孔隙的毛细吸附力能够作为水分前进的持续驱动力。因此,通过中子透射实验,能够突破水泥基材料(砂浆)的非透明性局限,实现对其内部真实水分侵入过程的可视化肉眼观测和成像追踪。

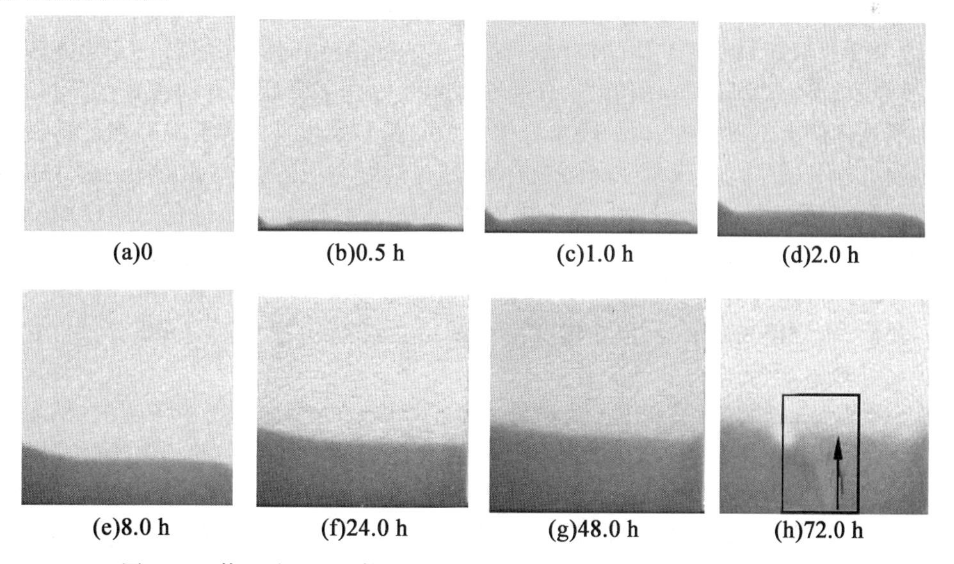

图 3.27 修正处理后试件毛细吸水过程的中子成像结果(吸水至 72 h)

成像结果隐含的中子透射信息通过 IDL 软件进行提取并进一步定量计算,得到不同吸水时刻试件内部的水分侵入量变化,即沿深度方向(图 3.27 中所标示矩形区域的垂直方向)的水分侵入量分布曲线,结果如图 3.28 所示。

从图 3.28 可以看出,越靠近试件与水的接触面,水分侵入量越高;随着吸水时间的增长，在水泥基体毛细管吸附力的作用下，水分侵入曲线逐步向试件深处推进。然而，对比吸水时间后期和前期的侵入曲线可以看出，推进速度随着时间的延长而显著变缓。另外，水分不断向深处推进的同时，侵入量也在增加。

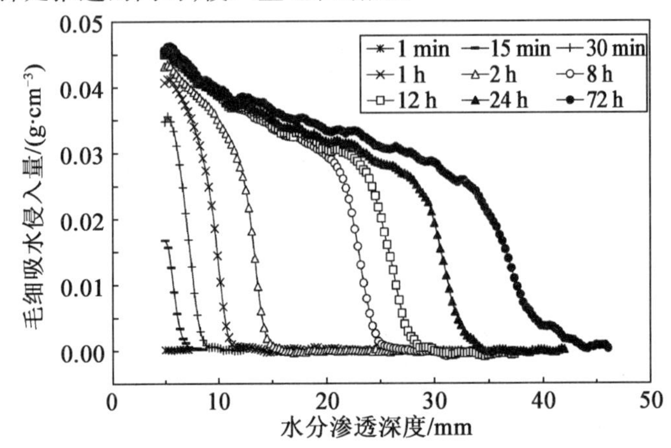

图 3.28 由中子成像结果定量计算的砂浆毛细吸水过程中的水分空间分布

2. 带裂缝混凝土中水分侵入的可视化成像追踪

图 3.29(a)为试件厚度和整个横向方向上的平均值。观察 60 min 时的水分分布曲线，明显可见在深度方向上，试件的近表层处水分侵入量最高，此时由底面向上推进的水分还未与由界面区而来的水分汇合。然后，水分曲线快速下降至一个低谷，对应图像中下部水分与界面处水分之间水分未到达的区域。随后，水分侵入量开始上升并至一个较高点，该点即为钢筋与水泥基体的底部界面处，由于该处界面区孔隙率增大并遭到一定破坏，故而水分侵入量较大。然后，水分曲线开始一段先下降后上升的弧形变化，到达钢筋与水泥基体的上部界面处，这一段水分侵入量的弧形变化是由钢筋的存在使得试件在厚度方向上水分的平均侵入量下降而造成的，这也恰好对应着钢筋在混凝土试件中所处的位置，即离表面 25 mm 处；同时，水分曲线在试件深度 75 mm 处也存在同样的弧形变化，这也是由该处置入的钢筋造成的。随后，水分分布曲线进入一个平缓阶段，该平缓阶段的水分侵入量是随时间不断升高的，这是因为有更多水分不断地由裂缝处向水平方向运动。最后，水分侵入量下降，但在超过 60 min 后，由于水分已经沿裂缝贯穿试件并在试件上表面处聚集，因而水分曲线上升。

在不同吸水时间对带裂缝混凝土试件内部的水分侵入情况进行中子透射，结果如图 3.29(b)所示。由结果可见，水分除了从开裂混凝土的底面即与水的初始接触面由下向上侵入试件外，在试件的裂缝区，水分侵入异常迅速，1 min 时水分便沿裂缝入侵至试件上部钢筋处，并迅速充满整个裂缝，很难捕捉这一极短时间内水分的运动过程。随后，水分开始向裂缝两侧的水泥基体内部推进，此时，裂缝区可以作为提供水分的来源。同时还发现，在上下两根钢筋与水泥基体的界面处，也有大量水分侵入，随着时间的增长，钢筋与水泥基体界面处的水分沿水平方向不断深入，并且由钢筋周围界面区向外围方向同时推进。这说明在试件开裂过程中，横向拔出力使得钢筋与水泥基体的黏结面遭到一定破坏，在原本就比较薄弱的过渡区产生了更多微裂缝而大量吸水，该界面处也被视为水分在水泥基体内部持续入侵的有效水源。

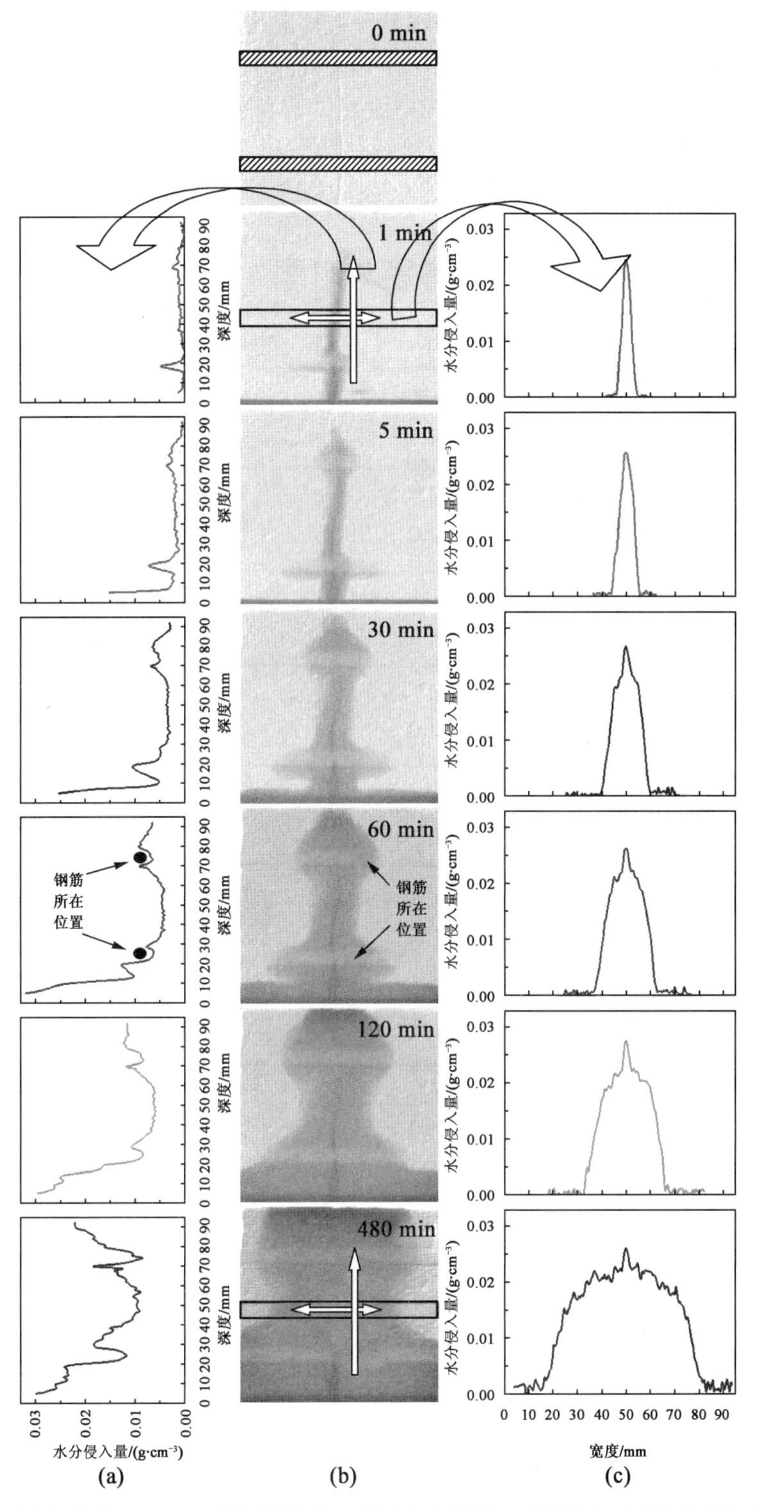

图 3.29 裂缝宽度为 0.35 mm 的钢筋混凝土试件中水分侵入过程的中子成像结果(b)及其沿深度(a)和沿图像中所标记矩形区域水平方向(c)的水分侵入量曲线

对不同时刻试件内部水平方向上的水分分布情况也进行了定量计算,结果如图3.29(c)所示。可以看出,在试件中间位置(约50 mm处),有一个水分侵入量值的最高点,该位置即为试件的裂缝处,对应着中子图像中所显示的颜色最深的缝隙;随后,水分侵入量由裂缝处呈对称特点向其左右两侧由高到低逐渐下降,随着时间的增长,水分前锋不断地向深处推进,水分曲线下降的趋势也越来越平缓。

思考题与习题

1. X-CT技术的基本原理是什么?
2. X-CT实时成像质量的三要素是什么?
3. 中子成像的基本原理是什么?
4. 中子成像装置的组成有哪些?

第4章　光学显微分析

4.1 引　　言

一般情况下,在25 cm的明视距离里,人眼的分辨率大概为0.1～0.2 mm,即如果两个物体相距不到0.1 mm时人眼会认为是一个物体。15世纪中叶,斯泰卢蒂(Francesco Stelluti)开始利用放大镜观察物体,可以将物体放大3 ～5倍。1595年左右,荷兰的詹森父子(Hans Janssen and Zacharias Janssen)创造出了最早的复式显微镜(图4.1(a))。1680年左右,物理学家虎克(Hooke)设计了第一台性能较好的显微镜(图4.1(b)),此后惠更斯(Christian Huygens)又制成了光学性能优良的惠更斯目镜,成为现代光学显微镜中多种目镜的原型,为光学显微镜的发展做出了杰出贡献。19世纪德国的阿贝(Ernst Abbe)阐明了光学显微镜的成像原理,并由此制造出了油浸系物镜,使光学显微镜的分辨率达到了0.2 μm的理论极限,这是真正意义的现代光学显微镜。目前,光学显微镜已由传统的生物显微镜演变成诸多种类的专用显微镜,按照成像原理可分为以下几种。

(1)几何光学显微镜,包括生物显微镜、落射荧光显微镜、倒置显微镜、金相显微镜、体视显微镜、暗视野显微镜等。

(2)物理光学显微镜,包括相差显微镜、偏光显微镜、干涉显微镜、相差偏振光显微镜、相差干涉显微镜、相差荧光显微镜等。

(3)信息转换显微镜,包括荧光显微镜、显微分光光度计、图像分析显微镜、声学显微镜、照相显微镜、电视显微镜等。

(a)詹森父子制造的第一台显微镜
(约1595年, 放大倍数为3~10倍)

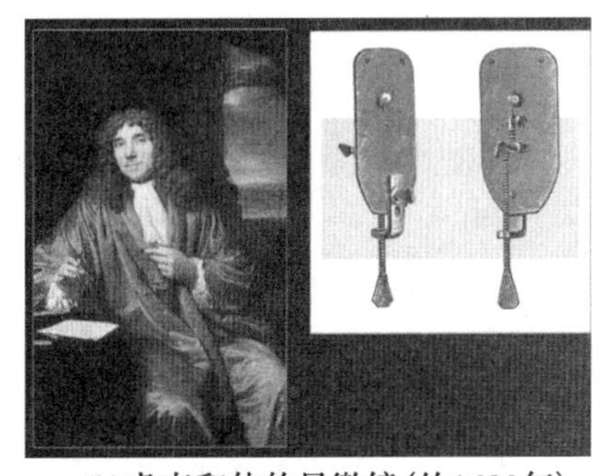

(b)虎克和他的显微镜(约1680年)

图4.1　早期的显微镜

随着显微光学理论和技术的不断发展,又出现了突破传统光学显微镜分辨率极限的近场光学显微镜,将光学显微分析的视角扩展向了纳米世界。

4.2 晶体光学基础

4.2.1 光的物理性质

按照量子理论,光具有微粒与波动的双重性,即波粒二象性。光的能量是由一束具有极小能量的微粒(即“光子”)不连续地输送着。波动就是振动的传播,可分为横波和纵波。纵波是质点的振动方向与传播方向一致的波。如敲锣时,锣的振动方向与波的传播方向就是一致的,声波是纵波。横波质点的振动方向与波的传播方向相互垂直,电磁波、光波都是横波。自然界不同类型电磁波谱的波长如图4.2所示。

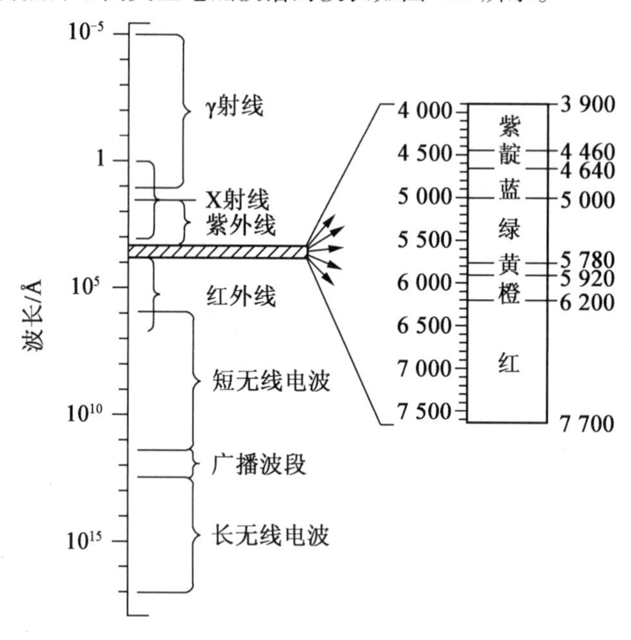

图4.2 自然界不同类型电磁波谱的波长

从电磁波谱可以看出,可见光只是整个电磁波谱中波长范围很窄的一段,其波长为3 900~7 700 Å。这一小波段电磁波能引起视觉,故称为可见光波。不同波长的可见光波作用在人的视网膜上产生的视觉不一样,因而产生各种不同的色彩。当波长由大变小时,相应的颜色由红经橙、黄、绿、蓝、靛连续过渡到紫。通常所见的“白光”实质上是各种颜色的光按一定比例混合成的混合光。

根据光波的振动特点光又可以分为自然光和偏振光两种。所谓自然光就是从普通光源发出的光波,如太阳光、灯光等。光是由光源中的大量分子或原子辐射的电磁波的混合波,光源中的每一个分子或原子在某一瞬间的运动状态各不相同,因此发出的光波振动方向也各不相同。因此,自然光的振动具有两方面的性质:一方面它和光波的传播方向垂直,另一方面它又迅速地变换着自己的振动方向,也就是说自然光在垂直于光传播方向的平面内的任意方向振动,如图4.3(a)所示。自然光在各个方向上振动的概率相同,在各个方向上的振幅也相等。

偏振光是自然光经过某些物质的反射、折射、吸收或其他方法,使它只保留某一固定方向的光振动,如图4.3(b)所示。偏振光的光振动方向与传播方向组成的平面称为振动面。因此也将偏振光称为平面偏光,简称偏光。

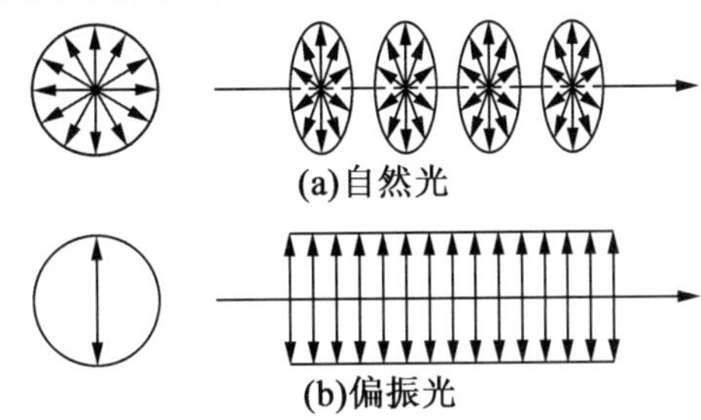

图4.3 自然光和偏振光示意图

偏振光经过旋转的检偏器后会发生光强的变化。以生活中最常见的太阳镜为例,偏光太阳镜放在电脑屏幕前,当转动太阳镜片时会出现明暗变化,而普通太阳镜不会产生这种变化。因为偏光太阳镜是用偏振片制成的,只有特定振动方向的光可以透过,而电脑屏幕发出的光线,同样是沿着某个特殊方向,所以转动偏光太阳镜时就会出现忽明忽暗的现象。生活中所有电子液晶屏幕的设备都利用这个原理。

4.2.2 光与固体物质的相互作用

一束光入射到固体物质的表面,会产生光的折射、吸收和反射等现象,其折射、吸收和反射性能与光的性能、入射方法及固体物质性质有关。

1. 光的折射

无论光是自然光还是偏光,当它从一种介质传到另一种介质时,在两种介质的分界面上将产生反射和折射现象。反射光将按照反射定律反射回原介质中。而折射光将从一种介质传播到另一种介质中。光从一种介质进入到另一种介质而发生折射时,入射线、折射线和两种介质分界面的法线在同一个平面内。入射线 a 与折射面 AB 法线 N 的夹角称为入射角 i, 折射线 b 与法线 N 的夹角称为折射角 r。入射角的正弦与折射角的正弦之比等于光波在入射介质中的波速与折射介质中的波速之比,此比值称为折射介质对入射介质的折射率,如图4.4(a)所示,称为折射定律。折射定律可用下列公式表示:

$$\frac{\sin i}{\sin r}=\frac{v_\mathrm{i}}{v_\mathrm{r}}=N \tag{4.1}$$

式中 v_i——光在入射介质中的速度;

v_r——光在折射介质中的速度;

N——折射介质对入射介质的相对折射率,又称为折光率。

如果入射介质为真空,则 N 称为折射介质的绝对折射率,简称折射率。

从式(4.1)可以看出,介质中光传播的速度越大,则该介质的折射率越小;相反,如介质中光传播的速度越小,则该介质的折射率越大,即介质的折射率与光在介质中的传播速度成反比($v_i/v_r=N_r/N_i$)。

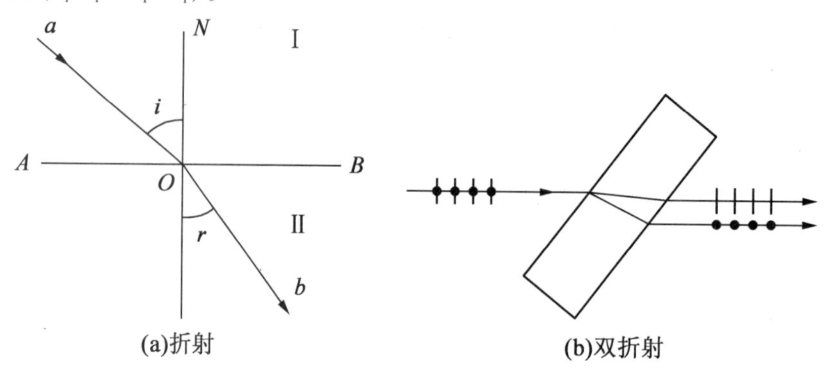

图 4.4 光的折射和双折射

光在真空中的传播速度最大,而光在空气中的传播速度与光在真空中的传播速度几乎相等,因此通常也可将光在空气中的折射率视为1(严格地说,光在空气中的折射率应为1.003)。在其他各种液体和固体中,光的传播速度总是小于真空中光的传播速度,故它的折射率总是大于1。

同一介质的折射率因所用光波的波长而异,这种性质称为折射率色散。对于同一介质,光波的波长与折射率成反比。在可见光谱中,紫光波长最短,红光波长最长。因此同一介质在紫光中测定的折射率最大,而在红光中测定的折射率最小,用其他色光测得的折射率介于两者之间。

晶体的折射率色散能力是指晶体在两种波长中测定的折射率的差值。差值越大,色散能力越强,反之则越弱。例如,萤石的色散能力很小,$N_{紫}-N_{红}=0.008\ 68$;金刚石的色散能力很强,$N_{紫}-N_{红}=0.057\ 41$。此外,不同物态的介质的色散能力也有差异。一般来讲,液体的色散能力较固体强,这对于用油浸法测定晶体的折射率很重要。为了不受色散的影响,测定折射率时,宜在单色光中进行,通常就是利用黄色光,即用钠光灯作光源(波长在可见光谱的中部)。在一般文献中列出的矿物折射率值,都是指黄色光中测定的数值。

一束自然光穿过各向异性的晶体(如方解石晶体)时分成两束偏振光的现象称为双折射现象(图4.4(b))。

2. 光的吸收

一束光线照射到物质的表面,一部分光线被反射,另一部分光线透过(透明材料),还有一部分光线要被物质所吸收。光的吸收主要是光的波动能转换为热能等其他形式的结果。吸收又可分为一般吸收和选择吸收。一般吸收(即光通过介质)后不改变颜色而只改变强度。选择吸收即在给定的波段范围内,媒质吸收某种波长的光能比较显著。在可见光范围内,选择吸收意味着光通过介质后既改变颜色,也改变强度。如果不把光局限于可见光范围以内,可以说一切物质都具有一般吸收和选择吸收两种特性。选择吸收性是物体在肉眼下呈现颜色的主要原因。

当光射入吸收性物质后,光的振幅随着透入深度的增大而不断减小,图4.5绘出了

这种减弱情况。兰伯特(Lambert)吸收指数定律则给出了光吸收的数学表达式,积分得到

$$\frac{\mathrm{d}I}{I}=-\mu\mathrm{d}x$$

$$I=I_0\mathrm{e}^{-\mu l} \tag{4.2}$$

式中 I——透过厚度为 l 的光强;

I_0——入射光强;

l——透过深度;

μ——比例常数。

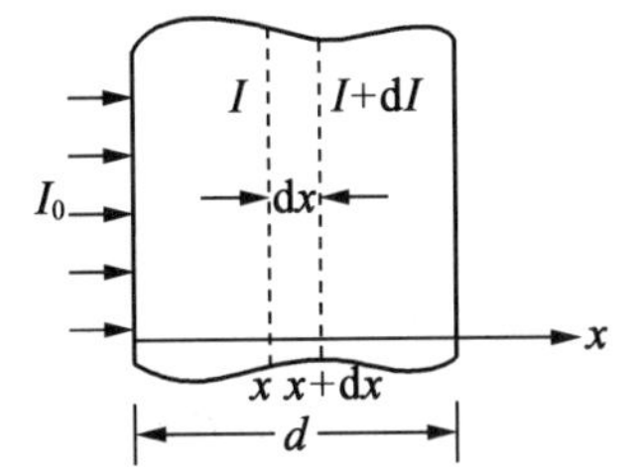

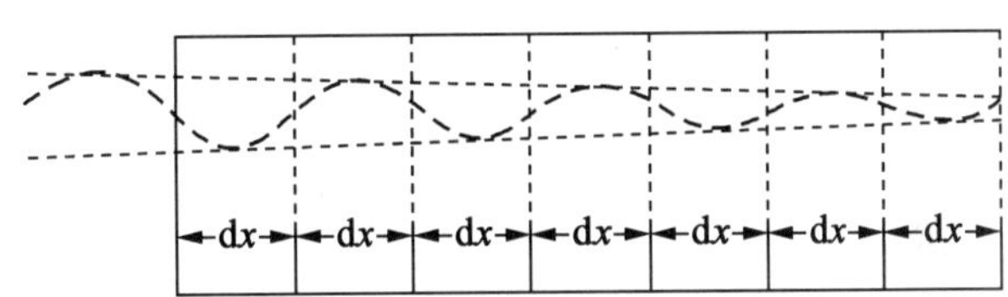

图 4.5 晶体对光的吸收

3. 光的反射

根据反射的基本定律,以反射表面法线为基准的入射角和反射角是相等的,入射光线、反射光线和反射表面法线处于同一平面。

在精抛光平表面上可获得单向反射(表面不平整度小于光波长),而在粗糙表面上则呈漫反射。反射光的强度和波长取决于表面的本性和反射介质的光学性质。

物质对投射在它的表面或磨光面上光线的反射能力称为反射力。表示反射力大小的数值称为反射率:

$$R=\frac{I_{\mathrm{r}}}{I_{\mathrm{i}}}\times 100\% \tag{4.3}$$

式中 R——反射率;

I_{r}——反射光的强度;

I_{i}——入射光的强度。

如果物质表面对白光中 7 种色光等量反射,则物质没有反射色,只是根据反射率的大小而呈现为白色或程度不等的灰色;反射率大的物质呈白色,反射率小的物质呈灰色。如果物质对 7 种色光选择性反射,使某些色光反射多一些,则物质会呈现反射色。所以反射色专指物质表面选择性反射色光而产生的颜色,又称表色,是物质表面选择性反射作用的结果,即由于物质对不同波长的色光的反射力不同而形成的。许多金属材料有很显著的特征反射色,如黄铁矿为黄色反射色,赤铁矿为无色或蓝灰色反射色。因此,反射色是鉴定不透明物质的重要特征。

有些晶体材料在不同方向上具有不同的折射率,在材料表面的反射能力也不相同,而呈现双反射现象。用一束偏振光以不同方位照射这些晶体材料,会产生明显的反射多色性。

一束白光照射到矿物表面后，除了一部分光线被反射外，另一部分光线被折射透入矿物内部，若遇到矿物内部的解理、裂隙、孔洞及包裹体等不同介质的分界面时，光线会被反射出来，这称为矿物的内反射作用(图4.6)。因内反射作用所产生的颜色称为内反射色，又称为矿物的体色。

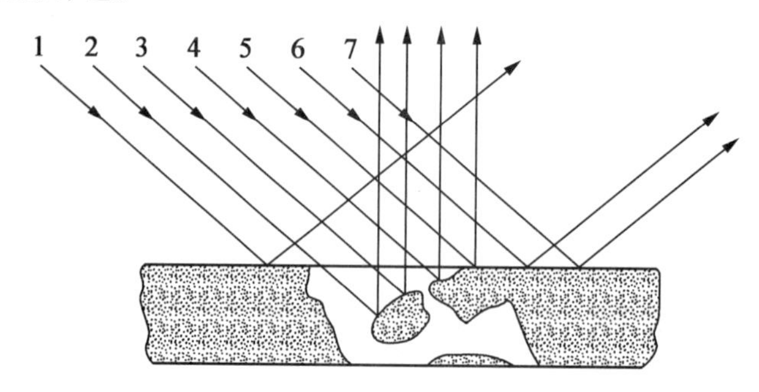

图4.6 内反射作用

物质的颜色、反射色和内反射色三者有着不同的概念，应将它们区别开来。物质的颜色是指肉眼下所见到的颜色，它是物质对白光中7种色波选择性吸收的结果。反射色是指物质的光滑表面或磨光面上，因选择性反射作用所产生的颜色。内反射色是物质内部反射作用(包括光的干涉作用)所形成的颜色。由于三者的成因不同，因此在不同的物质上呈现不同的特征。在同一种矿物上，其肉眼观察的颜色(手标本上的颜色)与色光上的颜色及薄片中的颜色都不一定相同。它们之间又有以下相互的关系。

(1)反射率 $R>40\%$ 的矿物，由于对入射光的吸收太强烈，一般条件下没有内反射作用，即见不到内反射色，这些矿物(即不透明矿物)的颜色与反射色是一致的，它们的颜色主要取决于表色。

(2)反射率在40% ~30%的矿物，其少数具有内反射，矿物的颜色多数仍取决于表色。

(3)反射率在30% ~20%的矿物，具有一定的透明度，它们可以反射出一部分光，又可以透出一部分光，而且普遍具有内反射，它们的内反射色与颜色一致，与反射色互为补色。

(4)反射率在 $R<20\%$ 的矿物，绝大多数为透明物质，因此都有内反射，内反射色为无色、灰白色或由于白光的分解和干涉作用产生的彩色，与矿物的颜色一致。

4.2.3 光在晶体中的传播

晶体是具有格子构造的固体，拥有独特的对称性和各向异性。光在不同晶体中传播时也表现出不同的特点。自然光和偏振光在晶体中的传播也不尽相同。根据光在晶体中不同的传播特点，可以把透明物质分为光性均质体和光性非均质体两大类。

1. 光性均质体

光波在各向同性介质中传播时，其传播速度不因振动方向而发生改变。也就是说，介质的折射率不因光波在介质中的振动方向不同而发生改变，其折射率值只有一个，此类介质属光性均质体(简称均质体)。光波射入均质体中发生单折射现象，不改变光波的振动特点和振动方向(图4.7)。也就是说,自然光射入均质体后仍为自然光;偏光射入均质体后仍为偏光,且其振动方向不改变。

等轴晶系矿物的对称性极高,在各个方向上表现出相同的光学性质,它们和各向同性的非晶质物质一样,属于光性均质体。例如,石榴石、萤石、玻璃、树胶等都是均质体。

2. 光性非均质体

光波在各向异性介质中传播时,其传播速度随振动方向而发生改变。因而其折射率值也因振动方向不同而改变,即介质的折射率值不止一个,此类介质属光性非均质体(简称非均质体)。光波沿 P 方向射入非均质体时,除特殊方向以外,都要发生双折射现象,分解形成振动方向互相垂直、传播速度不同、折射率不等的两种偏光 P_o、P_e(图4.8)。两种偏光折射率值之差称为双折射率。当入射光波为偏光时,也可以改变入射光波的振动方向。

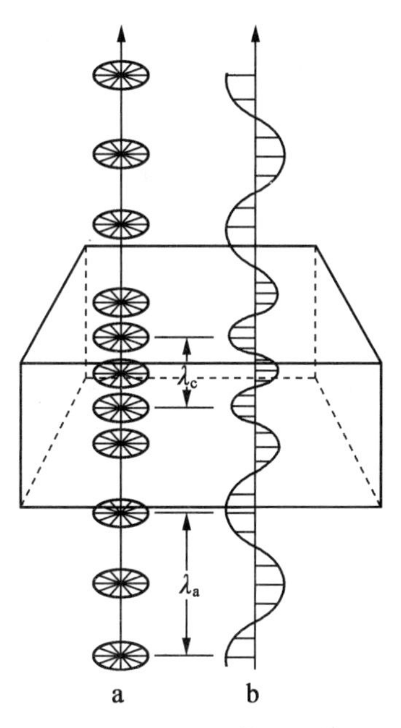

图4.7 光在均质体中的传播

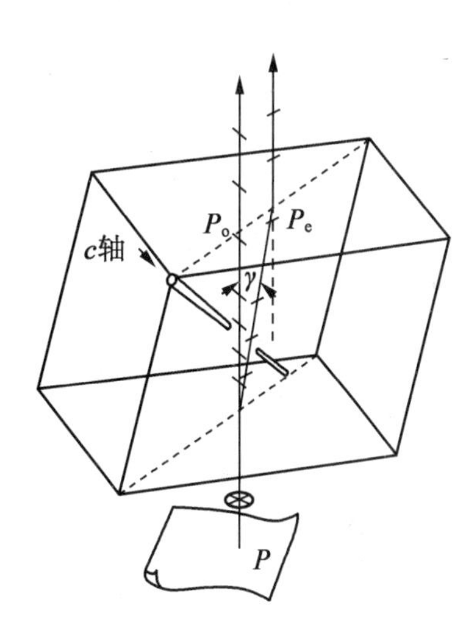

图4.8 光在非均质体中的传播

中级晶族和低级晶族矿物的光学性质随方向而异,属于光性非均质体,如长石、石英、橄榄石等。绝大多数矿物属于非均质体。

当光波沿非均质体的某些特殊方向传播时(如沿中级晶族晶体的 c 轴方向),则不会发生双折射现象,不改变入射光波的振动特点和振动方向。这种不发生双折射的特殊方向称为光轴。中级晶族晶体只有一个光轴方向,称为一轴晶;低级晶族晶体有两个光轴方向,称为二轴晶。

4.3 光学显微分析方法

光学显微分析是利用可见光观察物体的表面形貌和内部结构,鉴定晶体的光学性质。透明晶体的观察可利用透射显微镜,如偏光显微镜。而对于不透明物体来说就只能使用反射式显微镜,即金相显微镜。利用偏光显微镜和金相显微镜进行晶体光学鉴定,是研究材料的重要方法之一。

4.3.1 偏光显微镜

偏光显微镜是目前研究材料晶相显微结构最有效的工具之一。随着科学技术的发展,偏光显微镜技术在不断地改进,镜下的鉴定工作逐步由定性分析发展到定量分析,为显微镜在各个科学领域中的应用开辟了广阔的前景。

1. 偏光显微镜的构成

偏光显微镜的类型较多,但它们的构造基本相似。下面以 XPT-7 型偏光显微镜(图4.9)为例介绍其基本构成。

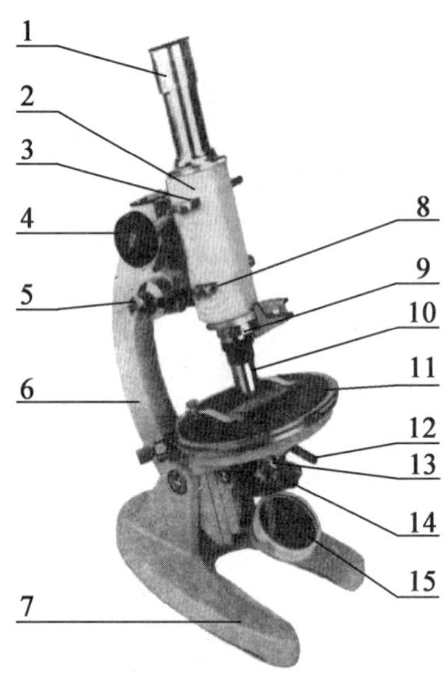

图 4.9 XPT-7 型偏光显微镜的构造

1—目镜;2—镜筒;3—勃氏镜;4—粗动调焦手轮;5—微动调焦手轮;6—镜臂;7—镜座;8—上偏光镜;9—试板孔;10—物镜;11—载物台;12—聚光镜;13—锁光圈;14—下偏光镜;15—反光镜

(1)目镜:由两片平凸透镜组成,目镜中可放置十字丝、目镜方格网或分度尺等。显微镜的总放大倍数为目镜放大倍数与物镜放大倍数的乘积。

(2)镜筒:长圆筒形,安装在镜臂上。转动镜臂上的粗动手轮或微调手轮可调节焦距。镜筒上端装有目镜,下端装有物镜,中间有试板孔、上偏光镜和勃氏镜。

(3)勃氏镜:位于目镜与上偏光镜之间,是一个小的凸透镜,根据需要可推入或拉出。

(4)镜臂:呈弓形,其下端与镜座相连,上部装有镜筒。

(5)上偏光镜:其构造及作用与下偏光镜相同,但其振动方向(以 *AA* 表示)与下偏光镜振动方向(以 *PP* 表示)垂直。上偏光镜可以自由推入或拉出。

(6)物镜:由 1 ~5 组复试透镜组成。其下端的透镜称为前透镜,上端的透镜称为后透镜。前透镜越小,镜头越长,其放大倍数越大。每台显微镜附有 3 ~7 个不同放大倍数的物镜。每个物镜上刻有放大倍数、数值孔径(Numberical Aperture,N. A.)、机械筒长、盖玻片厚度等。数值孔径表征了物镜的聚光能力,放大倍数越高的物镜的数值孔径越大,而对于同一放大倍数的物镜,数值孔径越大则分辨率越高。

(7)载物台:是一个可以转动的圆形平台,边缘有刻度(0° ~360°),附有游标尺,读出的角度可精确至 0.1°。同时配有固定螺丝,用以固定物台。物台中央有圆孔,是光线的通道。物台上有一对弹簧夹,用以夹持光片。

(8)聚光镜:在锁光圈之上,是一个小凸透镜,可以把下偏光镜透出的偏光聚敛而成锥形偏光。聚光镜可以自由装上或放下。

(9)锁光圈:在下偏光镜之上,可以自由开合,用以控制进入视域的光量。

(10)下偏光镜:位于反光镜之上。从反光镜反射来的自然光,通过下偏光镜后,即成为振动方向固定的偏光,通常用 *PP* 代表下偏光镜的振动方向。下偏光镜可以转动,以便调节其振动方向。

(11)反光镜:是一个拥有平、凹两面的小圆镜,用于把光反射到显微镜的光学系统中。当进行低倍研究时,需要的光量不大,可用平面镜,当进行高倍研究时,使用凹镜使光少许聚敛,可以增加视域的亮度。

此外,除了上述主要部件外,偏光显微镜还有一些其他附件,如用于定量分析的物台微尺、机械台和电动求积仪,用于晶体光性鉴定的石膏试板、云母试板、石英楔补色器等。

利用偏光显微镜的上述部件可以组合成单偏光、正交偏光、锥光等光学分析系统,用来鉴定晶体的光学性质。

2. 偏光镜样品的制样过程

在偏光显微镜下研究岩石或矿物,要磨制成薄片进行观察,薄片构成如图 4.10 所示,大小为 25 mm×50 mm、厚度约为 1 mm 的载玻片,薄片上下均涂黏合剂,一般为加拿大树脂,$n=1.54$,最上面是 20 mm×20 mm 的盖玻片。制作薄片分切、磨、粘、磨、盖 5 个步骤。用树胶粘贴时,要尽量把岩片和载玻片间的气泡挤出。岩片标准厚度为0.03 mm,超薄片可做到小于 0.02 mm。如果没有盖玻片,只有表面抛光,则称为光薄片,有单面抛光和双面抛光两种。

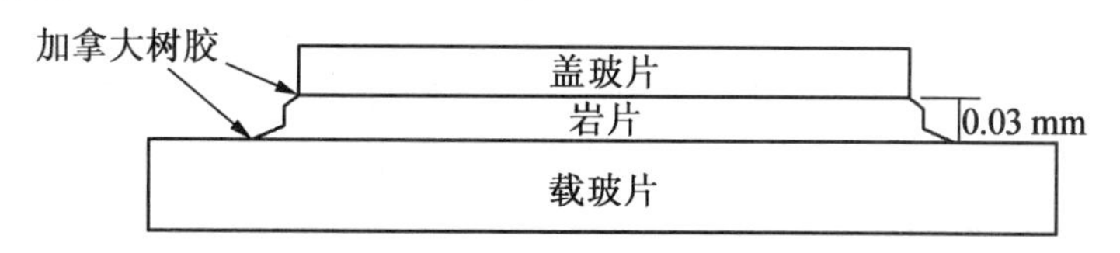

图 4.10 岩矿薄片的构成

3. 单偏光镜下的晶体光学性质

利用单偏光镜鉴定晶体光学性质时，仅使用偏光显微镜中的下偏光镜，而不使用锥光镜、上偏光镜和勃氏镜等光学部件，利用下偏光镜观察、测定晶体光学性质。单偏光下观察的内容有：晶体形态、晶体颗粒大小、体积分数、解理、突起、糙面、贝克线以及颜色和多色性等。

(1)晶体的形态。

每一种晶体往往具有一定的结晶习性，构成一定的形态。晶体的形状、大小、完整程度常与形成条件、析晶顺序等有密切关系。所以，研究晶体的形态不仅可以帮助鉴定晶体，还可以用来推测其形成条件。需要注意的是，在偏光显微镜中见到的晶体形态并不是整个立体形态，仅仅是晶体的某一切片。切片方向不同，晶体的形态可能会完全不同(图4.11)。

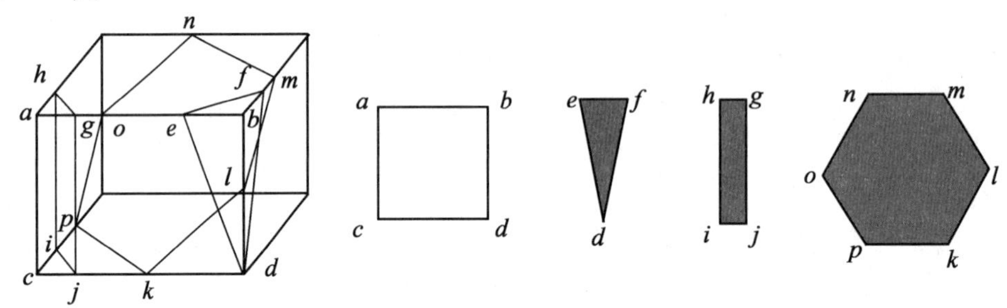

图4.11 薄片中晶体的形态特征

晶体边棱的规则程度(即晶体的自形程度)也可通过单偏光来观察，根据其不同的形貌特征可将晶体划分为下列几个类型。

①自形晶：光片中晶形完整，一般呈规则的多边形(图4.12中的A)，边棱全为直线。析晶早，结晶能力强，物理化学环境适宜于晶体生长时，便形成自形晶。

②半自形晶：光片中晶形较完整，但比自形晶差(图4.12中的B)，部分晶棱为直线，部分为不规则的曲线。半自形晶往往析晶较晚。

③他形晶：光片中晶形呈不规则的粒状，晶棱均为他形的曲线(图4.12中的C)。他形晶是析晶最晚或温度下降较快时析出的晶体。

由于析晶时物质成分的黏度和杂质等因素的影响，还会形成一些奇特形状的晶体。这些晶体在光片中呈雪花状、树枝状、鳞片状和放射状等形态的骸晶，这在玻璃结石中较为常见。

此外，在镜下常能见到一个大晶体包裹着一些小晶体或其他物质，称为包裹体。包裹体可以是气体、液体、其他晶体或同种晶体。从包裹体的成分和形态可以分析出晶体生长时的物理化学环境，成为物相分析的一个重要依据。

(2)晶体的解理和解理角。

晶体沿着一定方向裂开成光滑平面的性质称为解理，裂开的面称为解理面。解理面一般平行于晶面。许多晶体都具有解理，但解理的方向、组数(沿几个方向有解理)及完善程度不一样，所以解理是鉴定晶体的一个重要依据。解理具有方向性，它与晶面或晶轴有一定的关系。

晶体的解理在光片中是一些平行或交叉的细缝(解理面与切面的交线),称为解理缝。根据解理发育的完善程度,可以划分为极完全解理(图4.13中的A)、完全解理(图4.13中的B)和不完全解理(图4.13中的C)3类。有些晶体具有两组以上解理,可以通过测定解理角来鉴定晶体。

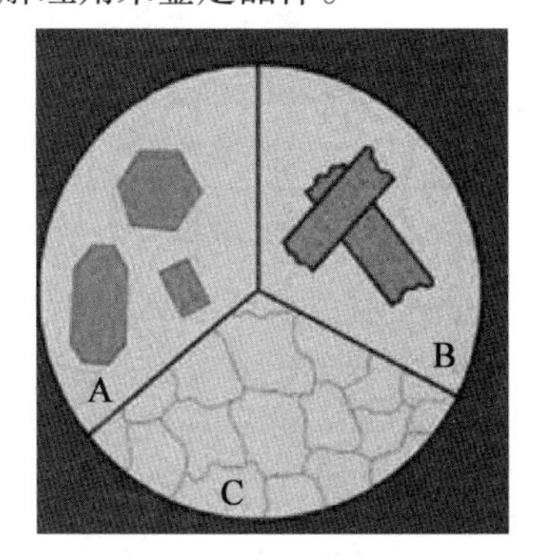

图4.12 矿物的自形程度

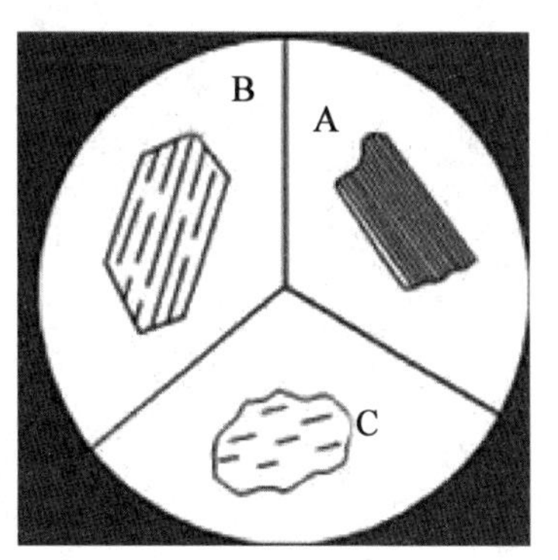

图4.13 矿物的解理等级

(3)颜色和多色性。

光片中晶体的颜色是晶体对白光中7色光波选择吸收的结果。如果晶体对白光中7色光波同等程度地吸收,透过晶体后仍为白光,只是强度有所减弱,此时晶体不具颜色,为无色晶体。如果晶体对白光中的各色光吸收程度不同,则透出晶体的各色光强度比例将发生改变,晶体呈现特定的颜色。光片中晶体颜色的深浅称为颜色的浓度。颜色浓度除与该晶体的吸收能力有关外,还与光片的厚度有关,光片越厚吸收越多,则颜色越深。

均质体晶体是光学各向同性体,其光学性质各方向一致,故对不同振动方向的光波选择吸收也相同,所以均质体晶体的颜色和浓度不因光波的振动方向而发生变化。但部分非均质体晶体的颜色和浓度是随方向而改变的。在单偏光镜下旋转物台时,非均质体晶体的颜色和颜色深浅要发生变化。这种由于光波和晶体中的振动方向不同,使晶体颜色发生改变的现象称为多色性;颜色深浅发生改变的现象称为吸收性。一轴晶晶体允许有两个主要的颜色,分别与N_e、N_o相当。二轴晶晶体允许有3个主要的颜色,分别与光率体三主轴N_g、N_m、N_p相当。晶体的多色性或吸收性可用多色性公式或吸收性公式来表示,如普通角闪石的多色性公式为N_g=深绿色,N_m=绿色,N_p=浅黄绿色。

(4)贝克线、糙面、突起及闪突起。

在光片中相邻两物质间,会因折射率不同而发生由折射、反射所引起的一些光学现象。

在两个折射率不同的物质接触处,可以看到比较黑暗的边缘,称为晶体的轮廓。在轮廓附近可以看到一条比较明亮的细线,当升降镜筒时,亮线发生移动,这条较亮的细线称为贝克线(图4.14)。

贝克线的产生主要是由于相邻两物质的折射率不等,光通过接触界面时发生折射、反射(图4.15)。

按两物质的接触关系,可以有下列几种情况。

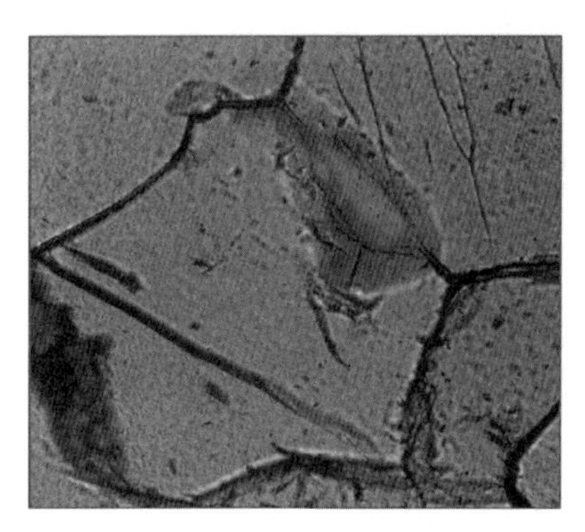

图4.14 贝克线示意图

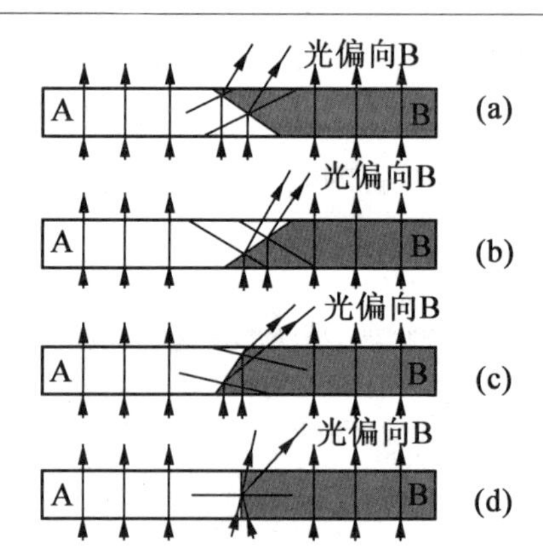

图4.15 贝克线产生的原因

①相邻两晶体倾斜接触,折射率大的晶体B盖在折射率小的晶体A之上(图4.15(a)),平行光线射到接触面上,光由光疏介质进入光密介质,光靠近法线方向折射,光线均向折射率高的一边折射,致使晶体的一边光线增多而亮度增强,另一边光线减弱,所以在两物质交界处出现较亮的贝克线和较暗的轮廓。

②相邻两晶体倾斜接触,折射率小的晶体A盖在折射率大的晶体B之上,无论接触面较缓(图4.15(b))、较陡(图4.15(c))还是直立接触(图4.15(d)),平行光线射到接触面上,光由光密介质进入光疏介质,光远离法线方向折射,光线均向折射率高的一边折射。

无论两个介质如何接触,贝克线移动的规律总是:提升镜筒,贝克线向折射率大的介质移动。根据贝克线移动规律,可以比较相邻两晶体折射率的相对大小。在观察贝克线时,适当缩小光圈,降低视域的亮度,使贝克线能清楚地显现。

在单偏光镜下观察晶体的表面时,可发现某些晶体表面较为光滑,某些晶体表面显得粗糙且呈麻点状,如同粗糙皮革一样,这种现象称为糙面。

糙面产生的原因是晶体光片表面具有一些显微状的凹凸不平,覆盖在晶体之上的树胶,其折射率又与晶体折射率不同,光线通过二者的接触面时,发生折射,甚至因为全反射作用,光片中晶体表面的光线集散不一,而显得明暗程度不相同,给人以粗糙的感觉(图4.16)。

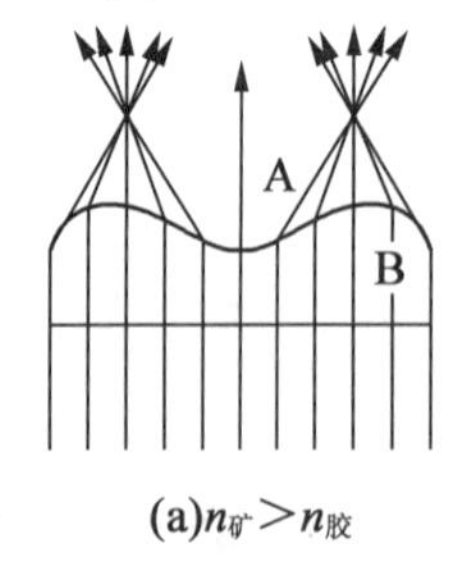

(a)$n_{矿}>n_{胶}$

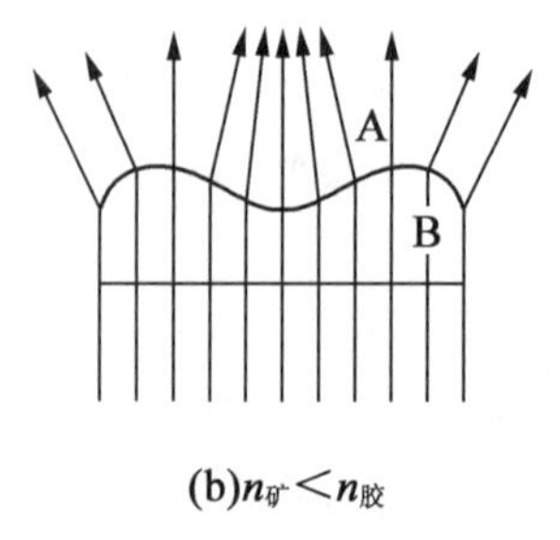

(b)$n_{矿}<n_{胶}$

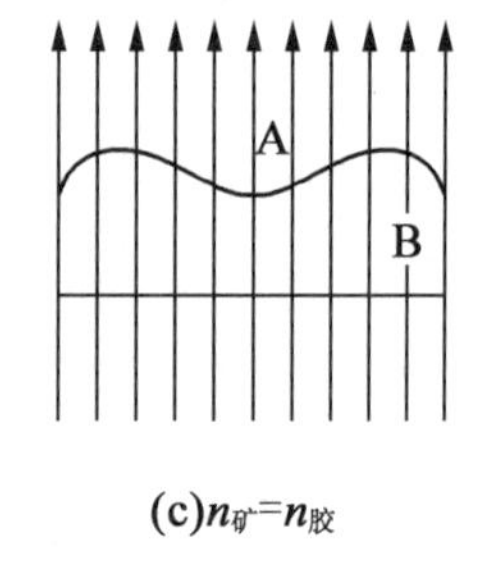

(c)$n_{矿}=n_{胶}$

图4.16 糙面示意图

同时,在晶体形貌观察时还会感觉到不同晶体表面好像高低不平。某些晶体显得高一些,某些晶体显得低平一些,这种现象称为突起。突起仅仅是人们视力的一种感觉,因为在同一光片中，各个晶体表面实际上是在同一水平面上，这种视觉上的突起主要是由于晶体折射率与周围树胶折射率不同而引起的。晶体折射率与树胶折射率相差越大，则晶体的突起越高。

在晶体光片制备时使用的树胶折射率等于1.54，折射率大于树胶的晶体属于正突起，折射率小于树胶的晶体属于负突起，在晶体光学鉴定时可利用贝克线区分晶体的正负突起。根据光片中突起的高低、轮廓、糙面的明显程度，一般把晶体的突起划分为6个等级，如表4.1及图4.17所示。

表4.1 突起等级及特征

等级突起	折射率	糙面及轮廓特征	实例
负高突起	<1.48	糙面及轮廓显著，提升镜筒，贝克线移向树胶	萤石
负低突起	1.48~1.54	表面光滑，轮廓不明显，提升镜筒，贝克线移向树胶	正长石
正低突起	1.54~1.60	表面光滑，轮廓不清楚，提升镜筒，贝克线移向晶体	石英
正中突起	1.60~1.66	表面略显粗糙，轮廓清楚，提升镜筒，贝克线移向晶体	磷灰石
正高突起	1.66~1.78	表面显著，轮廓明显而较宽，提升镜筒，贝克线移向晶体	透辉石
正极高突起	>1.78	表面显著，轮廓很宽，提升镜筒，贝克线移向晶体	斜锆石

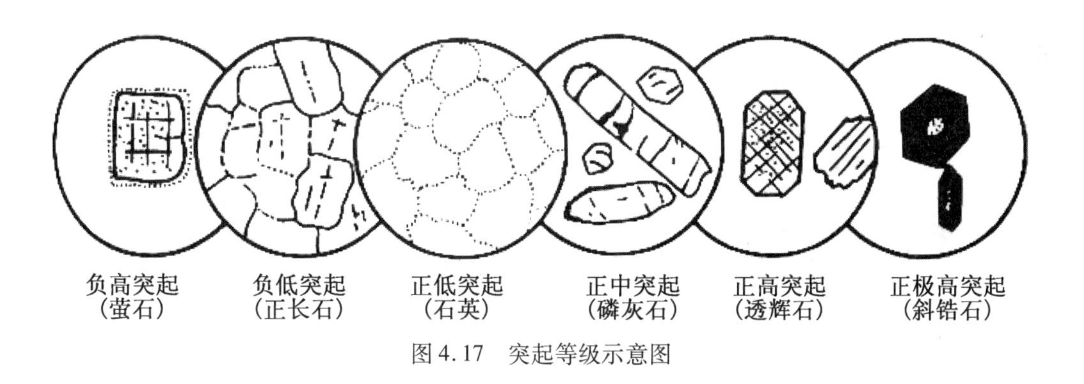

图4.17 突起等级示意图

非均质晶体的折射率随光波在晶体中的振动方向不同而有所差异。对于双折射率很大的晶体，在单偏光镜下，旋转物台，突起高低发生明显的变化，这种现象称为闪突起。例如，方解石晶体有明显的闪突起，可以作为鉴定晶体的一个重要特征。

4. 正交偏光镜下的晶体光学性质

所谓正交偏光镜，就是下偏光镜和上偏光镜联合使用，并且两偏光镜的振动面处于互相垂直的位置(图4.18)。为了观察方便，要使两偏光镜的振动方向严格地与目镜4个方向的十字丝一致，在正交偏光镜下观察时，入射光是近于平行的光束，故又称为平行正交偏光镜。

在正交偏光镜的物台上，如不放任何晶体光片时，其视域是黑暗的。因为光通过下偏光镜，其振动方向被限制在下偏光镜的振动面 *PP* 内，当 *PP* 方向振动的光到达上偏光镜振动方向 *AA* 时，由于两振动方向互相垂直，光无法通过上偏光镜，所以视域是黑暗的。

若在正交偏光镜下的物台上放置晶体光片，由于晶体的性质和切片方向不同，将出现消光和干涉等光学现象。

(1)消光现象。

晶体在正交偏光镜下呈现黑暗的现象，称为消光现象。消光现象包括全消光和4次消光两种。

①全消光。

在正交偏光镜下放均质体任意方向切片和非均质体垂直光轴的切片(图4.19(a))，由于这两种切片的光率体切面皆为圆切面，光波垂直这种切片入射时，不发生双折射，也不改变入射光的振动方向，所以自下偏光镜透出的振动方向平行*PP*的偏光，通过晶体后，不改变原来的振动方向并与上偏光镜的振动方向*AA*垂直，故不能透出上偏光镜，使视域黑暗。旋转物台360°，消光现象不改变，这种消光现象称为全消光。非晶体、等轴晶系的晶体和非均质晶体垂直光轴的切片均为全消光。

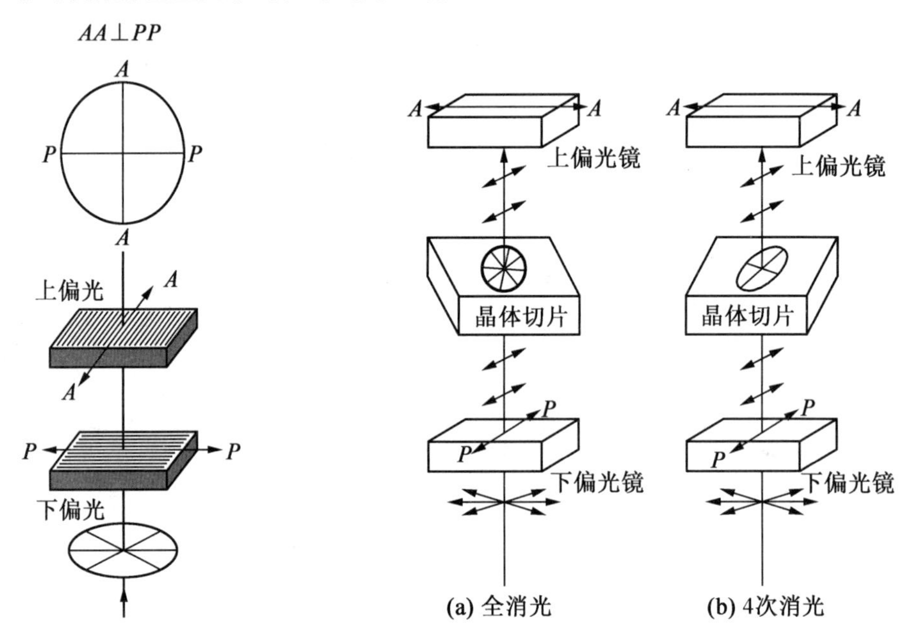

图4.18 正交偏光镜的装置和光学特点图

图4.19 晶体在正交偏光镜下的消光现象

② 4次消光。

在正交偏光镜下放上非均质体其他方向的切片，由于这种切片的光率体切面均为椭圆，当椭圆切面的长、短半径与上、下偏光镜的振动方向(*AA*、*PP*)一致时(图4.19(b))，从下偏光镜透出的振动方向平行*PP*的偏光，可以透过晶体而不改变原来的振动方向。当它到达上偏光镜时，因*PP*与*AA*垂直，无法透过上偏光镜而使晶体消光。在其他位置时则总有部分光透过上偏光镜。旋转物台360°，晶体切片上的光率体椭圆半径与上、下偏光镜的振动方向有4次平行的机会(即消光位)，故晶体出现4次消光现象。

由此可知，在正交偏光镜下呈现全消光的晶体，可能是均质体，也可能是非均质体垂直光轴的切片，而呈现4次消光的一定是非均质晶体，所以4次消光是非均质体的特征。

非均质体垂直光轴以外的任意方向切片,不在消光位时,则将发生干涉作用。

(2)干涉现象。

当非均质体任意方向切片上的光率体椭圆半径 K_1、K_2 与上、下偏光镜的振动方向 AA、PP 斜交时(图 4.20),自然光透过下偏光镜以振动方向平行 PP 的偏光进入晶体切片后,发生双折射,分解形成振动方向平行 K_1、K_2 的两种偏光(图 4.20(a))。K_1、K_2 的折射率不相等($N_{K_1}>N_{K_2}$),在切片中的传播速度也不相同(K_1 为慢光,K_2 为快光),因此它们透出晶体切片的时间必有先后,于是就产生了光程差,以 R 表示,见式(4.4)。当 K_1、K_2 透过切片在空气中传播时,由于传播速度相同,所以它们在到达上偏光镜之前,光程差保持不变。光程差的大小取决于晶体的双折射率和晶体的厚度。

$$R=d(N_g-N_p) \tag{4.4}$$

式中 R——光程差,nm;

d——晶体厚度;

N_g、N_p——晶体光率体切面的主折射率。

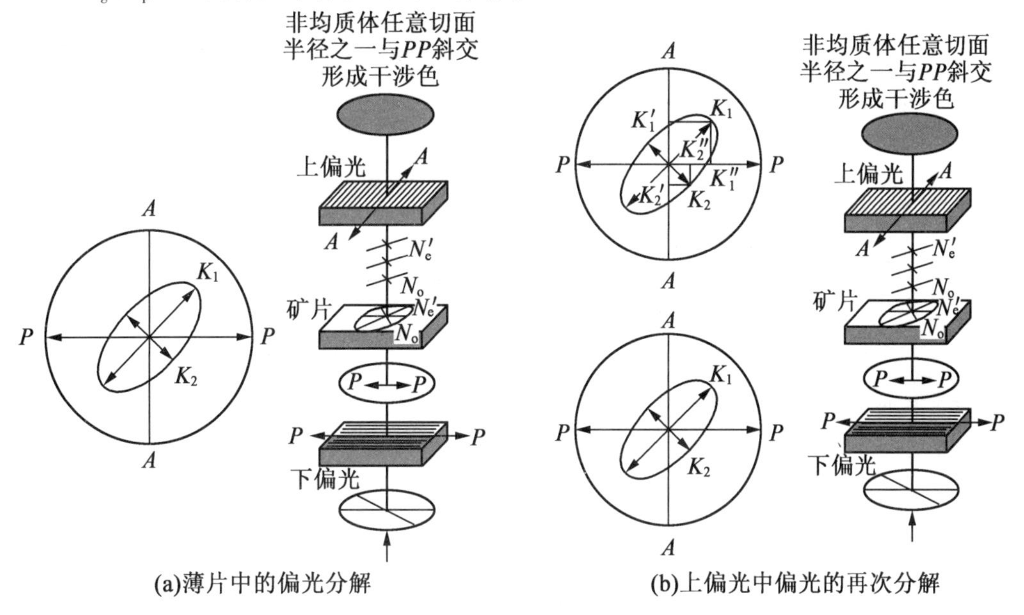

图 4.20 正交偏光间光的干涉现象

N_e 和 N_o—非常光和常光的折射率

K_1、K_2 两条偏光的振动方向与上偏光镜的振动方向(AA)斜交,故当 K_1、K_2 先后进入上偏光镜时再度分解,形成 K_1'、K_1''和 K_2'、K_2'' 4 条偏光(图 4.20(b))。其中,K_1''和 K_2''的振动方向垂直于上偏光镜的振动方向 AA,不能透过上偏光镜;K_1'和 K_2'的振动方向平行于上偏光镜的振动方向 AA,因此全部透过。由于 K_1'和 K_2'均起源于射入晶体之前的那束偏振光,两者振动频率相同,均在 AA 平面内振动,且存在光程差,故将会导致光的干涉效应。K_1、K_2 两束光相叠加后的合成光波振幅为

$$A_+^2=OB^2\sin^2 2\alpha\sin^2(R\pi/\lambda)=OB^2\sin^2 2\alpha[d(N_g-N_p)\pi/\lambda] \tag{4.5}$$

式中 OB——入射光的强度;

α——晶体切片上光率体椭圆半径与偏光镜振动方向间的交角，转动物台可以改变 α 角；

λ——所用单色光的波长。

当晶体切片内的光波振动方向与上、下偏光镜的振动方向平行时，$\alpha=0$，$A_+=0$，晶体切片处于消光位。旋转物台一周，当 $\alpha=0°,90°,180°,270°$时，均出现消光现象；而当$\alpha=45°,135°,225°,315°$时，晶体的亮度最大。

如果使用单色光作为光源，当光程差为波长的整数倍时，$\sin[d(N_g-N_p)\pi/\lambda]=\sin\pi=0$，此时晶体切片呈黑色。当光程差为半波长的奇数倍时，$\sin[(2n+1)\pi/2]=1$，使合成波振幅 A_+最大，干涉结果使光增强。如果沿石英光轴方向，由薄至厚逐渐插入石英楔，造成光程差均匀增加，此时在视域里就可看到明暗相间的条带（图 4.21）。在 $R=2n\lambda/2$ 处，光消失呈现黑带；在 $R=[(2n+1)]\lambda/2$ 处，光线加强而呈现单色光的亮带（最亮）。在光程差介于二者之间处，则明亮程度介于全黑与最亮之间。明暗条带相间的距离由单色光的波长而定，红光波长较长，明暗条带的距离大；紫光波长较短，明暗条带的距离也小。

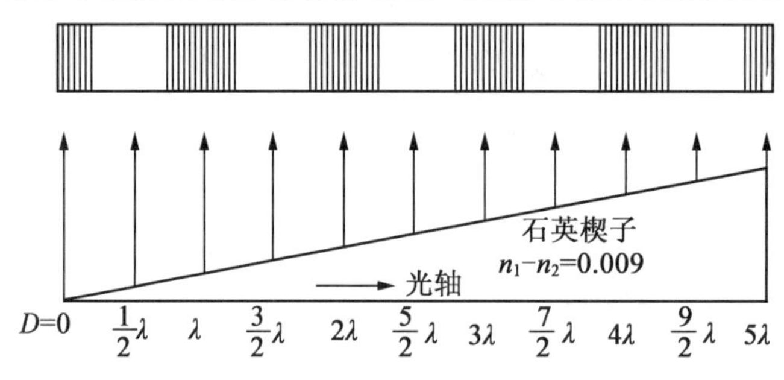

图 4.21 用单色光照射石英出现的明暗条带

（3）干涉色及色谱表。

白光由 7 种不同波长的单色光组成，由于不同单色光发生的消光位和最强位因各自波长而处于不同位置，因此 7 种单色光的明暗干涉条纹互相叠加而构成了与光程差相对应的特殊混合色，称为干涉色，它是由白光干涉而成。干涉色的颜色只决定于光程差的大小，α 角只能影响干涉色的亮度。

在白光的照射下，将石英楔插入试板孔中，薄的一端在前，随着石英楔慢慢推入，可以见到石英楔的干涉色连续不断地变化，当光程差为 0 时，石英楔呈黑色，光程差逐渐增加，干涉色由黑色变为钢灰，然后产生一系列有规律变化的干涉色序，称为干涉色级序。在干涉色级序中，颜色与颜色之间是逐渐过渡的，没有明显的界线，干涉色级序越高，界限越不明显。通常将干涉色级序划分以下几级。

①第一级：光程差为 0～560 nm。干涉色由低到高为：黑、钢灰、蓝灰、白、黄白、亮黄、橙黄、红、紫红。这一级特征是光程差为 200 nm 左右时，各色波长的光均具有一定的亮度，互相混合而成白色，称为一级白色。一级干涉色中没有蓝色与绿色。

②第二级：光程差为 560～1 120 nm。干涉色由低到高为：紫蓝、绿、黄绿、橙红等。其特征是颜色鲜艳，色带之间界限较清楚。

③第三级：光程差为 1 120～1 680 nm。干涉色由低到高为：紫、蓝、蓝绿、黄绿、黄、

橙、红。其特征是不如二级干涉色鲜艳,色带之间的界限不如二级那样清楚。

④第四级:光程差为 1 680 nm 以上。干涉色由低到高为:紫灰、青灰、绿灰、淡蓝绿、浅橙红、高级白。四级干涉色一般色调很淡,色带之间完全是逐渐过渡,无明显界限。当光程差增加到五级以上,各色光都不等量地出现,它们混合起来成为近似白色色调的颜色,称为高级白。例如,在方解石平行光轴的切片上,最大双折射率 $N_g-N_p=0.172$,当光片厚度磨到 0.03 mm 时,其光程差 $R=d(N_g-N_p)=1\ 560$ nm,呈现高级白色。这是高双折射率晶体的特征。

干涉色级序的高低取决于光程差的大小,而光程差的大小又随着光片厚度和双折射率的大小而变化,所以干涉色级序的高低取决于晶体光片的厚度和双折射率的大小。在标准厚度 0.03 mm 的光片中,同一晶体因切片方向不同,显示出不同的干涉色,一轴晶垂直光轴切片的双折射率等于 0,呈全消光,不显干涉色。平行光轴切片的双折射率最大,具有最高干涉色,其他方向切片的干涉色介于上述两者之间。同样,二轴晶垂直光轴切片为全消光,平行光轴切片的干涉色为最高,其他方向切片的干涉色变化于全黑与最高干涉色之间。显然,在鉴定晶体时,测定最高干涉色才有意义。

表示干涉色级序的图表称为干涉色色谱表,如图 4.22 所示,它是利用 $R=d(N_g-N_p)$ 公式中切片厚度、双折射率及光程差三者之间的关系做出的。这个色谱表是米舍尔-列维于 1889 年创制的,故又称为米舍尔-列维色谱表。

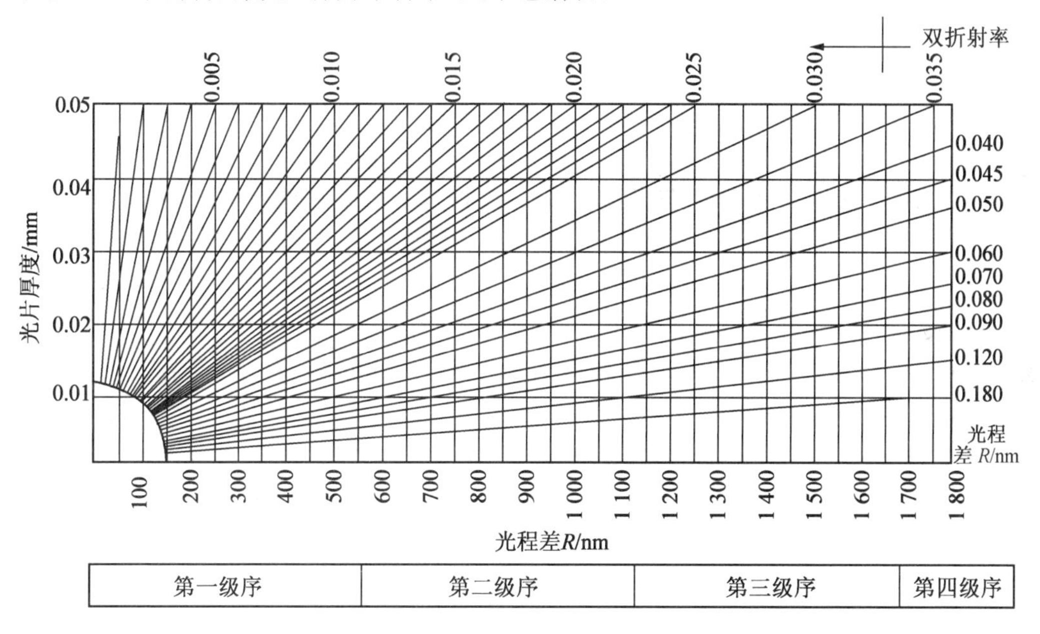

图 4.22 干涉色色谱表

色谱表的水平方向表示光程差及大小,单位为 nm,垂直方向表示光片厚度,以 nm 为单位,从坐标原点放射出来的一条条斜线表示双折射率的大小,每一根直线代表一个双折射率值,位于直线的末端。一定的光程差对应于一定的干涉色。在各光程差的位置上,填上相应的干涉色即是色谱表。

图 4.22 表示了光程差、光片厚度和双折射率三者之间的关系,所以当三者中知道其

中两个，应用色谱表，就可求出第三个数值。

在正交偏光镜下可鉴定的晶体光学性质包括晶体的干涉色级序、双折射率、消光类型、岩性符号及双晶等。

5. 锥光镜下的晶体光学性质

在正交偏光镜的基础上，加上聚光镜和勃氏镜，换上高倍物镜，组成锥光镜装置。

聚光镜的作用在于使平行入射的偏光高度聚敛，形成锥形偏光（图4.23）。在锥形偏光中，除中央一条光线垂直地射到薄片外，其他光线都是倾斜地入射到薄片上，而且其倾斜角越向外越大，在薄片中所经历的距离也是越向外越长。但不管光线如何倾斜，其光波的振动平面仍然与下偏光镜振动方向平行。

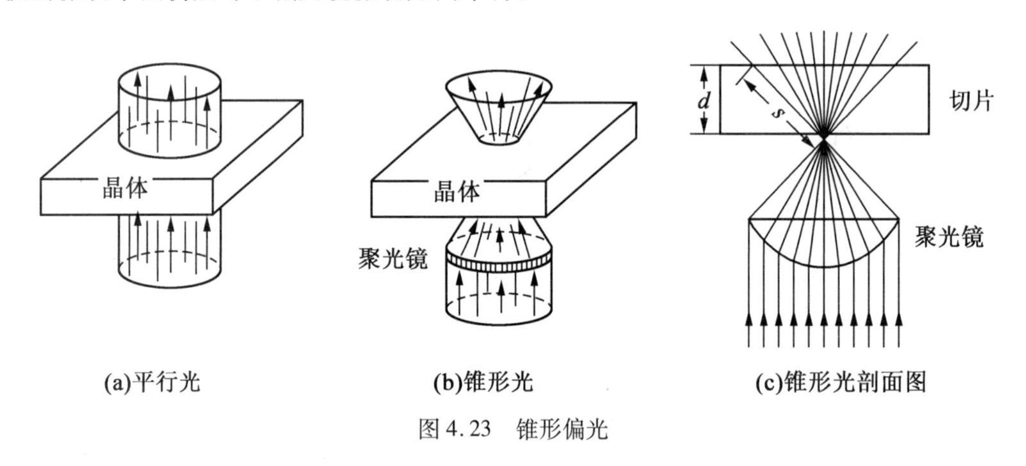

(a)平行光　(b)锥形光　(c)锥形光剖面图

图4.23　锥形偏光

由于非均质体晶体的光学性质有方向性，当许多不同方向的入射光同时通过晶体后，到上偏光镜时所发生的消光和干涉现象的总和构成了各式各样的特殊干涉图形，称为干涉图。

锥光镜下换用高倍物镜的目的在于它能接纳较大范围的倾斜入射光波。高倍物镜的工作距离较短，具有较大的光孔角，它能接纳与薄片法线成60°角的范围以内的倾斜入射光，这样看到的干涉图完整而清楚。

观察干涉图的方法有两种，第一种方法是去掉目镜、不用勃氏镜，此时晶体干涉图像呈现在物镜焦平面上，其图形较小，但很清楚；第二种方法是不去掉目镜，同时加入勃氏镜，此时勃氏镜与目镜联合组成一个望远镜式的放大系统，可以见到一个放大的干涉图像，图形较大，但较模糊。

均质体晶体的光学性质为各向同性，对于任何方向的入射光都不发生双折射，在正交偏光镜下永远消光，在锥光镜下不形成干涉图。通过锥光镜观察可确定晶体的轴性、光性和切片类型。

4.3.2　反光显微镜

反光显微镜是金相显微镜与矿相显微镜的总称。它是金属材料和无机非金属材料等领域一个重要的研究手段。随着对反射光下晶体光学性质研究的深入，反射光下研究晶体的范围不断地扩大，对晶体光学性质的研究逐步由定性研究发展到定量分析，在科学研究和工业生产中都得到了普遍的应用。

1. 金相显微镜的构造

金相显微镜是在无机材料领域使用较多的反光显微镜，它利用可见光作为照明源，通过玻璃透镜对试样进行放大成像。成像时来自照明系统的光束经金相试样表面反射后，经过物镜和目镜等一套光学放大系统使试样表面的显微组织放大，并在目镜筒内成像，以供观察或拍照。其型号很多，但基本构造和原理大致相同。如 XJB-1 型金相显微镜（图 4.24 和图 4.25），包括载物台、物镜、目镜、反射器、转换器、调焦手轮、光源、视场光阑、孔径光阑等主要部件。

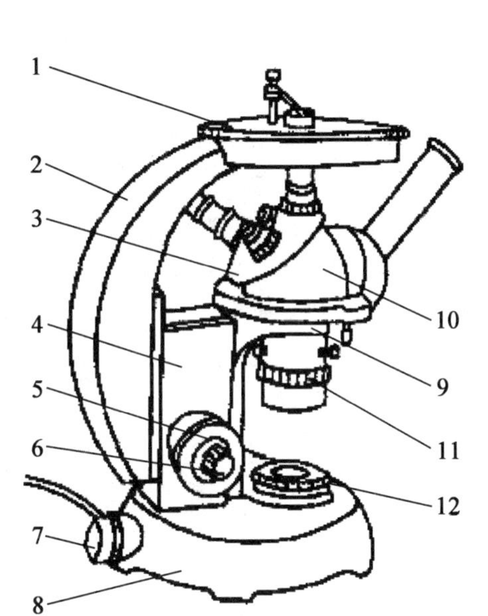

图 4.24 标准型金相显微镜的结构

1—载物台；2—镜臂；3—物镜转换器；4—微动座；5—粗动调焦手轮；6—微动调焦手轮；7—照明装置；8—底座；9—平台托架；10—目镜管；11—视场光阑；12—孔径光阑

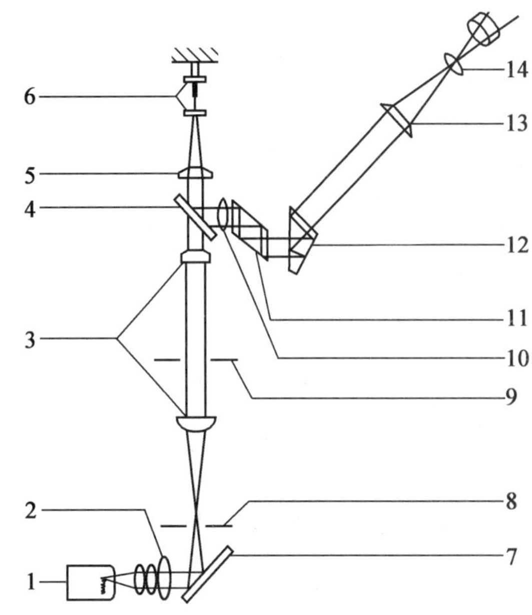

图 4.25 标准型金相显微镜的光学系统

1—灯泡；2，3—聚光镜组；4—半反光镜；5，10—辅助透镜；6—物镜组；7—反光镜；8—孔径光阑；9—视场光阑；11，12—棱镜；13—场镜；14—接目镜

（1）物镜。

物镜是显微镜最重要的光学元件，显微镜的分辨能力及成像质量主要取决于物镜的性能，如图 4.26（a）所示。物镜的种类很多，一般按相差校正程度分为消色差物镜、复消色差物镜和半复消色差物镜。为了改善质量，还设计了平场物镜。在设计和制造物镜时，为了提高成像质量，应力求将像差降低到最小。为了消除色差，显微镜的物镜采用多片凹凸透镜组合而成。这种组合的凹凸透镜在一定程度上也可以来校正球差（当然也可以采用适当缩小透镜成像范围来减少球差）。至于场曲和像散的校正，常常采用多种光学玻璃制成复合透镜加以改进。前面提到的平场物镜就是为了校正场曲和像散而专门设计的镜头。物镜的主要性能大多刻在物镜镜筒的金属外壳上，可根据使用说明书加以

识别。

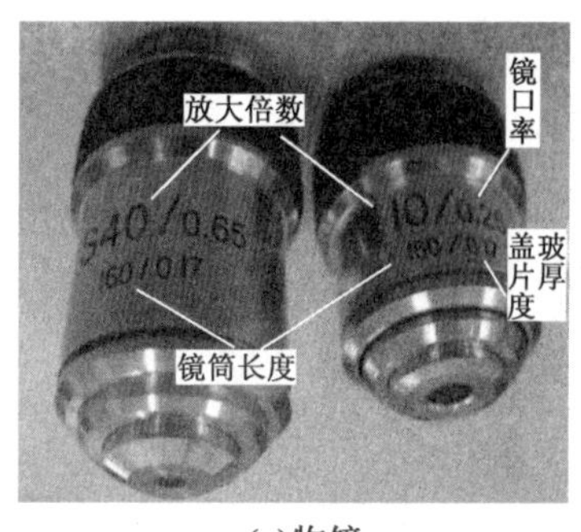

(a)物镜

(b)目镜

(c)聚光镜

图4.26 常用物镜、目镜及聚光镜实物图

(2)目镜。

目镜的作用是将物镜放大的实像再次放大。某些目镜除有放大作用外,还能将物镜成像过程中的残余像差予以校正,如图4.26(b)所示。目镜的种类很多,常用的有惠更斯目镜、雷斯登目镜、补偿目镜、摄影目镜及测微目镜等。惠更斯目镜由两块同种玻璃制成的平凸透镜所组成。其焦点位于两透镜之间,不能单独作为放大镜使用,故又称为负型目镜。惠更斯目镜结构简单,价格便宜,适合与低、中倍消色差物镜配合使用。小型台式金相显微镜多用这种目镜。雷斯登目镜由两片等焦距的平凸透镜组成,凸面相对,两透镜的间距为焦距的2/3。这种目镜可单独作为放大镜来观察物体,故又称为正型目镜。雷斯登目镜对场曲和畸变校正较好,球差也小,对色差的校正较差。补偿目镜是一种特制的目镜,结构较上述两种都复杂。与复消色差物镜配合使用,可补偿校正残余色差,但不宜与普通消色差物镜配合使用。

(3)聚光镜。

聚光镜(图4.26(c))又称集光器,安装在镜台下面,由聚光镜和可变光阑组成。聚光镜可会聚光线,用于照亮标本,光阑可改变聚光镜的数值孔径以便与物镜的数值孔径相匹配,可调整图像的分辨率和反差,并可辅助调节亮度。

(4)垂直照明器。

反光显微镜除了拥有与偏光显微镜相似的镜座、镜臂、镜筒、物镜、目镜及物台等主要部件外,还拥有一个特殊的光学装置,即垂直照明器。

垂直照明器一般安置在物镜和目镜之间的光路系统中,由反射器、前偏光镜、视场光阑、孔径光阑等部件组成,其作用是把从光源来的入射光通过物镜垂直投射到光片表面,再把光片表面反射回来的光投射到目镜焦平面内在垂直照明器中,完成将入射光向上或向下反射的装置称为反射器,常用的反射器有玻片反射器和棱镜反射器两种。可以使光路的方向按需要改变90°。棱镜式对光源的利用率较高,但使显微镜的鉴别能力降低,只在低倍放大(100倍以下)时应用,一般用平板玻璃式。滤色片的作用是吸收光源发出的白色光中波长不合需要的光线,而只让一定波长的光线通过。使用滤色片的目的在于增加黑白金相照片上组织的衬度,有助于鉴别色彩组织的微细部分,校正残余色差和提高分辨能力。

金相显微镜中的前偏光镜可使入射光线变为一个平面内振动的直线偏光；孔径光阑可以控制入射光束直径的大小，提高图像的清晰度；视场光阑可以控制视域大小，挡去有害的反射光射入视域。

(5)辅助装置。

显微镜的辅助装置主要有暗视场观察附件及照明附件。照明光线通过物镜直射在试样表面的照明关系称为明视场照明，是最常用的观察方法，能较真实地显示各种不同的组织形貌。暗视场照明则是附加一些附件，使照明光线不通过物镜而斜射至试样表面，可看到明场看不到的物质；而偏振光照明可实现各向同性与各向异性的晶体区分，也可区分腐蚀程度不同的各向同性的相，还可根据不同取向晶粒的振动面旋转角不同、明暗程度不同等来区分精细组织结构等，如图 4.27 所示。

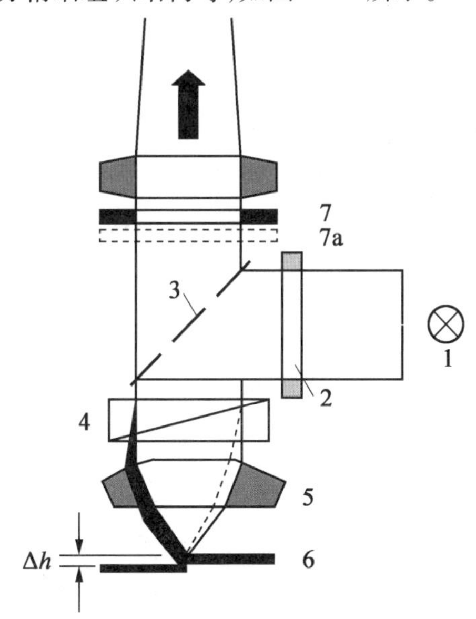

图 4.27 偏振光照明光路原理图

1—光源；2—起偏振器；3—入射光反射器；4—DIC 棱镜；5—反射光物镜；6—试样表面；7—检偏振器；7a—玻片

2. 金相显微镜的工作原理

金相显微镜的工作原理如图 4.28 所示。图中，L_1 表示物镜，L_2 表示目镜。根据几何光学原理，位于 L_1 的焦点 F_1 之外的物体 AB 被放大成倒立的实像 $A'B'$，$A'B'$处于 L_2 的焦点 F_2 之内，在明视距离(约250 mm)处得到一个仍然倒立的虚像 $A''B''$。$A''B''$是经 L_1 与 L_2 两次放大后所得到的像，在显微镜视场中所观察到的图像就是 $A''B''$。显微镜放大倍数即为物镜和目镜放大倍数的乘积。一台显微镜通常配有几个物镜和目镜，上面分别刻有15×、20×、30×等数字，这些数字表示各镜头的放大倍数。

一般来说，显微镜设计的最高放大倍数可达 1 600 ~ 2 000 倍。但受到物镜分辨能力的限制，实际大多采用 1 000 倍左右。

3. 反光显微镜的调节和使用

反光显微镜的调节主要包括物镜中心的校正、偏光系统的校正和垂直照明系统的校正。

物镜中心的校正与偏光显微镜的校正大体相同,偏光系统的校正可借助石墨或辉钼矿晶体,而垂直照明系统的校正则包括光源、视场光阑和孔径光阑的校正。通过光源调整使视域亮且均匀;通过视场光阑的调节使光阑中心与目镜中心重合,并避免边缘杂乱光线的干扰;通过孔径光阑的调节挡去射向视域边缘有害的漫反射光线,并调节视域中光的亮度,控制影像的反差。

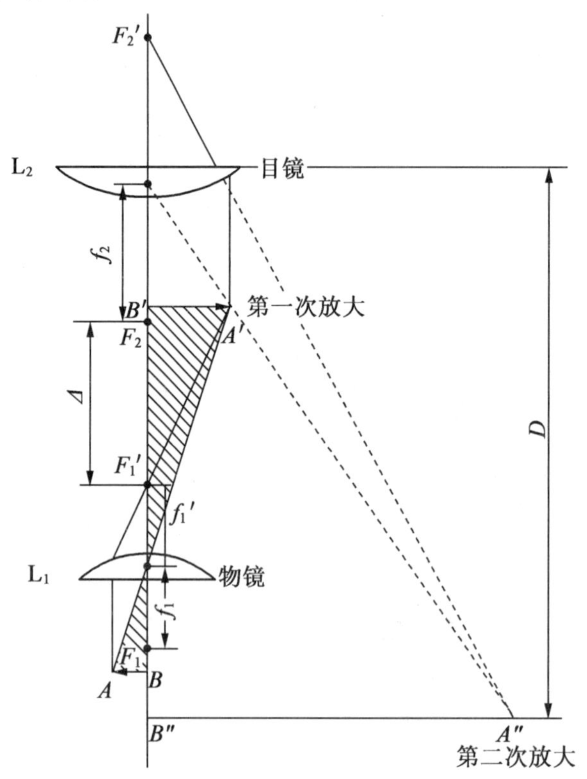

图 4.28 金相显微镜的工作原理

利用金相显微镜可以对光片表面相的形貌、尺寸、颜色、分布进行观察。对于那些不透明晶体(指光片厚度 0.03 mm 时不透明)来说,金相显微镜有效地填补了偏光显微镜在这方面的局限性。同时,金相显微镜分析法的光片制片简单,光片受侵蚀后晶体轮廓清晰,便于镜下定量测定,适宜于生产控制。金相显微镜的构造简单,操作方便,容易掌握,因而在科研和生产中得到了普遍的应用。

近几十年来,在反射光下研究矿物晶体,无论从理论到方法都有了新的进展。在反射光下对晶体光学性质的测定和矿石结构的研究,已经逐步由定性发展到定量,反光显微镜的研究领域正在逐步扩大。

4. 金相显微镜的制样

试样的制作一般要经过取样、镶嵌、磨光、抛光及浸蚀等步骤,每个操作步骤都包括许多技巧和经验,都必须严格、细心。任何阶段的失误都可能导致制样的失败。

(1)取样。

光片的取样部位应具有代表性,应包含所要研究的对象并满足研究的特定要求。譬如在研究玻璃液对耐火材料的浸蚀时,可以在耐火材料被浸蚀的表面上取样,分析其浸蚀产物,也可以在耐火材料横截面上取样,分析其浸蚀深度。切取样品可用锯、车、刨、砂轮切割等方式,但要避免检测部位过热或变形而使样品组织发生变化。截取的样品应该有规则的外形、合适的大小,以便于握持、加工及保存。

(2)镶嵌。

对一些形状特殊或尺寸细小而不易握持的样品,需进行样品镶嵌。常用的镶嵌法有机械夹持法、塑料镶嵌法及低熔点镶嵌法等。塑料镶嵌法包括热镶法和冷镶法两种,热镶法常用酚醛树脂(热固性塑料)或聚氯乙烯(热塑性塑料)作为镶嵌材料,冷镶法一般使用环氧塑料作为镶嵌材料。由于偏光显微镜的标准光片厚度为0.03 mm,因此样片经一面抛光后需用树胶镶嵌在载玻片上再抛光另一面。

(3)磨光。

磨光的目的是去除取样时引入的样品表层损伤,获得平整光滑的样品表面。在砂轮或砂纸上磨光,每个磨粒均可看成是一把具有一定迎角的单面刨刀,其中迎角大于临界角的磨粒起切削作用,迎角小于临界角的磨粒只能压出磨痕,使样品表层产生塑性变形,形成样品表面的损伤层。磨光时除了要使表面光滑平整外,更重要的是应尽可能地减少表层损伤,每一道磨光工序必须去除前一道工序造成的损伤层。磨光操作通常分为粗磨和细磨,磨制样品要充分冷却,以免过热引起组织变化。样品可以先在砂轮机上粗磨,把样品修成需要的形状,并把检测面磨平。然后利用砂纸由粗到细进行细磨。每次细磨不仅要磨去上一道的磨痕,还要去除上一道造成的变形层。砂纸依次换细,逐步将样品磨光,且逐步减小变形层深度。金相砂纸所用的磨料有碳化硅和天然刚玉两种,其中碳化硅砂纸最适用于金相试样的磨光。

(4)抛光。

抛光的目的是去除细磨痕以获得平整无疵的镜面,并去除变形层,得以观察样品的显微组织。常用的方法有机械抛光、电解抛光及化学抛光等。机械抛光使用最广,它是用附着有抛光粉(粒度很小的磨料)的抛光织物在样品表面高速运动达到抛光的目的。机械抛光在抛光机上进行,抛光粉嵌在抛光织物纤维上,通过抛光盘高速转动将样品表面上磨光时产生的磨痕及变形层除掉,使其成为光滑镜面。金相样品的抛光分粗抛和细抛两道操作,粗抛除去磨光时产生的变形层,细抛则除去粗抛产生的变形层,使抛光损伤减到最小。电解抛光和化学抛光则是一个化学的溶解过程,它们没有机械力的作业,不会产生表面变形层,不影响金相组织显示的真实性。电解和化学抛光时,粗糙样品表面的凸起处和凹陷处附近存在细小的曲率半径,导致该处的电势和化学势较高,在电解或化学抛光液的作用下优先溶解而达到表面平滑。电解抛光液包括一些稀酸、碱、乙醇等,而常用的化学抛光液通常是一些强氧化剂,如硝酸、硫酸、铬酸及过氧化氢等。

(5)浸蚀。

抛光后的样品表面是平整的镜面,在显微镜下只能看到孔洞、裂纹、非金属夹杂物等。必须采用恰当的浸蚀方法,使不同组织、不同位相晶粒以及晶粒内部与晶界处各受到不同程度的浸蚀,形成差别,从而清晰地显示出材料的内部组织。浸蚀的另一个作用是去除抛光引起的变形层,防止可能因此出现的伪组织,确保显微组织的真实性。

样品的浸蚀处理方法包括化学浸蚀、电解浸蚀和一些物理蚀刻方法,如热蚀刻、等离子蚀刻等。

化学浸蚀法是常用的浸蚀方法。样品表面抛光后形成的非晶态变形层覆盖了表面显微结构中的裂隙及晶体边界空隙,使表面显微结构及不同晶体的界线不清。使用适当的浸蚀剂对样品进行浸蚀处理,除去表面非晶质变形层,使得晶体界线、解理及包裹物等结构较为清晰。浸蚀的另一个作用是使样品表面的某些晶体着色,或产生带颜色的沉淀而易于分辨。硅酸盐水泥熟料常用浸蚀剂的浸蚀条件见表4.2。

表4.2 硅酸盐水泥熟料常用浸蚀剂的浸蚀条件

浸蚀剂名称	浸蚀条件	显形的矿物特征
蒸馏水	20 ℃,2~3 s	游离氧化钙:呈彩虹色 黑色中间相:呈蓝色,棕色
1%氯化铵水溶液	20 ℃,3 s	A矿:呈蓝色,少数呈深棕色 B矿:呈浅棕色 游离氧化钙:呈彩色麻面
1%硝酸酒精	20 ℃,3 s	A矿:呈深棕色 B矿:呈黄褐色

对于化学稳定性较高的合金,如不锈钢、耐热钢、高温合金、钛合金等,这些金属需要使用电解浸蚀法浸蚀样品才能显现出它们的真实组织。

4.4 光学显微分析的应用实例

4.4.1 偏光显微镜的应用实例

碱骨料反应是导致混凝土耐久性遭破坏的重要原因,判别砂、石的活性是其关键方法。润扬长江大桥在建设过程中针对其混凝土所使用的砂石骨料进行了碱活性分析,并基于此进行了原材料的优选。

1. 砂的组成与结构分析

课题组首先利用XRD对砂的组成进行了分析,用于砂样矿物分析的主要仪器为日本理学Dmax-rB/12型X射线衍射仪(铜靶,扫描速度为10(°)/min)。各类砂的X射线衍射谱图如图4.29所示。显然,赣江砂主要由石英组成,含少量长石;巴河砂主要由石英和长石组成;阳新砂主要由石英晶体组成,有一些长石晶体。

XRD测试虽然可以辨别砂的物相,但难以对岩石的类型进行判别,故利用偏光显微镜对各类砂的岩性进行分析。其中,赣江砂主要由石英晶体、长石晶体及石英岩等岩屑组成,有少量燧石,如图 4.30 所示。石英岩岩屑主要由镶嵌构造的石英晶体组成,砂中燧石主要由微晶质至隐晶质石英组成,如图 4.31 所示。

巴河砂主要由石英晶体、长石晶体和石英岩等岩屑组成,偶见由微晶质至隐晶质石英组成的小燧石颗粒。岩屑基本由石英晶体或由石英晶体和长石晶体组成。砂样的典型结构如图 4.32 和图 4.33 所示。

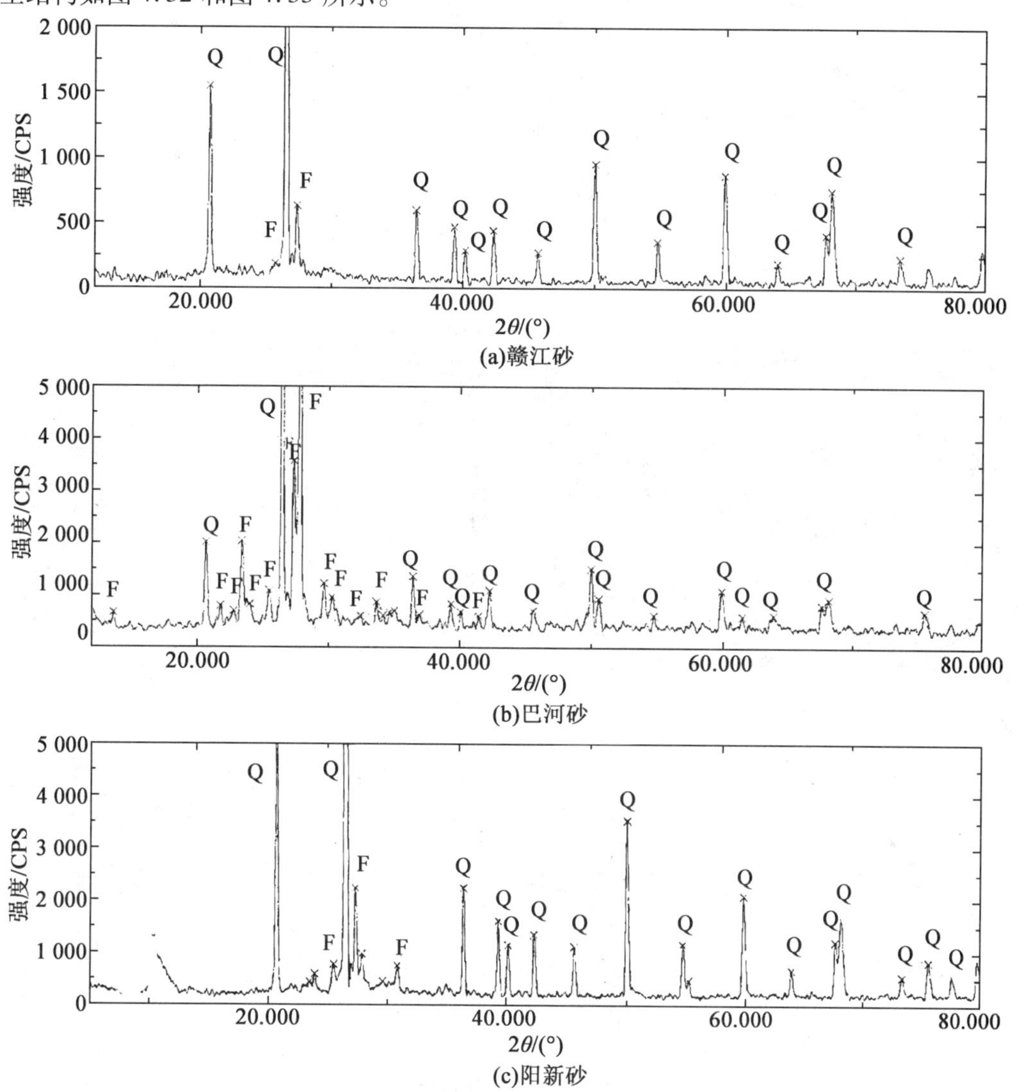

图 4.29 各类砂的 X 射线衍射谱图

Q—石英;F—长石

阳新砂主要由石英晶体和石英岩等岩屑组成,有一些长石晶体,含少量燧石,如图 4.34 所示。岩屑主要由石英晶体镶嵌构造组成,一些岩屑含有少量微晶质至隐晶质石英,个别岩屑由轻微波状消光石英组成。砂中的燧石主要由微晶质至隐晶质石英组成,如图 4.35 所示。

微晶质至隐晶质石英和波状消光石英等硅质矿物有时会使集料具有碱-硅酸反应活

性,因此需要对砂样进行碱-硅酸反应膨胀性实验;因砂中不含白云石,不需要对其进行碱-碳酸盐反应膨胀性实验。

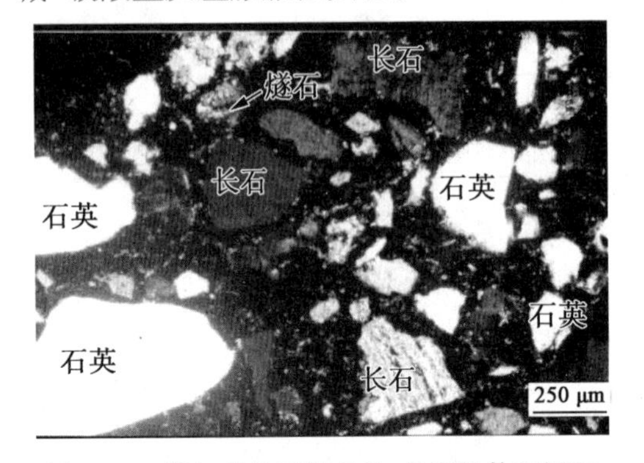

图 4.30 赣江砂的石英晶体、长石晶体和燧石

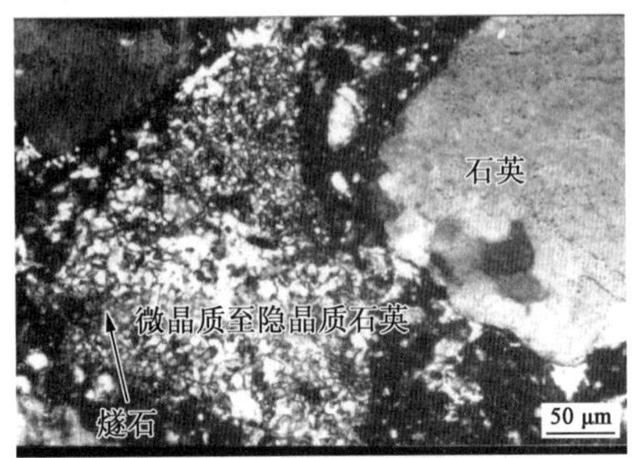

图 4.31 赣江砂燧石中的微晶质至隐晶质石英

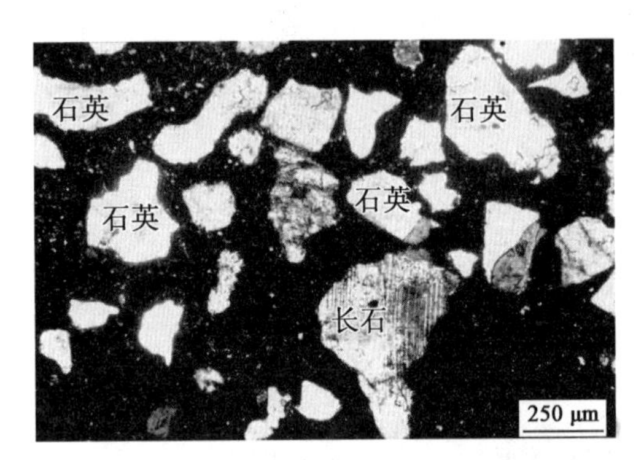

图 4.32 巴河砂中的石英晶体和长石晶体

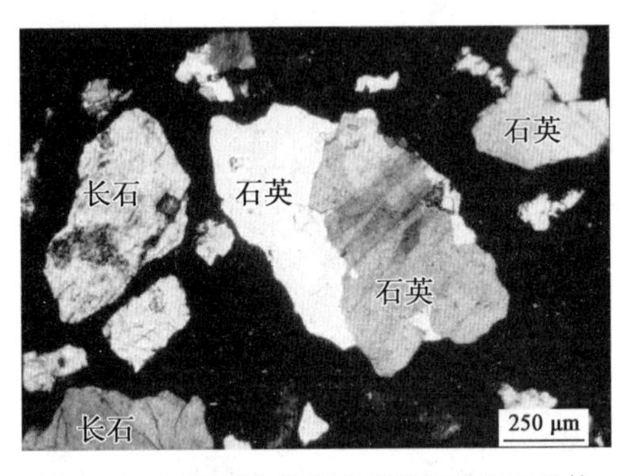

图 4.33 巴河砂中的石英岩碎屑和长石晶体

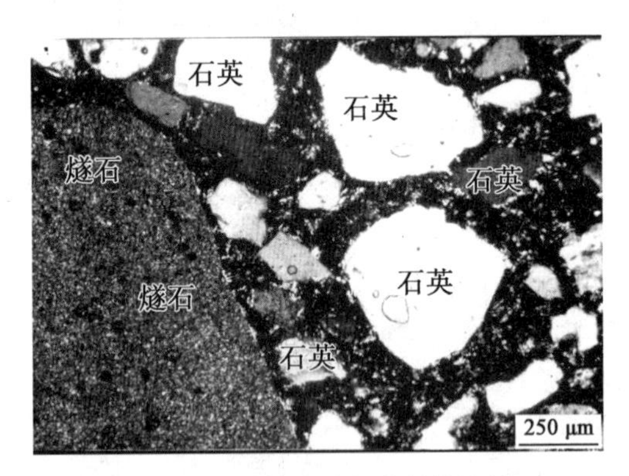

图 4.34 阳新砂中的石英晶体和燧石

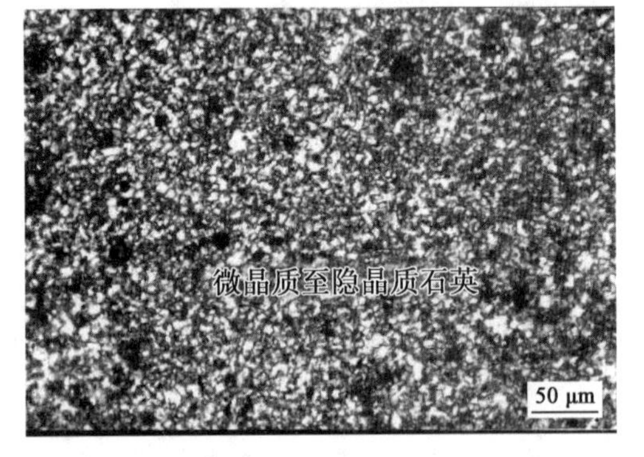

图 4.35 阳新砂燧石中的微晶质至隐晶质石英

2. 碎石的组成与结构分析

同样利用 XRD 对混凝土所用碎石的矿物组成进行分析,其结果如图 4.36 所示。其中,丹徒船山灰岩碎石主要由方解石组成,有少量的白云石和石英;丹徒西岗花岗岩碎石主要由长石和石英组成,含有少量黑云母;丹徒竹柯花岗岩碎石主要由长石晶体和石英晶体组成;丹徒长山北矿石英砂岩碎石主要由石英组成。

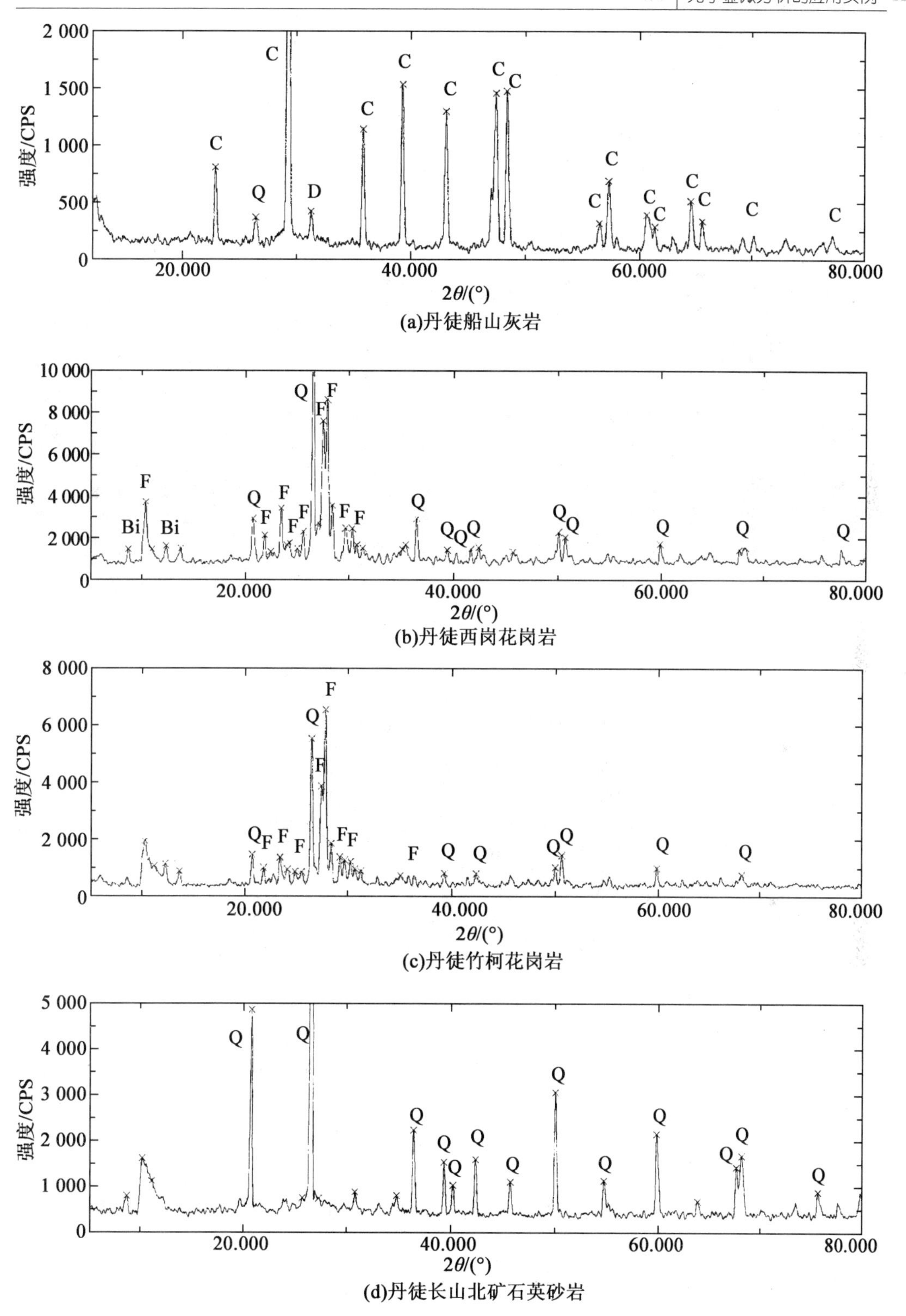

图4.36 碎石粉末样的X射线衍射谱图

C—方解石;D—白云石;F—长石,Q—石英,Bi—黑云母考虑到集料中结晶较差或晶体尺寸小的石英及其变体有时会引起碱-硅酸反应，因此需对碎石进行岩相分析。从样品中选取的代表性碎石分别被切割并磨制成薄片，所得薄片用光学显微镜观察。结果表明，丹徒船山灰岩碎石呈多种结构，部分碎石由亮晶方解石组成，夹杂一些由泥晶方解石组成的颗粒，含有少量石英晶体（图4.37）；部分碎石基本由泥晶（≤5 μm）方解石组成，局部区域发生了重结晶（图4.38）；部分碎石由10～20 μm的亮晶方解石组成，局部重结晶，有少量生物碎屑；个别碎石中30～60 μm白云石分散分布在由泥晶方解石或亮晶方解石组成的基质中（图4.39）。

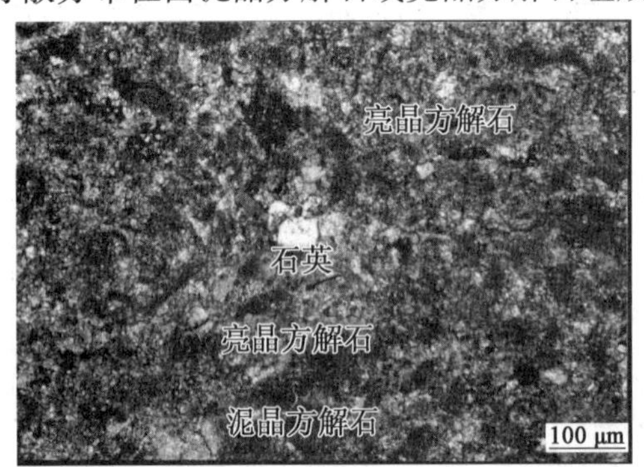

图4.37 丹徒船山灰岩碎石中的亮晶方解石和石英

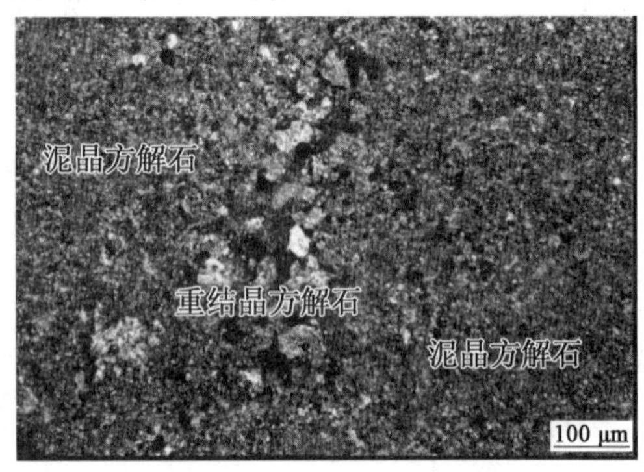

图4.38 丹徒船山灰岩碎石中的泥晶方解石和局部重结晶方解石

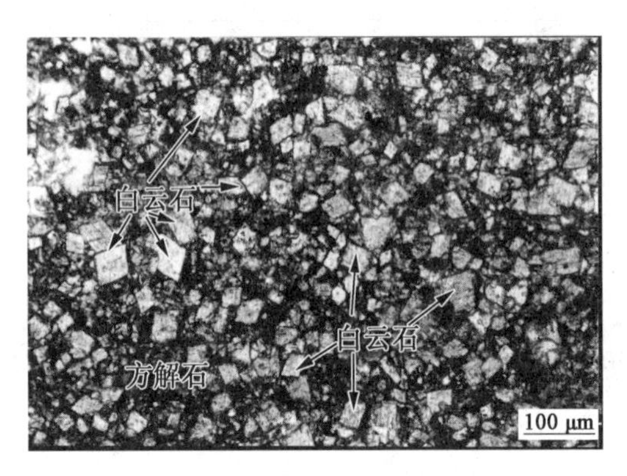

图4.39 丹徒船山灰岩碎石中分散分布在由亮晶方解石组成的基质中的白云石

丹徒西岗花岗岩碎石主要由不同尺寸的长石晶体和石英晶体镶嵌构造而成，如图4.40和图4.41所示，岩石中有少量黑云母分布。丹徒竹柯花岗岩碎石中长石晶体呈镶嵌构造（图4.42），长石晶体间分布有一些石英晶体，如图4.43所示，碎石中有少量黑云母，如图4.44所示。丹徒长山北矿石英砂岩基本由50～200 μm、50～300 μm、50～400 μm或50～500 μm（个别晶体尺寸更大）不同粒径的石英晶体镶嵌构成，含有4%～8%的微晶质石英和微晶质至隐晶质石英，如图4.45和图4.46所示。碎石中偶见黑云母，碎石中SiO_2的质量分数大于96%。

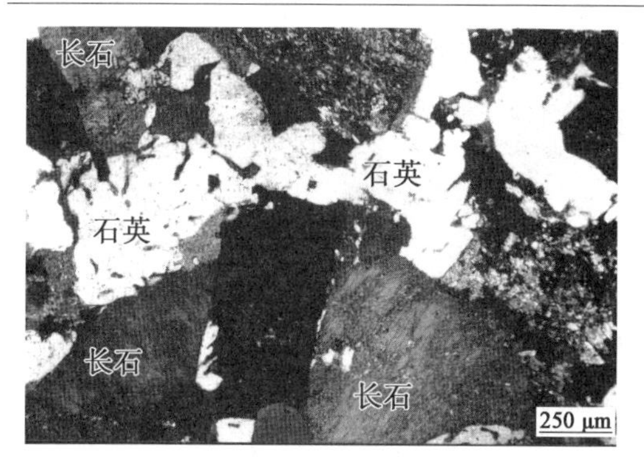

图 4.40 丹徒西岗花岗岩碎石中的长石大晶体和石英大晶体

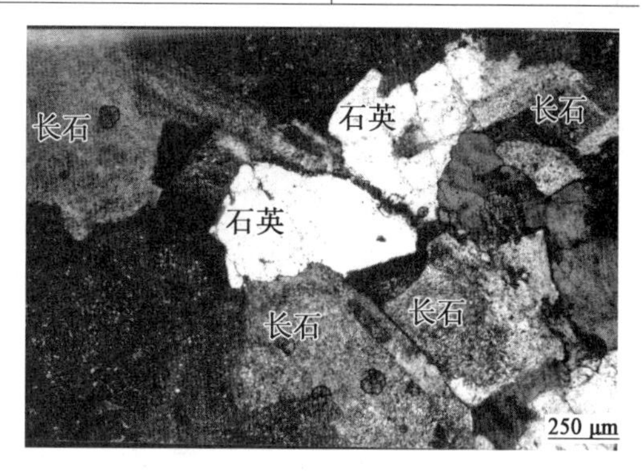

图 4.41 丹徒西岗花岗岩碎石中的长石小晶体和石英小晶体

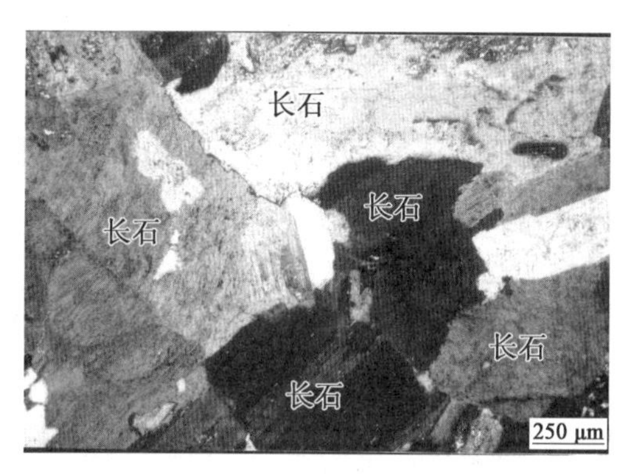

图 4.42 丹徒竹柯花岗岩碎石中镶嵌构造的长石晶体

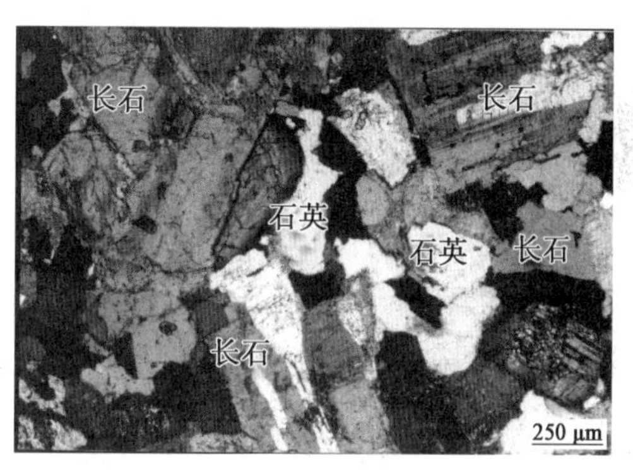

图 4.43 丹徒竹柯花岗岩碎石中的长石小晶体和石英小晶体

图 4.44 丹徒竹柯花岗岩碎石中的长石晶体、石英晶体和黑云母

图 4.45 丹徒长山北矿石英砂岩中的石英晶体和少量微晶质至隐晶质石英

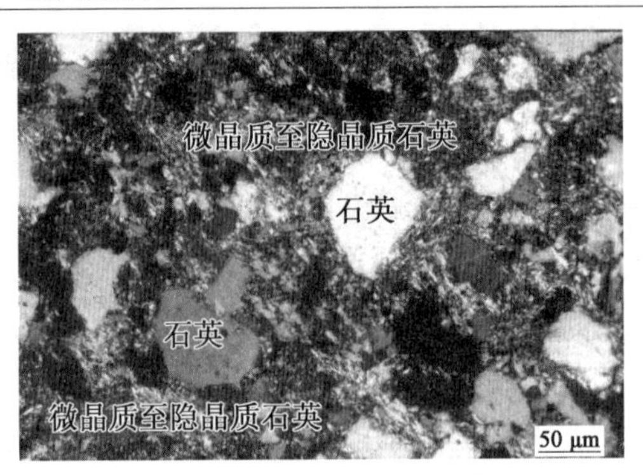

图4.46 丹徒长山北矿石英砂岩中的微晶质至隐晶质石英和石英晶体

根据上述岩相分析,碎石中的微晶质石英和微晶质至隐晶质石英有时会引起碱硅酸反应,因此需要对碎石样品进行碱硅酸反应膨胀性检验。花岗岩碎石虽无明显的活性硅质矿物存在,估计碎石将不具有碱硅酸反应活性,但考虑到工程的重要性,仍需要对碎石进行碱-硅酸反应膨胀性实验,以进一步证实岩相的观察结果。灰岩碎石中白云石有时会引起碱碳酸盐反应,因此需要对灰岩碎石样品进行碱碳酸盐反应膨胀性检验。

4.4.2 反光显微镜的应用实例

很早以前人们就开始寻求各种方法来研究金属和合金的性质及性能与组织之间的内在关系。在光学显微分析问世后,人们利用光学显微镜观察金属材料的内部组织(即金相组织结构),发现了金属的宏观性能与金相组织形态的密切关系,金相显微镜则成了研究金相的主要工具。利用它可以观察金属的微观组织结构,检验金属产品的冶炼和轧制质量,观察夹杂物的形态、大小、分布及数量,控制热处理工艺过程,帮助改进热处理工艺操作,提高产品质量。利用高温金相显微镜还可以帮助人们研究金属组织转变的规律,跟踪转变过程,连续观察金属或合金在一定温度范围内的组织转变等。

1. 水泥矿物分析

在水泥工业生产中,利用显微光学分析的方法可以对水泥熟料和原料进行鉴定分析,研究水泥熟料中的矿物组成和显微结构,了解熟料形成过程和水化机理,帮助解决生产过程中可能出现的各种问题。水泥熟料矿物晶体细小,一般仅几十微米,在偏光显微镜下鉴定晶体光学性质有一定的困难。对于经过适当浸蚀处理的熟料光片,可在反光显微镜下观察到轮廓清晰的晶体,并加以区分和分析。例如,经过1% NH_4Cl 水溶液浸蚀处理的水泥熟料,其主要晶相硅酸三钙固溶体(A矿)呈蓝色的六角板状、柱状结构(图4.47),而硅酸二钙(B矿)则呈棕黄色的圆粒状结构(图4.48)。经蒸馏水浸蚀的水泥熟料中的游离氧化钙呈彩虹色。不同的熟料形成环境下得到的矿物形貌特征各不相同,因此可以用来研究水泥熟料的形成机理。

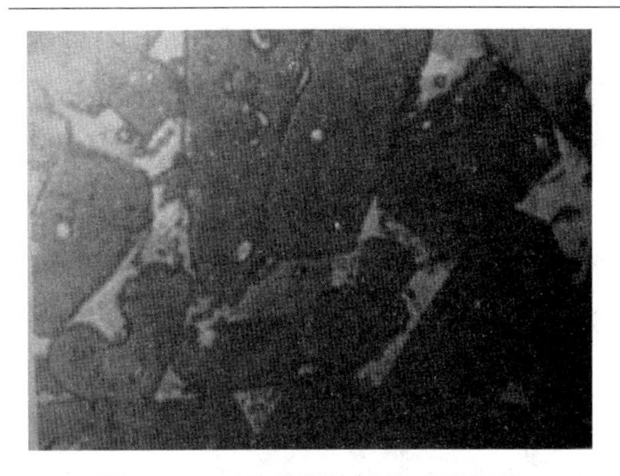

图4.47 正常水泥熟料的A矿照片

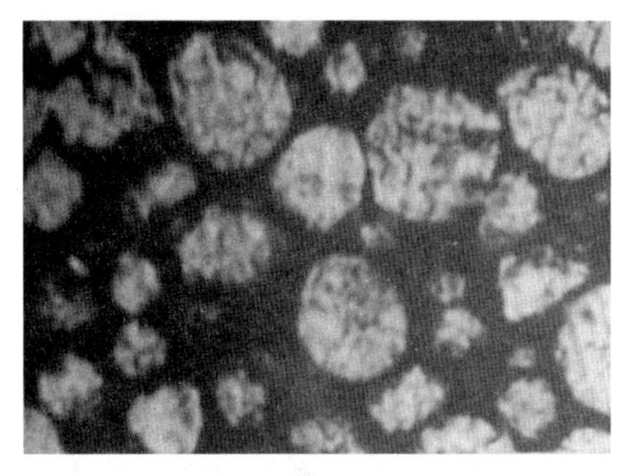

图4.48 正常水泥熟料的B矿照片

2. 钢筋的金相组织分析

东南大学孙伟院士课题组开发了耐蚀钢筋，为对其耐蚀性能进行系统分析，课题组利用金相显微镜对直径为20 mm的10% Cr耐蚀钢筋（实验编号CR）、普通钢筋（实验编号LC）及23% Cr双相不锈钢筋（实验编号SS）进行了金相分析，如图4.49所示。

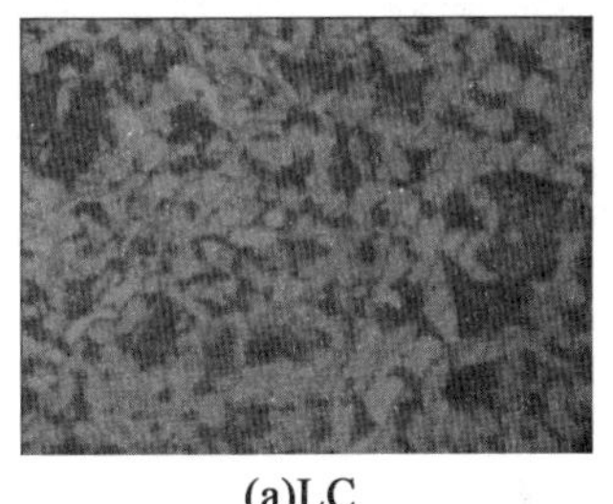

(a)LC

(b)CR

(c)SS

图4.49 钢筋金相组织图

显然，LC钢筋为珠光体+铁素体，CR钢筋为粒状贝氏体+片状铁素体，SS钢筋为奥氏体+铁素体。LC钢筋的晶粒平均粒径大于CR钢筋和SS钢筋的晶粒平均粒径，CR钢筋中的贝氏体与铁素体所占比例各为50%左右。由于耐蚀钢筋（CR）均匀分布着铁素体和贝氏体的显微组织，这有效提升了耐蚀钢筋的耐蚀性能和力学性能。

3. 含锡铁素体不锈钢冶炼过程中锡的氧化情况

东北大学修世超课题组研究了含锡铁素体不锈钢冶炼过程中锡的氧化情况，利用Carl Zeiss金相显微镜对其微观结构及含锡的夹杂物进行了分析比较。样品为冶炼结束后抽取钢样，对钢样切割、研磨、抛光后，选用质量分数为10%的草酸电解腐蚀出晶界。

从图4.50可以看出，随着冷却速度的降低，晶间析出物逐渐增多，在高倍观察下，不同试样的晶粒都呈树枝状生长，从试样边缘向中心生长，缓慢冷却试样晶粒较大，但晶粒度差别不大，图4.50(d)试样用$CuCl_2$溶液腐蚀后可以明显看出树枝晶，说明在铸态下，铁素体不锈钢晶粒粗大，在凝固过程中呈树枝状生长，冶炼的铁素体不锈钢金相组织主要为魏氏体和铁素体，锡（Sn）对试样的金相组织无显著影响，试样的芯部呈现树枝状生长，试样边缘组织为晶粒细小的等轴晶。

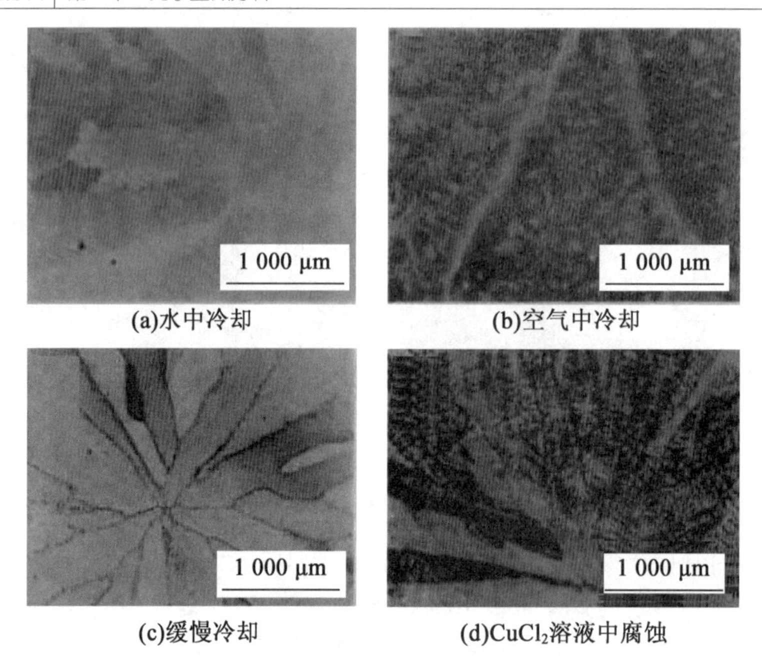

(a)水中冷却　(b)空气中冷却

(c)缓慢冷却　(d)$CuCl_2$溶液中腐蚀

图4.50　锡质量分数为0.5%的铁素体不锈钢的组织形貌

4. 预应力加载条件下未调质45#试件的表层金相组织

东北大学修世超课题组采用预应力复合干磨削加工技术,对未调质45#试件在不同预应力加载条件下实施表面磨削淬硬,通过Olympus GX-71倒置式金相显微镜,观测不同磨削深度和进给速度条件下的试件表层金相组织,测量并分析试件在不同预应力条件下磨削淬硬层厚度、金相组织的变化状况,并通过试件截面不同位置的硬度测定显示淬硬层厚度及金相成分的变化,得到试件施加预应力对淬硬强化层厚度的影响规律。

从图4.51(a)中可看出,未淬硬试件组织主要由珠光体、铁素体及少量块状碳化物构成,晶粒大小较均匀,铁素体结构单一且与珠光体分界平滑。从图4.51(b)中可看出,试件组织包括黑色珠光体、白色铁素体及少量块状碳化物,晶粒排列均匀,铁素体和珠光体界限清晰,在预应力作用下试件在淬硬磨削前后铁素体均出现明显被拉伸的特征。

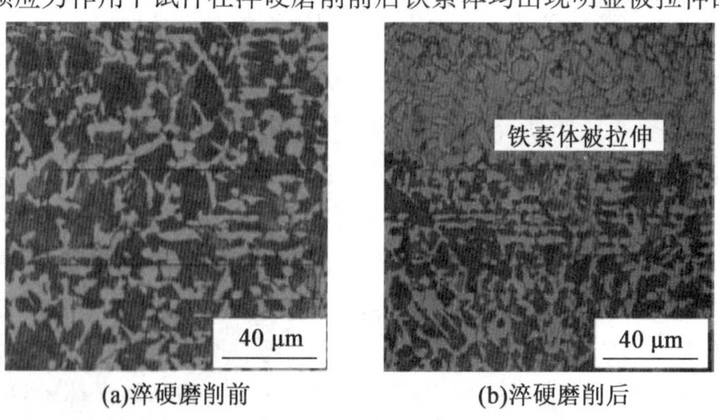

(a)淬硬磨削前　(b)淬硬磨削后

图4.51　预应力淬硬磨削前后铁素体分布特征

经预应力淬硬磨削试件的金相组织有显著的相变与未相变层界限，图4.52中自上至下(由表及里)是完全硬化区、过渡区和下方的基体区。由图4.52可以发现：完全硬化区和过渡区均大量存在奥氏体转换得到的马氏体；磨削力作用最强且冷却速度梯度最大的表层马氏体组织致密；过渡区则因温度场的延时传递及较慢的冷却速度导致出现较多的铁素体和马氏体混合物以及一定量的回火索氏体；随着磨削力的挤压和冲击效果的削弱，过渡区组织不如完全硬化区的组织致密，但依然属于相变区域；里层基体因温度场无法达到奥氏体转化临界温度，不属于相变区域，可认为相变区厚度即为试件硬化层的厚度。

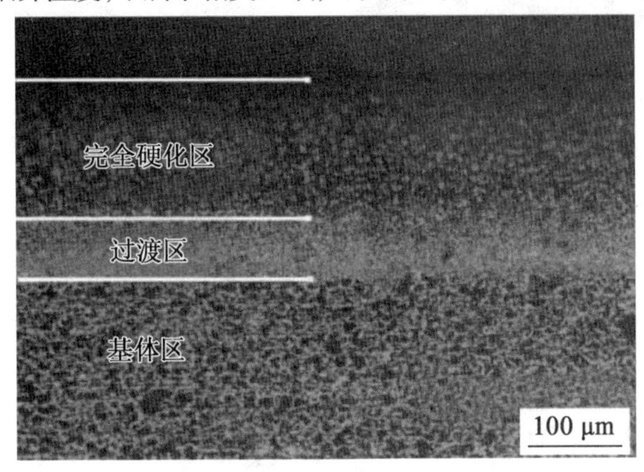

图4.52 预应力淬硬磨削试件金相组织

图4.53为4号和1号试件表面强化层的金相组织。两个试件被施加的预应力值均为66.7 MPa，进给速度均为0.02 m/s，但4号试件磨削深度为0.2 mm，1号试件磨削深度为0.1 mm。对比图4.53(a)和图4.53(b)可以发现，4号试件相变层厚度明显大于1号试件相变层厚度，且4号试件表层马氏体组织更多且更致密，塑性变形程度更大，这表明磨削深度增加将明显导致试件相变层厚度的增大及表层组织细化，塑性变形程度更加明显。

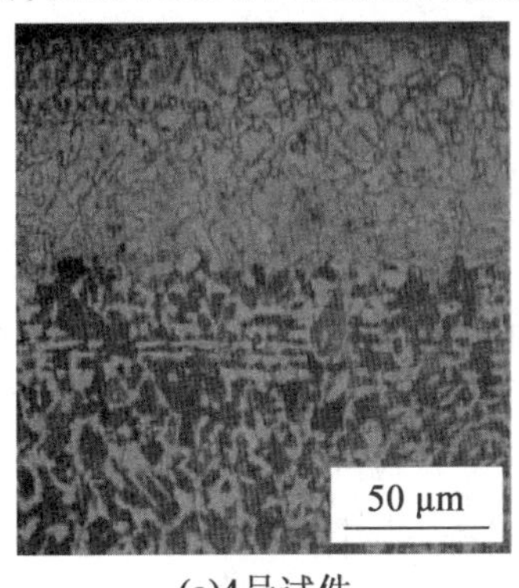

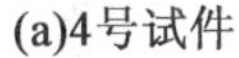

(a)4号试件

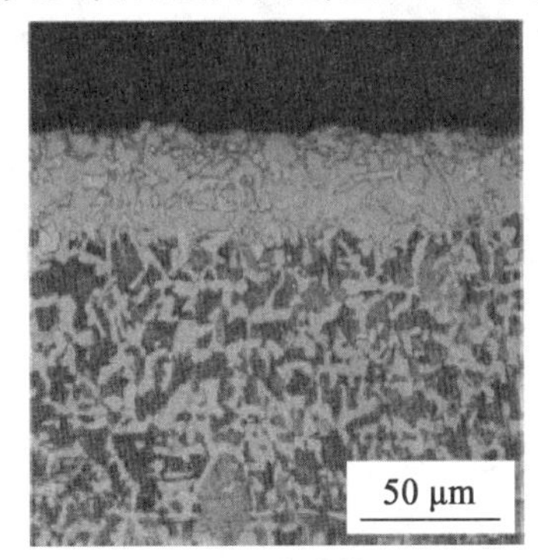

(b)1号试件

图4.53 4号和1号试件表面强化层的金相组织

图4.54为1号和2号试件表层的金相组织图。两者磨削深度相同，均为0.1 mm，施加的预应力值均为66.7 MPa，1号试件的进给速度为0.02 m/s，2号试件的进给速度为0.03 m/s。对比两图可以发现，1号试件相变层厚度大于2号试件的相变层厚度，且1号

试件表层的马氏体组织更多且更致密，塑性变形程度更大，这说明磨削进给速度的降低导致试件相变层的厚度增大，单位时间内磨削弧在工件表面滞留时间更长，导致温度场对表层硬化结果的影响程度增大。

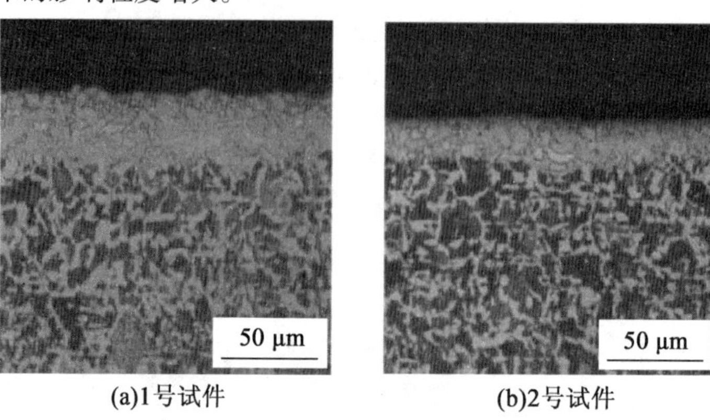

(a)1号试件　　(b)2号试件

图4.54　1号和2号试件表层的金相组织

4.5 光学显微镜的新进展

4.5.1 激光扫描共聚焦显微镜

从传统的物理学、化学到近年来发展迅猛的生物医学、材料科学、微电子学等众多学科领域都需要对微观结构进行观察研究，光学显微镜的出现使得人们能够直观方便地对微观过程进行观测，从而大大推动了人类科学的发展与进步。近年来，由于传统光学显微镜无法对活体细胞的表面和内部进行实时观测，也不能进行三维成像，已不能满足现代科学研究的需求，因此激光扫描共聚焦显微技术应运而生。

1. 激光扫描共聚焦显微镜原理

激光扫描共聚焦显微镜（Laser Scanning Confocal Microscopy，LSCM）是一种精密的光学仪器，它包含有光学、电气控制、精密机械、光电探测以及图像处理等多种关键技术。传统光学显微镜由于受到焦面外杂散光的干扰，无法进一步提升图像的分辨率，其横向极限分辨率理论上只能达到 $0.61\lambda/N.A.$。而激光扫描共焦显微镜采用精密针孔进行空间滤波，只探测处于焦平面上的图像信息，能够显著地降低焦面外杂散光对成像质量造成的影响，从而将横向分辨率提高到 $0.37\lambda/N.A.$。此外，在生物医学及材料科学的前沿研究中，还需要对样本进行无损层析，以观察其三维图像。传统的光学显微镜在观察样本断层图像时必须对其进行切片处理；而共聚焦显微技术则能够实现对样本的三维无损成像，进而扩展了光学显微技术的应用范围。

如图4.55所示，激光扫描共聚焦显微镜采用共轭焦点技术，即照明针孔、探测器针孔及样本处于彼此共轭的位置。激发光束通过物镜聚焦于样本平面上，样本受激后发射出的荧光沿成像光路聚焦在探测器针孔上，针孔起到空间滤波的作用，只有样本平面上发出的荧光才能通过，从而最大限度地抑制了焦面外的杂散光，使得只有样本受激发出的荧光信号才能被光电探测器所接收，由此显著提高了系统的信噪比和分辨率。此外，由于非焦点处的光强远弱于焦点处的光强，又由前文所述，探测器针孔滤去了焦面外的杂散光，所以共聚焦显微镜的景深近似为零，使得沿 Z 轴方向进行的光学层析成为可能，从而实现了对较厚样本的三维成像。

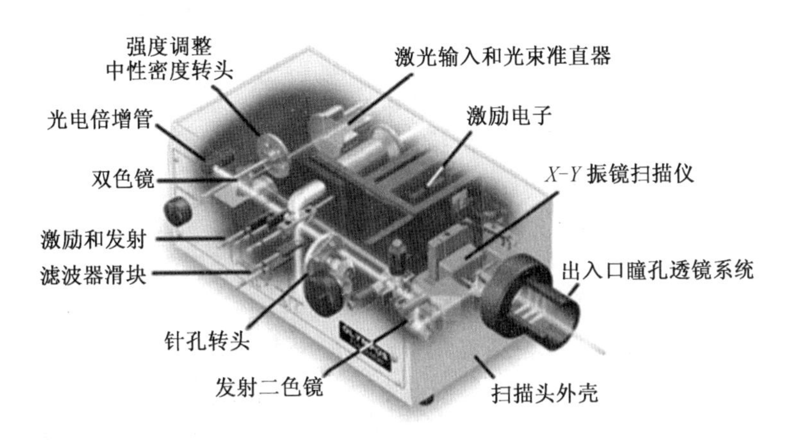

图 4.55 激光扫描共聚焦显微镜原理图

2. 发展现状及趋势

Minsky 于 1956 年首次提出了共聚焦显微技术的概念，但受限于当时的技术条件，Minsky 的专利并没有引起足够的重视。此后直到 1987 年，第一台工程化的共聚焦显微镜出现后，该技术才引起人们的高度重视。从此美国、德国和日本等国家投入了大量的人员和资金对此技术进行研究，并经过近十年的发展，在理论和实践方面均取得了重大的突破。在理论上，对共聚焦系统的各种特性进行了全面的分析，从而提出了多种提高分辨率及改善成像质量的方案；在实践方面，市场上已出现多种应用于不同领域的高性能共聚焦显微镜。

国内有几家科研院所参与研究激光扫描共聚焦显微镜，取得了一定的成果。其中南京理工大学、浙江大学在共聚焦显微镜方面投入了大量科研力量，并研制出了样机。国内共聚焦显微镜配备的激发光源较单一，如南京理工的系统中只配备了氦氖激光器，无法进行光谱成像；显微物镜镜头单一（40×），能实现的倍率较少；扫描成像无法同时兼顾速度与质量，扫描系统的控制方面还存在控制迟滞、信号不同步等问题。

激光扫描共聚焦显微镜有如下 5 个发展趋势。

（1）提高图像质量。

为了提高图像质量，需提高探测器的性能，因此需要进一步提高荧光染料的荧光量子效率等，优化激光光束，以得到半高全宽较小的激发光光斑。

（2）加快成像速度。

目前，激光扫描共聚焦显微镜的扫描方式逐渐从单点扫描发展为线扫描和盘扫描，成像速度越来越快，但是点扫描依然是成像质量最好的扫描方式，扫描速度与成像质量之间的矛盾是现在亟待解决的一个重要问题。

(3)提高图像分辨率。

分辨率是显微镜系统最重要的性能指标,提高图像分辨率需要从光学设计上入手,如增大物镜的数值孔径、设计新的成像方式等,如何提升光学显微镜的分辨率是目前国际上的研究热点。

(4)扩大激发光范围。

现在,激光扫描共聚焦显微镜的激发光源逐渐从可见光波段向紫外和近红外扩展,覆盖的波长范围越来越大。

(5)同时获取高质量的显微图像和光谱信息。

为了同时得到显微图像和光谱信息,新型高灵敏度的光谱成像探测器不断被应用到激光扫描共聚焦显微镜系统中。

近年来,人们除了对共聚焦显微镜本身进行改进外,还在研究新型光学显微技术,希望能进一步突破衍射极限。目前已经出现的技术主要有:随机光学重建显微技术、饱和激发结构光照明显微技术及受激发射损耗显微技术等。

①随机光学重建显微技术。随机光学重建显微技术(Stochastic Optical Reconstruction Microscopy, STORM)将每个荧光分子进行随机激发,并利用单分子定位的方法,拟合得到各荧光分子中心,最后将中心点重构为样本的超分辨成像,其空间分辨率目前可达20 nm。随机光学重建显微技术原理图如图4.56所示。STORM虽然可以达到更高的空间分辨率,但其成像速度缓慢,成一幅像往往需要数分钟,因此还无法满足对于活体进行实时成像的要求。

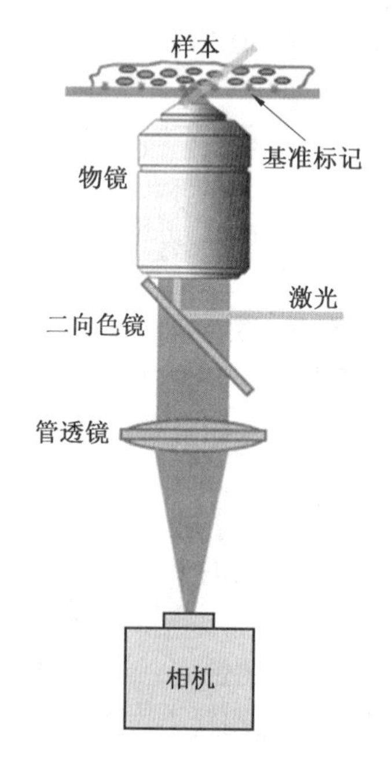

图4.56 随机光学重建显微技术原理图

②饱和激发结构光照明显微技术。饱和激发结构光照明显微技术(Saturated Structured Illumination Microscopy, SSIM)是一种宽场成像方法,其利用特殊调制的结构光照明样品,并运用特定算法从调制图像数据中提取焦平面的信息,从而可以突破衍射极限的限制,重建出超分辨切层的三维图像,目前其横向空间分辨率已能达到数十纳米。饱和激发结构光照明显微技术原理图如图4.57所示。其相较于STORM,具有更高的成像速度,但依然无法满足活体成像的要求。

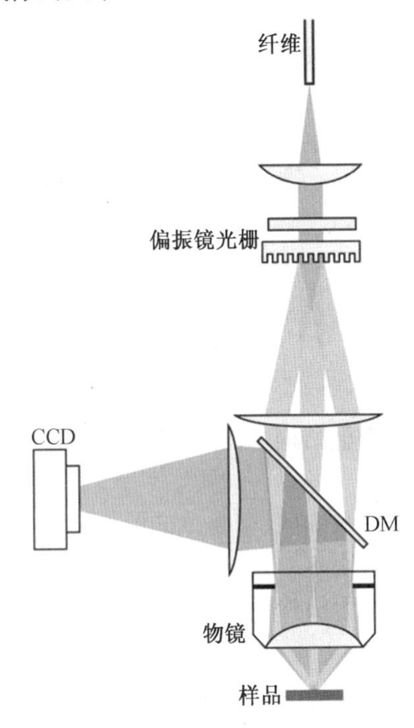

图4.57 饱和激发结构光照明显微技术原理图

③受激发射损耗显微技术。受激发射损耗显微技术(Stimulated Emission Depletion, STED)在共聚焦显微技术的基础上引入一种环形损耗光,利用激发光激发基态粒子至激发态,再利用损耗光损耗激发光光斑周围处于激发态的粒子,把可发射荧光的区域限制在衍射极限范围内,由此获得小于衍射极限的荧光发光点,进而通过逐点扫描可获得二维超分辨成像,而结合4Pi技术可实现三维超分辨成像。由赫尔领导的研究组已经通过STED技术使轴向分辨率及横向分辨率分别达到了33 nm和28 nm,该项技术已成为现阶段超分辨研究中最重要的发展方向。

3. 应用领域

激光扫描共焦显微镜是研究亚微米细微结构必备的科研仪器,目前广泛应用于生物医学领域。通过激光扫描共焦显微镜可以直接观测到细胞内的结构、细胞之间的相互作用、活细胞的变化过程、真菌感染、药物扩散等生物医学现象;通过对得到的图像进行分析可以定量地测定细胞内特定离子的浓度、对特定的细胞进行定位以及测定DNA和RNA的含量,具体应用领域如下。

(1)细胞生物学。

细胞生物学用于细胞结构、细胞骨架、细胞膜结构、细胞器结构和分布的定性观察;各种细胞器、结构性蛋白和受体分子等细胞特异性结构含量及组成的定量分析。

(2)生物化学。

生物化学用于受体分析、荧光原位杂交、染色体基因定位等;取代传统的核酸印迹染交等技术,进行基因的表达检测。

(3)药理学。

药理学用于药物对细胞的作用及其动力学研究;药物进入细胞的动态过程观测、定位分布及定量分析。

(4)生理学、发育生物学。

生理学、发育生物学用于膜受体、离子通道、离子含量的分布与动态变化观测;动物发育以及胚胎的形成、干细胞的分化等研究。

(5)遗传学和组胚学。

遗传学和组胚学用于细胞生长、分化及细胞的三维结构的观测;染色体分析,基因表达,基因诊断等研究。

(6)神经生物学。

神经生物学用于研究神经细胞结构、神经递质的成分以及运输传递的过程。

(7)微生物学和寄生虫学。

微生物学和寄生虫学用于观测细菌、寄生虫的形态结构。

(8)病理学及病理学临床应用。

病理学及病理学临床应用用于活检标本的快速诊断、肿瘤诊断以及自身免疫性疾病的诊断。

(9)免疫学、环境医学和营养学。

免疫学、环境医学和营养学用于免疫荧光标记(单标、双标或三标)的定位、观测细胞膜受体或抗原的分布等。

在生物医学这一应用领域,共聚焦显微镜主要利用荧光物质受激光激发后产生的荧光进行成像,因此通常需要预先对待检测的生物组织进行荧光标记。近年来随着荧光探针技术的发展,新的应用不断得到普及,如荧光能量共振(Fluorescence Resonance Energy Transfer, FRET)、荧光漂白恢复(Fluorescence Recovery after Photobleaching, FRAP)、荧光漂白丢失(Fluorescence Lose in Photobleaching, FLIP)、荧光漂白后的定位(Fluorescence Localization after Photobleaching, FLAP)、荧光寿命成像(Fluorescence Life-time Imaging, FLIM)、光活化、光转移、光诱导等。

此外,激光扫描共聚焦显微镜也广泛应用于金属、陶瓷等材料的研发和生产检测等工业领域中。凭借其高分辨率及高成像对比度等优势,能够实现对样本表面形状的三维成像、内部结构的无损检测等功能。在这一应用领域中,共聚焦显微镜不需要进行荧光标记,直接通过材料表面的反射光成像,从而大大降低了操作的复杂度以及应用成本。

4.5.2 超高分辨率光学显微镜简介

近年来,基于现代测量技术的发展和近期物理学家带来的技术革新,远场光学显微镜得到革命性的进展,出现了超分辨显微成像技术,使光学显微镜的分辨率突破了衍射极限,提高到纳米尺度。超分辨显微成像技术能够突破衍射极限的限制,实现直接在单分子水平上对生物细胞内部结构进行细微的观察研究。

1. 原理

光学显微成像技术的优势体现在可以对活体细胞进行检测以及获取重要光学信息(如反射率、折射率和光谱等)。荧光显微成像技术利用了分子的荧光能级跃迁特性、荧光的灵敏特性和效益好的优点,提高了显微系统的分辨率,而超分辨率技术则是减少或者避免在激发区域内的荧光分子,同时发射荧光。超分辨率光学显微的成像原理主要分为两类:一类是基于单分子定位显微(SMLM)成像(图 4.58),它包括光激活定位显微(PALM)和随机光学重构显微(STORM);另一类是基于点扩展函数(PSF)调制的超分辨率显微成像,它包括受激发射损耗显微(STED)和结构光照明显微(SIM)。

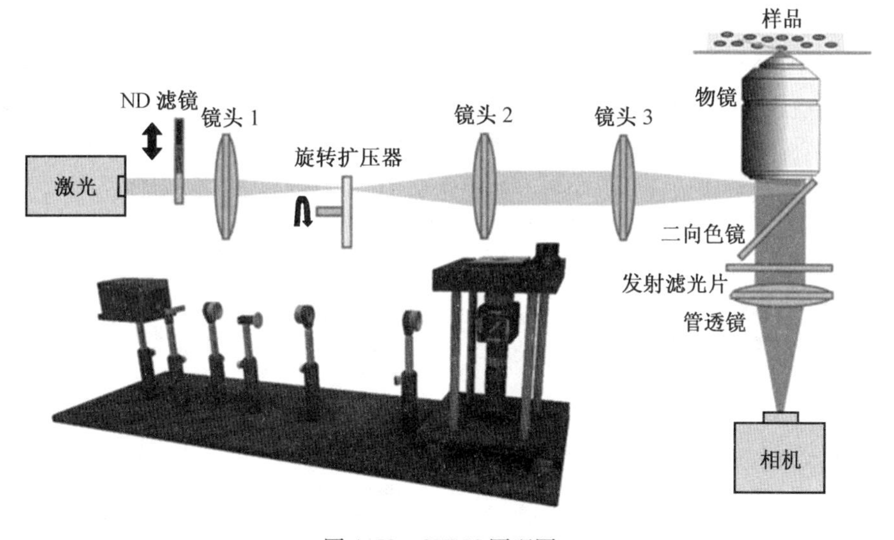

图 4.58 SMLM 原理图

2. 单分子定位

在基于 SMLM 技术的超分辨率成像中 PALM 与 STORM 的原理十分相似,成像过程包括多次循环,每个循环期间荧光团被连续地激活、成像和去活化。然而,为了实现荧光团的高精度定位,通常使用低强度激光(保证一定密度的激活分子),循环地随机激活不同的荧光团,使得各个荧光团的图像互不重叠,从而有助于确定荧光团的位置。它们的区别在于所用标记的类型不同:PALM 用荧光蛋白进行标记,收集到光子的数量较少,从而限制了它的分辨率;STORM 用荧光染料进行标记,可以在给定的时间内发射更多的光子,但是,荧光染料可能具有的光毒性限制了其在活细胞标记中的应用。PALM 一般用于观察细胞外源表达的蛋白质,而 STORM 则多用于研究细胞内源蛋白质的定位。随着荧光团技术和其他相关 SMLM 技术的发展,这些差异将会变得更小。

3. PSF 调制

与单分子定位不同,PSF 是基于特殊强度分布照明光场的成像方法。STED 技术采用两束共轴激光,分别为激发光和损耗光,如图 4.59 所示,在激发光的照射下,基态的荧光分子吸收光子跃迁到激发态;延迟几皮秒之后再使用甜甜圈(doughnut)型耗损光进行照射,当激发态的荧光分子遇到一个入射光子,而且这个光子的波长刚好等于基态与激发态之间的能量差时,将产生受激发射,从而使得这个区域内的荧光分子进入不发光的耗损态。随着 STED 激光器功率的提高,饱和耗损区将逐渐扩大:但不影响焦点上的荧光发射。也就是说,仅在焦点处一个小区域内才能看到荧光信号,从而降低了 PSF 的有效宽度,实现超分辨率成像。SIM 技术需要生成特殊的照明模式。在照明光路中插入一个结构光调制器(如光栅、数字微镜阵列(DMD)或空间光调制器),照明光经光栅调制后再经过物镜投射到样品表面,形成正弦照明模式。在正弦结构光的照射下,样品发射荧光。当激发光强度较低时,荧光发射强度与激发光强度成正比,属于线性结构光照明。当激发光强度增大至峰值时,强激发光使荧光发射饱和;而在零点处,不激发荧光基团,使得有效的照明模式中出现锐利的暗区,此时荧光强度分布呈非线性,属于非线性结构光照明,即饱和结构光照明(SSIM)。正弦照明模式生成一个空间频率远低于样品的叠栅条纹,可以通过显微物镜成像。

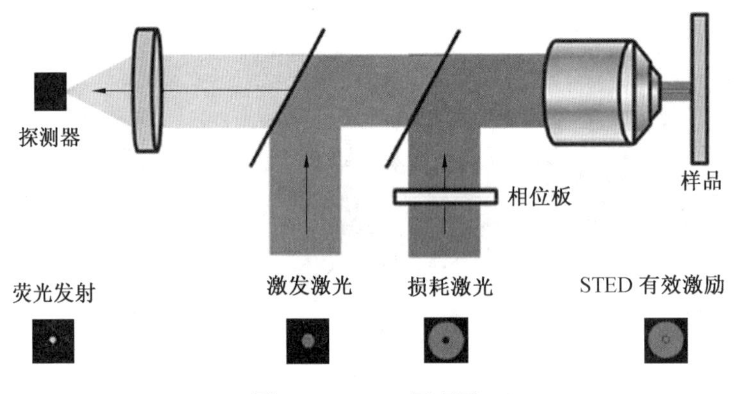

图 4.59 STED 原理图

4. 国内外发展现状

国外研究团队主要是 Stefan w. Hell 课题组,早在 1994 年,Stefan w. Hell 小组第一次应用受激发射损耗显微术,突破了阿贝尔衍射极限,理论计算出分辨率可达到 35 nm。随后,Stefan w. Hell 团队在原有的粒子速率方程组的基础上进行了修正,为提高系统的分辨率提供了基础,并把一束光经过滤波、二向色镜调制成两束光,一束是波长为 383 nm,140 fs的激发光,另一束为 766 nm,50 ps 的损耗光,在横向分辨率上打破了衍射极限。21世纪初,在轴向上对于损耗光的调制取得了新的进展,用 0/π 位相板取代最初的方法,焦平面上得到轴向中空型的聚焦光斑,利用同样的方法,在横向上得到了同样的效果,但是利用这种方法在对损耗光调制的过程中需要两条光路,光路比较复杂,不利于搭建,从而使得光路的搭建和校准很不方便,同样也增加了成本。随着时间的推移,0/2π 涡旋相位板的出现解决了上述问题，对损耗光束进行调制，其聚焦光斑呈现为中空型的面包圈型，这种面包圈型光圈可以很好地猝灭激发光斑周围的荧光分子，从而提高系统的分辨率。

我国在受激发射损耗显微成像的研究方面正处于发展阶段，并已取得若干重要成果。北京大学工学院生物医学工程系席鹏课题组在超高密度超分辨光学涨落显微成像研究方面取得重要进展，他们将量子点、光谱方法和基于光学涨落的超分辨技术（SOFI）有机结合，在普通宽场显微镜上实现了 3 s 获得 85 nm 超高时空分辨成像。通过联合标记（joint-tagging）的方法，使用多种不同荧光发射波长的量子点联合标记生物样品中的同一细胞结构，有效减少了在超高标记密度下高阶成像的伪影，更加真实地还原出所研究生物样品的完整结构和细节信息。深圳大学光电工程学院牛憨笨院士研究团队系统地研究了荧光全场三维纳米分辨显微成像：采用基于可编程器件的结构光照明，实现了生物样品的超分辨成像。浙江大学提出了一种离线式基于时间门和荧光寿命的受激发射损耗显微方法，减小了光功率，荧光漂白以及光毒性。中国科学院上海光机所修正了粒子速率方程组，模拟计算出了激光脉冲的光强、脉冲宽度以及损耗效率之间的关系，为提高分辨率提供了有效的途径。

5. 应用领域

目前，超高分辨率光学显微镜已经被广泛应用于生物的许多领域，在细胞生物学、微生物学和神经生物学这些领域中，取得了重大的成果，具体应用如下。

（1）细胞生物学领域。

在超分辨率显微技术的发展过程中，大量的亚细胞结构特征与形态学特征经常被作为概念去验证模型系统，这些系统包括微管、肌动蛋白、网格蛋白、内质网黏着斑复合物。

超分辨率显微技术应用的一个最有前景的领域是研究等离子体膜蛋白和膜的微小区域，因为这些区域太小不能用传统的光学显微镜解决，所以存在许多争议。比如脂质筏的大小和生命周期，都是因为缺乏直接观察这些因素的显微镜。因此超分辨率显微术为解决这些争论提供了一个强大的工具。

STED 显微镜解决了细胞簇中的单个突触融合蛋白，允许量化突触融合蛋白分子的每个集群的数量（90）和集群的大小（50～60 nm）。通过荧光漂白恢复技术和计算机建模联系扩散的测量值，STED 表明了突出融合蛋白的自缔合和立体排斥，完全解释了突触融合蛋白集群的大小和动态。

（2）微生物学领域。

许多微生物学家都期待超分辨衍射显微系统能成为微生物学领域中的成像工具。近几年来，关于细菌结构的观点经历了一个重要的转变，细菌结构不再简单地被认为是作为一个随机分布的相互碰撞分子，细菌中含有高度组织的染色体和细胞骨架结构，它们参与信号和生物合成过程中特定亚细胞的区域。然而我们对细菌的理解仍然处在原始水平。

在微生物学领域，存在好多片面的理解，这主要来源于成像的困难，因为存在衍射极限，所以受到成像的限制。比如一个很小的细胞，它的大小没有比光学分辨率衍射极限大多少。事实上，根据光学显微镜，大多数细菌细胞内部结构看起来像一个污点。虽然当需要高图像分辨率时，常选用电子显微镜（EM），细菌成像的应用还是相当受限的。在获得特定的分子中,常选择免疫标志,这个标记方法需要细胞的固定和透化作用。但是,这种固定和透化作用过程扰乱细菌的结构大大超过了真核的结构。而且,用 EM 来活体成像到目前为止是不可能实现的。各种荧光标记方法提供的高分子特异性,超分辨率荧光显微镜提供的活细胞相容性,为细菌成像问题提供了一个理想的解决方案。

(3)神经生物学领域。

自从一个多世纪前,Cajal 在光学显微镜下观察到高尔基染色体的神经元可以把神经元轴突上的信息传递给树突,人们就已经认识到大脑功能是可以把信息从神经元的轴突传到树突的。因此,为了详细地了解大脑功能的结构基础和它在某些神经系统疾病中起到的作用,需要观察大脑的内部结构。为了更加直观地了解大脑内部的结构,需要利用一个“线路图”来详细地介绍神经元之间是如何彼此相连的。然而,到目前为止除了已经观察到新杆状线虫的神经元信息外,人们还没有成功地找到这样的一个连接图。最主要的原因是,神经突触的大小为几十纳米,人们需要在纳米尺度上去观测它的形态,超分辨率荧光显微镜满足了以上这些需求。

事实上,神经科学是超分辨率荧光显微镜应用最早的一种学科。其中应用最广泛的领域之一是研究亚神经结构,如突触。例如,在果蝇神经肌肉接头处蛋白质的活跃区 STED 图像显示有源区突触的一个环形的集中分布。此外,沿着轴线出现的分子采用择优选取,使用类似的方法,AMPA 受体已被证明是在带状突触毛细胞内有一个环形的分布。在突触结合蛋白的研究中,发现一个组件的突触囊泡组成部分,表明这些蛋白在胞吐发生后仍然可以聚集。

尽管超分辨率荧光显微镜的历史相对比较短,但它已经被应用于生物的许多领域,并开始在许多领域中产生影响,取得了重大的成果。

4.5.3 全息/3D 光学显微镜简介

光学显微技术作为一种快速无损的表征方法,可获得微米尺度观察对象的图像信息,应用范围极为广泛;电子显微镜则以高速运动的电子为介质,通过电子束“看清”更小的观测样品。但无论是光学显微镜还是电子显微镜,获得的都只是平面图像。数字全息显微镜将光学全息技术、数字图像处理和显微成像相结合,实现对样品表面的准三维成像,在多年发展中逐渐拓展出多种应用。

1. 原理

数字全息显微镜(Digital Holographic Microscope,DHM)是利用光的干涉现象提取样品三维信息的光学测量装置。它结合了光学显微成像及数字全息技术,其中,数字全息技术是一种继承于传统的光学全息术的新兴成像技术,该测量方法结合激光、现代信号处理和传感器技术,为限制全息术发展和应用的关键问题提供了新的解决方案。数字全息测量包括全息记录和全息再现过程(图 4.60),全息记录过程针对不同的应用领域,通过不同光源(单波长/多波长、相干光/部分相干光),使用不同的光路结构(共路/非共路、同轴/微离轴/离轴)产生全息图,然后利用光电探测器(CMOS/CCD)完成全息图的信息存储。全息再现过程包括零级像和孪生像消除、衍射计算和相位重构这三个步骤。其中,零级像和孪生像消除是通过相移、空间滤波或迭代等方式,将采集的数字全息图中所需目标像的复振幅提取出来。衍射计算部分是利用数值算法来模拟光波在空间中的衍射过程，以此完成物光波从采集面到物平面的反向传播过程，得到再现物光波的复振幅分布。最后，利用相位解包裹算法对物体相位进行展开，补偿连续相位的畸变并抑制其噪声以实现相位重构，最终高精度重建物体的三维形貌。

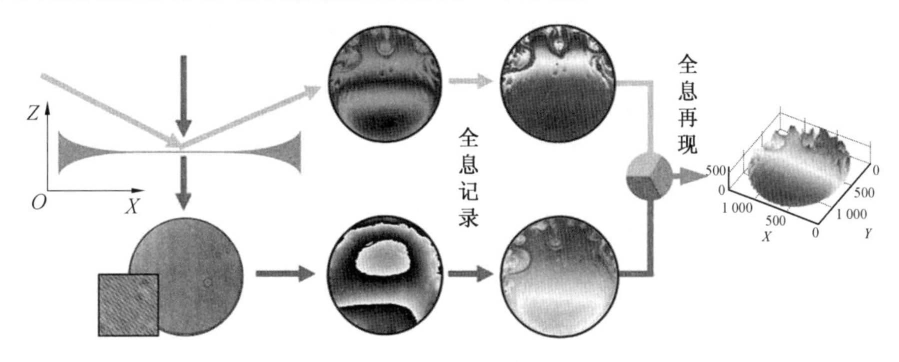

图 4.60 数字全息测量过程

2. 国内外发展现状

近年来，国内外众多研究人员针对上述全息的测量过程，开展了大量创新性研究，研究内容主要集中在系统稳定性提升、零级像和孪生像消除、相位畸变校正等方面。

(1)系统稳定性提升。

作为干涉系统的典型结构，Mach-Zehnder 结构、Linnik 结构和 Michelso 结构的干涉过程是分光路完成的，其中参考光和物光会经过不同的光学元件，最后通过合束产生全息图，有众多优秀的数字全息方案是在这三种分光路结构基础上提出的。然而，干涉测量过程会有机械振动、空气的扰动等干扰因素存在，由于无法保证不同光学元件所受的干扰量一致，所以采取分光路结构会导致全息图成像的不稳定。近些年来，众多研究者提出了物参共路的系统构型，其具有高稳定性、对扰动不敏感、结构紧凑等优势。

目前，共光路数字全息主要是基于点衍射原理和横向剪切原理来实现的。对于反射式点衍射技术，主要基于 Michelson 干涉结构，经分光棱镜的两束光，一束光被反射镜反射作为物光，一束光被带针孔的反射镜反射形成参考光，并结合偏振技术实现相移过程。然而，针孔和光栅等衍射器件对加工精度有着较高要求，同时也增加了光路装配难度。为了简化光路，相位型空间光调制器被采用以实现掩模版的功能对不同物光衍射级次进行滤波，形成参考光。另外，自利用平行平板实现横向剪切干涉的方法被提出以来，基于横向剪切的共路数字全息方案也得到了广泛的应用。

(2)零级像和孪生像消除。

数字全息图会同时记录下零级像、孪生像和实像的频谱信息，所以在全息再现时需要对干扰项(零级像和孪生像)进行消除。记录方式的不同，导致对于同轴全息图和离轴全息图的频谱分布存在差异，所以需要通过不一样的方式来处理干扰项。目前，针对同轴全息图的干扰项处理主要是运用相移手段，而对于离轴全息图来说，空间滤波是消除零级像和孪生像的主流技术。1997 年，通过相移技术来提取同轴全息图实像的方法被

Yamaguchi 等人提出,记录了带有 π/2 相移量的四幅全息图,通过解调运算完成了物光波信息的提取。随后,等步长的相移算法不断发展,虽然多幅全息图之间的相移量相等,但解除了相移量需要取某一定值的限制,提升了相移技术的自由度。随后,一种两步相移算法被提出,该算法适用于物光强度小于参考光强度时,只需要两幅相移全息图就能够实现物光波复振幅的重建。但上述这些相移方式至少都需要采集两幅全息图,不适用于物体的动态测量。为了进一步提升系统实时性,研究者们提出了许多空间相移技术方案,通过不同的光学元件,如偏振分光棱镜、衍射光栅特制的位相掩模版和具有微偏振阵列的相机等,实现了多幅相移图的同步采集。

(3)相位畸变补偿。

在数字全息中,物光和参考光会经过不同的透镜,并且在后续处理时无法将实像频谱准确移至中心点,这就会导致在重建的物体相位存在一次或两次相位畸变,畸变的存在不仅会降低重建图像的对比度,并且会改变物体的三维形貌。因此,相位畸变补偿是精准提取物光复振幅信息的保证。根据实现手段的差异,可以将相位畸变补偿分为物理补偿和数值补偿。在物理补偿方面,常用的方法是双曝光法,其测量过程中前后采集不带样品和带样品的全息图,分别对两幅图进行相位重建后相减,得到无畸变的样品相位。随着技术的不断发展,研究者提出了一种自动相位畸变补偿算法,其中将相位畸变的提取过程转化为了一个多变量非线性优化问题,当重建的物体相位分布变化最小时能获得最为精准的畸变参数,算法流程和实验结果如图 4.61 所示。

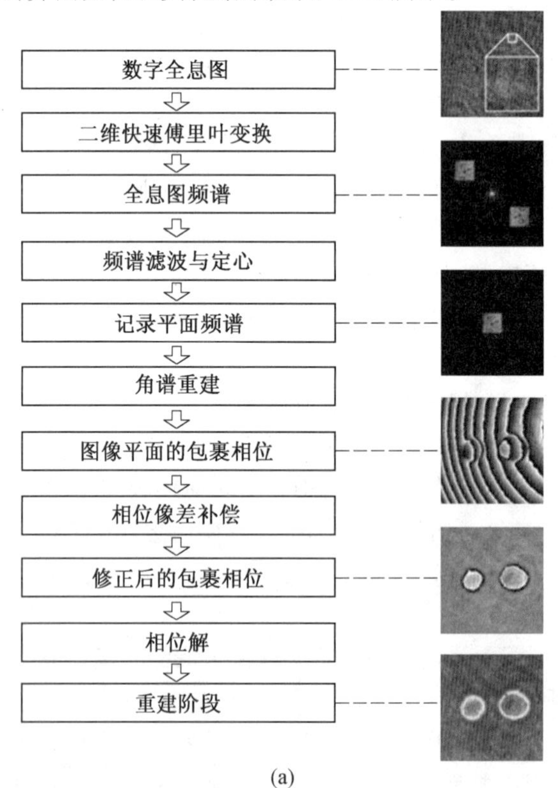

(a)

图 4.61 基于相位变化最小的自动相位畸变补偿算法流程和实验结果

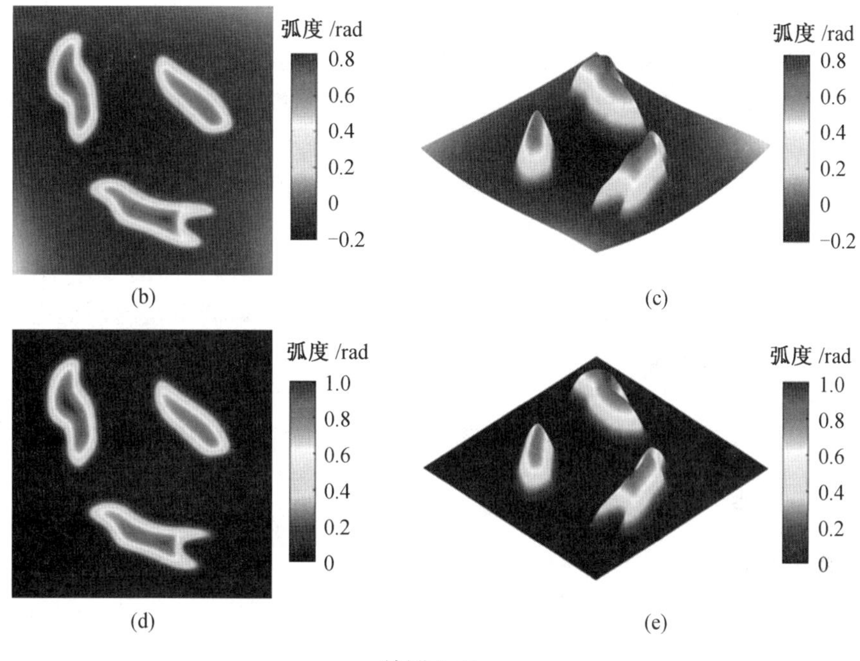

续图 4.61

3. 应用领域

数字全息显微镜在多年发展中逐渐拓展出多种应用,应用成熟度最高的有微粒三维运动的追踪和三维形貌的表征成像。

(1)微粒追踪。

同轴数字全息显微镜具有快速成像的优点,可追踪空间中微粒三维运动,这是传统全息技术难以实现的。它先通过样品微粒的散射光和周边空白区域发生干涉从而形成环状的干涉条纹,得到全息图像;再根据光场的衍射理论,对全息图像进行数值重建计算,从而获得物光在三维空间的分布。通过对聚焦位置的判定,同轴数字全息显微镜能极其准确地获得微粒样品在空间中的位置信息,其精度甚至能突破衍射极限的限制。由于同轴数字全息显微镜在观测中,不需要进行染色等影响生物活性的制样过程,因而特别适用于研究微生物和颗粒在溶液及界面附近的运动行为。

(2)形貌表征。

传统的光学显微镜仅能平面成像,无法获得高度信息,而数字全息显微镜却能通过对光场信息的还原计算出光程差,进而获得样品的三维形貌。最早,全息术仅能对光强进行一定的还原而无法获得三维形貌,原因是存在共轭虚像的干扰。为解决此干扰问题,不同的光学设计方式被提出并各自发展壮大。

最容易实现的是利思等人提出的离轴全息方法。随着频域滤波等算法及硬件条件的提升,离轴数字全息显微镜的空间精度有大幅提升,已达到纳米级。2008 年,瑞士一课题组使用离轴数字全息显微镜对在石英基片上用铬蒸镀的微台阶表面形貌(高约 8.9 nm)进行了三维测量,实现了高精度的三维形貌观测。他们分别使用波长分别为 657 nm 和 680 nm 的两种光源进行观测,发现二者在还原结果上差距较小,且计算获得的横截面高度与其他仪器标准获得标准值的差距在误差范围内。由于离轴数字全息显微镜能够对样品的动态过程进行三维无损观测,故适合用于细胞相关的生物样品研究,如拉帕兹(Rappaz)等人使用离轴数字全息显微镜对野生型及突变型酵母细胞的分裂周期进行了成功观测。此外,还有研究者利用它对阿米巴变形虫、海拉细胞、人体红细胞等多种样品进行了三维成像及研究。综上,离轴数字全息显微镜由于能复原物体或表面精细的相位形貌,可广泛应用于生物细胞的检测领域。

近年来,随着相机成像精度和计算机算法及运行速度等多方面的提升,结构简单稳定性高的同轴全息再次受到重视。如美国加利福尼亚大学研究组在同轴全息显微镜的基础上引入发光二极管(Light-Emitting Diode, LED)阵列,在不加入透镜的情况下,通过计算机算法实现了超分辨率成像。他们使用该装置对感染了疟疾寄生虫(恶性疟原虫)的红细胞进行成像,寄生虫在无透镜显微镜的振幅和相位图像中均清晰可见。

4.5.4　光学显微镜在材料领域中的应用

1. 激光共聚焦显微镜

激光共聚焦扫描显微镜(Confocal Laser Scanning Microscopy, CLSM 或 LCSM)是一种基于可见光的高分辨率三维光学成像技术。其主要特点是具有光学分层能力,即能够获得特定深度下焦点内的图像。图像通过逐点采集,以及之后的计算机重构而成。因此它可以重建拓扑结构复杂的物体。对于不透明样品,可以进行表面形貌表征,而对于透明样品,则可以进行内部结构成像。在内部结构成像上,图像品质在单台显微镜中就可以得到极大的提升,因为来自样品不同深度的信息未被叠加。传统显微镜能“看”到所有能被光投射到的地方,而对于共聚焦显微镜,只有焦点处的信息被采集。实际上激光共聚焦扫描显微是通过对焦点深度的控制和对高度的限制来实现的。激光共聚焦显微镜结构示意图如图 4.62 所示。

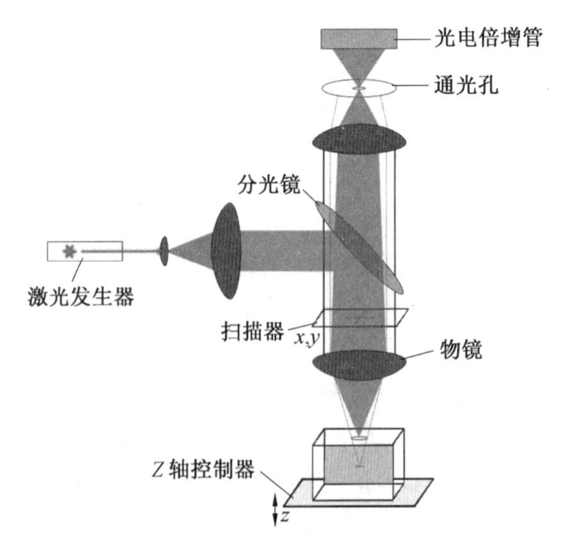

图 4.62　激光共聚焦显微镜结构示意图

激光扫描共聚焦显微镜是一种扫描成像技术，可以获得几乎与电子显微镜媲美的空间分辨率。激光扫描共聚焦显微镜的一个优点是不需要像原子力显微镜(AFM)或扫描隧道显微镜(STM)那样，将探针悬浮在表面几纳米的位置上，而是通过在表面上用一个细尖扫描来获取图像。物镜到表面的距离(称为工作距离)通常与传统光学显微镜相当。这个距离随系统光学设计而变化，但通常的工作距离从数百微米到几毫米不等。

在激光共聚焦扫描显微镜中，测试样品由点激光源照亮，每个体积单元与一个独立的散射或荧光强度相关联。这里，扫描体积的大小由光学系统的光斑大小(接近衍射极限)决定，因为扫描激光的图像不是一个无限小的点，而是一个三维的衍射图案。这个衍射图案的大小及其定义的焦点体积由系统物镜的数值孔径和使用的激光波长控制。这可以被视为传统光学显微镜的经典分辨率极限。然而，在共聚焦显微镜中，由于共聚焦孔径可以缩小，因此可以消除衍射图案的高阶，甚至有可能提高可见光分辨率的极限。例如，若针孔直径与中央最亮区直径相等，则只有衍射图案的第一阶通过孔径到达探测器，而高阶被阻挡，从而在略微降低亮度的代价下提高分辨率。在荧光观察中，共聚焦显微镜的分辨率极限往往受到由荧光显微镜中通常可用的光子数量少引起的信噪比限制。可以通过使用更敏感的光电探测器或增加照明激光点源的强度来补偿这种效应。增加照明激光的强度有可能对样品组织造成伤害或导致过度漂白，尤其是在需要比较荧光亮度的实验中。在成像不同折射率的组织时，例如植物叶片的海绵状叶肉或其他含有空气空间的组织，常常会出现显著的球面像差，从而影响共聚焦图像的质量。然而，这些像差可以通过将样品安装在光学透明、无毒的全氟碳化合物(如全氟癸烷)中显著减少，这些物质可以轻松渗透组织，并且其折射率与水几乎相同。

当前激光共聚焦显微镜被广泛应用于生物和医学领域(图4.63)，例如评估各种眼科疾病，特别适用于角膜内皮细胞的成像、定性分析和定量。它用于定位和识别角膜基质中丝状真菌元素的存在，这在角膜真菌病例中极为重要，能够快速诊断并因此尽早开始确定性治疗。针对内窥镜程序(内窥镜显微术)的共聚焦显微镜技术研究也显示出了前景。在制药行业，使用激光共聚焦显微镜来跟踪薄膜药物形式的生产过程，以控制药物分布的质量和均匀性。共聚焦显微镜还用于研究生物膜——这是微生物首选的复杂多孔结构栖息地。只有通过在微观和介观尺度上研究其结构，才能理解生物膜的部分时间和空间功能。需要进行微观尺度的研究，以检测单个微生物的活动和组织情况。

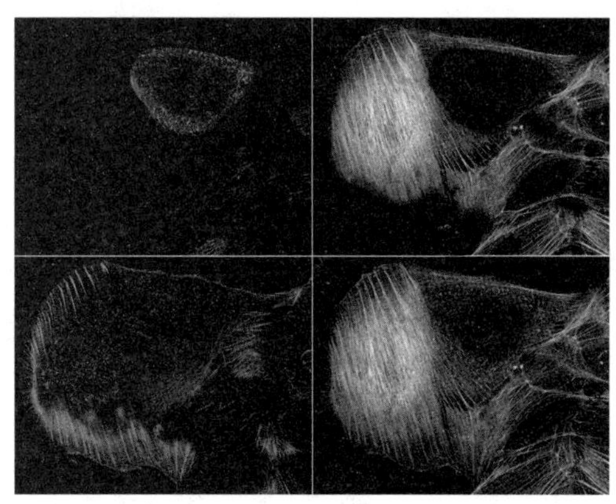

图4.63 细胞中肌动蛋白纤维的分布的激光共聚焦显微图像

此外,激光扫描共聚焦显微镜还可用于表征微结构材料表面(图4.64),例如表征在太阳能电池生产中使用的硅片的表面形貌。在硅片的第一步处理过程中,会用酸性或碱性化合物进行湿法化学蚀刻,从而在其表面形成纹理。然后使用激光共聚焦显微镜来观察所得表面的微米级状态。激光共聚焦显微镜也可以用来分析印在太阳能电池顶部的金属化手指的厚度和高度。

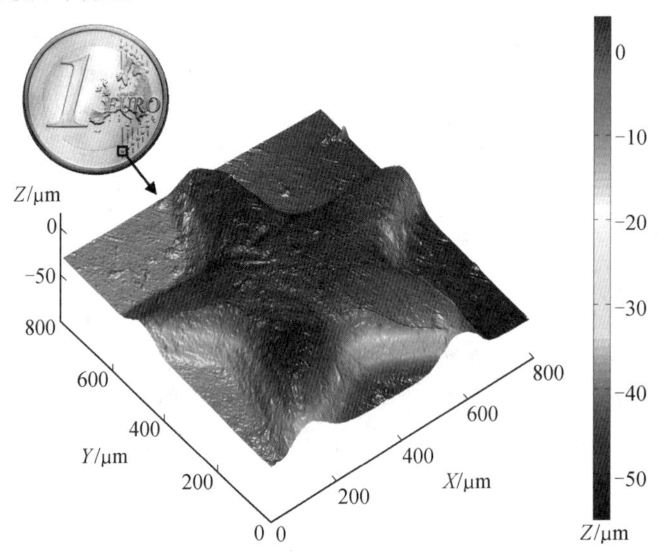

图4.64 利用激光共聚焦显微镜测量的1元硬币部分表面轮廓

2. 近场光学显微镜

近场扫描光学显微镜(NSOM)或扫描近场光学显微镜(SNOM)是一种用于纳米结构研究的显微镜技术,它利用消逝波的特性打破了远场分辨率极限(图4.65)。在SNOM中,激光通过一个小于激发波长的孔径聚焦,从而在孔径的远侧产生消逝场(或近场)。当样品在孔径下方的小距离处被扫描时,透射或反射光的光学分辨率仅受孔径直径的限制,其分辨率已经可以达到2~6 nm。

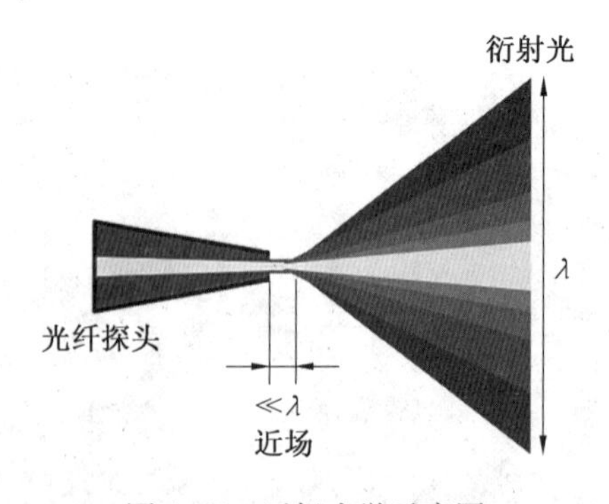

图4.65 近场光学示意图

爱德华·赫钦森·辛格是公认的近场扫描光学显微镜的概念发明人。他于1928年

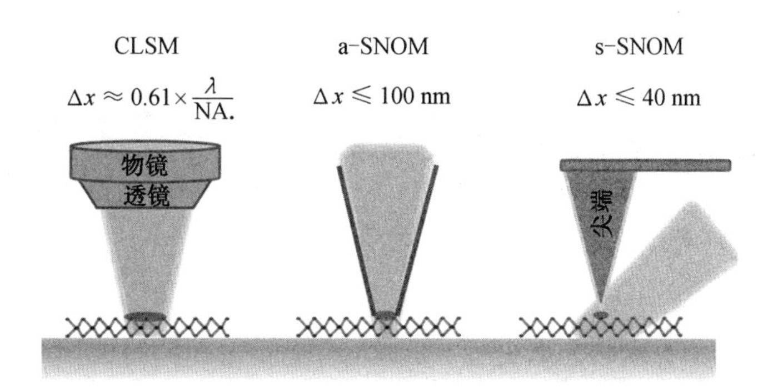

图 4.65 激光共聚焦显微镜、孔径型 SNOM(a-SNOM)和散射型 SNOM(s-SNOM)用于对二维过渡金属硫化物的光学研究的示意图(点代表二维过渡金属硫化物的激发区域,阴影代表激光照明)

Δx—各种方法可实现的典型空间分辨率大小;λ—光波长;NA.—物镜的数值孔径

提出了近场扫描光学显微镜的概念:使一种近乎平面的强光源,穿过一个不透明金属薄膜上约 100 nm 的小孔。这个孔应保持在距表面约 100 nm 的位置,通过逐点扫描来收集信息。约翰·A·奥基夫在 1956 年也发展了类似的理论。1972 年,伦敦大学学院的阿什和尼科尔斯首次使用微波辐射(波长为 3 cm)打破了阿贝衍射极限。十年后,迪特·波尔为一种光学近场显微镜申请了专利,紧随其后的是 1984 年使用可见光辐射进行近场扫描的第一篇论文。该论文报道了利用近场光学(NFO)显微镜研究金属涂层的尖锐透明尖端顶部的工作,以及一种反馈机制以保持样品和探针之间几纳米的恒定距离。美国的刘易斯等人也意识到了 NFO 显微镜的潜力,他们在 1986 年报告了首次实验结果,证实了其超高的分辨率水平。在这两个实验中,都能识别出 50 nm 以下大小的细节。

3. 数字全息显微镜

数字全息显微镜(DHM)是将数字全息技术应用于显微镜。与其他显微镜方法不同的是,数字全息显微镜不记录物体的投影图像。相反,物体发出的光波信息以全息图的形式被数字化记录,然后计算机使用数值重建算法计算出物体的图像。因此,传统显微镜中的成像透镜被计算机算法所替代。与数字全息显微镜密切相关的其他显微镜方法包括干涉显微镜、光学相干断层扫描和衍射相位显微镜。所有这些方法的共同点是使用参考波前来获取振幅(强度)和相位信息。这些信息被记录在数字图像传感器上或通过光电探测器,然后由计算机创建(重建)物体的图像。在不使用参考波前的传统显微镜中,只记录强度信息,从而丢失了关于物体的重要信息。数字全息显微镜结构示意图如图 4.66 所示。

20 世纪 60 年代末和 70 年代初,有关用数字方式记录全息图并在计算机中数值重建图像来替代经典全息术中的照片全息图的首次报道被发表。20 世纪 80 年代初,类似的想法也被提出用于电子显微镜。但是,由于计算机运行过慢且记录能力过差,数字全息术在实践中并未显现出实用性。在此之后,数字全息技术进入了大约二十年的休眠状

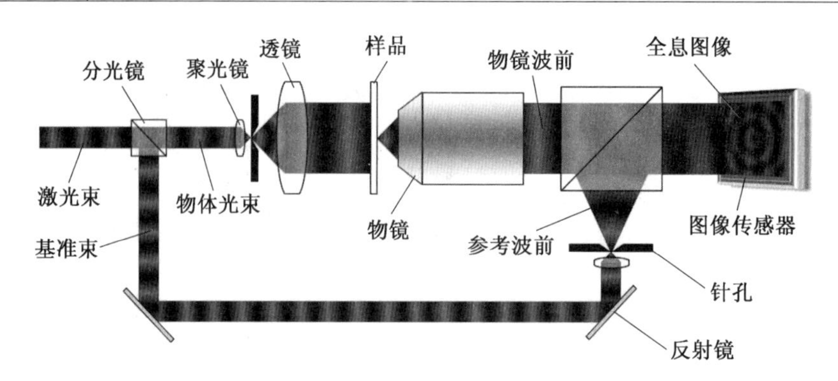

图4.66 数字全息显微镜结构示意图

态。到了20世纪90年代中期,数字图像传感器和计算机已经足够强大,可以重建一些质量尚可的图像,但仍然缺乏数字全息术所需的像素数量和密度,使得它不过是一种华而不实的技术。当时,推动数字图像传感器市场的主要是低分辨率视频,因此这些传感器只提供了相当于模拟电视的分辨率。进入21世纪初,随着数字静态图像相机的推出,对廉价高像素传感器的需求激增。截至2010年,负担得起的图像传感器可以达到高达6 000万像素。此外,CD和DVD播放器市场推动了廉价二极管激光器和光学元件的发展。数字全息术用于光学显微镜的首次报道出现在20世纪90年代中期。然而,直到21世纪初,图像传感器技术才进步到足以允许产生合理质量的图像。在这段时间,首批商业数字全息显微镜公司成立。随着计算能力的增强以及廉价高分辨率传感器和激光器的使用,数字全息显微镜如今主要在生命科学、海洋学和计量学中找到了应用。

数字全息显微镜(DHM)主要应用于光学显微镜领域。在这一领域,它展现出了独特的应用,能够对样品进行三维表征(图4.67)。根据应用的需要,DHM可以配置为透射和反射两种模式。对于需要在短时间间隔内获取信息的技术样品,DHM是一种独特的4D(三维加时间)表征解决方案。这适用于在噪声环境中、存在振动时、样品移动时,或者在外部刺激(如机械、电力、磁力、化学腐蚀或沉积和蒸发)作用下样品形状发生变化时的测量。DHM在材料科学中用于表征微观结构、检测表面缺陷和分析材料特性,同时在微电子和纳米技术领域内,它对于研究微纳结构和器件的质量控制同样重要。在生命科学

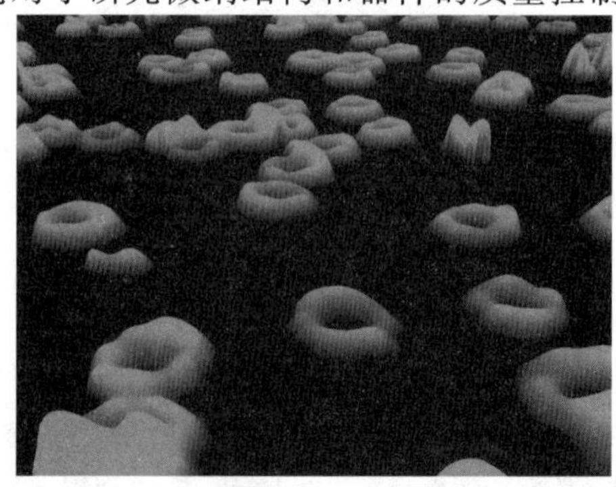

图4.67 数字全息显微镜下的红细胞图像

中，DHM 通常配置为透射模式。这使得无标记的定量相位测量（QPM），也称为定量相位成像（QPI），成为可能，它能够在不接触或不染色的情况下对活细胞进行长时间观察，从而在细胞学和组织工程中发挥重要作用（图 4.68）。总体而言，DHM 提供了一种非侵入式、高分辨率的三维成像方式，对科学研究和工业应用都有显著的帮助。

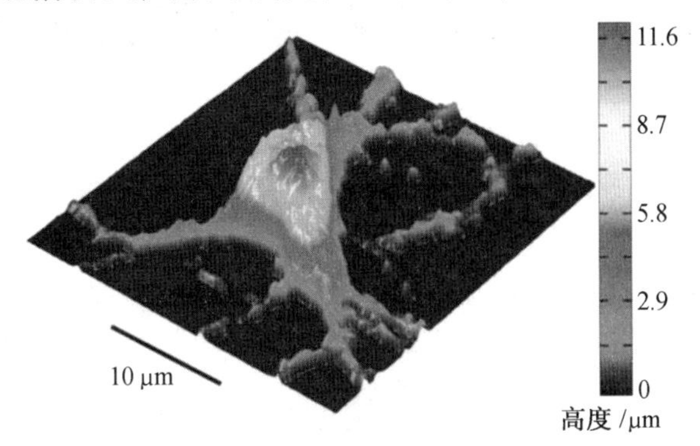

图 4.68　利用全息技术绘制的小鼠神经元细胞三维图像

思考题与习题

1. 区分晶体的颜色、多色性及吸收性。为何非均质体矿物晶体具有多色性？
2. 什么是贝克线？其移动规律如何？有什么作用？
3. 什么是晶体的糙面、突起、闪突起？决定晶体糙面和突起等级的因素是什么？
4. 什么是干涉色？影响晶体干涉色的因素有哪些？
5. 如何提高光学显微分析的分辨能力？
6. 阐述光学显微分析用光片的制备方法。
7. 分析近场光学显微分析的原理及与传统光学显微分析技术的异同。
8. 为何近场光学显微镜可突破光学显微镜分辨率的极限？

第 5 章　电子成像与微观表征分析

5.1　电子与物质的相互作用

对于具有一定能量的电子,当其入射固体样品时,将与样品内原子核和核外电子发生弹性和非弹性散射过程,激发固体样品产生多种物理信号,如图 5.1 所示。

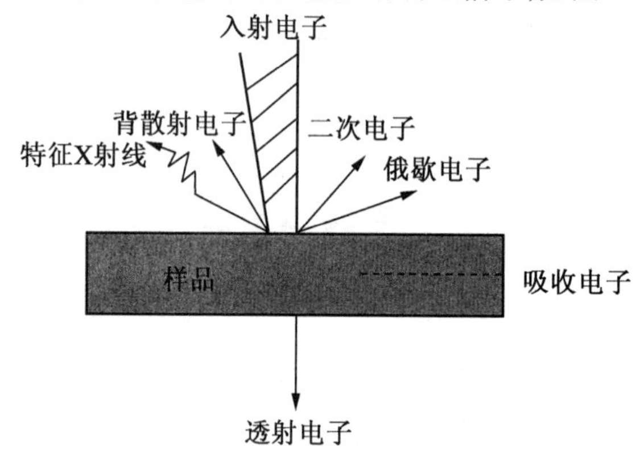

图 5.1　入射电子轰击样品时产生的物理信号

5.1.1　背散射电子

1. 定义及特点

背散射电子是被固体样品中的原子核反弹回来的一部分入射电子,其中包括弹性背散射电子和非弹性背散射电子。弹性背散射电子是被样品中原子核反弹回来的,散射角大于 90°的那些入射电子,其能量没有损失(或基本上没有损失)。而入射电子和样品核外电子撞击后产生的非弹性散射,不仅方向改变,能量也有不同程度的损失。如果有些电子经多次散射后仍能反弹出样品表面,就形成非弹性背散射电子。

弹性背散射电子和非弹性背散射电子的比较见表 5.1。

表 5.1　弹性背散射电子和非弹性背散射电子的比较

背散射电子	弹性背散射电子	非弹性背散射电子
产生原因	被原子核反弹回来	受核外电子撞击产生
是否改变方向	改变	改变
是否损失能量	基本不损失	损失

续表 5.1

背散射电子	弹性背散射电子	非弹性背散射电子
能量范围/eV	数千~数万	数十~数千
数量	多	少

2. 衬度信息

背散射电子的信号既可以用来进行形貌分析也可以用来进行成分分析。在进行晶体结构分析时,背散射电子信号的强弱是造成通道花样衬度的原因。背散射电子信号的强度随原子序数 Z 增大而增大,在样品表面平均原子序数较高的区域,产生较强的信号,在背散射电子像上显示出较亮的衬度。因此,可以根据背散射电子像衬度来判断相应区域电子序数的相对高低。

然而,背散射电子的能量很高,约等于入射电子能量,当它们以直线轨迹逸出样品表面,对于背向检测器的样品表面,因检测器无法收集到背散射电子而变成一片阴影,因此在图像上显示出很强的衬度,以致不利于分析细节。

5.1.2 二次电子

1. 定义与特点

在入射电子束作用下被轰击出来并离开样品表面的样品核外电子称为二次电子。二次电子的能量比较低,一般小于 50 eV。

2. 衬度信息

二次电子信号与样品表面变化比较敏感,但与原子序数没有明确的关系,其像分辨本领也比较高,所以通常用它来获得表面形貌图像。

二次电子的角分布符合余弦分布规律,如图 5.2 所示,这种分布与样品材料的晶体结构无关,与入射电子束的入射方向也无关。如果二次电子的总发射数为 N,而 $\mathrm{d}\Omega$ 为与样品表面法线夹角为 θ 的立体角元 $\mathrm{d}\Omega$ 内的发射数,则

$$N(\theta)=\frac{N}{\pi}\cos\theta \tag{5.1}$$

二次电子产额与电子束入射角度之间也满足一定的关系,若设 α 为入射电子束与试样表面法线之间的夹角(图 5.3),实验证明,当对光滑试样表面、入射电子束能量大于 1 kV且固定不变时,二次电子产额 δ 与 α 的关系满足

$$\delta\propto\frac{1}{\cos\alpha} \tag{5.2}$$

对于实际样品来说,表面形貌比较复杂,不是简单的平整状态,但是可以将其细分成许多表面方向不一样的小平面来进行分析。由于试样表面不同,即使入射电子束的方向固定,但是其在不同小平面上形成的入射角也是不同的。测试时,电子收集器的位置也是固定的,因此,不同的小平面对应的电子收集器的收集角不同。根据式(5.2)得出,α 越大,δ 越多,得到的显像管荧光屏上的亮度就越高。以图 5.4 所示的样品表面为例进行

说明:A 区由于 α 大,发射的二次电子多,而 B 区由于 α 小,发射的二次电子少。按二次电子发射的余弦分布律,检测器相对于 A 区的方位也较 B 区的方位有利,所以 A 区的信号强度较 B 区的信号强度大,故在图像上 A 区也较 B 区亮。

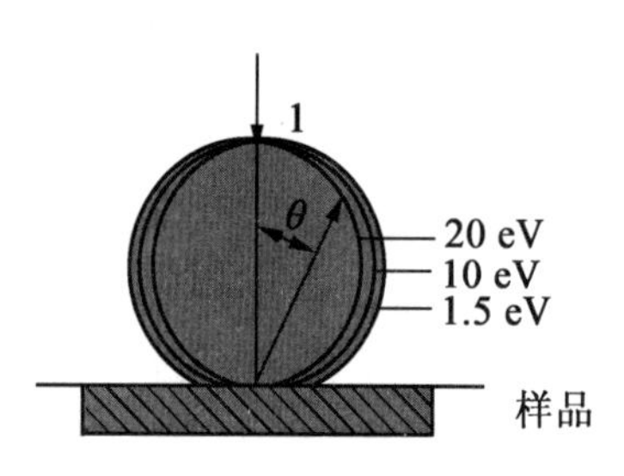

图 5.2 二次电子角分布

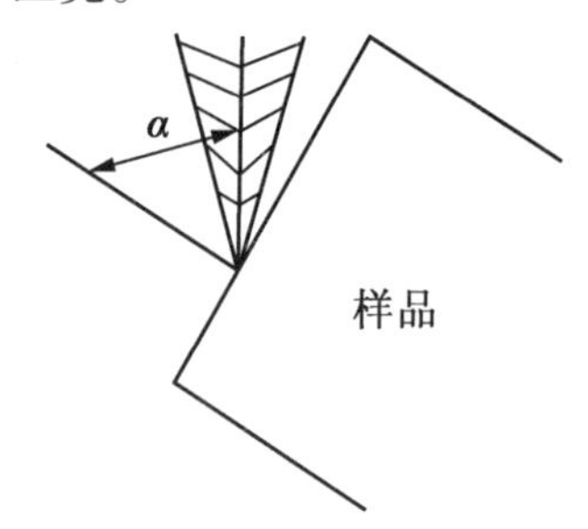

图 5.3 二次电子产生时的入射角描述

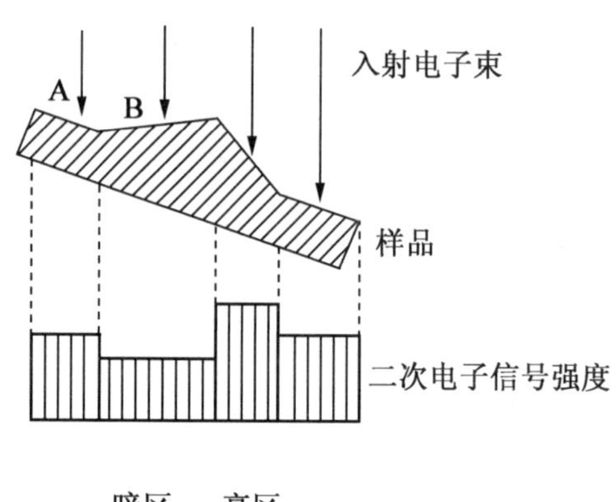

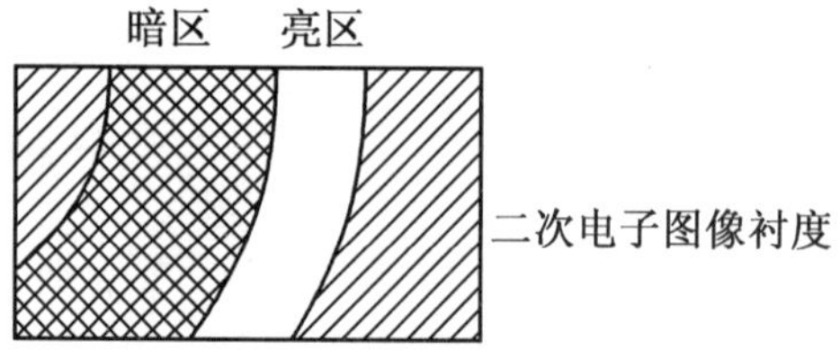

图 5.4 形貌衬度原理

5.1.3 吸收电子

入射电子进入样品后,经多次非弹性散射能量损失殆尽(假定样品有足够的厚度且没有透射电子产生),最后被样品吸收而成为吸收电子。

在样品与大地之间接一个灵敏度高的电流表,即可观察到样品所吸收的电子强度,所以吸收电子又称为样品电流。

5.1.4 透射电子

如果被分析的样品很薄,就会有一部分入射电子穿过样品而成为透射电子。经过入射电子束辐射后,样品本身要保持电平衡,这些电子信号必须满足

$$i_p = i_b + i_s + i_a + i_t \tag{5.3}$$

式中 i_p——入射电子强度；

i_b——背散射电子强度；

i_s——二次电子强度；

i_a——吸收电子强度；

i_t——透射电子强度。

将式(5.3)两边同除以 i_p,得

$$\eta(i_b/i_p)+\delta(i_s/i_p)+\alpha(i_a/i_p)+T(i_t/i_p)=1 \tag{5.4}$$

式中 $\eta(i_b/i_p)$——背散射系数；

$\delta(i_s/i_p)$——二次电子发射系数；

$\alpha(i_a/i_p)$——吸收系数；

$T(i_t/i_p)$——透射系数。

根据前期实验得出,对于一般金属样品,样品质量、厚度越大,透射系数越小,吸收系数越大;样品背散射系数和二次电子发射系数的和也越大,但达到一定值时即保持定值。不同材料的曲线形状大体相似。

5.1.5 特征 X 射线

当样品原子的内层电子被入射电子激发或电离时,原子就会处于能量较高的激发状态,此时外层电子将向内层跃迁以填补内层电子的空缺,从而使具有特征能量的 X 射线释放出来。

例如,在高能电子作用下,一个 K 层电子电离,原子系统处于 K 激发态,能量为 E_K,如图 5.5(a)所示,如果 L_2 层的一个电子向 K 层跃迁,原子系统由 K 激发态变为 L 激发态,能量由 E_K 降为 E_{L_2},同时伴随释放始终状态的能量差($E_K-E_{L_2}$)。释放能量的形式有两种,即发射特征 X 射线或发射俄歇电子,两者必居其一,如图 5.5(b)和(c)所示。X 射线的波长由下式决定:

$$\lambda_{K_{\alpha2}}=\frac{hc}{E_K-E_{L_2}} \tag{5.5}$$

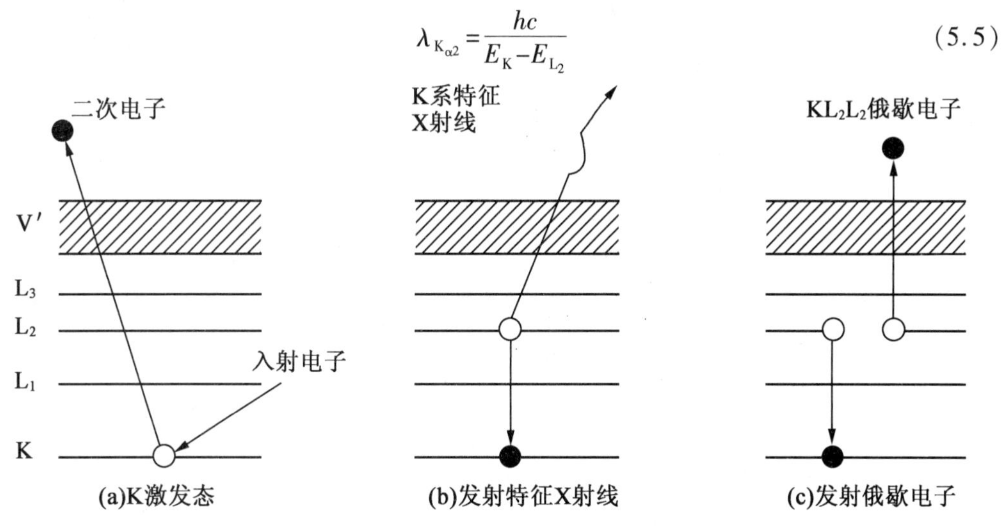

图 5.5 特征 X 射线和俄歇电子发射

对于一定的元素，有确定的特征值。因此，发射的 X 射线波长也有特征值。特征 X 射线的波长与光子能量之间有下列关系：

$$\lambda = \frac{hc}{E} \tag{5.6}$$

或

$$\lambda = \frac{12\ 396}{E} \tag{5.7}$$

式中　E——相应跃迁过程始态、终态的能量差。

这表明特征 X 射线的波长或光子能量是不同元素的特性之一。因此，通过检测样品发出的 X 射线的特征波长即可测定样品中的元素成分，测量 X 射线的强度即可计算元素的质量分数。

5.1.6　俄歇电子

在入射电子激发样品的特征 X 射线过程中，如果在原子内层电子能级跃迁过程中释放出来的能量并不以 X 射线的形式发射出去，而是用这部分能量把空位层内的另一个电子发射出去（或使空位层的外层电子发射出去，如图 5.5(c)所示），那么这个被电离出来的电子称为俄歇电子。

为了更好地区别电子束与固体样品作用后产生的各种信号，对它们的分辨率、能量范围、来源、应用等进行分析，见表 5.2。

表 5.2　电子束与固体样品作用后产生的各种信号的比较

信号种类		分辨率/nm	能量范围/eV	来源	可否做成分分析	应用
背散射电子	弹性背散射电子	50～200	数千～数万	样品表层几百纳米	可以	成像、成分分析
	非弹性背散射电子		数十～数千			
二次电子		5～10	<50，多数为几电子伏	表层 5～10 nm	不可以	成像
吸收电子		100～1 000	—	—	可以	成像、成分分析
透射电子		—	—	—	可以	成像、成分分析
特征 X 射线		100～1 000	—	—	可以	成分分析
俄歇电子		5～10	50～1 500	表层 1 nm	可以	表面层成分分析

5.2 透射电子显微镜

5.2.1 透射电子显微镜的结构

透射电子显微镜(Transmission Electron Microscope,TEM)可以看到在光学显微镜下无法看清的细微结构,是一种具有高分辨率(目前最佳的电子显微镜分辨率可达到0.1 nm左右)、高放大倍数的电子光学仪器,被广泛应用于材料科学等研究领域。透射电子显微镜以波长极短的电子束作为光源,电子束经由聚光镜系统的电磁透镜将其聚焦成一束近似平行的光线穿透样品,再经成像系统的电磁透镜成像和放大,然后电子束投射到主镜筒最下方的荧光屏上形成所观察的图像。其结构如图5.6所示,主要包括照明系统、成像系统及图像观察与记录系统,辅助以真空系统和电气系统。照明系统、成像系统及图像观察与记录系统有时又统称为电子光学系统或镜筒,其中,照明系统主要由电子枪和聚光镜组成。成像部分主要由样品室、物镜、中间镜和投影镜等装置组成。图像观察与记录系统主要由荧光屏、照相机、数据显示等部件组成。

1. 照明系统

与光学显微镜主要的不同之处在于,TEM 用高能电子束取代了可见光源,用电磁透镜代替了光学透镜。而照明系统的作用是提供高亮度、高稳定性及相干性好的照明电子束。照明系统主要由电子枪、聚光镜及电子束平移、倾斜调节装置组成。电子枪与高达10万~30万V的高电压源相连,在电流足够大时,电子枪将会通过热电子发射或者场电子发射机制将电子发射入真空。该过程通常会使用栅极来加速电子产生,产生的电子通过会聚电子束的聚光镜和样品发生作用。

对电子束的控制主要通过两种物理效应来实现。运动的电子在磁场中受到洛伦兹力的作用,因此可以使用磁场来控制电子束。使用磁场可以形成不同聚焦能力的磁透镜,透镜的形状根据磁通量的分布确定。另外,电场可以使电子偏斜固定的角度。通过对电子束进行连续两次相反的偏斜操作,可以使电子束发生平移。通过这两种效应以及使用电子成像系统,可以对电子束通路进行足够的控制。

2. 成像系统

成像系统由样品室、物镜、中间镜和投影镜组成。样品室位于照明部分和物镜之间,一般还可以配置加热、冷却和形变装置。通过样品传递移动装置,在不破坏镜筒真空的情况下,使样品在物镜的极靴孔内平移和倾转。物镜是透射电子显微镜最关键的部分,属于强磁和短焦距的透镜,透射电子显微镜分辨本领的好坏及成像质量在很大程度上取决于物镜的优劣。物镜的最短焦距可达1 mm,放大倍率可达300倍,最佳理论分辨率可达0.1 nm,实际分辨率可达0.2 nm。加在物镜前的光阑称为物镜光阑,主要是为了缩小物镜孔径角。加在物镜后的光阑称为衬度光阑,可以提高振幅衬度。此外在物镜极靴附近还装备有消像散器和防污染装置。

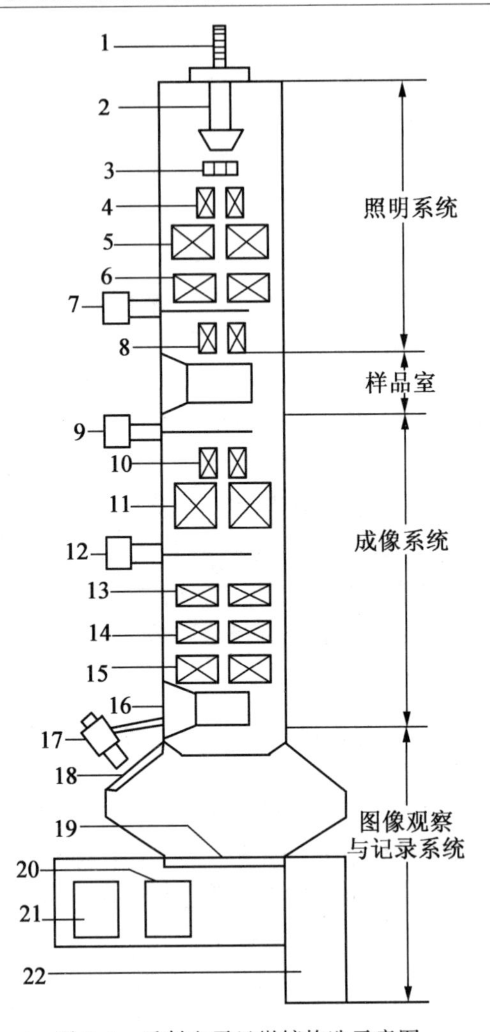

图 5.6 透射电子显微镜构造示意图

1—高压电缆;2—电子枪;3—阳极;4—束流偏转线圈;5—第一聚光镜;6—第二聚光镜;
7—聚光镜光阑;8—电磁偏转线圈;9—物镜光阑;10—物镜消像散线圈;11—物镜;12—选区光阑;
13—第一中间镜;14—第二中间镜;15—第三中间镜;16—高分辨衍射室;17—光学显微镜;
18—观察窗;19—荧光屏;20—发片盒;21—收片盒;22—照相室

中间镜与投影镜和物镜相似,但焦距较长,主要是将来自物镜的电子像继续放大并透射到荧光屏和照相底板上。为了适应不同放大倍率下的电子像和电子衍射花样的观察,一般 TEM 采用多级中间镜和多级投影镜。

若三级放大图像总的放大倍数为 M,则

$$M=M_0 \cdot M_i \cdot M_p \tag{5.8}$$

式中 M_0、M_i、M_p——物镜、中间镜、投影镜的放大倍数。

在电子显微镜的操作中,主要是利用中间镜的可变倍率来控制电子显微镜的总放大倍数。

3. 真空系统

为了保证电子运动，减少与空气分子的碰撞，所有装置必须在真空系统中，一般真空度为 $10^{-2}\sim10^{-4}$ Pa。真空目的主要是为了延长电子枪的寿命，增加电子的自由程、减少电子与残余气体分子碰撞所引起的散射以及减少样品污染。利用场发射电子枪时，其真空度应在 $10^{-6}\sim10^{-8}$ Pa，可采用机械泵、油扩散泵、分子泵等来实现。现代新型电子显微镜一般采用机械泵和分子泵系统。

4. 图像观察与记录系统

图像观察与记录系统主要由带铅玻璃窗口的观察室、装有发片盒和收片盒的照相室及 CCD 组成。观察室内的荧光屏用发黄绿色光的硫化锌类的荧光粉制作，荧光屏在电子束照射下，呈现出与样品的组织结构相对应的电子图像，从而将肉眼看不到的电子像转化为可见光像。试样图像经过透镜多次放大后，在荧光屏上显示出高倍放大的像。如需照相，掀起荧光屏，使相机中的底片曝光，底片在荧光屏之下，由于透射电子显微镜的焦距很长，虽然荧光屏和底片之间有数厘米的间距，但仍能得到清晰的图像，其他操作条件下的加速电压、放大倍率及底片的顺序等亦能一起记录下来。目前除了拍衍射花样一般仍需底片外，其他方面的所有应用都可以使用 CCD 采集图像的方法来代替拍摄底片的方法。

5.2.2 透射电子显微镜的成像原理

金相显微镜及扫描电子显微镜均只能观察物质表面的微观形貌，无法获得物质内部的信息，而透射电子显微镜由于入射电子透射试样后，将与试样内部原子发生相互作用，99% 以上入射电子的能量转化为物质的热能，1% 的入射电子从物质中激发各种信息，从而改变其能量及运动方向。显然，不同结构有不同的相互作用，这样就可以根据透射电子图像所获得的信息来了解试样内部的结构。

透射电子显微镜的成像如图 5.7 所示，一般可以分为两个过程，第一个过程是平行电子束遭到物的散射作用而分散成各级衍射谱，即由物变换到衍射谱的过程；第二个过程即各级衍射谱经过干涉重新在像平面上会聚成像，由衍射重新变成放大了的物的过程。

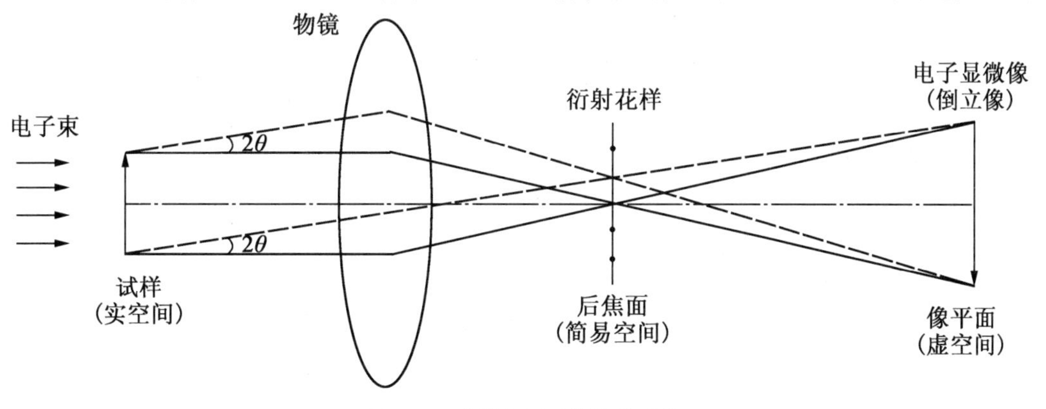

图 5.7 透射电子显微镜的成像

TEM 当入射电子透射试样后,由于物质是由原子组成,在电子透过的过程中,原子中电子和核形成电场,从而改变其能量及运动方向,发生散射。由于物质厚度、密度、原子序数不同,散射程度也不同,因而透射到荧光屏上的各点强度是不均匀的,形成“明”与“暗”的差别,这种强度的分布不均匀现象称为衬度,所获得的电子像称为透射电子衬度像。衬度来源为位相衬度和振幅衬度(包括质厚衬度和衍射衬度)。

为了确保透射电子显微镜的高分辨本领,采用小孔径角成像。

如果透射束映射可以重新组合,从而保持其振幅和位相,则可只得到产生衍射的那些晶体面的晶格像,或者一个个原子的晶体结构像。即当透射束和至少一束衍射束同时通过物镜光阑参与成像时,由于透射束与衍射束的相互干涉,形成一种反映晶体点阵周期性的条纹像和结构像,这种像衬的形成是透射束和衍射束相位相干的结果,称为位相衬度。位相衬度仅适用于很薄的晶体试样(约 100 Å)。

振幅衬度是由于入射电子通过试样时,与试样内原子发生相互作用而发生振幅的变化,引起反差。根据振幅产生的原因不同,振幅衬度又可分为质厚衬度和衍射衬度(图 5.8)。

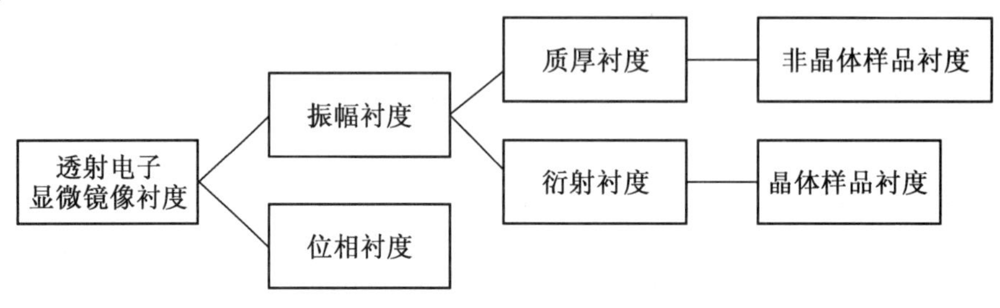

图 5.8 透射电子显微镜衬度分类

①质厚衬度:由于试样的质量和厚度不同,各部分对于入射电子发生相互作用,产生的吸收与散射程度不同,而使得透射电子束的强度分布不同,形成反差,称为质厚衬度。

②衍射衬度:主要是因晶体试样满足布拉格反射条件程度差异及结构振幅不同而形成电子图像反差。它仅属于晶体结构物质,对于非晶体试样是不存在的。

1. 质厚衬度

质厚衬度是建立在非晶体样品中原子对入射电子的散射和透射电子显微镜小孔径角成像基础上的成像原理。小孔径角成像如图 5.9 所示,是通过在物镜背焦面上沿径向插入一个小孔径的物镜光阑来实现。这样可把散射角大于 α 的电子挡掉,只允许散射角小于 α 的电子通过物镜光阑参与成像,增加了图像的衬度。

对于非晶体样品来说,入射电子透过样品时碰到的原子数目越多(或样品越厚),样品的原子核库仑力场越强(或样品原子序数越大或密度越大),被散射到物镜光阑外的电子越多,而通过物镜光阑参与成像的电子强度也越低。

这是因为电子穿过样品时,通过与原子核的弹性作用被散射而偏离光轴,弹性散射截面是原子序数的函数。此外,随样品厚度的增加,将发生更多的弹性散射。所以,样品上原子序数较高或样品较厚的区域比原子序数较低或样品较薄的区域将使更多的电子散射而偏离光轴,如图 5.10 所示。

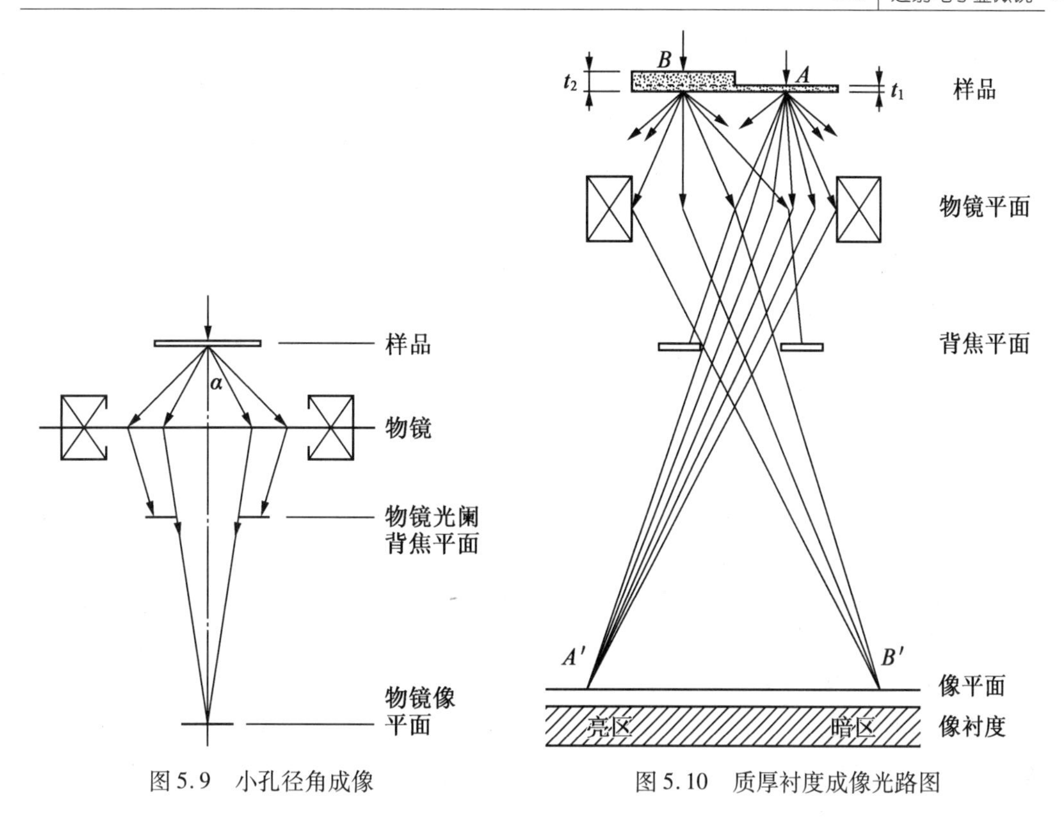

图 5.9 小孔径角成像

图 5.10 质厚衬度成像光路图

偏离光轴一定程度的散射电子将被物镜光阑挡掉,使落在像平面上相应区域的电子数目减少(强度较小),原子序数较高或样品较厚的区域在荧光屏上显示为较暗区域。反之,质量或厚度较小的区域对应于荧光屏上较亮的区域。所以,图像上的明暗程度的变化反映了样品上相应区域的原子序数(质量)或样品厚度的变化。质厚衬度受到透射电子显微镜物镜光阑孔径和加速电压的影响。

2. 衍射衬度

(1)电子衍射。

利用透射电子显微镜进行物相形貌观察,仅是一种较为直接的应用。透射电子显微镜的特点是可将物像的形貌观察与电子衍射结合起来,使人们能在高倍下选择微区进行晶体结构分析,弄清微区的物相组成。利用透射电子显微镜可得到电子衍射图,图中每一斑点都分别代表一个晶面族,不同的电子衍射谱图又反映出不同的物质结构。电子衍射主要研究金属、非金属以及有机固体的内部结构和表面结构。电子衍射所用的电子束能量在 10^2 ~ 10^6 eV。与 X 射线一样,电子衍射也遵循布拉格方程。电子束衍射的角度小,测量精度差,测量晶体结构时不如 XRD。电子束很细,适合做微区分析。因此,主要用于确定物相、它们与基体的取向关系及材料中的结构缺陷等。

电子衍射和 X 射线衍射相比,具有下列不同之处:首先,电子波的波长比 X 射线短得多,在同样满足布拉格条件时,它的衍射角 θ 很小,约为 10^{-2} rad,而 X 射线产生衍射时,其衍射角最大可接近 $\pi/2$;其次,在进行电子衍射操作时采用薄晶样品,薄晶样品的倒易点会沿着样品厚度方向延伸成杆状,因此增加了倒易点和埃瓦尔德球相交截的机会,结果使略为偏离布拉格条件的电子束也能发生衍射;再次,因为电子波的波长短,采用埃瓦尔德图解时,反射球的半径很大,在衍射角 θ 较小的范围内反射球的球面可以近似地看成一个平面,从而也可以认为电子衍射产生的衍射斑点大致分布在一个二维倒易截面内。这个结果使晶体产生的衍射花样能比较直观地反映晶体内各晶面的位向,给分析带来不少方便;最后,原子对电子的散射能力远高于其对 X 射线的散射能力(约高出 4 个数量级),故电子衍射束的强度较大,摄取衍射花样时仅需数秒。

电子衍射原理如图 5.11 所示。单色平面电子波以入射角 θ 照射到晶面间距为 d 的平行晶面组时,各个晶面的散射波干涉加强的条件是满足布拉格关系 $2d\sin\theta=n\lambda$。入射电子束照射到晶体上,一部分透射出去,一部分使晶面间距为 d 的晶面发生衍射,产生衍射束。当电子束照射在单晶体薄膜上时,透射束穿过薄膜到达感光相纸上形成中间亮斑;衍射束则偏离透射束形成有规则的衍射斑点。图中 000 点是指无散射点或零散射点(zero-order scattering point)。它代表在 TEM 中入射电子束穿过样品未发生散射的区域。在这个区域,入射电子束的方向基本上保持原样,没有发生明显角度的偏转。一般在无定形区域或样品极薄区域会出现 000 点。这表示这些区域对电子束基本上是透明的,没有造成显著散射现象发生。对于多晶体而言,由于晶粒数目极大且晶面位向在空间任意分布,多晶体的倒易点阵将变成倒易球。倒易球与埃瓦尔德球相交后在相纸上的投影将成为一个个同心圆。

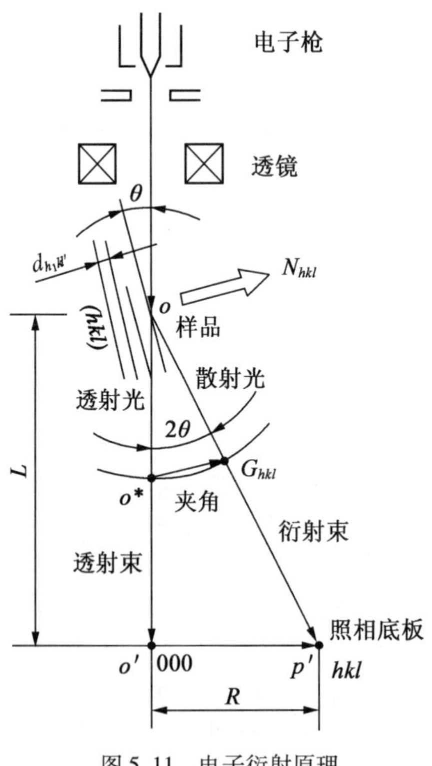

图 5.11　电子衍射原理

电子衍射实际上是得到了被测晶体的倒易点阵花样,对它们进行倒易反变换从理论上来说就可知道其正点阵的情况——电子衍射花样的标定。图 5.11 中包含如下关系式：

$$Rd_{h_1k'l}=L\lambda$$

式中 R——衍射斑点与透射斑点的距离；

$d_{h_1k'l}$——晶面的晶面间距；

λ——入射电子波的波长；

L——样品到底片的距离。

可以用于相机常数的测定，一般用金来进行标定。

(2)衍射衬度成像原理。

衍射衬度成像和质厚衬度成像的重要差别：在形成显示质厚衬度的暗场像时，可以利用任意的散射电子。而形成显示衍射衬度的明场像或暗场像时，为获得高衬度高质量的图像，总是通过倾斜样品台获得所谓"双束条件"，即在选区衍射谱上除强的直射束外只有一个强衍射束。一般来说，晶体衍射时有多组晶面满足衍射条件，若转动晶体使其某一晶面精确满足布拉格条件，而使其他晶面都偏离布拉格条件较多，则此时得到的衍射谱中心有一条透射斑外，另有一条很亮的衍射斑，而其余的衍射斑都很弱，称为"双束条件"。

以单相的多晶体薄膜样品为例，如图 5.12 所示。

设想薄膜内有两颗晶粒 A 和 B，它们之间的唯一差别在于其晶粒位向不同。如果在入射电子束照射下，B 晶粒的某(hkl)晶面组恰好与入射方向相交成精确的布拉格角 θ_B，而其余的晶面均与衍射条件存在较大的偏差，即 B 晶粒的位向满足"双光束条件"。此时，在 B 晶粒的选区衍射花样中，hkl 斑点特别亮，也即其 hkl 晶面的衍射束最强。如果假定对于足够薄的样品，入射电子受到的吸收效应可不予考虑，且在所谓"双光束条件"下忽略所有其他较弱的衍射束，则强度为 I_0 的入射电子束在 B 晶粒区域内经过散射之后，将成为强度为 I_{hkl} 的衍射束和强度为(I_0-I_{hkl})的透射束两个部分。

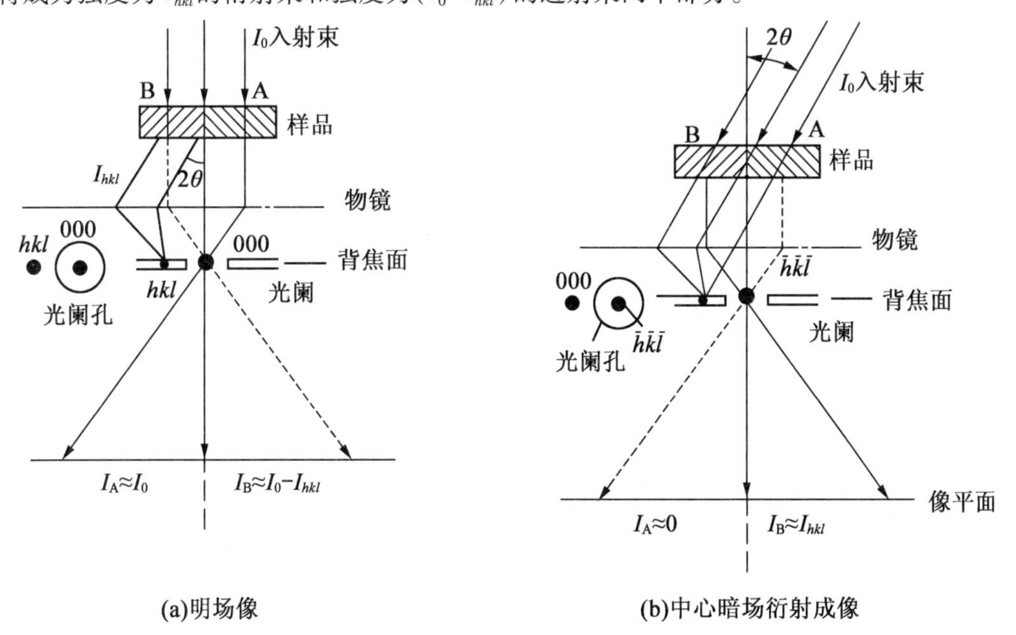

图 5.12 衍射衬度成像原理

同时，设想与B晶粒位向不同的A晶粒内所有晶面组均与布拉格条件存在较大的偏差，即在A晶粒的选区衍射花样中将不出现任何衍射斑点而只有中心透射斑点，或者说其所有衍射束的强度均可视为0。于是，A晶粒区域的透射束强度仍近似等于入射束强度 I_0。

由于在电子显微镜中样品的第一幅衍射花样出现在物镜的背焦面上，所以若在这个平面上加一个尺寸足够小的物镜光阑，把B晶粒的 hkl 衍射束挡掉，只让透射束通过光阑孔并到达像平面，则构成样品的第一幅放大像。此时，两颗晶粒的像亮度将有所不同：

$$I_A \approx I_0, \quad I_B \approx I_0 - I_{hkl} \approx 0$$

如以A晶粒亮度 I_A 为背景强度，则B晶粒的像衬度为

$$\left(\frac{\Delta I}{I}\right)_B = \frac{I_A - I_B}{I_A} \approx \frac{I_{hkl}}{I_0}$$

于是在荧光屏上将会看到，B晶粒较暗而A晶粒较亮。这种让透射束通过物镜光阑而把衍射束挡掉得到的图像衬度，称为明场成像，如图5.13所示。

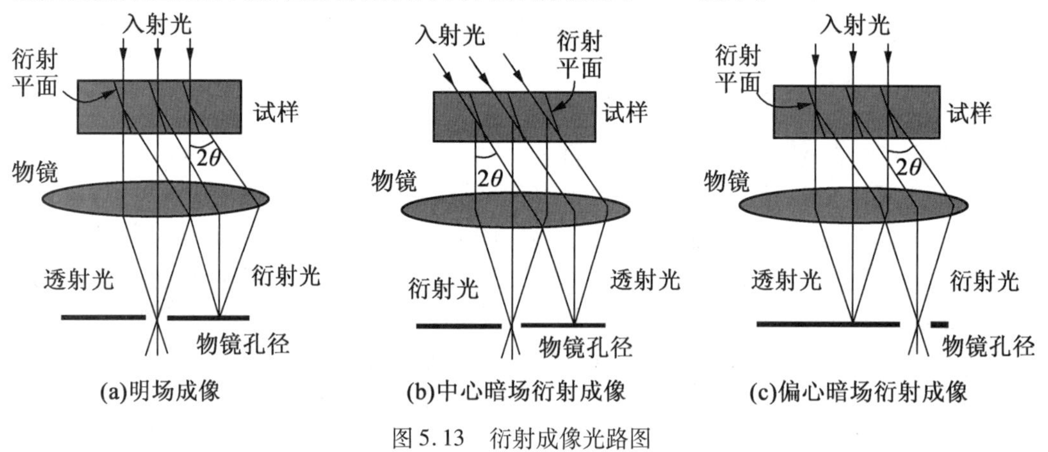

图5.13 衍射成像光路图

移动物镜光阑的位置，只让衍射束通过参与成像，而把透射束挡掉得到的图像衬度，称为暗场成像。暗场成像有两种方法：偏心暗场像与中心暗场像。习惯上常以另一种方式产生暗场像，即把入射电子束方向倾斜 2θ 角度，使B晶粒的 $(\bar{h}\ \bar{k}\ \bar{l})$ 晶面组处于强烈衍射的位向，而物镜光阑仍在光轴位置。此时只有B晶粒的 $(\bar{h}\ \bar{k}\ \bar{l})$ 衍射束正好通过光阑孔，而透射束被挡掉，这称为中心暗场成像方法。需要指出的是：①只有晶体试样形成的衍衬像才存在明场像与暗场像之分，其亮度是明暗反转的，即在明场下是亮线，在暗场下则为暗线，其条件是，此暗线确实是操作反射斑引起的；②它不是表面形貌的直观反映，是入射电子束与晶体试样之间相互作用后的反映。

在衍衬成像方法中，某个最符合布拉格条件的 (hkl) 晶面组强衍射束起着十分关键的作用，因为它直接决定了图像的衬度。

图5.14是相邻两个钨晶粒的明场像和暗场像。由于A晶粒的某晶面满足布拉格条件，衍射束强度较高，因此在明场像中显示暗衬度。图5.14(b)是A晶粒的衍射束形成的暗场像，因此A晶粒显示亮衬度，而B晶粒则为暗像。图5.15显示了析出相 $(ZrAl_3)$

在铝合金基体中分布的明场像和暗场像，图 5.15(b)是析出相衍射束形成的暗场像。利用暗场像观测析出相的尺寸、空间形态及其在基体中的分布，是衍衬分析工作中一种常用的实验技术。图 5.16 是铝合金中位错分布形态的明场像和暗场像，明场像中位错线显现暗线条，暗场像衬度恰好与此相反。图 5.17 是面心立方结构的铜合金中层错的明场像和暗场像，利用层错明暗场像外侧条纹的衬度，可以判定层错的性质。

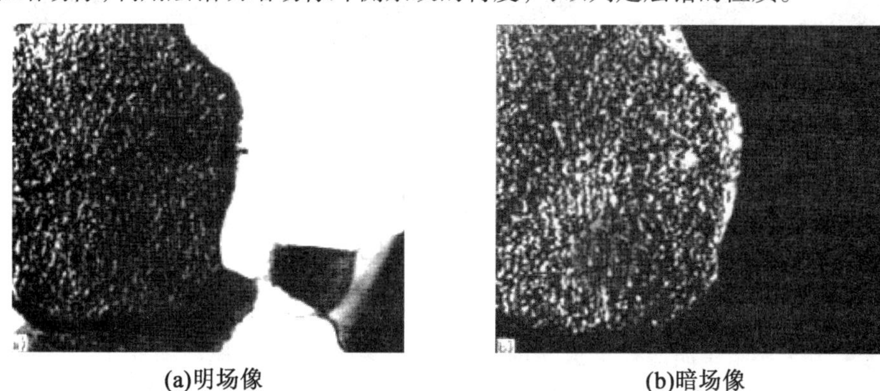

(a)明场像　　(b)暗场像

图 5.14　相邻两个钨晶粒的明场像和暗场像

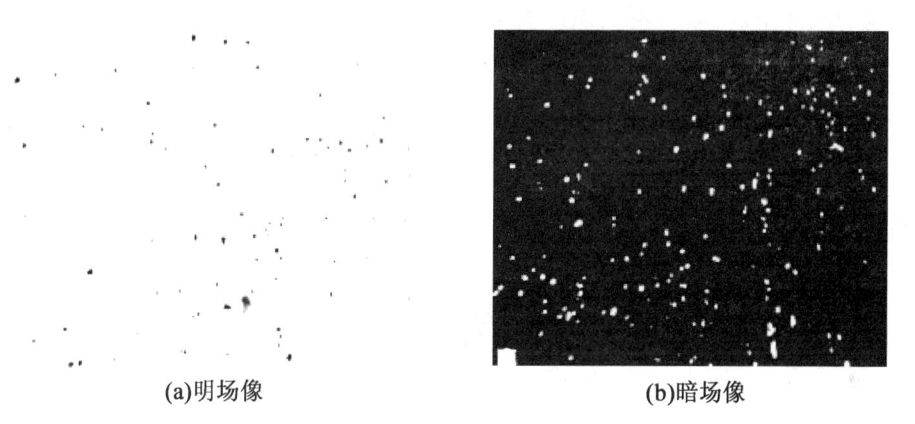

(a)明场像　　(b)暗场像

图 5.15　析出相($ZrAl_3$)在铝合金基体中分布的明场像和暗场像

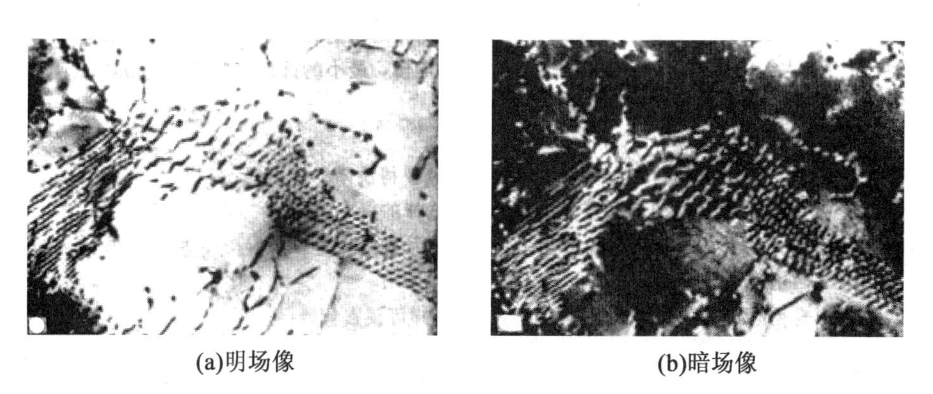

(a)明场像　　(b)暗场像

图 5.16　铝合金中位错分布形态的明场像和暗场像

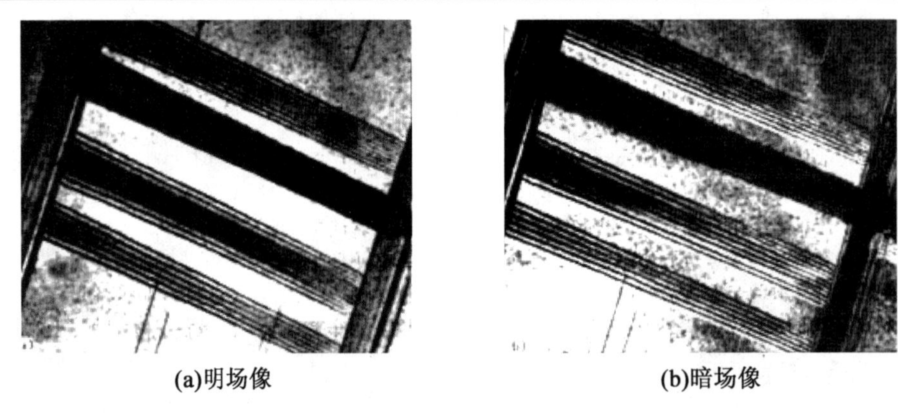

(a)明场像　　(b)暗场像

图5.17　面心立方结构的铜合金中层错的明场像和暗场像

3. 位相衬度

在透射电子显微镜质厚衬度成像时，一般是用物镜光阑挡掉散射光束，使透射束产生衬度。但在极薄（如60 nm）样品条件下或观察单个原子时，其不同部位的散射差别很小，或者说样品各点散射后的电子几乎都通过所设计的光阑，这时就看不到样品各部位电子透过的数目差别，即看不到质厚衬度。但在这时，散射后的电子的能量会有10～20 eV的变化，这相当于光束波长的改变，从而产生位相差别。

图5.18是一个行波图，本应为T波，现在变成了I波，两者之间的位相角差为$\Delta\varphi$，但两者的振幅应相当或近似相等，只是差一个散射波S，它和I波的位相差为$\pi/2$，在无像差的理想透镜中，S波和I波在像平面上，可以无像差地再叠加成像，所得结果振幅和T波振幅一样，不会看到振幅的差别，如图5.19(a)所示。

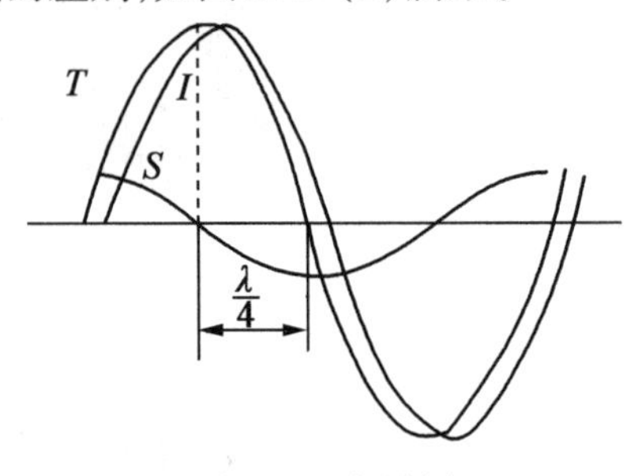

图5.18　行波图

但如果使S波改变位相，那么如图5.19(b)所示，就会看到振幅($I+S$)与T的不同，这种形成的衬度就称为位相衬度。在透射电子显微镜中，球差和欠焦都可以使S波的位相改变，从而形成位相衬度。

实际上，透射电子显微镜的像衬度一般来说是质厚衬度和位相衬度综合的结果（图5.20）。对于厚样品来说，质厚衬度是主要的；对于薄样品来说，位相衬度则占主导地位。加速电压高于100 kV的透射电子显微镜在适当的条件下可以得到结构像或原子像，以位相衬度形成的单原子像或结构像的观测标志着电子显微镜已得到了重大发展。

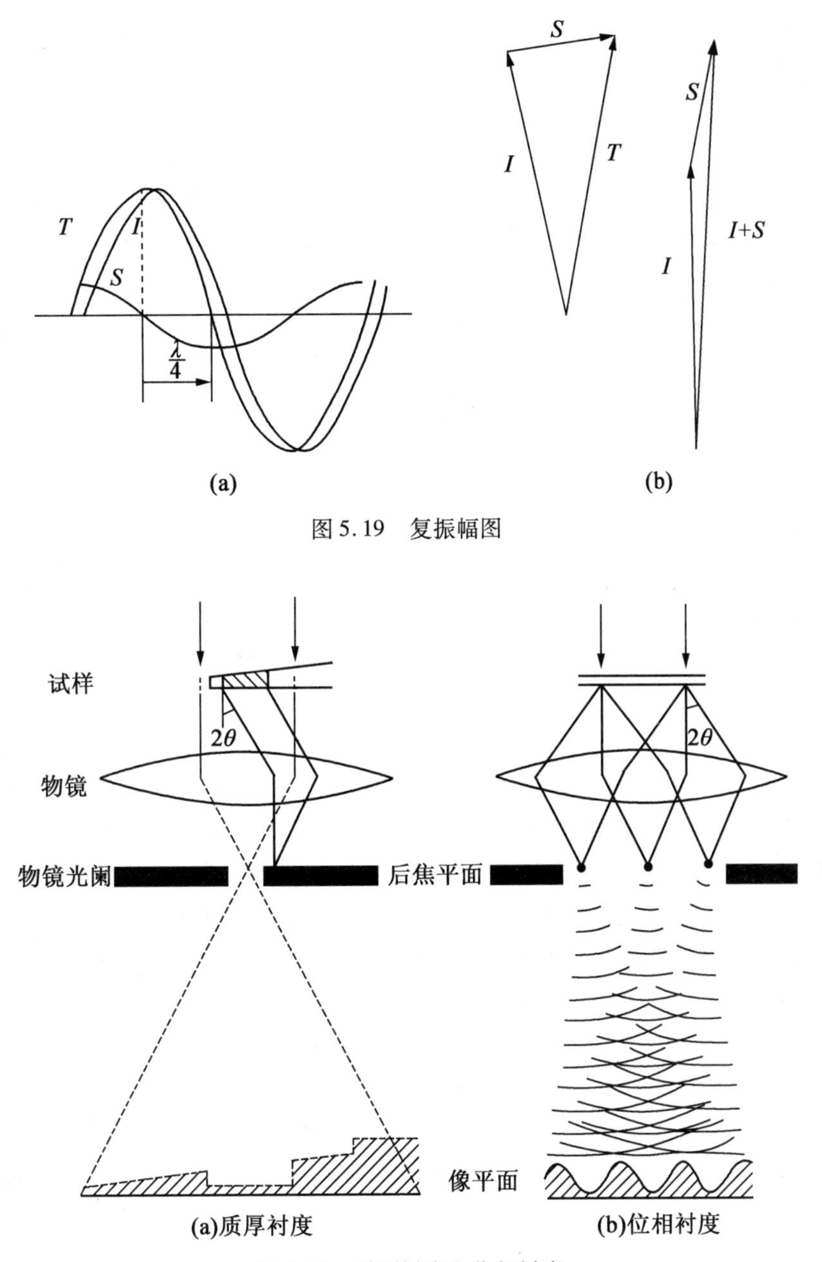

图 5.19 复振幅图

图 5.20 质厚衬度和位相衬度

5.2.3 透射电子显微镜应用技术

1. 样品制备

透射电子显微镜利用穿透样品的电子束成像,这就要求被观察的样品对入射电子束是“透明”的。电子束穿透固体样品的能力主要取决于加速电压和样品的物质原子序数。一般来说,加速电压越高,样品原子序数越低,电子束可以穿透样品的厚度越大。对于透射电子显微镜常用的加速电压为100 kV,如果样品是金属,其平均原子序数在Cr原子附近,因此适宜的样品厚度约为200 nm。

对于粉体样品,可以采用超声波分散的方法制备样品。对于液体样品或分散样品可以直接滴加在铜网上。粉末法主要用于原始状态呈粉末状的样品,如炭黑、黏土及溶液中沉淀的细微颗粒,其粒径一般在1 μm以下,粉末法在制样过程中基本不破坏样品,除对样品结构进行观察外,还可对其形状、聚集状态和粒度分布进行研究。

粉末法的制样首先需将样品捣碎,依据试样粉末性质投入水、甘油或酒精等液体,用超声波振动成悬浮液;观察时,将悬浮液滴于附有支持膜的Cu网上,待液体挥发后即可观察。

对于块体样品,表面复型技术和样品减薄技术是制备的主要方法。下面详细介绍表面复型技术和样品减薄技术。

(1)表面复型技术。

复型技术即把金相样品表面经浸蚀后产生的显微组织浮雕复制到一种很薄的膜上,然后把复制膜(称为“复型”)放到透射电子显微镜中去观察分析,这样才使透射电子显微镜应用于显示金属材料的显微组织有了实际的可能。常见的复型有塑料一级复型、碳一级复型、塑料碳二级复型、萃取复型。随着纳米材料的研究,TEM研究的重点转向粉体材料。

制备复型的材料首先本身必须是“无结构”(或“非晶体”)的,也就是说,为了不干扰对复制表面形貌的观察,要求复型材料即使在高倍(如100 000倍)成像时,也不显示其本身的任何结构细节。其次,必须对电子束足够透明(物质原子序数低);必须具有足够的强度和刚度,在复制过程中不致破裂或畸变;必须具有良好的导电性,耐电子束轰击;最好是分子尺寸较小的物质——分辨率较高。

①塑料一级复型。塑料一级复型制备程序如下:在样品表面上滴质量分数为1%的火棉胶醋酸戊酯溶液或醋酸纤维素丙酮溶液,溶液在样品表面展平,多余的用滤纸吸掉,溶剂蒸发于样品表面留下一层100 nm左右的塑料薄膜,所得印模表面与样品表面特征相反。分辨率可达1 ~2 nm,但样品在电子束照射下易分解和破裂,如图5.21所示。

②碳一级复型。碳一级复型制备程序如下:将样品放入真空镀膜装置中,在垂直方向上向样品表面蒸镀一层厚度为数十纳米的碳膜。其优点是图像分辨率高,能达到2 ~5 nm,导热导电性能好,电子束照下稳定;缺点是很难将碳膜从样品上剥离,如图5.22所示。

③塑料-碳二级复型。塑料-碳二级复型技术是复型制备中最稳定和应用最广泛的一种技术。其特点是在样品制备过程中不损坏样品表面,重复性好、导热性好。具体制备方法为在样品表面滴上一滴丙酮,然后用AC纸贴在样品表面,不留气泡,待干后取下。反复多次清除样品表面的腐蚀物及污染物。最后一张AC纸就是需要的塑料一级复型。把复型纸的复型面朝上固定在衬纸上。利用真空镀膜的方法蒸镀上重金属,最后再蒸镀上一层碳,获得复合复型。将复合复型剪成直径3 mm的小片,放置到丙酮溶液中,待醋酸纤维素溶解后,用铜网将碳膜捞起。经干燥后,样品就可以进行分析了。为了增加衬度,可在倾斜15° ~45°的方向上喷镀一层重金属,如Cr、Cu等。详细过程如图5.23所示。

④萃取复型。萃取复型技术目的是如实地复制样品表面的形貌,同时又把细小的第二相颗粒(如金属间化合物、碳化物及非金属夹杂物等)从腐蚀的金属表面萃取出来,如图5.24所示。被萃取出的细小颗粒的分布与它们原来在样品中的分布完全相同,因而复型材料就提供了一个与基本结构一样的复制品。萃取出来的颗粒具有相当好的衬度,还可以在电子显微镜下做电子衍射分析。萃取复型的方法有很多,最常用的是碳萃取复型方法和火棉胶-碳二次萃取复型方法。

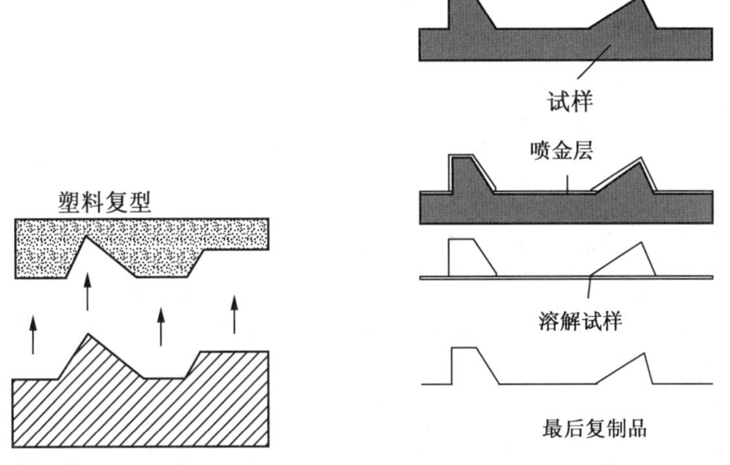

图5.21 塑料一级复型样品制备示意图 图5.22 碳一级复型样品制备示意图

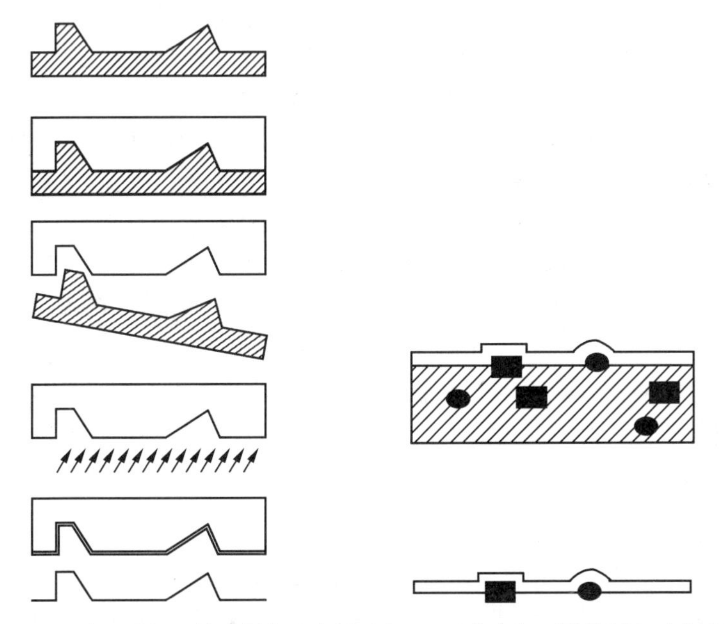

图5.23 塑料-碳二级复型样品制备示意图 图5.24 萃取复型样品制备示意图

碳萃取复型技术按一般金相样品要求对样品进行磨削和抛光;选择适当溶剂进行腐蚀,要求这种腐蚀剂既能溶解基体,又不会腐蚀第二相颗粒;清洗腐蚀产物;将样品表面镀碳;通过电解脱膜,并将碳膜清洗,用铜网捞起。

(2)样品减薄技术。

复型技术只能对样品表面形貌进行复制,不能揭示晶体内部组织结构信息,受复型材料本身尺寸的限制,电子显微镜的高分辨率本领不能得到充分发挥,萃取复型虽然能对萃取物相做结构分析,但对基体组织仍是表面形貌的复制。在这种情况下,样品减薄技术具有许多特点,特别是金属薄膜样品。样品减薄技术也适合薄膜样品的制备;对于薄膜样品还可以采用薄膜与基底材料剥离的方法制备样品,如在 NaCl 基底上沉积样品等。

减薄可以最有效地发挥电子显微镜的高分辨率本领;能够观察金属及其合金的内部结构和晶体缺陷,并能对同一微区进行衍衬成像及电子衍射研究,把形貌信息与结构信息联系起来;能够进行动态观察,研究在变温情况下相变的生核长大过程,以及位错等晶体缺陷在引力下的运动与交互作用。

①化学减薄法。化学减薄法是利用化学溶液对物质的溶解作用达到减薄样品的目的,通常用硝酸、盐酸、氢氟酸等强酸作为化学减薄液,因而样品的减薄速度相当快。其具体步骤为:首先将样品切片,边缘涂以耐酸漆,防止边缘因溶解较快而使薄片面积变小;薄片经过洗涤,去除油污,洗涤液可为酒精、丙酮等,然后将样品悬浮在化学减薄液中减薄;最后检查样品厚度,旋转样品角度,进行多次减薄直至达到理想厚度,最后清洗。

化学减薄法的缺点是:减薄液有时会与样品反应,发热甚至冒烟;减薄速度难以控制,且不适用于溶解度相差较大的混合物样品。

②双喷电解减薄法。双喷电解减薄法是通过电解液对金属样品的腐蚀,达到减薄的目的,如图 5.25 所示。双喷电解减薄法需要首先用化学减薄机或机械研磨,将试样制成薄片,抛光,并制成 3 mm 直径的圆片,然后放入减薄机穿孔。穿孔后的样品在孔的边缘处极薄,对电子束是透明的,其缺点是只适用于金属导体,不适用于不导电的样品。

③离子减薄法。离子减薄法是用高能量的氩离子流轰击样品,使其表面原子不断剥离,达到减薄的目的,主要用于非金属块状样品,如陶瓷、矿物材料等。制样步骤为:将样品手工或机械打磨到 30 ~ 50 μm,然后用环氧树脂将铜网粘在样品上,用镊子将大于铜网四周的样品切掉。然后将样品放在减薄器中减薄,样品穿孔后,孔洞周围的厚度可满足电子显微镜对样品的观察需要,如图 5.26 所示。对于非金属,其导电性差,观察前对样品进行喷碳处理,防止电荷积累。离子减薄法的优点是易于控制,可提供大面积的薄区;缺点是速度慢,减薄一个样品需要十几个小时到几十个小时。

2. TEM 的应用举例

(1)混凝土损伤的观察。

由于混凝土结构及环境较复杂,需要对混凝土的破坏进行研究。图 5.27 应用透射电子显微镜对混凝土的损伤过程进行观察。图 5.27(a)中大白粒为砂粒,中间为胶凝体,黑线为裂纹;图 5.27(b)中,白线为裂纹,其他为砂粒和胶凝体。

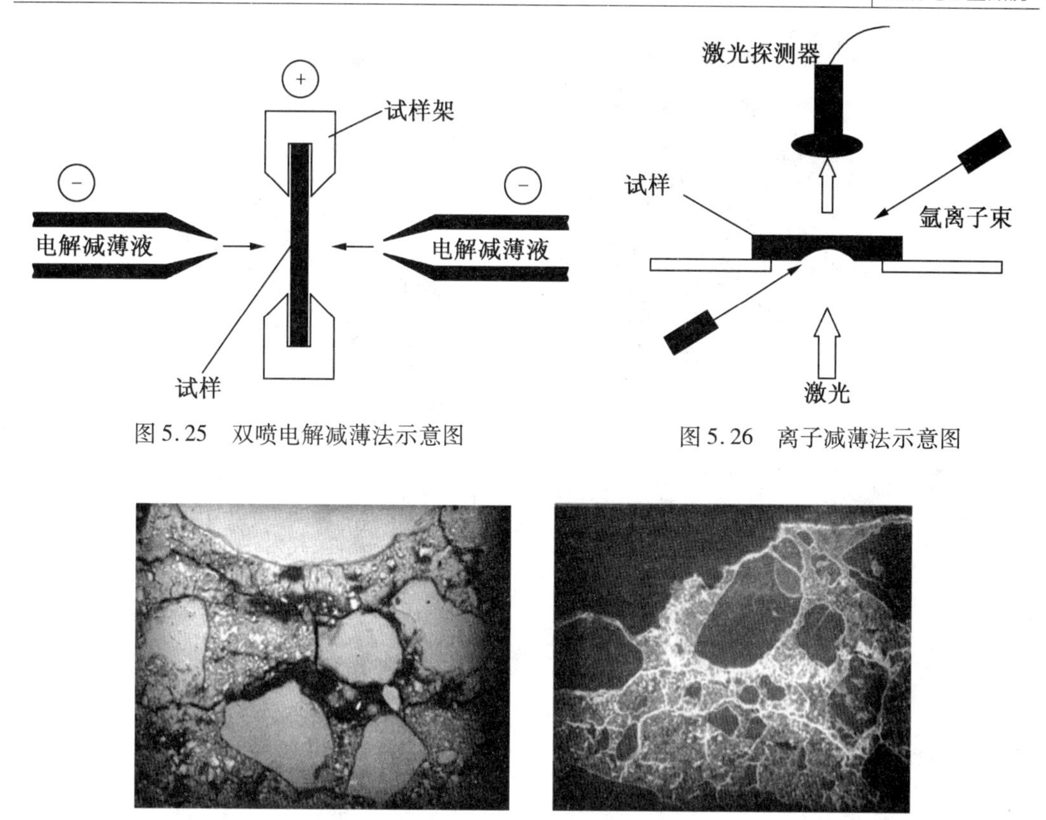

图 5.25 双喷电解减薄法示意图

图 5.26 离子减薄法示意图

图 5.27 TEM 观察混凝土损伤

(2)纳米粉体的观察。

碳纳米管和单壁纳米管如图 5.28 所示。图 5.29(a)是 $SrCO_3$ 纳米线在空气中暴露 30 min 后,在 60 ℃水浴中保温 12 h 再结晶后的电子衍射图。从图中可以看出纳米线具有均匀的外形和束状规则排列,平均直径和长度分别为 10 nm 和 10 μm,即长径比为 1 000。因为纳米线为单晶结构,所以电子衍射为规律清晰的点阵。配合图 5.29(b)EDS 分析,可以看出,能谱图中只有 Sr 和 Cu 的信号,而 Cu 的信号为铜网所致,C、H 和 O 在 EDS 中无法检测,说明纳米线是由 Sr 的化合物组成。

图 5.30 利用透射电子显微镜进一步观察了纳米线的生长过程,10 min 时颗粒为长圆形,且定向生长,颗粒自组装形成的长串,即为纳米线。因仍未形成完整晶体,电子衍射花样表现为不清晰的亮环。30 min 时,显微镜下可见纳米线已经形成,且在收到电子束照射时发生变形,电子衍射花样为规律性的斑点。60 min 时,纳米线已经完全形成,在电子束照射下较为稳定,电子衍射花样表现为纳米线的取向一致,晶体的 c 轴同纳米线的走向一致。

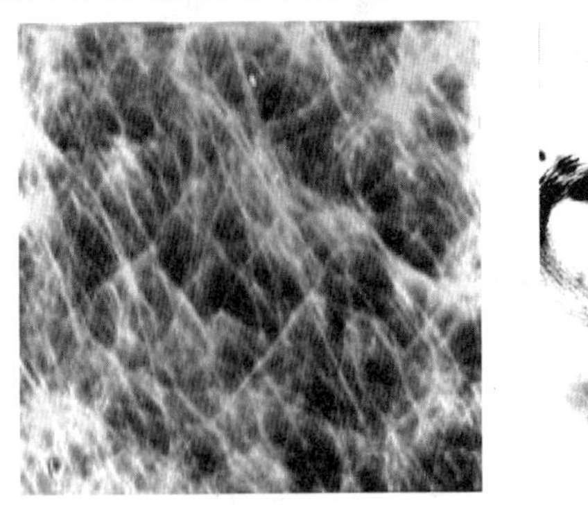

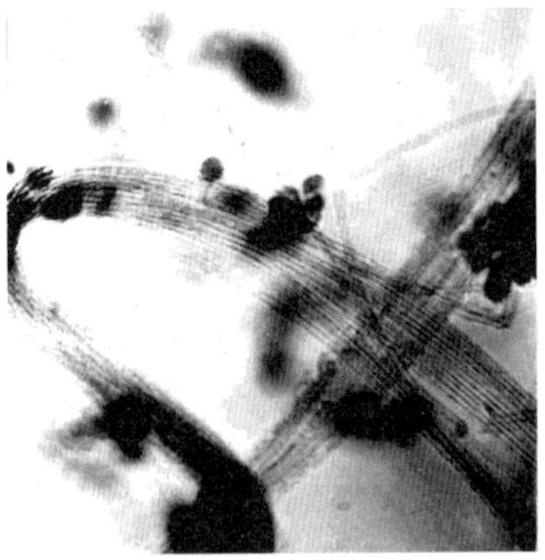

图 5.28 碳纳米管和单壁纳米管

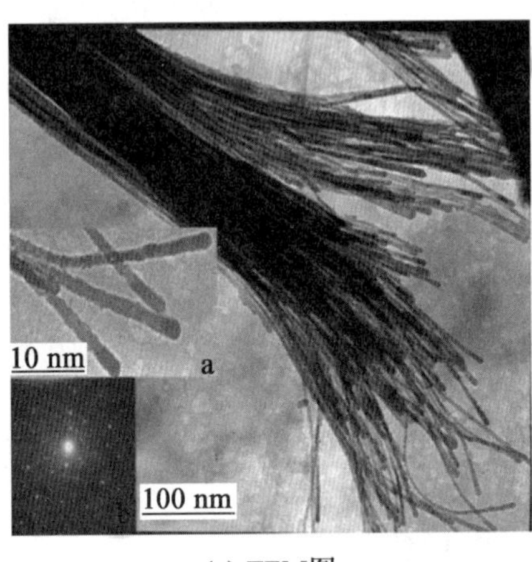

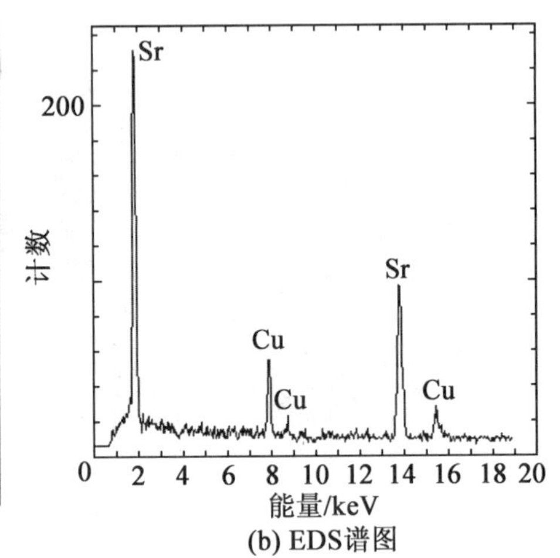

(a) TEM图 (b) EDS谱图

图 5.29 $SrCO_3$ 纳米线

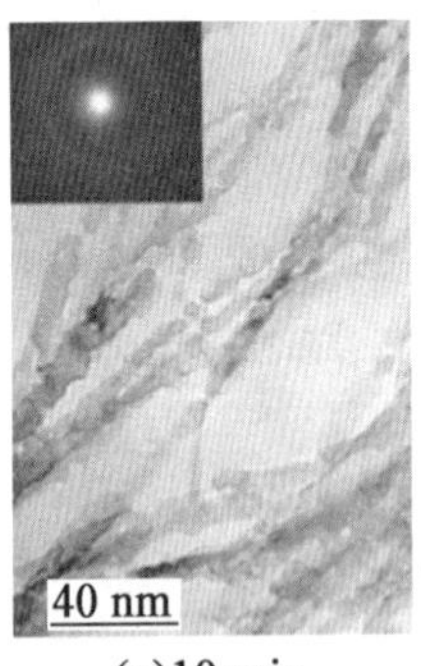

(a)10 min

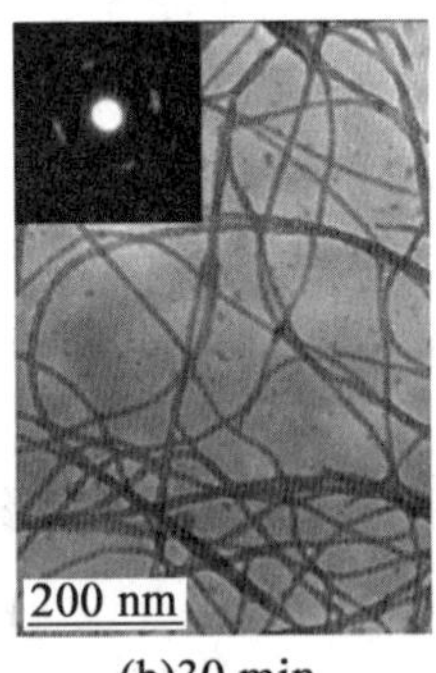

(b)30 min

(c)60 min

图 5.30 纳米线的生长过程

5.3 扫描电子显微镜

5.3.1 扫描电子显微镜的构造

扫描电子显微镜主要由3大系统组成,其构造如图5.31所示,以下进行详细介绍。

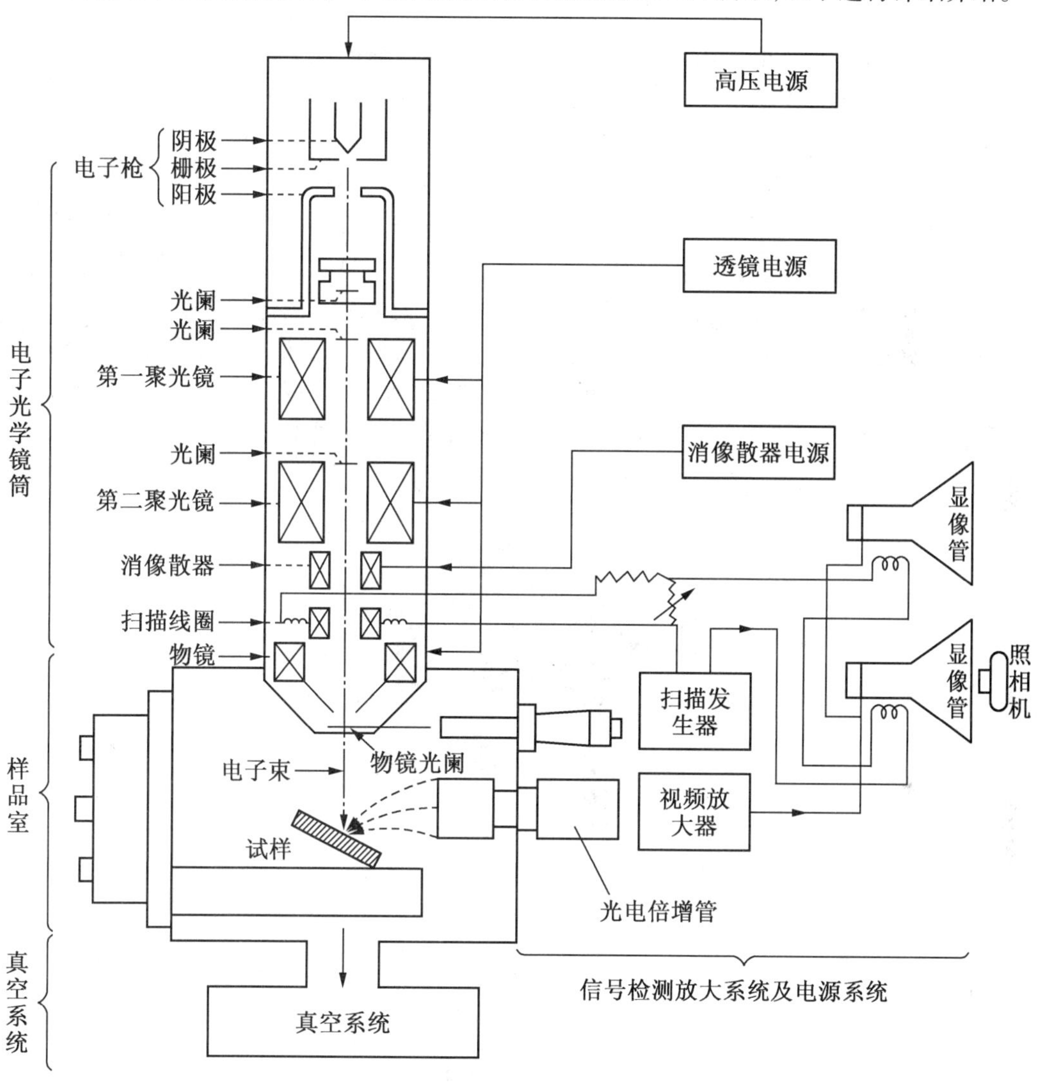

图5.31 扫描电子显微镜的构造图

1. 电子光学系统

电子光学系统由电子枪、电磁透镜、扫描线圈及样品室等部件组成。其作用是用来获得扫描电子束,作为产生物理信号的激发源。为了获得较高的信号强度和图像分辨率,扫描电子束应具有较高的亮度和尽可能小的束斑直径。

(1)电子枪。

电子枪的作用是利用阴极与阳极灯丝间的高压产生高能量的电子束。目前大多数扫描电子显微镜采用热阴极电子枪。其优点是灯丝价格较便宜,对真空度要求不高;缺点是钨丝热电子发射效率低,发射源直径较大,即使经过二级或三级聚光镜,在样品表面上的电子束斑直径也在5 ~7 nm,因此仪器分辨率受到限制。现在,高等级扫描电子显微镜采用 LaB_6(六硼化镧)或场发射电子枪,使二次电子像的分辨率达到2 nm,但这种电子枪要求很高的真空度。

目前所使用的场发射扫描电子显微镜在发射源和镜筒设计上进行了更新,以下以蔡司场发射扫描电子显微镜进行说明(图5.32):①蔡司场发射扫描电子显微镜采用肖特基物发射电子源,具有探针电流大(比一般冷场发射探针电流大)、电子束噪声小、束流稳定度高等优点,适宜全面分析(与EDS、WDS、CL等连用),并且克服了冷场发射源束流不稳定、维护麻烦、真空环境要求高等缺点;②蔡司扫描电子显微镜的镜筒设计打破了传统设计中电子束交叉三次发射能量扩散的局限性,在此设计中,电子束仅交叉一次,与高亮度的热场发射源结合,提供超高分辨率的小束斑尺寸,大大提高了图像的分辨率和衬度,可实现0.8 nm超高分辨率成像,同时,其电子加速器,保证了电子束在整个镜筒中维持较高的能量,只有通过扫描系统后,电子束才会被减速到所选择的着陆能量,并且,即使在极低的加速电压(20 V)情况下也可以提供出色的分辨率和图像质量。

图5.32 蔡司场发射扫描电子显微镜

(2)电磁透镜。

电磁透镜的作用主要是把电子枪的束斑逐渐缩小,使原来直径约为50 mm的束斑缩小成一个只有数纳米的细小束斑。其工作原理与透射电子显微镜中的电磁透镜相同。扫描电子显微镜一般有3个聚光镜,前两个透镜是强透镜,用来缩小电子束光斑尺寸;第三个聚光镜是弱透镜,具有较长的焦距,在该透镜下方放置样品可避免磁场对二次电子轨迹的干扰。

大多数扫描电子显微镜在测试磁性样品时都会存在信号的干扰,而目前新产生的扫描电子显微镜可以克服这类缺点,如蔡司场发射扫描电子显微镜采用电磁透镜/静电透镜复合式物镜的方式来克服这类缺点,它可以最大限度地降低试样处的磁场,从而实现极短工作距离下对磁性材料样品进行高分辨率成像。

(3)扫描线圈。

扫描线圈的作用是提供入射电子束在样品表面上及阴极射线管内电子束在荧光屏上的同步扫描信号,改变入射电子束在样品表面扫描振幅,以获得所需放大倍率的扫描像。扫描线圈是扫描电子显微镜的一个重要组件,它一般放在最后两个透镜之间,也有的放在末级透镜的空间内。

(4)样品室。

样品室中的主要部件是样品台。它能进行三维空间的移动,还能倾斜和转动,样品台移动范围一般可达 40 mm,倾斜范围至少在 50°左右,可转动 360°。样品室中还要安置各种型号检测器。信号的收集效率和相应检测器的安放位置有很大关系。样品台还可以带有多种附件,例如,对样品在样品台上的加热、冷却或拉伸,可进行动态观察。近年来,为适应断口实物等大零件的需要,还开发了可放置尺寸在 ϕ125 mm 以上的大样品台。

2. 信号检测放大系统

信号检测放大系统的作用是检测样品在入射电子作用下产生的物理信号,然后经视频放大作为显像系统的调制信号。不同的物理信号需要不同类型的检测系统,大致可分为 3 类:电子检测器、应急荧光检测器和 X 射线检测器。在扫描电子显微镜中最普遍使用的是电子检测器,它由闪烁体、光导管和光电倍增器组成(图 5.33)。

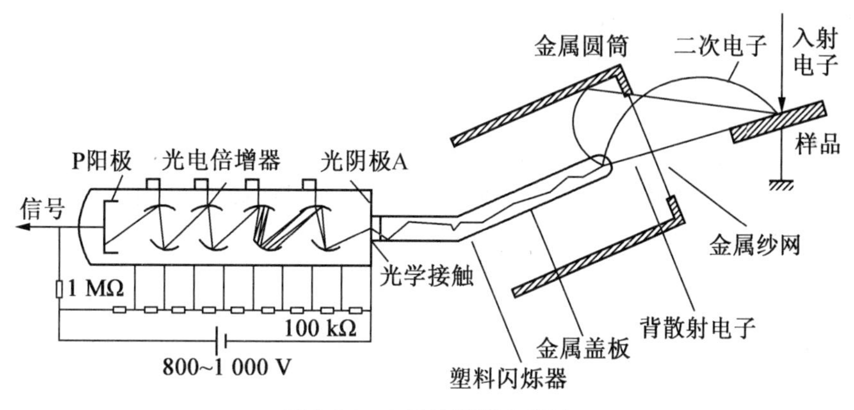

图 5.33 电子检测器示意图

当信号电子进入闪烁体时将引起电离;当离子与自由电子复合时产生可见光。光子沿着没有吸收的光导管传送到光电倍增器进行放大并转变成电流信号输出,电流信号经视频放大器放大后成为调制信号。这种检测系统的特点是在很宽的信号范围内具有正比于原始信号的输出,具有很宽的频带(10 Hz ~ 1 MHz)和高的增益(10^5 ~ 10^6),而且噪声很小。由于镜筒中的电子束和显像管中的电子束是同步扫描,荧光屏上的亮度是根据样品上被激发出来的信号强度来调制的,而由检测器接收的信号强度随样品表面状况不同而变化,那么由信号监测系统输出的反映样品表面状态的调制信号在图像显示和记录系统中就转换成与样品表面特征一致的放大的扫描像。

二次电子和背散射电子的能量不同,因此需要通过加偏压的方式实现。当收集二次电子时,为了提高收集的有效立体角,常在收集器前端栅网上加+250 V 的偏压,使离开样品的二次电子走弯曲轨道,到达收集器。这样就提高了收集效率,而且,即使是在十分粗糙的表面上,包括凹坑底部或突起外的背面部分,都能得到清晰的图像。图5.34表示加偏压前后二次电子的收集情况。

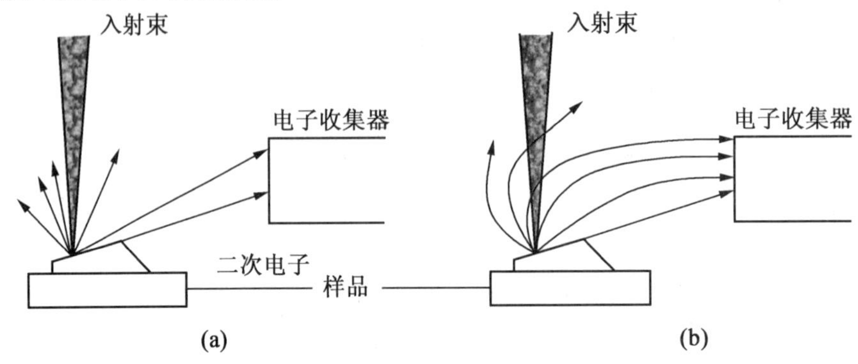

图5.34 加偏压前后二次电子的收集情况

当收集背散射电子时,背散射电子由于能量比较高,离开样品后,受栅网上偏压的影响比较小,仍沿出射直线方向运动。收集器只能收集直接沿直线到达栅网上的那些电子。同时,为了挡住二次电子进入收集器,在栅网上加上-250 V的偏压。现在一般用同一部收集器收集二次电子和背散射电子,这通过改变栅网上的偏压来实现。

将收集器装在样品的下方,就可收集透射电子。

3. 真空系统和电源系统

真空系统主要包括真空柱和真空泵两部分。

真空柱是一个密封的柱形容器。真空泵用来在真空柱内产生真空,有机械泵、油扩散泵及涡轮分子泵三大类。机械泵加油扩散泵的组合可以满足配置钨枪的SEM的真空要求,但对于装置了场致发射枪或六硼化镧枪的SEM,则需要机械泵加涡轮分子泵的组合。

成像系统和电子束系统均内置在真空柱中。真空柱底端即为密封室,用于放置样品。

之所以要用真空,主要基于以下两点:①电子束系统中的灯丝在普通大气中会迅速氧化而失效,所以除了在使用SEM时需要用真空以外,平时还需要以纯氮气或惰性气体充满整个真空柱;②为了增大电子的平均自由程,从而使得用于成像的电子更多。

5.3.2 扫描电子显微镜的工作原理及性能参数

1. 扫描电子显微镜工作原理

扫描电子显微镜的成像与闭路电视系统一致,即逐点逐行扫描成像(图5.35)。

扫描电子显微镜具有由三极电子枪发出的电子束经栅极静电聚焦后成为直径为50 mm的电光源。在2~30 kV的加速电压下,经过2~3个电磁透镜所组成的电子光学系统,电子束会聚成孔径角较小、束斑为5~10 mm的电子束,并在试样表面聚焦。末级透镜上边装有扫描线圈,在它的作用下,电子束在试样表面扫描。高能电子束与样品物质相互作用产生二次电子、背散射电子、X 射线等信号。这些信号分别被不同的接收器接收，经放大后用来调制荧光屏的亮度。由于经过扫描线圈上的电流与显像管相应偏转线圈上的电流同步，因此，试样表面任意点发射的信号与显像管荧光屏上相应的亮点一一对应。也就是说，电子束打到试样上某一点时，在荧光屏上就有一个亮点与之对应，其亮度与激发后的电子能量成正比。换言之，扫描电子显微镜是采用逐点成像的图像分解法进行的。光点成像的顺序是从左上方开始到右下方，直到最后一行右下方的像元扫描完毕就认为是完成一帧图像。画面上亮度的疏密程度表示该信息的强弱分布。

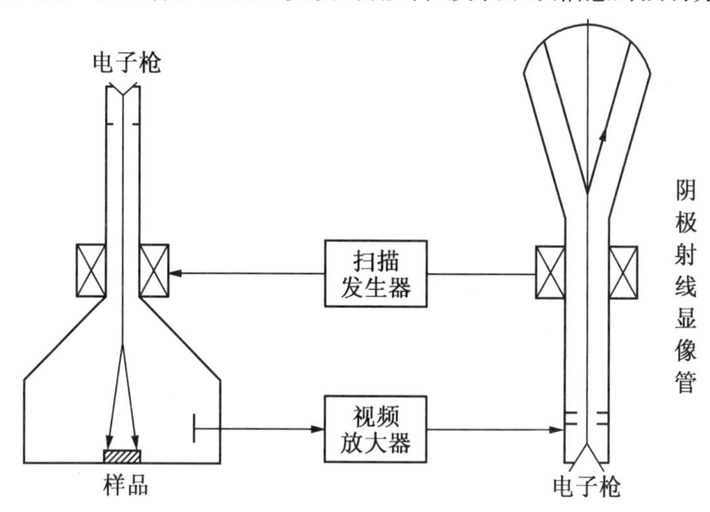

图 5.35 扫描电子显微镜的工作原理

2. 扫描电子显微镜性能参数

(1)放大倍数。

与普通光学显微镜不同，在 SEM 中是通过控制扫描区域的大小来控制放大率的。如果需要更高的放大率，只需要扫描更小的一块面积就可以了。放大倍数可用式(5.9)表示：

$$M=\frac{A_c}{A_s} \tag{5.9}$$

式中 A_c——荧光屏上图像的边长；

A_s——电子束在样品上的扫描振幅。

通常，A_c 是固定的，一般为 100 mm，因此可通过改变 A_s 的数值来调整放大倍数。

目前大多数扫描电子显微镜的放大倍数为 20～20 000 倍，介于光学显微镜和透射电子显微镜之间。

(2)景深。

在景像平面上所获得的成清晰像的空间深度称为成像空间的景深，简称景深。也就是说，在保持像清晰的前提下，可允许物面在轴上的移动距离，或者说可允许物上不同部位处的凹凸差。以相机为例进行说明：距离镜头 3 m、5 m、10 m、20 m 处分别有一个平面，把镜头焦距调到某一个位置时，镜头对准的是 5 m 处，而 3 m 处是能看到清晰像的最近距离,3 m 以内物体成像都是模糊的,10 m 处是能看到清晰像的最远距离,10 m 以外的景物成像都是模糊的,那么这个 10 m−3 m=7 m 就是景深,当对准不同的平面时,景深是不同的。对于显微镜来说,显微镜对准的是固定的平面,所以有景深,在景深范围内可以看到清晰的像,而景深范围外的物体所成的像是不清晰的。

扫描电子显微镜的景深一般比较大,其主要取决于分辨本领和电子束入射半角 α_c。扫描电子显微镜的景深 F 可通过式(5.10)计算:

$$F=\frac{d_0}{\tan \alpha_c} \tag{5.10}$$

式中 d_0——分辨率。

因为 α_c 很小,所以式(5.10)可写作

$$F=\frac{d_0}{\alpha_c} \tag{5.11}$$

表 5.3 给出了在不同放大倍数下,扫描电子显微镜的分辨本领和相应的景深值。

表 5.3 扫描电子显微镜的分辨本领和相应的景深值($\alpha_c=10^{-3}$ rad)

放大倍数 M	分辨率 $d_0/\mu m$	景深 $F/\mu m$	
		扫描电子显微镜	光学显微镜
20	5	5 000	5
100	1	1 000	2
1 000	0.1	100	0.7
5 000	0.02	20	—
10 000	0.01	10	—

(3)作用体积。

电子束不仅仅与样品表层原子发生作用,它实际上还与一定厚度范围内的样品原子发生作用,所以存在一个作用体积。

作用体积的厚度因信号的不同而不同。

俄歇电子:0.5 ~2 nm。

次级电子:5λ,对于导体,$\lambda=1$ nm;对于绝缘体,$\lambda=10$ nm。

背散射电子:10 倍于次级电子的情况。

特征 X 射线:微米级。

X 射线连续谱:略大于特征 X 射线,也在微米级。

(4)工作距离。

工作距离指从物镜到样品最高点的垂直距离。如果增大工作距离,则可以在其他条件不变的情况下获得更大的场深;如果减小工作距离,则可以在其他条件不变的情况下获得更高的分辨率。通常使用的工作距离在 5 ~10 mm。

(5)成像。

次级电子和背散射电子可以用于成像,但后者不如前者,所以通常使用次级电子。

(6)表面分析。

俄歇电子、特征 X 射线、背散射电子的产生过程均与样品原子性质有关,所以可以用于成分分析。但由于电子束只能穿透样品表面很浅的一层(参见作用体积),所以只能用于表面分析。

表面分析以特征 X 射线分析最常用,所用到的探测器有两种:能谱分析仪与波谱分析仪。前者速度快但精度不高,后者非常精确,可以检测到“痕迹元素”的存在但耗时太长。

5.3.3 扫描电子显微镜的样品制备

样品首先经过预处理。扫描电子显微镜的样品必须是导电的。对于绝缘体或导电性差的材料来说,需要进行导电处理,常采用的方法是在分析样品的表面蒸镀一层厚度为 10 ~ 20 nm 的导电层。否则,在电子束照射到该样品上时,会形成电子堆积,阻挡入射电子束进入和样品内电子射出样品表面。导电层一般是二次电子发射系数比较高的 Au、Ag、C 和 Al 等真空蒸镀层。样品在放入样品室进行检测之前需要利用惰性气体进行简单的吹气操作,清除样品表面所带有的浮尘等杂质,防止对仪器产生损坏。对于在真空中有失水、放气、收缩变形等现象的样品以及在观察生物样品或有机样品时,为了获得具有良好衬度的图像,均需进行适当处理。

粉末样品的具体制备过程如下:首先将导电胶粘贴到样品台上,操作过程中,需要保证样品台的清洁,也要保证导电胶的清洁;接着用干净的牙签等蘸取少量的粉末样品,使其轻轻依附到导电胶上即可;最后将样品台立起,用洗耳球轻轻吹一下,吹掉没有粘贴到导电胶上的样品。

块体材料的具体制备过程如下:首先将导电胶粘贴到样品台上,同样要保证样品台和导电胶的清洁;其次,将块体材料直接黏附到导电胶上即可,使要观测的一边朝上。

5.3.4 扫描电子显微镜的应用实例

通过扫描电子显微镜,可以得到各类材料的扫描电子显微镜图像,由扫描电子显微镜图像可以得到如下信息:①所测材料的表观形貌信息,可以获得所测样品材料的形貌特征(一维、二维、三维)、颗粒尺寸、颗粒分布信息、衬度信息等,如金属材料的断口分析、剖面的特征及损伤的形貌;②无机非金属材料的形貌分析;③膜材料的表观形貌分析及层厚测量;④纳米材料分析;等等。

1. 无机非金属材料的示例分析

3D 打印混凝土内部层间区域的微观结构是研究热点之一。在东南大学张云升的研究中,SEM 结果均显示层间区域存在连续的微裂纹或缺陷,这是打印过程中不可避免的问题。除上述现象外,在本研究中,SEM 图像显示了 3D 打印样品层间区域的浆料微桥连接形态,如图 5.36 所示。具体而言,由于水泥浆体的黏结作用,第一层和第二层之间的空隙中存在“桥”。这种形态表面上层 3D 打印混凝土内的粗骨料尖端与下层顶面之间存在接触,而不是在打印过程中被完全隔离。

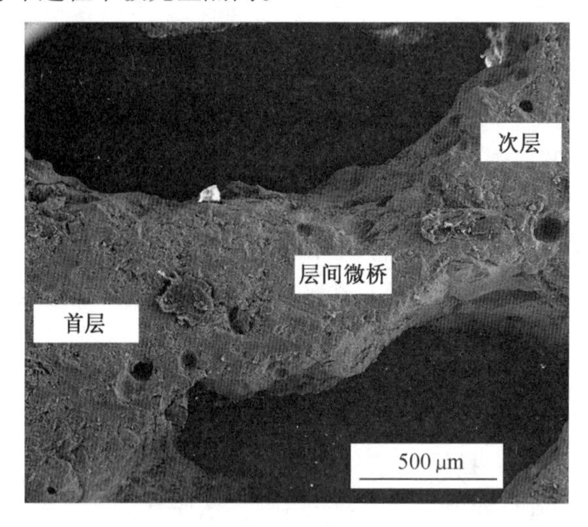

图5.36 3D打印样品层间区域的浆料微桥连接形态

图5.37显示了更详细的SEM图像。从图5.37(a)中可以看出,层间区域周围和端部存在微孔聚集和微裂纹。从不同区域选择三个点进行微观结构检测,如图5.37(a)中的圆圈所示。点b(图5.37(b))位于空隙表面,从基质中生长的纺锤状碳酸钙($CaCO_3$)聚集在此。结果表明,孔隙表面的水合产物氢氧化钙(CH)与孔隙内部和大气中的二氧化碳(CO_2)反应生成碳酸钙(碳酸化)。点c(图5.37(c))为位于打印层远离层间部分的内部区域,结构紧凑,几乎没有明显的裂缝或孔洞。该特征正好对应于X-CT结果中显示的打印层结构的更密集的内部。点d为(图5.37(d))靠近层间区域的混凝土基质。这里可以观察到明显的氢氧化钙富集现象,这应该与界面处局部水灰比增加有关。而局部水灰比增加的证据是此处的局部结构比远离层间区域的基质部分松散得多,层状氢氧化钙广泛生长和分布。因此,可以认为,层间区域和其周围将成为3D打印试样的最薄弱部分,因为其结构密度远低于3D打印混凝土的内部结构,并伴随着微裂缝和孔洞的富集。此外,当3D打印混凝土收到外部荷载时,整个结构的强度将会因此减弱。

2. 高分子材料的示例分析

高分子材料的微观形貌同样可以使用SEM进行观察。青岛理工大学逄博通过扫描电子显微镜的方法来观察高聚物的表面形态特征,分析不同环氧树脂固化后裂口形貌,进而研究高聚物的聚合性能。图5.38为溶剂型环氧、乳液环氧(EEP)和自乳化环氧(NEP)固结体断面的SEM照片。三种环氧固结体断面规律整体符合其胶液或乳液状态。溶剂型环氧树脂断面相对光滑,在孔隙和缺陷处存在数条不规则的断裂纹路,整体呈现为脆性开裂特征。EEP中存在大量直径在数十至上百微米的大孔,这一现象与光学显微镜的结果一致。固化成膜后孔隙边缘光滑,固结体以球粒状疏松结构为主,最小微孔直径约5 μm,因此EEP成膜主要以环氧胶束的团聚为主,根据EEP成膜特点,可归结为环氧液滴周围的乳化剂阻碍了环氧树脂与固化剂的接触,因此两者溶合不足,最终,在失水过程中大量环氧液滴保持了原先液滴状态;而且由于水相不参与反应,树脂成膜过程中体积收缩且水体析出导致更大的缺陷。NEP固结体相较于EEP宏观缺陷少,放大后断裂

图 5.37 3D 打印混凝土样本的 SEM 图像

表面存在大量分布规律且均匀的致密微纳米孔,孔隙会聚成束。NEP 中环氧与固化剂间不存在乳化剂形成的屏障,因此推测微纳米孔是由于胶束间的水滴蒸发形成。

为进一步从微观角度观察开裂形貌,评估增韧剂(TD)阻裂效果,将 TD 改性前后的 NEP 涂膜压实,在 SEM 下观测 NEP 裂口和断面形貌。图 5.39 为 TD 改性前后 NEP 涂膜裂口处的断裂纹理 SEM 照片。未改性前,裂缝基本呈现单一方向的延伸状态,且裂口边缘平整光滑,裂口尖端未见明显多缝开裂纹理;经 TD 改性的 NEP 涂膜在应变和断裂过程中呈现出丰富的微纳形变机制。涂膜表面形成了大量细密的褶皱,裂口边缘也呈现出较粗糙的特征。这说明 NEP 基体在 TD 改性的作用下,能量得以有效地传递和耗散,基体的断裂韧性得到了提升。沿 NEP 断裂面可观察到明显的螺线形多缝开裂状纹理。放大观察后发现,每个螺线形开裂纹理内部均匀分布着多条不同方向的细小裂缝,其最小尺度达到纳米级。这表明 TD 不仅通过纳米硅颗粒的引入提高了 NEP 的裂缝阻隔和抗裂性能,同时含硅氧烷基团的寡聚体本身也在微纳米尺度上诱导了多缝开裂行为,形成了大量细小裂口,从而显著增加了裂缝的贯穿阻力和材料的断裂耗能。通过上述分析可以看出,借助于扫描电子显微镜可以对高分子材料的表面形貌(如表面缺陷)等进行分析。

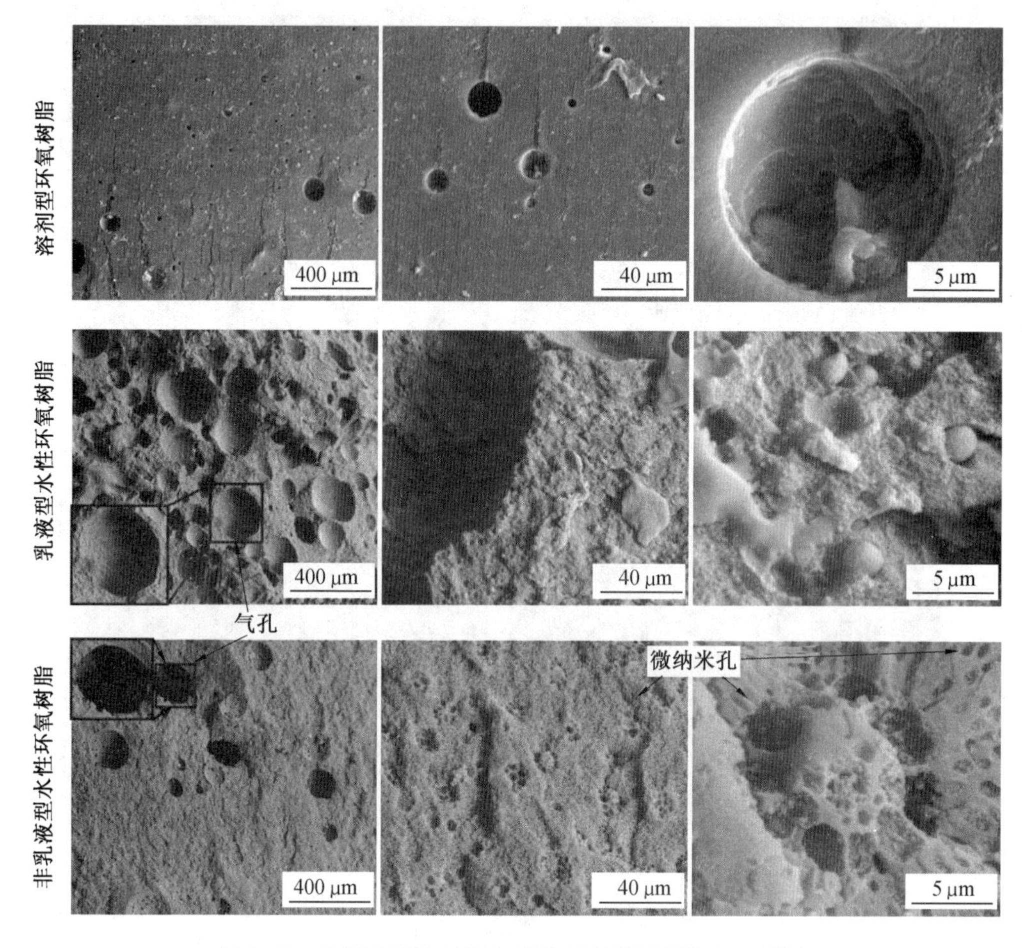

图 5.38 溶剂型环氧、EEP 和 NEP 固结体断面的 SEM 照片

3. 背散射扫描电镜(BSE)测试分析

东南大学张云升团队基于二次电子与背散射信号研究了硫酸盐侵蚀环境下混凝土侵蚀产物的形貌。为了更加清楚地观察腐蚀区、腐蚀界面区和未腐蚀区微结构,也将腐蚀样进行了抛光,用于测试 SEM、BSE 和 EDS 面扫。图 5.40 和图 5.41 分别是砂浆 CF60 埋置在 10-MS-S 中 18 个月的腐蚀抛光样 500 倍 SEM 和 BSE 拼接图,对应实际样品中 3.4 mm×2 mm矩形区域,腐蚀界面清晰,裂纹与腐蚀方向垂直,由于是棱柱体,腐蚀裂纹呈水平状,腐蚀裂纹宽度几十微米,主裂纹间距 200 μm 左右,裂纹宽度和裂纹间距在已腐蚀的区域尺寸变化不大,因为砂子的存在,裂纹发展方向经常被改变。

从图 5.42 的局部 SEM 和 BSE 可以发现,浆体中的腐蚀裂纹边界存在较大的孔隙,更大的孔隙发生在浆体和骨料界面处;较小的骨料仅有与腐蚀方向垂直的面周围有腐蚀产物,平行的面黏结仍然较强;若骨料内部存在裂纹,腐蚀产物也会生长在其中;样品中空壳的粉煤灰,抛光后内部未被腐蚀产物填充的部分将被环氧树脂填充,外部被腐蚀产物石膏包围,由于膨胀浆体将沿粉煤灰颗粒四周产生裂纹,值得注意的是石膏也主要分布在垂直于腐蚀方向的上下两个面。

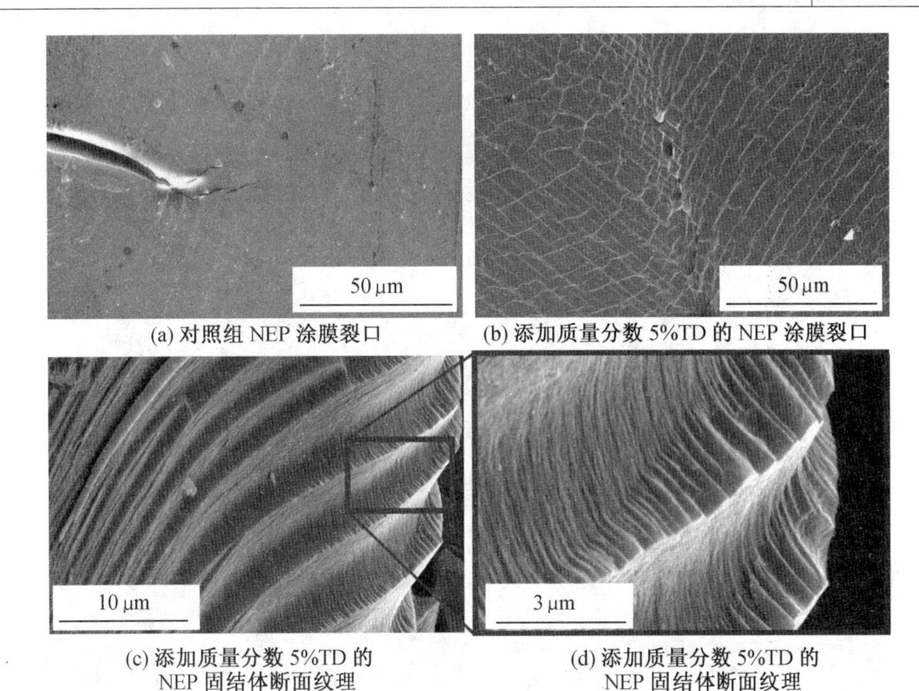

(a) 对照组 NEP 涂膜裂口　(b) 添加质量分数 5%TD 的 NEP 涂膜裂口

(c) 添加质量分数 5%TD 的 NEP 固结体断面纹理　(d) 添加质量分数 5%TD 的 NEP 固结体断面纹理

图 5.39　TD 改性前后 NEP 涂膜裂口处的断裂纹理 SEM 照片

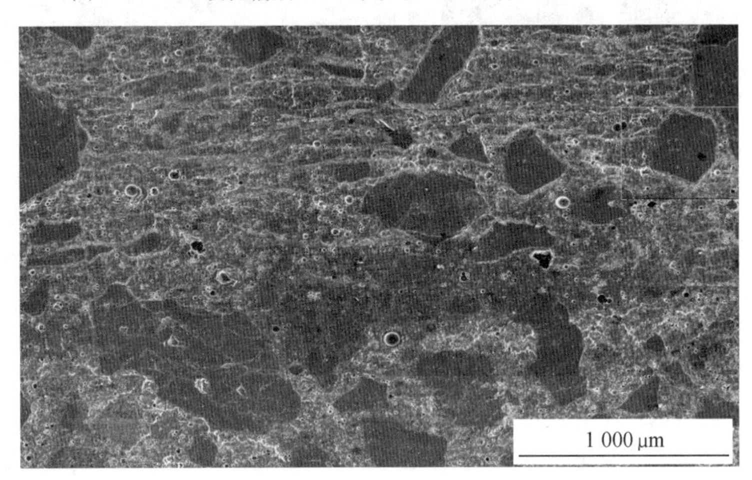

图 5.40　砂浆 CF60 埋置在 10-MS-S 中 18 个月的腐蚀抛光样 500 倍 SEM 拼接图(3.4 mm×2.0 mm)

图 5.43 和图 5.44 为抛光 CF60 砂浆沿腐蚀方向微观结构形貌的 SEM 和 BSE 图，它们分别由 15 张 200 倍的 SEM 和 BSE 图而成，观测总深度为 7.680 mm，宽度为 0.590 mm。腐蚀区分布着大量与腐蚀方向垂直的裂纹，从后面分析可知裂纹中填充的物相主要是石膏；距表层 500 μm 左右的区域未见有明显裂纹，腐蚀程度较轻，腐蚀样表层总会出现具一定强度的完整小薄层，随腐蚀深度增加，出现了同样与腐蚀方向垂直的宽度约 150 μm 的较大裂纹，这些裂纹未完全被石膏填满，它们主要分布在砂子两个表面，砂子的另外两个面即与腐蚀方向平行的表面，还与浆体具有较高的黏结强度；由于砂子的存在，且大部分砂子的尺寸大于最小脱黏厚度，浆体内的脱黏裂纹总会被尺寸较大的

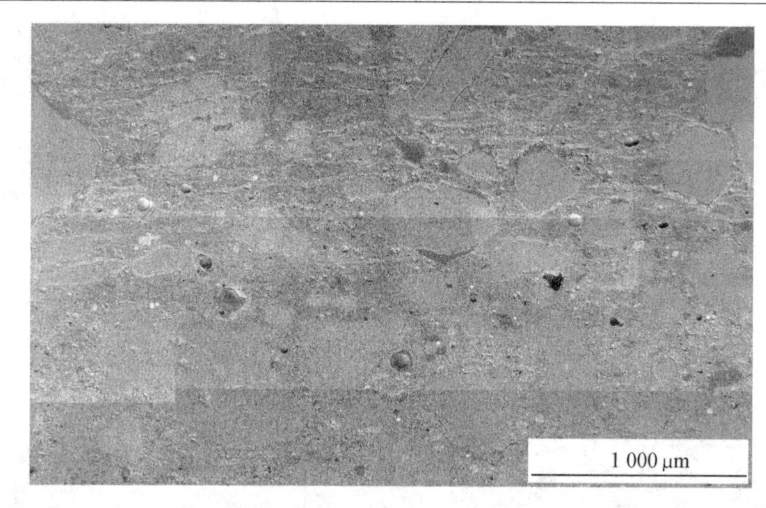

图 5.41 砂浆 CF60 埋置在 10-MS-S 中 18 个月的腐蚀抛光样 500 倍 BSE 拼接图(3.4 mm×2.0 mm)

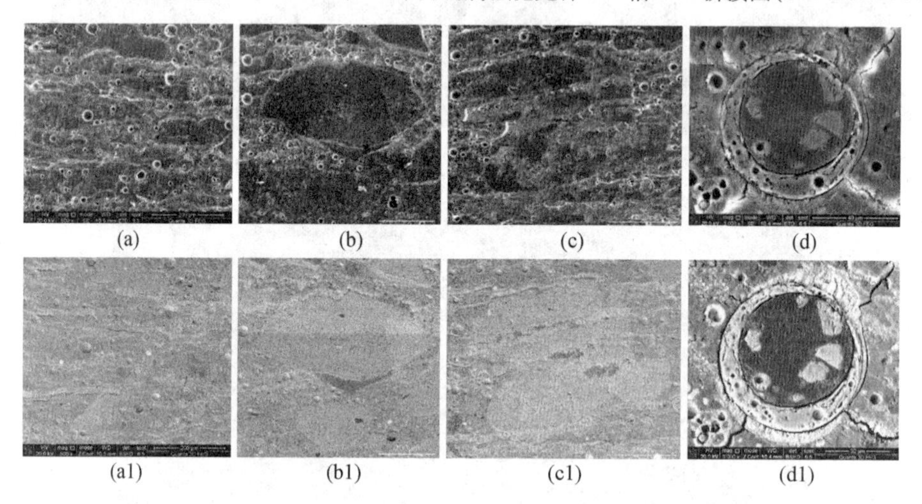

图 5.42 在 10-MS-S 中放置 18 个月的 CF60 抛光样局部 SEM 和 BSE 图

砂子阻断,使其在砂浆表面出现更大的裂纹;当砂子的尺寸较大时,其与腐蚀方向平行的两个侧面也会脱黏出现裂纹,并被石膏填充;砂浆中浆体的腐蚀脱黏裂纹宽度为 50 μm,最小脱黏厚度也为 50 μm,这两个宽度沿腐蚀深度变化较小;腐蚀与未腐蚀界面过渡区,脱黏裂纹宽度变小,连续性也变差;腐蚀界面和未腐蚀界面的脱黏裂纹首先从骨料和浆体界面处发展,这可能是由于浆体和骨料界面处扩散系数较大,且界面区本身存在一定的缺陷。

腐蚀产物填充的脱黏裂纹处灰度较高,与砂子和粉煤灰的灰度相差不大,因此很难进行区分。故分别测试了 15 个区域的 EDS 面扫。

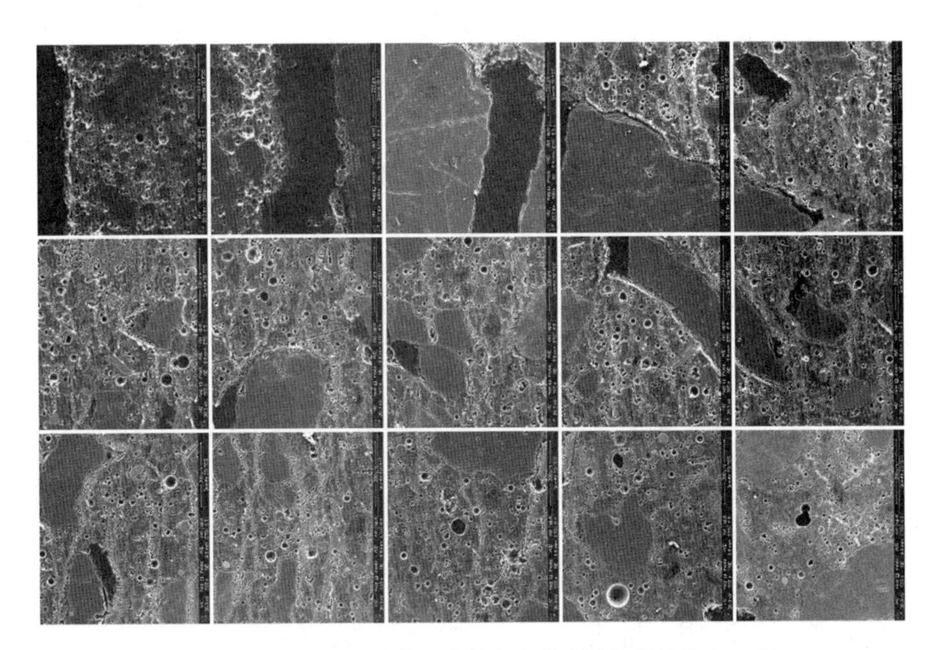

图 5.43 抛光 CF60 砂浆沿腐蚀方向微观结构形貌的 SEM 图

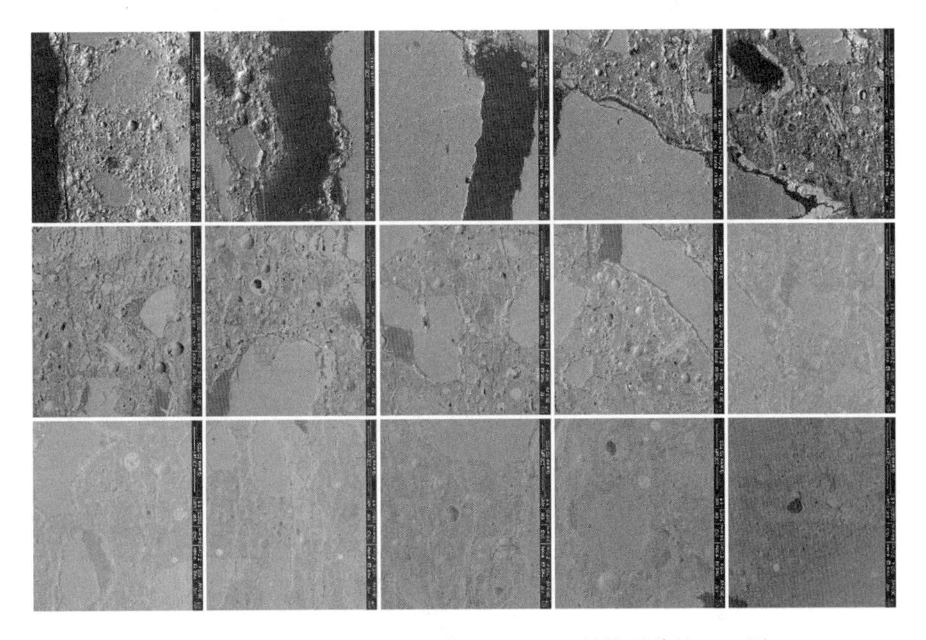

图 5.44 抛光 CF60 砂浆沿腐蚀方向微观结构形貌的 BSE 图

5.4 能 谱 仪

5.4.1 能谱仪结构

X 射线能量色散谱分析方法是电子显微技术最基本和一直使用的、具有成分分析功能的方法，通常称为 X 射线能谱分析法。它是分析电子显微方法中最基本、最可靠、最重要的分析方法，所以一直被广泛使用。

能谱仪的主要组成部分如图 5.45 所示，由探测器、前置放大器、脉冲信号处理单元、模数转换器、多道分析器、计算机及显示记录系统等组成。

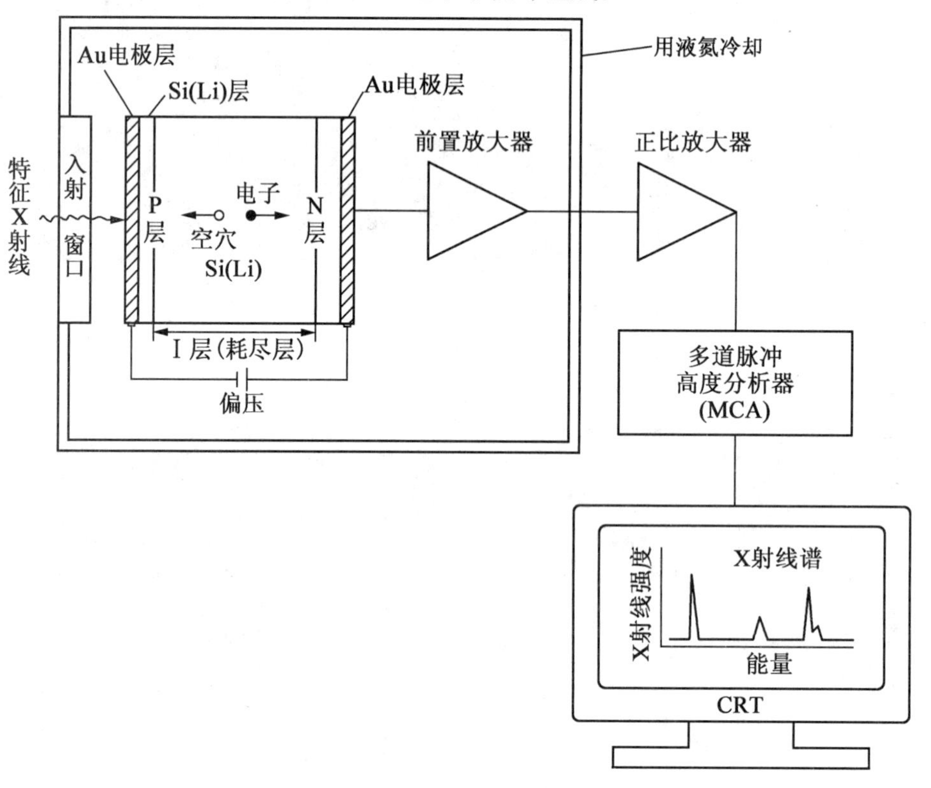

图 5.45 能谱仪的主要组成部分

5.4.2 能谱仪工作原理

X 射线能量色散谱仪简称能谱仪，是用 X 射线光量子的能量不同来进行元素分析的仪器。入射电子束在试样内的扩散如图 5.46 所示。图 5.45 中由试样出射的具有各种能量的 X 射线光量子相继经铍窗射入 Si(Li) 内，在 I 区产生电子-空穴对，每产生一对电子-空穴对，要消耗 X 射线光量子 3.8 eV 能量，因此每一个能量为 E 的入射光量子产生的电子-空穴对数目 $N=E/3.8$。加在 Si(Li) 上的偏压将电子-空穴对收集起来。每入射一个 X 射线光量子，探测器输出一个微小的电荷脉冲，其高度正比于入射的 X 射线光量

子能量 E。电荷脉冲经前置放大器、信号处理单元和模数转换器处理后以时钟脉冲的形式进入多道脉冲高度分析器。X 射线光量子由锂漂移硅探测器(Si(Li))接收后给出电脉冲信号。由于 X 射线光量子的能量不同,产生的脉冲高度(幅度)也不同,经过放大器放大整形后进入多道脉冲高度分析器。

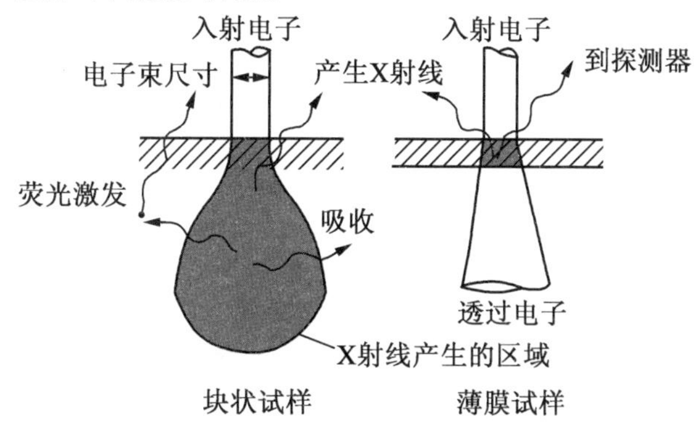

图 5.46 入射电子束在试样内的扩散

与 X 射线光量子能量成正比的时钟脉冲数按大小分别进入不同的存储单元,每进入一个时钟脉冲数,存储单元计一个光量子数,因此通道地址和 X 射线光量子能量成正比,而通道的计数为 X 射线光量子数。在这里,严格区分光量子的能量和数目,每一种元素的 X 射线光量子有其特定的能量,例如,Cu-K_α 射线光量子的能量为 8.02 keV,Fe-K_α X 射线光量子的能量为 6.40 keV。X 射线光量子的数目是用作测量样品中元素的相对百分数,即不同能量的 X 射线光量子在多道脉冲高度分析器的不同通道地址出现,然后在显像管上把脉冲数-能量的曲线显示出来,这是 X 射线光量子的能谱曲线。横坐标是 X 射线光量子的能量(通道地址数),纵坐标是对应某个能量的 X 射线光量子的数目。最终得到以通道(能量)为横坐标、通道计数(强度)为纵坐标的 X 射线能量色散谱(图 5.47),并于显像管荧光屏上显示。

5.4.3 能谱仪性能特点

能谱仪具有如下性能特点。

(1)测试灵敏度高,X 射线收集立体角大。由于能谱仪中 Si(Li)探头可以放在离发射源很近的地方(10 cm 甚至更小),无须经过晶体衍射,信号强度几乎没有损失,所以灵敏度高。此外,能谱仪可在低入射电子束流(10^{-11} A)的条件下工作,这有利于提高分析的空间分辨率。能谱仪所用的 Si(Li)探测器尺寸小,可以装在靠近样品的区域。这样,X 射线出射角大,接收 X 射线的立体角大,X 射线利用率高。能谱仪在低束流(10^{-10} ~ 10^{-12} A)情况下工作,仍能达到适当的计数率。电子束流小,束斑尺寸小,采样的体积也较小(最少可达 0.1 μm^3),对样品的污染小。

(2)分析速度快,可在 2 ~ 3 min 内完成元素定性全分析。能谱仪可以同时接收和检测所有不同能量的 X 射线光量子信号,故可在几分钟内分析和确定样品中含有的所有元素,带铍窗口的探测器可探测的元素范围为 ^{11}Na ~ ^{92}U,20 世纪 80 年代推向市场的新型窗口材料使能谱仪能够分析 Be 以上的轻元素,探测元素的范围为 ^{4}Be ~ ^{92}U。

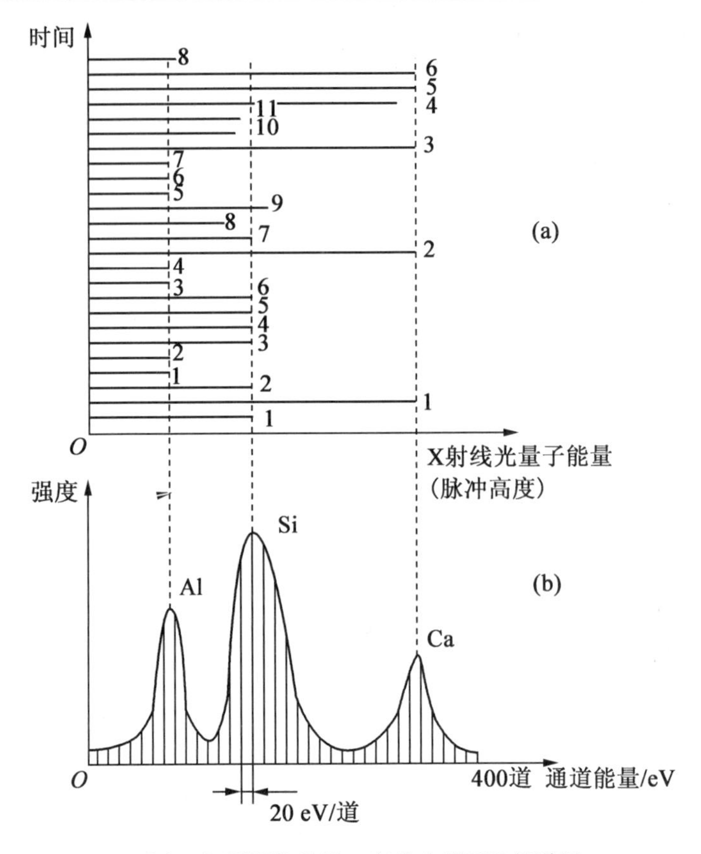

图 5.47 对应于探测器接收的 X 射线光量子的能谱图

(3)能谱仪工作时,样品位置的变动范围为 2 ~ 3 mm,适用于粗糙表面的成分分析。Si(Li)探头必须始终保持在液氮冷却的低温状态,一般情况即使是在不工作时也不能中断,否则晶体内 Li 的浓度分布状态就会因扩散而变化,导致探头功能下降甚至完全被破坏。

(4)能进行低倍 X 射线扫描成像,得到大视域的元素分布图,谱线重复性好。由于能谱仪没有运动部件,稳定性好,且没有聚焦要求,所以谱线峰值位置的重复性好且不存在失焦问题,适合于比较粗糙表面的分析工作。

(5)能量分辨率低(只有 130 eV),而峰背比低(一般为 100 eV)。由于能谱仪的探头直接对着样品,所以由背散射电子或 X 射线所激发产生的荧光 X 射线信号也被同时检测到,从而使得 Si(Li)检测器检测到的特征谱线在强度提高的同时,背底也相应提高,谱线的重叠现象严重。故仪器分辨不同能量特征 X 射线的能力变差。能谱仪的能量分辨率(130 eV)比波谱仪的能量分辨率(5 eV)低。

(6)Si(Li)探测器必须在液氮温度下使用,维护费用高,用超纯锗探测器虽无此缺点,但其分辨本领低。

5.4.4 能谱仪的分析模式

电子探针分析有4种基本分析方法：定点定性分析、线扫描分析、面扫描分析和定点定量分析。点分析用于选定点的全谱定性分析或定量分析，以及对其中所含元素进行定量分析；线分析用于显示元素沿选定直线方向上的质量分数变化；面分析用于观察元素在选定微区内的浓度分布。

1. 定点定性分析

定点定性分析是对试样某一选定点（区域）进行定性成分分析，以确定该点区域内存在的元素。其原理如下：用聚焦电子束照射在需要分析的点上，激发试样元素的特征X射线。用谱仪探测并显示X射线谱，根据谱线峰值位置的波长或能量确定分析点区域的试样中存在的元素。该方法准确度高，可用于显微结构的成分分析，但是对低含量元素定量的试样，只能用点分析。

能谱谱线的鉴别可以用以下两种方法：①根据经验及谱线所在的能量位置估计某一峰或几个峰是某元素的特征X射线峰，让能谱仪在荧光屏上显示该元素特征X射线标志线来核对；②当无法估计可能是什么元素时，根据谱峰所在位置的能量查找元素各系谱线的能量卡片或能量图来确定。

波谱仪一般采用全谱定性分析：驱动分光谱仪的晶体连续改变衍射角 θ，记录X射线信号强度随波长的变化曲线。检测谱线强度峰值位置的波长，即可获得样品微区内所含元素的定性结果。电子探针分析的元素范围可从Be（序数4）到U（序数92），检测的最低浓度（灵敏度）大致为0.01%，空间分辨率约在微米数量级。全谱定性分析往往需要花费很长时间。

正因为波谱仪进行全谱分析需要花费很长的时间，所以在电子探针中或带能谱仪、波谱仪的扫描电子显微镜中，一般情况下先使用能谱仪进行全能量谱的分析，而后选择特定的谱段，如存在能量谱重叠峰的区间或需要较准确地探测成分的区间进行波谱分析，则既保证了分析的快速性，又保证了元素成分分析的准确性。

2. 线扫描分析

使聚焦电子束在试样观察区内沿一条选定直线（穿越粒子或界面）进行慢扫描。能谱仪处于探测元素特征X射线的状态。显像管射线束的横向扫描与电子束在试样上的扫描同步，用谱仪探测到的X射线信号强度调制显像管射线束的纵向位置就可以得到反映该元素含量变化的特征X射线强度沿试样扫描线的分布。通常将电子束扫描线、特征X射线强度分布曲线重叠于二次电子图像之上，可以更加直观地表明元素在不同相或区域内的分布及形貌、结构之间的关系。

线扫描分析对于测定元素在材料相界和晶界上的富集与贫化是十分有效的。在有关扩散现象的研究中，能谱分析比薄层化学分析、放射性示踪原子等方法更方便。在垂直于扩散界面的方向上进行线扫描，可以很快显示物质浓度与扩散距离的关系曲线，若以微米级逐点分析，即可相当精确地测定扩散系数和激活性。电子束在试样上扫描时，由于样品表面轰击点的变化，波谱仪将无法保持精确的聚焦条件，为此可将电子束固定不动而使样品以一定的速度移动，但这样做并不方便，重复性也不易保证，特别是仍然不能解决粗糙表面分析的困难，考虑到线扫描分析绝大多数只是定性分析，因而目前仍较多采用电子束扫描的方法。如果使用能谱仪，则不存在X射线聚焦问题。

实验时，首先在样品上选定的区域获得一张背散射电子像（或二次电子像），再把线分析的位置和线分析结果显示在同一图像上，也可将线分析结果显示在不同的图像上，如图5.48、图5.49所示。图5.48是C40混凝土与修补水泥砂浆（N2砂浆）界面处的二次电子像，被选定的直线通过混凝土与修补砂浆的界面，图5.49为从图5.48中点1到点3的EDS线扫描。由图5.49可见，沿着起始直线开始，线扫描反映了不同颗粒中的不同元素的强度信号。沿着点1至点3方向，硅元素的含量呈现递增趋势，钙元素的含量呈现递减趋势。

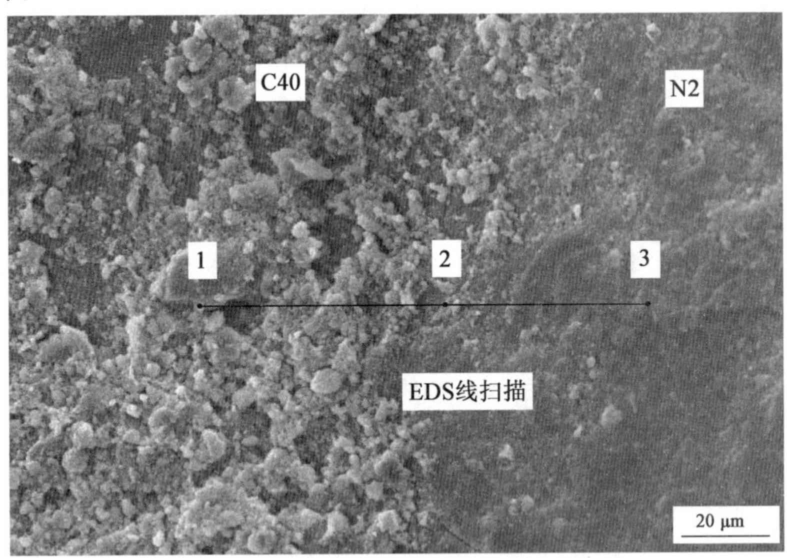

图5.48 C40混凝土与N2砂浆界面处的二次电子像

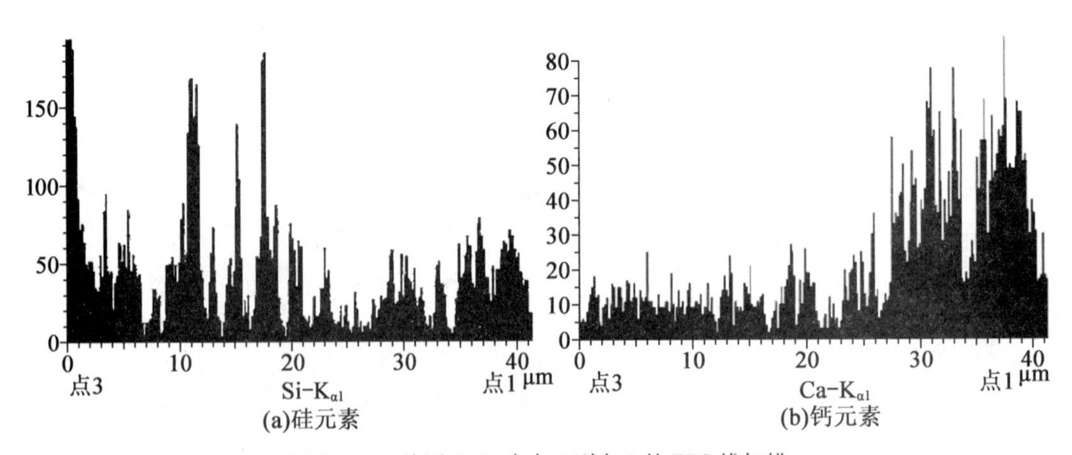

图5.49 从图5.48中点1到点3的EDS线扫描

3. 面扫描分析

聚焦电子束在试样上做二维光栅扫描，能谱仪处于能探测元素特征 X 射线状态，用输出的脉冲信号调制同步扫描的显像管亮度，在荧光屏上得到由许多亮点组成的图像，称为 X 射线扫描像或元素面分布图像。试样每产生一个 X 射线光量子，探测器输出一个脉冲，显像管荧光屏上就产生一个亮点；若试样上某区域该元素质量分数大，荧光屏图像上相应区域的亮点就密集。根据图像上亮点的疏密和分布，可确定该元素在试样中的分布情况。研究材料中杂质、相的分布和元素偏析时常用此法，面分布常常与形貌对照分析。图 5.50 为碱激发矿渣水化 3 d 产物的形貌与元素分析图。

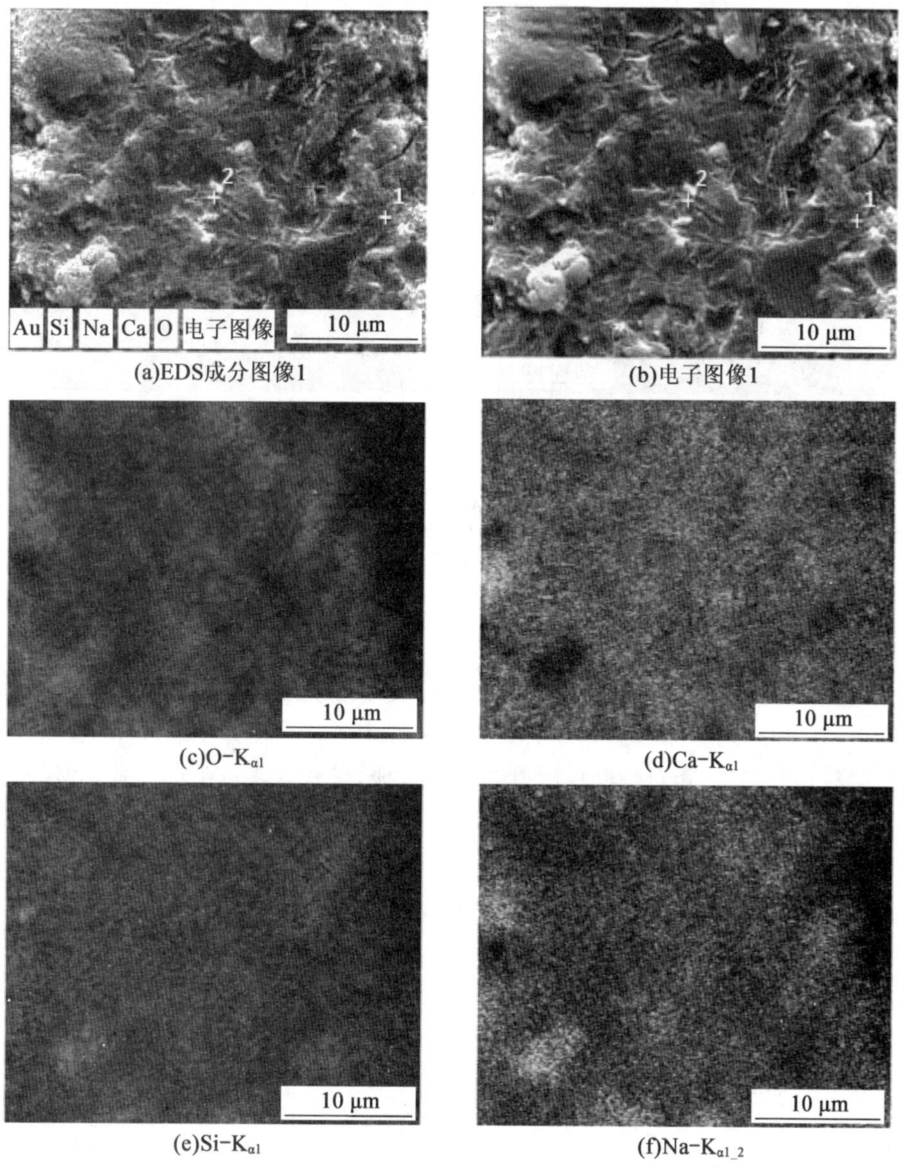

图 5.50 碱激发矿渣水化 3 d 产物的形貌与元素分析图(EDS 面扫描)

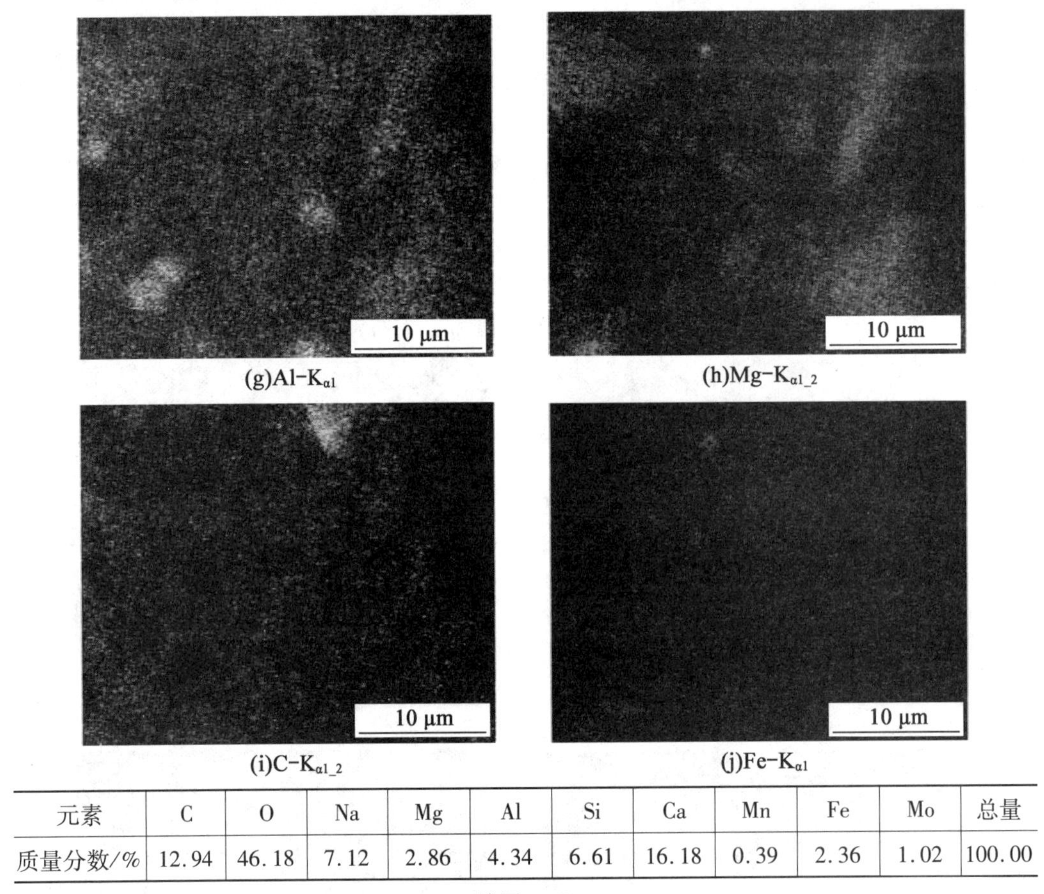

(g) Al-$K_{\alpha1}$　(h) Mg-$K_{\alpha1\_2}$

(i) C-$K_{\alpha1\_2}$　(j) Fe-$K_{\alpha1}$

元素	C	O	Na	Mg	Al	Si	Ca	Mn	Fe	Mo	总量
质量分数/%	12.94	46.18	7.12	2.86	4.34	6.61	16.18	0.39	2.36	1.02	100.00

续图 5.50

4. 定点定量分析

在定量分析计算时,对接收到的特征 X 射线信号强度必须进行原子序数修正(Z)、吸收修正(A)和荧光修正(F)等,这种修正方法称为 ZAF 修正。采用 ZAF 修正法进行定量分析所获得的结果,相对精度一般可达 1% ~2%,这在大多数情况下是足够的。但是,对于轻元素(O、C、N 等)的定量分析结果还不能令人满意,在 ZAF 修正计算中往往存在相当大的误差,分析时应该引起注意。产生这种误差的原因是:谱线强度除与元素的质量分数有关外,还与试样的化学成分有关,通常称为“基体效应”;谱仪由于不同波长(或能量)导致 X 射线光量子效率有所不同。如何消除这些误差,这就是定量分析所要解决的问题。

为了排除谱仪在检测不同元素谱线时条件不同所产生的误差,也就是为了使浓度与测得的 X 射线强度之间建立必要的可比性基础,采用成分精确已知的纯元素或化合物作为标样。

对待测试样和标样在完全相同的条件(如电子束加速电压、束流和 X 射线出射角)下,测量精确强度比,即使用已知的标样和待测试样在完全相同的条件下,测量同一元素的特征 X 射线强度,如不考虑基体效应,则待测试样和标样的某一元素的质量分数比就等于强度比。通过标样进行定量分析可以得到比较准确的分析结果。但有些样品的标样获得较为困难,可采用无标样定量的办法通过计算获得。但计算结果可能误差比较大,只能算半定量的分析结果。

要得到准确的分析结果,除了试样本身要满足实验要求(如良好的导电、导热性,表面平整度等)外,还要选择适宜的工作条件,如加速电压、计数率和计数时间、X 射线出射角等因素。

(1)加速电压。

为了得到某一元素某一线系的特征 X 射线,入射电子束的能量 E_0 必须大于该元素此线系的临界电离激发能 E_c,并使激发产生的特征 X 射线强度达到探测器足以检测的程度,因此希望使用较高的加速电压。电子探针电子枪的加速电压一般为 3 ~ 50 kV,分析过程中加速电压的选择应考虑待分析元素及其谱线的类别。原则上,加速电压一定要大于被分析元素的临界激发电压,一般选择加速电压为分析元素临界激发电压的 2 ~ 3 倍。若加速电压选择过高,导致电子束在样品深度方向和侧向的扩展增加,使 X 射线激发体积增大,空间分辨率下降。同时过高的加速电压将使背底强度增大,影响微量元素的分析精度,而且增加了试样对 X 射线的吸收,影响分析的准确性。考虑到上述两方面的因素,一般取过电压的比:$V/V_c = E_0/E_c = 2 \sim 4$。对于原子序数 $Z = 11 \sim 30$ 的元素,K 层电子的 E_c(K)在 1 ~ 10 keV,可选择 $V = 10 \sim 25$ kV;对于 $Z>35$ 的元素,一般都利用 E_c 不太高的 L 系或 M 系谱线进行分析,以便在适当的 V 值(如低于 30 kV)条件下保持较高的激发效率、较好的空间分辨率和精度。

(2)计数率和计数时间。

在分析时,每一次强度测量要有足够的累计计数 N_0,这不仅可提高测量精度,同时要使每个谱峰从统计角度来看都是显然可见的。一般 N 需要大于 105,对中等浓度元素计数率约为 103 ~ 104 CPS。计数时间为 10 ~ 100 s。

对于能谱仪,计数率过高有增加能谱失真的趋势,要使能谱系统在最佳分辨率情况下工作,计数率一般保持在 2 000 CPS 以下,如总计数率不够,可适当增加计数时间。但随着谱仪探测速度的不断提高及计算机技术的不断发展,目前能谱仪的计数率可提高到 10 000 CPS以下。计数率主要取决于试样状况和束流大小。对于一定的试样,可通过调节束流大小来控制计数率。但必须注意,束流过大不仅导致样品的污染,也导致了镜筒的污染,使图像分辨率下降。

(3)X 射线出射角。

X 射线出射角对分析结果有一定的影响,这主要是由于 X 射线以不同的出射角出射时样品对它的吸收程度不同。

5.4.5 扫描电子显微镜及 EDS 在无机材料分析中的联合应用实例

EDS 可以与 ESEM(Environmental Scanning Electron Microscope,环境扫描电子显微镜)、SEM、TEM 等组合,其中 SEM-EDS 组合是应用最广的显微分析仪器,EDS 的发展几乎使其成为 SEM 的标配,是微区成分分析的主要手段之一。

1. 界面结构的 ESEM-EDS 研究

界面过渡区微观结构的观察采用荷兰 FEI 公司生产的 Sirion 200 型场发射(field emission)环境扫描电子显微镜,配 GENESIS 60S 能谱仪。场发射环境扫描电子显微镜通过场发射枪技术、压差光阑技术和气体环境下的信号探测技术来实现绝缘样品的观察、含水试样及动态反应过程的原位观察等。实验前观察试样按如下步骤进行处理:①采用金刚石刀片的切割机将选取的混凝土试件进行切割,以暴露混凝土内部集料与基体之间的真实界面,进行多次切割,得到面积约 100 mm^2、厚度约 10 mm 的片状试样;②为消除制备过程中对试样表面造成的损伤,得到平整、光洁的观察表面,将试样切割面在磨样机上依次使用400#、600#和 1 200#研磨剂(刚玉)对切割面进行逐层研磨,最后将试样在 3.5 μm的金刚石抛光剂抛光处理;③抛光处理后的试件采用超声波清洗 5 min;④喷金处理。

采用扫描电子显微镜对经过研磨、抛光处理的试样进行观察,不同矿物掺合料掺量混凝土微观结构具有明显不同的特点:①基体密实度随矿物掺合料掺量的不同而变化,大掺量情况下,基体疏松多孔的结构特征十分明显,SEM 观察到的基体孔隙率与压汞实验获得的净浆孔隙率是吻合的;②大掺量矿物掺合料混凝土中,界面过渡区的结构特征不明显,对于掺加 80% 矿渣的混凝土(PL4)和掺加 50% 粉煤灰的混凝土(PL6),由于基体结构疏松,很难从孔隙率的角度分辨界面过渡区与基体;而基准混凝土(PL1)和矿物掺合料掺量较少(PL2)的混凝土中,界面过渡区的特征较显著,往往有微裂缝的存在(图 5.51(a)和图 5.51(b))。

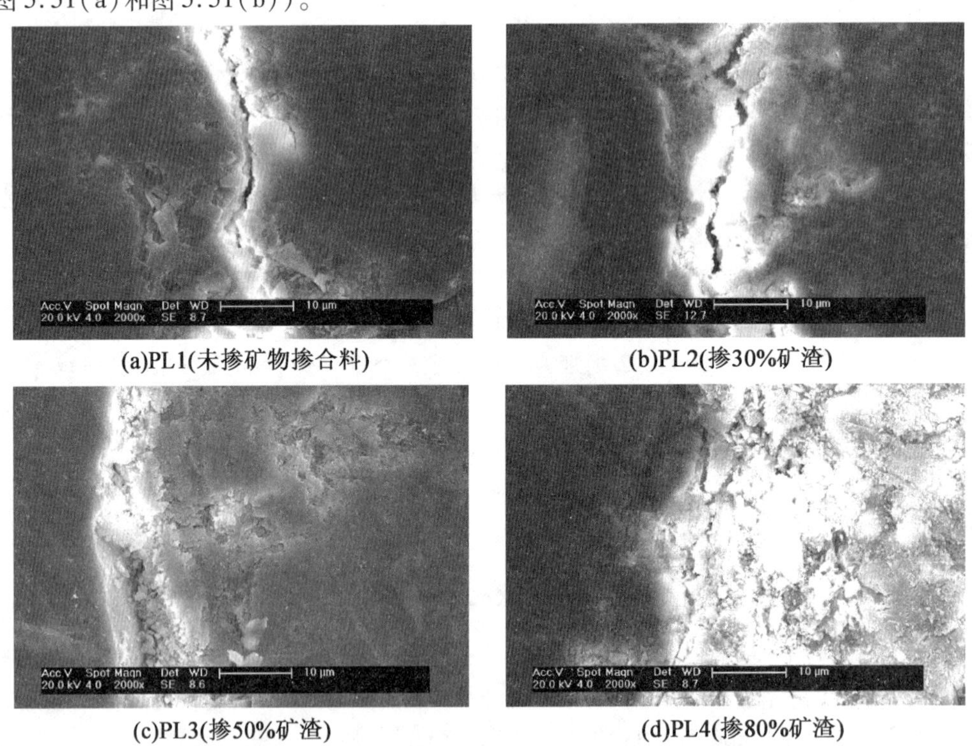

(a)PL1(未掺矿物掺合料) (b)PL2(掺30%矿渣)

(c)PL3(掺50%矿渣) (d)PL4(掺80%矿渣)

图 5.51 不同磨细矿渣掺量的混凝土中界面过渡区的 SEM 图

由于$Ca(OH)_2$(CH)晶体层状结构的特点、CH在界面过渡区的富集及CH的取向性,CH是引起界面过渡区薄弱性的重要因素。根据对不同矿物掺合料掺量净浆的热分析可知,在大掺量矿物掺合料的情况下,CH的含量大幅度降低,因此采用扫描电子显微镜的能谱分析(Energy Dispersive of X-ray Analyze, EDXA)功能对无矿物掺合料的混凝土(PL1配合比)及80%磨细矿渣掺量的混凝土(PL4配合比)界面区及邻近区域进行线扫描分析。图5.52是不同矿渣、粉煤灰掺量的混凝土中界面过渡区的SEM图。图5.53是Ca元素和Si元素在界面过渡区及邻近区域的线分布图,下方SEM图中,从左到右分别为基体-界面区-集料,白线为扫描迹线。从图中可见,没有矿物掺合料的混凝土中,界面过渡区中Ca元素的相对含量明显高于基体,而Si元素则明显比基体低,这是CH在界面区域富集的结果;实验中采用的是玄武岩质粗集料,其矿物组成为长石、石英及少量云母,其高Si含量在线分布中得到了反映。而在磨细矿渣掺量达80%的混凝土中,无论是Si元素还是Ca元素,它们在基体和邻近集料的区域中分布都没有显著差异,说明矿渣的使用显著地消除了CH在集料邻近区域中富集的现象,使界面区域得到了明显的改善。

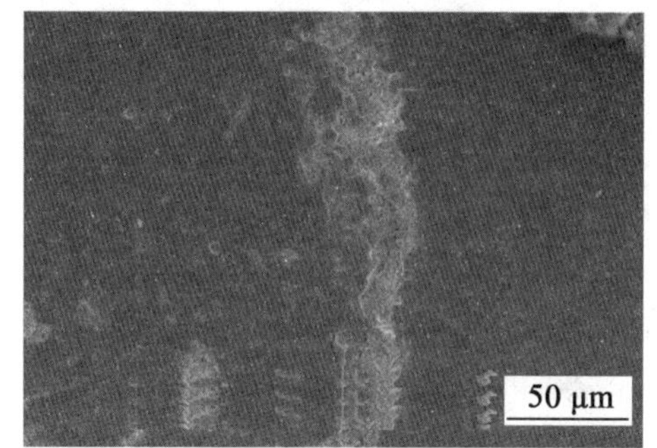

(a)PL1(未掺矿物掺合料)

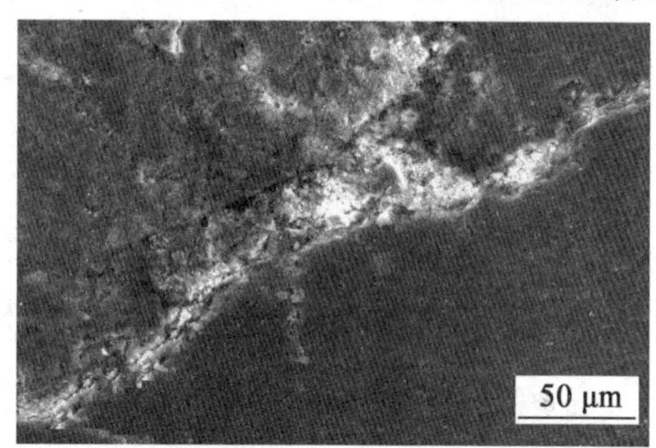

(b)PL5(掺30%粉煤灰)

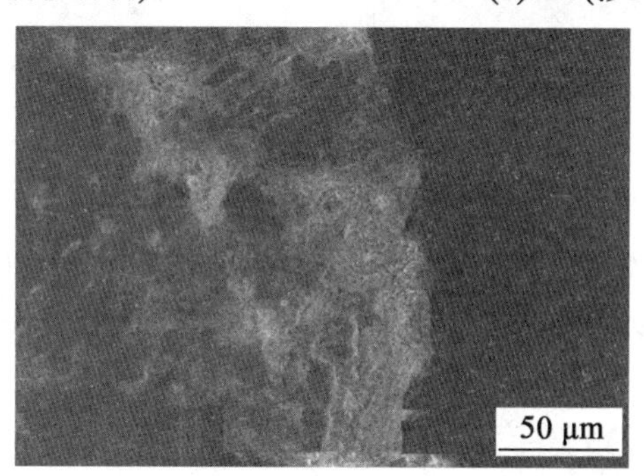

(c)PL6(掺50%粉煤灰)

图5.52 不同矿渣、粉煤灰掺量的混凝土中界面过渡区的SEM图

2. 水泥材料疲劳损伤过程中微裂纹发展规律的ESEM-EDS研究

利用ESEM来定量观察水泥材料疲劳损伤过程中微裂纹宽度和长度的发展规律,和由压汞实验得出的裂纹体积相互佐证水泥材料的疲劳损伤过程。ESEM为荷兰FEI生产的Sirion场发射环境扫描电子显微镜,其工作电流为0.8 mA,电压为10~30 kV。试样制作采用真空喷碳镀膜,可以在控制温度、压力、相对湿度和低真空的条件下进行观察。研

究中使用的 ESEM 如图 5.54 所示。

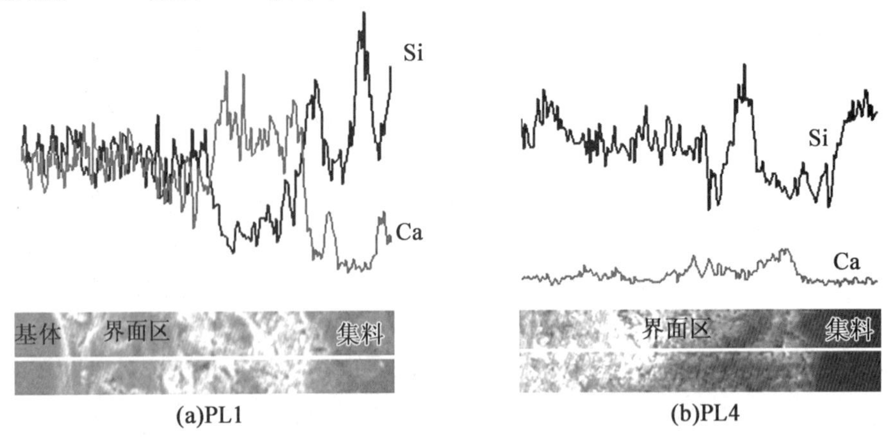

图 5.53 Ca 元素和 Si 元素在界面过渡区及邻近区域的线分布图

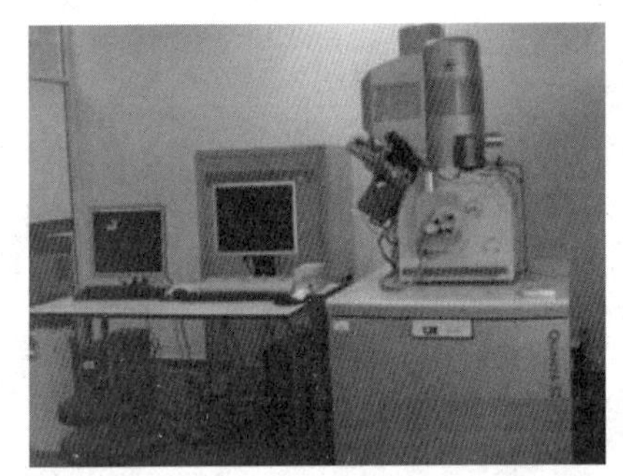

图 5.54 荷兰 FEI 生产的 Sirion 环境扫描电子显微镜

此后借助 SEM-EDS 技术进一步对盐浸前后净浆试样的表面形貌和元素成分进行分析。图 5.55 和图 5.56 的元素分析的对象为整个区域。从图 5.55 中可以看出,未受氯盐侵蚀的水泥净浆表面较为密实,通过元素分析发现,Ca 元素含量为 65%;再看图 5.56,盐浸后的水泥净浆表面缺陷相对较多,通过元素分析发现,Ca 元素的含量显著下降,这证明在盐溶液中,水泥净浆表面发生了 Ca 流失现象,其对力学性能的影响可做进一步的研究。

元素	质量分数/%	原子数分数/%
CK	01.65	04.45
OK	08.23	16.63
MgK	02.81	03.74
AlK	02.68	03.21
SiK	14.30	16.46
CaK	65.07	52.48
FeK	05.26	03.05

图 5.55 未盐浸净浆表面形貌及元素分析

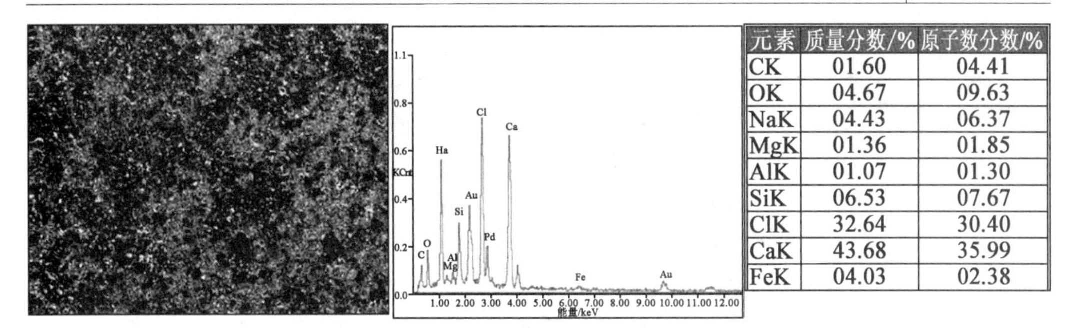

元素	质量分数/%	原子数分数/%
CK	01.60	04.41
OK	04.67	09.63
NaK	04.43	06.37
MgK	01.36	01.85
AlK	01.07	01.30
SiK	06.53	07.67
ClK	32.64	30.40
CaK	43.68	35.99
FeK	04.03	02.38

图 5.56 盐浸净浆表面形貌及元素分析

3. 混凝土包裹 GFRP 筋试样的表观形貌及微观结构 SEM-EDS 分析

常温条件下不同强度等级混凝土包裹 GFRP(Glass Fiber Reinforced Plastics,玻璃纤维)筋试样的表观形貌及微观结构电子显微镜扫描图如图 5.57 所示。

(a)对比试样 (b)G30-60试样低倍图

(c)G30-60试样高倍图 (d)G80-60试样高倍图

图 5.57 混凝土环境中 GFRP 筋试样的 SEM 图

图 5.57(a)表明,未经任何处理 GFRP 筋试样的内部比较致密,基体与纤维间的黏结较好。图 5.57(b)为混凝土包裹的 GFRP 筋试样横截面的 SEM 图,由力学性能测试结果可知,G30-60 试样在混凝土环境下劣化程度最大,但 SEM 图显示其微观形貌与未经处理的对比试样形貌相似,纤维与聚合物基体仍处于紧密黏结状态,其放大图(图 5.57(c))表明,G30-60 试样边缘处聚合物基体在混凝土孔溶液中的水分子及 OH^- 作用下被分解,处于松散状,但纤维表面仍有聚合物基体存在,纤维-基体界面未损伤。G80-60 试样因剖取时被

损坏，其 SEM 图显示有部分纤维裸露，但纤维表面仍被聚合物基体包裹，如图 5.57(d)所示。在混凝土孔溶液的碱性环境中，GFRP 筋试样本身存在的孔隙及缺陷为水分子的渗入提供通道，同时 OH^- 及其他水溶性离子随着水分子进入，聚合物基体被分解而膨胀劣化，在 GFRP 筋的表面表现为“蚀坑”现象。随着侵蚀时间的增加，水分子及 OH^- 等逐渐扩散至纤维-基体界面，降低纤维间的协同作用，从而减小 GFRP 筋的承载能力，但长龄期下混凝土的孔结构及其孔溶液组成将发生变化，对 GFRP 筋的腐蚀能力还有待研究。

常温及 60 ℃条件下，潮湿环境模拟液及不同 pH 碱性模拟液中浸泡不同时间的 GFRP 筋试样表观形貌及微观结构电子显微镜扫描图如图 5.58 所示。

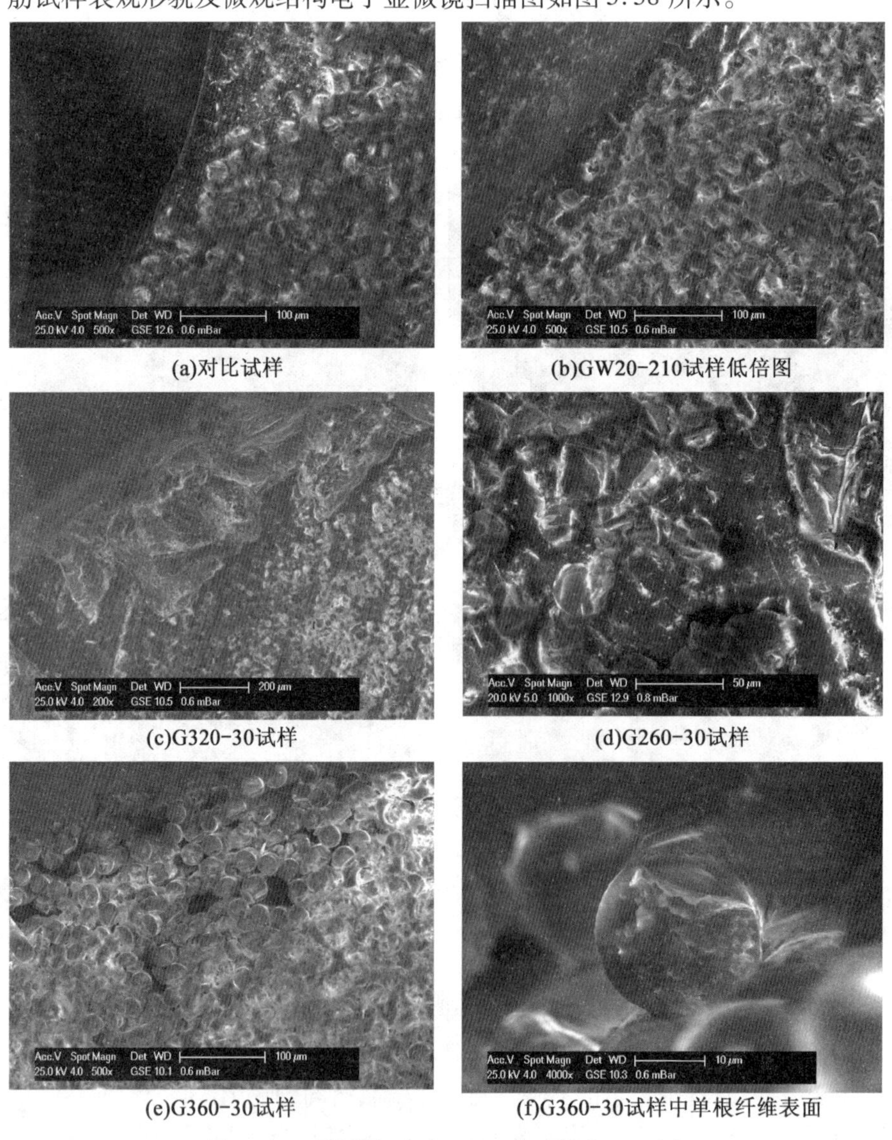

(a)对比试样　(b)GW20-210试样低倍图

(c)G320-30试样　(d)G260-30试样

(e)G360-30试样　(f)G360-30试样中单根纤维表面

图 5.58　碱性模拟液中 GFRP 筋试样的 SEM 图

从图 5.58 可以看出，模拟溶液对 GFRP 筋的侵蚀始于表面边缘处，随着侵蚀时间的增加，侵蚀逐渐深入，劣化过程主要为聚合物基体的塑化和水解，基体-纤维界面的破坏及纤维的损伤。图 5.58(b)和(c)表明，常温条件下水溶液浸泡 210 d 和 pH=13.68 碱溶液浸泡 30 d 后，GFRP 筋试样内部的纤维与聚合物基体仍处于紧密黏结状态，仅边缘处部分聚合物基体在水分子的作用下发生塑化和水解膨胀劣化，呈现“蚀坑”现象。60 ℃高温加速条件下，pH = 12.6 和 pH = 13.68 的碱性模拟溶液中，水分子协同 OH^- 通过 GFRP 筋试样原有孔隙和裂缝缺陷渗入至基体，导致乙烯基酯树脂基体劣化膨胀产生裂缝，离子进一步到达基体-纤维界面，降低纤维与基体的黏结性能，而呈松散状，如图 5.58(d)和(e)所示。图 5.58(f)是 60 ℃ pH=13.68 强碱溶液浸泡 30 d 后的 GFRP 筋试样表面裸露纤维的高倍扫描图，从图中可以看到，纤维周围的聚合物基体几乎丧失了对纤维的保护和黏结作用，纤维呈松散状，纤维表面仍黏有部分乙烯基酯聚酯基体，说明侵蚀已达纤维-基体界面，但界面未完全劣化，OH^- 进一步到达玻璃纤维表面，玻璃中的碱金属氧化物易失稳破坏，在纤维表面呈现点蚀现象。随着侵蚀时间的增加，OH^- 将破坏玻璃纤维的骨架结构，从而使 GFRP 筋丧失承载能力。

在常温及 60 ℃加速条件下，潮湿环境、海洋环境及盐碱环境模拟溶液浸泡 30 d 后 GFRP 筋试样的表观形貌、内部微观结构和化学组成变化电子显微镜扫描图及能谱分析结果如图 5.59 所示。

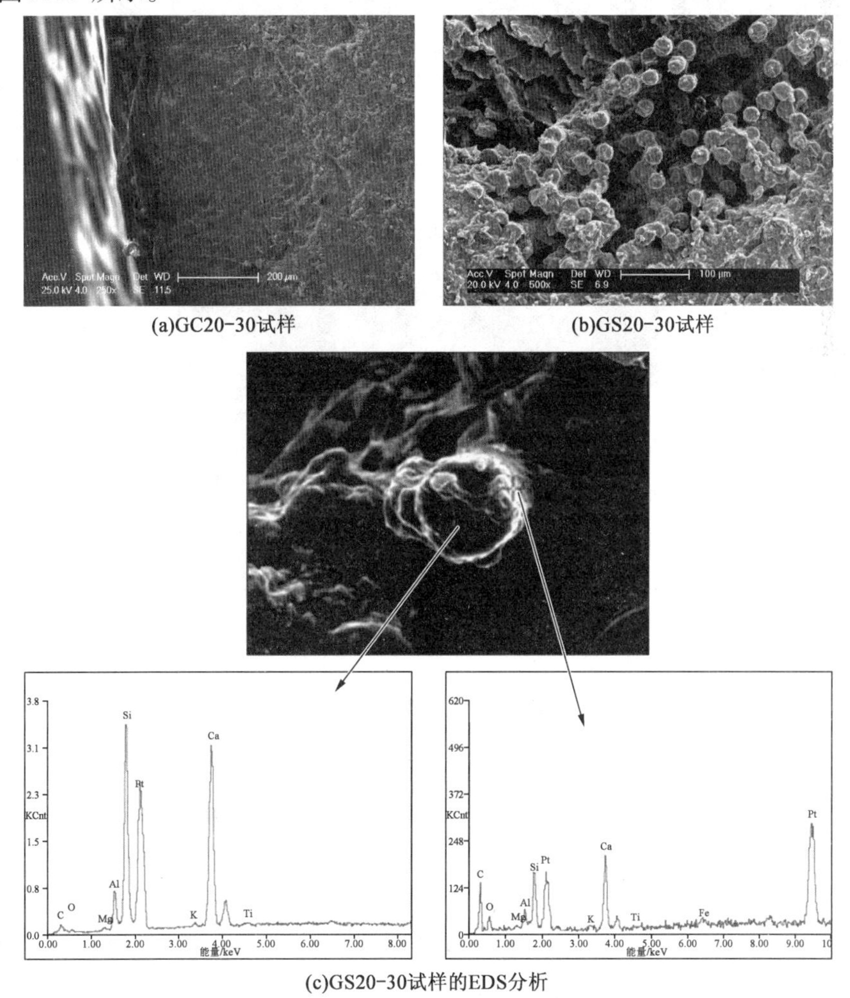

(a)GC20-30试样 (b)GS20-30试样

(c)GS20-30试样的EDS分析

图 5.59 盐溶液及盐碱溶液中 GFRP 筋的 SEM 图及 EDS 分析结果

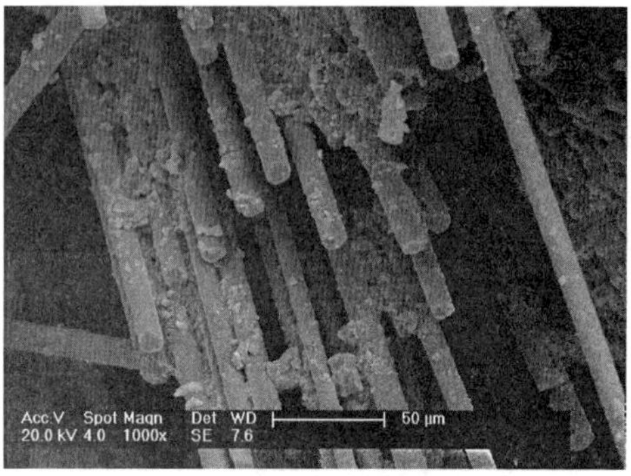

(d)G3CS20-30试样

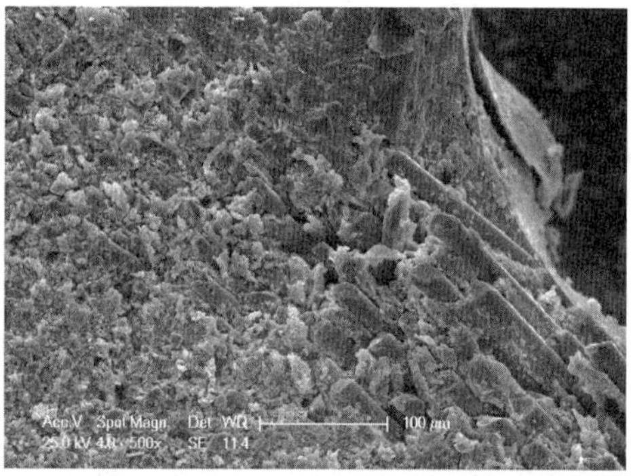

(e)GC60-30试样的侧表面

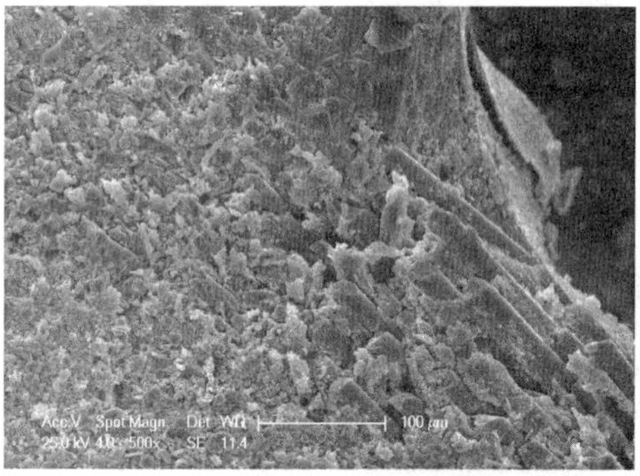

(f)G3C60-30试样

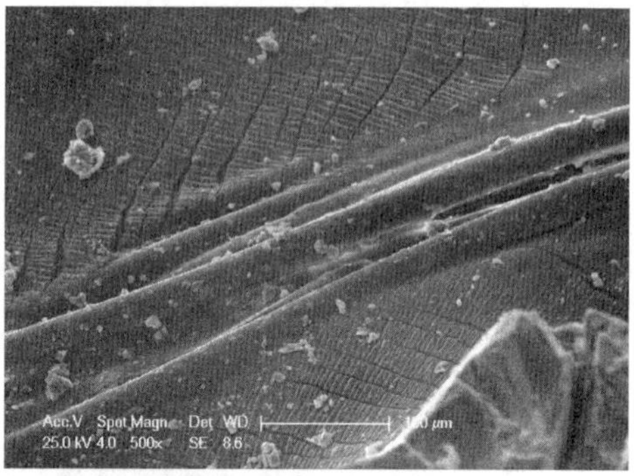

(g)G3C60-30试样侧表面

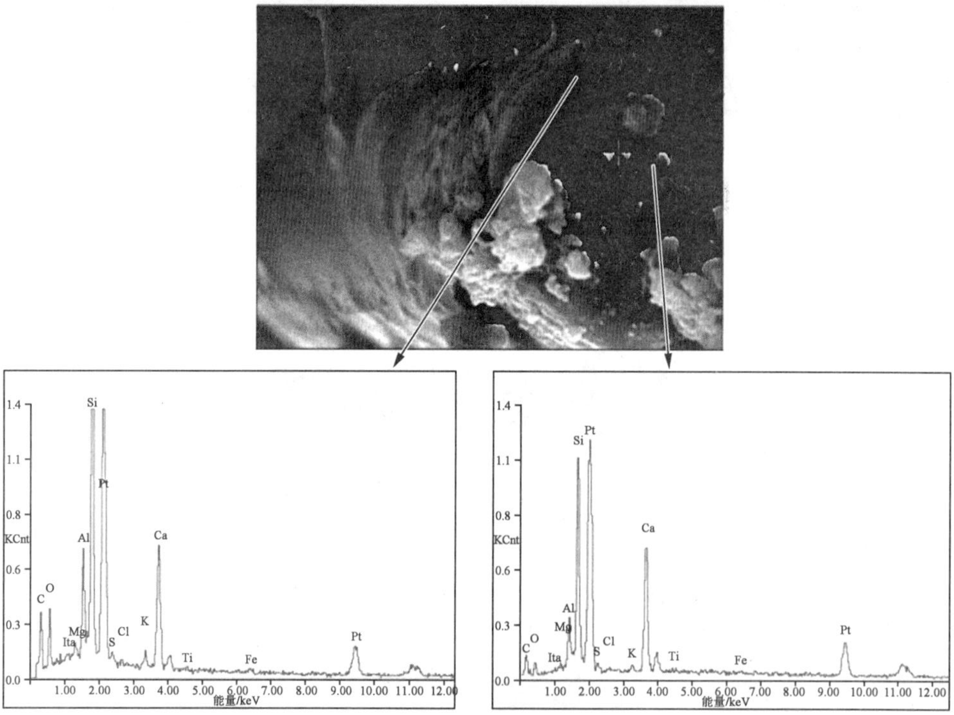

(h)G3C60-30试样的EDS分析

续图 5.59

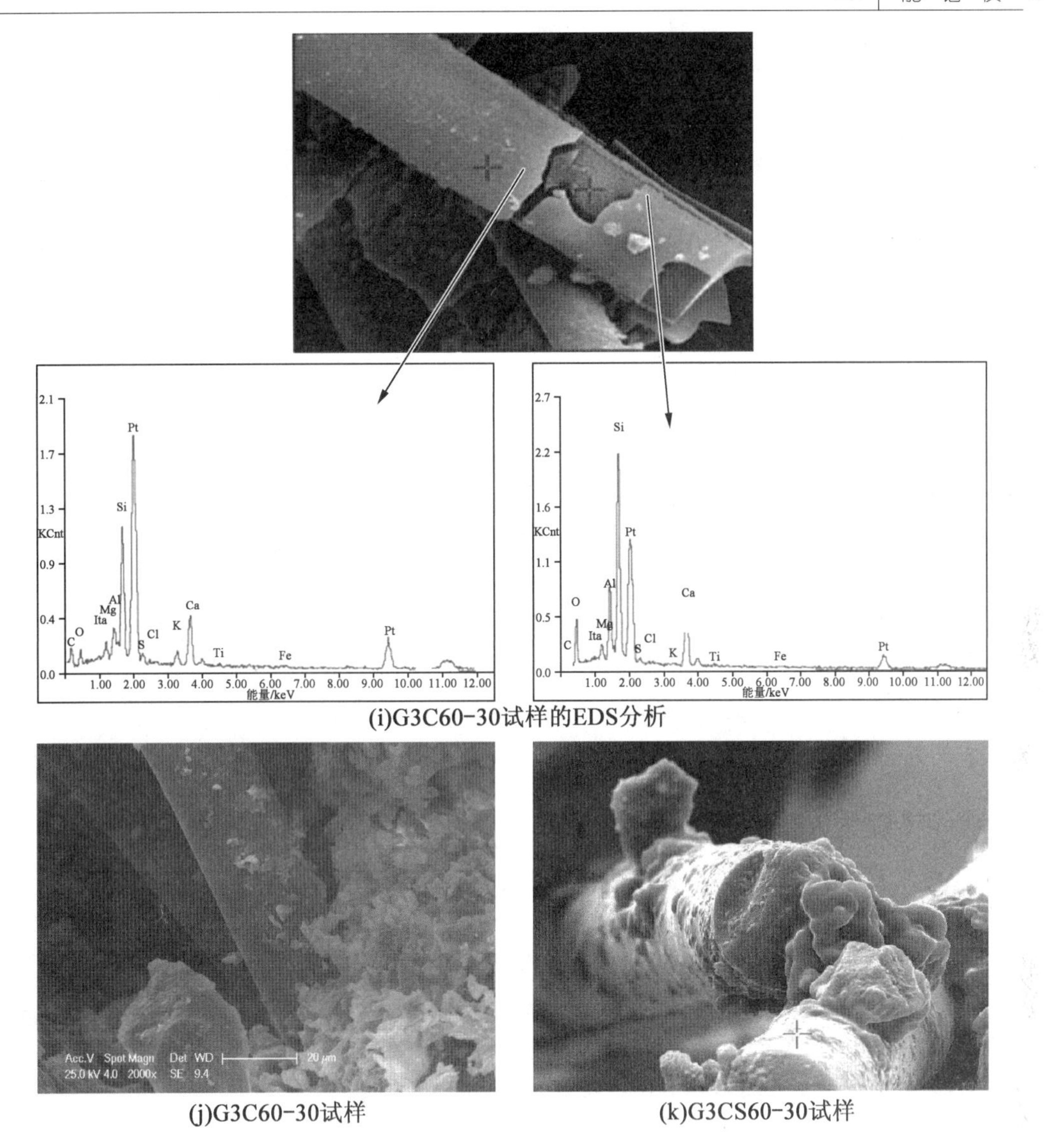

(i)G3C60-30试样的EDS分析

(j)G3C60-30试样

(k)G3CS60-30试样

续图5.59

图5.59(a)为单组分质量分数3.5% NaCl溶液常温浸泡30 d后的GFRP筋试样的横截面电子扫描图，从图中可以看出，在常温条件下，盐溶液对GFRP筋的侵蚀作用较小，与水溶液浸泡试样相似，纤维与乙烯基酯树脂间仍具有较好的黏结性能，纤维表面包裹有完整的聚合物基体。相对于GC20-30试样，质量分数为3.5%的Na_2SO_4溶液浸泡试样表面基体出现了粉化现象，部分基体-纤维界面损伤，基体剥离纤维表面，如图5.59(b)所示。能谱分析结果显示，去除Pt后，纤维表面处C的质量分数高于50%，芯部C的质量分数较小，Si/C较大，Si的质量分数大于30%，表明纤维表面仍有聚合物基体包裹，但随着基体的劣化，纤维表面受到侵蚀，破坏了Si—O主体结构，内部纤维骨架结构较完整，Si含量较高，如图5.59(c)所示。在常温条件下，G3CS20-30试样内部纤维与基体的黏结完好，表面聚合物基体软化成粉状，表面纤维裸露呈分散状，纤维表面聚合物基体出现剥离脱落现象，失去对纤维的黏结和保护作用，如图5.59(d)所示。60 ℃高温加速了

溶液中水分子在 GFRP 筋基体中的扩散速率和侵蚀,在 GFRP 筋的表面产生了物理损伤和化学损伤,质量分数为 3.5% 的 NaCl 溶液浸泡 30 d 后的 GC60-30 试样侧表面在水分子和离子侵蚀下出现了蚀坑,表面附有白色析出物及盐颗粒,如图 5.59(e)所示。图 5.59(f)和(g)分别为 60 ℃条件下质量分数为 3.5%、pH=13.68 的 NaCl 盐碱溶液浸泡 30 d 后 GFRP 筋试样的横截面和侧表面电子显微镜扫描图。从图中可以看出,在盐碱溶液复合作用下,GFRP 筋的损伤劣化大大增加,基体由于溶胀和化学分解产生了微裂缝,同样的现象在 Visco 等的研究中也有描述,纤维-基体界面已严重损伤,纤维-基体界面剥离,失去黏结作用,纤维表面发生溶蚀,有析出物产生。G3C60-30 试样能谱分析结果如图 5.59(h)所示,从测试结果可以看出,纤维芯部 Si 的质量分数为24.97%,Ca 的质量分数为 26.57%,但纤维外边缘层 Si 的质量分数为 21.42%,Ca 的质量分数为12.89%,C 的质量分数相对增加,纤维表面的基体保护层基本脱落,随着溶液的进一步侵蚀,纤维的骨架结构将被破坏,甚至部分纤维已被破坏,发生脆断(图 5.59(i)),纤维内部仍具有较高的 Si 含量。图 5.59(j)为 60 ℃条件下质量分数为 3.5%、pH=13.68 的Na_2SO_4 盐碱溶液浸泡 30 d 后 GFRP 筋试样横截面微观分析图,水分子和碱溶液中的 OH^-在乙烯基酯树脂的固有缺陷(孔隙、裂缝及划痕等)中扩散传输,使聚合物基体发生物理溶胀开裂和化学分解,导致内部孔隙增多,纤维-基体界面开裂,基体剥离纤维表面,光滑圆柱状的纤维表面出现了不规则的刻蚀。60 ℃的溶液温度加速双盐分与碱复合溶液浸泡 G3CS60-30 试样的表面形貌如图 5.59(k)所示,试样表面聚合物基体软化成粉状,表面纤维裸露,通过 SEM 观察,内部纤维与基体的完成性较好,但表面纤维呈分散状,纤维表面聚合物基体基本剥离脱落,失去对纤维的黏结和保护作用。从分析结果可以看出,纤维增强聚合物筋的损伤包括基体、纤维-基体界面和纤维,侵蚀离子随介质迁移至试样表面,破坏聚合物基体中的分子链,使基体产生物理溶胀和化学分解,而减弱基体与纤维的物理和化学黏结,侵蚀介质进一步扩散至纤维表面,破坏 Si—O 四面体骨架结构,而使 GFRP 筋失去宏观力学性能。升高温度有利于加速离子迁移,从而在 60 ℃条件下水、碱溶液及盐碱复合溶液侵蚀 GFRP 筋试样,使其整体损伤程度加剧。

4. 混凝土硫酸盐腐蚀产物形貌及微观结构 SEM-EDS 分析

东南大学张云升团队在研究混凝土硫酸盐腐蚀产物形貌及微观结构时采用的 EDS 面扫时像素设定为 400×512,扫描次数 15 次,扫描时 CPS 大约为 6 000 左右,停留时间 200 s,所选元素包括 O、Mg、Al、Si、S、Ca 和 Fe,除了 Fe,它们的分布如图 5.60 所示。对于 O 元素,骨料区域处的密集程度最高,其次是已腐蚀的脱黏受压区,最后是腐蚀产物填充基本处于黑色的脱黏裂纹区,然而通过试验证明,上述腐蚀产物最可能是具有 O 元素的石膏,可认为砂子中的 O 元素强度太高掩盖脱黏裂纹区石膏中的 O 元素,O 元素在腐蚀和未腐蚀界面过渡区的变化很小;Mg 元素主要分布在脱黏受压区,在骨料和脱黏裂纹区基本没有,值得注意的是在腐蚀和未腐蚀界面过渡区,Mg 元素所占的面积急剧下降;Al 元素主要见于粉煤灰区域,可以发现有很多粉煤灰是空壳的,在腐蚀和未腐蚀界面过渡区 Al 元素的分布区域面积有少许增加;Si 元素主要存在于砂子中,其次是粉煤灰颗粒上,而水泥浆体中的腐蚀产物 M-S-H 中的 Si 因砂子中的 Si 过强而不明显;S 元素主要集中分布于脱黏裂纹区的腐蚀产物石膏中,与 Mg 元素类似,在腐蚀和未腐蚀界面过渡区

S 元素所占区域也急剧下降;Ca 元素的分布在腐蚀区与 S 元素相一致,而在腐蚀和未腐蚀界面过渡区 Ca 元素均匀分布在水泥浆体区域。

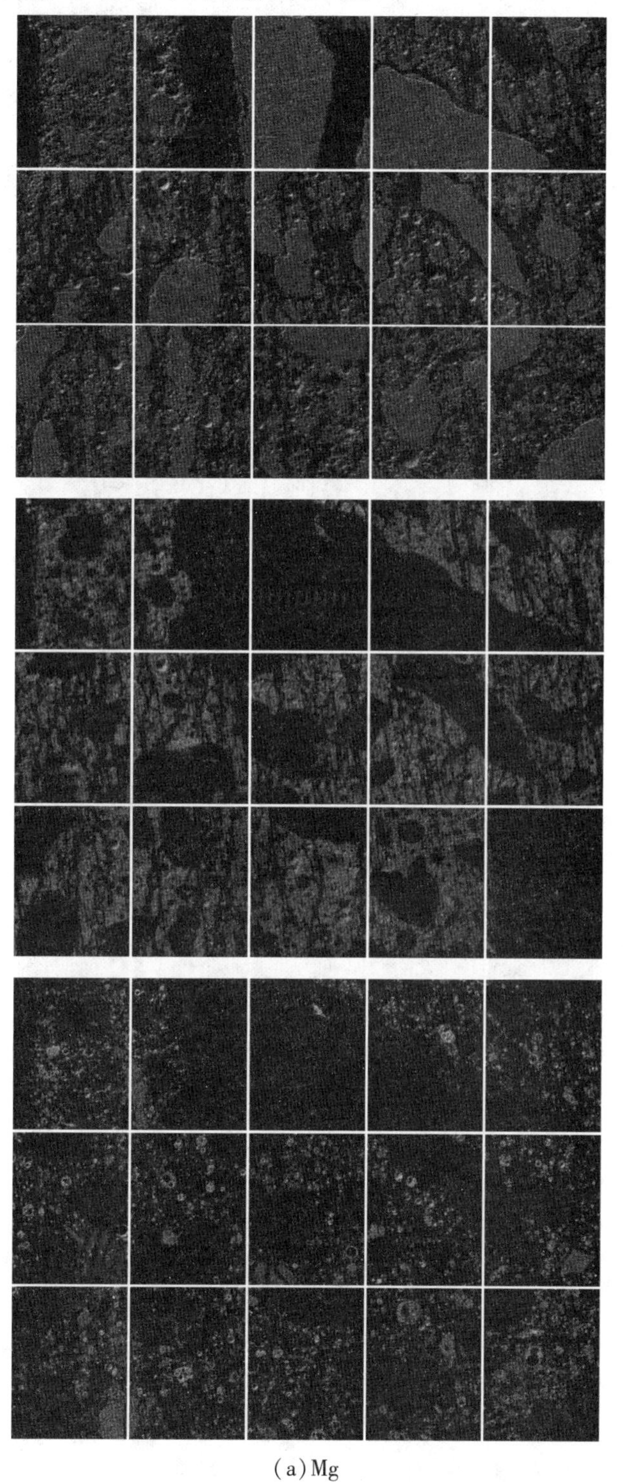

(a)Mg

图 5.60 所选区域内 Mg 元素和 Ca 元素的分布

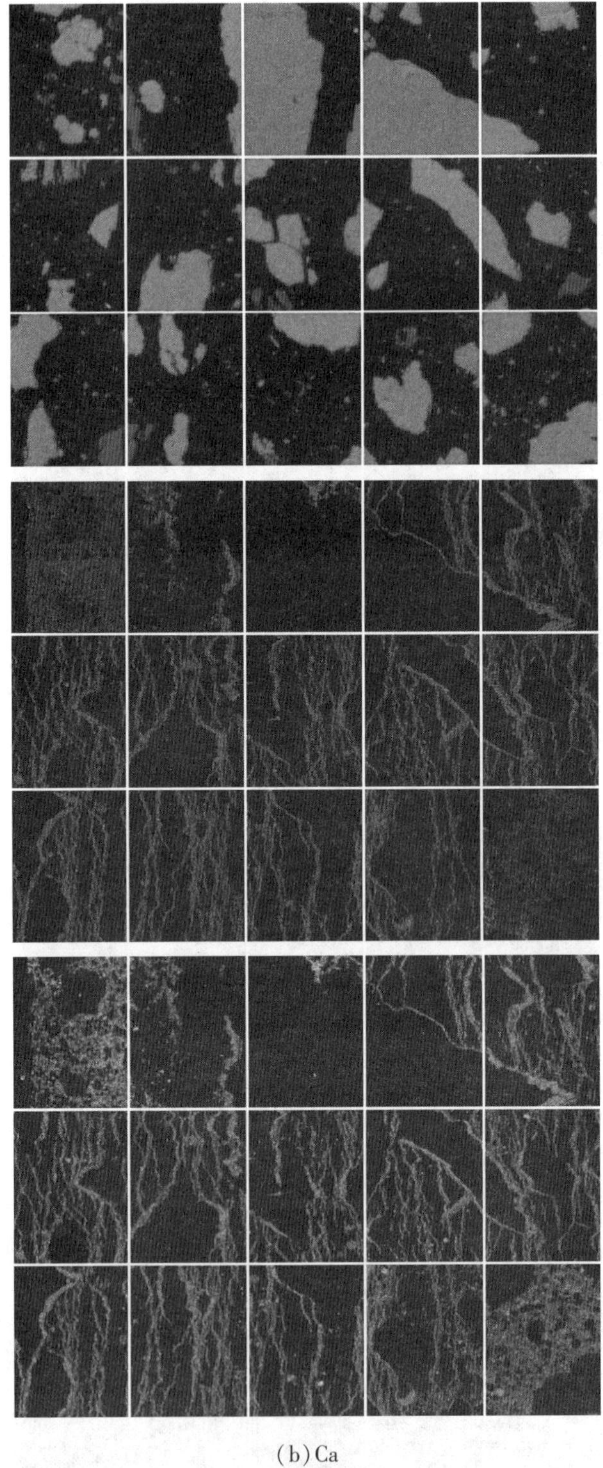

(b) Ca

续图 5.60

O 除了不存在于环氧填充的孔隙之外,基本覆盖整个面扫区域,以骨料中的颜色最深,其次是浆体中的未脱黏区域,再次是脱黏裂纹中的腐蚀产物填充区域,随腐蚀深度的变化氧元素变化不大;Si 元素主要分布在砂子区域,腐蚀前后差别不大,由于砂子中硅含量较高,因此,其他区域的硅含量相对较小,即很难区分出浆体中的 Si 分布;Mg 分布和 Ca 分布正好互补,这说明未脱黏区浆体中钙元素全部被 Mg 替代,这主要是由于 Mg 替代了 C-S-H 中的 Ca 形成黏结性差的 M-S-H,而 Ca 又与扩散进入的硫酸根结合生成石膏填充在脱黏裂纹中,不考虑钙溶出的情况下,单张图中的 Ca 含量相差不大,但发生了重分布,与 Ca 不同的是,Mg 是从外界通过扩散进入的,因此在腐蚀界面处 Mg 含量急剧下降;S 在腐蚀区分布范围与 Ca 元素相同,都仅存在于脱黏裂纹区域,在腐蚀和未腐蚀界面区 S 也急剧下降,但下降程度没有镁元素大,这主要是因为 S 在界面过渡区还可能不是以石膏的形式存在,而是以钙矾石的形式存在,从目前的测试结果来看,产生脱黏裂纹主要是界面处脱黏区因膨胀性腐蚀产物填充而受压,这种腐蚀产物以钙矾石为主,形成钙矾石的钙主要源于孔溶液中的钙离子,其次是固体氢氧化钙的分解,当产生脱黏之后,镁离子扩散速率增加,扩散进入的镁离子一方面与氢氧化钙发生反应生成难容的氢氧化镁,另一方面与 C-S-H 中的钙离子发生交换,过多的钙离子进入到脱黏裂纹中,与硫酸根离子形成石膏,随未脱黏区氢氧根离子的消耗,pH 减小,此前生成的钙矾石不再稳定而发生分解,分解的硫酸根离子迁移进入脱黏裂纹当中,导致最终脱黏区固相中不存在 Ca;Al 元素在腐蚀区域主要集中在粉煤灰上,在腐蚀界面过渡区,除了存在于粉煤灰颗粒上,还存在于浆体的其他位置,据之前的分析这些位置很可能是形成钙矾石的区域;很难从 BSE 图片中区分出腐蚀产物的分布。

为了进行较为准确的定量分析,图 5.61 为 15 个区域的所选元素的原子占比,从图中可以看出,O 和 Si 元素占到了 90% 左右,与面扫元素分布结果相一致,除第 3 个区域外,S/Ca 原子比在腐蚀脱黏裂纹区在 1.4~1.5 之间,这个值与石膏的原子比 1 有较大差距,一方面可能是由于两种元素的原子绝对值占比较小,EDS 测试精度不高,但也能说明,腐

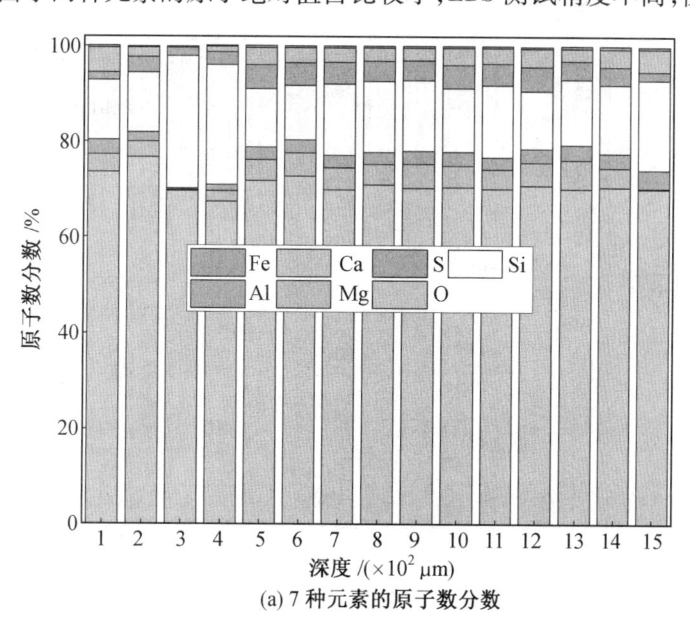

(a) 7 种元素的原子数分数

图 5.61 15 个区域的所选元素的原子占比

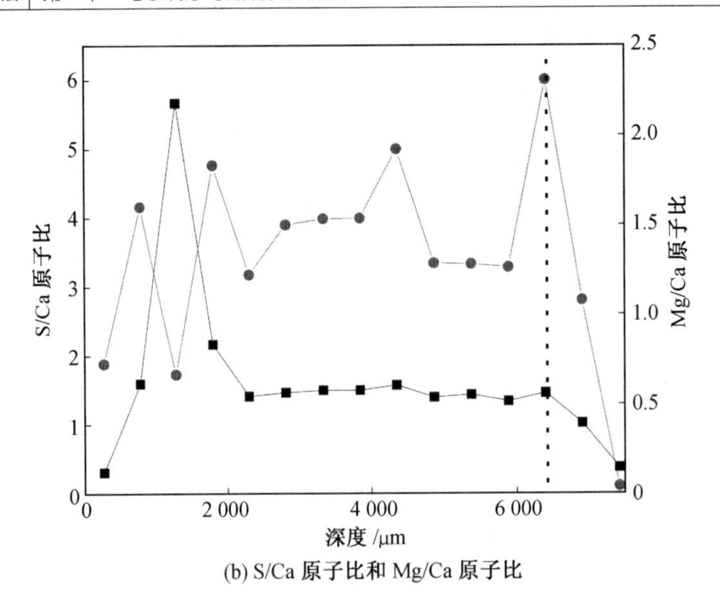

(b) S/Ca 原子比和 Mg/Ca 原子比

续图 5.61

蚀区主要腐蚀产物单一且分布随腐蚀深度变化不大，在腐蚀和未腐蚀界面区 S/Ca 原子比从 1.46 降低到 0.48，降低了 67%；Mg/Ca 原子比在腐蚀区有较大波动，但集中在 3.5 左右，说明 Mg 基本完全替代了水泥浆体中含 Ca 的物相，主要包括氢氧化钙和 C-S-H，在腐蚀和未腐蚀界面区 Mg/Ca 原子比从 2.31 降低到 0.04，降低了 98%，这也说明腐蚀和未腐蚀界面过渡区 Mg 的减小比 S 的减小更加明显。

另一方面也可以对面扫的元素图进行面积统计，计算结果归一化后显示在图 5.62 中，结果与原子比相一致，O 和 Si 元素面积之和占到了 60% 以上，S/Ca 和 Mg/Ca 面积比

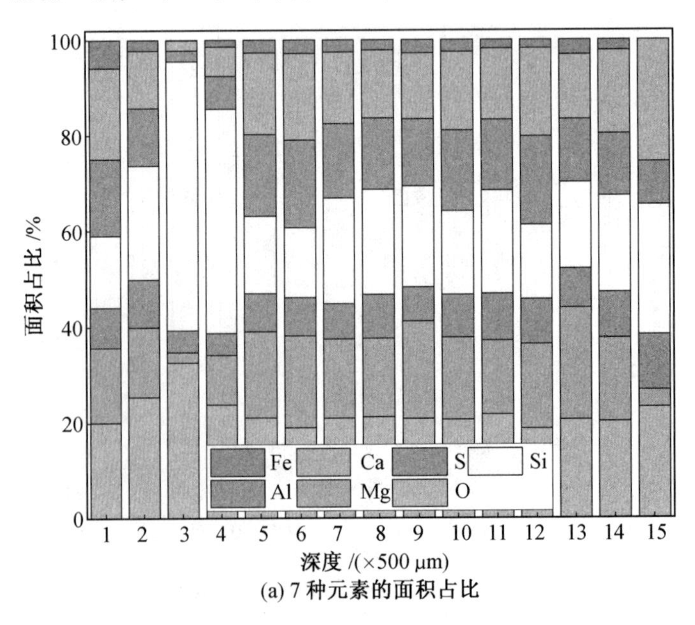

(a) 7 种元素的面积占比

图 5.62　15 个区域的所选元素的面积占比

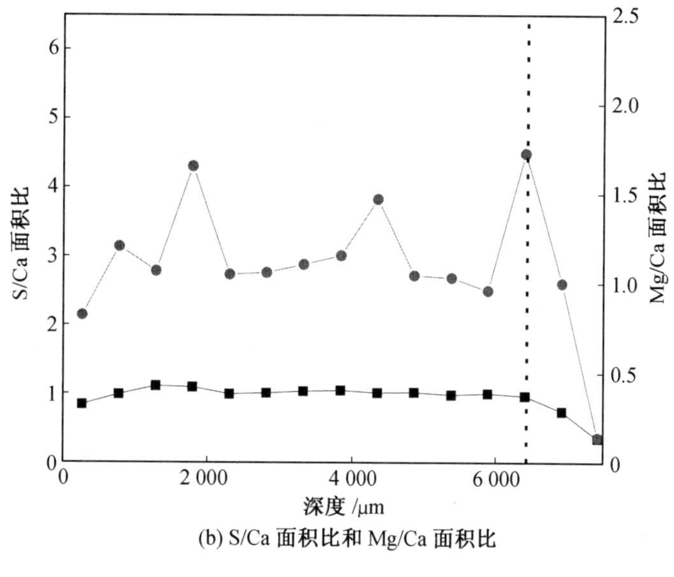

(b) S/Ca 面积比和 Mg/Ca 面积比

续图 5.62

在腐蚀和未腐蚀界面过渡区下降的较为明显，与原子比结果不同的是，S/Ca 面积比在腐蚀脱黏裂纹区接近 1 且较为稳定，说明生成腐蚀产物的多少主要由水泥浆体中的 Ca 决定，进而说明膨胀应变是由钙元素含量决定，这与之前的研究者认为腐蚀产物钙矾石主要由水泥中的 C3A 含量决定相类似，这为后面建立模型提供了基础，而 Mg/Ca 面积比在腐蚀脱黏裂纹区接近 2.7。

所选 15 个区域的能谱图如图 5.63 所示，图中只保留了 O、Mg、Al、Si、S 和 Ca 六种主要元素，虽然能谱中收集的反射粒子数与含量不完全成正比，但也存在一定正相关关系，可以看出 Si 和 O 仍占据了很大比例，特别对于 3 和 4 区域，二者峰太高以至于其他元素的峰变得很低，S 元素的峰与含量的正相关性就没那么明显，特别对于第 15 个区，S 还具有较高的粒子数，但实际含量却降低了 52%；Mg 和 Ca 的峰高与实际含量正相关性较大，Ca 元素峰高基本保持不变，而 Mg 元素峰高在腐蚀和未腐蚀界面降低得较为明显。

所选区域降噪后不同元素组合的合成物相图如图 5.64 所示。通过将 Ca、S 和 Al 分别赋红、蓝、绿三种颜色，用于分析石膏、钙矾石的分布，在腐蚀区域 Ca 和 S 基本完全重合，对应的红和蓝叠加形成紫色，而这个区域主要以石膏为主，在界面区，紫色部分颜色变浅，这主要是由于 S 含量减小，且 Ca 分布均匀含量也较小，从而二者合成的紫色颜色较浅，然而由于放大倍数的原因，很难看出钙矾石的分布。通过将 Ca、S 和 Mg 分别赋红、蓝、绿三种颜色，用于分析 Mg 在硫酸盐腐蚀砂浆中的主要作用，可以发现，紫色区域仍与上述 Ca、S 和 Al 三种颜色合成的区域相一致，不同的是，Al 和 Mg 的差集正好是粉煤灰所在的区域。通过将 Ca、S 和 Si 分别赋红、蓝、绿三种颜色，可以发现紫色区域仍与上述两种合成的区域相一致，可见裂纹中一定是石膏，除了骨料和粉煤灰区域 Si 强度太高，很难分析浆体中的 Si。

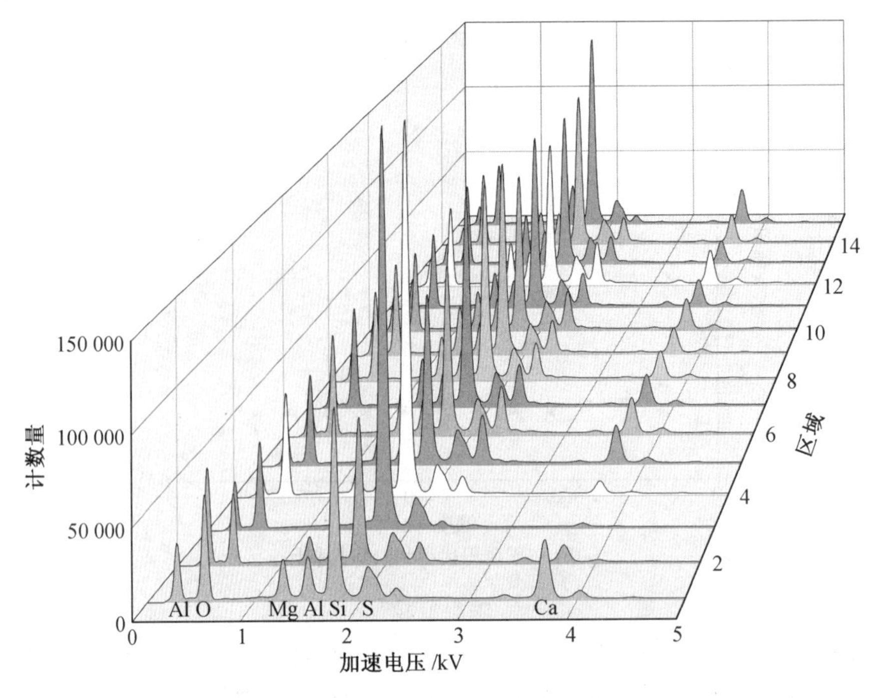

图 5.63　所选 15 个区域的能谱图

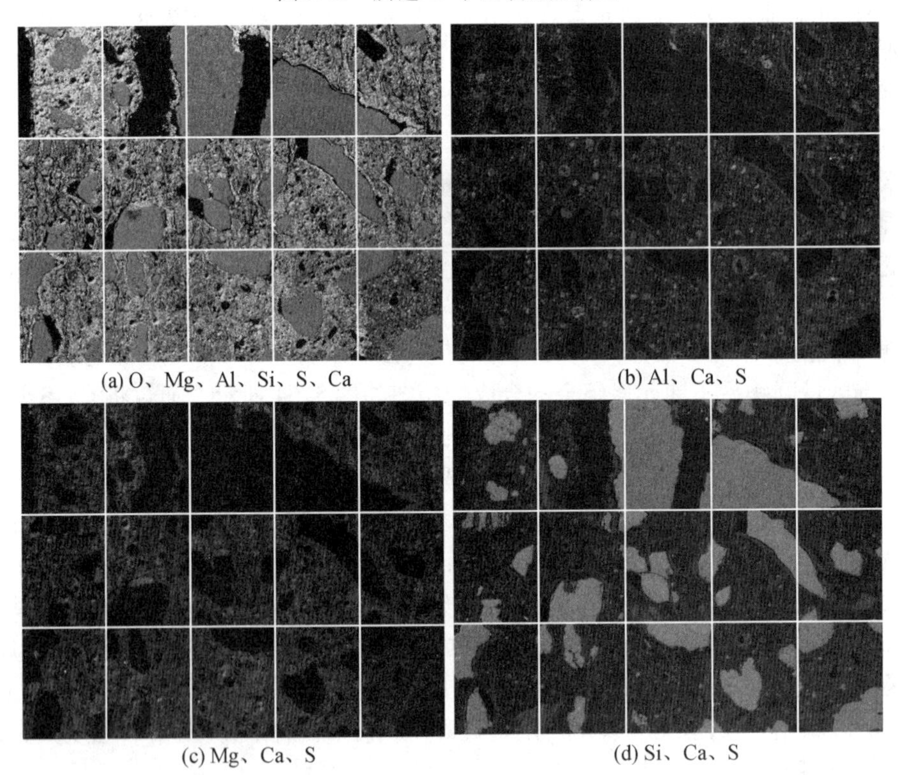

(a) O、Mg、Al、Si、S、Ca　(b) Al、Ca、S

(c) Mg、Ca、S　(d) Si、Ca、S

图 5.64　所选区域降噪后不同元素组合的合成物相图

5.5 原子力显微镜的构造及应用实例

5.5.1 概述

原子力显微镜(AFM)是在1986年由国际商业机器公司研究实验室苏黎世的诺贝尔物理学奖获得者格尔德·宾尼博士与海因里希·罗雷尔博士发明的一种可用来研究包括绝缘体在内的固体材料表面结构的分析仪器,其目的是使非导体也可以采用类似扫描探针显微镜(SPM)的观测方法。它通过检测待测样品表面和一个微型力敏感元件之间的极微弱的原子间相互作用力来研究物质的表面结构及性质,不仅可观察导体和半导体表面形貌,且可观察非导体表面形貌,弥补扫描隧道显微镜(Scanning Tunneling Microscope,STM)只能观察导体和半导体的不足。由于许多实用的材料或感光的样品不导电,AFM的出现引起科学界普遍重视。第一台AFM的横向分辨率仅为30 Å,而1987年斯坦福大学Quate等报道他们的AFM达到原子级分辨率。中国科学院化学研究所研制的隧道电流法检测、微悬臂运动AFM于1988年底首次达到原子级分辨率。

与所有的扫描探针显微镜一样,AFM使用一个极细的探针在样品表面进行扫描,探针是位于一悬臂的末端顶部,该悬臂可对针尖和样品间的作用力做出反应。原子力显微镜与扫描隧道显微镜(STM)最大的差别在于并非利用电子隧穿效应,而是检测原子之间的接触、原子键合、范德瓦耳斯力或卡西米尔效应等来呈现样品的表面特性。AFM将一对微弱力极端敏感的微悬臂一端固定,另一端的微小针尖接近样品,这时它将与其相互作用,作用力将使得微悬臂发生形变或运动状态发生变化,利用微悬臂感受和放大悬臂上尖细探针与受测样品原子之间的作用力,从而达到检测的目的,具有原子级的分辨率。扫描样品时,利用传感器检测这些变化,就可获得作用力分布信息,从而以纳米级分辨率获得表面形貌结构信息及表面粗糙度信息。

相对于扫描电子显微镜,原子力显微镜具有许多优点。不同于电子显微镜只能提供二维图像,AFM提供真正的三维表面图。同时,AFM不需要对样品的任何特殊处理,如镀Cu或C,这种处理对样品会造成不同逆转的伤害。另外,电子显微镜需要运行在高真空条件下,原子力显微镜在常压下甚至在液体环境下都可以良好工作。这样可以用来研究生物宏观分子,甚至活的生物组织。与扫描电子显微镜相比,AFM的缺点在于成像范围太小,速度慢,受探头的影响太大。AFM是继STM之后发明的一种具有原子级高分辨率的新型仪器,可以在大气和液体环境下对各种材料和样品进行纳米区域的物理性质(包括形貌)探测,或者直接进行纳米操纵,现已广泛应用于半导体、纳米功能材料、生物、化工、食品、医药研究和各种纳米相关学科等领域中,成为纳米科学研究的基本工具。原子力显微镜与扫描隧道显微镜相比,由于能观测非导电样品,因此具有更为广泛的适用性。当前在科学研究和工业界广泛使用的扫描力显微镜(Scanning Force Microscope,SFM),其基础就是原子力显微镜。

5.5.2 构造

1. 原子力显微镜的基本原理

AFM的基本原理就是使用一个对力非常敏感的弹性微悬臂,将探针装在微悬臂的一端,微悬臂的另一端固定,探针针尖半径接近原子尺寸。如图5.65所示,当探针在样品表面扫描时,针尖与样品表面轻轻接触,由于针尖尖端原子与样品表面原子间存在极微弱的排斥力,通过在扫描时控制这种力的恒定,带有针尖的微悬臂将对应于针尖与样品表面原子间作用力的等位面而在垂直于样品的表面方向起伏运动,这样,微悬臂的轻微变形就可以作为探针和样品间排斥力的直接量度,利用光学检测法或隧道电流检测法,将悬臂的形变信号转换成光电信号并放大,可测得微悬臂对应于扫描各点的位置变化,从而可以获得样品的三维表面形貌和其他表面结构的信息。在空气中测量时,横向分辨率达0.15 nm,纵向分辨率达0.05 nm。

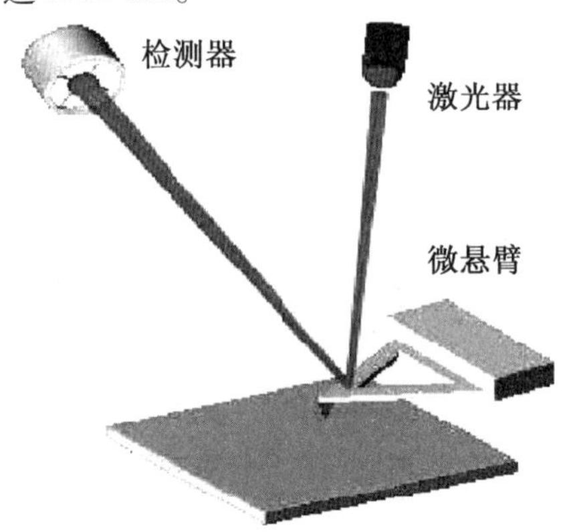

图5.65 激光检测原子力显微镜探针工作示意图

AFM主要由带针尖的微悬臂、微悬臂运动检测装置、监控其运动的反馈回路、使样品进行扫描的压电陶瓷扫描器件、计算机控制的图像采集、显示及处理系统组成。微悬臂运动可用如隧道电流检测等电学方法或光束偏转法、干涉法等光学方法检测。AFM测量对样品无特殊要求,可测量固体表面、吸附体系等。以激光检测原子力显微镜(Laser-AFM)来详细说明其硬件构架与工作原理。在AFM的系统中,其主要构造可分成3个部分:力检测部分、位置检测部分和反馈系统。

(1)力检测部分。

在原子力显微镜(AFM)的系统中,所要检测的力是原子与原子之间的范德瓦耳斯力。所以在本系统中是使用微悬臂(cantilever)来检测原子之间力的变化量。微悬臂通常由一个100~500 μm长和500 nm~5 μm厚的硅片或氮化硅片制成。微悬臂顶端有一个尖锐针尖,用来检测样品-针尖间的相互作用力。微悬臂有一定的规格,如长度、宽度、弹性系数及针尖的形状,这些规格的选择是依照样品的特性及操作模式的不同,而选择不同类型的探针。

(2)位置检测部分。

在AFM的系统中,当针尖与样品之间有了交互作用之后,会使得悬臂摆动,当激光照射在微悬臂的末端时,其反射光的位置也会因为悬臂摆动而有所改变,这就造成偏移量的产生。在整个系统中是依靠激光光斑位置检测器将偏移量记录下并转换成电的信号,以供SPM控制器做信号处理。

(3)反馈系统。

在AFM的系统中,将信号经由激光检测器取入之后,在反馈系统中会将此信号当作反馈信号,作为内部的调整信号,并驱使通常由压电陶瓷管制作的扫描器做适当的移动,以保持样品与针尖保持一定的作用力。

AFM 系统使用压电陶瓷管制作的扫描器精确控制微小的扫描移动。压电陶瓷是一种性能奇特的材料,当在压电陶瓷对称的两个端面加上电压时,压电陶瓷会按特定的方向伸长或缩短。而伸长或缩短的尺寸与所加的电压的大小呈线性关系,即可以通过改变电压来控制压电陶瓷的微小伸缩。通常把 3 个分别代表 X、Y、Z 方向的压电陶瓷块组成三脚架的形状,通过控制 X、Y 方向伸缩达到驱动探针在样品表面扫描的目的;通过控制 Z 方向压电陶瓷的伸缩达到控制探针与样品之间距离的目的。

原子力显微镜便是结合以上 3 个部分来将样品的表面特性呈现出来的:在 AFM 的系统中,使用微悬臂来感测针尖与样品之间的相互作用,这个作用力会使微悬臂摆动,再利用激光将光照射在悬臂的末端,当摆动形成时,会使反射光的位置改变而造成偏移量,此时激光检测器会记录此偏移量,也会把此时的信号给反馈系统,以利于系统做适当的调整,最后再将样品的表面特性以影像的方式呈现出来。

如图 5.66 所示,二极管激光器(laser diode)发出的激光束经过光学系统聚焦在微悬臂的背面,并从微悬臂背面反射到由光电二极管构成的光斑位置检测器(detector)。在样品扫描时,由于样品表面的原子与微悬臂探针尖端的原子间的相互作用力,微悬臂将随样品表面形貌而弯曲起伏,反射光束也将随之偏移,因而,通过光电二极管检测光斑位置的变化,就能获得被测样品表面形貌的信息。在系统检测成像全过程中,探针与被测样品间的距离始终保持在纳米(10^{-9} m)量级,距离太大不能获得样品表面的信息,距离太小会损伤探针和被测样品,反馈回路(feedback)的作用就是在工作过程中,由探针得到探针-样品相互作用的强度,来改变加在样品扫描器垂直方向的电压,从而使样品伸缩,调节探针和被测样品间的距离,反过来控制探针-样品相互作用的强度,实现反馈控制。

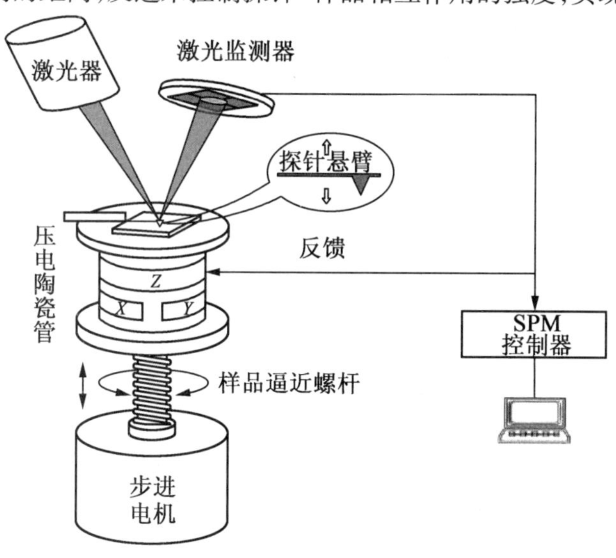

图 5.66 AFM 系统的结构

因此,反馈控制是本系统的核心工作机制。本系统采用数字反馈控制回路,用户在控制软件的参数工具栏通过以参考电流、积分增益和比例增益等参数的设置来对该反馈回路的特性进行控制。

2. 原子力显微镜的工作模式

原子力显微镜的工作模式是以针尖与样品之间的作用力的形式来分类的。主要有3种操作模式：接触模式(Contact Mode)、非接触模式(Non-contact Mode)和敲击模式(Tapping Mode)。

(1)接触模式。

从概念上来理解，接触模式是AFM最直接的成像模式。AFM在整个扫描成像过程之中，探针针尖始终与样品表面保持紧密的接触，而相互作用力是排斥力。扫描时，悬臂施加在针尖上的力有可能破坏试样的表面结构，因此力的大小范围在10^{-10} ~ 10^{-6} N。若样品表面柔软而不能承受这样的力，便不宜选用接触模式对样品表面进行成像。

(2)非接触模式。

非接触模式探测试样表面时悬臂在距离试样表面上方5 ~ 10 nm的距离处振荡。这时，样品与针尖之间的相互作用由范德瓦耳斯力控制，通常为10 ~ 12 N，样品不会被破坏，针尖也不会被污染，特别适合于研究柔软物体的表面。这种操作模式的缺点在于要在室温大气环境下实现这种模式十分困难。因为样品表面不可避免地会积聚薄薄的一层水，它会在样品与针尖之间搭起一个的毛细桥，将针尖与表面吸在一起，从而增加尖端对表面的压力。

(3)敲击模式。

敲击模式介于接触模式和非接触模式之间，是一个杂化的概念。悬臂在试样表面上方以其共振频率振荡，针尖仅仅是周期性地短暂地接触/敲击样品表面。这就意味着针尖接触样品时所产生的侧向力被明显地减小了。因此当检测柔嫩的样品时，AFM的敲击模式是最好的选择之一。一旦AFM开始对样品进行成像扫描，装置随即将有关数据输入系统，如表面粗糙度、平均高度、峰谷峰顶之间的最大距离等，用于物体表面分析。同时，AFM还可以完成力的测量工作，测量悬臂的弯曲程度来确定针尖与样品之间的作用力大小。

相较而言，接触模式的扫描速度快，是唯一能够获得“原子分辨率”图像的AFM，垂直方向上有明显变化的质硬样品有时更适于用接触模式扫描成像，但其横向力影响图像质量。在空气中，因为样品表面吸附液层的毛细作用，使针尖与样品之间的黏着力很大，横向力与黏着力的合力导致图像空间分辨率降低，而且针尖刮擦样品会损坏软质样品(如生物样品、聚合体等)。非接触模式没有力作用于样品表面，而由于针尖与样品分离，横向分辨率低，为了避免接触吸附层而导致针尖胶黏，其扫描速度低于敲击模式和接触模式，通常仅用于非常怕水的样品，吸附液层必须薄，如果太厚，针尖会陷入液层，引起反馈不稳，刮擦样品。由于上述缺点，非接触模式的使用受到限制。轻敲模式很好地消除了横向力的影响，降低了由吸附液层引起的力，图像分辨率高，适于观测软、易碎或胶黏性样品，不会损伤其表面，但比接触模式的扫描速度慢。

5.5.3 应用

电子显微镜技术已发展到相对成熟的阶段，而AFM正处于蓬勃兴起的阶段，在不久的将来，会成为教学或科研中重要的工具。AFM的工作原理决定了其比扫描电子显微镜更高的分辨率，不像传统的显微镜那样用眼睛看，而相当于用手摸，可观察测量包括绝缘体在内的各种固体表面形貌，达到接近原子尺度的分辨率，不只看到二维图像，还能得到三维图像，对扫出的图像进行定量分析，如粒径分析、颗粒分布及剖面的测量等。AFM 不仅可观察小范围内的精细结构，在大尺度物体的形貌观察中也起重要作用，如集成电路芯片等。AFM 测量中对力的极端敏感性，可对样品表面的纳米级力学性质研究。同时，它除了分析测量的功能以外，还能进行操纵和加工，如观察样品的表面形貌（图 5.67）、黏弹性测定（黏性相和弹性相）、纳米压痕实验、微刻痕实验、电化学反应（表面形貌）观察、加热或冷却过程中的 AFM 观察、在特定气氛下的 AFM 观察。

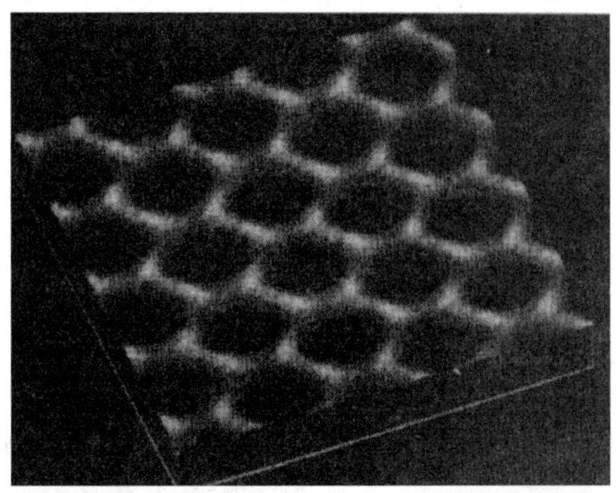

(a)石墨表面的AFM形貌(C原子间距为1.5 Å)

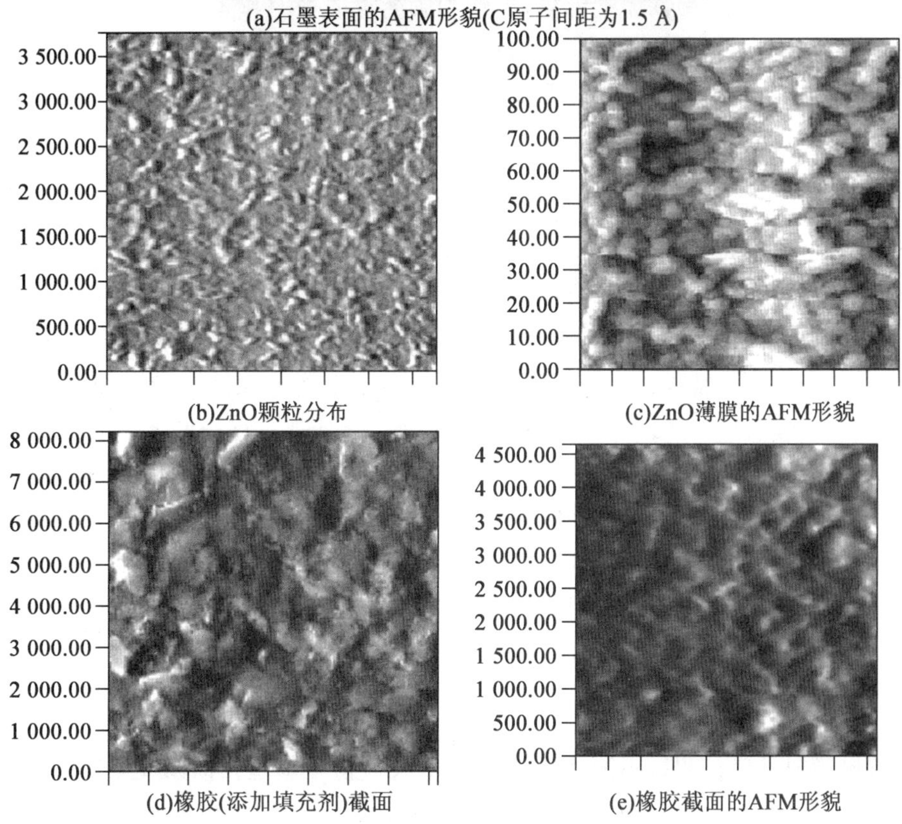

(b)ZnO颗粒分布　(c)ZnO薄膜的AFM形貌

(d)橡胶(添加填充剂)截面　(e)橡胶截面的AFM形貌

图 5.67　观察样品的表面形貌（单位为 Å）

AFM 除了可测量形貌之外，还能测量力对探针-样品间距离的关系曲线 $Z_t(Z_s)$。它几乎包含了所有关于样品和针尖间相互作用的必要信息。当微悬臂固定端被垂直接近，然后离开样品表面时，微悬臂和样品间产生了相对移动。而在这个过程中微悬臂自由端的探针也在接近甚至压入样品表面，然后脱离，此时 AFM 测量并记录了探针所感受的力，从而得到力曲线。Z_s 是样品的移动，Z_t 是微悬臂的移动。这两个移动近似垂直于样品表面。用悬臂弹性系数 c 乘 Z_t，可以得到力 $F=c\cdot Z_t$。如果忽略样品和针尖弹性变形，可以通过 $s=Z_t-Z_s$ 给出针尖和样品间相互作用距离 s，这样能从 $Z_t(Z_s)$ 曲线得出力-距离的关系 $F(s)$。这个技术可以用来测量探针尖和样品表面间的排斥力或长程吸引力，揭示定域的化学和机械性质，像黏附力和弹力，甚至吸附分子层的厚度。如果将探针用特定分子或基团修饰，利用力曲线分析技术就能够给出特异结合分子间的力或键的强度，其中也包括特定分子间的胶体力及疏水力、长程引力等。

扫描探针纳米加工技术是纳米科技的核心技术之一，其基本的原理是利用 SPM 的探针-样品的纳米可控定位和运动及其相互作用对样品进行纳米加工操纵，常用的纳米加工技术包括机械刻蚀、电致/场致刻蚀、浸蘸笔纳米加工刻蚀（Dip Pen Nanolithography，DPN）等。此外，AFM 可在自然状态（空气或者液体）下对生物医学样品直接进行成像，分辨率也很高。因此，AFM 已成为研究生物医学样品和生物大分子的重要工具之一。AFM 在医学领域的应用主要包括 3 个方面：生物细胞的表面形态观测；生物大分子的结构及其他性质的观测研究；生物分子之间力谱曲线的观测。

AFM 制样完全不需要制备电子显微镜样品那样苛刻的环境要求，在普通实验室里就可完成，如薄膜、固体样品都可以直接放在样品基底上，粉体可先将其溶于溶剂中，然后涂于云母基底表面，待其干燥后即可用于测试。原子力显微镜研究对象可以是有机固体、聚合物以及生物大分子等，样品的载体选择范围很大，包括云母片、玻璃片、石墨、抛光硅片、SiO_2 和某些生物膜等，其中最常用的是新剥离的云母片，主要原因是其非常平整且容易处理。而抛光硅片最好要用浓硫酸与质量分数 30% 的过氧化氢的 7∶3 混合溶液于 90 ℃下煮 1 h。在电性能测试时需要导电性能良好的载体，如石墨或镀有金属的基片。试样的厚度，包括试样台的厚度，最大为 10 mm。如果试样过厚，有时会影响探测器的动作，所以不要放过厚的试样。试样的平面尺寸以不大于试样台的大小（直径 20 mm）为大致的标准，稍微大一点也可以。但是，试样的平面尺寸最大值约为 40 mm。如果未固定好试样就进行测量可能产生移位，需固定好试样后再测定。

5.6 扫描隧道显微镜的原理及应用实例

5.6.1 概述

扫描隧道显微镜（STM）亦称为“扫描隧穿式显微镜”“隧道扫描显微镜”，是一种利用量子理论中的隧道效应探测物质表面结构的仪器。它于 1981 年由格尔德·宾尼及海因里希·鲁勒在位于瑞士苏黎世的鲁希利康 IBM 苏黎世研究实验室发明，两位发明者因此与恩斯特·鲁斯卡分享了 1986 年诺贝尔物理学奖。STM 是通过检测隧道电流来反映样品表面形貌和结构的。STM 的基本原理是利用量子理论中的隧道效应;将原子线度的极细探针和被研究物质的表面作为两个电极,当样品与针尖的距离非常接近时(通常小于 1 nm),在外加电场的作用下,电子会穿过两个电极之间的势垒流向另一电极,这种现象即是隧道效应。因为 STM 的最早期研究工作是在超高真空中进行的,因此最直接的应用是观察和记录超高真空条件下金属原子在固体表面的吸附结构。

STM 作为一种扫描探针显微术工具,可以让科学家观察和定位单个原子,它具有比它的同类原子力显微镜更加高的分辨率。此外,扫描隧道显微镜在低温下(4 K)可以利用探针尖端精确操纵原子,因此它在纳米科技领域既是重要的测量工具又是加工工具。STM 使人类第一次能够实时地观察单个原子在物质表面的排列状态和与表面电子行为有关的物化性质,在表面科学、材料科学、生命科学等领域的研究中有着重大的意义和广泛的应用前景,被国际科学界公认为 20 世纪 80 年代世界十大科技成就之一。

5.6.2 原理

STM 的工作原理是:一根探针慢慢地通过要被分析的材料(针尖极为尖锐,仅由一个原子组成)。当两个导体距离在 1 mm 以下,两导体表面的电子云重叠,电子以一定的概率从一端飞向另一端,形成隧穿电流。由于隧穿电流与被测物体的表面高低起伏有关,即与表面形貌有关,因而记录下每个扫描点对应的隧道电流,电流在流过一个原子时有升有降,通过转化就可以得到被测物体的形貌。从 STM 的工作原理可以看出,STM 工作的特点是利用针尖扫描样品表面,通过隧道电流获取显微图像,而不需要光源和透镜,这正是得名“扫描隧道显微镜”的原因。

在对样品进行扫描过程中保持针尖的绝对高度不变,于是针尖与样品表面的局域距离将发生变化,隧道电流 I 的大小也随之发生变化。通过计算机记录隧道电流的变化,并转换成图像信号显示出来,即得到 STM 显微图像。这种工作方式仅适用于样品表面较平坦且组成成分单一(如由同一种原子组成)的情形。在 STM 观测样品表面的过程中,扫描探针的结构所起的作用是很重要的,如针尖的曲率半径是影响横向分辨率的关键因素;针尖的尺寸、形状及化学成分同一性不仅影响 STM 图像的分辨率,还关系到电子结构的测量。因此,精确地观测描述针尖的几何形状与电子特性对于实验质量的评估有重要的参考价值。

STM 的研究者们曾采用一些其他技术手段来观察 STM 针尖的微观形貌,如 SEM、TEM、FIM 等。SEM 一般只能提供微米或亚微米级的形貌信息,显然对于原子级的微观结构观察是远远不够的。虽然用高分辨 TEM 可以得到原子级的样品图像,但用于观察 STM 针尖则较为困难,而且它的原子级分辨率也只是勉强可以达到。只有 FIM 能在原子级分辨率下观察 STM 金属针尖的顶端形貌,因而成为 STM 针尖的有效观测工具。日本东北大学的樱井利夫等人利用了 FIM 的这一优势制成了 FIM-STM 联用装置(研究者称之为 FI-STM),可以通过 FIM 在原子级水平上观测 STM 扫描针尖的几何形状,这使得人们能够在确知 STM 针尖状态的情况下进行实验,从而提高了使用 STM 的有效率。

5.6.3 在材料研究中的应用

STM 工作时,探针将充分接近样品产生高度空间限制的电子束,因此在成像工作时,

STM 具有极高的空间分辨率,可以进行科学观测,具体应用包括:金属和半导体表面结构研究、表面上发生的物理与化学过程研究、晶体生长过程、表面物质沉积过程、表面化学反应研究、原子操纵(图 5.68)等。此外,STM 在对表面进行加工处理的过程中可实时对表面形貌进行成像,用来发现表面各种结构上的缺陷和损伤,并用表面淀积和刻蚀等方法建立或切断连线,以消除缺陷,达到修补的目的,然后还可用 STM 进行成像以检查修补结果的好坏。当 STM 在恒流状态下工作时,突然缩短针尖与样品的间距或在针尖与样品的偏置电压上加一个脉冲,针尖下样品表面微区中将会出现纳米级的坑、丘等结构上的变化。针尖进行刻写操作后一般并未损坏,仍可用它对表面原子进行成像,以实时检验刻写结果的好坏。STM 可在金属玻璃上进行刻写操作,小丘的大小随偏压的增加而增加。产生小丘的原因通常认为是高电流密度引起了衬底的局部熔化,这些熔化物质在针尖负偏压产生的静电场作用下,会形成一个突起的泰勒锥,电流去掉后,这个锥立即冷却下来,在表面形成一个小丘。STM 在场发射模式时,针尖与样品仍相当接近,此时用不是很高的外加电压(最低可到 10 V 左右)就可产生足够高的电场,电子在其作用下将穿越针尖的势垒向空间发射。这些电子具有一定的束流和能量,由于它们在空间运动的距离极小,至样品处还来不及发散,故束径很小,一般为纳米量级,所以可能在纳米尺度上引起化学键断裂,发生化学反应。

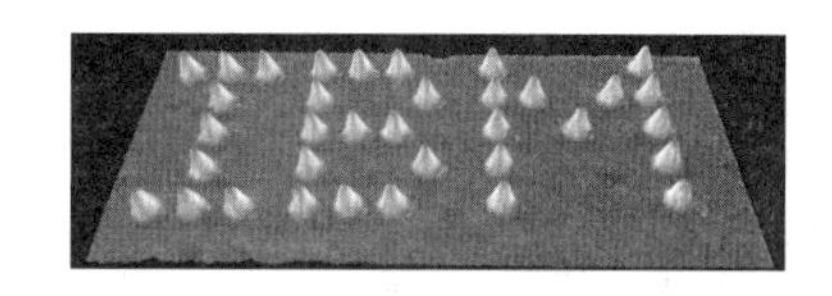

图 5.68　应用 STM 技术操纵原子

与其他表面分析技术相比,STM 具有如下独特的优点:具有原子级高分辨率,STM 在平行于样品表面方向上的分辨率可达 0.1 Å,即可以分辨出单个原子;可实时得到实空间中样品表面的三维图像,可用于具有周期性或不具备周期性的表面结构的研究,这种可实时观察的性能可用于表面扩散等动态过程的研究;可以观察单个原子层的局部表面结构,而不是对体相或整个表面的平均性质,因而可直接观察到表面缺陷、表面重构、表面吸附体的形态和位置,以及由吸附体引起的表面重构等;可在真空、大气、常温等不同环境下工作,样品甚至可浸在水和其他溶液中不需要特别的制样技术并且探测过程对样品无损伤,这些特点特别适用于研究生物样品和在不同实验条件下对样品表面的评价,如对于多相催化机理、电化学反应过程中电极表面变化的监测等;配合扫描隧道谱(Scanning Tunneling Spectroscopy,STS)可以得到有关表面电子结构的信息,如表面不同层次的态密度、表面电子阱、电荷密度波、表面势垒的变化和能隙结构等;利用 STM 针尖,可实现对原子和分子的移动和操纵,这为纳米科技的全面发展奠定了基础。

尽管 STM 有着 SEM、TEM 等仪器所不能比拟的诸多优点，但由于仪器本身的工作方式所造成的局限性也是显而易见的。这主要表现在以下两个方面：①在 STM 的恒电流工作模式下，有时它对样品表面微粒之间的某些沟槽不能够准确探测，与此相关的分辨率较差，在恒高度工作方式下，从原理上这种局限性会有所改善，但只有采用非常尖锐的探针，其针尖半径应远小于粒子之间的距离，才能避免这种缺陷，在观测超细金属微粒扩散时，这一点显得尤为重要；②STM 所观察的样品必须具有一定程度的导电性，对于半导体，观测的效果就差于导体，对于绝缘体则根本无法直接观察，如果在样品表面覆盖导电层，则由于导电层的粒度和均匀性等问题又限制了图像对真实表面的分辨率。宾尼等人于 1986 年研制成功的 AFM 可以弥补 STM 这方面的不足。

5.7 其他扫描探针显微镜

5.7.1 磁力显微镜

磁力显微镜(Magnetic Force Microscope，MFM) 是扫描探针显微镜的一种。它的探头是一个微小的铁磁性针尖，在磁性材料表面上方扫描时能感受到样品杂散磁场的微小的作用力，探测这个力就能得到产生杂散磁场的表面磁结构的信息。众所周知，磁相互作用是长程的磁偶极作用，因而如果 AFM 的探针是铁磁性的，而且磁针尖在磁性材料表面上方以恒定的高度扫描，就能感受到磁性材料表面的杂散磁场的磁作用力。因而，探测磁力梯度的分布就能得到产生杂散磁场的磁畴(包括写入的磁斑)、磁畴壁及畴壁中的微结构等表面磁结构的信息，MFM 纳米尺度的磁针尖加上纳米尺度的扫描高度使磁性材料表面磁结构的探测精细到纳米尺度，这就是 MFM 这个新工具的特点和意义。第一台 MFM 是 Martin 等人在 1987 年研制成功的。在1987—1991 年，世界上一些重要的实验室自行研制形式各异的 MFM，对磁性材料的 MFM 研究做了探索和实践。大约从 1992 年起，MFM 的产品推向了市场，使得 MFM 的操作变得规范和简化，可靠性提高，因而广泛地应用于各种磁性材料的研究。

MFM 采用磁性探针对样品表面扫描检测，其成像原理与 AFM 相同，依靠检测磁性针尖与样品杂散磁场之间的相互作用力生成磁力梯度分布图，可以同步得到磁体的高分辨率形貌像和磁力分布梯度像，自从问世后就成为研究磁性材料的有力工具。磁探针的针尖磁特性、扫描高度和样品表面的平整度是 MFM 图像质量的主要影响因素。检测时，对样品表面的每一行都进行两次扫描：第一次扫描采用轻敲模式，得到样品在这一行的高低起伏并记录下来；然后采用抬起模式，让磁性探针抬起一定的高度(通常为 10 ~ 200 nm)，并按样品表面起伏轨迹进行第二次扫描，由于探针被抬起且按样品表面起伏轨迹扫描，故第二次扫描过程中针尖不接触样品表面(不存在针尖与样品间原子的短程斥力)且与其保持恒定距离(消除了样品表面形貌的影响)，磁性探针因受到的长程磁力的作用而引起振幅和相位变化，因此，将第二次扫描中探针的振幅和相位变化记录下来，就能得到样品表面漏磁场的精细梯度，从而得到样品的磁畴结构。一般而言，相对于磁性探针的振幅，其振动相位对样品表面磁场变化更敏感，因此，相移成像技术是磁力显微镜的重要方法，其结果的分辨率更高、细节也更丰富。与其他磁成像技术比较，MFM 具有分辨率高、可在大气中工作、不破坏样品而且不需要制备特殊的样品等优点。

5.7.2 静电力显微镜

静电力显微镜(Electrostatic Force Microscope，EFM)是近年来在原子力显微镜基础上发展起来的一项微纳米尺度的表面分析技术，与 AFM 等同属于扫描探针显微镜大家族，是一种利用测量探针与样品的静电相互作用，来表征样品的表面静电势能、电荷分布及电荷输运的扫描探针显微镜。EFM 利用导电探针可以在微纳米尺度下同时观察样品的表面形貌、表面电场和电荷分布，甚至可以观察表面层下的载流子浓度分布，具有分辨率高、工作环境要求低、成像载体种类多及制样简单等优点，大大扩展了研究电介质材料微观局域电学信息的空间，这对于研究纳米复合电介质材料具有十分重要的意义。利用 EFM 一次扫描同时测量样品表面形貌和样品表面电性质的技术受到了广泛的重视。1990 年，Terris 等人利用 EFM 测量了绝缘体表面的局部电荷，并有效地降低了表面形貌对测量结果的影响。同时，Saurenbach 等人在此基础上利用 EFM 观察了铁电-铁弹材料 $Gd_2(MoO_4)_3$ 的掺杂结构，获得了铁电体的结构图像。1991 年，Weaver 等人在大气条件下测量了半导体器件(运算放大器)的局部表面电势，分辨率达到纳米级(50 nm)。

图 5.69 为 EFM 的工作原理示意图。EFM 使用的是导电探针，首先利用 AFM 的表面成像功能，用微悬臂梁顶端的导电探针对样品表面形貌进行扫描，如图 5.61(a)所示。通常探针对样品表面的扫描方式有 3 种——接触式、非接触式以及敲击模式，现在较为常用的是敲击模式。其主要原理是：首先通过压电陶瓷使探针在其共振频率附近进行振荡，然后使其接近样品表面进行扫描，扫描过程中，探针的振幅或者是振荡激励信号与探针的实际信号之间的相位差会随着样品表面的高低起伏而发生变化，通过信号的放大与转换系统，样品的表面形貌信息就会被转换成图像显示在屏幕上。

由于表面形貌在 EFM 的信号中扮演着重要的角色，因此需要排除表面形貌对 EFM 信号产生的影响。在 AFM 将样品的形貌特征记录下来后，让探针回到扫描前的位置，并在竖直方向上抬起一定的高度(20 ~ 100 nm)，关掉闭环反馈系统，使探针按照刚才记录的样品表面形貌特征，再进行一次开环扫描，如图 5.69(b)所示。这就是 EFM 的抬高模式功能，该功能排除了表面形貌在电场力测量中的影响。此时如果样品表面有电荷分布，导电探针与电荷之间会产生镜像力而发生吸引，而使探针的相位发生改变，再通过 EFM 的信号放大与处理系统，便得到样品表面电荷的分布情况。如果在抬高模式中探针被抬起一定高度后，在针尖与样品之间加一定的电压，会使导电探针对长程的静电吸引或排斥力更加敏感。

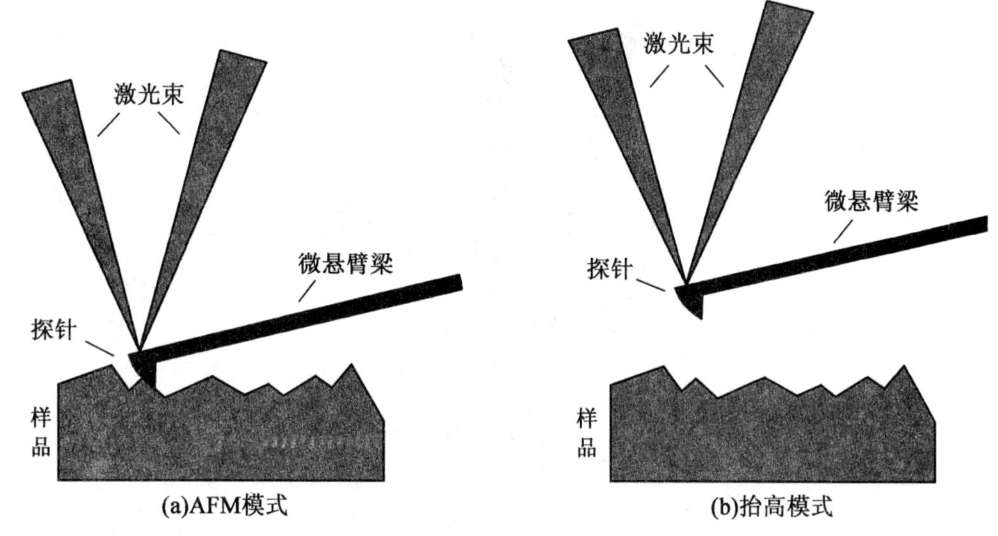

图 5.69 EFM 的工作原理示意图

5.7.3 摩擦力显微镜

摩擦力显微镜(Lateral Force Microscope,LFM)是在 AFM 表面形貌成像的基础上发展的新技术之一。材料表面中的不同组分很难在形貌图像中区分开来,而且污染物也有可能覆盖样品的真实表面。LFM 恰好可以研究那些形貌上相对较难区分而又具有相对不同摩擦特性的多组分材料表面。

图 5.70 为 LFM 扫描及力检测的示意图。一般接触模式 AFM 中,探针在样品表面以 X、Y 光栅模式扫描(或样品在探针下扫描)。聚焦在微悬臂上的激光反射到光电检测器,由表面形貌引起的微悬臂形变量大小是通过计算激光束在检测器 4 个象限中的强度差值$((A+B)-(C+D))$得到的。反馈回路通过调整微悬臂高度来保持样品上的作用力恒定,也就是微悬臂形变量恒定,从而得到样品表面上的三维形貌图像。而在横向摩擦力技术中,探针在垂直于其长度方向扫描。检测器根据激光束在 4 个象限中,$((A+C)-(B+D))$这个强度差值用来检测微悬臂的扭转弯曲程度。而微悬臂的扭转弯曲程度随表面摩擦特性变化而增减(增大摩擦力导致更大的扭转)。激光检测器的 4 个象限可以分别实时地测量并记录形貌和横向力数据。

LFM 是检测表面不同组成变化的 SFM 技术。它可以识别聚合混合物、复合物和其他混合物的不同组分间的转变,鉴别表面有机或其他污染物以及研究表面修饰层和其他表面层的覆盖程度。它在半导体、高聚物沉积膜、数据存储器以及对表面污染、化学组成的应用观察研究是非常重要的。LFM 之所以能对材料表面的不同组分进行区分和确定,是因为表面性质不同的材料或组分在 LFM 图像中会给出不同的反差。

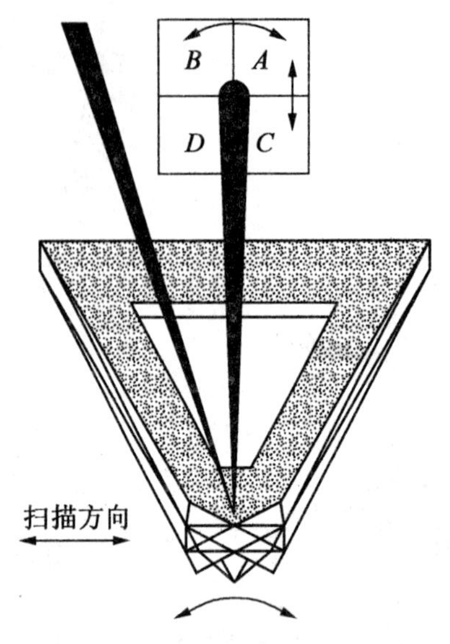

图5.70 LFM扫描及力检测的示意图

5.7.4 化学力显微镜

虽然LFM对所研究体系的化学性质只能提供有限的信息，但作为LFM新应用而发展起来的化学力显微镜(Chemical Force Microscope，CFM)技术却具有很高的化学灵敏性。通过共价结合修饰有机单层分子后的化学力显微镜探针尖，其顶端具有完好控制的官能团，能够直接探测分子间相互作用并利用其化学灵敏性来成像。这种新的CFM技术已经对有机和水合溶剂中的不同化学基团间的黏附和摩擦力进行了探测，为模拟黏附力并且预测相互作用分子基团数目提供了基础。一般来讲，测量得到的黏附力和摩擦力大小与分子相互作用强弱的变化趋势是一致的。充分理解这些相互作用力，能够为合理解释不同官能团及质子化、离子化等过程的成像结果提供基础。Frisbie等利用一般的SFM改变针尖的化学修饰物质，对同一扫描区间进行扫描得到反转的表面横向力图像。这一研究开拓了侧向力测量的新领域，可以研究聚合物和其他材料的官能团微结构及生物体系中的结合、识别等相互作用。

思考题与习题

1. 二次电子成像是最常用的形貌观察方法，请简述其特点。
2. 二次电子像和背散射电子像在显示表面形貌衬度时有何相同与不同之处？
3. 二次电子像景深很大，样品凹坑底部都能清楚地显示出来，从而使图像的立体感很强，原因何在？
4. 请比较TEM、SEM成像原理和特点，并说明明场像、暗场像、高分辨像的原理。散射与波谱在元素分布分析上有什么区别？
5. TEM和SEM在成像原理和调节放大倍数的原理上有何差异？TEM及SEM分析

对制样有何要求?

6. 请概括扫描电子显微镜的特点。

7. 扫描电子显微镜的分辨率受哪些因素影响?用不同的信号成像时,其分辨率有何不同?

8. 所谓扫描电子显微镜的分辨率是指用何种信号成像时的分辨率?

9. 扫描电子显微镜的成像原理与透射电子显微镜的成像原理有何不同?

10. 在SEM的二次电子像和背散射电子像及TEM的透射电子像的成像信号中,哪些来源于样品?哪些来源于入射电子束?这些信号有何差别?用这几种成像方法分析材料的显微结构时,分别具有什么特点?

11. 为什么能谱(EDS)更适合做“点”的元素全分析而波谱(WDS)更适合做“线”和“面”的元素分布分析和定量分析?

12. 试对比透射电子显微镜、扫描电子显微镜、光学显微镜、原子力显微镜的景深。

13. 电子探针仪与扫描电子显微镜有何异同?电子探针仪如何与扫描电子显微镜和透射电子显微镜配合进行组织结构与微区化学成分的同位分析?

14. 请简要说明原子力显微镜的工作原理。它有哪些功能和成像模式?

15. 原子力显微镜在工作中用哪两种力?又是如何探测形貌的?

16. 请简述扫描探针显微镜的基本原理和应用领域。

17. 请简述扫描隧道显微镜的基本原理并试举例分析。

18. 现代显微镜技术的发展为观察微观世界、微结构操作提供了有力的手段,请列举两种新型显微镜,并叙述其基本工作原理和主要用途。

第6章　核磁共振波谱分析

核磁共振(Nuclear Magnetic Resonance, NMR)是磁矩不为零的原子核,在外磁场作用下自旋能级发生塞曼分裂,共振吸收某一定频率的射频辐射的物理过程。NMR 波谱学是光谱学的一个分支,其共振频率在射频波段,相应的跃迁是核自旋在核塞曼能级上的跃迁。目前,NMR 波谱技术已成为鉴定有机化合物结构及研究化学动力学的重要手段,在有机化学、生物化学、药物化学、物理化学、无机化学等多个领域得到广泛应用。分析测定时,样品不会受到破坏,属于无破损分析方法。

6.1　核磁共振基本原理

6.1.1　原子核自旋和磁矩

众所周知,原子核是由质子和中子构成,质子带正电荷,中子不带电荷,因此原子核带正电荷。原子核电荷数 Z 等于原子核所含的质子数,也等于原子核的原子序数。原子核的质量数(A)等于质子数(Z)加中子数(N),因此可以把核标记为$^{A}X_{Z}$,如氢核(质子)$^{1}H_{1}$,碳核$^{12}C_{6}$、$^{13}C_{6}$ 等。原子核自旋是 NMR 理论中一个最基本的概念。原子核自旋与质量和电荷一样,是原子核的自然属性,由自旋量子数 I 表征,其值为整数或半整数。I 的取值由原子核的质子数和中子数决定,具体分为以下 3 种情况:①当质子数和中子数同时为偶数时,核自旋量子数 $I=0$,如$^{16}O_{8}$、$^{12}C_{6}$ 等核的自旋量子数为 0;②当质子数和中子数一个为奇数、一个为偶数时,其自旋量子数为半整数,即 $I=1/2,3/2,5/2,\cdots$,如^{1}H、^{13}C、^{19}F、^{31}P 等核的 I 为 1/2,^{11}B、^{33}S、^{35}Cl 等核的 I 为 3/2,^{17}O 核的 I 为 5/2;③当质子数和中子数同时为奇数时,其自旋量子数为正整数,如^{2}H 和^{14}N 等核的 I 为 1。

自旋量子数与原子序数之间的关系见表 6.1。

表 6.1　自旋量子数与原子序数之间的关系

分类	质量数	原子序数	自旋量子数 I	NMR 信号
Ⅰ	偶数	偶数	0	无
Ⅱ	偶数	奇数	1,2,3,…(I 为整数)	有
Ⅲ	奇数	奇数或偶数	1/2,3/2,5/2,…(I 为半整数)	有

原子核的自旋会产生自旋角动量,一般用 $\boldsymbol{P}$ 来表示。自旋角动量的绝对值可由以下公式表示为

$$|\boldsymbol{P}|=\frac{h}{2\pi}\sqrt{I(I+1)}=\hbar\sqrt{I(I+1)} \tag{6.1}$$

式中 h——普朗克(Planck)常数;

$\hbar$——约化普朗克常数,$\hbar=\frac{h}{2\pi}$。

根据经典电磁学理论,旋转电荷可以看成是在环路上运动的电流,会产生磁矩 $\boldsymbol{M}$:

$$\boldsymbol{M}=i\boldsymbol{A}$$

式中 $\boldsymbol{A}$——环路的有向面积,方向由电流方向右手螺旋定则确定;

i——电流的量。

同理,原子核既具有电荷也具有自旋,原子核自旋就像电流流过线圈一样能产生磁场,因此会有相应的核磁矩。核磁矩 $\boldsymbol{\mu}$ 与核自旋角动量 $\boldsymbol{P}$ 关系如下:

$$\boldsymbol{\mu}=\gamma\boldsymbol{P} \tag{6.2}$$

式中 γ——磁旋比。

γ 是原子核的重要属性,不同的原子核具有不同的磁旋比。核磁矩以核磁子 β 为单位,$\beta=5.05\times10^{-27}$ J/T,为一个常数。表 6.2 所示为核磁共振中一些常见原子核的磁性质。

表 6.2 一些常见原子核的磁性质

有机物中常见元素	天然丰度/%	共振信号
^{1}H	99.985	
^{19}F	100	较强,容易测定
^{31}P	100	
^{13}C	1.1	
^{15}N	<1	很弱,不易测定
^{17}O	<1	

磁性核,即具有核磁矩的原子核,是产生核磁共振的首要条件。由式(6.1)和式(6.2)可知,只有当核的自旋量子数 I 不为 0 时,核自旋才具有一定的自旋角动量,产生磁矩。因此,只有自旋量子数 I 不为 0 的原子核才能产生核磁共振现象,从而成为 NMR 研究的对象。相反,一些自旋量子数为 0 的原子核不能产生核磁共振,也就不能成为 NMR 研究的对象,如^{12}C、^{16}O 等。

将可自由转动的核磁矩置于一个外磁场 $\boldsymbol{B}_0$ 中,当 $\boldsymbol{\mu}$ 的方向与 $\boldsymbol{B}_0$ 的方向不平行时,核磁矩 $\boldsymbol{\mu}$ 将受到一个力矩 $\boldsymbol{L}$ 的作用,$\boldsymbol{L}$ 的大小为:$|\boldsymbol{L}|=\boldsymbol{\mu}\boldsymbol{B}_0\sin\theta$,$\theta$ 为 $\boldsymbol{\mu}$ 和 B_0 的夹角,用矢量式可表示为:$\boldsymbol{L}=\boldsymbol{\mu}\times\boldsymbol{B}_0$。磁场的力矩导致核磁矩绕磁场方向转动,称为进动,形成的进动轨道如图 6.1 所示。

核磁矩以一定的角速度进行进动,该角速度用 ω_0 来表示。进动频率、核磁矩的角速度以及外加磁场之间的关系可用拉莫尔(Larmor)方程表示为

$$\omega_0=\gamma|\boldsymbol{B}_0|=2\pi\nu_0 \tag{6.3}$$

式中 ν_0——原子核的进动频率,也称为 Larmor 频率,Hz。

由于核磁矩在与外磁场方向平行时能量达到最小,经过一定时间,θ 减小到 0,此时

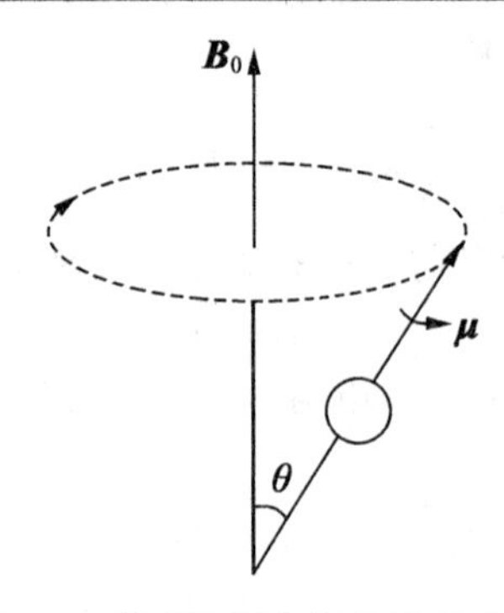

图6.1 核磁矩绕磁场的进动轨道

核磁矩不再受到力矩的作用,进动停止。若再施加一个垂直于 B_0 方向的射频场,核磁矩会离开平衡位置,重新开始进动。

6.1.2 核磁矩空间量子化

根据量子力学原理,核磁矩 $\boldsymbol{\mu}$ 在外磁场的空间取向是量子化的,只能取一些特定的方向。规定外磁场方向为 Z 方向,自旋量子数为 I 的核磁矩在 Z 方向的投影值为

$$\mu_Z=\gamma m\hbar \tag{6.4}$$

式中 m——磁量子数,可取值为 $-I,-I+1,\cdots,I-1,I$,对应 $(2I+1)$ 个空间取向。

例如,对于自旋量子数 $I=1$ 的核,可有 $m=1,0,-1$ 等3个取向;对于自旋量子数 $I=1/2$ 的核,只存在 $m=1/2$ 和 $-1/2$ 两种空间取向。

从能量的角度看,核磁矩 $\boldsymbol{\mu}$ 与外磁场 $\boldsymbol{B}_0$ 的相互作用能为

$$E=-\mu_Z|\boldsymbol{B}_0|=-\gamma m\hbar|\boldsymbol{B}_0| \tag{6.5}$$

原子核不同能级之间的能量差则为

$$\Delta E=-\gamma\Delta m\hbar|\boldsymbol{B}_0| \tag{6.6}$$

这样,在外磁场作用下,原来简并的能级按不同的 m 值可分裂为 $(2I+1)$ 个不同能级,通常称为塞曼(Zeeman)分裂。由于量子力学规定只允许 $\Delta m=\pm1$ 的跃迁,因此相邻能级之间发生跃迁的能量差为

$$\Delta E=\gamma\hbar|\boldsymbol{B}_0| \tag{6.7}$$

图6.2给出了 $I=3/2$ 的原子核的核磁矩在外磁场作用下的能级分裂图。

由上可知,在外磁场 $\boldsymbol{B}_0$ 中,磁性核存在不同的能级分布,且磁性核相邻能级的能量差为 $\Delta E=\gamma\hbar|\boldsymbol{B}_0|$。不同能级之间可以通过吸收与 ΔE 相等的辐射能而发生变化。在核磁共振实验中,采用与核自旋进动频率相等的射频对样品进行辐照,使处于低能态的核自旋跃迁到高能态,该过程称为NMR吸收。强弱不同的吸收信号与频率的关系即为NMR谱。

假定射频的频率为 ν,则射频的能量可表示为

$$E_\nu=h\nu=\hbar\omega \tag{6.8}$$

由于发生核磁共振时,射频能量等于核能级间的能量差,即

$$E_\nu=\Delta E=\hbar\gamma|\boldsymbol{B}_0| \tag{6.9}$$

因此

$$\omega = 2\pi\nu = \gamma \left| \boldsymbol{B}_0 \right| \tag{6.10}$$

式中 ω——射频的圆频率，此式即 NMR 的基本方程。根据及公式可知，产生 NMR 的基本条件为

$$\nu = \nu_0 = \gamma \left| \boldsymbol{B}_0 \right| / 2\pi \tag{6.11}$$

即射频的频率 ν 等于核自旋的进动频率 ν_0。核磁共振定义是：处于静磁场中 I 不为 0 的核自旋体系，受到频率等于核自旋进动频率的射频场激励，所发生的吸收射频场能量的现象。核自旋体系、静磁场和射频场是产生核磁共振的 3 个要素。

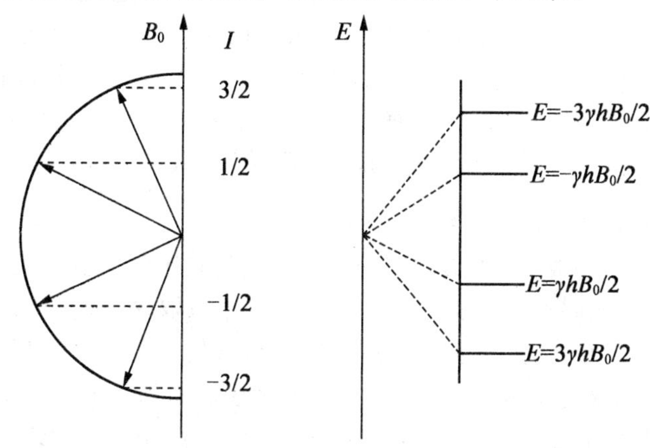

图 6.2 $I=3/2$ 的原子核的核磁矩在外磁场作用下的能级分裂图

6.1.3 化学位移

1. 屏蔽常数 σ

处于磁场中的原子核被核外电子以及其他化学环境所围绕，因此其发生核磁共振的性质也会受到这些因素的影响。假设一个孤立原子，其核外电子云呈球形分布，当将其置于外磁场 $\boldsymbol{B}_0$ 中时，由于电子云被极化，核外电子在磁场方向上绕核运动，相当于一个环形电流，根据楞次定律，电子环流产生一个与 $\boldsymbol{B}_0$ 方向相反、大小正比于 $\boldsymbol{B}_0$ 的感应磁场（次级磁场）$\boldsymbol{B}'$。这样，原子核实际感受到了一个比外磁场稍低的磁场作用。原子核感受到的真实的内部磁场可表示为

$$\boldsymbol{B} = (1-\sigma)\ \boldsymbol{B}_0 \tag{6.12}$$

将 σ 称为屏蔽常数。屏蔽常数反映了核外电子对核的屏蔽作用，由核外电子云密度决定，与所处的化学环境密切相关。

结合式(6.11)、式(6.12)，

$$\nu = \frac{\gamma}{2\pi} \left| \boldsymbol{B}_0 \right| (1-\sigma) \tag{6.13}$$

不同的同位素核的 γ 差别很大，但任何同位素核的 σ 均远远小于 1。

屏蔽常数 σ 与原子核所处的化学环境有关，主要由原子屏蔽（σ_A）、分子内屏蔽（σ_M）和分子间屏蔽（σ）构成。

(1) 原子屏蔽。原子屏蔽可指孤立原子的屏蔽，也可指分子中原子的电子壳层的局部屏蔽，称为近程屏蔽效应。分子中原子的屏蔽包括两项，即抗磁项 σ_A^D 和顺磁项 σ_A^P。

抗磁项起增强屏蔽作用,主要由 s 轨道电子贡献。这是由于 s 轨道电子云大体呈球形对称分布,其感应磁场总是与外磁场方向相反,因此表现出抗磁性;顺磁项起减弱屏蔽作用,主要由 p 轨道电子贡献。这是由于 p 电子具有方向性,在外磁场作用下,电子只能绕其对称轴旋转,因而自身有了磁矩而产生进动,经一定时间后磁矩与外磁场的取向趋于一致,因此表现出顺磁性。

(2)分子内屏蔽。分子内屏蔽指分子中其他原子或原子团对所要研究的原子核的磁屏蔽作用。原子核附近有吸电子基团存在,使核周围电子云密度降低,屏蔽效应减弱,去屏蔽作用增强;相反,原子核附近有给电子基团存在,则使核周围电子云密度增加,屏蔽效应增强。影响分子内屏蔽的主要因素有诱导效应、共轭效应和磁各向异性效应。

(3)分子间屏蔽。分子间屏蔽指样品中其他分子对所有研究的分子中核的屏蔽作用。影响这一部分的主要因素有溶剂效应、介质磁化率效应、氢键效应等。

2. 化学位移 δ

原子核所受到磁屏蔽效应作用结果不同,会使其共振频率发生变化。根据 NMR 条件 $\nu=\gamma|\boldsymbol{B}_0|/2\pi$,在相同外磁场 $\boldsymbol{B}_0$ 中,核的共振频率只取决于核的磁旋比 γ。虽然同种核的 γ 相同,但是,当核所处的化学环境不同时,尽管处于相同外磁场中,由于磁屏蔽效应,核实际感受到的磁场并不相同,因而,共振频率也会有所不同。磁屏蔽效应与屏蔽常数直接相关,当屏蔽常数为 σ 的原子核处于外磁场 $\boldsymbol{B}_0$ 中时,其实际感受到的磁场为 $\boldsymbol{B}=(1-\sigma)\boldsymbol{B}_0$,则其共振频率为 $\nu=\gamma|\boldsymbol{B}_0|(1-\sigma)/2\pi$。$\sigma$ 值不同,共振频率 ν 也会不同。这样其谱线将出现在谱图的不同位置。把这种由屏蔽效应所导致的相同原子核在 NMR 谱图中出现不同位置吸收谱线的现象称为化学位移。

化学位移有两种表示方法,第一种是用共振频率差($\Delta\nu$)表示,单位为 Hz,表达式为

$$\Delta\nu=\nu_{\text{试样}}-\nu_{\text{标样}}=\frac{\gamma|\boldsymbol{B}_0|}{2\pi}(\sigma_{\text{标准}}-\sigma_{\text{试样}}) \tag{6.14}$$

由于对于某一物质来说 σ 为常数,因此共振频率差 $\Delta\nu$ 与外磁场 $\boldsymbol{B}_0$ 成正比。对于同一个磁性核,用不同磁场强度的仪器测得的共振频率差是不同的。这样,用该种方法表示的化学位移就与仪器的磁场强度有关,需注明外磁场强度,应用起来很不方便。此外,用 $\Delta\nu$ 表示化学位移时,由于不同化学环境下核的共振频率差很小,加之漂移等因素的影响,要精确测量其绝对值比较困难。

为避免上述因素带来的不便,实验中常采用某一标准物质作为基准,以基准物质的谱峰位置作为核磁谱的坐标原点,这样,不同官能团的原子核谱峰位置相对于原点的距离反映了它们所处的化学环境。在连续波 NMR 中有两种实现 NMR 方法,即扫频法(固定外磁场 $\boldsymbol{B}_0$,改变频率)和扫场法(固定发射机的射频频率为 ν_0,改变磁感应强度)。

对于扫频法,外磁场是固定的,因此试样 S 与标准物 R 的共振频率分别为

$$\nu_{\text{S}}=\frac{\gamma|\boldsymbol{B}_0|}{2\pi}(1-\sigma_{\text{S}})\times10^6,\quad \nu_{\text{R}}=\frac{\gamma|\boldsymbol{B}_0|}{2\pi}(1-\sigma_{\text{R}})\times10^6 \tag{6.15}$$

化学位移 δ 定义为

$$\delta=\frac{\nu_{\text{S}}-\nu_{\text{R}}}{\nu_{\text{R}}}\times10^6=\frac{\sigma_{\text{R}}-\sigma_{\text{S}}}{1-\sigma_{\text{R}}}\times10^6 \tag{6.16}$$

而对于扫场法，固定的是发射频率 ν_0，因此试样 S 和标准物 R 的共振频率满足：

$$\nu_0=\frac{\gamma B s}{2\pi}(1-\sigma_S)\times10^6,\quad \nu_0=\frac{\gamma B_R}{2\pi}(1-\sigma_R)\times10^6 \tag{6.17}$$

此时，化学位移 δ 定义为

$$\delta=\frac{B_R-B_S}{B_R}\times10^6=\frac{\sigma_R-\sigma_S}{1-\sigma_S}\times10^6 \tag{6.18}$$

由于屏蔽常数 σ 值很小，对于 ^1H，σ 约为 10^{-5}；对于其他核，一般 σ 小于 10^{-3}，因此式(6.16)和式(6.18)均可表达为

$$\delta\approx(\sigma_R-\sigma_S)\times10^6 \tag{6.19}$$

此时，化学位移只与样品自身的结构因素有关，而与实现 NMR 的方法无关。从式(6.19)可知，如果 $\sigma_R>\sigma_S$，则化学位移 $\delta>0$。为了尽量使化学位移为正值，通常选择屏蔽常数大的化合物作为参比物。目前，进行 ^1H 和 ^{13}C 核磁共振实验时，常用四甲基硅烷($(CH_3)_4Si$，TMS)作为参比物，并且规定 TMS 的化学位移 δ 为 0。采用 TMS 做参比物的原因主要有：①TMS 中 12 个氢核所处的化学环境完全相同，它们的共振条件完全一致，因此只出现一个尖峰；②TMS 中质子的屏蔽常数要比大多数其他化合物中质子的屏蔽常数大，只在远离待研究峰的高场(低频)区有一个尖峰，一般情况下不会对样品的 NMR 峰形成干扰；③TMS 是化学惰性的，易溶于大多数有机溶剂(氘代试剂)，且容易从样品中分离出去。

δ 表示相对位移，需指出的是，迄今为止，国际上通用的化学位移 δ 的单位仍然是 ppm。本书采用 ppm 为化学位移的单位，1 ppm $=1\times10^{-6}$。对于给定的吸收峰，不同磁场强度 NMR 仪器所测得的 δ 值相同，因此通用性更强。大多数质子的 δ 在 1～12 ppm。对于试样 S 来说，δ 越大就越往低场(或高频)方向偏移。

前面已经提到，化学位移是由核外电子云密度不同而造成的，某种同位素核因处于不同的化学环境(不同的官能团)，其核磁共振谱线位置不同，因此，许多影响核外电子云密度分布的内部因素都会影响化学位移。典型的内部因素有诱导效应、共轭效应与磁各向异性效应，而外部因素则包括溶剂效应和氢键作用等。

6.1.4 自旋-自旋耦合

根据产生核磁共振的基本条件(式(6.11))，具有相同化学环境的同位素核的共振频率应相同，即在核磁共振波谱中出现一条共振吸收峰。实际上，在 NMR 谱中常看到一些多重峰，产生这些多重峰的原因是核自旋之间的耦合。核自旋之间的耦合有两种形式：其一为直接耦合，它是 A 核的核磁矩和 B 核的核磁矩产生直接的偶极相互作用，称为空间耦合；其二为间接耦合，它是通过化学键中的成键电子传递的间接相互作用，称为自旋-自旋耦合，也称为标量耦合或 J 耦合。简单地说，自旋-自旋耦合是指核的自旋取向不同，使得相邻核之间相互干扰，从而使原有谱线发生分裂的现象。值得一提的是，只有自旋量子数不为 0 的原子核之间才会发生耦合作用，自旋量子数不为 0 的原子核也称为磁性核。如果不是磁性核，就不能对其他原子核产生耦合作用，本身也不能用核磁共振的方法测定。

1. 自旋-自旋分裂

1950 年,Proctor 和虞福春发现硝酸铵氮谱谱线的多重性之后,Gutowsky 和 Mccall 等人在 1951 年报道了另一种峰的多重性现象。他们发现 $POCl_2F$ 溶液的 ^{19}F 谱中存在两条谱线,显然这种情况与 NH_4NO_3 中 ^{14}N 的两条谱线不同,在 NH_4NO_3 中两条谱线分别来自于 NH_4^+ 和 NO_3^-,两种离子中 ^{14}N 的化学环境不同,因此产生两条不同的谱线。但是,在 $POCl_2F$ 分子中只有一个 F 原子,从化学位移的角度无法给出合理的解释。

^{19}F 产生的两条谱线乃是分子中 ^{31}P 与其作用的结果。^{31}P 的自旋量子数 I 为 1/2,在外磁场中有两种取向,一种与外磁场方向大体平行,另一种与外磁场方向大体反平行。当 ^{31}P 核磁矩和外磁场方向大体平行时,^{19}F 所感受的磁场强度略有增强;当 ^{31}P 核磁矩和外磁场方向大体反平行时,^{19}F 所感受的磁场强度略有减弱。这样在 $\nu=\gamma B_0(1-\sigma)/2\pi$ 的位置将不会产生谱线,而是在此位置的左、右距离相等处各产生一条谱线。这种由自旋-自旋耦合所产生的谱线分裂称为自旋-自旋分裂。将上述情况进一步推广,得出谱线分裂的数目 N 与邻近核的自旋量子数 I、核的数目 n 的关系如下:

$$N=2nI+1 \tag{6.20}$$

核磁共振中最常研究的核,如 ^1H、^{13}C、^{19}F、^{31}P 等,I 都为 1/2,因此对于这些核自旋-自旋耦合产生的谱线分裂数为 $2nI+1=n+1$,这称为"$n+1$ 规律"。此时,分裂谱线的强度之比可由二项式$(a+b)^n$展开式的系数比来表示,式中 n 代表引起耦合分裂的原子核的数目。

为进一步阐明 $n+1$ 规律,下面以乙基"$—CH_2—CH_3$"基团中 ^1H 的 NMR 谱线分裂情况为例进行详细说明。

对于乙基基团中的甲基"$—CH_3$",其邻近的基团"$—CH_2—$"中有两个 ^1H 核,由于 ^1H 的自旋量子数 $I=1/2$,这样每个 ^1H 核自旋在外磁场中都有两种可能的取向。当自旋取向与外磁场 $\boldsymbol{B}_0$ 方向一致时,磁量子数 $m=1/2$,用 α 态表示;当自旋取向与外磁场 B_0 方向相反时,磁量子数 $m=-1/2$,用 β 态表示。这样,两个 ^1H 核的自旋取向就存在 3 种不同的排列组合方式,见表 6.3。

表 6.3 二核体系核自旋取向的排列组合方式

组合方式	$\sum m$	概率比值	$—CH_3$ 感受到的磁场变化
αα	+1	1	增强
αββα	0	2	不变
ββ	-1	1	减弱

从表中可知,"$—CH_2—$"基团核自旋取向的 3 种组合方式对应于 $\sum m=+1,0,-1$,每种方式出现的概率比值为 1 : 2 : 1。第一种方式,两个 ^1H 核自旋取向与 $\boldsymbol{B}_0$ 方向相同,因而,在"$—CH_3$"处产生的局部感应磁场与 $\boldsymbol{B}_0$ 方向相同,"$—CH_3$"感受到的磁场强度略有增大,从而使其共振峰向低场方向移动;第二种方式,两个 ^1H 自旋取向相反,在"$—CH_3$"处产生的局部感应磁场为 0,$—CH_3$ 的共振峰位置不变;第三种方式的情形与第一种方式

相反，$—CH_3$ 的共振峰向高场方向移动。这样一来，$—CH_3$ 共振峰的谱线不再是一条，而是分裂成 3 条，每条谱线的相对强度与其出现方式的概率成正比，即 1∶2∶1。

下面讨论$—CH_2—$谱线的分裂情况。其邻近基团$—CH_3$ 含 3 个^1H 核，即 $n=3$，3 个核的自旋取向的排列组合方式列于表 6.4。由表 6.4 可知，3 个^1H 核自旋取向共有 4 种排列组合方式，分别对应于 $\sum m=+3/2,+1/2,-1/2,-3/2$，每种方式出现的概率比值为 1∶3∶3∶1。以此类推，当 n 的取值从 0 至 6 乃至更大时，其分裂谱线强度可由表 6.5 得知。

表 6.4 三核体系核自旋取向的排列组合方式

组合方式	$\sum m$	概率比值	$—CH_3$ 感受到的磁场变化
ααα	+3/2	1	增强多
ααβαβαβαα	+1/2	3	增强少
αβββαβββα	−1/2	3	减弱少
βββ	−3/2	1	减弱多

表 6.5 $I=1/2$ 核耦合分裂谱线的相对强度

n	谱线相对强度												
0							1						
1						1		1					
2					1		2		1				
3				1		3		3		1			
4			1		4		6		4		1		
5		1		5		10		10		5		1	
6	1		6		15		20		15		6		1
…							…						

2. 自旋耦合常数 J

从上文可知，当自旋体系存在自旋-自旋耦合时，核磁共振谱线发生分裂。由分裂所产生的裂距反映了相互耦合作用的强弱，称为耦合常数 J，单位为 Hz。如图 6.3 所示，当 A 核和 X 核之间没有耦合时，两个核分别产生一条谱线；而当两个核之间存在耦合时，原有的谱线将分裂成两条谱线。分裂的两条谱线对称分布于原有谱线的左右两侧，且强度相等。分裂的两条谱线的强度之和等于原有谱线强度。对于 A 核及 X 核来说，分裂的两条谱线的间距均为 J。

耦合常数 J 反映出两个核之间作用的强弱，其值与仪器的工作频率无关。耦合常数 J 的大小和相互耦合的两个核在分子中相隔化学键的数目密切相关，故在 J 的左上方标以两核相距的化学键数目。例如，$^{13}C-^1H$ 之间的耦合常数标为^1J，而$^1H-^{12}C-^{12}C-^1H$ 中两个^1H 之间的耦合常数标为^3J。因自旋耦合是通过成键电子传递的，耦合常数随化学键数目的增加而迅速下降。两个氢核相距 4 个化学键以上即难以存在耦合作用，若此时 $J\neq0$，则称为远程耦合或长程耦合。碳谱中^2J 以上即称为长程耦合。

谱线分裂的裂距反映了耦合常数的大小，确切地说是反映了 J 的绝对值。然而 J 是

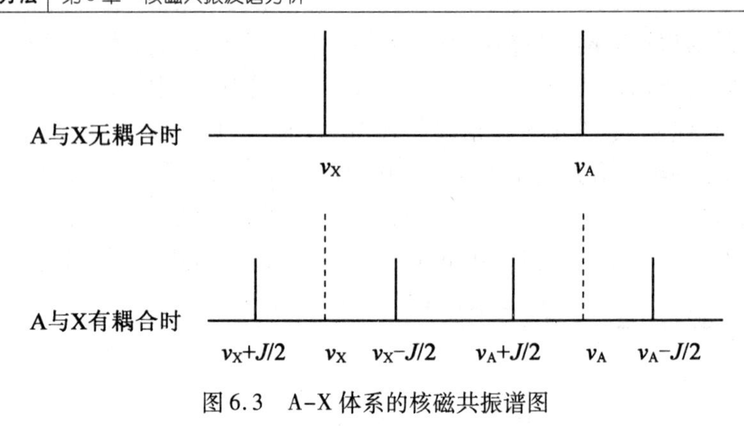

图 6.3 A-X 体系的核磁共振谱图

有正负号的、有耦合作用的两核,它们取向相同时能量较高,即 $J>0$;取向相反时能量较低,即 $J<0$。

6.2 固体核磁共振

目前,^{13}C 和^{1}H 的 NMR 谱相结合已成为有机化合物结构分析的常规方法,广泛应用于有机化学的各个领域。非黏稠性液体可以直接进行核磁共振测定,液体高分辨 NMR 谱能够提供许多重要的结构信息,但是在许多情况下人们还是要进行固体 NMR 研究。这是因为:①有些样品既难以溶解又难以熔化;②有些样品虽能够溶解,但人们对其固态的情况更感兴趣,如高分子材料;③有些样品一旦溶解,分子结构也就改变了,如种子、燃料等;④固体中的各向异性相互作用往往包含着许多重要信息,而在溶液状态下由于分子的激烈运动被平均掉了。固体 NMR 谱对试样状态的适应性很强,既可用于对结晶度较高的固体物质的结构分析,也可用于结晶度较低的固体物质及非晶质的结构分析。它研究的是各种核周围不同的局域环境,即中短程相互作用,而与 X 射线衍射、中子衍射、电子衍射等研究固体长程整体结构的方法互为补充,特别是研究非晶体时,由于不存在长程有序,NMR 就更为重要,因此它正在逐步成为一种非晶态物质结构分析的常规手段。

固体高分辨核磁共振方法是近十几年发展起来的一种实验技术。过去对于固体样品只能得到宽线的谱图,这是由于固体样品中存在着多种各向异性的相互作用。除核磁矩与外磁场的塞曼作用外,最主要的是偶极-偶极相互作用,它是核与核之间(包括同核及异核)的直接耦合,是通过近邻核磁矩引起的局部磁场产生的相互作用,比液体样品中通过核外电子云产生的间接耦合作用强得多,约为 10^4 Hz,而后者只有 10 ~ 10^2 Hz。化学位移各向异性也是一项重要的作用,每个核有满足自身共振条件的频率,整个样品的共振频率发散、谱线加宽,而在液体中这是一个各向同性的平均值。而 $I>1/2$ 的核还存在四极矩相互作用,为 10^5 ~ 10^7 Hz。这些强的各向异性相互作用使固体样品的 NMR 谱成为一种难以用于结构分析的宽谱。例如,室温时水的^{1}H 谱线宽仅为 0.1 Hz,而 0 ℃冰的^{1}H 谱线宽可达 10^5 Hz。此外,自旋-自旋标量耦合作用和核的自旋-自旋弛豫时间过短也都会造成固体 NMR 谱线宽化。如果希望得到类似液体核磁共振所给出的信息,必须通过高分辨率固体核磁共振技术才能实现。

6.2.1 固体核磁共振实验技术

核磁共振中核自旋的相互作用可以分为外部相互作用和内部相互作用两大类。前者是核自旋和外部仪器设备产生的磁场(如静磁场、射频场)的相互作用;后者则相反,是核自旋和样品本身所产生的磁场和电场的相互作用。这些作用包括屏蔽作用(化学位移、奈特位移、顺磁位移等)、偶极作用(直接和间接)、自旋量子数 $I>1/2$ 的四极核存在的四极作用等。这些相互作用的哈密顿量可以用下面的通式表达:

$$H_\lambda = C_\lambda \cdot R_\lambda \cdot A_\lambda \tag{6.21}$$

式中 C_λ、R_λ 和 A_λ——特定的相互作用 λ 中的常数,表达此相互作用各向异性的二阶张量和与核自旋 I 相互作用的对象。

固体 NMR 是利用魔角旋转(Magic Angle Spinning,MAS)和交叉极化(Cross Polarization,CP)等方式测定元素的化学位移,通过所测元素的化学位移变化,得到所测元素的结构环境变化的实验技术。从 20 世纪 70 年代后期开始,由于 NMR 及计算机理论和技术的不断发展并日趋成熟,固体 NMR 在广度和深度方面都出现了飞跃式发展。

固体 NMR 谱线增宽的主要原因有偶极-偶极的相互作用、化学位移的各向异性作用、自旋耦合的各向异性作用、核四极的相互作用等。为了有效地抑制这些增宽因子,目前采用的方法主要有高功率质子去耦(High power Proton Decoupling,HPD)、魔角旋转方法、多脉冲法(Multi Pulse,MP)、交叉极化法(Cross Polarization, CP)、多量子(Multi Quantum,MQ)方法、稀释自旋方法等。这些方法各有其优点和局限性,其中魔角旋转方法最为有效,在实验中使用得最多。而 MAS 与 HPD、MP、CP、MQ 及自旋稀释等方法结合使用是固体高分辨 NMR 的发展趋势,下面就其中几个重要的技术做简单的介绍。

1. 魔角旋转

引起固体 NMR 谱线增宽的另一主要原因是化学位移各向异性,原因在于核外电子分布的不对称性。对于自旋量子数 $I>1/2$ 的核来说,电四极矩相互作用也是引起 NMR 谱线宽化的重要原因。偶极-偶极相互作用、化学位移各向异性和电四极矩相互作用引起的一价哈密顿量中均包含$(3\cos^2\theta-1)$项。其中,θ 分别为核磁偶极矩的连轴、化学键的键轴和晶格电场梯度主轴与外磁场方向间的夹角。魔角旋转技术通过使试样围绕与外磁场方向成 54.736°(魔角)的轴高速(几千赫)旋转,使$(3\cos^2\theta-1)$的时间平均值为 0。消除直接偶极相互作用,化学位移各向异性和部分消除电四极矩相互作用各相异性的影响,从而得到某种各向同性谱及其旋转边带。魔角旋转技术利用了图 6.4 所示的几何关系。使样品绕与外磁场 H_0 成 β 角的轴 os 高速旋转。样品的向量(如样品中某一对核磁偶极矩的连轴)r 和 os 的夹角为 χ,而 r 与 H_0 的夹角 θ 则是随时间而变化的。根据图 6.4 所示关系,可得$(3\cos^2\theta-1)$的时间平均为

$$3\cos^2\theta-1 \geqslant \frac{1}{2}(3\cos^2\beta-1)(3\cos^2\chi-1)$$

若取 $\beta=54.736°$,则对于任何取向的自旋都能满足 $3\cos^2\theta-1\geqslant 0$,能够得到高分辨率的核磁共振谱图。当旋转速度足够快,超过各向异性作用大小时,只能在谱图中观测到一个共振信号;否则,可以观察到固体谱图分裂为各向同性的化学位移信号以及一系列频率

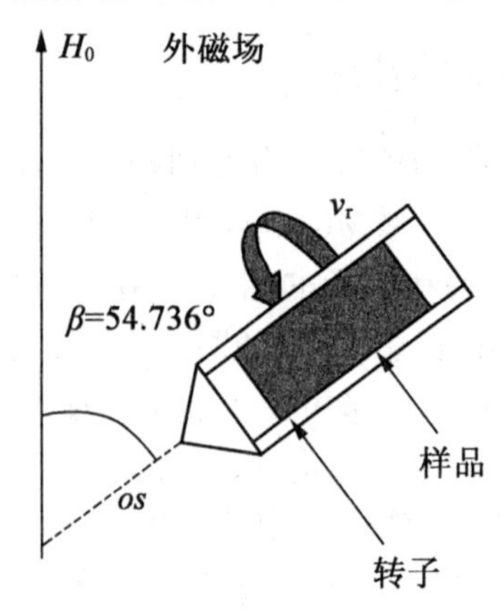

图 6.4 魔角旋转示意图

间隔为自旋转速的自旋边带(spinning sideband)信号。实验中,样品是装在一端带有叶片的转子(rotoror spinner)中,由气流吹动实现高速魔角旋转的。最高转速受到转子外径的限制,转子外径越小,可能达到的最高转速就越大。目前,用外径约为 1 mm 的转子可以实现约 90 kHz 的最高转速。

2. 交叉极化

在固体核磁共振中,交叉极化一般通过将丰核 I(如^{1}H)的磁化矢量转移到稀核 S(如^{13}C)上,来提高稀核的灵敏度,其信号强度理论上可以增强为原有的 γ_I/γ_S 倍。此外,该实验的等待时间取决于丰核 I 的纵向弛豫时间(T_1),而这一时间通常远小于 S 核的纵向弛豫时间,因此在交叉极化实验中,相同时间内可以比直接观测 S 核的普通实验采集更多次数的信号。

在旋转坐标系中,y 方向的 $\pi/2$ 脉冲施加于自旋 I,得到 x 方向的横向磁化矢量。接着对自旋 I 和 S 同时施加一个 x 方向的射频脉冲,将磁化矢量锁定在 x 方向上。这段时间在交叉极化实验中称为接触时间(contact time),通常为几十微秒至数百毫秒(图 6.5)。此时间中,自旋 I 和 S 上施加的射频脉冲场的强度需要匹配以满足下式:

$$\nu_{1I}=\gamma_I B_{1I}=\gamma_S B_{1S}=\nu_{1S}$$

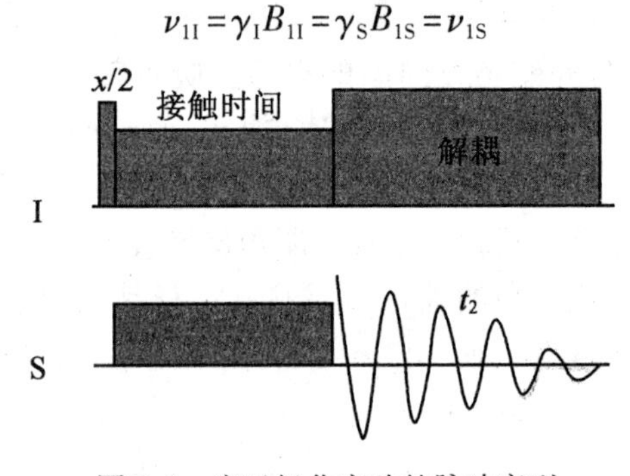

图 6.5 交叉极化实验的脉冲序列

这就是著名的 Hartmann-Hahn 条件。在接触时间内,由于 x 方向的脉冲锁住磁化矢量,可以将自旋 I 和 S 看成在双旋转坐标系内。在新的双旋转坐标系内射频场与时间无关,塞曼分裂对 I 和 S 也是一致的,因此在自旋 I 与 S 之间的极化转移可以进行。交叉极化核磁共振可以用来检测核间空间相关的信息。如果核自旋 S_1 与自旋 I 空间上远离，但 S_2 和 I 相互靠近，则在接触时间内极化交换的效率对 I-S_1 自旋对来说低而对 I-S_2 自旋对来说高。其结果是在最后的谱图中 S_1 的信号没有或者较弱，而 S_2 的信号强。

交叉极化技术同时具有偶极去耦作用，在进行高分辨 NMR 实验时，通常同时采用交叉极化与魔角旋转技术。该法主要是为了克服在固体样品中核灵敏度低、弛豫时间长所造成的困难。现代脉冲傅里叶变换 NMR 方法，是用很短的脉冲激发样品，多次地重复这种激发，然后把获得的信号通过计算机进行同步叠加，以提高信噪比。其叠加的速度由核的自旋-晶格弛豫时间 T_0 决定，因为当一个射频脉冲辐照体系之后需要一定的时间（一般应大于 $5T_0$），核的磁化强度向量才能恢复到它的平衡值和平衡方向，因为分子的运动提供了弛豫的途径，在液体中 T_0 相对较小，一般为几秒钟。然而对固体而言，由于分子运动受到限制，使得 T_0 长达几分钟甚至更长，因此脉冲的重复时间间隔也大大加长，使实验变得极为费时，同时也很难在长时间（如几天的时间）内一直保持仪器的稳定性，所以要想获得固体高分辨的 ^{13}C NMR 谱图十分困难。

交叉极化技术是针对天然丰度低的同位素的一种有效增加灵敏度的方法。有许多天然丰度较低的同位素，如 ^{13}C（1.1%）、^{15}N（0.37%）、^{29}Si（4.7%）等，由于其丰度低，磁旋比小，因此探测灵敏度低。再加上在固体中，分子运动受到限制，使自旋-晶格弛豫时间 T_0 变长，能量不容易传递给晶格，重复实验的等待时间很长，所以信号累加的效率也很低。利用交叉极化的方法可以有效提高稀核的探测灵敏度，即首先在强磁场中使丰核极化，通过丰核与稀核之间的热接触，使稀核的极化增强，从而提高探测的灵敏度。同时，这种极化的传递为 ^{13}C 核的弛豫提供了一条新的途径，大大降低了核的有效弛豫时间，解决了实验时间长的问题。交叉极化实验适用于 ^{1}H 核与另一种含量较少的 ^{13}C、^{31}P、^{15}N、^{29}Si 等核所构成的体系。

3. 高功率质子去耦

固体 NMR 谱线增宽的原因主要在于近邻核之间强的偶极-偶极相互作用。以一对孤立的 ^{13}C-^{1}H 为例（图 6.6），^{13}C 核磁矩除受到外磁场 H_0 的作用外，还受到邻近质子磁矩产生的磁场 H^{H} 的作用，即其实际感受到的磁场为 $H_0 \pm H_Z^{H}$。对于单晶样品，核的取向一致。这是孤立的对给出以 ^{13}C 拉莫尔频率为中心的双重线，其分裂为

$$\Delta V_{CH} = \frac{\gamma_C}{\pi} | H_Z^{H} | \tag{6.22}$$

$$H_Z^{H} = \frac{\mu_Z^{H}}{r_{CH}^3}(1-3\cos^2\theta) \tag{6.23}$$

多晶样品由于存在各种取向，会引起共振频率的散开，因此得到的往往是各种频率叠加成的很宽的谱线。

强功率质子去耦通过在垂直方向 V_H 上加强的射频场，引起质子在两个自旋态+1/2和-1/2 间发生激烈跃迁，结果使原先与质子存在偶极-偶极耦合作用的另一核 A 区分不清质子的不同状态，而只注意到其平均取向，因此 A 核和质子间的偶极-偶极耦合作用消失，强功率质子去耦示意图如图 6.6 所示。

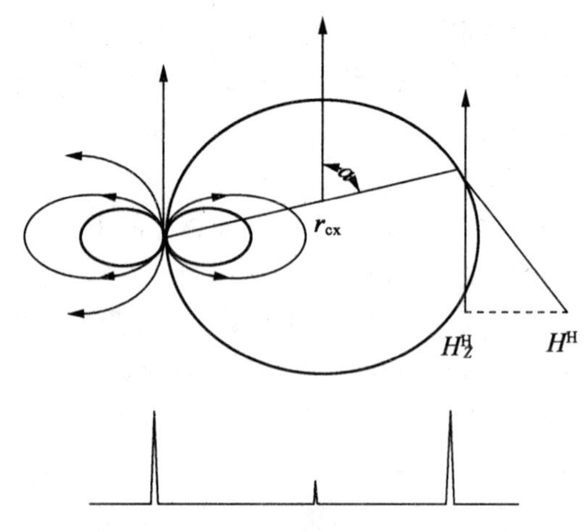

图 6.6 一对孤立的偶极-偶极相互作用及单晶样品的双重谱线

4. 多脉冲法

强功率质子去耦仅能除去异核(稀核和质子)之间的耦合作用,对丰核(如^{1}H 和^{19}F 等)起主导作用的是同核耦合作用,这时需采用多脉冲去耦技术。多脉冲去耦的实质是重复使用一组特定的循环射频脉冲序列,使两个同核的自旋发生快速运动,从而使两核间的磁作用能量平均为0,消除偶极耦合作用。这个过程的分析要借助于平均哈密顿理论,需要指出的是,许多丰度为100%的核(如^{27}Al),如果它们在分子中相隔很远,实际上仍可以作为稀核对待。一定的脉冲宽度总是对应于一定的射频场强度,脉冲宽度越小,射频场强度越大。一般来说,固体 NMR 实验需要很短的脉冲来激发或去耦,其中脉冲宽度是探头工作状态的一个重要指标。不同脉冲的 NMR 谱图如图 6.7 所示。

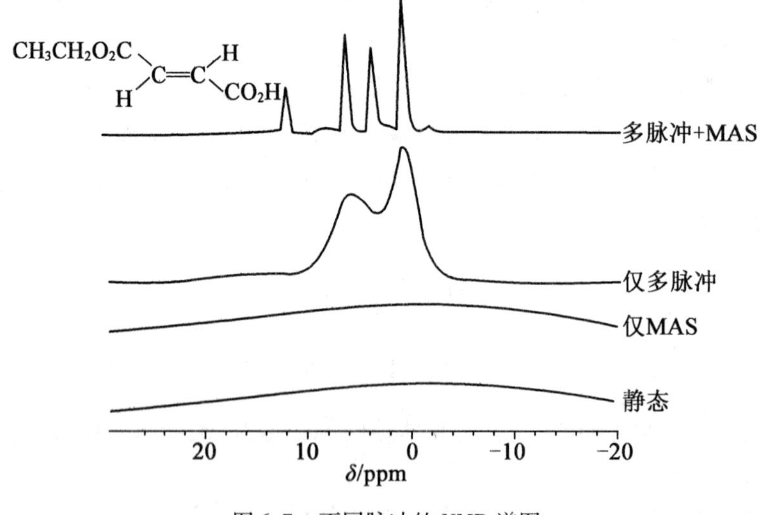

图 6.7 不同脉冲的 NMR 谱图

多脉冲同核去耦技术与 MAS 结合,在消除同核偶极相互作用的同时也平均掉了化学位移的各向异性的相互作用,可以进一步窄化丰核的谱线。在低速转速条件下,样品对多脉冲的效果的影响基本可以忽略。

5. 四极核的高分辨率核磁共振——多量子魔角旋转

1995 年,Harwood 和 Frydman 首先提出了能够获得半整数四极核高分辨率谱图的二维多量子魔角旋转核磁共振方法,由于该实验在普通的魔角旋转探头上就能实现,故迅速成为半整数四极核固体核磁共振研究中最流行的高分辨率方法。在多量子魔角旋转实验的二维谱图里,除了正常的"各向异性"的一维,新增了消除二阶四极作用的宽化效果的"各向同性"的一维。近年来,已经发展出多种该实验的变体来提升其使用效果。标准的 z 轴滤波多量子魔角旋转脉冲序通过第一个强脉冲的激发产生多量子相干(multiple-quantum coherence),经过 t_1 时间演化后被第二个强脉冲将多量子相干转回零量子相干(zero-quantum coherence)。接下来是 z 轴滤波,以及将零量子相干转化为单量子相干(single-quantum coherence)并实现在 t_2 时间观测信号的软脉冲。多量子魔角旋转脉冲序列如图 6.8 所示。

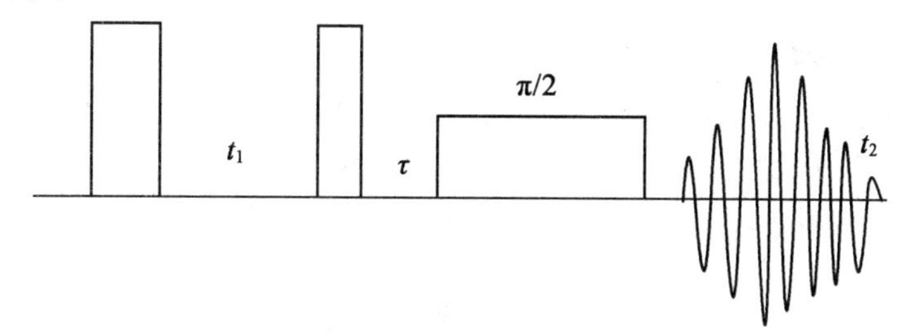

图 6.8　二维 z 轴滤波多量子魔角旋转脉冲序列

τ—延迟时间

6.2.2　固体 NMR 对仪器性能的要求

1. 观测通道和去耦通道具有高的射频功率

由于固体样品的刚性,其 t_2 比液态时要短得多,因此在射频脉冲激发后所得到的自由感应衰减(Free Induction Decay,FID)信号会迅速衰减。如果用于激发的 90°脉冲本身很宽,则在发射脉冲结束后才开始工作的接收机只能收到自由感应衰减的尾部,甚至完全丢失信号,所以要求 90°脉宽要尽可能地短,一般应为 3 μs 左右(液体 NMR 中 90°脉冲的宽度可允许为其几倍)。在精心设计探头的前提下,减少 90°脉宽的最直接和最有效的方法就是提高射频发射机的脉冲功率,通常要几百瓦,做固体宽谱线 NMR 实验时高达 1 kW。

对于去耦通道,如前所述,射频场强度 γB_2 应大于 D_{II} 和 D_{IS}。固体的 D 值要比液体的 J 值大得多,约 40 kHz 量级,相应的磁感应强度为 10^{-3}T,对应的射频功率约为 100 W。这要比液体 NMR 波谱仪所需的去耦功率大得多。

为实现交叉极化的 Hartmann-Hahn 条件,两个通道的功率均应连续可调。此外,由于固体 NMR 实验中既需要高功率以保证短的 90°脉宽,又需在长时间的交叉极化或去耦采样时降低功率以避免探头的过热损坏,因此,要求发射机的射频功率能够在同一实验中具有不同电平,现在的商品波谱仪一般都有此功能。

2. 固体探头及附件

固体高分辨的技术充分体现在探头上。与液体探头相比，固体探头具有以下主要特点：样品线圈及其外围电路能承受高的射频脉冲功率，并能从强脉冲的冲击后迅速恢复；具有复杂而精密的机械装置及气路设计，使得样品能在魔角方向上高速、稳定地旋转，且样品的转轴可进行微调较准。

针对不同的固体实验，设计有各种专用的固体探头：CP/MAS 探头用于稀核的固体高分辨实验，可以单独或联合使用 CP、MAS、高功率质子去偶（Dipdar Decoupling，DD）各功能；MP 与 MPS 联合（Combined Rotation and Multi Pulse Spectros-copy，CRAMPS）探头则用于丰核的固体高分辨实验；此外还有高功率固体宽谱线探头。由于样品要进行高速旋转，固体样品管（转子）需用耐磨、耐高温、高强度的材料制作，如 Al_2O_3、ZrO_2 等。

为使样品能高速旋转（几至十几千赫兹，而液体样品仅为 20～50 Hz），要求空气压缩机具有比液体实验大得多的气压和气流量，并有更加精密而方便的气流控制系统。

3. 高速模数转换器

对于固体宽谱线实验，由于谱范围极宽（可达 1 MHz），因此要求有非常高的射频功率以保证有最短的 90°脉宽，并且要有高取样速率的模数转换器（Analog to Digital Converte，ADC），以满足取样定理的要求，ADC 的速率一般在 2 MHz 以上。

6.3 低场核磁共振

6.3.1 低场核磁原理

核磁共振技术依据 H 核的磁性与外加磁场相互作用特性进行。原子半数以上具有自旋，没有磁场作用时，原子本身会绕着某个轴自转，在这个旋转过程中会产生一个磁场，由于原子都是杂乱无序的，它自转的轴也是杂乱无序的，所以宏观上来讲，它的磁场等于零。外加一个静磁场后，会使自转进行定向的分布，这时原子自转形成的磁化矢量与外加静磁场的方向一致，此时若再施加一个 Y 方向上的射频场，自旋形成的磁场就会向 X 轴进行移动，再撤掉这个射频场，就会产生弛豫现象，即慢慢恢复到平衡的状态，如图 6.9 所示。

自旋弛豫有两种形式，即自旋-晶格弛豫（spin-lattice relaxation）和自旋-自旋弛豫（spin-spin relaxation）。①自旋-晶格弛豫。处于高能态的核自旋体系将能量传递给周围环境（晶格或溶剂），自身回到低能态的过程，称为自旋晶格弛豫，也称为纵向弛豫（longitudinal relaxation）。纵向弛豫反映了自旋体系与环境之间的能量交换。弛豫过程所需的时间用半衰期 T_1 表示，T_1 是高能态寿命和弛豫效率的量度，T_1 越小弛豫效率越高。T_1 值的大小与核的种类、样品的状态和温度有关。②自旋-自旋弛豫。处于高能态的核自旋体系将能量传递给邻近低能态同类磁性核的过程，称为自旋-自旋弛豫，又称为横向弛豫（transverse relaxation）。这种过程只是同类磁性核自旋状态能量交换，引起核磁总能量的改变，其半衰期用 T_2 表示。

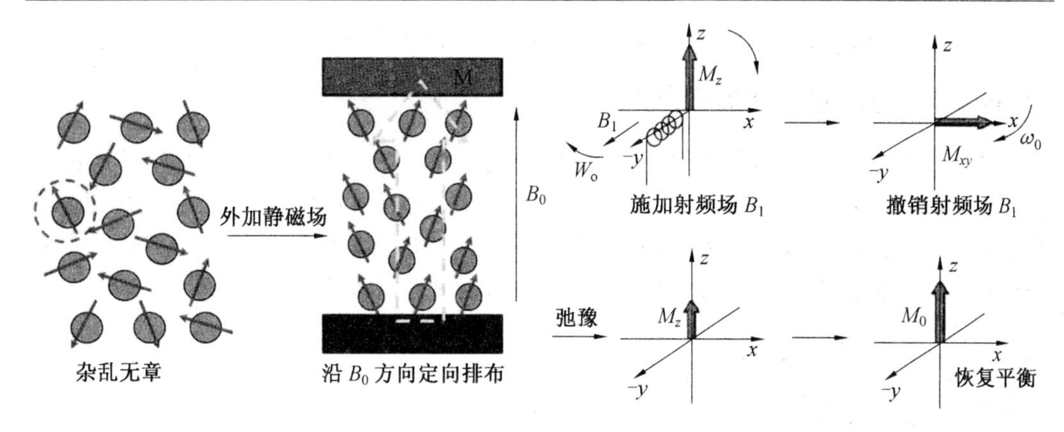

图 6.9 低场核磁共振机理分析

核磁共振主要用于探查多孔介质的内部结构信息,其基本原理是利用 H 核的磁性与外加静磁场的相互作用原理,进而测得混凝土的孔隙中含 H 核流体的弛豫特征。将样本放到磁场中并对其发射一定频率的射频脉冲序列,使 H 质子吸收射频产生共振而被极化,当射频脉冲终止后,H 质子会将吸收的射频脉冲能量释放出来,而通过专用的线圈可以检测出被磁化的矢量衰减过程中释放出的信号,即为核磁共振信号,该信号的大小则与 H 核的数量成正比。不同孔隙中所含的水释放能量的速度不同,这种信号的差别可以得到横向弛豫时间 T_2 的分布,进而形成核磁共振图像。T_2 曲线和核磁共振图像能够直观反映试样内部孔隙结构变化特征。在多孔介质中,孔径与孔中 H 离子的弛豫时间呈正相关。

孔隙中流体的弛豫时间 T_2 可表示为

$$\frac{1}{T_2}=\frac{1}{T_{2f}}+\frac{1}{T_{2s}}+\frac{1}{T_{2d}} \tag{6.24}$$

式中 T_{2f}——足够大容器中测得的孔隙流体中的横向弛豫时间;

T_{2s}——表面弛豫引起的孔隙流体的横向弛豫时间;

T_{2d}——梯度磁场下扩散引起的孔隙流体的横向弛豫时间。

对于液态水来说,T_{2f}要比 T_{2s}和 T_{2d}大得多,因此对 T_2 的影响可以忽略不计;同时满足材料快速扩散的条件假定,对 T_2 的影响也可忽略不计。又因为 T_2 与内部结构的孔隙尺寸直接相关,因此,T_2 可以表示为

$$\frac{1}{T_2}\approx\frac{1}{T_{2s}}=\rho_V\frac{S}{V} \tag{6.25}$$

式中 ρ——多孔介质的横向表面弛豫强度,μm/ms;

S——孔隙表面积;

V——孔隙体积。

通过引入孔隙形状的假定,使其变为与孔隙形状和孔径半径相关的公式:

$$\frac{S}{V}=\frac{F_s}{r} \tag{6.26}$$

式中 F_s——孔隙形状因子,对于平板形取 1,对于圆柱形取 2,对于球形取 3;

r——孔隙半径。

因此,孔隙半径的大小与 T_2 值成正比,孔隙半径越大,T_2 越大。

6.3.2 低场核磁分析孔结构

在进行测试之前,用刷子清理试块表面的灰尘;在去离子水中以 0.1 MPa 的压力进行10 h的抽真空饱水,保证试件内含有足够量的水,以此确保实验对孔隙测量的精准;将吸饱和后的样品取出,用保鲜膜擦除样品表面的水分,再用聚四氟乙烯带将样品包裹放入核磁线圈中进行 T_2 谱图测试。测试流程及设备示意图如图 6.10 所示。

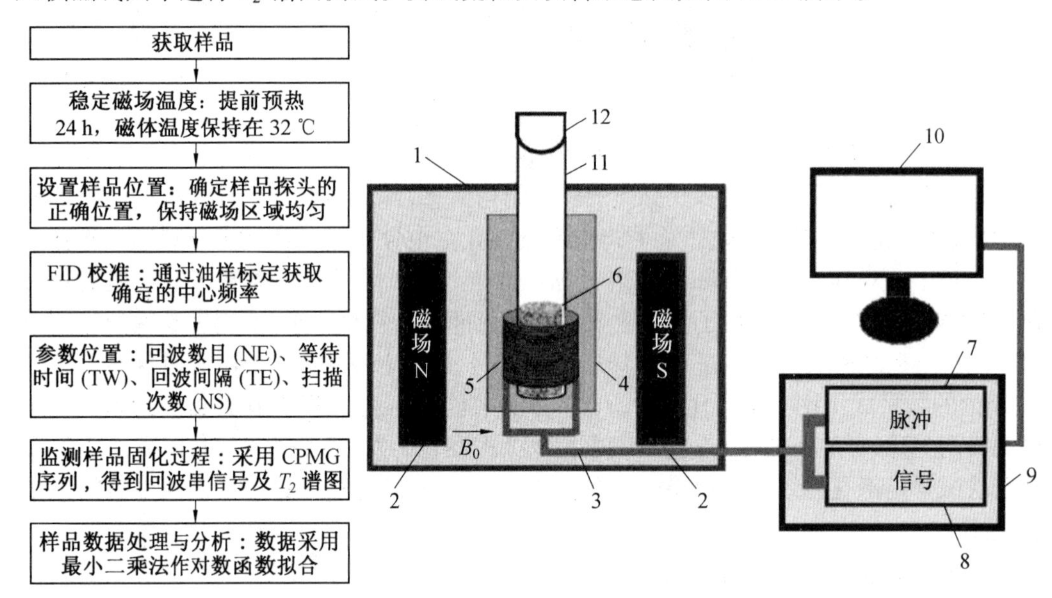

图 6.10 低场核磁共振技术测试流程及设备示意图

1—磁体;2—永磁场;3—USB 数据线集成器;4—探头;5—射频线圈;6—样品;7—发射器;8—接收器;9—主机;10—显示屏;11—玻璃试管;12—橡胶塞

(1)混凝土孔隙的大小。

T_2 弛豫时间可以反映样品内氢质子所处的化学环境,这与氢质子的结合力及其自由度(水分状态)有关,而氢质子的结合力与试样内部的结构有密切关系,因此,T_2 谱分布能够反映物质的孔隙结构。在混凝土多孔介质中,水在较大的孔径中受到的束缚程度较小,水存在于孔中的 T_2 弛豫时间较长,对应较大的 T_2 值;水在较小的孔径中受到的束缚程度较大,水存在于孔中的 T_2 弛豫时间较短,对应较小的 T_2 值。不同环境下的弛豫如图 6.11 所示。

(2)混凝土孔隙体积的变化。

T_2 曲线面积可以视为其孔隙率,是反映孔隙微观结构变化的一个重要参数,它等于或者略小于其有效的孔隙率。T_2 曲线积分面积的大小,与其结构内部所含的流体的多少成正比。因此,T_2 曲线积分面积的变化,反映了孔隙体积的变化,而且其孔隙的数量也与 T_2 曲线面积呈正相关。

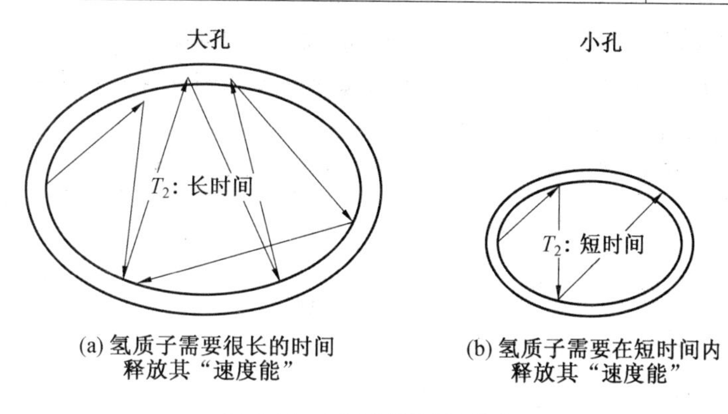

图 6.11 不同环境下的弛豫

6.4 核磁共振分析的应用实例

6.4.1 地聚合物的组成、微观结构

欲研究、探讨地聚合物的组成、微观结构，可采用固相魔角自旋-核磁共振技术（MAS-NMR）分析地聚合物硬化体的主要组成元素 Si、Al 的键接情况、周围环境气氛及配位状态，这对于揭示地聚合物的本质以及改进、完善地聚合物至关重要。

地聚合物结构是一种空间三维的复杂键接结构，为了便于分析、研究、理解这种复杂结构，提出了几个技术术语：

（1）单硅铝结构单元（Si-O-Al），用 PS 表示；

（2）双硅铝结构单元（Si-O-Al-O-Si），用 PSS 表示；

（3）三硅铝结构单元（Si-O-Al-O-Si-O-Si），用 PSDS 表示。

根据已有的文献资料报道，地聚合物仅有三种分子结构：聚单硅铝结构、聚双硅铝结构、聚三硅铝结构，也就是说，有三类地聚合物，它们分别是由上述三种结构单元聚缩而成的三维网络结构。

采用瑞士-德国生产的带魔角自旋装置的 BrukerAvance-400（CP/MAS）型核磁共振谱仪，探头直径 4 mm，转子转速（5 000±2）r。样品的 ^{29}Si MAS-NMR 采用的谐振频率 SF01 = 79.486 6 MHz，脉冲宽度 P1 = 4.50 μs，脉冲功率 PL1 = 2.00 dB，循环延迟时间 d_1 = 1.5 s，参比样为四甲基硅烷（TMS）；^{27}Al MAS-NMR 采用的谐振频率 SF01 = 104.263 5 MHz，脉冲宽度 P1 = 0.75 μs，脉冲功率 PL1 = 2.00 dB，循环延迟时间 d_1 = 0.5 s，参比样为三氯化铝（$AlCl_3$）。

实验时，将约 2 g 地聚合物粉末小心地移入圆柱形锆质陶瓷样品管中，然后用螺丝刀将样品管盖扭紧，接着将样品管插入装在磁铁两极间的样品管座内，然后进行测定。

首先将硬化后的地聚合物破成小块，然后在（60±5）℃烘箱中干燥 6 h，之后用玛瑙钵研细至全部通过 200 目标准筛，之后放入干燥器 24 h 即可进行 MAS-NMR 测试。

（1）^{27}Al MAS-NMR。

早期 ^{27}Al MAS-NMR 研究表明：对于铝酸盐矿物，4 配位 Al^{3+} 的化学位移数为 60 ~

80 ppm；而对于铝硅酸盐矿物，4 配位 Al^{3+} 的化学位移数为(50±20) ppm，6 配位为(0±10) ppm，参比样为$[Al(H_2O)_6]^{3+}$。常见几种铝酸盐和铝硅酸盐矿物中 Al 配位数及 ^{27}Al MAS-NMR 化学位移列于表 6.6。

表 6.6 常见几种铝酸盐和硅酸盐矿物中 Al 配位数及^{27}Al MAS-NMR 化学位移

矿物名称	化学分子式	Al 配位数	^{27}Al MAS-NMR 化学位移/ppm
Anorthoclase(钠微斜长石)	$(Na,K)AlSi_3O_8$	4	54
Orthoclase(正长石)	$KAlSi_3O_8$	4	53
Sanidine(透长石)	$KAlSi_3O_8$	4	57
K-Feldspar(钾长石)	$KAlSi_3O_8$	4	54
Nephiline(霞石)	$NaAlSiO_4$	4	52
Calcium aluminate(铝酸钙)	$Ca_3Al_4O_7$	4	71
Sodium aluminate(铝酸钠)	$NaAlO_2$	4	76
Muscovite(白云母)	$KAlSi_3O_{11} \cdot H_2O$	6,4	-1,63
Biotie(黑云母)	$K(Mg,Fe)_3AlSi_3O_{11} \cdot H_2O$	4	65
Corundum(刚玉)	$\alpha\text{-}Al_2O_3$	6	0
Mullite(莫来石)	$Al_2O_3 \cdot SiO_2$	6,4	-2,57
Kaolinite(高岭石)	$Al_4(Si_3O_{10})(OH)_8$	6	4

注：参比样为$[Al(H_2O)_6]^{3+}$

根据 Loeweistein Al 不相容原理可知，AlO_4 只能与 SiO_4 键接，AlO_4 自身不能直接相连，因此，在地聚合物中，4 配位的 Al 的键接方式只可能有五种：

①本身呈孤立态，不与任何 SiO_4 相接，用 AlQ^0(0Si)表示；

②AlO_4 与 1 个 SiO_4 相接，用 AlQ^1(1Si)表示；

③AlO_4 与 2 个 SiO_4 相接，用 AlQ^2(2Si)表示；

④AlO_4 与 3 个 SiO_4 相接，用 AlQ^3(3Si)表示；

⑤AlO_4 与 4 个 SiO_4 相接，用 AlQ^4(4Si)表示。

地聚合物中五种键接方式^{27}Al MAS-NMR 化学位移列于表 6.7。

表 6.7 地聚合物中五种键接方式^{27}Al MAS-NMR 化学位移

键接方式	孤立状	组群状	链状或环状	层状或片状	网状
配位态	AlQ^0(Si)	AlQ^1(1Si)	AlQ^2(2Si)	AlQ^3(3Si)	AlQ^4(4Si)
化学位移/ppm	79.5	74.3	69.5	64.2	40

注：参比样为$[Al(H_2O)_6]^{3+}$

三类地聚合物的^{27}Al MAS-NMR 谱线如图 6.12 所示。

从图 6.12 可以看出，三类地聚合物的^{27}Al MAS-NMR 谱线上主要存在两个特征峰：其中一个特征峰的化学位移约 40 ppm，对应 4 配位 Al；另外一个特征峰的化学位移约

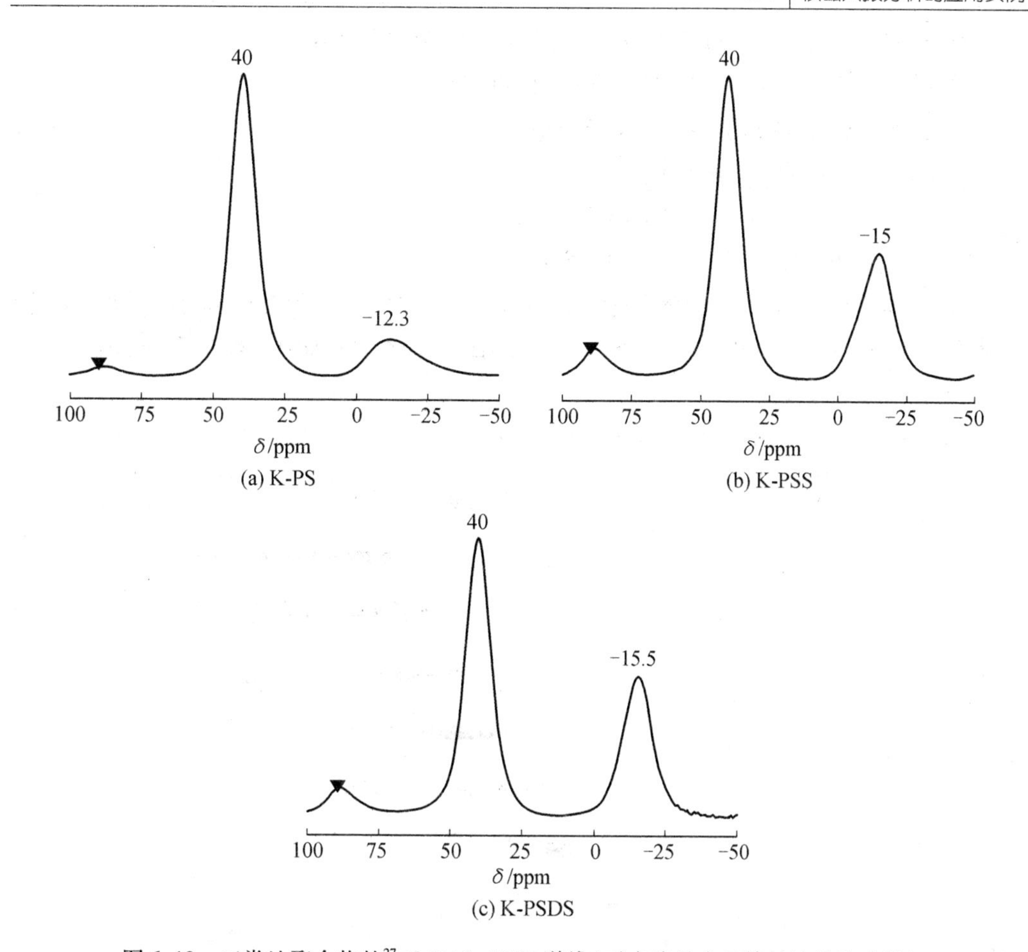

图 6.12 三类地聚合物的^{27}Al MAS-NMR 谱线(对应峰是由于旋转边带造成的)

-15 ppm,对应 6 配位 Al。比较这两个特征峰的峰强可知,40 ppm 峰比-15 ppm 峰强大得多,这表明三类地聚合物中^{27}Al MAS-NMR 基本呈 4 配位态,且与 SiO_4 键接成空间三维网状结构,不存在孤立状、组群状的低分子量的结构单元。

由上述分析可知,^{27}Al MAS-NMR 可有效判断 Al 的配位态及其与 SiO_4 键接方式,但是仅^{27}Al MAS-NMR 还不能够区分地聚合物究竟是 PS 型还是 PSS 或 PSDS 型。为了解决这个问题,下面结合^{29}Si MAS-NMR 分析,研究 SiO_4 的键接状态,然后综合这两种结果获得地聚合物结构特征。

(2) ^{29}Si MAS-NMR。

在地聚合物中,Si 不同于^{27}Al 既有可能呈现 4 配位,还可能存在 6 配位,而是仅存在 4 配位这一种状态。与 4 配位 Al 相似,SiO_4 四面体的键接方式也有五种可能:

①SiO_4 本身呈孤立态,不与任何 SiO_4 相接,用 SiQ^0 表示;

②SiO_4 与 1 个 SiO_4 相接,用 SiQ^1 表示;

③SiO_4 与 2 个 SiO_4 相接,用 SiQ^2 表示;

④SiO_4 与 3 个 SiO_4 相接,用 SiQ^3 表示;

⑤SiO_4 与 4 个 SiO_4 相接,用 SiQ^4 表示。

考虑到 SiQ_4 的键接不受限制，SiQ_4 键接方式又可分为五类：

①与之键接的全部为 SiO_4，用 SiQ^4(4Si)表示；

②与1个 AlO_4 相接，用 SiQ^4(1Al)表示；

③与2个 AlO_4 相接，用 SiQ^4(2Al)表示；

④与3个 AlO_4 相接，用 SiQ^4(3Al)表示；

⑤与4个 AlO_4 相接，用 SiQ^4(4Al)表示。

通过对多种天然或合成沸石晶体的 ^{29}Si MAS-NMR 化学位移进行统计，得到上述9种键接方式对应的 ^{29}Si MAS-NMR 化学位移范围(参比样为TMS)如图6.13所示。

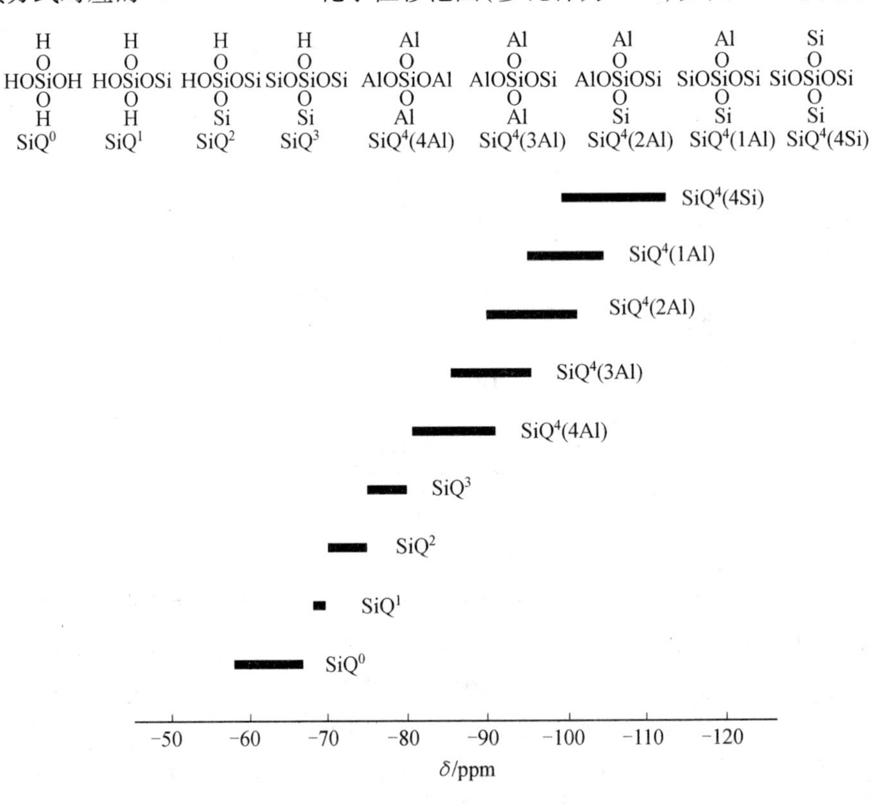

图6.13 不同键接方式的 ^{29}Si MAS-NMR 化学位移范围

利用 MAS-NMR 技术对三类地聚合物中的 Si 键接方式进行了研究，如图6.14所示。

由图6.14可知，三类地聚合物的 ^{29}Si MAS-NMR 谱线均呈弥散的宽峰，并没有出现沸石晶体那样的尖锐特征峰。Engelhardt 在合成A型沸石时发现，在沸石晶体生成之前，即合成体还处于无定形态时，其 ^{29}Si MAS-NMR 谱线在-85 ppm 处出现了馒头状宽峰，但随时间的延长其峰形发生变化，由宽峰转变成尖峰，峰位也发生移动，从-85 ppm 降低到-89.4 ppm，这表明无定形态的沸石对应的 ^{29}Si MAS-NMR 谱线呈弥散的宽峰，并且峰位比相应晶体约高4~5 ppm。基于此，可以判定地聚合物的结构为无定形态。

K-PS 型地聚合物的 ^{29}Si MAS-NMR 谱线特征峰的峰位为-85 ppm，基于 Engelhardt 研究可知其相应的晶体的峰位为-90 ppm 左右，由图6.13可判定 K-PS 中 Si 的键接方式是 SiQ^4(4Al)。与之相似，K-PSS 中 Si 的键接方式主要为 SiQ^4(4Al)、SiQ^4(2Al)和 SiQ^4

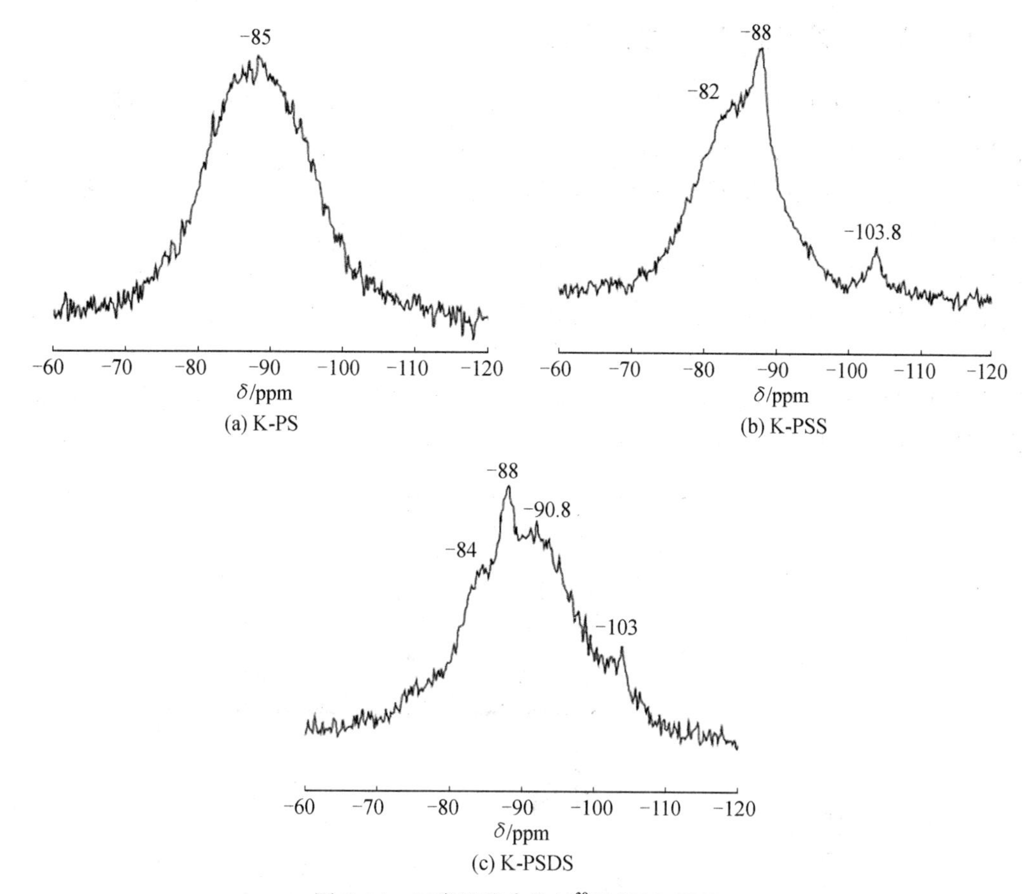

图 6.14 三类地聚合物的^{29}Si MAS-NMR

(4Si)三种；K-PSDS 中 Si 的键接方式有 SiQ^3（少量）、SiQ^4(4Al)、SiQ^4(2Al)和 SiQ^4(4Si)四种。尽管 K-PS 中的 Si 仅存在一种键接方式，而 K-PSS 和 K-PSDS 有多种键接方式，但它们的主要键接结构均为空间网状。

将三类地聚合物与同组成沸石晶体的^{29}Si MAS-NMR 化学位移（表 6.8）进行对比，可知 K-PS、K-PSS 和 K-PSDS 可能分别是 zeolite Z(K-F)晶体、白榴石晶体(leucite)和正长石晶体(orthose)的无定形相似物。

表 6.8 三类沸石晶体(合成或天然)的^{29}Si MAS-NMR 化学位移

类型	分子式	Si/Al	不同键接方式的化学位移/ppm								
			孤立状	组群状	链环状	层状	网状				
			SiQ^0	SiQ^1	SiQ^2	SiQ^3	SiQ^4				
							SiQ^4(4Al)	SiQ^4(3Al)	SiQ^4(2Al)	SiQ^4(1Al)	SiQ^4(4Si)
zeolite Z(K-F)	$Na(AlSiO_4)\cdot H_2O$	1.0	—	—	—	—	-88.9	—	—	—	—
leucite	$K(AlSi_2O_6)\cdot H_2O$	2.0	—	—	—	—	-81.0	-85.2	-91.6	-97.4	-101.0
orthose	$K(AlSi_3O_8)$	3.0	—	—	—	—	—	—	-94.5	-96.8	-100.2

6.4.2 轻骨料砂浆 T_2 谱分布曲线

图6.15为0.45水灰比轻骨料砂浆 T_2 谱分布曲线，低场核磁共振测试结果表明，内掺轻骨料对砂浆孔径分布有显著影响。在测试不同取代率的轻骨料砂浆样品信号前，首先对饱水普通水泥砂浆和轻骨料弛豫信号进行测试，发现水泥砂浆 T_2 值主要集中分布范围为 $0.01\ ms \leq T_2 \leq 6\ ms$；轻骨料 T_2 曲线主要表现为多峰分布，集中分布范围为 $6\ ms < T_2 \leq 700\ ms$ 和 $700\ ms < T_2 \leq 1\ 100\ ms$。依据上述孔径形态结构，将6 ms和700 ms分别作为 T_2 截止值，对轻骨料砂浆进行了不同孔径类型的划分。一般来说，较大的 T_2 区域值对应样品中的大孔隙；较小的 T_2 区域值对应样品中的小孔隙。因此，从左向右依次划分A、B、C三个区域，不同区域中的 T_2 值分别代表小孔（$0.01\ ms \leq T_2 \leq 6\ ms$）、中孔（$6\ ms \leq T_2 \leq 700\ ms$）、大孔（$700\ ms < T_2 \leq 1\ 100\ ms$）孔径分布情况。

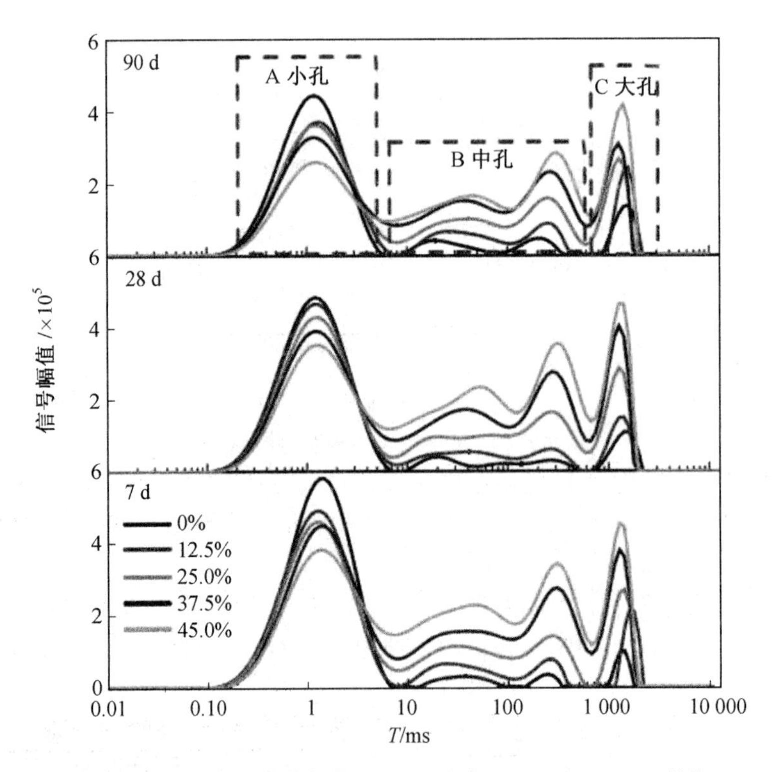

图6.15 轻骨料砂浆 T_2 谱分布曲线（0.45水灰比；7 d、28 d、90 d龄期）

从图中可以看出，不同类型弛豫时间分布呈现规律不同。随着取代率的增加，小孔峰面积不断减小，中孔和大孔的峰面积不断增加：随着养护龄期的增加，小孔信号幅值波峰位置逐渐向左移动，波峰迁移变化较小，信号幅值峰值逐渐降低，随养护龄期变化逐渐趋向稳定状态。结合前面测试的饱和轻骨料 T_2 谱分布曲线发现，轻骨料自身主要提供中孔和大孔，从图6.15中发现纯砂浆主要提供小孔。因此，随着养护龄期不断增长，不同类型弛豫时间分布范围的变化，主要是由于养护龄期增长过程中，水化反应逐渐完善，水化产物不断增多，水化产物起到填充细化孔隙作用，导致样品内部结构孔隙含量减小。

6.4.3 不同冻融循环次数的再生混凝土 T_2 谱图和孔隙分布

如图6.16所示,从五组普通再生混凝土的试验结果可以看出,试件RAC25、RAC50、RAC75和RAC100未冻融前的第一个波峰和第二个波峰同样高于RAC0的第一个波峰和第二个波峰,说明在混凝土中掺入再生粗骨料增大了混凝土的孔隙数量。从RAC0组可以看出,随着冻融循环次数的增加,谱峰值逐渐变大, T_2 谱图面积也逐渐变大,并且波谱逐渐右移。当 T_2 谱曲线偏左时,说明弛豫时间短,弛豫速度较快,表明试件内部主要是小孔隙;当 T_2 谱曲线右移时,说明弛豫时间较长,弛豫速度较慢,表明试件内部孔隙变大。因此,随着冻融循环次数的增加,混凝土内部孔隙不断变大。

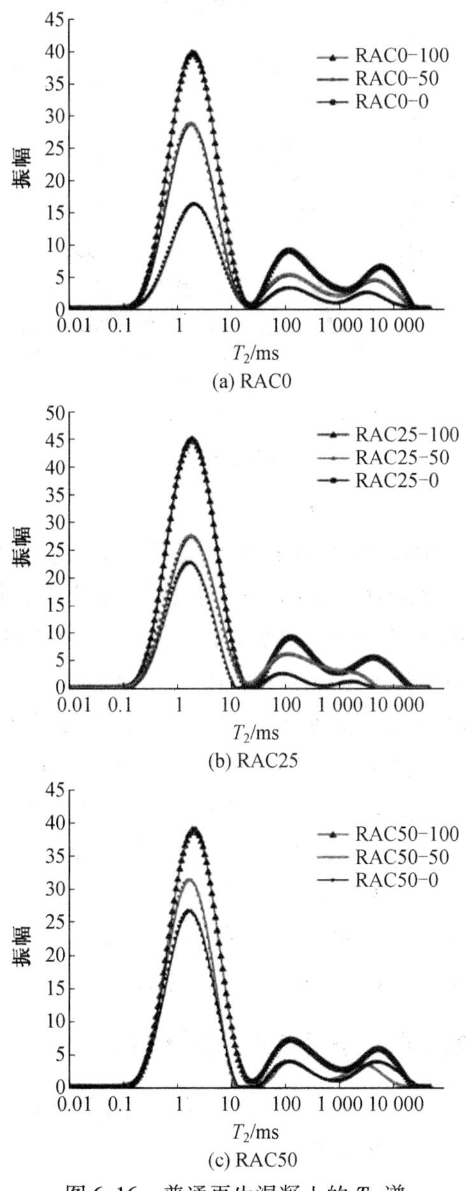

图6.16 普通再生混凝土的 T_2 谱

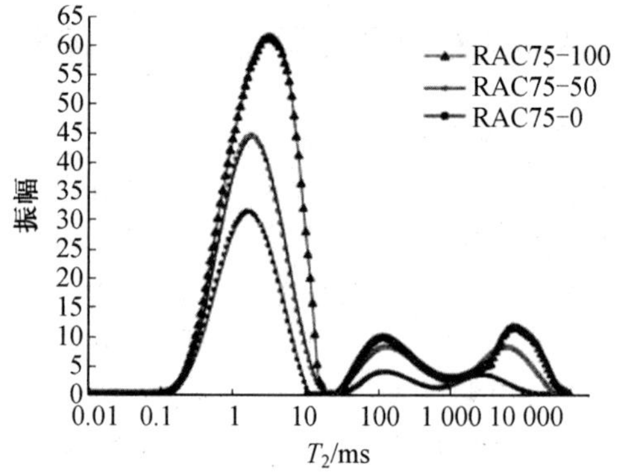

(d) RAC75

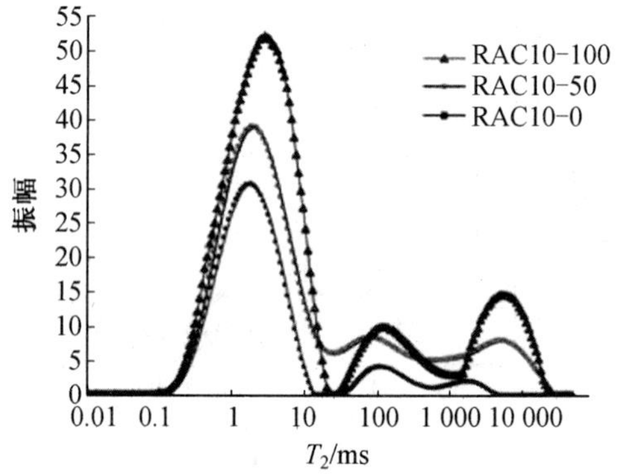

(e) RAC100

续图 6.16

从图 6.17 可见，在冻融循环前，普通再生混凝土的中孔和微孔的比例较大，且孔隙大多是封闭的。同时，加入再生粗骨料会增加大孔和裂隙的占比。引气再生混凝土和普通再生混凝土内部的中孔及大孔的占比大小排序为：RAC0 < RAC25 < RAC50 < RAC75 < RAC100 < A-RAC50 < A-RAC0 < A-RAC75 < A-RAC25 < A-RAC100。这表明，引气再生混凝土的内部中孔和大孔的总占比明显高于普通再生混凝土，说明引气剂的加入有效改善了混凝土内部的孔隙结构。当再生粗骨料的取代率为 25% 和 50% 时，再生混凝土内部孔隙分布比较相似且接近于天然混凝土。当再生粗骨料的取代率大于 75% 时，再生混凝土内部的大孔隙和裂隙的占比明显增加。此外，冻融循环后，无论是否加入引气剂，混凝土内部的大孔隙和裂隙的占比都大大增加，说明冻融循环作用是混凝土内部小孔隙逐渐发展为大孔隙的一个重要因素。由上述分析可见，混凝土结构内部的孔隙分布，特别是连通孔隙的分布和占比，对混凝土的抗冻耐久性至关重要。

6.4.4 不同养护条件下混凝土的孔隙分布

制备水胶比为 0.29，砂胶比为 1.42 的砂浆试件，胶凝材料用量见表 6.9，蒸汽养护制度如图 6.18 所示。两种养护条件下的混凝土达到 7 d 龄期时进行 NMR 测试。采用 CPMG 序列脉冲信号，90°和 180°脉冲长度均为 20 μs，回波时间为 100 μs。

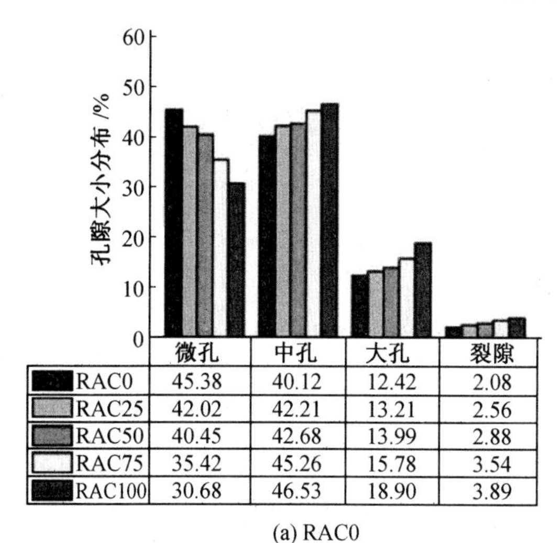

(a) RAC0

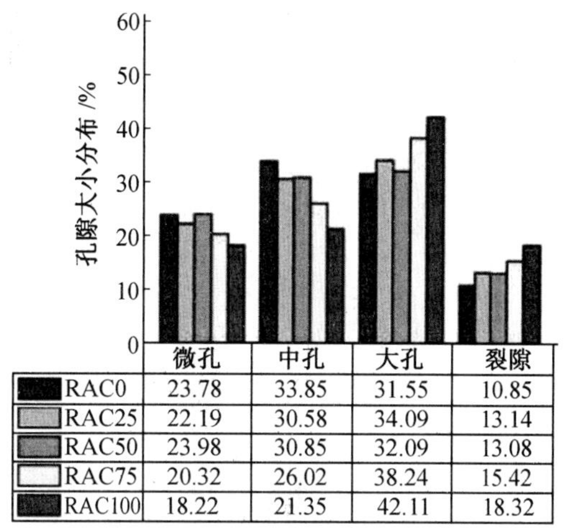

(b) RAC-150

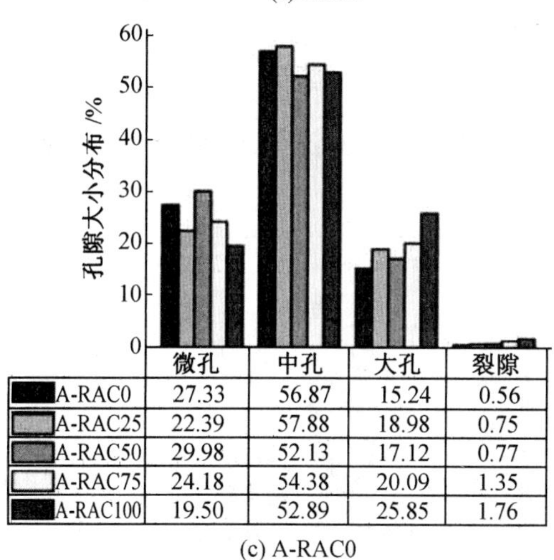

(c) A-RAC0

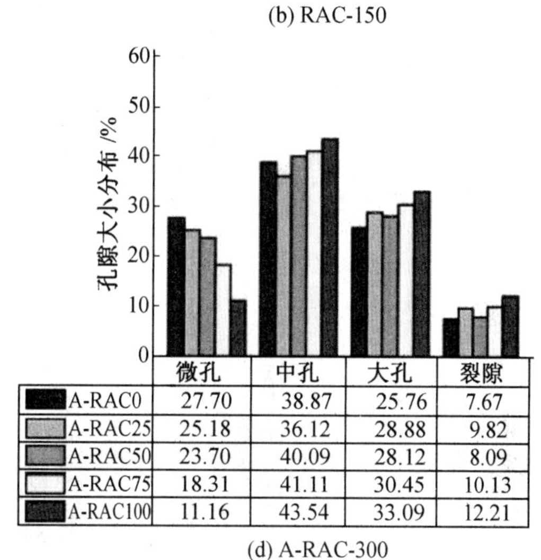

(d) A-RAC-300

图 6.17 再生混凝土的孔隙分布

表 6.9 砂浆中胶凝材料用量 %

配合比	水泥	粉煤灰	矿粉
基准	100	0	0
F30	70	30	0
S30	70	0	30
F20S10	70	20	10

根据测得的 T_2 谱分布可以求得混凝土试件的等效孔径，并根据信号量求出孔隙体积，进而求得孔隙率。图 6.19 是 7 d 龄期时两种养护制度下四种胶凝体系砂浆试件的孔隙率计算结果，图 6.20 则绘制了 7 d 龄期混凝土试件的等效孔径，并根据不同孔的信号强度绘制了不同孔径孔隙的占比图像，如图 6.21 所示。

从图 6.19 和图 6.20 中可知，7 d 龄期时标准养护混凝土的孔隙率较高，比蒸汽养护

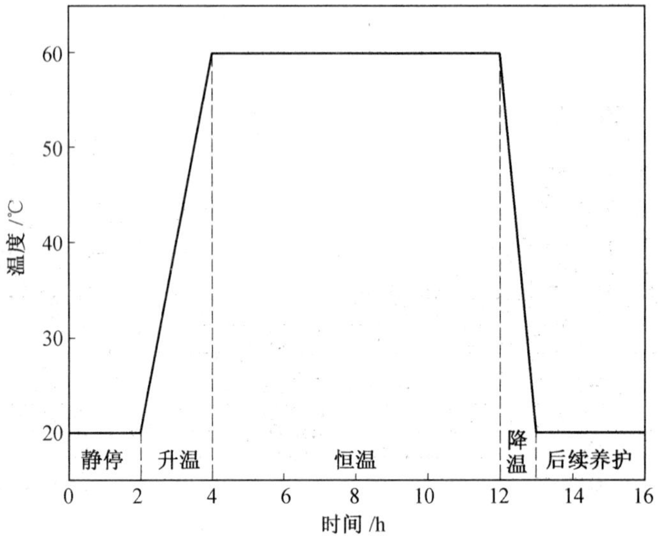

图 6.18　蒸汽养护制度

试件高 4% ~5% ,因为蒸汽养护条件的胶凝材料早期水化程度较高,这也是 7 d 龄期蒸汽养护条件下混凝土强度高于标准养护条件的原因。

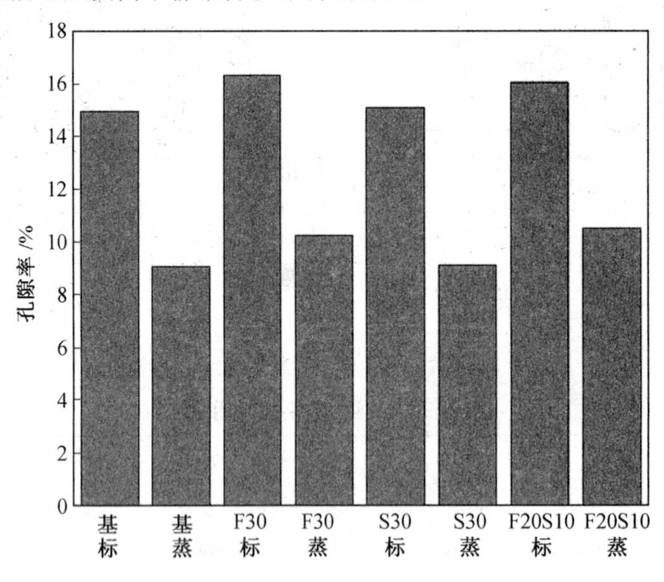

图 6.19　7 d 龄期混凝土孔隙率

7 d 龄期时两种养护条件下砂浆试件的等效孔径图均有三个信号峰,其中标准养护分别对应 0.2 ~50 nm、50 ~500 nm 和 500 ~10 000 nm,蒸汽养护大致上分别对应 0.2 ~50 nm、50 ~1 000 nm和 1 000 ~100 000 nm。可以看出 7 d 龄期时蒸汽养护条件下四个配比砂浆试件的峰值孔径均大于标准养护条件,且蒸汽养护条件下第二个、第三个信号峰的信号强度显著高于标准养护,而第一个信号峰的信号强度较标准养护小得多,说明蒸汽养护后基体产生了损伤,使得大毛细增多,孔结构粗化。这一点从图 6.21 中也不难看

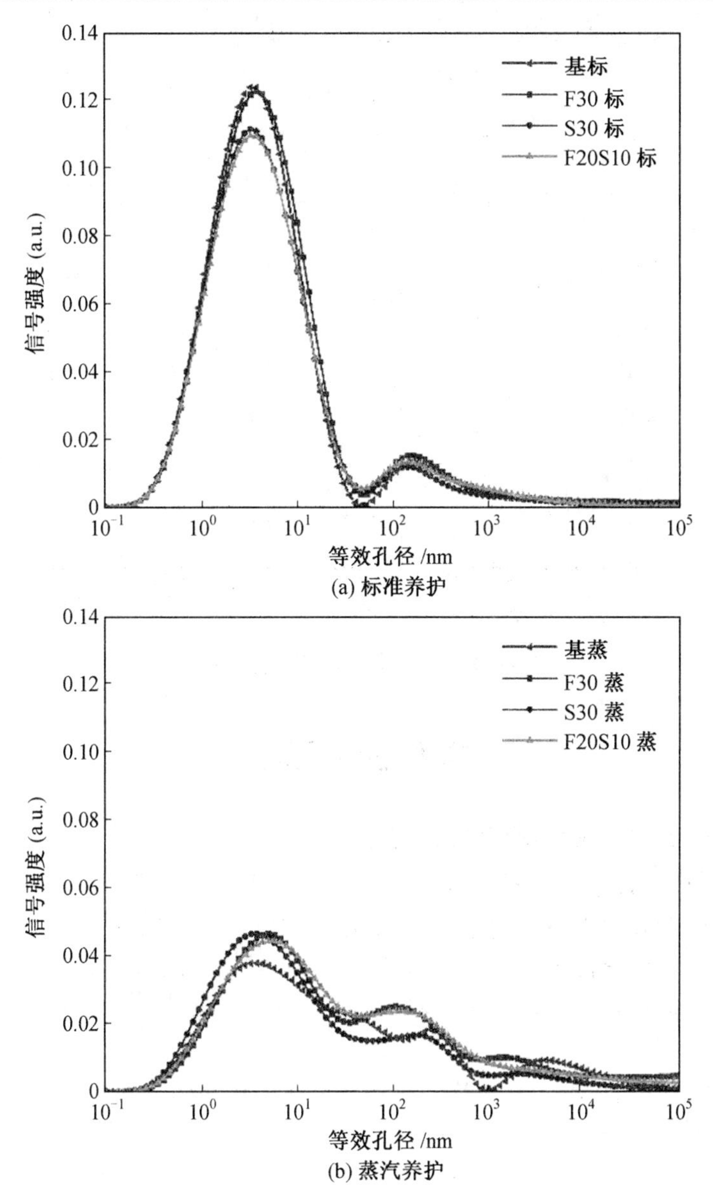

图 6.20 7 d 龄期混凝土等效孔径

出,与标准养护条件相比,蒸汽养护条件下基体的无害孔(孔径小于 20 nm)占比显然较低,而多害孔(孔径大于 200 nm)的占比高出不少。

对比 7 d 龄期的四种胶凝体系发现,标准养护条件和蒸汽养护条件下 S30 组的峰值孔径在四组配比中均为最低,而掺粉煤灰组的峰值孔径较大,与孔隙率的规律相似。这是因为矿粉的活性较高,二次水化产物填充了基体的孔隙,优化了基体的孔结构。相反,粉煤灰的早期活性很低,7 d 龄期时二次水化程度较小,峰值孔径便相对较大。从图 6.21 中也可以看出,两种养护制度条件的单掺粉煤灰组多害孔占比最大且无害孔占比最低,其次是复掺组,而单掺矿粉组相较于基准组来说多害孔占比减小,无害孔增加,这与压汞测试所得结论相近,说明掺加粉煤灰对两种养护制度下砂浆试件的孔结构都未起到优化作用，而是产生了负面的效果，掺入矿粉却起到了截然相反的作用。

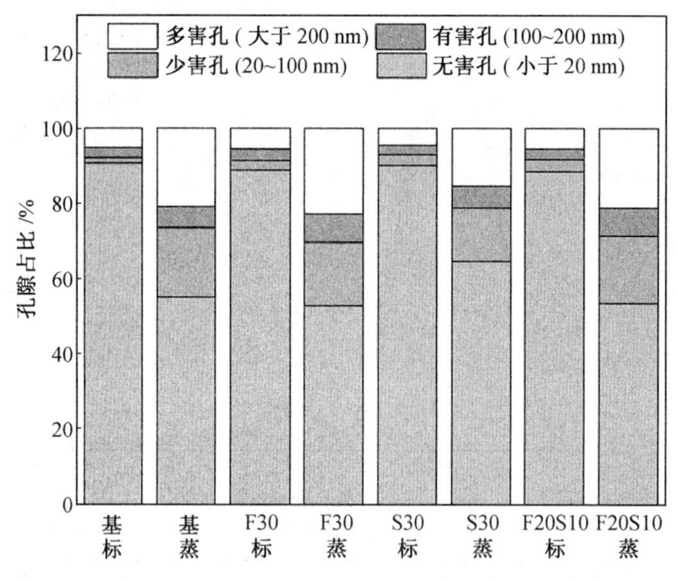

图6.21 7 d龄期混凝土孔隙占比

思考题与习题

1. 根据 $\nu_0=\gamma H_0/2\pi$，可以说明什么问题？

2. 什么是弛豫？为什么NMR分析中固体试样应先配成溶液？

3. 何谓化学位移？它有什么重要性？影响化学位移的因素有哪些？

4. 何谓自旋耦合？何谓自旋分裂？它们在NMR分析中有何重要作用？

5. 振荡器的射频为56.4 MHz时，欲使 ^{1}H、^{13}C、^{9}F 产生共振信号，外加磁场强度各需要为多少？

6. 已知氢核 ^{1}H 磁矩为2.79，磷核 ^{31}P 磁矩为1.13，在相同强度的外加磁场条件下，发生核跃迁时何者需要较低的能量？

第7章 热 分 析

7.1 引 言

热分析法是以热进行分析的一种方法。国际热分析协会(International Confederation for Thermal Analysis,ICTA)对热分析法的定义为:热分析是在程序控制温度下,测量物质的物理性质随温度变化的一类技术。“程序控制温度”是指用一定的速率加热或冷却,“物理性质”则包括物质的质量、温度、焓变、尺寸、机械、声学、电学及磁学性质等。

物质在温度变化过程中,往往伴随着微观结构和宏观物理、化学性质的变化,宏观上的物理、化学性质的变化通常与物质的组成和微观结构相关联。通过测量和分析物质在加热或冷却过程中的物理性质、化学性质的变化,可以对物质进行定性和定量分析,以帮助进行物质的鉴定,为新材料的研究和开发提供热性能的数据和结构信息。

热分析的发展历史可追溯到两百多年前。1887 年,法国人 Chatelier 用一个热电偶插入受热的黏土中,观测黏土在升温过程中温度的变化规律;1891 年,英国的 Roberts 和 Austen 改进了 Chatelier 的装置,采用两个热电偶反相连接,记录了样品和参比物之间的温度随时间或温度的变化规律,这就是最早的差热分析仪模型;1915 年,日本的本多光太郎提出了“热天平”概念并设计了世界上第一台热天平,因而产生了热重分析。至第二次世界大战以后,热分析技术得到了飞速的发展,20 世纪 40 年代末商业化电子管式差热分析仪问世,20 世纪 60 年代又实现了微量化。1964 年,Watson 等人提出了“差示扫描量热”的概念,进而发展成为差示扫描量热技术,使得热分析技术不断发展和壮大。

近年来,随着微电子技术的迅速发展和分析软件的不断完善,热分析过程已实现了温控程序化和记录自动化,分析的精度也越来越高,进一步拓宽了分析技术的应用领域,目前已发展成为系统性的分析方法。热分析方法可用于检测的物质因受热而引起的各种物理变化、化学变化,参与各学科领域中的热力学和动力学问题的研究,使其成为各学科领域的通用技术,并在各学科间占有特殊的重要地位。

测定物质在加热或冷却过程中发生的各种物理、化学变化的方法可分为两大类,即测定加热或冷却中物质本身发生变化的方法及测定加热过程中从物质中产生的气体,推测物质变化的方法。测定物质的物理量随温度变化,包括质量、能量、尺寸、结构等的变化,测定方法有差热分析法(Differential Thermal Analysis,DTA)、差示扫描量热法(Differential Scanning Calorimetry,DSC)、热重法(Thermogravimetry,TG)、热-力分析法(Thermo Mechanical Analysis,TMA)、动态热机械分析法(Dynamic Mechanical Analysis,DMA)等。测定加热时产生的气体,间接推知试样的变化,根据检测气体的有无及其含量,有逸出气体检测仪、热分解气体色谱分离法等。热分析法检测的主要物理性质及典型曲线见表 7.1。

其中,热重分析、差热分析、差示扫描量热分析和热机械分析是热分析的四大支柱,用于研究物质的晶型转变、融化、升华、吸附等物理现象以及脱水、分解、氧化、还原等化学现象。它们能快速提供被研究物质的热稳定性、热分解产物、热变化过程的焓变、各种类型的相变点、玻璃化温度、软化点、比热容、纯度、爆破温度等数据,以及高聚物的表征及结构性能研究,也是本章介绍的主要内容。

表7.1 热分析法检测的主要物理性质及典型曲线

热分析技术	被测参量	检测装置	典型曲线
热重法 (TG)	质量	热天平	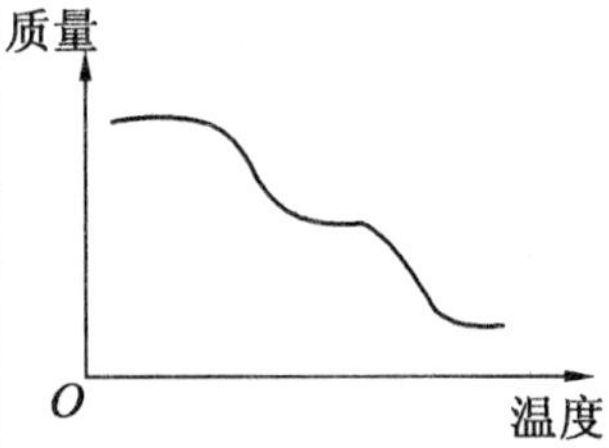 质量 O 温度
微商热重分析 (Derivative Thermogravimetry,DTG)	$\mathrm{d}W/\mathrm{d}t$	热天平	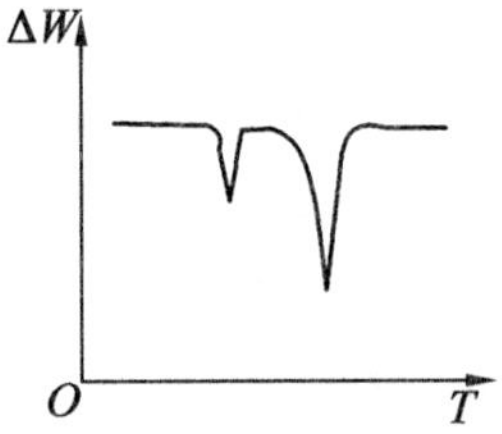 ΔW O T
差热分析 (DTA)	ΔT	热电偶	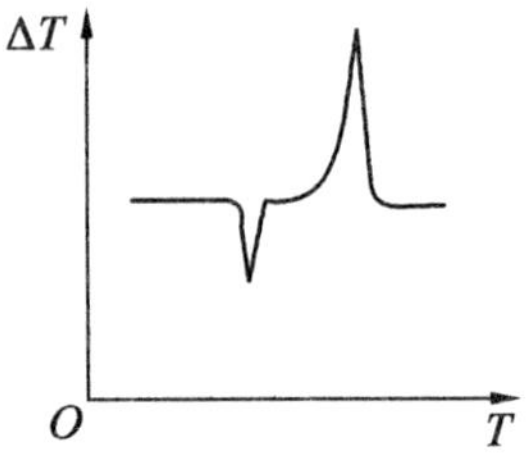 ΔT O T
差示扫描量热 (DSC)	$\mathrm{d}H/\mathrm{d}t$	量热计	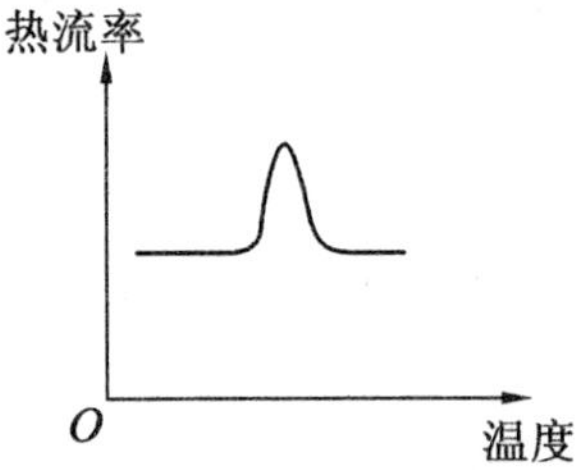 热流率 O 温度

续表 7.1

热分析技术	被测参量	检测装置	典型曲线
逸出气体法 (Evolved Gas Analysis,EGA)	热导性	热导池	热导率 O 温度
热致发光 (Thermo Luminescence,TL)	光发射	光学仪器 (光电倍增益或 光电池等)	光强 O 温度
热-力分析法 (Thermal Mechanical Analysis,TMA)	体积或长度 变化	膨胀计	ΔV或ΔL O T

7.2 差热分析

差热分析(DTA)是在程序控制下,测量物质和参比物之间的温度差与温度关系的一种技术。当物质在加热过程中发生的任何物理或化学变化,如失水、分解、相变、氧化还原、升华、熔融、晶格破坏和重建,所释放或吸收的热量使试样温度高于或低于参比物的温度,从而相应地在差热曲线上可得到放热峰或吸热峰,借以判断物质的组成及反应机理。因此,差热分析已广泛应用于水泥、陶瓷、建材、耐火材料、石油、高分子材料等各个领域的科学研究和工业生产中。差热分析方法与其他现代分析方法配合使用,有利于材料研究工作的深化,目前已是材料研究中不可缺少的方法之一。

7.2.1 差热分析原理

由物理学可知,具有不同自由电子束和逸出功的两种金属相接触时会产生接触电动势。如图 7.1 所示,当金属丝 A 和金属丝 B 焊接后组成闭合回路,如果两焊点的温度 t_1 和 t_2 不同就会产生接触热电势,闭合回路有电流流动,检流计指针偏转。接触电动势的大小与 t_1、t_2 之差成正比。如把两根不同的金属丝 A 和 B 以一端相焊接(称为热端),置于需测温部位;另一端(称为冷端)处于冰水环境中,并以导线与检流计相连,此时所得热电势近似与热端温度成正比，构成了用于测温的热电偶。例如，将两个反极性的热电偶串联起来，就构成了可用于测定两个热源之间温度差的温差热电偶。将温差热电偶的一个热端插在被测试样中，另一个热端插在待测温度区间内不发生热效应的参比物中，测定升温过程中两者温度差，就构成了差热分析的基本原理。

在测试过程中样品和参比物分别装在两个坩埚内，两样品和参比物同时进行升温，当样品未发生物理或化学状态变化时，样品温度（T_s）和参比物温度（T_r）相同，$\Delta T=T_s-T_r=0$，相应的温差电势为0，记录仪所记录的 ΔT 曲线保持为0的水平直线，称为基线。当样品发生物理或化学变化而发生放热或吸热时，样品温度（T_s）高于或低于参比物温度（T_r），产生温差，即 $\Delta T=T_s-T_r\neq0$，于是记录仪上就出现一个差热峰。热效应是吸热时，$\Delta T=T_s-T_r<0$，吸热峰向下；热效应是放热时，$\Delta T>0$，放热峰向上。当试样的热效应结束后，T_s、T_r 又趋于相等，ΔT 恢复为零位，曲线又重新返回基线。差热分析装置示意图如图7.2所示。在差热分析实验中使用的惰性参比物主要有高纯 $\alpha-Al_2O_3$、高纯 $\alpha-MgO$ 和硅油等。

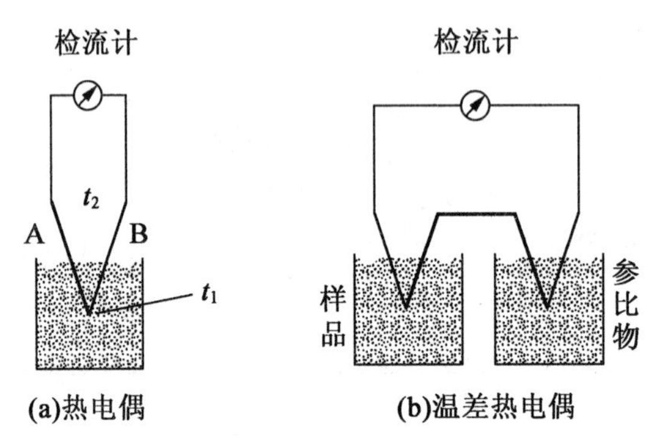

图7.1 热电偶示意图

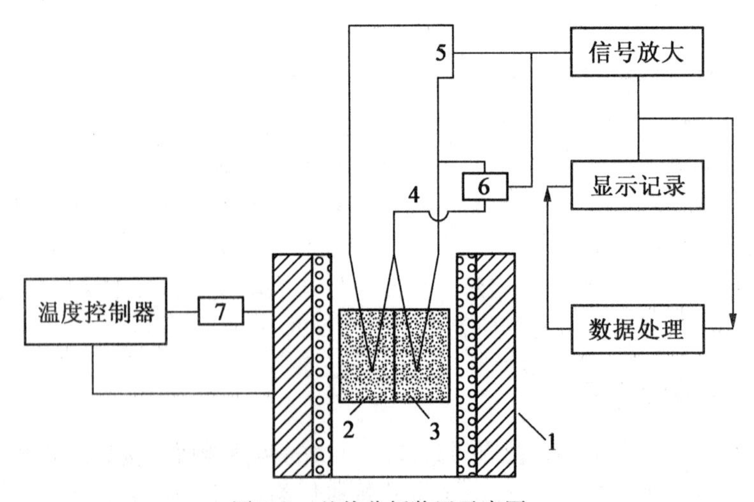

图7.2 差热分析装置示意图

1—加热炉；2—试样；3—参比物；4—测温热电偶；5—温差热电偶；6—测温元件；7—温控元件

7.2.2 差热曲线

1. 差热曲线的形式

由差热分析的原理可知，DTA 谱图的横坐标为温度 T（或时间 t），纵坐标为试样与参比物温差 ΔT，所得到的 ΔT 和 T（或 t）曲线称为差热曲线，如图 7.3 所示，在图中 ΔT 是"+"为放热峰，ΔT 是"-"为吸热峰，基线相当于 $\Delta T=0$（无热效应发生）。

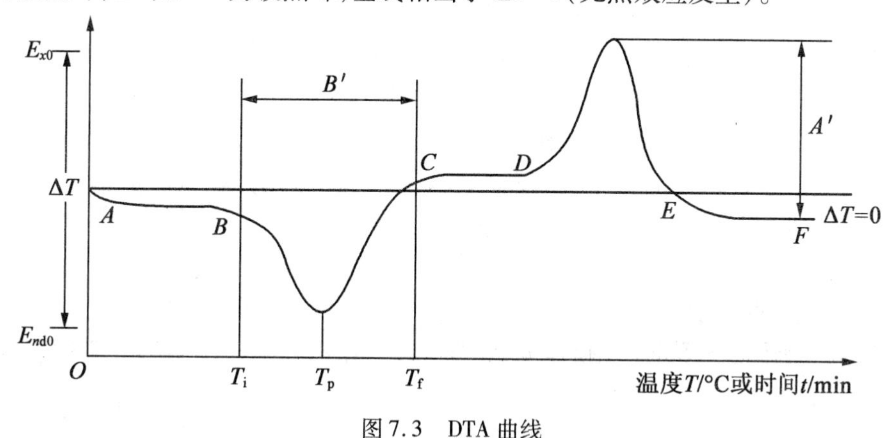

图 7.3 DTA 曲线

2. DTA 曲线的几何要素

每种物质都有其特征热效应，也有各自的差热曲线几何形状，下面从几何分析的角度对曲线上的各种特征简要介绍。

(1) 零线。

零线是以记录起始点为起点所作平行于横坐标的理想直线，表示试样和参比物之间的温度差为 0，即 $\Delta T=0$ 的直线为理想状态所作。

(2) 基线。

基线即 ΔT 近似为 0 的部分，该曲线表示试样中无热效应产生。基线与零线不重合的原因，是试样与参比物之间的热容和热导率不同。有时，还会有两段基线高度不同的现象，这表明试样经过一个热效应过程以后，比热容和热导率等热力学常数发生了改变，如图 7.3 中的 AB、CD、EF 所示。

(3) 吸热峰。

吸热峰是指偏离基线向下而后又回到基线的部分，是试样发生吸热效应所致。

(4) 放热峰。

放热峰是指偏离基线向上而后又回到基线的部分，是试样发生放热效应所致。

(5) 起始温度（T_i）。

起始温度是指热效应起始温度，即曲线开始偏离基线的点所对应的温度。

(6) 结束温度（T_f）。

结束温度是指曲线回到基线的点所对应的温度，这一点意味着一个热效应过程的结束。

(7)极大值温度(T_p)。

极大值温度也称峰值温度,是峰最高点所对应的温度,也是在一个热效应过程中曲线偏离基线最大时的温度。

(8)热效应幅度(峰幅 A')。

热效应幅度表示热峰偏离基线的最大距离。

(9)热效应面积(S)。

热效应面积是指热峰曲线与基线所包围的面积。当峰前后的基线有变动时,则以峰前后偏离基线的点的连线(称为内插基线)与峰曲线所包围的面积作为热效应面积(图7.4斜线部分)。

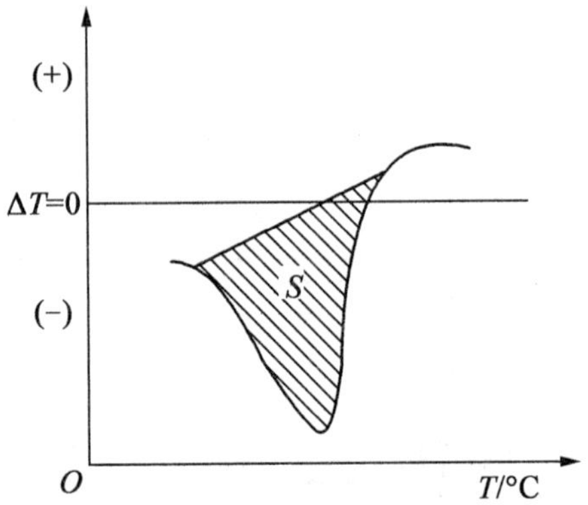

峰幅 A' 和面积 S 这两个参数是进行定量分析时的重要参数。

(10)热峰宽度(B')。

热峰宽度也称热峰范围,是指从 T_i 至 T_f 热峰所经历的温度区间或时间。

图7.4 基线有变动的DTA曲线

(11)热效应斜率比。

热效应斜率比表示热效应的不对称性(或峰形的不对称性),以截距 T_iT_p/T_pT_f 表示其斜率变化:

$$\frac{\tan\alpha}{\tan\beta}=\frac{T_iT_p}{T_pT_f} \tag{7.1}$$

式(7.1)不仅反映出试样热反应速度的变化而且具有定性意义,可以用来区分结构相近的某些矿物。例如,在黏土矿物的差热分析中,$\frac{\tan\alpha}{\tan\beta}=0.78\sim2.39$ 时属高岭石;$\frac{\tan\alpha}{\tan\beta}=2.50\sim3.8$ 时,则是多水高岭石。

3. 差热曲线分析

依据差热分析曲线特征,如各种吸热峰与放热峰的个数、形状及相应的温度等,可定性分析物质的物理或化学变化过程,还可依据峰值面积半定量地测定反应热。表7.2所列为差热分析中产生放热峰和吸热峰的大致原因(相应的物理或化学变化),可供分析差热曲线时参考。

在DTA曲线的分析中含水矿物的脱水与其结构相关:①普通吸附水脱水温度为100~110 ℃;②层间结合水或胶体水脱水温度在400 ℃内,大多数在200 ℃或300 ℃内;③架状结构水的脱水温度为400 ℃左右;④结晶水的脱水温度为500 ℃内,分阶段脱水;⑤结构水的脱水温度为450 ℃以上。在矿物分解时一般释放的是 CO_2、SO_2,产生的多是吸热峰;非晶态物质的析晶产生的是放热峰。

表 7.2 差热分析中产生放热峰和吸热峰的大致原因

现象		吸热	放热	现象		吸热	放热
物理原因	结晶转化	•	•	化学原因	化学吸附		•
	熔融	•			析出	•	
	气化	•			脱水	•	
	升华	•			分解	•	•
	吸附		•		氧化度降低		•
	脱附	•			氧化		•
	吸收	•			还原	•	
					氧化还原反应	•	•

7.2.3 差热曲线温度点的确定

1. DTA 曲线起点温度的确定

由 7.2.2 节可知，DTA 曲线当试样因转变(或反应)产生热效应时，ΔT 会偏离基线，逐渐达到峰顶，然后回到基线。反应的起点温度和终点温度 T_i、T_f，因曲线偏离基线并无明显的转折点，故难以确定。一般采用外推法来确定这个温度点，即以峰的起始边上拐点的切线与外推基线的交点所对应的温度(或曲线陡峭部分切线和基线延长线这两条线交点)作为热效应起始温度，称为外推起始点温度，以 T_c 表示(图 7.5)。起始反应温度点又称为反应或相转变的起始温度点，表示在该点温度下，反应过程开始被差热曲线测出。根据国际热分析协会(ICTA)共同测定的结果，认为这种方法确定的温度点最为接近热力学的平衡温度。

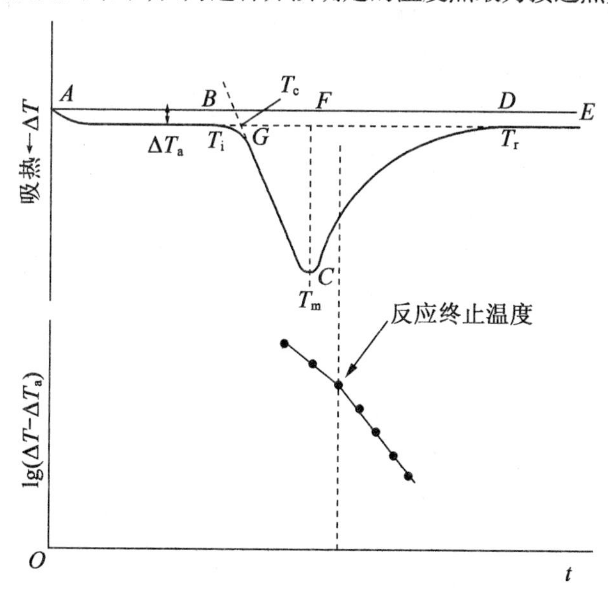

图 7.5 DTA 曲线反应起点和终点确定示意图

2. DTA 曲线终点温度的确定

用外推法既可以确定起始点,也可确定反应终点,如图 7.6 所示。除外推法外,相对精度高的是通过计算作图法确定。从图 7.5 外观上看,曲线回复到基线的温度是 T_f(终止温度),而反应的真正终点温度是 T'_f。由于整个体系的热惰性,即使反应结束,热量仍有一个散失过程,使曲线不能立即回到基线。T'_f可以通过作图的方法来确定,T'_f之后,ΔT即以指数函数降低,因而如以($\Delta T-\Delta T_a$)的对数对时间作图,可得到一条直线。当从峰的高温侧的底沿逆查这张图时,则偏离直线的那一点即表示终点 T'_f。

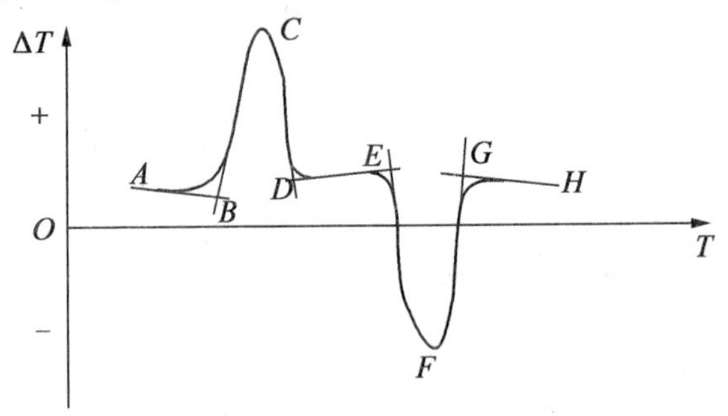

图 7.6 外推法确定 DTA 曲线的温度转变点

3. DTA 峰面积的确定

(1)基线没有偏移。

DTA 的峰面积为反应前后基线所包围的面积,其测量方法有以下几种:①使用积分仪,可以直接读数或自动记录下差热峰的面积;②如果差热峰的对称性好,可作等腰三角形处理,用峰高乘以半峰宽峰高处的宽度的方法求面积;③剪纸称重法,若记录纸厚薄均匀,可将差热峰剪下来,在分析天平上称其质量,其数值可以代表峰面积。

(2)基线有偏移。

基线有偏移分如下两种情况计算:

①分别作反应开始前和反应终止后的基线延长线,它们离开基线的点分别是 T_a 和 T_f,联结 T_a、T_p、T_f 各点,便得峰面积,这是 ICTA 所规定的方法。

②由基线延长线和通过峰顶 T_p 作垂线,与 DTA 曲线的两个半侧所构成的两个近似三角形面积 S_1、S_2 之和 $S=S_1+S_2$表示峰面积(图 7.7),这种求面积的方法是认为在 S_1 中丢掉的部分与 S_2 中多余的部分可以得到一定程度的抵消。

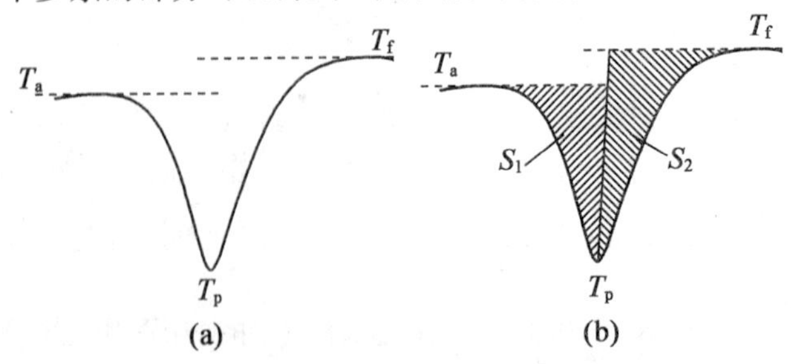

图 7.7 DTA 峰面积的确定示意图

在 DTA 曲线分析中必须注意：①峰顶温度没有严格的物理意义，峰顶温度并不代表反映的终止温度，反应的终止温度应在后续曲线的某点，如图 7.6 中的 *BCD* 峰，终止温度在 *CD* 段的某一点处；②最大反应速率也不是发生在峰顶，而是发生在峰顶之前，峰顶温度仅表示此时试样与参比物间的温度差最大；③峰顶温度不能看作试样的特征温度，它受多种因素的影响，如升温速率、试样的颗粒度、试样用量等。

7.2.4 差热曲线的影响因素

影响 DTA 曲线的因素大致分为内因和外因两方面。内因指试样本身的热性能，外因指仪器结构、操作及实验条件等。下面就外因的影响做简要分析。

1. 升温速率

差热分析的升温速率对差热曲线的峰形（面积）及峰值有明显的影响。升温速率越大，峰形越尖，峰高也增加，峰顶温度也越高（图 7.8（a））；升温速率过小则差热峰变圆、变低，甚至显示不出来（图 7.8（b））。

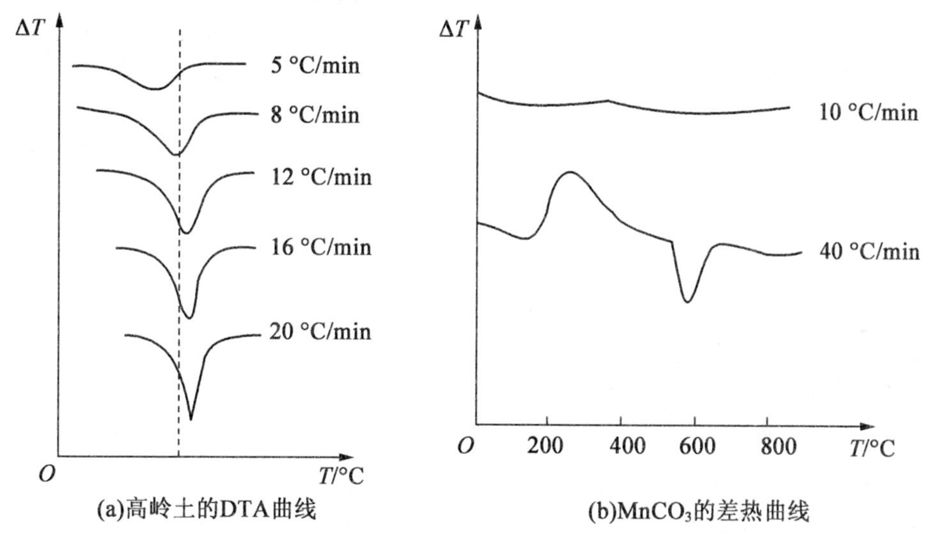

图 7.8 升温速率对 DTA 曲线的影响

加热速率的选择主要根据试样的数量、传热性质、参比物、加热炉、试样座的特性及记录仪的灵敏度而定。如果试样传热差，记录仪的灵敏度要高，则加热速率以慢些为宜。

2. 样品的用量、颗粒度、试样的装填和参比物

在差热分析试样时，试样用量多，热传导迟缓，热反应滞后造成相邻的反应峰值重叠或难以区别（图 7.9），并出现反应峰形及反应温度的变化。故样品以少为原则，硅酸盐试样用量为 0.2 ~ 0.3 g。

试样颗粒越大，峰形越趋于扁而宽；反之，颗粒小，热效应温度偏低，峰形变小。图 7.10 为高岭石粒度对差热曲线形态的影响，粒度较粗时，由于受热不均，故热峰温度偏高，温度范围较宽，随着试样粒度的细化，失去结构水及相变产生的热峰均变小。因此，正常的差热分析试样的粒度以 10 ~ 50 nm 为宜。

试样的装填要求薄而均匀,与参比物的装填情况一致,否则会因热导率的差异,使低温阶段的误差增大。

参比物要求整个测温范围无热反应,比热容和热导性与试样相近,其粒度与试样也相近(100 ~ 300 目筛),常用的参比物是 $\alpha-Al_2O_3$(经 1 270 K 煅烧的高纯 Al_2O_3 粉,$\alpha-Al_2O_3$ 晶型)。

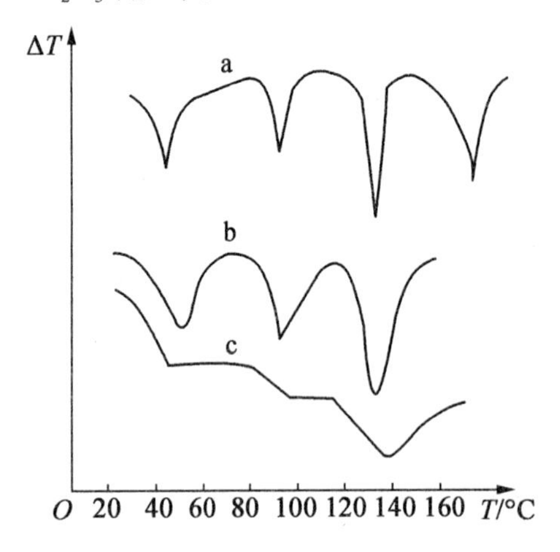

图 7.9 NH_4NO_3 的 DTA 曲线

a—5 mg;b—50 mg;c—5 g

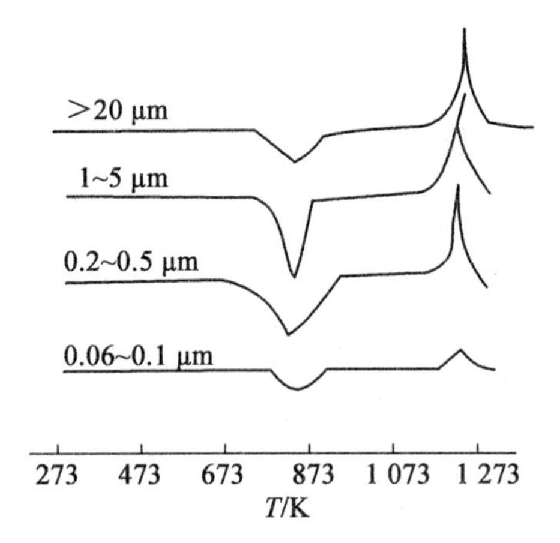

图 7.10 高岭石粒度对 DTA 曲线形态的影响

3. 压力和气氛的影响

压力对差热反应中体积变化很小的试样影响不大,而对于体积变化明显的试样则影响显著。在外界压力增大时,试样的热反应温度向高温方向移动。而当外界压力降低或抽真空时,热反应的温度向低温方向移动。图 7.11 为 $PbCO_3$ 在 CO_2 气氛中不同压力下的 DTA 曲线。由图可知,$PbCO_3$ 的分解温度受产物气相压力的控制,随着 CO_2 压力的下降,$PbCO_3$ 分解温度向低温方向进行。

炉内气氛对碳酸盐、硫化物、硫酸盐等类矿物加热过程中的行为有很大影响,某些矿物试样在不同的气氛控制下,会得到完全不同的差热分析曲线。实验表明,炉内气氛的气体与试样的热分解产物一致时,分解反应所产生的起始、终止和峰顶温度趋向升高。图 7.12 是氢氧化镉($Cd(OH)_2$)在不同的气氛(CO_2 和 N_2)中的 DTA 曲线,在 N_2 中,试样的脱水温度为 547 K,而在 CO_2 气氛中,脱水温度是 513 ~ 613 K,主要是由于 CO_2 气氛中生成 $CdCO_3$,而 $CdCO_3$ 的分解反应于 623 ~ 773 K 完成。所以,对易氧化的样品,可通入 N_2、Ne 等惰性气体。

通常进行气氛控制有两种形式:一种是静态气氛,一般为封闭系统,随着反应的进行,样品上空逐渐被分解出来的气体所包围,将导致反应速度减慢,反应温度向高温方向偏移;另一种是动态气氛,气氛流经试样和参比物,分解产物所产生的气体不断被动态气氛带走。只要控制好气体的流量就能获得重现性好的实验结果,故一般采用动态气氛。

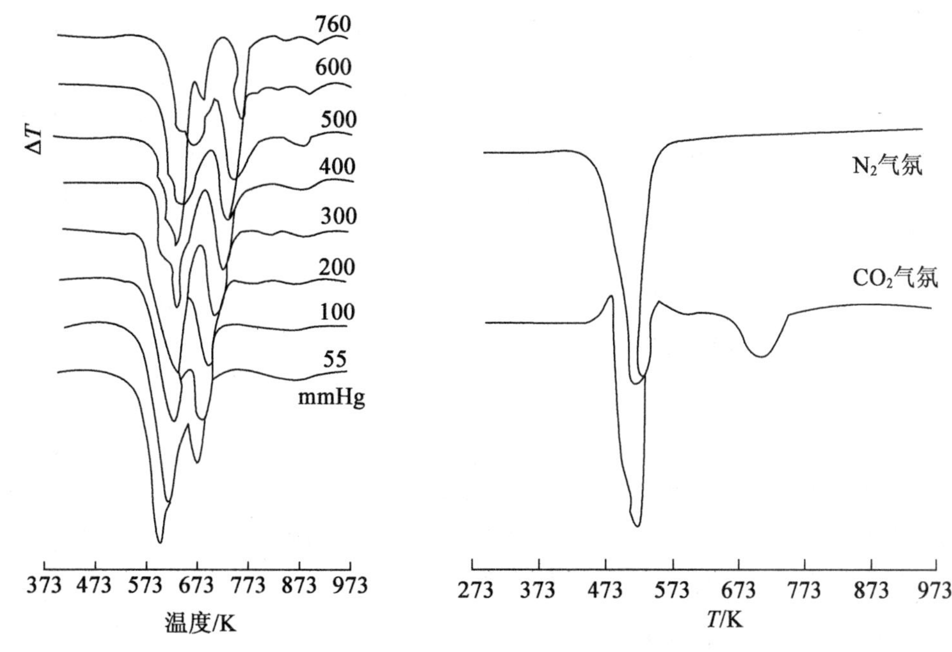

图 7.11 $PbCO_3$ 在 CO_2 气氛中不同压力下的 DTA 曲线(1 mmHg = 133.322 Pa)

图 7.12 不同气氛下 $Cd(OH)_2$ 的 DTA 曲线

7.2.5 其他类型的差热分析

微分差热分析(DDTA):DTA 曲线的一级微分,测定的是$\frac{d(\Delta T)}{dt}-T(t)$。DTA 曲线的优点是曲线变化显著,可更精确地测定基线。

高压差热分析:双池型高压 DTA-DPA(差热压力分析仪)和气流型高压 DTA 等,用于研究无机材料、高分子材料的相变和相图及高分子材料的燃烧。

7.3 差示扫描量热法

DTA 技术具有快速简便等优点,但其缺点是重复性较差,分辨率不够高,其热量的定量也较为复杂。差热分析试样在产生热效应时,升温速率是非线性的,从而使较正系数值发生变化,难以进行定量。以吸热反应为例,试样开始反应后的升温速度会大幅度落后于程序控制的升温速度,甚至发生不升温或降温的现象;待反应结束时,试样升温速度又会高于程序控制的升温速度,逐渐跟上程序控制温度,升温速度始终处于变化中。而且在发生热效应时,试样与参比物及试样周围的环境有较大的温差,它们之间会进行热传递,降低了热效应测量的灵敏度和精确度。因此,到目前为止的大部分差热分析技术虽能用于热量定量检测,但其准确度不高,只能得到近似值,也难以获得变化过程中的试样温度和反应动力学的数据。

差示扫描量热法(DSC)就是为了克服差热分析在定量测定上存在的这些不足而发

展起来的一种新的热分析技术,即在程序温度控制中,测量样品与参比的热流量差与温度关系的一种技术。DSC 可以表征所有与热效应有关的物理变化和化学变化,该法通过对试样因发生热效应而发生的能量变化进行及时应有的补偿,保持试样与参比物之间温度始终相同,无温差、无热传递,使热损失小,检测信号大,因此在灵敏度和精度方面都大有提高,可进行热量的定量分析工作。因此,DSC 堪称热分析三大技术(TG、DTA 和 DSC)中的主要技术之一,尤其是最近几十年,DSC 技术由过去难以突破的最高实验温度 700 ℃,提高到 1 650 ℃,极大地拓宽了它的应用背景。

7.3.1 差示扫描量热法的基本原理

差示扫描量热法按测量方式的不同分为功率补偿型差示扫描量热法和热流型差示扫描量热法两种。对于功率补偿型 DSC 技术要求试样和参比物温度,无论试样吸热还是放热都要处于动态零位平衡状态,使 ΔT 等于 0,这是 DSC 和 DTA 技术最本质的区别。要实现 ΔT 等于 0,其办法就是通过功率补偿。热流式 DSC 则要求试样和参比物温度差与试样和参比物间热流量差呈正比的关系。

1. 功率补偿型差示扫描量热法

经典 DTA 常用一个金属块作为试样保持器,以确保试样和参比物处于相同的加热条件下,而 DSC 的主要特点是试样和参比物各自有独立的加热元件和测温元件,并由两个系统进行监控,如图 7.13(a) 所示。功率补偿型差示扫描量热仪器包括外加热功率补偿差示扫描量热计和内加热功率补偿差示扫描量热计两种。

外加热功率补偿差示扫描量热计的主要特点是试样和参比物仍放在外加热炉内加热的同时,都附加有具有独立的小加热器和传感器,即在试样和参比物容器下各装有一组补偿加热丝。其结构如图 7.13(b)所示,整个仪器由两个控制系统进行监控,其中一个控制温度,使试样和参比物在预定速率下升温或降温,另一个控制系统用于补偿试样和参比物之间所产生的温差,即当试样由于热反应而出现温差时,通过补偿控制系统使流入补偿加热丝的电流发生变化。例如,当试样吸热时,补偿系统流入试样侧加热丝的电流增大;试样放热时,补偿系统流入参比物侧加热丝的电流增大,直至试样和参比物二者热量平衡,温差消失。这就是所谓零点平衡原理。这种 DSC 仪经常与 DTA 仪组装在一起,通过更换样品支架和增加功率补偿单元达到既可作为差热分析又可作为差示扫描量热法分析的目的。

内加热功率补偿差示扫描量热计则无外加热炉,直接用两个小加热器进行加热,同时进行功率补偿。由于不使用大的外加热炉,因此仪器的热惰性小、功率小、升降温速度很快。但这种仪器随着试样温度的增加,样品与周围环境之间的温度梯度越来越大,造成大量热量的流失,大大降低了仪器的检测灵敏度和精度。因此,这种 DSC 仪的使用温度较低。

2. 热流型差示扫描量热法

热流型 DSC 和 DTA 十分相似,是一种定量的 DTA 仪器,不同之处在于试样与参比物的托架下放一个电热片,加热器在程序温度控制下对加热块进行加热,其热量通过电热

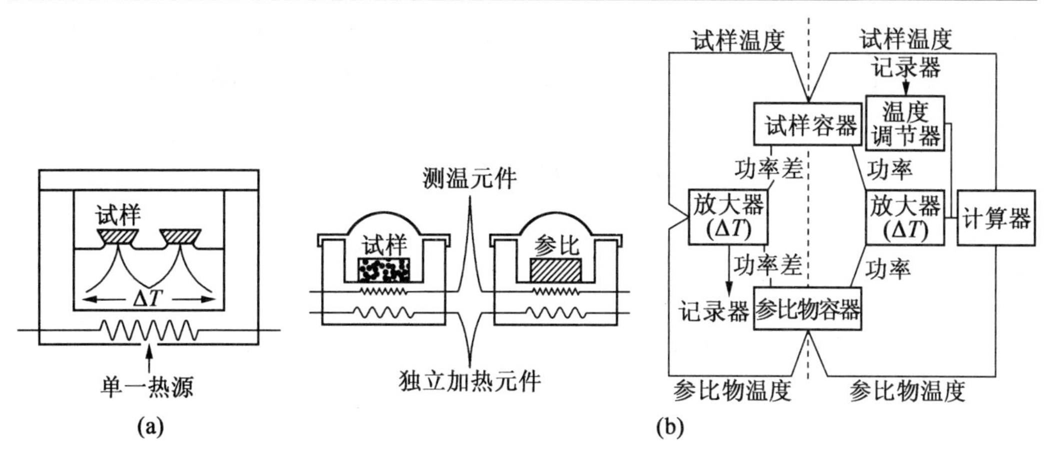

图 7.13 功率补偿型差示扫描量热仪示意图

片对试样和参比物加热，使之受热均匀，如图 7.14(a) 所示，具体加热结构如图 7.14(b) 所示。加热时利用康铜盘把热量传输到试样和参比物，并且康铜盘还作为测量温度的热电偶结点的一部分，传输到试样和参比物的热流差，通过试样的参比物平台下的镍铬板与康铜盘的结点所构成的镍铬-康铜热电偶进行监控。热流型就是在给予样品和参比物相同的功率下，测量样品和参比物两端温度差 ΔT，然后根据热流方程将 ΔT 转化 ΔQ（热量差）作为信号输出。热流型 DSC 的优点是基线稳定和灵敏度高。

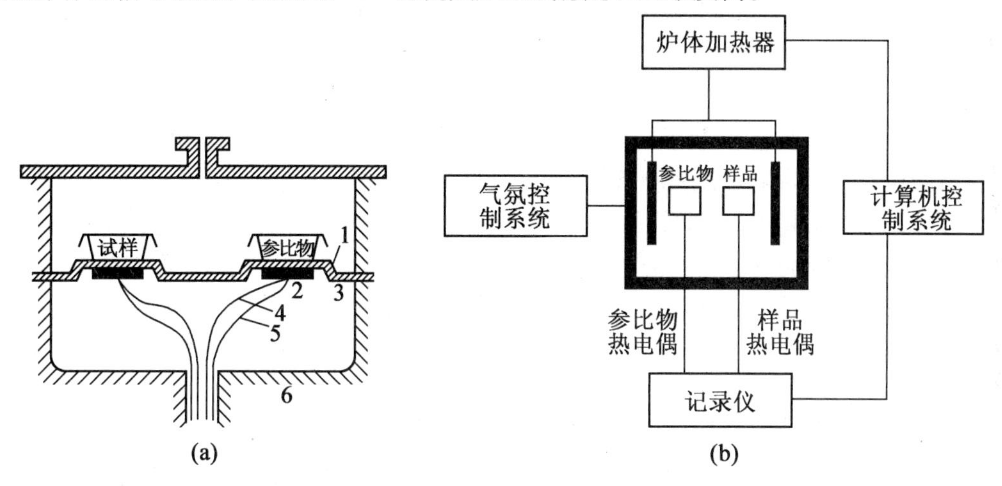

图 7.14 热流式差示扫描量热仪示意图

1—康铜盘；2—热电偶结点；3—镍铬板；4—镍铝丝；5—镍铬丝；6—加热块

7.3.2 差示扫描量热法曲线

DSC 是通过测定试样和参比物的功率差来代表试样在转变（或反应）中的焓变。DSC 法所记录的是补偿能量所得到的曲线，称为 DSC 曲线。典型的 DSC 曲线以热流率 $\frac{\mathrm{d}H}{\mathrm{d}t}$ 为纵坐标，以温度 T 或时间 t 为横坐标，即 $\frac{\mathrm{d}H}{\mathrm{d}t}$-$T$（或 t）曲线（图 7.15）。与差热分析一样，它也是基于物质在加热过程中发生物理、化学变化的同时伴随有吸热、放热现象出现。因此，差示扫描量热曲线的形态外貌与差热曲线完全一样。在 DSC 曲线上离开基线的位移，代表样品吸热或放热的速率，通常以 mJ/s 或 mW（毫瓦）表示。而曲线峰与基线延长线所包围的面积代表热量的变化，因此，DSC 可以直接测量试样在发生变化时的热效应。

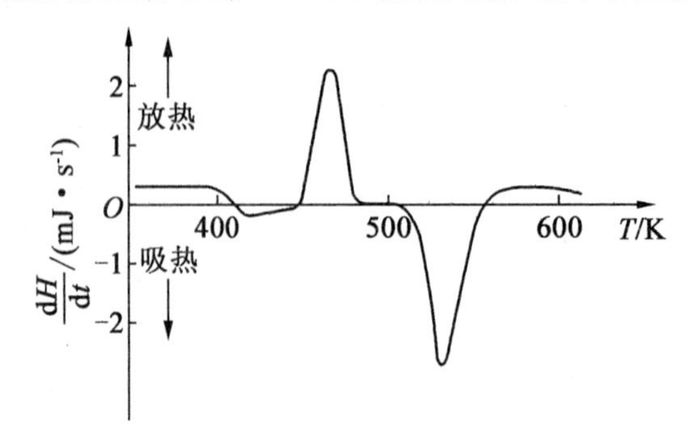

图 7.15 差示曲线示意图

7.3.3 差示扫描量热法影响因素

由于 DTA 和 DSC 都是以测量试样焓变为基础的，而且两者在仪器原理和结构上有许多相同或相近之处，因此影响 DTA 的各种因素也会以相同或相近的规律对 DSC 产生影响。但是由于 DSC 试样用量少，试样内的温度梯度较小且气体的扩散阻力下降，对于功率补偿型 DSC 还有热阻影响小的特点，因而某些因素对 DSC 的影响与对 DTA 的影响程度不同。

影响 DSC 的因素主要有实验条件、样品因素和仪器因素。样品因素主要是试样的用量、粒度、试样的几何形状及参比物的性质。有些试样（如聚合物和液晶）的热历史对 DSC 曲线也有较大影响。在实验条件因素中，主要是升温速率，它影响 DSC 曲线的峰温和峰形。升温速率越大，一般峰温越高，峰面积越大、峰形越尖锐；但这种影响在很大程度上还与试样种类和受热转变的类型密切相关；升温速率对有些试样相变焓的测定值也有影响。另外，影响因素还有炉内气氛类型和气体性质，气体性质不同，峰的起始温度和峰温甚至过程的焓变都会不同。试样用量和稀释情况对 DSC 曲线也有影响。

7.3.4 DSC 与 DTA 的差别

DSC 与 DTA 的差别主要体现在加热装置、测试结果以及曲线的物理意义不同，具体如下：

（1）差示量热计代替加热炉。

（2）样品和参比物各自独立加热。

（3）产生温差用功率补偿，保持同温。

（4）DTA 是测量试样与参比物之间的温度差，而 DSC 是测量为保持试样与参比物之间的温度一致所需的能量（即试样与参比物之间的能量差）。

（5）DSC 是在控制温度变化情况下，以温度（或时间）为横坐标，以样品与参比物间温差为 0 所需供给的热量为纵坐标所得的扫描曲线。

（6）DTA 是测量 $\Delta T-T$ 的关系，无法建立 ΔH 与 ΔT 之间的联系；而 DSC 是保持

$\Delta T=0$,测定 $\Delta H-T$ 的关系,并建立 ΔH 与 ΔT 之间的联系。两者最大的差别是 DTA 只能定性或半定量,而 DSC 的结果可用于定量分析。

(7)DSC 与 DTA 曲线相同,但 DSC 更准确。

7.4 热重分析

许多物质在加热或冷却过程中除产生热效应外,往往有质量变化,其变化的大小及温度与物质的化学组成和结构密切相关。因此,利用加热或冷却过程中物质质量变化的特点,可区别和鉴定不同的物质。这种方法称为热重法(TG),即在程序温度控制中,测量物质质量与温度/时间之间关系的技术,其基本原理是在程序温度(升/降/恒温及其组合)过程中,由热天平连续测量样品质量的变化并将数据传递到计算机中对时间/温度进行作图,得到热重曲线。热天平的主要组成部分包括:①加热炉;②程序控温系统;③可连续称量样品质量的天平;④记录系统。

热重分析法包括静态法和动态法两种类型。

静态法又分等压质量变化测定和等温质量变化测定两种。等压质量变化测定又称为自发气氛热重分析,是在程序控制温度下,测量物质在恒定挥发物分压下平衡质量与温度关系的一种方法。该方法利用试样分解的挥发产物所形成的气体作为气氛,并控制在恒定的大气压下测量质量随温度的变化,其特点就是可减少热分解过程中氧化过程的干扰。等温质量变化测定是指在恒温条件下测量物质质量与温度关系的一种方法。该方法每隔一定温度间隔将物质恒温至恒重,记录恒温恒重关系曲线。该法准确度高,能记录微小失重,但比较费时。

动态法又称非等温热重法,分为热重分析和微商热重分析。热重和微商热重分析都是在程序升温的情况下,测定物质质量变化与温度的关系。微商热重分析又称导数热重分析(DTG),它是记录热重曲线对温度或时间的一阶导数的一种技术。由于动态非等温热重分析和微商热重分析简便实用,又利于与 DTA、DSC 等技术联用,因此广泛地应用在热分析技术中。

7.4.1 热重曲线质量变化表示方法

由热重法所记录的曲线称为热重曲线或 TG 曲线,如图 7.16 所示。TG 曲线以质量为纵坐标,从上到下为减少,可以用试样剩余质量(常用单位为 mg)或质量变化比例(即剩余质量占原质量的比例$(1-\frac{\Delta m}{m_0})$,单位为%)来表示,以温度 T 或时间 t 为横坐标,从左到右为增加。故 TG 曲线反映了在均匀升温或降温过程中物质质量与温度或时间的函数关系:$m=f(T)$ 或 $m=f(t)$。

TG 曲线中的水平线为稳定质量值,称为平台,表明该阶段被测物质的质量未发生任何变化,如图 7.16(a)中 AB 段平台,质量为 m_0;当曲线拐弯转向时,表明被测物质的质量发生了变化,当曲线又处于水平线时,质量稳定在一个新的量值上,如图 7.16(a)中的 CD 段,质量为 m_1,两平台之间的部分称为台阶,如图 7.16(a)中的 BC 段,也是质量变化阶段。在 TG 曲线上起始温度为 T_i，终止温度为 T_f，反应区间为 $T_i \sim T_f$。失重率的计算经常表达为图 7.16(b)的表示，可直观进行计算，如

B 点到 *C* 点的温度失重率为

$$\frac{99.6-62.4}{100}\times 100\% = 37.2\%$$

C 点到 *D* 点的温度失重率为

$$\frac{62.4-26.2}{100}\times 100\% = 36.2\%$$

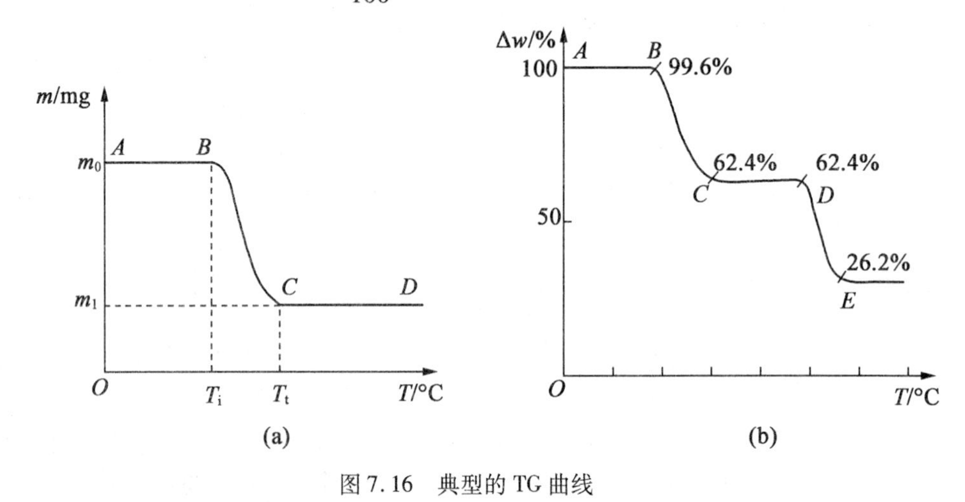

图 7.16 典型的 TG 曲线

事实上，由于试样质量变化的实际过程不是在某一温度下同时发生并瞬间完成的，因此热重曲线的形状不呈直角台阶状，而是形成带有过渡和倾斜区段的曲线。

7.4.2 影响热重曲线的因素

热重分析和差热分析一样，也是一种动态技术，其实验条件，仪器的结构与性能、试样本身的物理，化学性质及热反应特点等多种因素都会对热重曲线产生明显的影响。来自仪器的影响因素主要有基线、试样支持器和测温热电偶等；来自试样的影响因素有质量、粒度、物化性质和装填方式等；来自实验条件的影响因素有升温速率和气氛等。为了获得准确并能重复和再现的实验结果，研究并在实践中控制这些因素，显然是十分重要的。

1. 热重曲线的基线漂移

热重曲线的基线漂移是指试样没有变化而记录曲线却指示出有质量变化的现象，它造成试样失重或增重的假象。这种漂移主要与加热炉内气体的浮力效应和对流影响、Knudsen(克努森)力及温度与静电对天平机构等的作用紧密相关。

当试样受热时，周围的气体因温度升高而膨胀，造成密度变小。结果气体对试样支持器及试样的浮力也随之减小，在热天平中表现为质量增加。与浮力效应同时存在的是对流的影响。由于天平系统置于常温环境，而试样周围的气体受热变轻形成向上的热气流，这一气流作用在天平上便引起试样的表观失重。在加热炉顶有出气通道时，这种空气对流造成的表现失重尤为显著。如果气体外溢受阻，上升的热气流会置换上部温度较

低的气体，而下降的气流对试样支架进行冲击，引起表观增重。对于不同仪器、不同气氛和不同的升温速率，气体的浮力与对流的总效应也不一样。

Knudsen 力是由热分子流或热滑流形式的热气流造成的。温度梯度、炉子位置、试样、气体种类、温度和压力范围对 Knudsen 力引起的表观质量变化都有影响。

温度对天平性能的影响也是非常大的。数百乃至数千摄氏度的高温直接对热天平部件加热，极易通过热天平臂的热膨胀效应而引起天平零点的漂移，并影响传感器和复位器的零点与电器系统的性能，造成基线的偏移。

当热天平采用石英之类的保护管时，加热时管壁吸附水急剧减少，表面导电性变差，致使电荷滞留于管筒，形成静电干扰力，将严重干扰热天平的正常工作，并在热重曲线上也出现相应的异常现象。

此外，外界磁场的改变也会影响热天平复位器的复位力，从而影响热重基线。

为了减小热重曲线的漂移，理想的方法是采用对称加热的方式，即在加热过程中热天平两臂的支承（或悬挂）系统处于非常接近的温度，使得两侧的浮力、对流、Knudsen 力及温度的影响均可基本抵消。此外，采用水平式热天平不易引起对流及垂直 Knudsen 力，减小天平的支承杆、样品支持器及坩埚体积和迎风面积、在天平室和试样反应室之间增加热屏蔽装置、对天平室进行恒温等措施都可以减小基线的漂移。通过空白热重基线的校正也可减少来自仪器方面的影响。

2. 升温速率

试样的升温是靠热量在介质经过试样坩埚再至试样之间的传递进行的。于是，在加热的炉子和试样之间形成了温差。由于试样的性质、尺寸以及试样本身的物理或化学变化引起的热焓的变化，试样内部形成了温度梯度。当升温速率增加时，这种温差也随之增大。结果导致热重曲线的起始温度和终止温度偏高。若提高升温速率，曲线向高温方向推移。一般来讲，升温速率并不影响失重量。通常，热重法测定时采用 5 ℃/min 和 10 ℃/min 居多。有时，可利用改变升温速率来分离相邻反应。如 $NiSO_4 \cdot 7H_2O$，当升温速率为 0.6 ℃/min 时，则能检测出六水合物、四水合物、二水合物和一水合物的失水平台；而当升温速率为 2.5 ℃/min 时，仅测得一水合物的失水平台。因此，对含有大量结晶水的试样，升温速率不宜太快。实践表明，热重法测定的升温速率不宜太快，对传热差的高分子和无机非金属材料试样一般选用 5 ~ 10 ℃/min，对传热好的金属试样一般可选用 10 ~ 20 ℃/min。

3. 炉内气氛

炉内气氛对热重分析的影响与试样的反应类型、分解产物的性质和装填方式等许多因素有关。在热重分析中，常见反应之一是：

$$A(固) \rightleftharpoons B(固) + C(气)$$

这一反应只有在气体产物的分压低于分解压时才能发生，且气体产物增加，分解速率下降。

在静态气氛中，如果气氛气体是惰性的，则反应不受惰性气体的影响，只与试样周围自身分解出的产物气体的瞬间浓度有关。当气氛气体含有与产物相同的气体组分时，由于加入的气体产物会抑制反应的进行,因而将使分解温度升高。例如,$CaCO_3$ 在真空、空气和 CO_2 中的分解:

$$CaCO_3(固) \rightleftharpoons CaO(固)+CO_2(气)$$

其起始分解温度随气氛中 CO_2 分压的升高而增高,$CaCO_3$ 在 3 种气氛中的分解温度之差可达数百摄氏度。气氛中含有与产物相同的气体组分后,分解速率下降、反应时间延长。

在静态气氛中,试样周围气体的对流、气体产物的逸出与扩散也都影响热重分析的结果。气体的逸出与扩散、试样量、试样粒度、装填的紧密程度及坩埚的密闭程度等许多因素有关,使它们产生附加的影响。

在动态气氛中,惰性气体能把气体分解产物带走而使分解反应进行得较快,并使反应产物增加。当通入含有与产物气体相同的气氛时,这将使起始分解温度升高并改变反应速率和产物量。所含产物气体的浓度越高,起始分解温度越高,逆反应的速率也越大。随着逆反应速率的增加,试样完成分解的时间将延长。动态气氛的流速、气温及是否稳定对热重曲线也有影响。一般来说,大流速有利于传热和气体的逸出与扩散,这将使分解温度降低。

在热重法中还会遇到下面两类不可逆反应:

$$A(固) \longrightarrow B(固)+C(气) \tag{1}$$

$$A(固)+B(气) \longrightarrow C(固)+D(气) \tag{2}$$

反应(1)是一个不可逆过程,因此,无论是静态的还是动态的,惰性的还是含有产物气体 C 的气氛,对反应速率、反应方向和分解温度原则上均没有影响。而在反应(2)中,气氛组分 B 是反应成分。所以它的浓度与反应速率和产物的量有着直接关系。B(气)的种类不同,影响情况也不同。气氛组分 B 有时是为了研究需要加入的,有时则是作为一种气体杂质而存在的。作为杂质存在时,无论与原始试样还是与产物反应均使热重曲线复杂化。例如,在空气中温度为 150 ~ 180 ℃时,聚丙烯质量明显增加,这是聚丙烯氧化的结果,而其在氮气中就没有这一现象。

提高气氛压力,无论是静态还是动态气氛,常使起始分解温度向高温区移动,使分解速率有所减慢,相应地反应区间则增大。

4. 坩埚形式和材质

热重分析所用的坩埚形式多种多样,其结构及几何形状都会影响热重分析的结果。图 7.17 为常用的几种坩埚示意图,其中(a)、(b)为无盖浅盘式,(c)、(d)为深坩埚,(e)为多层板式坩埚,(f)为带密封盖的坩埚,(g)为带有球阀密封盖的坩埚,(h)为迷宫式坩埚。

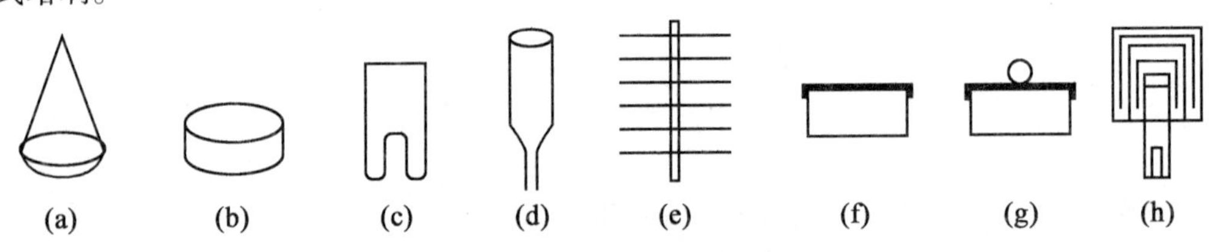

图 7.17 常用的几种坩埚示意图

热重分析时气相产物的逸出必然要通过试样与外界空间的交界面，深而大的坩埚或者试样充填过于紧密都会妨碍气相产物的外逸，因此反应受气体扩散速度的制约，结果使热重曲线向高温侧偏移。当试样量太多时，外层试样温度可能比试样中心温度高得多，尤其是升温速度较快时相差更大，因此会使反应区间增大。

当使用浅坩埚，尤其是多层板式坩埚时，试样受热均匀，试样与气氛之间有较大的接触面积，因此得到的热重分析结果比较准确。迷宫式坩埚由于气体外逸困难，热重曲线向高温侧偏移较严重。

浅盘式坩埚不适用于加热时发生爆裂或发泡外溢的试样，这种试样可用深的圆柱形或圆锥形坩埚，也可采用带盖坩埚。带球阀盖的坩埚可将试样气氛与炉子气氛隔离，当坩埚内气体压力达到一定值时，气体可通过上面的小孔逸出。如果采用流动气氛，不宜采用迎风面很大的坩埚，以免流动气体作用于坩埚造成基线严重偏移。

坩埚的材质有玻璃、铝、陶瓷、石英、金属等，应注意坩埚对试样、中间产物和最终产物应是惰性的，如铂金材料不适宜作含磷、硫或卤素的聚合物的坩埚，因铂金对该类物质有加氢或脱氢活性；聚四氟乙烯类试样不能用陶瓷、玻璃和石英类坩埚，因相互间会形成挥发性碳化物。

5. 样品因素

在影响热重曲线的样品因素中，主要有试样量、试样粒度和热性质及试样装填方式等。

试样量从两个方面来影响热重曲线。一方面，试样的吸热或放热反应会引起试样温度发生偏差，用量越大，偏差越大。另一方面，试样用量对逸出气体扩散和传热梯度都有影响，用量大则不利于热扩散和热传递。图 7.18 为不同用量 $CuSO_4 \cdot 5H_2O$ 的热重曲线，从图中可看出，用量少时得到的结果较好，热重曲线上反应热分解中间过程的平台很明显，而试样用量较多时则中间过程模糊不清，因此要提高检测中间产物的灵敏度，应采用少量试样以获得较好的检测结果。

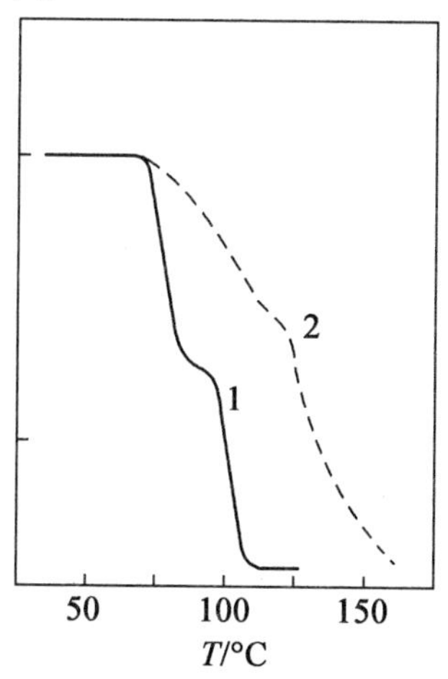

图 7.18　不同用量 $CuSO_4 \cdot 5H_2O$ 的热重曲线

试样粒度对热传导和气体的扩散同样有着较大的影响。试样粒度越细,反应速率越快,将导致热重曲线上的反应起始温度和终止温度降低,反应区间变窄,粗颗粒的试样反应较慢。故要进行热重分析,试样一般要过200~300目筛。

试样装填方式对热重曲线的影响,一般来说,装填越紧密,试样颗粒间接触越好,也越利于热传导,但不利于气氛气体向试样内的扩散或分解的气体产物的扩散和逸出。通常试样装填得薄而均匀,可以得到重复性好的实验结果。

试样的反应热、导热性和比热容对热重曲线也有影响,而且彼此互相联系。放热反应总是使试样温度升高,而吸热反应总是使试样温度降低。前者使试样温度高于炉温,后者使试样温度低于炉温。试样温度和炉温间的差别取决于热效应的类型和大小、导热能力和比热容。由于未反应试样只有在达到一定的临界反应温度后才能进行反应,因此,温度无疑将影响试样反应。例如,吸热反应易使反应温度区扩展,且表观反应温度总比理论反应温度高。

此外,试样的热反应性,历史和前处理,杂质,气体产物性质、生成速率及质量,固体试样对气体产物有无吸附作用等试样因素也会对热重曲线产生影响。

7.4.3 微商热重曲线

不少物质失重过程相对应温度范围相当宽,对应于整个升温过程中 TG 曲线上各阶段的失重变化互相衔接,不易区分开,这给利用 TG 法鉴别未知化合物带来困难,特别当两个化合物的分解温度范围比较接近时尤其如此,采用微商热重法可以解决这一问题,其对应的曲线称为微商热重曲线 DTG(Differential Thermogravimetry)。DTG 曲线可以通过 TG 曲线对温度或时间取一阶导数($\frac{dw}{dT}$或$\frac{dw}{dt}$),也可以用适当的仪器直接测得。通过 DTG 分析可以提高 TG 曲线的分辨力。

DTG 曲线在形貌上与 DTA 或 DSC 曲线相似,但 DTG 曲线表明的是质量变化速率,峰的起止点对应 TG 曲线台阶的起止点,峰的数目和 TG 曲线的台阶数相等,峰位为失重(或增重)速率的最大值,即 $d^2m/dt^2=0$,它与 TG 曲线的拐点相对应。峰面积与失重量成正比,因此可从 DTG 的峰面积算出失重量。虽然微商热重曲线与热重曲线所能提供的信息是相同的,但微商热重曲线能清楚地反映出起始反应温度、达到最大反应速率的温度和反应终止温度,而且提高了分辨两个或多个相继发生的质量变化过程的能力。由于在某一温度下微商热重曲线的峰高直接等于该温度下的反应速率,因此,这些值可方便地用于化学反应动力学的计算。

TG 与 DTG 曲线如图 7.19 所示,在曲线上当试样质量为 0 时,即曲线中的 G 点,称为试样完全失重。

国际热分析协会规定报道 TG 数据应附加下列说明:

(1)说明样品的质量和纵坐标的质量刻度。质量曲线以向下表示失重趋势,例外的情况应加以说明。

(2)使用微商热重曲线,应说明微商方法和纵坐标单位。

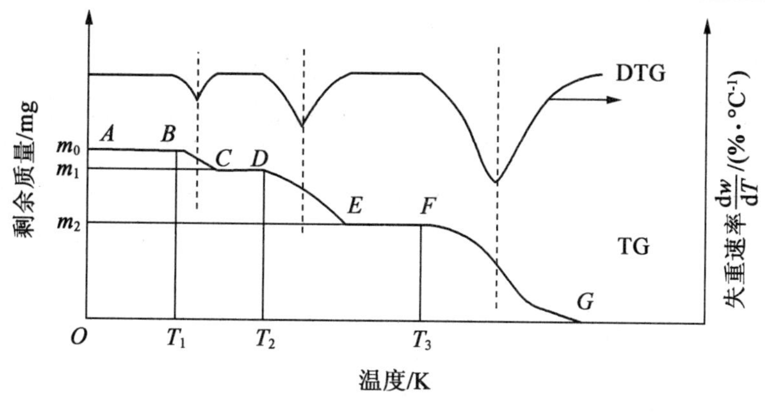

图 7.19 TG 与 DTG 曲线

7.5 热机械分析

热机械分析(TMA),即在程序控制温度下测量物质的力学性质随温度(或时间)变化的关系。因此,它是研究和物质物理形态相联系的体积、形状、长度和其他性质与温度关系的方法。热机械分析实际上包含如下 3 种方法:热膨胀分析法、静态热机械分析法和动态热机械分析法。

7.5.1 热膨胀分析法

物质在温度变化过程中会在一定方向上发生尺寸(长度或体积)的膨胀或收缩。大多物质会热胀冷缩,个别物质则相反。热膨胀分析法就是在程序控制温度下,测量试样在仅有自身重力条件而无其他外力作用时的膨胀或收缩引起的体积或长度变化的一种技术。通过热膨胀分析仪可以测定物质的线膨胀系数和体膨胀系数。

线膨胀系数 α 为温度升高 1 ℃时,沿试样某一方向上的相对伸长(或收缩)量,即

$$\alpha=\frac{\Delta l}{l_0\Delta t} \tag{7.2}$$

式中 l_0——试样原始长度,mm;

Δl——试样在温度差为 ΔT 的情况下长度的变化量。

如果长度随温度升高而增长,则 α 为正值;如果长度随温度升高而收缩,则为负值。α 值在不同的温度区内可能发生变化。例如,物质在发生相转变时,α 值即发生变化。

体膨胀系数 γ 为温度升高 1 ℃时试样体积膨胀(或收缩)的相对量,即

$$\gamma=\frac{\Delta V}{V_0\Delta t} \tag{7.3}$$

式中 V_0——试样原始体积;

ΔV——Δt 时温度的体积变化量。

经典的线膨胀系数测定仪(立式石英膨胀计)如图 7.20 所示。为了使仪器本身的热膨胀系数尽可能减小,一般采用熔融石英材料(线膨胀系数为 0.5×10^{-6}℃)。测定试样变

化的装置可用机械千分表、光学测微计来进行测定。

体膨胀系数测定仪如图7.21所示。这是一种毛细管式膨胀计。将试样放入样品容器并抽真空,随后即注入汞、甘油或硅油等液体,使之充满样品管和部分带刻度的毛细管。当样品管温度变化后,试样的体积变化通过毛细管内液体的升降,由刻度管读出变化量。但是这种测定必须使液体充满容器和浸透试样,不能裹存气泡,否则将发生很大的误差,因此充填液体的操作是十分仔细的,常需要多次反复才能得到可靠的数据。

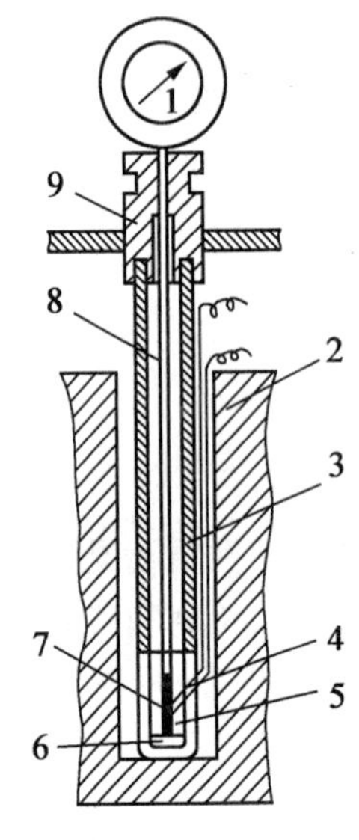

图7.20 立式石英膨胀计

1—千分表;2—程序控制加热炉;3—石英外套管;
4—测温热电偶;5—窗口;6—石英底座;
7—试样;8—石英棒;9—导向管

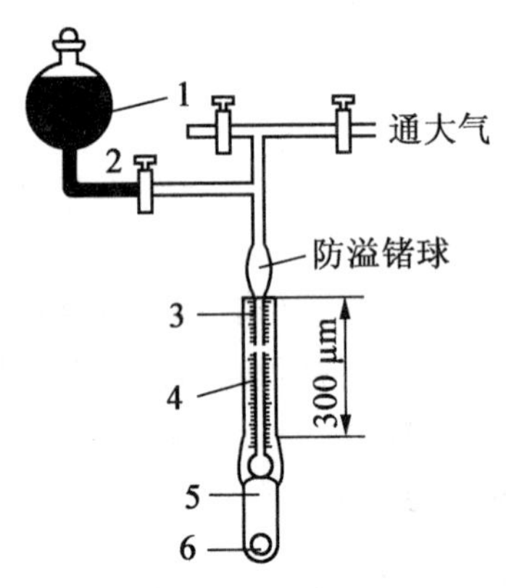

图7.21 体膨胀系数测定仪

1—汞及容器;2—接真空管;3—毛细管;
4—刻度板;5—样品池;6—试样

7.5.2 静态热机械分析法

静态热机械分析是指在程序控温的条件下,分析物质承受拉、压、弯、剪、针入等力的作用下所发生的形变与温度的函数关系。试样通过施加某种形式的荷载,随着升温时间的进行不断测量试样的变形,以此变形对温度作图即可得到各种温度形变曲线。这种热分析方法对高聚物而言特别重要。

拉伸(收缩)热变形实验是在程序控温条件下,对试样施加一定的拉力并测定试样的形变。通过这种实验可以观察许多高聚物由于结构的不同而表现出的不同行为。

压缩式温度形变曲线是一种比较常用的静态热机械性质测定方法。它是在圆柱式试样上施加一定的压缩荷载。随着温度的升高不断测量试样的形变。压缩式温度形变曲线可以反映出结晶、非晶线型、交联等各种结构的高聚物。

弯曲式温度形变测定或称热畸变温度测定是工业上常用的测定方法。在矩形样品条的中心处施加一定负荷,在加热过程中用三点弯曲法测定试样的形变。

针入式软化温度测定是研究软质高聚物和油脂类物质的一种重要方法。维卡测定法常用来测定高聚物的软化温度，它是用截面为 1 mm^2 的圆柱平头针在 1 000 g 荷载的压力下，在一定升温速度下刺入试样表面，并以针头刺入试样 1 mm 时的温度值定义为软化温度。对于分子量较低的线型高聚物而言，针入是由于试样在 T_g 以上发生黏性流动而引起的。由于针头深入试样 1 mm，材料必须相当软才行，因此维卡式软化温度的测定结果比其他方法的测定值高得多，而且这种方法不适用于软化温度较宽的高聚物（如乙基纤维素等）。

7.5.3 动态热机械分析法

动态热机械分析（DMA）是在程序控制温度下，测量物质在振荡负荷下的动态模量或阻尼随温度变化的一种技术。高聚物是一种黏弹性物质，因此在交变力的作用下其弹性部分及黏性部分均有各自的反应。而这种反应又随温度的变化而改变。高聚物的动态力学行为能模拟实际使用情况，而且它对玻璃态转变、结晶、交联、相分离以及分子链各层次的运动都十分敏感，所以它是研究高聚物分子运动行为极为有用的方法。动态热机械分析仪由力学振荡器、传动装置、DMA 系统的数字显示组成。

7.6 热分析技术的发展趋势及联用技术

热分析技术迄今已有百余年的发展历史，随着科学技术的发展及在材料领域中的广泛应用，热分析技术展现出新的生机和活力。

热分析仪器小型化和高性能是今后发展的一个普遍趋势。重在研发高准确度、高灵敏度、耐高压、适用于各种温度和环境气氛的热分析仪，如目前的 TG 和 DTA 的测试温度范围很广（可为-196 ~3 000 ℃），天平灵敏度 0.1 μg、称重精确度±0.01%，测温精确度±0.01 ℃，量热精确度±0.05%，气氛压强可达 100 MPa。

热分析仪器发展的另一个趋势是将不同特长和功能的热分析技术相互组合在一起，实现联用分析，扩大分析范围。一般来说，每种热分析技术只能了解物质性质及其变化的某些方面，而一种热分析手段与别的热分析手段或其他分析手段联合使用，都会收到互相补充、互相验证的效果，从而获得更全面、更可靠的信息。因此，在热分析技术中，各种单功能的仪器倾向于形成联用的综合热分析技术，如 DTA-TG、DSC-TG、DSC-TG-DTG、DTA-TMA 与 DTA-TG-TMA 等的综合。当然这些综合热分析技术能方便区分物理变化或化学变化，便于比较、对照及相互补充。可用一个试样与一次实验同时得到相应的分析数据，还可节省时间、提高效率。但也有一定的不足，如联用分析一般不如单一分析灵敏，重复性也略差，主要原因是各种热分析对实验的环境、试样的要求不一样，导致峰形略有变化。

热分析技术常与其他技术联用，如气相色谱仪（Gas Chromatography，GC）、质谱仪（Mass Spectrometer，MS）、红外光谱仪与 X 射线衍射仪等。热分析只能给出试样的质量变化及吸热或放热情况，解释曲线常常是困难的，特别是对多组分试样作的热分析曲线尤其困难。目前，解释曲线能实现的办法就是把热分析与其他仪器串联或间歇联用。串联指的是在程序控制温度下，对一个试样同时采用两种或多种分析技术，第二种分析仪器通过接口与第一种分析仪器串联,如 DTA-MS(质谱)的联用。间歇联用技术指的是在程序控制温度下,对一个试样采用两种或多种分析技术,仪器的连接形式与串联联用相同;但第二种分析技术是不连续地从第一种分析仪取样,如 DTA-GC(气相色谱)的联用。

热分析与质谱联用,同步测量样品在热处理中质量热焓和析出气体组分的变化,对剖析物质的组成、结构以及研究热分析或热合成机理来说,都是极为有用的一种联用技术。而调幅式 DSC 技术(MDSC)是在线性升温的基础上,另外重叠一个正弦波的加热方式。当试样缓慢地线性加热时,可得到高的解析度,而采用正弦波振荡方式加热,产生瞬间的剧烈温度变化,可同时兼具较好的敏感度和解析度,再配合傅里叶转换可将试样热焓变化的总热流分解为可逆和不可逆部分,即可区分可逆的聚合物结晶熔融和玻璃化转变过程以及不可逆的热焓松弛现象。总之,热分析仪器的联用装置,特别是色谱、质谱等仪器与热分析仪器的联用,可使热分析的宏观测试结果与物质的微观结构联系起来,为研究物质在受热时所引起的各种变化提供丰富的信息。

热分析技术另一个发展趋势是自动化程度更强,许多公司相继推出带有机械手的自动热分析测量系统,并配有相应的软件包,能自动检测数十个样品,还能实现自动设定测量条件和存储测试结果,使仪器操作更简便、结果更精确、重复性与工作效率更高。

7.7 热分析技术的应用实例

7.7.1 差热分析及示差扫描量热分析法的应用

DTA 曲线以温差为纵坐标、以时间或温度为横坐标。DSC 曲线则以热流量为纵坐标、时间或温度为横坐标。DTA 曲线和 DSC 曲线的共同特点是峰在温度或时间轴上的相应位置、形状和数目等信息与物质的性质有关,因此可用来定性地表征和鉴定物质。而峰的面积与反应热焓有关,所以可用来定量地估计参与反应的物质的量或测定热化学参数。尤其是 DSC 分析不仅可定量地测定物质的熔化热、转变热和反应热,还可以用来计算物质的纯度和杂质量。

1. 物质的放热和吸热

利用 DTA 曲线或 DSC 曲线来研究物质的变化,首先要对 DTA 曲线上的每一个放热峰或吸热峰的产生原因进行分析。每一个矿物都有其特定的 DTA 曲线,它像"指纹"一样表征该物质的特征。复杂的矿物往往具有比较复杂的 DTA 曲线,但在进行分析时只要结合试样的来源,考虑影响 DTA 曲线形态的因素,与可能存在的每个物质的"DTA"指纹进行对比,就能够解释 DTA 曲线中峰谷的产生原因。

(1)含水矿物的脱水。

按水存在状态,含水化合物可分为吸附水、结晶水和结构水。吸附水是吸附在物质表面、颗粒周围或间隙中的水,其含量因大气湿度、颗粒细度和物质的性质而变化;结晶水是矿物水化作用的结果,水以水分子的形式占据矿物晶格中的一定位置,其质量分数固定不变,结晶水在不同结构的矿物中结合强度不同,因此失水温度也不同;结构水又称化合水,是矿物中结构最牢固的水,并以 H^+、OH^- 或 H_3O^+ 等形式存在于矿物晶格中,其含量一定。由于水的结构状态不同,失水温度和差热曲线的形态亦不同,依次可确定水在化合物中的存在状态,做定性和定量分析。

几乎所有的矿物都有脱水现象,脱水时会产生吸热效应,在 DTA 曲线上表现为吸热峰。物质中水的存在状态可以分为吸附水、结晶水和结构水。DTA 曲线上的吸热峰温度和形状则因水的存在形态和量而各不相同。

普通吸附水的脱水温度一般为 100~110 ℃。存在于层状硅酸盐结构中的层间水或胶体矿物中的胶体水多数要在 200~300 ℃脱出,个别要在 400 ℃以内脱出;在架状硅酸盐结构中的水则要在 400 ℃左右才大量脱出。结晶水在不同结构中的矿物中结合强度不同,其脱水温度也不同。结构水是矿物中结合最牢的水,脱水温度较高,一般要在 450 ℃以上才能脱出。

(2)矿物分解放出气体。

碳酸盐、硫酸盐、硝酸盐、硫化物等物质在加热过程中,由于分解放出 CO_2、NO_2、SO_2 等气体而产生吸热效应。对于不同结构的矿物,由于其分解温度和 DTA 曲线的形态不同,因此可用差热分析法对这类矿物进行区分、鉴定。

(3)氧化反应。

试样或分解产物中含有变价元素,但加热到一定温度时会发生由低价元素变为高价元素的氧化反应,同时放出热量,在 DTA 曲线上表现为放热峰,如 FeO、Co、Ni 等低价元素化合物在高温下均会发生氧化而放热,C 或 CO 的氧化在 DTA 曲线上有大而明显的放热峰。

(4)非晶态物质转变为晶态物质。

非晶态物质在加热过程中伴随着析晶或不同物质在加热过程中相互化合成新物质时均会放出热量,如高岭土加热到 1 000 ℃左右会产生 γ-Al_2O_3 析晶,钙镁铝硅玻璃加热到 1 100 ℃以上时会析晶,而水泥生料加热到 1 300 ℃以上时会相互化合形成水泥熟料矿物而呈现出各种不同的放热峰。

(5)晶型转变。

有些矿物在加热过程中会发生晶体结构变化,并伴随热效应。通常在加热过程中晶体由低温变体向高温变体转化时,如低温型石英晶体加热到 573 ℃时会转化为高温型石英,C_2S 在加热到 670 ℃时会由 β 型转变为 α' 型、830 ℃时由 γ 型转变为 α' 型、1 440 ℃时由 α' 型转变为 α 型时都会产生吸热效应。例如,在加热过程中矿物由非平衡态晶体转变为平衡态晶体则产生放热效应。

此外,固体物质的融化和升华、液体的汽化和玻璃化转变等在加热过程中都会产生吸热,在 DTA 曲线上表现为吸热峰。

DTA 分析和 DSC 分析都是利用了物质在加热过程中产生物理化学变化的同时发生吸热或放热效应。它们的共同特点是吸放热峰位置、形状和数目与物质的性质有关,可用来定性地表征和鉴定物质。而且 DSC 曲线的峰面积与反应热焓有关,可用来定量地估计参与反应的物质的量或测定热化学参数。

表 7.3 总结了一些物理化学变化与吸热或放热曲线峰的对应关系。DTA 和 DSC 都可检测出热焓或热容变化的现象,这些现象主要是由物质的化学组成和状态改变引起的。峰的形状、峰的最大温差所在温度虽然受到样品装填方式、几何参数、升温速率、炉

子气氛、参比物温度等的影响，但主要还是受反应动力学所控制。基线的改变与样品的热量变化有关，这对检测玻璃化转变温度极为重要。峰的面积取决于热焓的改变，但也会受到样品尺寸、热导率和比热容的影响。

表 7.3 DTA 和 DSC 曲线的物理和化学解释

物理现象	峰谷面积		化学现象	峰谷面积	
	吸热	放热		吸热	放热
结晶转变	√	√	化学吸附		√
熔融	√		脱溶剂化	√	
蒸发	√		脱水	√	
升华	√		分解	√	√
吸附		√	氧化降解		√
脱附	√		在气氛中氧化		√
吸收	√		在气氛中还原		√
固化点转变	√		氧化还原反应	√	√
玻璃转变	基线改变，无峰		固相反应	√	√
液晶转变	√		燃烧		√
热容转变	基线改变，无峰		聚合		
			预固化（树脂）		√
			催化反应		√

2. DTA 与 DSC 分析在成分和物理性能分析中的应用

（1）成分分析。

每种物质在加热过程中都有其独特的 DTA 或 DSC 曲线，根据这些曲线可以把它从未知多种物质的混合物中定性地识别出来。

图 7.22（a）是两种物质的混合物的 DTA 曲线，在 120 ℃和 190 ℃的两个吸热峰与图 7.22（b）中的 $CaSO_4 \cdot 2H_2O$ 的两个脱水峰一样，而 240 ℃的吸热峰与图 7.22（c）中 Na_2SO_4 的吸热峰形一样，说明图 7.22（a）的混合物是由无水 Na_2SO_4 和 $CaSO_4 \cdot 2H_2O$ 两种物质组成的。

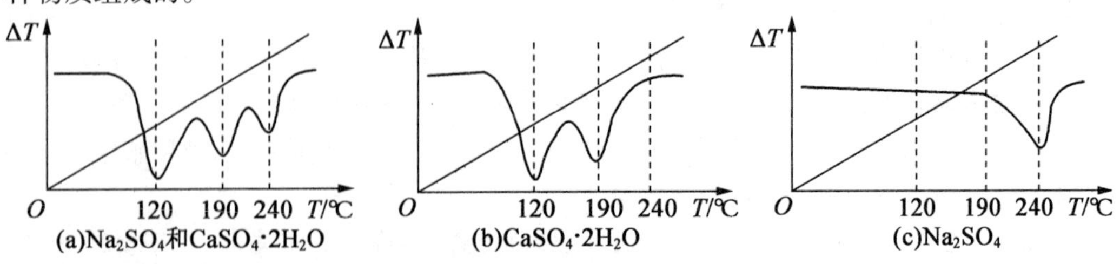

图 7.22 Na_2SO_4 和 $CaSO_4 \cdot 2H_2O$ 的混合物及单一物的 DTA 曲线

目前国内外的科学工作者已先后收集了多种物质的大量 DTA 曲线,并编制成册及索引。我国的地质工作者也在实践的基础上,收集编制了 950 种矿物的 2 600 余条 DTA 曲线,为未知矿物成分的定性分析提供了方便。

但在进行矿物成分定性分析时,应注意以下几点:

①加热过程中混合物中的单一物质之间不能有任何化学反应和变化。

②加热过程中物质的热效应不能过于简单,否则不易识别。

③在实验温度区不允许个别物质形成固熔体,影响定性分析结果。

④实验条件必须严格控制,最好在同一台仪器上进行以便比较。

⑤不适于无定形物质的成分定性分析。

(2)定量分析。

DSC 分析技术通过对试样在发生热效应时及时进行能量的补偿,试样与参比物之间温度始终保持相同,无温差、无热传递,最大限度地减少热损失,因而在热量的定量分析分析方面有着极大的应用前景。

DTA 分析法在大多数情况下只做定性分析,但在分析微量样品时,尤其是以热电堆式差热电偶作检测器时也可进行半定量或定量分析。为了提高 DTA 定量分析的精度,克服测试条件变化对定量分析精度的影响,在测试时可采用内标法进行标定。

由于同一 DTA 曲线上的两种物质的峰面积比与含量有关,因此可在未知物中加入已知反应热量的物质作为内标来测定未知物质的热量变化及含量。由于该法的峰面积是在同一曲线上读取的,不受测试条件影响,因此定量分析的精度可以提高。

(3)纯度测定。

在化学分析中,纯度分析是很重要的一项内容。DSC 法在纯度分析中具有快速、精确、试样用量少及能测定物质的绝对纯度等优点,近年来已广泛应用于无机物、有机物和药物的纯度分析。

DSC 法测定纯度是根据熔点或凝固点下降来确定杂质总含量的。基本原理是以 van't Hoff(范托夫)方程为依据的,熔点降低与杂质含量可由下式来表示:

$$T_S = T_0 - \frac{RT_0^2 x}{\Delta H_f} \cdot \frac{1}{F} \tag{7.4}$$

式中 T_S——样品瞬时的温度,K;

T_0——纯样品的熔点,K;

R——气体常数;

ΔH_f——样品熔融热;

x——杂质物质的量;

F——总样品在 T_S 熔化时的分数。

由式(7.4)可知,T_S 是$\frac{1}{F}$的函数。T_S 可以从 DSC 曲线中测得,$\frac{1}{F}$是曲线到达 T_S 的部分面积除以总面积的倒数。以 T_S 对$\frac{1}{F}$作图为一直线,斜率为$\frac{RT_0^2 x}{\Delta H_f}$,截距为 T_0。ΔH_f 可从积分峰面积求得,所以由直线的斜率即可求出杂质含量 x,如图 7.23 所示。

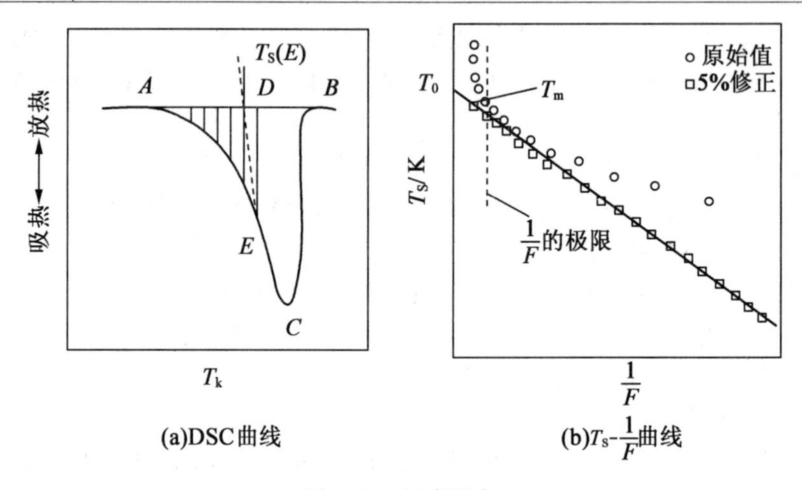

图 7.23 纯度测定

应用式(7.4)测定物质的纯度,需要修正两个参量:

①样品的熔融热要用标准物质(如铟)来校正,以弥补没有被检测到的熔化。

②样品瞬时温度 T_S 的测量,应把在相同条件下测得的标样(如铟)峰前沿斜率的切线平移通过样品曲线上需读取温度的那一点并外推与实际基线相交。交点对应的温度即为 T_S 对应温度。如图 7.23(a)中 E 点对应温度为 $T_S(E)$。对应峰面积为 AED,$F=AED/ABC$。作 $T_S-\frac{1}{F}$的关系图,经修正后即为一条直线,如图 7.23(b)所示。

(4)比定压热容测定。

比定压热容是物质的一个重要物理常数。利用 DSC 法测量比定压热容是一种新发展起来的仪器分析方法。在 DSC 法中,热流速率正比于样品的瞬时比定压热容:

$$\frac{dH}{dt}=\frac{mc_p dT}{dt} \tag{7.5}$$

式中 $\frac{dH}{dt}$——热流速率,J/s;

m——样品质量,g;

c_p——比定压热容,J/(g·℃);

$\frac{dT}{dt}$——程序升温速率,℃/s。

为了解决$\frac{dH}{dt}$的校正工作,可采用已知比定压热容的标准物质(如蓝宝石)作为标准,为测定进行校正。目前测定比定压热容大部分用 DSC。具体做法是:①用 DSC 仪先放两个空坩埚用一定的升温速率作一条基线;②再用同样条件,在试样坩埚中放入蓝宝石标准样,作一条 DSC 曲线;③把蓝宝石取出来在同一个坩埚中放入称量好的未知试样,通过同样的操作条件再作一条 DSC 曲线,把这 3 条线画到一起,如图 7.24 所示,利用式(7.5)可计算比定压热容。

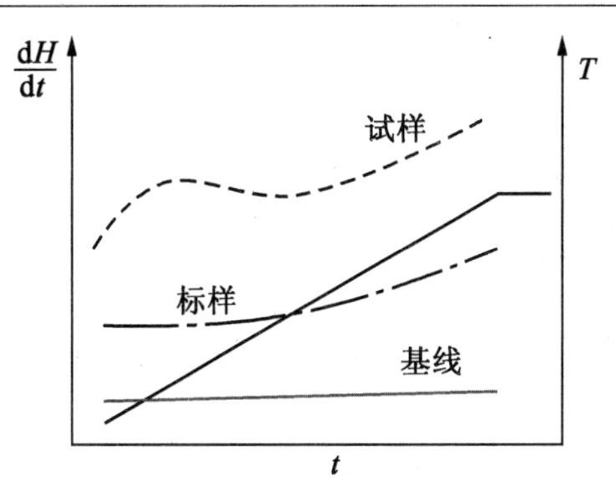

图 7.24 用比值法确定比热

对于标准参比物(蓝宝石),有

$$\left(\frac{\mathrm{d}H}{\mathrm{d}t}\right)_{\mathrm{B}}=m_{\mathrm{B}}c_{p\mathrm{B}}\frac{\mathrm{d}T}{\mathrm{d}t} \tag{7.6}$$

将式(7.6)除以式(7.5)得

$$c_p=\frac{m_{\mathrm{B}}c_{p\mathrm{B}}}{m}\frac{\mathrm{d}H}{\mathrm{d}t}\Big/\left(\frac{\mathrm{d}H}{\mathrm{d}t}\right)_{\mathrm{B}}=c_{p\mathrm{B}}\frac{m_{\mathrm{B}}}{m}\frac{y}{y'} \tag{7.7}$$

采用 DSC 法测定物质比定压热容时,精度可到 0.3%,与热量计的测量精度接近,但试样用量要小 4 个数量级。

(5)样品焓变(ΔH)的测定。

DSC 可直接测量样品发生变化时的热效应,其计算公式可表达为

$$\Delta H=m\Delta H_{\mathrm{m}}=K\cdot A \tag{7.8}$$

式中 m——样品质量;

ΔH_{m}——样品单位质量的焓变;

K——仪器常数(与温度无关);

A——DSC 曲线上峰面积。若已知仪器常数 K,按测定 K 时相同的条件测定样品 DSC 曲线的上峰面积。

3. DTA 与 DSC 分析在无机材料中的应用

热分析在材料科学(包括无机材料和高分子材料科学)上也有相当广泛的应用。在无机材料上的应用主要是指在硅酸盐材料和金属材料上的应用,如利用 DTA 进行水泥化学分析:

①焙烧前的原料分析,如确定原料中所含的 $CaCO_3$ 和 $MgCO_3$ 的含量。

②研究精细研磨的原料逐渐加温到 1 500 ℃形成水泥熟料的物理化学过程。

③研究水泥凝固后不同时间内水合产物的组成及生成速率。

④研究促进剂和阻滞剂对水泥凝固特性的影响。

图 7.25 是普通硅酸盐水泥原材料及其水化产物的 DTA 曲线。图中曲线 1 是硅酸盐水泥混合原料(即石灰石和黏土混合物)的 DTA 曲线,其中 100 ~ 150 ℃的吸热峰为黏土原料吸附水的释放所产生的,900 ~ 1 000 ℃的大吸热峰为 $CaCO_3$ 的分解所产生的,1 200 ~ 1 400 ℃的放热和吸热峰是原料物质的反应和 $2CaO\cdot SiO_2(C_2S)$、$3CaO\cdot SiO_2$

(C_3S)等产物的吸热峰。

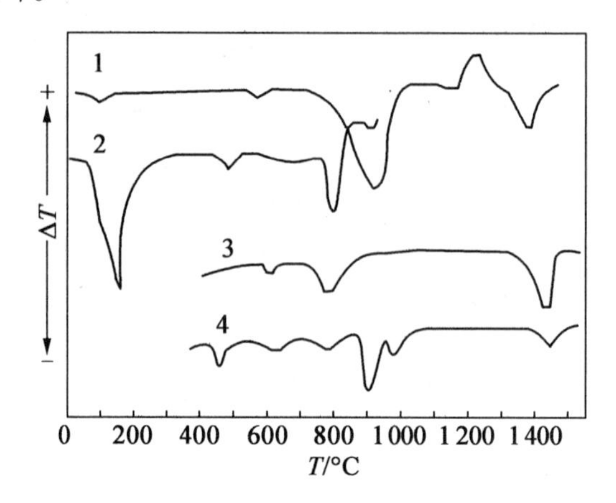

图 7.25 普通硅酸盐水泥原材料及其水化产物的 DTA 曲线

1—水泥原材料、水泥水合物;2—硅酸盐水泥(水化第 7 天);3—C_2S;4—C_3S

曲线 2 是硅酸盐水泥水化 7 d 后的 DTA 曲线,可发现在 100 ~ 200 ℃时存在着水化硅酸钙凝聚物的脱水吸热峰;在 500 ℃附近出现的第二个吸热峰是 $Ca(OH)_2$(CH)分解造成的;第三个吸热过程在 800 ~ 900 ℃,这可能是 $CaCO_3$ 分解形成的,也可能与固-固相转变有关。

曲线 3 是水泥的一个重要成分 $2CaO \cdot SiO_2$ 的 DTA 曲线,它在 780 ~ 830 ℃以及 1 447 ℃的吸热峰是由 γ 型转变为 α′型和由 α′型转变为 α 型而形成的。

曲线 4 是水泥的主要组分 $3CaO \cdot SiO_2$ 的 DTA 曲线,其在 464 ℃的吸热峰为 $Ca(OH)_2$ 的脱水峰,622 ℃和 755 ℃时产生的峰是 $2CaO \cdot SiO_2$ 由 γ 型转变为 α′型和由 α′型转变为 α 型而形成的,923 ℃和 980 ℃两个峰是 $3CaO \cdot SiO_2$ 发生转变而产生的。

玻璃是一种远程无序结构的固体材料,随着温度的升高可逐渐成为流体。在对玻璃的研究中,热分析主要应用于:①研究玻璃形成的化学反应和过程;②测定玻璃的玻璃转变温度与熔融行为;③研究高温下玻璃组分的挥发;④研究玻璃的结晶过程和测定晶体生长活化能;⑤制作相图;⑥研究玻璃工艺中遇到的技术问题;⑦微晶玻璃的研究。

玻璃化转变是一种类似于二级转变的转变,它与具有相变的诸如结晶、熔融类的一级转变不同,其临界温度是自由焓的一次导数连续,但二次导数不连续。由于玻璃在转变温度 T_g 处比定压热容会产生一个跳跃式的增大,因此在 DTA 曲线上会表现为吸热峰。而玻璃析晶时则会释放能量,因而会在 DTA 曲线上表现出一个强大的放热峰。图 7.26 为 $Li_2O \cdot 3SiO_2$ 玻璃及其在加入添加剂 SrO 后的 DTA 曲线,图中 484 ~ 493 ℃处的吸热峰即对应为玻璃的转变温度 T_g,而在 600 ~ 680 ℃左右出现的强大放热峰则是由玻璃晶化造成的。由图中可知,在 $Li_2O \cdot 3SiO_2$ 玻璃中加入 SrO 后可使玻璃的 T_g 和晶化温度提高,但加入 K_2O 后仅能提高晶化温度而 T_g 没有变化。

但玻璃发生分相时,从 DTA 曲线上可见两个吸热峰,对应于两相玻璃的 T_g。因而 DTA 曲线可用于检验玻璃是否分相,还可根据吸热峰的面积估计两相的相对含量。

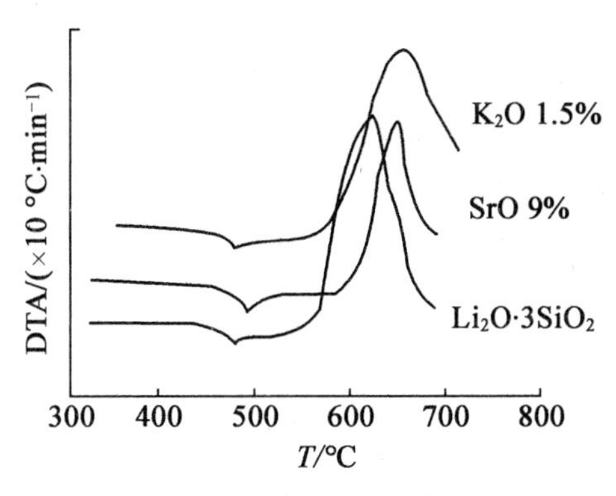

图 7.26　$Li_2O \cdot 3SiO_2$ 玻璃及其在加入添加剂 SrO 后的 DTA 曲线

微晶玻璃是通过控制晶化而得到的多晶材料，在强度、耐温度急变性和耐腐蚀性等方面较原始玻璃都有大幅度提高。微晶玻璃在晶化过程中会释放出大量的结晶潜热，产生明显的热效应，因而 DTA 分析在微晶玻璃研究中具有重要作用。微晶玻璃的制备过程分核化和晶化两个阶段，一般核化温度取接近 T_g 而低于膨胀软化点的温度范围，而晶化温度则取放热峰的上升点至峰顶温度范围。

7.7.2　热重分析的应用

热重分析应用非常广泛，凡是在加热过程中有质量变化的物质都可应用。它可用于研究无机和有机化合物的热分解、不同温度及气氛中金属的抗腐蚀性能、固体状态的变化、矿物的冶炼和焙烧、液体的蒸发和蒸馏、煤和石油及木材的热解、挥发灰分的含量测定、蒸发和升华速度的测定、吸水和脱水、聚合物的氧化降解、汽化热测定、催化剂和添加剂评定、化合物组分的定性和定量分析、老化和寿命评定、反应动力学研究等领域。其特点是定量性强，本节重点是热重分析在无机材料中的应用。

早在 20 世纪 70 年代，已经有不少研究人员利用热重法来分析硬化水泥浆体的成分。硬化水泥浆体的典型热重曲线如图 7.27 所示。材料的质量损失随着温度的变化出现 3 个典型的质量损失峰。①20～150 ℃温度区间，该区间的质量损失主要是凝胶孔隙水或者层间水，因为所采用的干燥方法为 50 ℃烘箱干燥 48 h，且凝胶孔隙水和 C-S-H 凝胶层间孔隙水受到较大的限制，因此部分该类水并不能在干燥过程中完全排出。即使是在 105 ℃环境下干燥，仍有报道指出有少量物理结合水不能完全排出，导致化学结合水量被高估。通常所有关于化学结合水的计算都是取温度高于 150 ℃的热重损失。此外，钙矾石可能在 100～125 ℃分解。但是在水泥粉煤灰硬化浆体里，钙矾石并非自由地暴露于空气中，且由于钙矾石的含量较小，因此关于钙矾石的分解考虑得较少，若矿渣水泥或者硅酸盐水泥掺入矿物掺合料，长期水化钙矾石含量相对高。②在 400～500 ℃温度区间，该区间的质量损失主要是 $Ca(OH)_2$ 的分解。③在 600～700 ℃温度区间，该区间的质量损失主要是由于 $CaCO_3$ 的分解。化学结合水可以通过下式计算：

$$W_n = \frac{m_{900} - m_{150}}{m_{900}} - (f_c \cdot LOI_c + f_p \cdot LOI_p + f_s \cdot LOI_s) \tag{7.9}$$

式中 m_{150}和m_{900}——温度处于150 ℃和900 ℃的质量；

f_c、f_p 和f_s——水泥、粉煤灰和矿渣的质量分数；

LOI_c、LOI_p 和 LOI_s——水泥、粉煤灰和矿渣的烧失量。

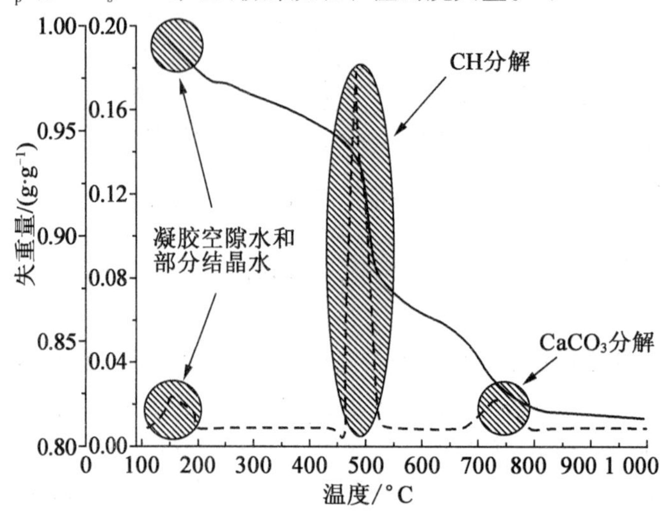

图7.27 硬化水泥浆体的典型热重曲线

这里热重分析所用最高温度为900 ℃，低于一般的测试温度1 050 ℃，其原因在于Marsh和Day研究表明：当温度高于850 ℃，质量损失已经非常不明显。(f_c · LOI_c+f_p · LOI_p+f_s · LOI_s)表示水泥、粉煤灰浆体或者水泥、粉煤灰和矿渣浆体的烧失量，以修正烧失量对化学结合水的影响。

$Ca(OH)_2$在大约450 ℃开始分解。通常通过热重曲线来计算$Ca(OH)_2$的含量，如计算图7.28起始点和结束点之间的质量差。同时，也可采用另外一种方法来计算$Ca(OH)_2$的质量分数，即对温度范围为300~400 ℃，430~450 ℃和475~525 ℃的热重曲线进行直线回归并延长，相交点即为起始点A和结束点B，然后在起始点和结束点取垂直横坐标直线，该两条直线与之前的延长线相交形成一个四边形$ACBD$。取AC和BD的中点，其距离$\frac{AD+BC}{2}$即为$Ca(OH)_2$的质量分数。通过这种方法得到的$Ca(OH)_2$的质量分数较直接测量A点和B点质量差得到的值约少12%。

若测量砂浆的化学结合水，需考虑砂浆中砂的烧失量和体积的影响。则水泥砂浆中每克水泥产生的化学结合水的质量分数可以表示为

$$w=m\cdot\frac{3.25-R_c-2.25R_s}{m_m(1-R_c)} \tag{7.10}$$

式中 m——热重法测量的化学结合水量；

m_m——砂浆经过烧失后的质量；

R_c——水泥的烧失量；

R_s——砂的烧失量。

实际上，式$\frac{m_m(1-R_c)}{3.25-R_c-2.25R_s}$表示烧失后水泥的质量。

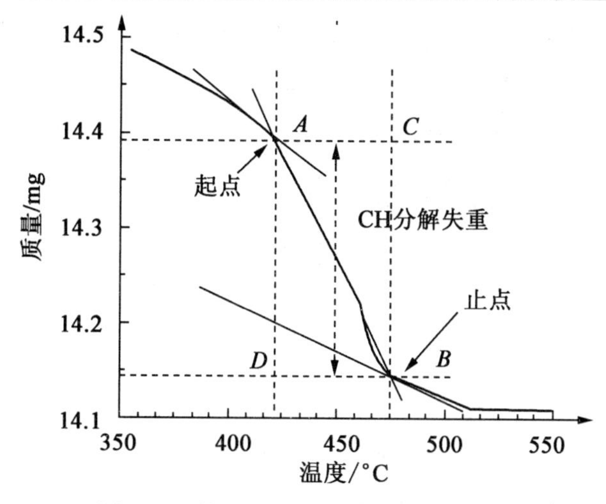

图 7.28 热重曲线计算 CH 含量示意图

7.7.3 同步热分析的应用

基本原理:同步热分析将热重分析与差热分析结合为一体,可同时得到热重及差热信号同步热分析仪 TG+DSC 或 DTA 或 TG+DTG。正如前面指出,DTA 曲线和 DSC 曲线的共同特点是峰在温度或时间轴上的相应位置、形状和数目等信息相对应,但 DSC 分析的精度更高,能更深入分析材料的结构信息,如 TG 和 DSC 的同步测试可以使材料分辨质量变化和结构变化。TG+DTG+DSC 同步分析结果如图 7.29 所示,从图中可以看出 3 个 DSC 峰,其中两个是由于样品的分解(从 DTG 峰看出),但最后 1 个 DSC 峰不是由质量变化引起的,因而一定是由相变引起的。

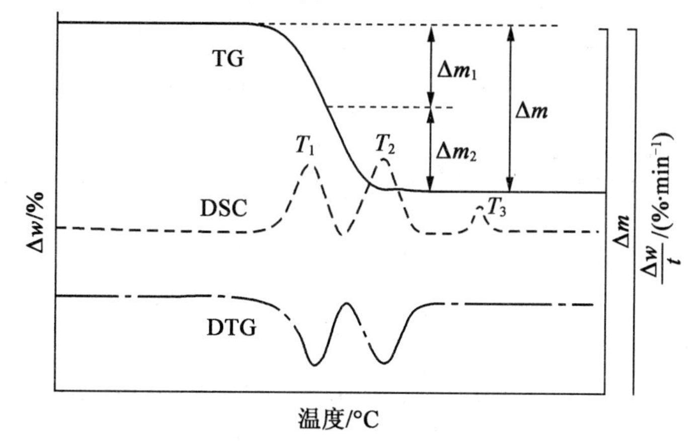

图 7.29 TG+DTG+DSC 同步分析结果

1. TG+DTA

物质的热重曲线的每一个平台都代表了该物质确定的质量,它能精确地分析出二元或三元混合物中各组分的质量分数。白云石的热重曲线如图 7.30 所示。图中(m_1-m_0)

为白云石中 $MgCO_3$ 分解出 CO_2 的失重量，以此可算出 MgO 的质量分数。(m_2-m_1) 为白云石中 $CaCO_3$ 分解放出 CO_2 的失重量，以此可算出 CaO 的质量。由白云石中 CaO 和 MgO 的质量可算出白云石的纯度。

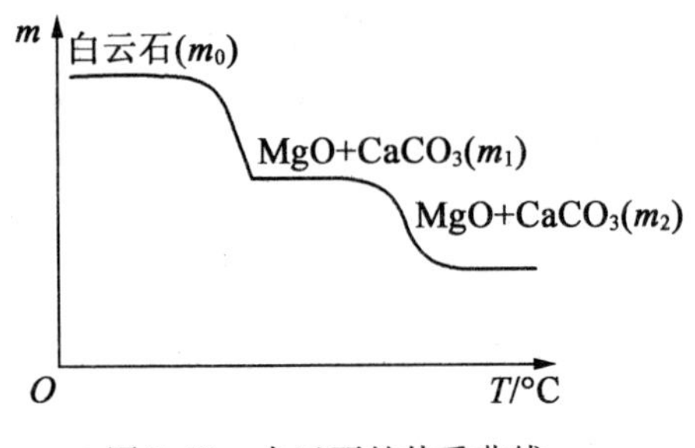

图 7.30　白云石的热重曲线

2. TG+DTG+DTA

图 7.31 是 $SrCO_3$ 的综合热分析曲线，加热速率为 10 ℃/min，试样质量为 115 mg。图中，950 ℃处有一个明显的吸热峰，而这个峰在 TG 及 DTG 曲线上均不出现，说明在 950 ℃的热效应不涉及质量的变化，而只是晶型的转变。实验证明，此时 $SrCO_3$ 从正交晶系转变为六方晶系。

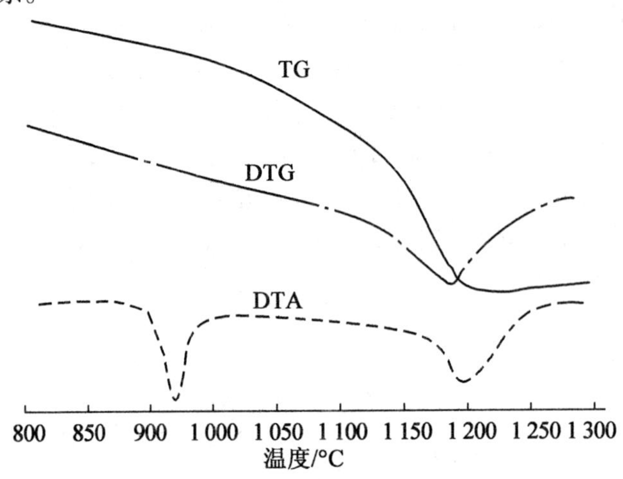

图 7.31　$SrCO_3$ 的综合热分析曲线

3. XRD+TG-DSC-DTG

硅酸盐水泥、铝酸盐水泥以及其他特种水泥的水化产物极其复杂，如硅酸盐水泥由固、液、气三相组成。固相主要由水化硅酸钙凝胶（C-S-H）、$Ca(OH)_2$（CH）、铝酸盐类（AFm、AFt 和水化铝酸钙等）、未水化的水泥组成。要定性或定量确定这些水化产物往往通过两种或两种以上微观测试手段进行分析，这是由于单一（如 XRD）或综合热曲线等手段对不同的物质进行测试时，其对应的峰位置可能重叠或相同，通过两种微观测试手段可相互验证与相互辅证。因此，对水泥基材料而言，常用的是 TG+DTG+DSC 或 TG+DTA+DSC，再辅以 XRD 确定晶体的类型、晶体以及可能发生的相变与各失水物质。

水泥水化产物的典型温度范围如下：C-S-H 凝胶的结合水在 20～150 ℃分解蒸发；$Ca(OH)_2$ 在 400～500 ℃温度区间分解；由 Al、Fe、S 等相水化生成的 AFm 也含有少量结合水，分解温度为 100～125 ℃；如果浆体发生碳化，600～700 ℃会有一部分 $CaCO_3$ 分解。图 7.32 是矿渣掺量为 70% 的硬化浆体的 XRD 曲线和综合热分析曲线，XRD 可初步判断各晶体以及可能的类型，通过综合热分析进一步确定各晶体及其类型与其他物质，两者相结合方可。

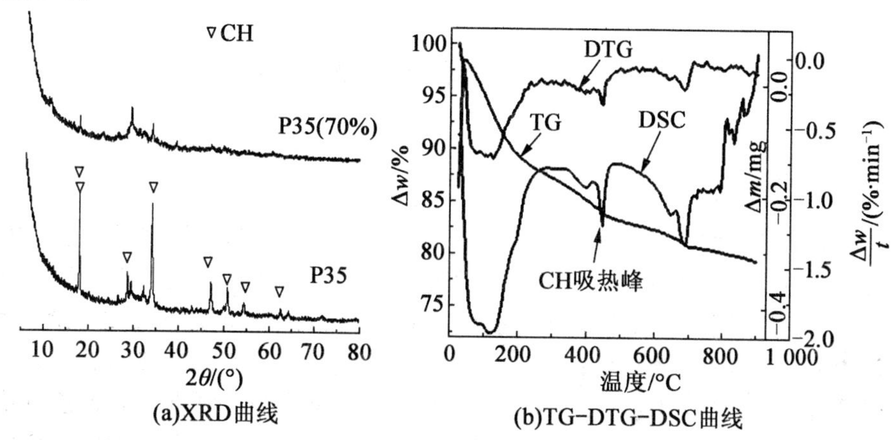

图 7.32　矿渣掺量为 70% 的硬化浆体的 XRD 曲线和综合热分析曲线

思考题与习题

1. 简述热分析的定义与内涵。
2. 简述热重分析、差热分析和差示扫描量热分析的定义与原理各是什么。
3. 比较 DSC 和 DTA 曲线的异同点。
4. 在 DTA 与 DSC 曲线中，峰的含义有何不同？峰的面积能否直接用于表征试样的热效应？
5. 什么是 DSC 曲线的基线？其主要影响因素是什么？
6. 热重法和微分热重法的区别是什么？
7. 单一的热分析法能确定物质的组成及结构信息吗？原因是什么？

第 8 章　光谱与能谱分析

8.1　红外吸收光谱的特点

8.1.1　概述

红外吸收光谱又称为分子振动转动光谱，是分子在振动能级间跃迁所产生的吸收光谱。红外光谱主要应用在分子结构的基础研究和化学组成（物相）的分析。作为分子结构研究的一种手段，红外光谱可以测定分子的键长、键角，并推断出分子的立体构型；或根据所得的力常数可以知道化学键的强弱，也可以由简正频率来计算热力学函数等。但是，红外光谱最广泛的应用还在于对物质的化学组成进行分析。根据红外光谱中吸收峰的位置和形状来推断未知物结构，并依照特征吸收峰的强度来测定混合物中各组分的质量分数。现在又发展成红外光谱与色谱的联机、与质谱相结合，同时由于计算机技术的迅猛发展和应用，加上此法具有快速、高灵敏度、试样用量少、能分析各种状态的试样等特点，成为现代结构化学、分析化学最常用和不可缺少的工具。

8.1.2　红外吸收光谱的产生条件

红外光谱是由于分子振动能级的跃迁（同时伴随转动能级跃迁）而产生的。物质能吸收电磁辐射应满足两个条件：①辐射应具有刚好能满足物质跃迁时所需的能量；②辐射与物质之间有相互作用。

当一定频率（一定能量）的红外光照射分子时，如果分子中某个基团的振动频率和外界红外辐射的频率一致，就满足了第一个条件；为满足第二个条件，分子必须有偶极矩的改变。已知任何分子就其整个分子而言，是呈电中性的，但由于构成分子的各原子因价电子得失的难易，而表现出不同的电负性，分子也因此而显示不同的极性。通常可用分子的偶极矩来描述分子极性的大小。设正负电中心的电荷分别为 $+q$ 和 $-q$，正负电荷中心距离为 d，如图 8.1 所示，则

$$\mu = q \cdot d \tag{8.1}$$

由于分子内原子处于在其平衡位置不断振动的状态，在振动过程中 d 的瞬时值也不断地发生变化，因此分子的 μ 也发生相应的改变，分子亦具有确定的偶极矩变化频率，对称分子由于其正负电荷中心重叠，$d=0$，故分子中原子的振动并不引起 μ 的变化。上述物质吸收辐射的第二个条件，实质上是外界辐射迁移其能量到分子中去，而这种能量的转移是通过偶极矩的变化来实现的，如图 8.1 所示。

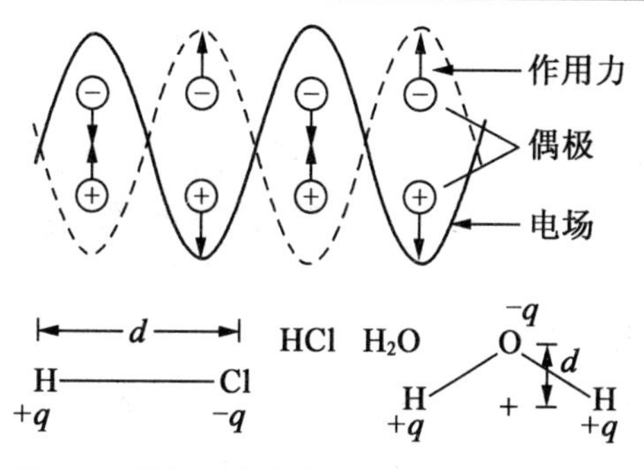

图 8.1 偶极子在交变电场中的作用示意图

当偶极子处在电磁辐射的电场中时,此电场作周期性反转,偶极子将经受交替的作用力而使偶极矩增大和减小。由于偶极子具有一定的原有振动频率,显然,只有当辐射频率与偶极子频率相匹配时,分子才与辐射发生相互作用(振动偶合)而增加其振动能,使振动加剧(振幅加大),即分子由原来的基态振动跃迁到较高的振动能级。可见,并非所有的振动都会产生红外吸收,只有发生偶极矩变化的振动才能引起可观测的红外吸收谱带,这种振动活性称为红外活性的,反之则称为非红外活性的。

由上文可知,当一定频率的红外光照射分子时,如果分子中某个基团的振动频率和它一样,二者就会产生共振。此时光的能量通过分子偶极矩的变化而传递给分子,这个基团就吸收一定频率的红外光,产生振动跃迁;如果红外光的振动频率和分子中各基团的振动频率不符,该部分的红外光就不会被吸收。因此若用连续改变频率的红外光照射某试样,该试样对不同频率的红外光的吸收效果不同,使通过试样后的红外光在一些波长范围内变弱(被吸收),在另一些波长范围内则较强(不吸收)。将分子吸收红外光的情况用仪器记录,就得到该试样的红外吸收光谱图,如图 8.2 所示。

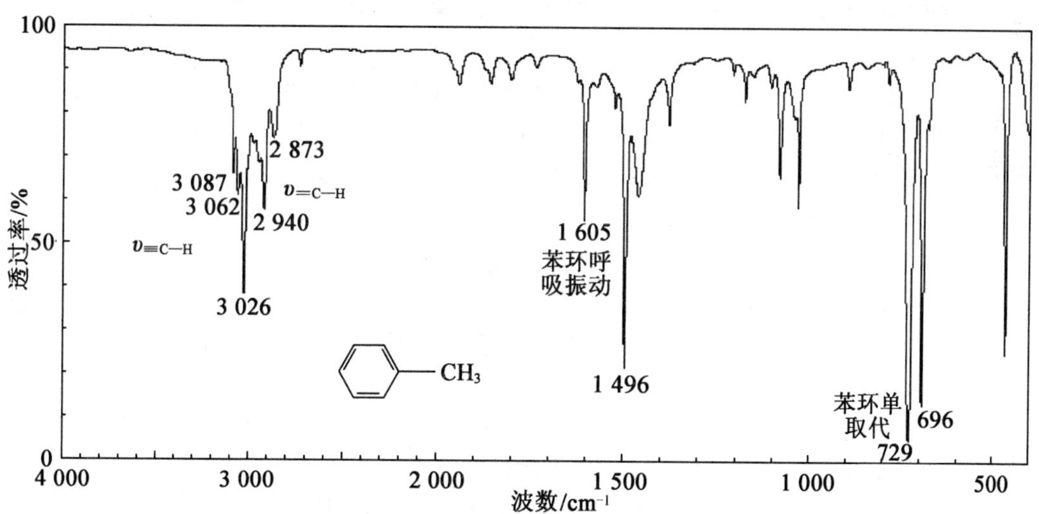

图 8.2 甲苯的红外吸收光谱图

8.1.3 分子振动方程式

分子中的原子以平衡点为中心,以非常小的振幅(与原子核之间的距离相比)做周期性的振动,即简谐振动。这种分子振动的模型用经典的方法可以看作两端连接着小球的体系。最简单的分子是双原子分子,可用一个弹簧两端连着两个小球来模拟,如图8.3所示。m_1 和 m_2 分别代表两小球的质量(原子质量),弹簧的长度 r 就是分子化学键的长度。这个体系的振动频率(以波数表示),用经典力学(胡克定律)可导出下式:

$$\nu=\frac{1}{2\pi c}\sqrt{\frac{k(m_1+m_2)}{m_1 m_2}} \tag{8.2}$$

式中 k——键力常数;

m_1 和 m_2——两小球的质量,定义 $m=\frac{m_1 m_2}{m_1+m_2}$ 为简化质量;

c——光速;

ν——振动频率。

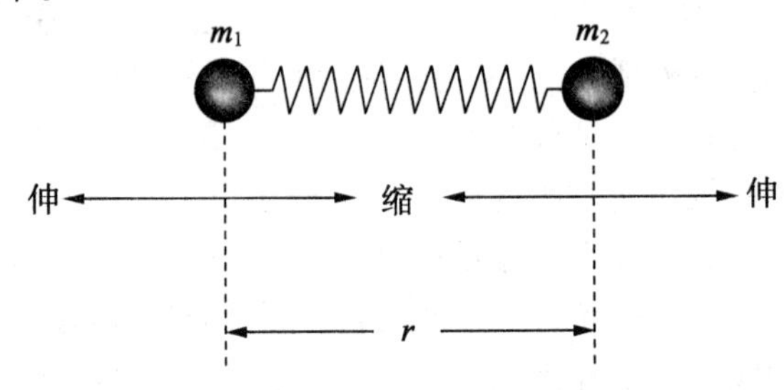

图8.3 双原子分子振动的弹簧球模型

从胡克定律可以看出,双原子基团的基本振动频率取决于键两端原子的折合原子量和键力常数:

(1)m 增大时,ν 减小,亦即质量大的原子将有低的振动频率。例如,—C—H 的伸缩振动频率出现在 3 300 ~ 2 700 cm^{-1},—C—O 的伸缩振动频率出现在 1 300 ~ 1 000 cm^{-1}。弯曲振动也有类似的关系,例如,H—C—H 和 C—C—C 各自键角的变化频率分别出现在 1 450 cm^{-1} 和 400 ~ 300 cm^{-1}。

(2)k 值增大,则 ν 增大,即原子间的键能越大,振动频率越高。各种碳碳键伸缩振动的吸收频率如下:$\nu_{C—C}$ = 1 300 cm^{-1},$\nu_{C=C}$ = 1 600 cm^{-1},$\nu_{C\equiv C}$ = 2 200 cm^{-1}。这是由于双键比单键强,或者说双键的键力常数 k 比单键的键力常数 k 大;同样,炔烃要比双键强。这个变化规律也适用于碳氧键上。

另外,由于伸缩振动键力常数比弯曲振动的键力常数大,所以伸缩振动的吸收出现在较高的频率区而弯曲振动的吸收则发在较低的频率区。

虽然根据式(8.2)可以计算其基频峰的位置,而且某些计算与实测值很接近,如甲烷的 C—H 基频计算值为 2 920 cm^{-1},而基频实测值为 2 915 cm^{-1},但这种计算只适用于双原子分子或多原子分子中影响因素小的谐振子。实际上,在一个分子中,基团与基团的化学键之间都相互有影响,因此基本振动频率除取决于化学键两端的原子质量,化学键的键力常数外，还与内部因素(结构因素)及外部因素(化学环境)有关。

8.1.4 分子振动形式

上述双原子的振动是最简单的，它的振动只能发生在联结两个原子的直线方向上，并且只有一种振动形式，即两原子的相对伸缩振动。在多原子中情况就变得复杂了，但可以把它的振动分解为许多简单的基本振动。

设分子由 n 个原子组成，每个原子在空间都有 3 个自由度，原子在空间的位置可以用直角坐标系中的 3 个坐标 z、y、z 表示，因此 n 个原子组成的分子总共应有 $3n$ 个自由度，亦即 $3n$ 种运动状态。但在这 $3n$ 种运动状态中，包括 3 个整个分子的质心沿 x、y、z 方向平移运动和 3 个整个分子绕 x、y、z 轴的转动运动。这 6 种运动都不是分子的振动，故振动形式应有$(3n-6)$种。但对于线型分子，若贯穿所有原子的轴是在 x 方向，则整个分子只能绕 y 轴、z 轴转动，因此直线形分子的振动形式为$(3n-5)$种。

如水分子的基本振动数为 $3\times3-6=3$，故水分子有 3 种振动形式(图 8.4，$T=\frac{I}{I_0}\times100\%$)。

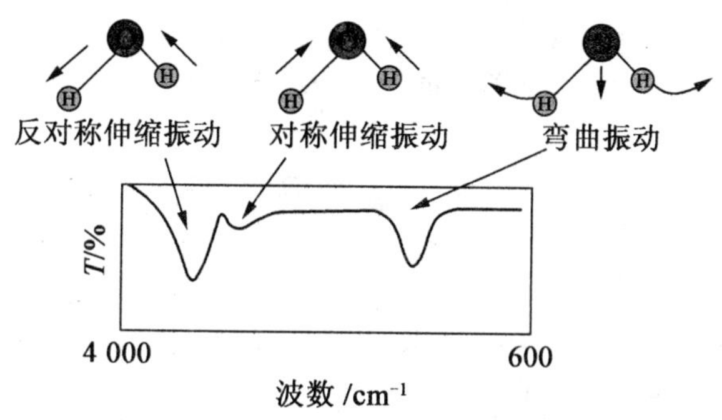

图 8.4 水分子的振动及红外吸收

O—H 键长度改变的振动称为伸缩振动。伸缩振动可分为两种，即对称伸缩振动(用 ν_s 表示)及反对称伸缩振动(用 ν_{as}表示)。键角$\angle HOH$ 改变的振动称为弯曲或变形振动(用 δ 表示)。通常，键长的改变比键角的改变需要更大的能量，因此伸缩振动出现在高频区，而变角振动出现在低频区。

CO_2 分子的振动可作为直线形分子振动的一个例子，其基本振动数为 $3\times3-5=4$，故有 4 种基本振动形式，如图 8.5 所示。

亚甲基($—CH_2—$)的几种基本振动形式及红外吸收如图 8.6 所示。

因此，分子的振动形式可分成两类。

(1)伸缩振动(stretching vibration)：①对称伸缩振动(symmetrical stretching vibration，ν_s)；②反对称伸缩振动(asymmetrical stretching vibration，ν_{as})。

(2)变形或弯曲振动(deformation vibration)：①面内弯曲振动(in plane bending vibration，β)，剪式振动(scissoring vibration，δ)，面内摇摆振动(rocking vibration，ρ)；②面外变形振动(out-of-plane bending vibration，γ)；面外摇摆振动(wagging vibration，ω)；扭曲变形振动(twisting vibration，τ)。

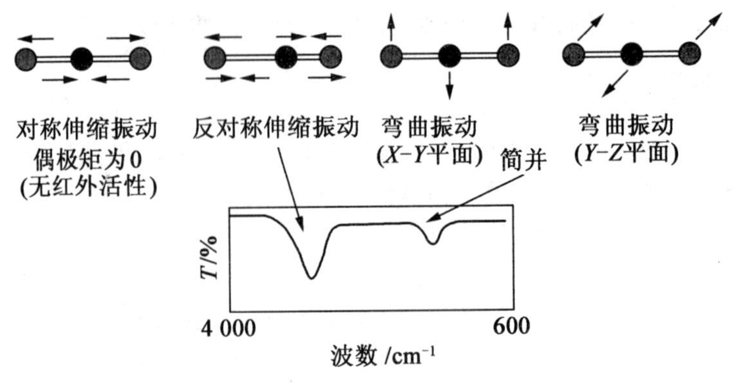

图 8.5 CO_2 分子的振动及红外吸收

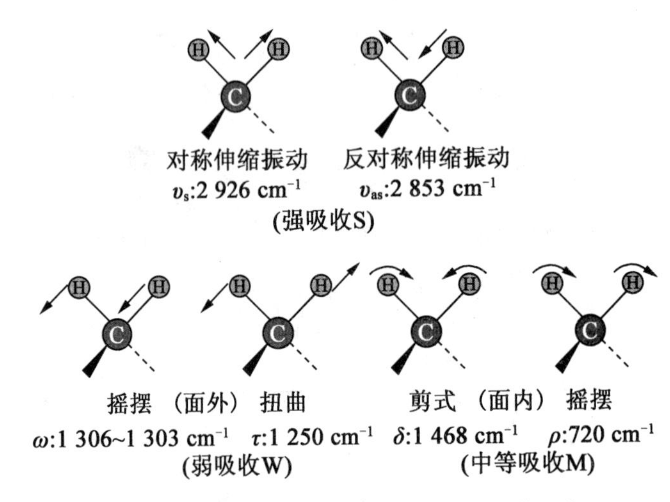

图 8.6 亚甲基的几种基本振动形式及红外吸收

上述每种振动形式都具有其特定的频率,即有相应的红外吸收峰。有机化合物一般由多原子组成,因此红外吸收光谱的谱峰一般较多。实际上,反映在红外光谱中的吸收峰有时会增多或减少。红外光谱中除了上述基本振动产生的基本频率吸收峰外,还有一些其他的振动吸收峰。

①倍频:由振动能级基态跃迁到第二、三激发态时所产生的吸收峰。由于振动能级间隔距离不等,所以倍频不是基频的整数倍。

②组合频:一种频率红外光,同时被两个振动所吸收,即光的能量是由于两种振动能级的跃迁。组合频和倍频统称为泛频。因为不符合跃迁规律,发生的概率很小,显示为弱峰。

③振动偶合:相同的两个基团相邻且振动频率相近时,可发生振动偶合,引起吸收峰分裂,一个峰移向高频,一个峰移向低频。

④费米共振:基频与倍频或组合频之间发生的振动耦合,使后者强度增大。

⑤仪器分辨率不高,对于一些频率很接近的吸收峰分不开;对于一些较弱的峰,可能由于仪器灵敏度不够而无法被检测出来。

8.1.5 红外光谱的吸收强度和表示方法

分子振动时偶极矩的变化不仅决定该分子能否吸收红外光,还关系到吸收峰的强度。根据量子理论,红外光谱的吸收强度与分子振动时偶极矩变化的平方成正比。最典型的例子是 C ═ O 基和 C ═ C 基。图 8.7 所示为醋酸丙烯酯($CH_3COOCCH_2CH_3$)的红外光谱,C ═ O 基的吸收是非常强的,常常是红外谱图中最强的吸收带;而 C ═ C 基的吸收则有时出现,有时不出现,即使出现,相对地说强度也很弱。它们都是不饱和键,但吸收强度的差别却如此之大,就是因为 C ═ O 基在伸缩振动时偶极矩变化很大,因而 C ═ O 基的跃迁概率大,而 C ═ C 双键则在伸缩振动时偶极矩变化很小。

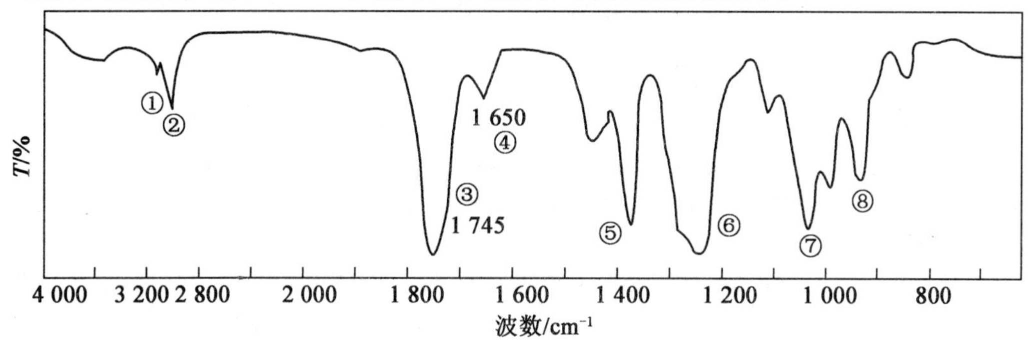

图 8.7 醋酸丙烯酯($CH_3COOCCH_2CH_3$)的红外光谱

对于同一类型的化学键,偶极矩的变化与结构的对称性有关。例如,C ═ C 双键在下述 3 种结构中,吸收强度的差别就非常明显。

$$R—CH═CH_2 \quad 摩尔吸光系数=40 \tag{1}$$

$$R—CH═CH—R' \quad 顺式 \quad 摩尔吸光系数=10 \tag{2}$$

$$RCH═CH—R' \quad 反式 \quad 摩尔吸光系数=2 \tag{3}$$

这是由于对 C ═ C 双键来说,结构(1)的对称性最差,因此吸收较强,而结构(3)的对称性相对最高,故吸收最弱。

此外,对于同一试样,在不同的溶剂中,或在同一溶剂、不同浓度的试样中,由于氢键的影响以及氢键强弱的不同,原子间的距离增大,偶极矩变化增大,吸收增强。例如,醇类的—OH 基在四氯化碳溶剂中伸缩振动的强度就比在乙醚溶剂中弱得多。而在不同浓度的四氯化碳溶液中,由于缔合状态的不同,强度也有很大的差别。

红外光谱的吸收强度常定性地用 vs(极强)、s(强)、m(中等)、w(弱)、vw(极弱)表示。

8.1.6 红外光谱基团频率和特征性峰

物质的红外光谱是其分子结构的反映,谱图中的吸收峰与分子中各基团的振动形式相对应。多原子分子的红外光谱与其结构的关系一般是通过实验手段得到的。这就是通过比较大量已知化合物的红外光谱,从中总结出了各种基团的吸收规律。实验表明,组成分子的各种基团,如 O—H、N—H、C—H、C ═ C、C≡C、C ═ O 等,都有自己特定的红外吸收区域,分子其他部分对其吸收位置影响较小。通常把这种能代表基团存在,并有较高强度的吸收谱带称为基团频率,其所在的位置一般又称为特征吸收峰。

根据化学键的性质,结合波数与键力常数、折合质量之间的关系,可将红外4 000 ~ 400 cm^{-1}处划分为4个区,见表8.1。

表8.1 基团频率区的划分

区域	4 000 ~ 2 500 cm^{-1},氢键区	2 500 ~ 2 000 cm^{-1},三键区	2 000 ~ 1 500 cm^{-1},双键区	1 500 ~ 1 000 cm^{-1},单键区
特征吸收基团	O—H C—H N—H	C≡C C≡N C═C═C	C═C C═O 等	—

按吸收的特征,又可划分为官能团区和指纹区。

红外光谱的整个范围可分成4 000 ~ 1 300 cm^{-1}与1 300 ~ 600 cm^{-1}两个区域。

4 000 ~ 1 300 cm^{-1}区域的峰是由伸缩振动产生的吸收带。由于基团的特征吸收峰一般位于高频范围,并且在该区域内,吸收峰比较稀疏,因此,它是基团鉴定工作最有价值的区域,称为官能团区。

在1 300 ~ 600 cm^{-1}区域中,除单键的伸缩振动外,还有因变形振动产生的复杂光谱。当分子结构稍有不同时,该区的吸收就有细微的差异。这种情况就像每个人都有不同的指纹一样,因而称为指纹区。指纹区对于区别结构类似的化合物很有帮助。

指纹区可分为两个波段:

①1 300 ~ 900 cm^{-1}这一区域包括 C—O、C—N、C—F、C—P、C—S、P—O、Si—O 等键的伸缩振动和 C═S、S═O、P═O 等双键的伸缩振动吸收。

②900 ~ 600 cm^{-1}这一区域的吸收峰是很有用的。例如,可以指示$\left(CH_2 \right)_n$的存在。实验证明,当$n \geq 4$时,—CH_2—的平面摇摆振动吸收出现在722 cm^{-1};随着n的减小,逐渐移向高波数。此区域内的吸收峰还可以鉴别烯烃的取代程度和构型提供信息。例如,烯烃为 $RCH═CH_2$ 结构时,在990 cm^{-1}和910 cm^{-1}处出现两个强峰;为 RC═CRH 结构时,其顺、反异构分别在690 cm^{-1}和970 cm^{-1}出现吸收。此外,利用本区域中苯环的C—H面外变形振动吸收峰和2 000 ~ 1 667 cm^{-1}区域苯的倍频或组合频吸收峰,可以共同来确定苯环的取代类型。

在红外光谱中,每种红外活性的振动都相应产生一个吸收峰,所以情况十分复杂。例如,基团除在3 700 ~ 3 600 cm^{-1}有 O—H 的伸缩振动吸收外,还应在1 450 ~ 1 300 cm^{-1}和1 160 ~ 1 000 cm^{-1}分别有 O—H 的面内变形振动和 C—O 的伸缩振动。因此,用红外光谱来确定化合物是否存在某种官能团时,首先应该注意其官能团的特征峰是否存在,同时也应找到它们的相关峰作为旁证。各类化合物主要官能团的特征吸收峰相关数值见附录8。

8.1.7 影响基团频率位移的因素

尽管基团频率主要由其原子的质量及原子的键力常数所决定,但分子内部结构和外部环境的改变都会使其频率发生改变,因而使得许多具有同样基团的化合物在红外光谱图中出现在一个较大的频率范围内。为此,了解影响基团振动频率的因素,对于解析红外光谱和推断分子的结构是非常有用的。

影响基团频率的因素可分为内部及外部两类。

1. 内部因素

(1)电子效应。

①诱导效应(I 效应)。由于取代基具有不同的电负性,通过静电诱导效应,引起分子中电子分布的变化,改变了键力常数,使键或基团的特征频率发生位移。例如,当有电负性较强的元素与羰基上的 C 原子相连时,由于诱导效应,就会发生氧上的电子转移:导致 C ═ O 的键力常数变大,因而使得吸收向高波数方向移动。元素的电负性越强,诱导效应越强,吸收峰向高波数移动的程度越显著,见表 8.2。

表 8.2 元素的电负性对 $\nu_{C=O}$ 的影响

R—CO—X	X ═ R′	X ═ H	X ═ Cl	X ═ F	R ═ F,X ═ F
$\nu_{C=O}/cm^{-1}$	1 715	1 730	1 800	1 920	1 928

②中介效应(M 效应)。在化合物中,C ═ O 伸缩振动产生的吸收峰在 1 680 cm^{-1} 附近。若以电负性来衡量诱导效应,则比 C 原子电负性大的 N 原子应使 C ═ O 的键力常数增大,吸收峰所在处的频率应大于酮羰基的频率(1 715 cm^{-1})。但实际情况正好相反,所以,仅用诱导效应不能解释上述频率降低的原因。事实上,对于酰胺分子,除了 N 原子的诱导效应外,还存在中介效应,即 N 原子的孤对电子与 C ═ O 上的 π 电子发生重叠,使它们的电子云密度平均化,造成 C ═ O 的键力常数下降,使吸收频率向低波数侧位移。显然,当分子中有 O 原子与多重键频率最后位移的方向和程度,取决于这两种效应的净结果。当 I 效应>M 效应时,振动频率向高波数移动;反之,振动频率向低波数移动。

③共轭效应(C 效应)。共轭效应使共轭体系具有共面性,且使其电子云密度平均化,造成双键略有伸长,单键略有缩短,因此,双键的吸收频率向低波数方向位移。例如,R—CO—CH_2—的 $\nu_{C=O}$ 出现在 1 715 cm^{-1},而 CH ═ CH—CO—CH_2—的 $\nu_{C=O}$ 则出现在 1 685 ~ 1 665 cm^{-1}。

(2)氢键的影响。

分子中的一个质子给予体 X—H 和一个质子接受体 Y 形成氢键 X—H…Y,使H 原子周围力场发生变化,从而使 X—H 振动的键力常数和其相连的 H…Y 的键力常数均发生变化,这样造成 X—H 的伸缩振动频率向低波数侧移动,吸收强度增大,谱带变宽。此外,对质子接受体也有一定的影响。若羰基是质子接受体,则 $\nu_{C=O}$ 也向低波数移动。以羧酸为例,当用其气体或非极性溶剂的极稀溶液测定时,可以在 1 760 cm^{-1} 处看到游离C ═ O 伸缩振动的吸收峰;若测定液态或固态的羧酸,则只在 1 710 cm^{-1} 出现一个缔合的 C ═ O 伸缩振动吸收峰,这说明分子以二聚体的形式存在。

(3)振动耦合。

振动耦合是指当两个化学键振动的频率相等或相近并具有一个公共原子时,由于一个键的振动通过公共原子使另一个键的长度发生改变,产生一个"微扰",从而形成了强烈的相互作用。这种相互作用的结果,使振动频率发生变化,一个向高频移动,一个向低频移动。

振动耦合常常出现在一些二羰基化合物中。例如,在酸酐中,两个羰基的振动耦合,使 $\nu_{C=O}$ 的吸收峰分裂成两个峰,分别出现在 1 820 cm^{-1} 和 1 760 cm^{-1}。

(4)费米(Fermi)振动。

当弱的倍频(或组合频)峰位于某强的基频吸收峰附近时,它们的吸收峰强度常常随之增加,或发生谱峰分裂。这种倍频(或组合频)与基频之间的振动偶合,称为费米振动。

例如,在正丁基乙烯基醚($C_4H_9—O—C=CH_2$)中,$=CH$ 的摇摆振动810 cm^{-1} 处的倍频(约在 1 600 cm^{-1})与 $C=C$ 的伸缩振动发生费米共振,结果在1 640 cm^{-1} 和 1 613 cm^{-1} 出现两个强的谱带。

2. 外部因素

外部因素主要指测定物质的状态以及溶剂效应等因素。

同一物质在不同状态时,由于分子间相互作用力不同,所得光谱也往往不同。分子在气态时,其相互作用很弱,此时可以观察到伴随振动光谱的转动精细结构。液态和固态分子间的作用力较强,在有极性基团存在时,可能发生分子间的缔合或形成氢键,导致特征吸收带频率、强度和形状有较大改变。例如,丙酮在气态的 $\nu_{C=O}$ 为 1 742 cm^{-1},而在液态时为 1 718 cm^{-1}。

在溶液中测定光谱时,由于溶剂的种类、溶液的浓度和测定时的温度不同,同一物质所测得的光谱也不相同。通常在极性溶剂中,溶质分子的极性基团的伸缩振动频率随溶剂极性的增加而向低波数方向移动,并且强度增大。因此,在红外光谱测定中,应尽量采用非极性溶剂。

8.1.8 傅里叶变换红外光谱仪

红外光谱仪起始于棱镜式色散型红外光谱仪,由于分光器为 NaCl 晶体,因此对温度、湿度要求很高,波数范围 4 000 ~ 600 cm^{-1}。20 世纪 60 年代出现光栅式色散型红外光谱仪,由光栅代替了棱镜,提高了分辨率,扩展了测量波段(4 000 ~ 400 cm^{-1}),降低了对环境的要求,属于第二代红外光谱仪。

但上述两种红外光谱仪都是以色散元件进行分光,把具有复合频率的入射光分成单色光后,经狭缝进入检测器,这样达到检测器的光强大大下降,时间响应也较长(以分计)。而且由于分辨率和灵敏度在整个波段是变化的,因此在研究跟踪反应过程等方面受到了限制,由此从 20 世纪 60 年代末开始发展了傅里叶变换红外光谱仪(Fourier Transform Infrared Spectrometer, FTIR)。它具有光通量大、速度快、灵敏度高等特点,其测试原理如图 8.8 所示。

在傅里叶变换红外光谱仪中,核心部件是迈克耳孙干涉仪,由它测得时域图。干涉仪由光源、动镜(M_1)、定镜(M_2)、分束器、检测器等几个主要部分组成。

当光源发出一束光后,首先到达分束器,把光分成两束:一束透射到定镜,随后反射回分束器,再反射入样品池后到检测器;另一束经过分束器,反射到动镜,再反射回分束器,透过分束器与定镜束的光合在一起,形成干涉光透过样品池进入检测器。动镜的不断运动,使两束光线的光程差随动镜移动距离的不同,呈周期性变化。因此在检测器上所接收到的信号是以 $\lambda/2$ 为周期变化的,如图 8.9 所示。

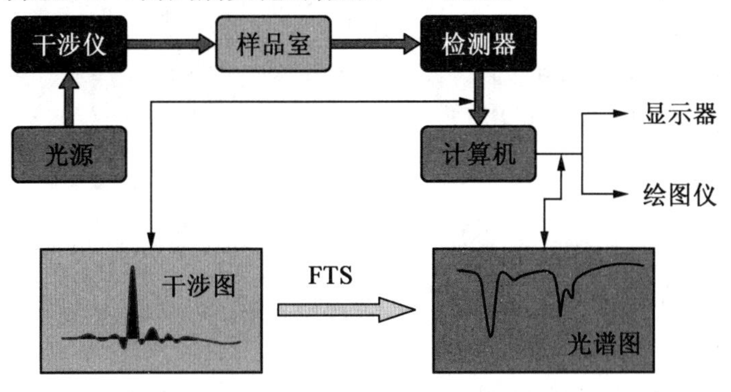

图 8.8 傅里叶变换红外光谱仪基本原理

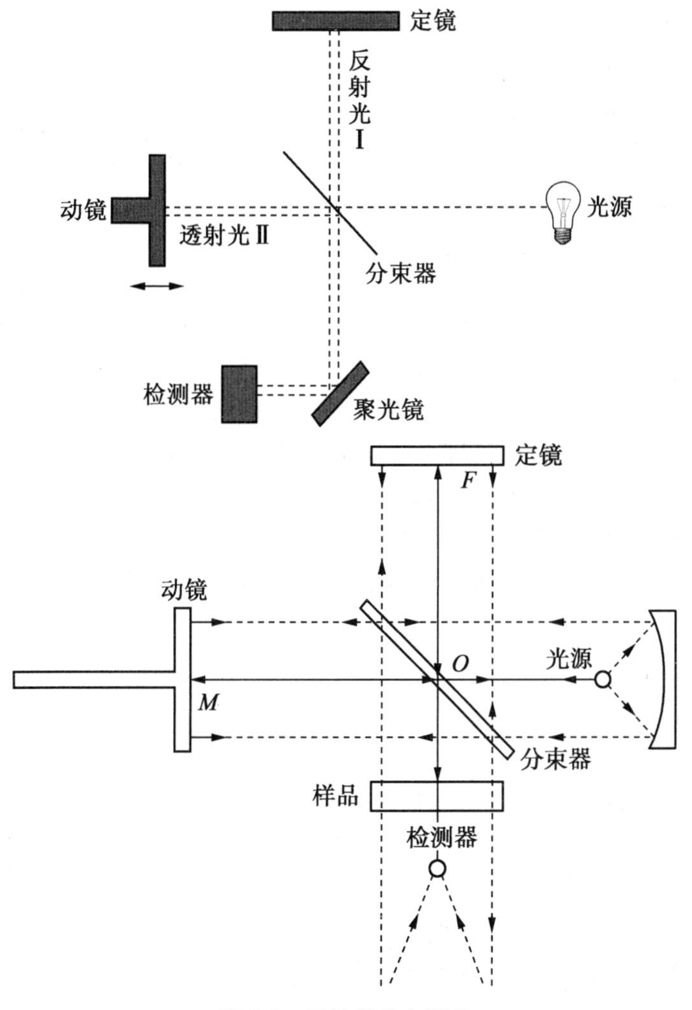

图 8.9 干涉仪基本原理

把样品放在检测器前，样品对某些频率的红外光吸收，使检测器接收到的干涉光强度发生变化，从而得到各种不同样品的干涉图。干涉图是光强随动镜移动距离 x 的变化曲线，为了得到光强随频率变化的频域图，需借助傅里叶变换函数，这个变化过程比较复杂，在仪器中是由计算机完成的，最后计算机控制终端打印出与经典红外光谱仪同样的光强随频率变化的红外吸收光谱图。

8.1.9 试样的制备

要获得一张高质量的红外光谱图，除了仪器本身的因素外，还必须有合适的试样制备方法。下面分别介绍气体、液体和固体试样的制备。

1. 气体试样

气体试样一般都灌注于玻璃气槽内进行测定。它的两端黏合有能透红外光的窗片，窗片的材质一般是 NaCl 或 KBr。进样时，一般先把气槽抽成真空，然后灌注试样。

2. 液体试样

(1)液体池的种类。

液体池的透光面通常是用 NaCl 或 KBr 等晶体做成。常用的液体池有 3 种，即厚度一定的密封固定池、其垫片可自由改变厚度的可拆池及用微调螺丝连续改变厚度的密封可变池。通常根据不同的情况，选用不同的试样池。

(2)液体试样的制备。

液膜法：在可拆池两窗之间，滴上 1 ~ 2 滴液体试样，使之形成一层薄的液膜。液膜厚度可借助于池架上的固紧螺丝做微小调节。该法操作简便，适用对高沸点及不易清洗的试样进行定性分析。

溶液法：将液体(或固体)试样溶在适当的红外用溶剂中，如 CS_2、CCl_4、$CHCl_3$ 等，然后注入固定池中进行测定，该法特别适于定量分析。此外，它还能用于红外吸收很强、用液膜法不能得到满意谱图的液体试样的定性分析。在采用溶液法时，必须特别注意红外溶剂的选择。要求溶剂在较大的范围内无吸收，试样的吸收带尽量不被溶剂吸收带所干扰。此外，还要考虑溶剂对试样吸收带的影响(如形成氢键等溶剂效应)。

3. 固体试样

除前面介绍的溶液法外，固体试样的制备还有粉末法、糊状法、压片法、薄膜法、发射法等，其中尤以糊状法、压片法、薄膜法和溶液法最为常用。

(1)糊状法。

该法是把试样研细，滴入几滴悬浮剂，继续研磨成糊状，然后用可拆池测定。常用的悬浮剂是液状石蜡，它可减小散射损失，并且自身吸收带简单，但不适于用来研究与液状石蜡结构相似的饱和烷烃。

(2)压片法。

这是分析固体试样应用最广的方法。通常用 300 mg 的 KBr 与 1 ~ 3 mg 的固体试样共同研磨；在模具中用 $(5\sim10)\times10^7$ Pa 压力的油压机压成透明的片后，再置于光路进行测定。由于 KBr 在 400 ~ 4 000 cm^{-1} 光区不产生吸收，因此可以绘制全波段光谱图。除用

KBr 压片外,也可用 KI、KCl 等压片。

(3)薄膜法。

该法主要用于高分子化合物的测定。通常将试样热压成膜或将试样溶解在沸点低易挥发的溶剂中,然后倒在玻璃板上,待溶剂挥发后成膜,制成的膜直接插入光路即可进行测定。

(4)溶液法。

将试样溶于适当的溶剂,然后注入液体吸收池中。

一般来说,在制备试样时应注意下述各点:

①试样的浓度和测试厚度应选择适当以使光谱图中大多数吸收峰的透光度处于15% ~70%。浓度太小,厚度太小,会使一些弱的吸收峰和光谱的细微部分不能显示出来;浓度过大,厚度太大,又会使强的吸收峰超越标尺刻度而无法确定其真实位置和强度。有时为了得到完整的光谱需要用几种不同浓度或厚度的试样进行测绘。

②试样中不应含有游离水。水分的存在不仅会侵蚀吸收池的盐窗,而且水本身在红外区有吸收,将使测得的光谱图变形。

③试样应该是单一组分的纯物质。但在材料的检测和鉴定中,试样常常是多组分的。因此,在测定前应尽量预先进行组分分离(如采用色谱法、精密蒸馏、重结晶、区域熔融法等),否则各组分光谱相互重叠,以致对谱图无法进行正确的解释。

8.2 红外光谱的应用实例

红外光谱在化学领域中的应用是多方面的。它不仅用于结构的基础研究,如确定分子的空间构型,求出化学键的键力常数、键长和键角等,而且广泛地用于化合物的定性、定量分析和化学反应的机理研究等。但是红外光谱应用最广之处还是未知化合物的结构鉴定。

8.2.1 定性分析

1. 已知物及其纯度的定性鉴定

通常在得到试样的红外谱图后,与纯物质的谱图进行对照,如果两张谱图各吸收峰的位置和形状完全相同,峰的相对强度一样,就可认为试样是该种已知物。相反,如果两谱图面貌不一样,或者峰位不对,则说明两者不为同一物,或试样中含有杂质。

2. 未知物结构的确定

确定未知物的结构,是红外光谱法定性分析的一个重要用途。它涉及谱图的解析,下面简单予以介绍。

(1)收集试样的有关资料和数据。

在解析谱图前,必须对试样有透彻的了解,例如试样的纯度、外观、来源、试样的元素分析结果及其他物性(相对分子质量、沸点、熔点等)。这样可以大大节省解析谱图的时间。

(2)确定未知物的不饱和度。

不饱和度是表示有机分子中碳原子的饱和程度。计算不饱和度 U 的经验式为

$$U=1+n_4+\frac{1}{2}(n_3-n_1) \tag{8.3}$$

式中 n_1、n_3 和 n_4——分子式中一价、三价和四价原子的数目。

通常,双键(C ═ C、C ═ O 等)和饱和环状结构的不饱和度为 1,三键的不饱和度为 2,苯环的不饱和度为 4(可理解为一个环加 3 个双键)。链状饱和烃的不饱和度则为 0。

(3)谱图解析。

一般来说,首先在官能团区(4 000 ~1 300 cm^{-1})搜寻官能团的特征伸缩振动,再根据指纹区的吸收情况,进一步确认该基团的存在以及与其他基团的结合方式。

现举例说明如何根据前述概念检定未知物的结构。设某未知物分子式为 C_8H_8O,测得其红外光谱如图 8.10 所示,试推测其结构式。

由图 8.10 可见,于 3 000 cm^{-1} 附近有 4 个弱吸收峰,这是苯环及 C3 的 C—H 伸缩振动;1 600 ~1 500 cm^{-1} 处有 2 ~3 个峰,说明苯环的骨架振动;指纹区 760 cm^{-1}、692 cm^{-1} 处有两个峰,说明为单取代苯环。

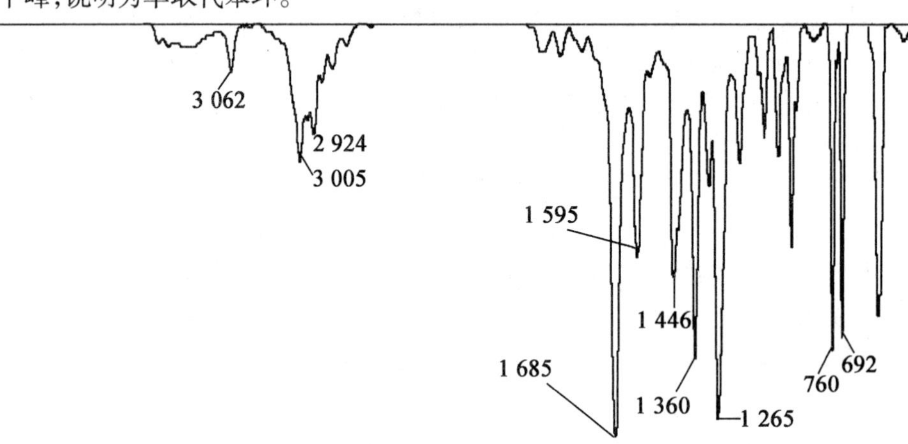

图 8.10 某未知物的红外光谱

1 685 cm^{-1} 处强吸收峰为 C—O 的伸缩振动,因分子式中只含一个氧原子:不可能是酸或酯,而且从图上看有苯环,很可能是芳香酮。1 360 cm^{-1} 及 1 446 cm^{-1} 处的吸收峰则分别为—CH_3 的 C—H 对称及反对称变形振动。

根据上述解析,未知物的结构式可能是

O
‖
C
CH_3

由分子式计算其不饱和度 U:

$$U=5$$

该化合物含苯环及双键,故上述推测是合理的。进一步核对标准光谱,也完全一致,

因此所推测的结构式是正确的。

(4)与标准谱图进行对照。

进行定性分析时,对于能获得相应纯品的化合物,一般通过谱图对照即可。对于没有已知纯品的化合物,则需要与标准谱图进行对照。应该注意的是,测定未知物所使用的仪器类型及制样方法等应与标准谱图一致。最常见的标准谱图有以下几种:

①Sadtler(萨特勒)标准红外光谱集。它是由美国萨特勒(Sadtler)研究实验室编辑出版的。Sadtler 标准红外光谱集收集的谱图最多,至 1974 年为止,已收集 47 000 张(棱镜)谱图。另外,它有各种索引,使用甚为方便。从 1980 年开始,可以获得 Sadtler 标准红外光谱集的软件资料。现在已有超过 130 000 张谱图。它们包括 9 200 张气态光谱图、59 000张纯化合物凝聚相光谱和 53 000 张产品的光谱,如单体、聚合物、表面活性剂、黏合剂、无机化合物、塑料、药物等。

②分子光谱文献"DMS"(Documentation of Molecular Spectroscopy)穿孔卡片。它由英国和德国联合编制。卡片有 3 种类型:桃红卡片为有机化合物,淡蓝色卡片为无机化合物,淡黄色卡片为文献卡片。卡片正面是化合物的许多重要数据,反面则是红外光谱图。

③API 红外光谱资料。它由美国石油研究所(API)编制,该谱图集主要是烃类化合物的光谱。由于它收集的谱图较单一,数目不多(至 1971 年共收集谱图 3 604 张),又配有专门的索引,故查阅也很方便。

事实上,现在许多红外光谱仪都配有计算机检索系统,可从储存的红外光谱数据中鉴定未知化合物。

8.2.2 定量分析

与其他吸收光谱分析(紫外、可见分光光度法)一样,红外光谱定量分析是根据物质组分的吸收峰强度来进行的,它的依据是 Beer-Lambert 定律(式 8.4)。各种气体、液体和固态物质均可用红外光谱法进行定量分析:

$$A=\lg\frac{I_0}{I}=kcL \tag{8.4}$$

式中 A——吸光度;

I_0 和 I——入射光和透射光的强度;

k——摩尔吸光系数;

c——样品浓度,mol/L;

L——样品槽厚度。

假设分子键的相互作用对谱带的影响很小,则由各种不同分子组成的混合物的光谱可以认为是各个光谱的加和。例如,对简单的二元体系混合物的情况,设在某波数 ν 的吸收率分别为 a_1 和 a_2,浓度分别为 c_1 和 c_2,则总的谱带的吸光度可写为

$$A_\nu=(a_1c_1+a_2c_2)L \tag{8.5}$$

式(8.5)为吸光度加和定律。

使用红外光谱做定量分析时,其优点是有较多特征峰可供选择。对于物理和化学性质相近,而用气相色谱法进行定量分析又存在困难的试样(如沸点高,或气化时会分解的

试样),常常可采用红外光谱法定量分析。测量时,由于试样池的窗片对辐射的反射和吸收,以及试样的散射会引起辐射损失,故必须对这种损失予以补偿,或者对测量值进行必要的校正。此外,必须设法消除仪器的杂散辐射和试样的不均匀性。另外,由于试样的透光率与试样的处理方法有关,因此必须在严格相同的条件下测定。

红外光谱法能定量测定气体、液体和固体试样。表8.3列出了用非色散型仪器定量测定大气中各种化学物质的一组数据。

表8.3 用非色散型仪器定量测定大气中各种化学物质

化合物	允许的量/($\mu g \cdot mL^{-1}$)	$\lambda/\mu m$	最低检测浓度/($\mu g \cdot mL^{-1}$)
二硫化碳(CO_2)	4	4.54	0.5
氯丁二烯	10	11.4	4
乙硼烷	0.1	3.9	0.05
1,2-乙二胺	10	13.0	0.4
氰化氢	4.7	3.04	0.4
甲硫醇	0.5	3.38	0.4
硝基苯	1	11.8	0.2
吡啶	5	14.2	0.2
二氧化硫(SO_2)	2	8.6	0.5
氯乙烯	1	10.9	0.3

8.2.3 红外吸收光谱在无机非金属材料研究中的应用

与有机化合物比较,无机化合物的红外鉴定为数较少。但是无机化合物的红外光谱图比有机化合物的红外光谱图简单,谱带数较少,并且很大部分是在低频区。

1. 无机化合物的基团振动频率

红外光谱图中的每一个吸收谱带都对应于某化合物的质点或基团振动的形式,而无机化合物在中红外区的吸收,主要是由阴离子(团)的晶格振动引起的,它的吸收谱带位置与阳离子的关系较小,通常当阳离子的原子序数增大时,阴离子团的吸收位置将向低波数方向做微小的位移。因此,在鉴别无机化合物的红外光谱图时,主要着重于阴离子团的振动频率。

(1)水的红外光谱。

在进行红外光谱实验时,由于窗口材料的要求,试样必须是干燥的,这里的水指的是化合物中以不同状态存在的水,在红外光谱图中,它们分别所表现出的吸收谱带亦有差异,见表8.4。

表 8.4 不同状态水的红外吸收频率 cm^{-1}

水的状态	O—H 伸缩振动	弯曲振动
游离水	3 756	1 595
吸附水	3 435	1 630
结晶水	3 250 ~ 3 200	1 685 ~ 1 670
结构水(羟基水)	约 3 640	1 350 ~ 1 260

①在氢氧化物中，水主要是以 OH^- 存在，无水的碱性氢氧化物中 OH^- 的伸缩振动频率都在 3 720 ~ 3 550 cm^{-1}，如 KOH 的伸缩振动频率为 3 778 cm^{-1}，NaOH 的伸缩振动频率为 3 778 cm^{-1}，$Mg(OH)_2$ 的伸缩振动频率为 3 637 cm^{-1}，$Ca(OH)_2$ 的伸缩振动频率为 3 660 cm^{-1}。两性氢氧化物中 OH^- 的伸缩振动效率偏小，其上限在 3 660 cm^{-1}。$Zn(OH)_2$、$Al(OH)_3$ 的伸缩振动频率分别为 3 260 cm^{-1} 和 3 420 cm^{-1}。这里阳离子对 OH^- 的伸缩振动有一定的影响。

②水分子的 O—H 振动。

一个孤立的水分子有 3 个基本振动。但是在含结晶水的离子晶体中，由于水分子受其他阴离子团和阳离子的作用，而会影响振动频率。例如，以简单的含水络合物 $M \cdot H_2O$ 为例，它含有 6 个自由度，其中 3 个是与水分子内振动有关的，H_2O 处在不同的阳离子(M)场中，使振动频率发生变化。当 M 是一价阳离子时，水分子中 OH^- 的伸缩振动频率位移的平均值 $\Delta\nu$ 为 90 cm^{-1}，而当 M 是三价阳离子时，频率位移高达 500 cm^{-1}。

含氧盐水合物中晶体水吸收带，可用石膏 $CaSO_4 \cdot 2H_2O$ 来说明它的特点。石膏中的水分子在晶格中处在等价的位置上，每一个水分子与 SO_4^{2-} 的 O 原子形成两个氢键，但 O—H 键长的差别却很大。所以在 $CaSO_4 \cdot 2H_2O$ 的多晶样品 O—H 伸缩振动区内，除有水分子的两个伸缩振动外，还有几个分振动谱带，即 3 554 cm^{-1}、3 513 cm^{-1} 和 3 408 cm^{-1}，而且在谱带的两斜线上还有几个弱的吸收台阶，石膏中 H_2O 的弯曲振动在 1 623^{-1} 和 1 688 cm^{-1} 两处。在石膏脱水生成半水石膏以后，则只留下 1 623 cm^{-1} 处的弯曲振动，伸缩振动减少为两个，并略向高波数移动至 3 615 cm^{-1}、3 560 cm^{-1}。

(2)碳酸盐(CO_3^{2-})的基团振动。CO_3^{2-}、SO_4^{2-}、PO_4^{3-} 及 OH^- 都具有强的共价键，键力常数较高，它们的红外吸收频率分别如下：

对称伸缩振动	1 064 cm^{-1}	红外非活性(拉曼活性)
非对称伸缩振动	1 415 cm^{-1}	红外活性+拉曼活性
面内弯曲振动	680 cm^{-1}	红外活性+拉曼活性
面外弯曲振动	879 cm^{-1}	红外活性

通常，碳酸盐离子总是以化合物的形式存在，自由离子的频率是很难测定的，不同类型碳酸盐的红外光谱如下。

方解石($CaCO_3$)：方解石是一轴晶三方对称，方解石以及一些具有方解石结构的其他碳酸盐均具有类似的红外光谱图(图 8.11)。后者的阳离子是中等大小的二价元素，如 Mg^{2+}、Cd^{2+}、Fe^{2+}、Mn^{2+} 等。

霰石:碳酸盐的二价金属离子的离子半径较大时,则形成霰石结构。霰石是斜方晶系,CO_3^{2-} 可能是非平面形的,它们的红外光谱总体上是相仿的,只是霰石的对称性较低,出现的谱带较多,如图 8.12 所示。图中非对称伸缩振动是十分强而宽的谱带,并且随阳离子的质量加大而逐渐变得更强。弯曲振动 ν_2 和 ν_4 各分裂为两个小谱,对于其原因,有认为是^{13}C 同位素所引起,亦有认为是 ν_4 与晶格模式得到的差谱带。

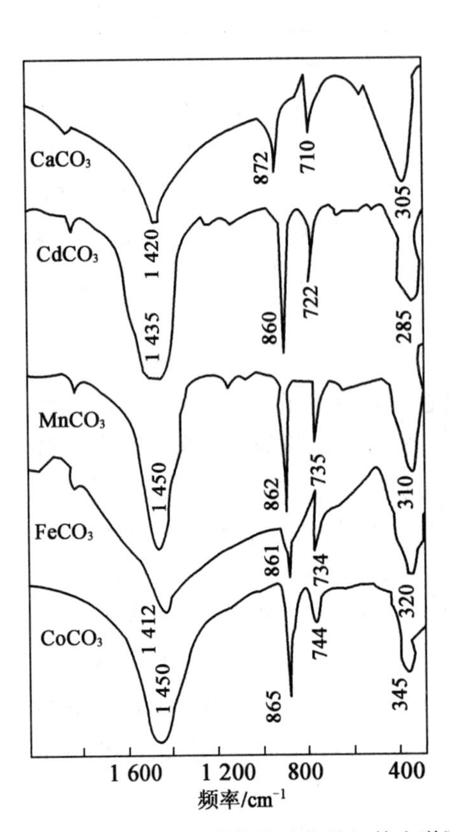

图 8.11　具有方解石结构的矿物的红外光谱图

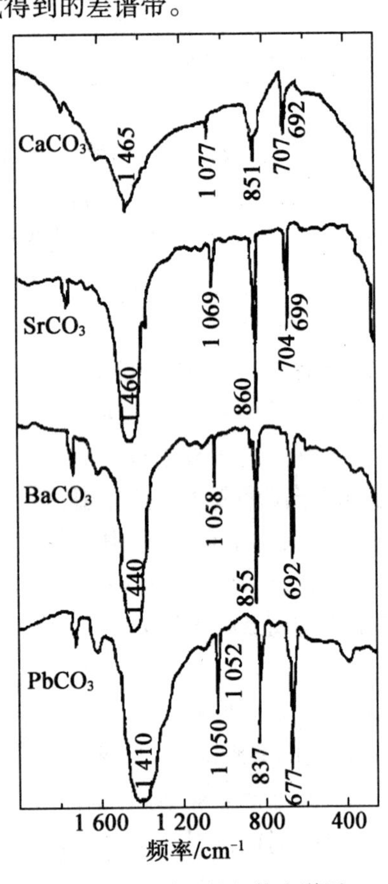

图 8.12　霰石的红外光谱图

(3)硫酸盐化合物。

硫酸盐化合物是指以 SO_4^{2-} 孤立四面体的阴离子团与不同的阳离子结合而成的化合物。在硅酸盐工业中,石膏是最常见的硫酸盐化合物,也是常用的原料之一,它可分为二水石膏 $CaSO_4 \cdot 2H_2O$、半水石膏 $CaSO_4 \cdot \frac{1}{2}H_2O$ 和硬石膏(无水)。三者的红外光谱有一定的差别,表 8.5 列出了石膏的红外振动频率。

表 8.5 石膏的红外振动频率

名称	ν_1	ν_2	ν_3	ν_4	水振动
硬石膏	1 013	515 420	1 140,1 126 1 095	671,612 592 667,634	—
$CaSO_4 \cdot \frac{1}{2}H_2O$	1 012	465	1 156,1 120	602~669	3 625,1 629
$CaSO_4 \cdot 2H_2O$	1 000	492	1 131,1 142		3 555,1 690
	1 006	413	1 116,1 138		3 500,1 629

(4)硅酸盐矿物。

这是以 SiO_4 四面体阴离子基团为结构单元的硅酸盐矿物,振动光谱着重研究其中 Si—O、Si—O—Si、O—Si—以及 Mn—O—Si 等各种振动的模式。

通常,硅酸盐结构可分成以下 3 类,即正硅酸盐、链状和层状硅酸盐、架状结构硅酸盐。现将硅酸盐中 SO_4^{2-} 阴离子 Si—O 伸缩振动归纳如下:

孤立 SiO_4 四面体　　1 000~800 cm^{-1}

链状　　1 100~800 cm^{-1}

层状聚合　　1 150~900 cm^{-1}

架状　　1 200~950 cm^{-1}

聚合 SiO_4 八面体　　950~800 cm^{-1}

进一步分析,如在正硅酸盐矿物中,常见的有石榴子石族[$M_3^{2+}(SiO_4)_3$]$_2$、铝硅酸盐(红柱石、硅线石、莫来石)以及水泥熟料中的硅酸盐矿物 $3CaO \cdot SiO_2$(C_3S)和$2CaO \cdot SiO_2$(C_2S)等。它们虽同属孤立的 SiO_4^{2-} 阴离子结构,可是由于其离子数不同,因此最后结构不同,在红外光谱中表现出一定差异。C_2S 在 990 cm^{-1}是尖锐的强吸收,而 C_3S 是在 940 cm^{-1}附近两个特征吸收,它们的吸收强度可作为定量测定 C_2S 和 C_3S 的特征吸收谱带。一些常见无机化合物基团的基本振动见附录 8。

2. 水泥的红外光谱研究

硅酸盐水泥熟料由 4 种主要矿物组成:$3CaO \cdot SiO_2$(C_3S)、$2CaO \cdot SiO_2$(C_2S)、$3CaO \cdot Al_2O_3$(C_3A)和 $4CaO \cdot Al_2O_3 \cdot Fe_2O_3$($C_4AF$)。它们的基本基团是 SiO_4 和 AlO_4,由于其他阳离子的影响,基团振动也有变化。水泥熟料矿物的红外光谱如图 8.13 所示。C_3S 和 C_2S 的基团振动见表 8.6。

C_3S 在 800~1 000 cm^{-1}有宽的吸收带是阿利特(以 C_3S 为主的水泥熟料矿物)的特征。在水泥熟料中,C_3S 的晶格中含有 Na_2O、K_2O 等杂质而使阿利特稳定存在。纯 C_3S 的吸收带比阿利特的吸收带尖锐。

C_3A 中 AlO_4^{5-} 基团的 Al—O 键的振动基本有对称伸缩振动 ν_1(740 cm^{-1})、不对称伸缩振动 ν_3(860 cm^{-1}、895 cm^{-1} 和 840 cm^{-1})、面外弯曲振动 ν_2(516 cm^{-1}、523 cm^{-1} 和

540 cm^{-1})以及它的面内弯曲振动 ν_4(412 cm^{-1})。

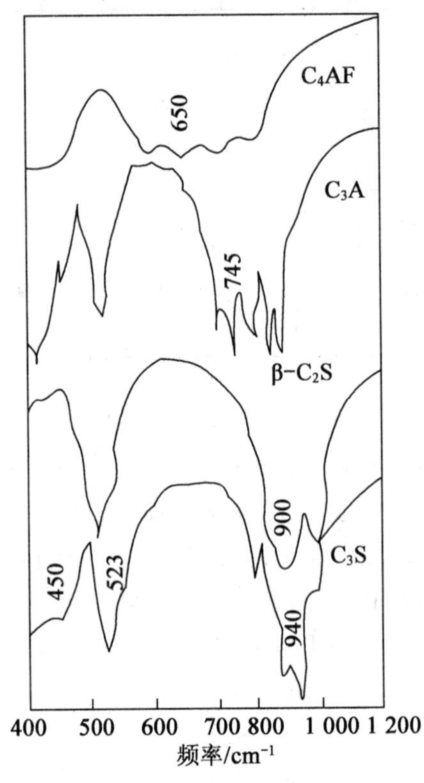

图 8.13 水泥熟料矿物的红外光谱图

表 8.6 C_3S 和 C_2S 的基团振动

矿物	振动频率/cm^{-1}	吸收强度	振动性质
C_3S	815	强,尖锐	对称伸缩
	555	强	面外弯曲
	<500	中强	面内弯曲
	925	宽带	不对称伸缩
C_2S	999 ~ 1 000	强,尖锐	不对称伸缩
	850 ~ 950	强,宽带	对称伸缩
	约 840	尖锐,中等吸收	弯曲振动

C_4AF 的红外光谱带较为集中,处于 720 cm^{-1} 和 810 cm^{-1}。由于水泥熟料中的含铁相是一种固溶体,Al_2O_3 含量是可变的,实验表明,上述 810 cm^{-1} 实际上是 AlO_4^{5-} 的不对称伸缩振动 ν_3,740 cm^{-1} 谱带是 Al—O 和 Fe—O 两组振动混合。纯 AlO_4^{5-} 四面体和 FeO_6^{9-} 八面体的振动大量地重叠在 750 ~ 550 cm^{-1}。因此,可以根据红外光谱图上这两个主要谱带来测量铁铝酸盐中 Al 的含量,也可根据 AlO_4^{5-} 和 FeO_6^{9-} 的谱带位置来鉴别熟料中 Al 的配位和 AlO_4^{5-} 的聚合程度。

3. 硅酸盐水泥水化产物的鉴定

硅酸盐水化生成水化硅酸钙的组成比较复杂,但是有一点已经证明,硅酸钙在水化过程中的硅氧四面体 SiO_4 的孤立岛式结构,将以一定的形式相连并聚合成[$Si_2O_7^{6-}$, $Si_3O_{10}^{8-}$, $Si_3O_9^{6-}$, $Si_4O_{13}^{10-}$]等。这时在红外光谱图上将相应地发生 Si—O 振动向高波数位移的情况。因此可以根据硅酸盐水泥中 1 000 ~ 800 cm^{-1}宽谱带位移到 1 080 cm^{-1}左右及谱形变化判断它的水化。可是由于谱带较宽,水化产物复杂,还难于完全判断。

(1)水泥的水化。

普通硅酸盐水泥的主要水化产物是水化硅酸钙、$Ca(OH)_2$、钙矾石以及单硫酸盐等。图 8.14 是普通波特兰水泥水化过程的红外光谱。波特兰水泥中的硅酸盐、硫酸盐和水的红外光谱吸收带波数的变化反映了其水化过程。在未水化的波特兰水泥中,可以很容易地鉴别属于 C_3S 的 925 cm^{-1} 和 525 cm^{-1} 吸收带、属于石膏中 SO_4^{2-} 的1 120 cm^{-1} 和 1 145 cm^{-1} 吸收带以及属于石膏中 H_2O 的 1 623 cm^{-1}、1 688 cm^{-1}、3 410 cm^{-1} 和 3 555 cm^{-1}吸收带。

随着水化的进行,谱带发生变化,1 120 cm^{-1}谱带的变化表明了钙矾石的逐步形成过程。水化 16 h、24 h 之后,925 cm^{-1}谱带逐渐向高波数方向位移到 970 cm^{-1},表明了 C-S-H相的形成。而硫酸盐和水在 1 100 cm^{-1}、1 600 cm^{-1}和 3 200 ~ 3 600 cm^{-1}附近吸收带波数的类似变化,则反映了水泥浆体中钙矾石向单硫酸盐的转化。

在石膏转化为钙矾石以及进一步转化为单硫酸盐的过程中,硫酸盐和水的吸收带都发生了变化,图 8.15 显示了这些变化的细节,在 1 100 cm^{-1}处的吸收带归属于 SO_4^{2-} 的不对称伸缩振动,在石膏中,这个谱带分裂为 1 120 cm^{-1}和 1 145 cm^{-1}两个吸收带,但当钙矾石形成时,又只有 1 120 cm^{-1}这个单一吸收带了,而钙矾石转化为单硫酸盐后,该谱带又分裂为 1 100 cm^{-1}和 1 170 cm^{-1}两个吸收带。

(2)钙矾石的形成和转变。

对于硅酸盐水泥水化生成的钙矾石和单硫型硫铝酸钙的存在和转变,利用红外光谱法可以较方便地得到结果(图 8.16)。钙矾石的红外光谱的特点由 3 部分组成:①存在 3 635 cm^{-1}处OH^-振动,3 420 cm^{-1}晶格水的伸缩振动和 1 640 cm^{-1}、1 625 cm^{-1}处晶格水的弯曲振动;②SO_4^{2-} 有 1 120 cm^{-1}、620 cm^{-1}和 420 cm^{-1} 3 个振动;③较弱的金属氧键 Al—O 的 550 cm^{-1}和 870 cm^{-1}振动。当在铝酸钙中加入一定量的石膏(少于全部化合为钙矾石),经达一定时间的水化、水吸收带和 SO_4^{2-} 吸收带发生了变化。SO_4^{2-} 的吸收带从 1 120 cm^{-1}和 1 145 cm^{-1}两个吸收峰转为一个 1 115 cm^{-1},证明钙矾石形成了。与此同时,原来的系统中石膏的分子水红外吸收在 3 410 cm^{-1}和 3 555 cm^{-1}。水化 0.5 h,它们产生位移,在 3 420 cm^{-1}和 3 640 cm^{-1}出现了吸收峰,后一个吸收峰是存在 OH^-的证明,也表明钙矾石的生成。如果继续延长水化时间,SO_4^{2-} 的 1 115 cm^{-1} 峰分裂为 1 110 cm^{-1} 和 1 160 cm^{-1}两个,3 420 cm^{-1}处的晶格水振动向高位位移,直至 3 480 cm^{-1}是低硫型硫铝酸钙形成的特征。

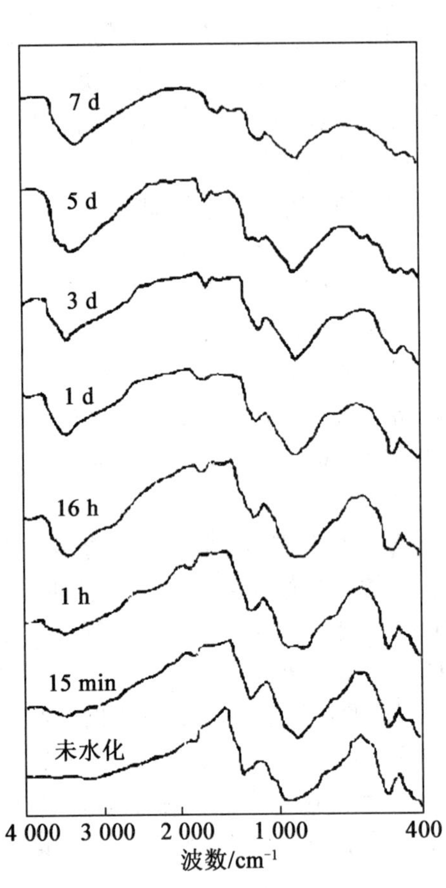

图 8.14 普通波特兰水泥水化过程的红外光谱
(KBr 压片法)

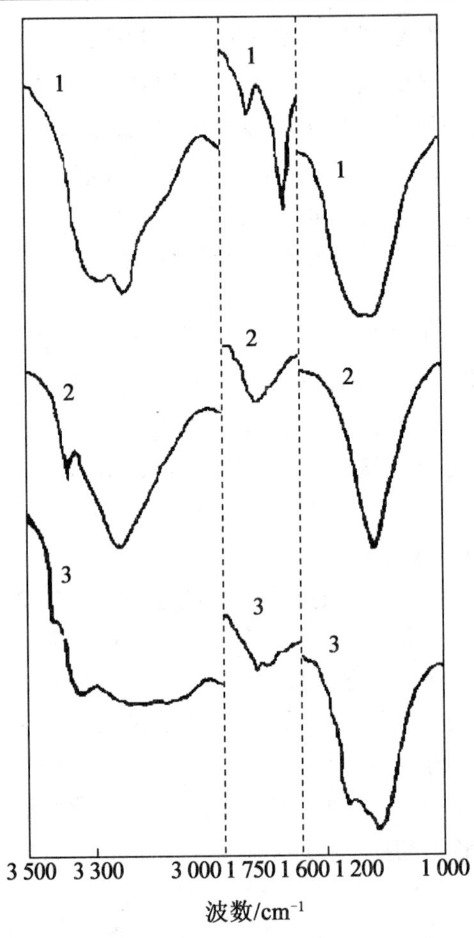

图 8.15 石膏、钙矾石、单硫酸盐的红外光谱主要吸收带(液状石蜡糊状法)
1—石膏;2—钙矾石;3—单硫酸盐

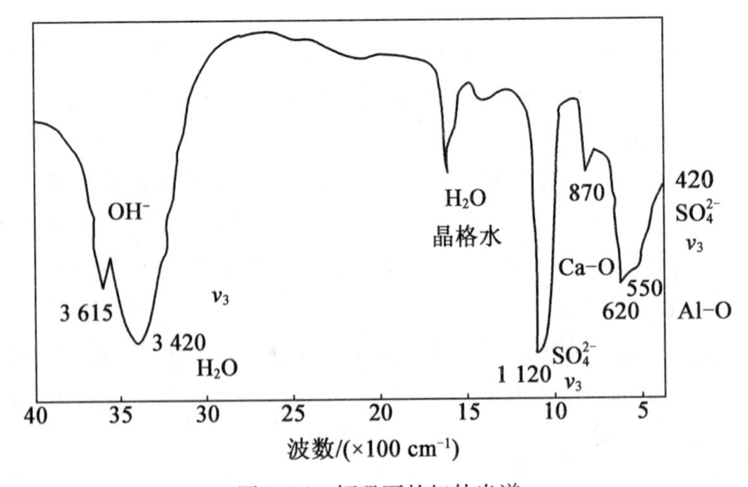

图 8.16 钙矾石的红外光谱

4. FRP 筋劣化机理研究

常见的 FRP 筋所采用的纤维材料一般有玻璃纤维增强塑料(GFRP)、碳纤维增强塑料(CFRP)、芳纶纤维增强塑料(AFRP 筋)等,由于其具有质量轻、抗拉强度高、耐腐蚀性强、材料结合力强、透磁波性能强等优点,近年来在国内外的结构加固及工程改造中得到广泛的应用。与纤维相比,树脂基体具有高度的柔韧性和可塑性,负责将外部荷载传递到纤维上,树脂基质还可以保护纤维免受外部环境的腐蚀或磨损。树脂的降解会进一步影响纤维-树脂界面,导致纤维不能充分受力,使得 FRP 筋的力学性能严重下降,树脂基体的降解程度显著影响 FRP 筋的耐久性,因此密切监测树脂的降解是很重要的。

金祖权课题组采用 FTIR 对不同时间、不同温度的碱性溶液中暴露的样品分别进行测试,研究了 FRP 筋的劣化机理。表 8.7 中展示了特征吸收带的分配情况。第一段FTIR光谱位于 3 300 ~ 3 600 cm^{-1} 之间,对应于环氧树脂中羟基的拉伸方式。位于 2 930 ~ 2 890 cm^{-1} 的第二组能带是环氧树脂 C—H 基团的拉伸振动。对于 2 000 cm^{-1} 以下的第三组光谱波段,1 716 cm^{-1} 附近的吸收波段是酯基中 C═O 基团拉伸振动的特征。1 581 ~ 1 383cm^{-1} 的吸收带对应芳香环骨架的振动,1 036. 49 cm^{-1} 和 1 010. 82cm^{-1} 是醇 C—OH 的拉伸振动。

表 8.7 特征吸收带的分配情况

振动频率/cm^{-1}	振动模式
3 432. 64	O—H 伸缩振动
2 927. 46	C—H 拉伸振动
1 716. 29	C ═O 拉伸振动 (酯羰基)
1 606. 58	COO—拉伸振动(羧酸盐)
1 507. 41	芳香环骨架振动
1 295. 47	C—OH 拉伸振动 (羧酸根)
1 165. 99	C—O—C 拉伸振动(酯)
1 036. 49	与烷基相连的 C—O 拉伸振动
1 010. 82	醇类 C—OH 拉伸振动
826. 47	—CH_2 摇摆振动

图 8. 17 为未暴露和暴露于 NaOH 溶液中 GFRP 筋的 FTIR 光谱。FTIR 光谱集中在约 1 716 cm^{-1} 对应的 C ═O 频谱处,当发生水解降解时,相比于未暴露筋材,NaOH 溶液中对应的 C ═O 峰值强度较低。Kamal 等人指出,在 OH^- 存在的环境中,酯键被破坏,C ═O 峰值强度随着酯键的水解而发生一致的变化,OH^- 参与反应并产生羧酸和醇。由此可知,OH^- 渗透到树脂基体中,导致 GFRP 筋表面的树脂发生化学降解,削弱了树脂对纤维的保护能力,这种化学降解是由于固化环氧树脂中存在易水解的酯键。试样在碱性溶液中浸泡时间越长,酯键水解程度越大,相应的酯键吸收峰强度越低;相反,生成的羧酸根对应的吸收峰强度越大,如图 8. 17 中 1 600 cm^{-1} 处的光谱所示。

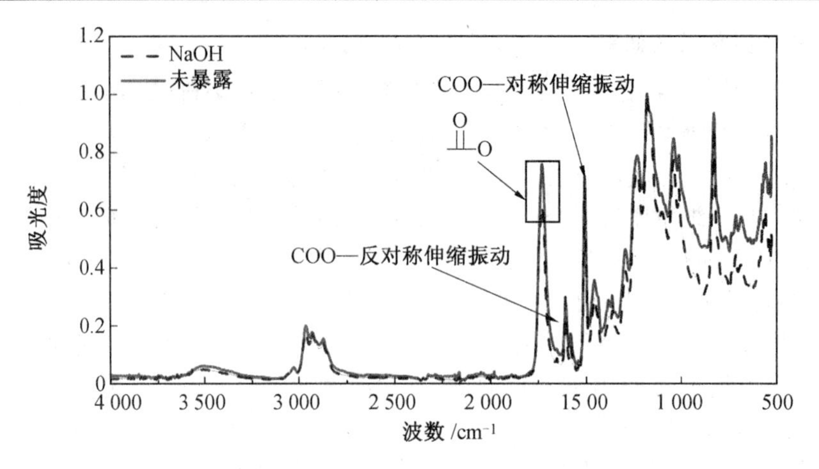

图 8.17 未暴露和暴露于 NaOH 溶液中 GFRP 筋的 FTIR 光谱

8.3 激光拉曼散射光谱法

拉曼效应是能量 $h\nu$ 的光子同分子碰撞所产生的光散射效应，也就是说，拉曼光谱是一种散射光谱。在 20 世纪 30 年代，拉曼散射光谱曾是研究分子结构的主要手段。20 世纪 60 年代，激光问世并将这种新型光源引入拉曼光谱后，拉曼光谱出现了崭新的局面。目前激光拉曼光谱已广泛用于有机、无机、高分子、生物、环保等领域，成为重要的分析工具。

在各种分子振动方式中，强力吸收红外光的振动能产生高强度的红外吸收峰，但只能产生强度较弱的拉曼谱峰；反之，能产生强的拉曼谱峰的分子振动却产生较弱的红外吸收峰。因此，拉曼光谱与红外光谱相互补充，才能得到分子振动光谱的完整数据，更好地解决分子结构的分析问题。由于拉曼光谱的一些特点，如水和玻璃的散射光谱极弱，因而在水溶液、气体、同位素、单晶等方面的应用具有突出的优点。近年来，相继发展了傅里叶变换拉曼光谱仪、表面增强拉曼散射、超拉曼、共振拉曼、时间分辨拉曼等新技术，激光拉曼光谱在材料分子结构研究中的作用与日俱增。

8.3.1 拉曼散射光谱的基本概念

1. 拉曼散射及拉曼位移

拉曼光谱为散射光谱。当一束频率为 ν_0 的入射光照射到气体、液体或透明晶体样品上时，绝大部分可以透过，大约有 0.1% 的入射光与样品分子之间发生非弹性碰撞，即在碰撞时有能量交换，这种光散射称为拉曼散射；反之，若发生弹性碰撞，即两者之间没有能量交换，这种光散射称为瑞利散射。在拉曼散射中，若光子把一部分能量给样品分子，得到的散射光能量减少，在垂直方向测量到的散射光中，可以检测频率为($\nu_0-\Delta E/h$)的线，称为 Stokes(斯托克斯)线，如图 8.18 所示，如果它是红外活性的，$\Delta E/h$ 的测量值与激发该振动的红外频率一致；相反，若光子从样品分子中获得能量，在大于入射光频率处接收到散射光线，则称为反斯托克斯线。

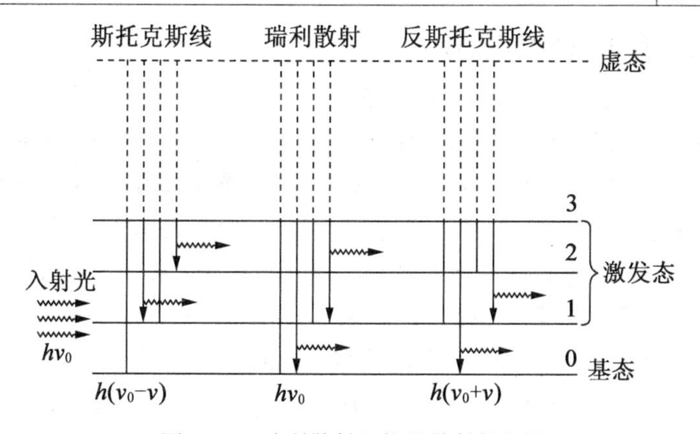

图 8.18 瑞利散射和拉曼散射能级图

斯托克斯线或反斯托克斯线与入射光频率之差称为拉曼位移。拉曼位移的大小和分子的跃迁能级差一样。因此，对应于同一分子能级，斯托克斯线与反斯托克斯线的拉曼位移应该相等，而且跃迁的概率也应相等。但在正常情况下，由于分子大多数处于基态，测量到的斯托克斯线强度比反斯托克斯线强得多，所以在一般拉曼光谱分析中，都采用斯托克斯线研究拉曼位移。

拉曼位移的大小与入射光的频率无关，只与分子的能级结构有关，其范围为 4 000 ~ 25 cm^{-1}，因此入射光的能量应大于分子振动跃迁所需能量，小于电子能级跃迁的能量。

红外吸收要服从一定的选择定则，即分子振动时只有伴随分子偶极矩发生变化的振动才能产生红外吸收。同样，在拉曼光谱中，分子振动要产生位移也要服从一定的选择定则，也就是说只有伴随分子极化度 a 发生变化的分子振动模式才能具有拉曼活性，产生拉曼散射。极化度是指分子改变其电子云分布的难易程度，因此只有分子极化度发生变化的振动才能与入射光的电场 E 相互作用，产生诱导偶极矩 μ：

$$\mu = aE \tag{8.6}$$

与红外吸收光谱相似，拉曼散射谱线的强度与诱导偶极矩成正比。

在多数的吸收光谱中，只具有两个基本参数（频率和强度），但在激光拉曼光谱中还有一个重要的参数即退偏振比（也可称为去偏振度）。

由于激光是线偏振光，而大多数的有机分子是各向异性的，在不同方向上的分子被入射光电场极化的程度是不同的。在红外中只有单晶和取向的高聚物才能测量出偏振，而在激光拉曼光谱中，完全自由取向的分子所散射的光也可能是偏振的，因此一般在拉曼光谱中用退偏振比（或称去偏振度）ρ 表征分子对称性振动模式的高低：

$$\rho = \frac{I_{\perp}}{I_{\parallel}} \tag{8.7}$$

式中　$I_{\perp}$ 和 $I_{\parallel}$——与激光电矢量相垂直和相平行的谱线的强度。

$\rho < \frac{3}{4}$ 的谱带称为偏振谱带，表示分子有较高的对称振动模式；$\rho = \frac{3}{4}$ 的谱带称为退偏振谱带，表示分子的对称振动模式较低。

2. 激光拉曼光谱与红外光谱比较

拉曼效应产生于入射光子与分子振动能级的能量交换。在许多情况下,拉曼频率位移的程度正好相当于红外吸收频率。因此红外测量能够得到的信息同样也出现在拉曼光谱中,红外光谱解析中的定性三要素(即吸收频率、强度和峰形)对拉曼光谱解析也适用。但由于这两种光谱的分析机理不同,在提供信息上也是有差异的。一般来说,分子的对称性越高,红外光谱与拉曼光谱的区别就越大,非极性官能团的拉曼散射谱带较为强烈,极性官能团的红外谱带较为强烈。例如,许多情况下 C ═ C 伸缩振动的拉曼谱带比相应的红外谱带更为强烈,而 C ═ O 的伸缩振动的红外谱带比相应的拉曼谱带更为显著。对于链状聚合物来说,碳链上的取代基用红外光谱较易检测出来,而碳链的振动用拉曼光谱表征更为方便。

红外与拉曼光谱在研究聚合物时的区别可以以聚乙烯为例说明。图 8.19 为线型聚乙烯的红外及拉曼光谱。

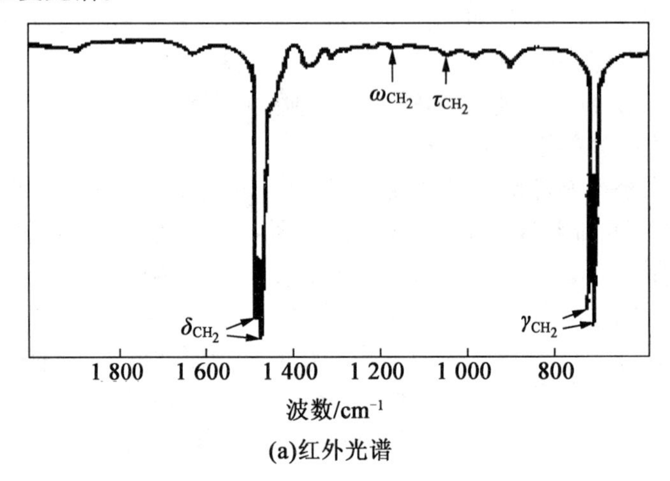

(a)红外光谱

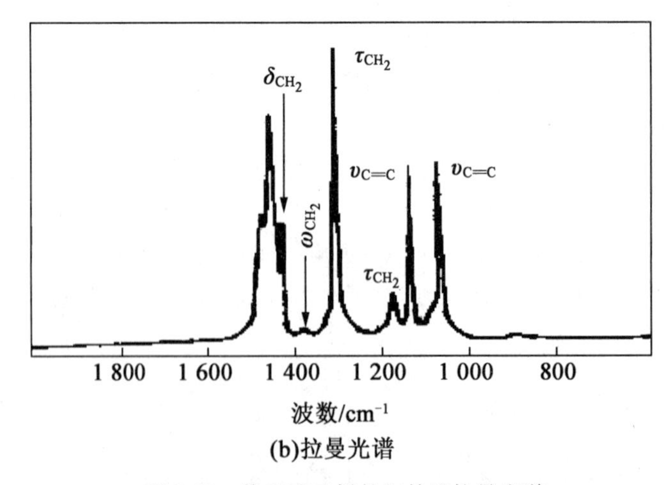

(b)拉曼光谱

图 8.19 线型聚乙烯的红外及拉曼光谱

聚乙烯分子中具有对称中心,红外光谱与拉曼光谱应当呈现完全不同的振动模式,事实上确实如此。在红外光谱中,—CH_2 振动为最显著的谱带。在拉曼光谱中,C—C 振动有明显的吸收。

对于具有对称中心的分子来说,具有一个互斥规则:与对称中心有对称关系的振动,红外光谱不可见,而拉曼光谱可见;与对称中心无对称关系的振动,红外光谱可见,而拉曼光谱不可见。如图 8.20 所示,二氯乙烯在 1 580 cm^{-1} 外 $\nu_{sC=C}$ 拉曼光谱可见,红外光谱不可见;而在 $\nu_{asC=C}$ 红外光谱可见,拉曼光谱不可见。

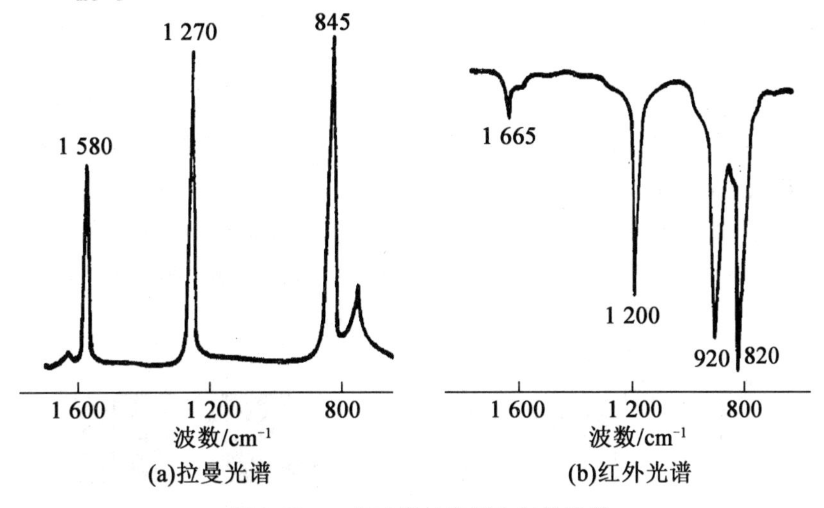

图 8.20 二氯乙烯的拉曼和红外光谱

与红外光谱相比,拉曼光谱具有下述优点:

①拉曼光谱是一个散射过程,因而任何尺寸、形状、透明度的样品,只要能被激光照射到,就可直接用来测量。由于激光束的直径较小,且可进一步聚焦,因而极微量样品都可测量。

②水是极性很强的分子,因而其红外吸收非常强烈。但水的拉曼散射极微弱,因而水溶液样品可直接进行测量,这对生物大分子的研究非常有利。此外,玻璃的拉曼散射也较弱,因而玻璃可作为理想的窗口材料,如液体或粉末固体样品可置于玻璃毛细管中测量。

③对于聚合物及其他分子,拉曼散射的选择定则的限制较小,因而可得到更为丰富的谱带。一些在红外光谱中为弱吸收或强度变化的谱带,在拉曼光谱中可能为强谱带,从而有利于这些基团的检测,S—S、C—C、C ═ C、N ═ N 等红外较弱的官能团,在拉曼光谱中信号较为强烈。

④拉曼光谱低波数方向的测定范围宽(25 cm^{-1}),有利于提供重原子的振动信息,比红外光谱有更好的分辨率。

8.3.2 激光拉曼光谱仪与实验技术

激光拉曼光谱仪的基本组成有激光光源、样品室、单色器、检测记录系统和计算机。

(1)激光光源。

激光是原子或分子受激辐射产生的。激光和普通光源相比,具有以下几个突出的优点:

①具有极好的单色性。激光是一种单色光,如氦氖激光器发出的632.8 nm的红色光,频率宽度只有9×10^{-2} Hz。

②具有极好的方向性。激光几乎是一束平行光,是非常强的光源。由于激光的方向性好,所以能量能集中在一个很窄的范围内,即激光在单位面积上的强度远远大于普通光源。

激光拉曼光谱仪(图8.21)中最常用的是He-Ne气体激光器。受激辐射时发生于Ne原子的两个能态之间,He原子的作用是使Ne原子处于最低激发态的粒子数与基态粒子数发生反转,这是粒子发生受激辐射,发出激光的基本条件。He-Ne激光器是激光拉曼光谱仪中较好的光源,比较稳定,其输出激光波长为632.8 nm,功率在100 mW以下。Ar^+激光器是拉曼光谱仪中另一个常用的光源,波长为514.5 nm和488.0 nm。

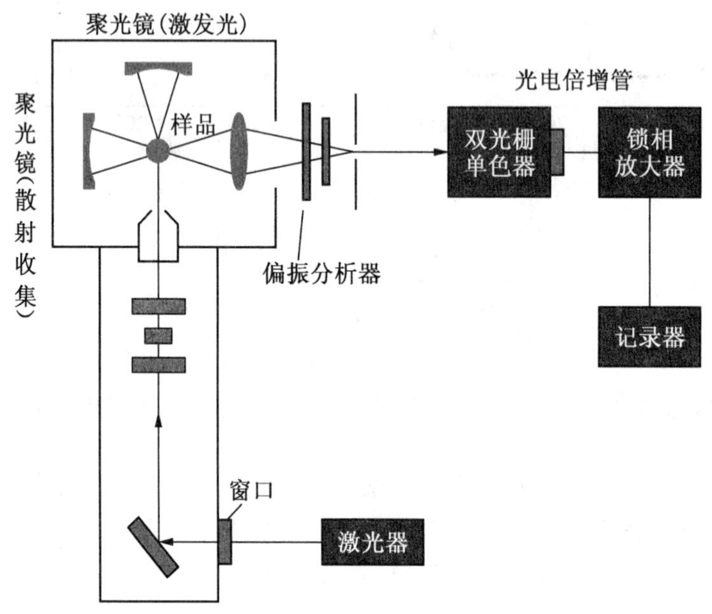

图8.21 激光拉曼光谱仪

(2)制样技术及放置方式。

拉曼实验用的样品主要是溶液(以水溶液为主)和固体(包括纤维)。

为了使实验获得十分高的照度和有效地收集从小体积发出的拉曼辐射,多采用一个90°(较通常)或180°的试样光学系统,从试样收集到的发射光进入单色仪的入射狭缝。

为了提高散射强度,样品的放置方式非常重要。气体的样品可采用内腔方式,即把样品放在激光器的共振腔内。液体和固体样品是放在激光器的外面,如图8.22所示。

在一般情况下,气体样品采用多路反射气槽。液体样品可用毛细管、多重反射槽。粉末样品可装在玻璃管内,也可压片测量。

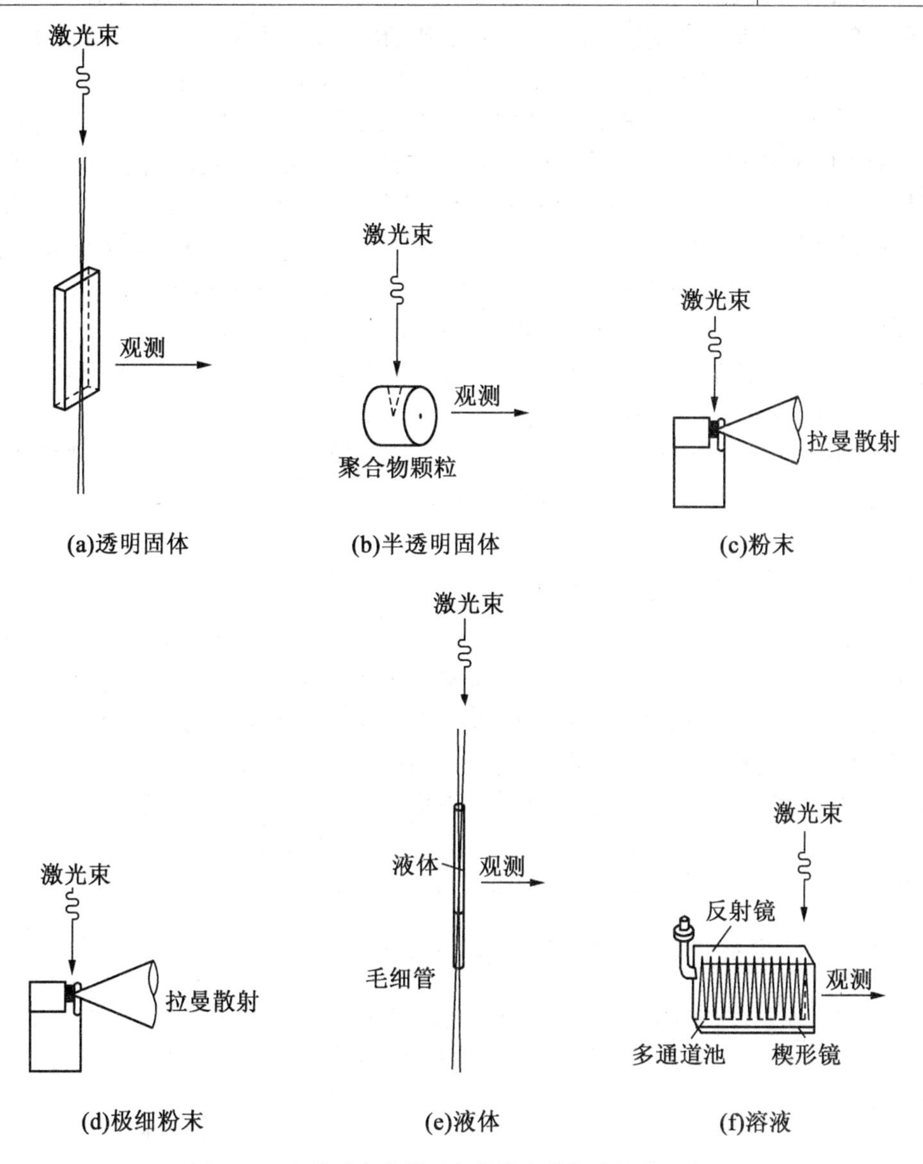

图 8.22 各种形态的样品在拉曼光谱仪中的放置方法

8.4 拉曼光谱的应用实例

8.4.1 拉曼光谱在高分子材料研究中的应用实例

1. 拉曼光谱的选择定则与高分子构象

由于拉曼与红外光谱具有互补性,因而二者结合使用能够得到更丰富的信息。这种互补的特点是由它们的选择定则决定的。凡具有对称中心的分子,它们的红外吸收光谱与拉曼散射光谱没有频率相同的谱带,这就是所谓的“互相排斥定则”。例如,聚乙烯具有对称中心,所以其红外光谱与拉曼光谱没有一条谱带的频率是一样的。

上述原理可以帮助推测聚合物的构象。例如,聚硫化乙烯(PES)的分子链的重复单元为($CH_2CH_2SCH_2CH_2$—S),假设 C—C 是反式构象,C—S 为旁式构象。倘若 PES 的这一结构模式是正确的,那么它就具有对称中心,从理论上可以预测 PES 的红外光谱及拉曼光谱中没有频率相同的谱带。例如,PES 采取像聚氧化乙烯(PEO)那样的螺旋结构,那么就不存在对称中心,它们的红外光谱及拉曼光谱中就有频率相同的谱带。实验测量结果发现,PEO 的红外及拉曼光谱有 20 条频率相同的谱带;而 PES 的两种光谱中仅有两条谱带的频率比较接近。因而,可以推论 PES 具有与 PEO 不同的构象:在 PEO 中,C—C 键是旁式构象,C—O 为反式构象;而在 PES 中,C—C 键是反式构象,C—S 为旁式构象。

分子结构模型的对称因素决定了选择原则。比较理论结果与实际测量的光谱,可以判别所提出的结构模型是否准确。这种方法在研究小分子的结构及大分子的构象方面起着很重要的作用。

2. 聚合物对金属表面的防蚀性能

在拉曼光谱分析技术中有一项称为表面增强拉曼散射(Surface Enhanced Raman Scattering, SERS)的技术,这项技术可以使与金属直接相连的分子层的散射信号增强 $10^5 \sim 10^6$ 倍,它使拉曼光谱技术成为表面化学、表面催化、各种涂层分析的重要手段。

氮杂环化合物在铜及其合金的防腐蚀方面有着广泛的用途。这是因为在共吸附氧的作用下,咪唑类化合物在 Cu 或 Ag 等表面形成了致密的抗腐蚀膜。由于 SERS 可以对靠近基底的单分子层进行高灵敏度的检测,因此可用来观测覆盖在聚合物膜下面的氧化物的生成过程。因而 SERS 可作为一种原位判断表面膜耐蚀性能的手段。

8.4.2 拉曼光谱在无机材料研究中的应用实例

对于无机体系,拉曼光谱比红外光谱要优越得多,因为在振动过程中,水的极化度变化很小,因此其拉曼散射很弱,干扰很小。此外,络合物中金属-配位体键的振动频率一般都在 $700 \sim 100\ cm^{-1}$,用红外光谱研究比较困难。然而这些键的振动常具有拉曼活性,且在上述范围内的拉曼谱带易于测定,因此适用于对络合物的组成、结构和稳定性等方面进行研究。

1. 金属丝网负载薄膜光催化剂研究

如图 8.23 所示,在 $145\ cm^{-1}$、$404\ cm^{-1}$、$516\ cm^{-1}$、$635\ cm^{-1}$ 处是锐钛矿的拉曼峰;在 $228\ cm^{-1}$、$294\ cm^{-1}$ 处是金红石的拉曼峰;在超过 400 ℃ 后,有金红石相出现。另外,应用拉曼光谱还可以进行薄膜晶粒尺寸的研究。体相锐钛矿的拉曼峰在 $142\ cm^{-1}$ 处,其位置会随着粒子粒径和孔径的大小发生变化。粒径的变小会使峰位置偏移,峰不对称加宽,峰强变弱,TiO_2 薄膜孔径变小,体现在 $142\ cm^{-1}$ 的峰位置变化明显,从位置 $142\ cm^{-1}$ 到 $145\ cm^{-1}$ 的变化,显示粒径的大小为 10 nm。

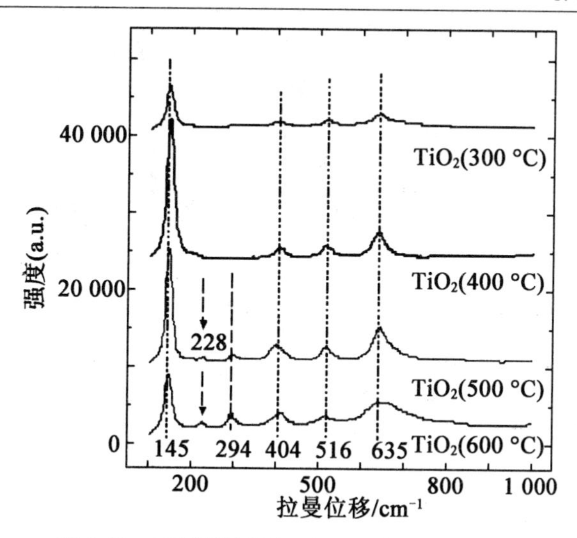

图 8.23 不同煅烧温度下 TiO_2 薄膜的晶体结构

2. 水泥熟料矿物的研究

在 20 世纪 70 年代初，Bensted 首先将拉曼光谱应用于水泥熟料矿物的研究中。Boyer 用 514.5 nm 的激发源对不同状态下的 C_3S、C_2S 和 C_3A、铁铝酸钙进行了研究，如图 8.24 所示。

C_2S 的斯托克斯线在 805 cm^{-1}、730 cm^{-1}处呈现较强的吸收带，在 1 100 ~ 1 200 cm^{-1} 和 1 500 ~ 1 600 cm^{-1}处呈现较弱的吸收。反斯托克斯线在 805 cm^{-1}处有较强的吸收，如果这个带确实是由拉曼变化引起的，则相应的反斯托克斯谱带将有一个相应的强峰约 3% 且会被检测到。在近红外区，C_3S 的拉曼谱图与 C_2S 的拉曼谱图有极大的差别，只在 570 cm^{-1}有一个极强的宽峰，在约 940 cm^{-1}处有个较弱的宽峰，没有相应的反斯托克斯带。

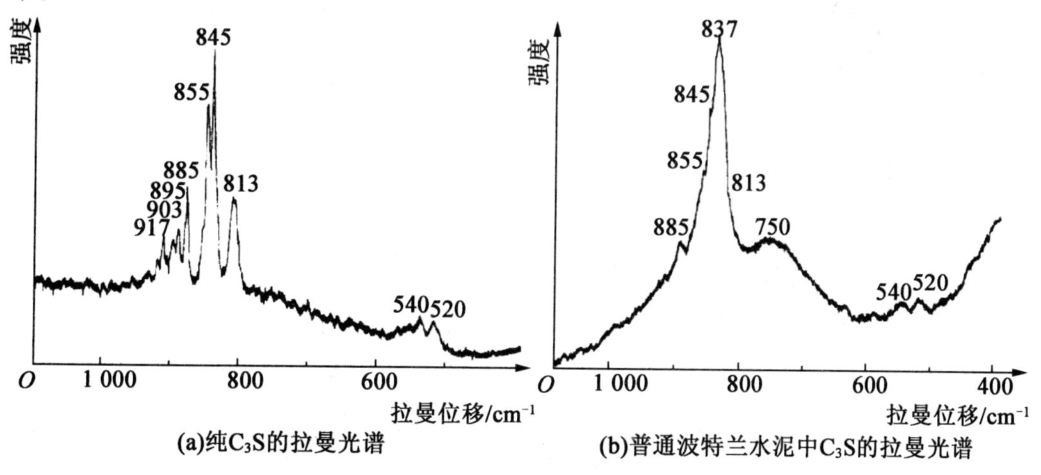

图 8.24 不同水泥矿物的拉曼光谱

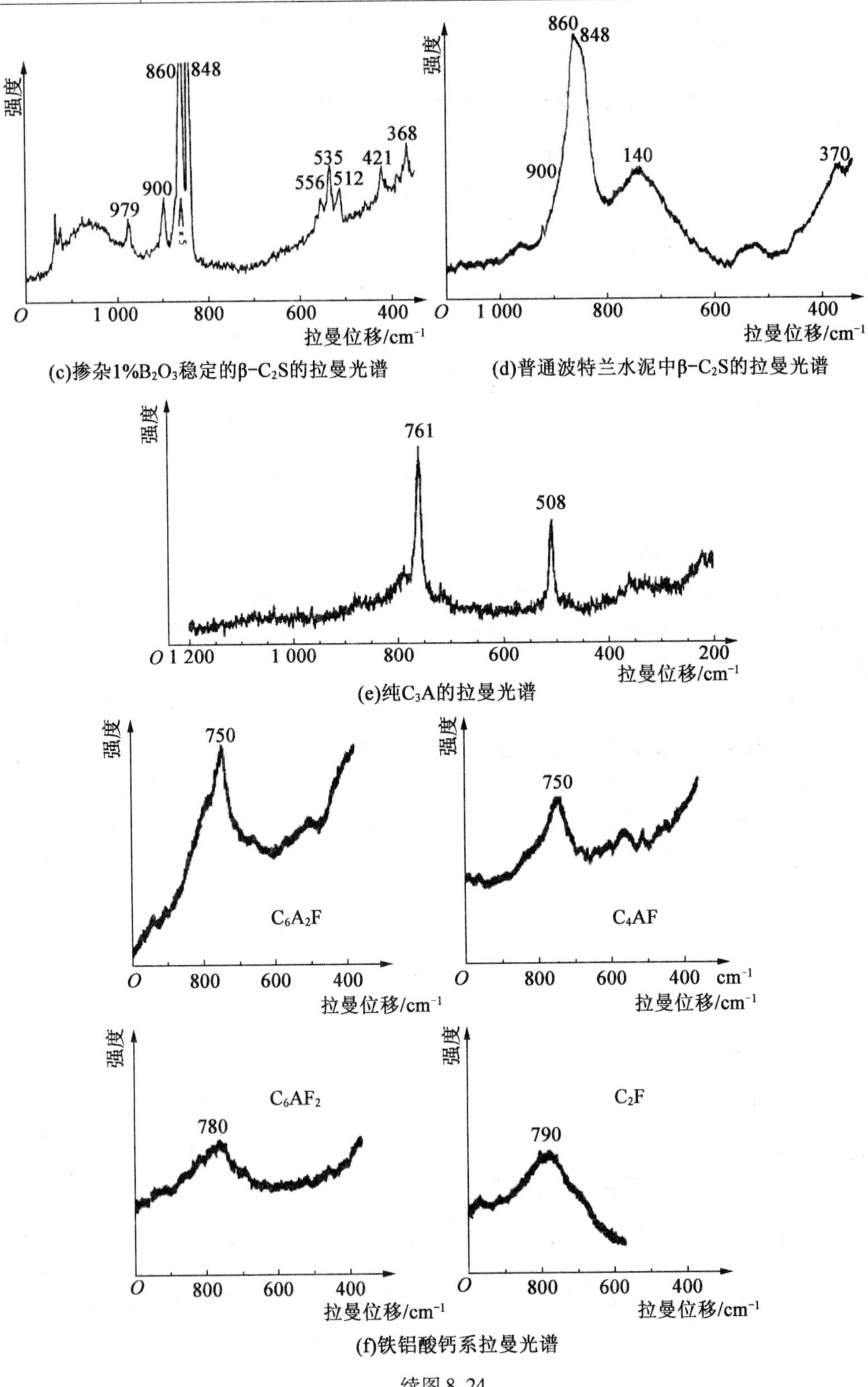

(c)掺杂1%B_2O_3稳定的β-C_2S的拉曼光谱

(d)普通波特兰水泥中β-C_2S的拉曼光谱

(e)纯C_3A的拉曼光谱

(f)铁铝酸钙系拉曼光谱

续图 8.24

3. 水泥净浆耐久性研究

图 8.25 为浸泡于 5 ℃质量分数为 10% 的 $MgSO_4$溶液中 360 d 后净浆试件的拉曼谱图。其中,低温下硫酸盐腐蚀产物碳硫硅钙石的拉曼谱图中主要特征峰值在 658 cm^{-1}、990 cm^{-1}和 1 076 cm^{-1}处,还有 3 个弱峰在 417 cm^{-1}、453 cm^{-1}、479 cm^{-1}处;钙矾石的拉曼谱图中两个主特征峰在 988 cm^{-1}和 1 083 cm^{-1}处与碳硫硅钙石的两个主峰相似,另外还有 3 个弱峰在 449 cm^{-1}、548 cm^{-1}、617 cm^{-1}处;方解石的特征峰在 1 086 cm^{-1}、713 cm^{-1}和 285 cm^{-1}处,石膏的最强峰在 1 006 cm^{-1}处,另外还有 5 个弱峰在1 137 cm^{-1}、417 cm^{-1}、496 cm^{-1}、621 cm^{-1}、673 cm^{-1}。

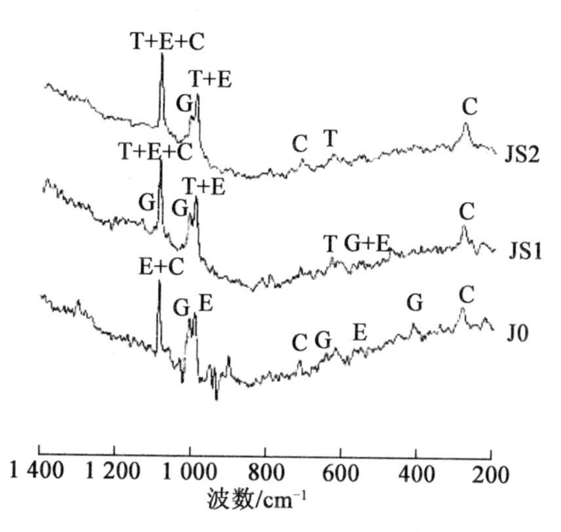

图 8.25 浸泡于 5 ℃质量分数为 10% 的 $MgSO_4$溶液中 360 d 后净浆试件的拉曼谱图

T—碳硫硅钙石;E—钙矾石;G—方解石;C—石膏

据此可知,J0(未掺石灰石粉)中的钙矾石、石膏和方解石的峰值比 JS1(掺 16% 石灰石粉)和 JS2(掺 30% 的石灰石粉)中峰值的明显。另外,JS2 谱图中 658 cm^{-1}处特征峰明显,表明侵蚀产物中存在一定的碳硫硅钙石,该水泥净浆试件已发生了碳硫硅钙石腐蚀。同时,结合外观观察,结果表明 JS1 和 JS2 试件发生碳硫硅钙石型侵蚀的可能性较大,JS1 和 JS2 试件中石膏和方解石含量的减少可能就是被生成的碳硫硅钙石消耗了,而 J0 试件发生传统硫酸盐侵蚀的特征比较明显。

8.5 X 射线光电子能谱

X 射线光电子能谱技术(XPS)是一种基于光电效应的电子能谱,利用 X 射线光量子激发出物质表面原子的内层电子,通过对这些电子进行能量分析而获得的一种能谱。XPS 是电子材料与元器件显微分析中的一种先进分析技术,而且是和俄歇电子能谱技术常常配合使用的分析技术。由于它可以比俄歇电子能谱技术更准确地测量原子的内层电子束缚能及其化学位移,所以它不但为化学研究提供分子结构和原子价态方面的信息，还能为电子材料研究提供各种化合物的元素组成和含量、化学状态、分子结构、化学键方面的信息。它在分析电子材料时，不但可提供总体方面的化学信息，还能给出表面、微小区域和深度分布方面的信息。另外，因为入射到样品表面的 X 射线束是一种光子束，所以对样品的破坏性非常小。这一点对分析有机材料和高分子材料非常有利。

8.5.1 光电子能谱基本原理

X 射线光电子能谱基于光电离作用，当一束光子辐照到样品表面时，光子可以被样品中某一元素的原子轨道上的电子所吸收，使得该电子脱离原子核的束缚，以一定的动能从原子内部发射出来，变成自由的光电子，而原子本身则变成一个激发态的离子。在光电离过程中，固体物质的结合能可以用下面的方程表示：

$$E_k = h\nu - E_b - \varphi_s \tag{8.8}$$

式中 E_k——出射的光电子的动能，eV；

$h\nu$——X 射线源光子的能量，eV；

E_b——特定原子轨道上的结合能，eV；

φ_s——谱仪的功函，eV。

XPS 的功函主要由谱仪材料和状态决定，对同一台谱仪基本是一个常数，与样品无关，其平均值为 3 ~4 eV。

在 XPS 分析中，由于采用的 X 射线激发源的能量较高，不仅可以激发出原子价轨道中的价电子，还可以激发出芯能级上的内层轨道电子，其出射光电子的能量仅与入射光子的能量及原子轨道结合能有关。因此，对于特定的单色激发源和特定的原子轨道，其光电子的能量是特征的。当固定激发源能量时，其光电子的能量仅与元素的种类和所电离激发的原子轨道有关。因此，可以根据光电子的结合能定性地分析物质的元素种类。

在普通的 XPS 谱仪中，一般采用的 Mg-K_α 和 Al-K_α 的 X 射线作为激发源，光子的能量足够促使除 H、He 以外的所有元素发生光电离作用，产生特征光电子。由此可见，XPS 技术是一种可以对所有元素进行一次全分析的方法，这对于未知物的定性分析是非常有效的。

经 X 射线辐照后，从样品表面出射的光电子的强度与样品中该原子的浓度有线性关系，可以利用它进行元素的半定量分析。但鉴于光电子的强度不仅与原子的浓度有关，还与光电子的平均自由程、样品的表面粗糙度、元素所处的化学状态、X 射线源强度及仪器的状态有关，因此 XPS 技术一般不能给出所分析元素的绝对含量，仅能提供各元素的相对含量。由于元素的灵敏度因子不仅与元素种类有关，还与元素在物质中的存在状态和仪器的状态有一定的关系，因此不经校准测得的相对含量也会存在较大误差。还须指出的是，XPS 是一种表面灵敏的分析方法，具有很高的表面检测灵敏度，可以达到 10^{-3} 原子单层，但对于体相检测灵敏度仅为 0.1% 左右。XPS 是一种表面灵敏的分析技术，其表面采样深度为 2.0 ~5.0 nm，它提供的仅是表面上的元素含量，与体相成分会有很大的差别。而它的采样深度与材料性质、光电子的能量有关，也与样品表面和分析仪器的角度有关。

虽然出射的光电子的结合能主要由元素的种类和激发轨道所决定，但由于原子外层电子的屏蔽效应,芯能级轨道上的电子的结合能在不同的化学环境中是不一样的,有一些微小的差异。这种结合能上的微小差异就是元素的化学位移,它取决于元素在样品中所处的化学环境。一般而言,元素获得额外电子时,化学价态为负,该元素的结合能降低。反之,当该元素失去电子时,化学价为正,XPS 的结合能增加。利用这种化学位移可以分析元素在该物种中的化学价态和存在形式。

8.5.2 XPS 特点

XPS 作为一种现代分析方法,具有如下特点:

(1)可以分析除 H 和 He 以外的所有元素,对所有元素的灵敏度具有相同的数量级。

(2)相邻元素的同种能级的谱线相隔较远,相互干扰较少,元素定性的标识性强。

(3)能够观测化学位移。化学位移与原子氧化态、原子电荷和官能团有关。化学位移信息是 XPS 用作结构分析和化学键研究的基础。

(4)可做定量分析。既可测定元素的相对浓度,又可测定相同元素的不同氧化态的相对浓度。

(5)XPS 是一种高灵敏超微量表面分析技术。样品分析的深度约 2 nm,信号来自表面几个原子层,样品量可少至 10^{-8} g,绝对灵敏度可达 10^{-18} g。

8.5.3 光电子能谱仪及实验技术

以 X 射线为激发源的光电子能谱仪主要由激发源、能量分析器和电子检测器三部分组成,如图 8.26 所示。

X 射线源是用 Al 或 Mg 等作阳极的 X 射线管,它们的光子能量分别是 1 486 eV 和 1 254 eV。装过滤器(或称单色器)是为了减小光子能量分散。

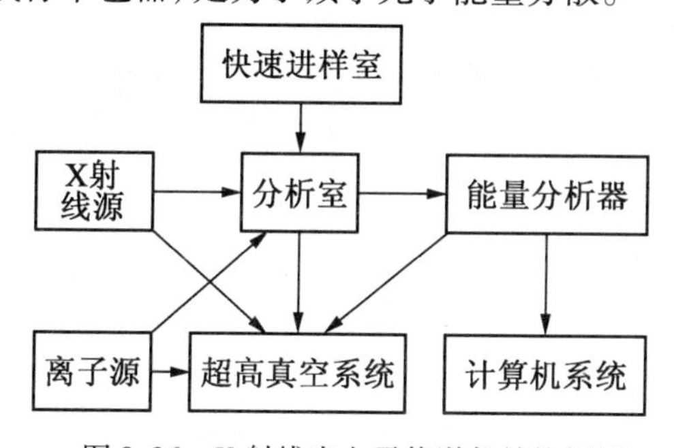

图 8.26 X 射线光电子能谱仪结构框图

离子枪的作用一方面是为了溅射清除样品表面污染,以便得到清洁表面,从而提高其分析的准确性。另一方面,可以对样品进行溅射剥离,以便分析不同深度下样品的成分。

样品室内的样品架安装有传动机构,不但可以做 x、y 和 z 3 个互相垂直方向的移动,还可沿某一坐标轴做一定角度的旋转,这样便于观察分析研究样品不同部位的情况。

电子能量分析器是 X 射线光电子能谱仪的关键组成部分。它的作用是测量电子能量分布和不同能量电子的相对强度。电子能量分析器和电子倍增器系统完全由微型电子计算机控制。

1. 样品要求

X射线能谱仪对分析的样品有特殊的要求，在通常情况下只能对固体样品进行分析。由于涉及样品在真空中的传递和放置，待分析的样品一般都需要经过一定的预处理。

(1)样品的大小。

由于在实验过程中样品必须通过传递杆，穿过超高真空隔离阀，送进样品分析室，因此样品的尺寸必须符合一定的大小规范，以利于真空进样。对于块状样品和薄膜样品，其长宽最好小于10 mm，高度小于5 mm。对于体积较大的样品，则必须通过适当方法制备成合适大小的样品。但在制备过程中，必须考虑处理过程可能对表面成分和状态的影响。

(2)粉体样品。

对于粉体样品有两种常用的制样方法。一种是用双面胶带直接把粉体固定在样品台上，另一种是把粉体样品压成薄片，再固定在样品台上。前者的优点是制样方便，样品用量少，预抽到高真空的时间较短，缺点是可能会引进胶带的成分。后者的优点是可以在真空中对样品进行处理，如加热、表面反应等，其信号强度也要比胶带法高得多。缺点是样品用量太大，抽到超高真空的时间太长。在普通的实验过程中，一般采用胶带法制样。

(3)含有挥发性物质的样品。

对于含有挥发性物质的样品，在样品进入真空系统前必须清除掉挥发性物质。一般可以采用对样品加热或用溶剂清洗等方法。

(4)表面有污染的样品。

对于表面有油等有机物污染的样品，在进入真空系统前必须用油溶性溶剂(如环己烷、丙酮等)清洗掉样品表面的油污。最后用乙醇清洗掉有机溶剂，为了保证样品表面不被氧化，一般采用自然干燥。

(5)带有微弱磁性的样品。

由于光电子带有负电荷，在微弱的磁场作用下，也可以发生偏转。当样品具有磁性时，由样品表面出射的光电子就会在磁场的作用下偏离接收角，最后不能到达分析器，因此，得不到正确的XPS谱。此外，当样品的磁性很强时，还有可能使分析器头及样品架磁化的危险，因此，绝对禁止带有磁性的样品进入分析室。一般对于具有弱磁性的样品，可以通过退磁的方法去掉样品的微弱磁性，然后就可以像正常样品一样分析。

2. 离子束溅射制备样品

在X射线光电子能谱分析中，为了清洁被污染的固体表面，常常利用离子枪发出的离子束对样品表面进行溅射剥离，清洁表面。然而，离子束更重要的应用则是样品表面组分的深度分析。利用离子束可定量地剥离一定厚度的表面层，然后再用XPS分析表面成分，这样就可以获得元素成分沿深度方向的分布图。作为深度分析的离子枪，一般采用0.5 ~5 keV的Ar离子源。扫描离子束的束斑直径一般在1 ~10 mm，溅射速率范围为

0.1 ~ 50 nm/min。为了提高深度分辨率，一般应采用间断溅射的方式。为了减少离子束的坑边效应，应增加离子束的直径。为了降低离子束的择优溅射效应及基底效应，应提高溅射速率和降低每次溅射的时间。在XPS分析中，离子束的溅射还原作用可以改变元素的存在状态，许多氧化物可以被还原成较低价态的氧化物，如Ti、Mo、Ta等。在研究溅射过的样品表面元素的化学价态时，应注意这种溅射还原效应的影响。此外，离子束的溅射速率不仅与离子束的能量和束流密度有关，还与溅射材料的性质有关。一般的深度分析所给出的深度值均是相对于某种标准物质的相对溅射速率。

3. 样品荷电的校准

对于绝缘体样品或导电性能不好的样品，经X射线辐照后，其表面会产生一定的电荷积累，主要是正电荷。样品表面荷电相当于给从表面出射的自由的光电子增加了一定的额外电压，使测得的结合能比正常的结合能高。样品荷电问题非常复杂，一般难以用某一种方法彻底消除。在实际的XPS分析中，一般采用内标法进行校准。最常用的方法是用真空系统中最常见的有机污染物碳（C1s的结合能为284.6 eV）进行校准。

4. XPS的采样深度

X射线光电子能谱的采样深度与光电子的能量和材料的性质有关。一般定义X射线光电子能谱的采样深度为光电子平均自由程的3倍。根据平均自由程的数据可以大致估计各种材料的采样深度，一般对于金属样品为0.5 ~ 2 nm，对于无机化合物为1 ~ 3 nm，而对于有机物则为3 ~ 10 nm。

8.5.4 XPS谱图分析技术

1. 化学成分分析

（1）元素的定性分析。

可以根据能谱图中出现的特征谱线的位置鉴定除H、He以外的所有元素。这是一种常规分析方法，一般利用XPS谱仪的宽扫描程序。为了提高定性分析的灵敏度，一般应加大分析器的通能（pass energy），提高信噪比。图8.27是典型的XPS定性分析图。通常XPS谱图的横坐标为结合能，纵坐标为光电子的计数率。在分析谱图时，首先必须考虑的是消除荷电位移。对于金属和半导体样品由于不会荷电，因此不用校准。但对于绝缘样品，则必须进行校准。因为，当荷电较大时，会导致结合能位置有较大的偏移，造成错误判断。使用计算机自动标峰时，同样会产生这种情况。一般来说，只要该元素存在，其所有的强峰都应存在，否则应考虑是否为其他元素的干扰峰。激发出来的光电子依据激发轨道的名称进行标记，如从C原子的1s轨道激发出来的光电子用C1s标记。由于X射线激发源的光子能量较高，可以同时激发出多个原子轨道的光电子，因此在XPS谱图上会出现多组谱峰。大部分元素都可以激发出多组光电子峰，可以利用这些峰排除能量相近峰的干扰，以利于元素的定性标定。由于相近原子序数的元素激发出的光电子的结合能有较大的差异，因此相邻元素间的干扰作用很小。

由于光电子激发过程的复杂性，在XPS谱图上不仅存在各原子轨道的光电子峰，还存在部分轨道的自旋裂分峰，$K_{\alpha2}$产生的卫星峰、携上峰及X射线激发的俄歇峰等伴峰，在定性分析时必须予以注意。现在，定性标记的工作可由计算机进行，但经常会发生标记错误，应加以注意。对于不导电样品，由于荷电效应，经常会使结合能发生变化，导致定性分析得出不正确的结果。

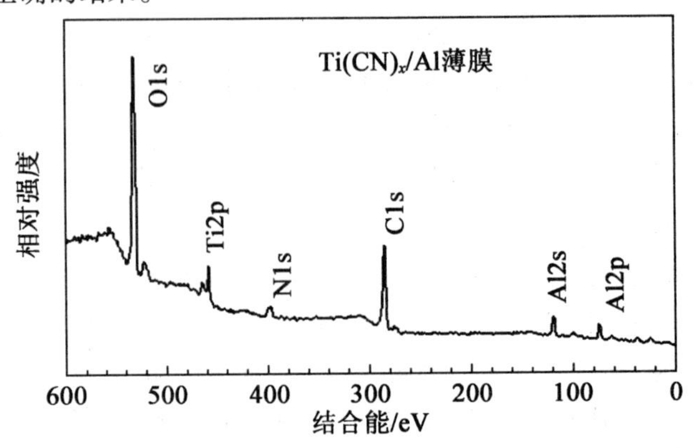

图 8.27 高纯 Al 基片上沉积的 Ti(CN)$_x$ 薄膜的 XPS 谱图(激发源为 Mg-K$_\alpha$)

从图 8.27 可见，在薄膜表面主要有 Ti、N、C、O 和 Al 元素存在。Ti、N 的信号较弱，而 O 的信号很强。这个结果表明形成的薄膜主要是氧化物，O 的存在会影响 Ti(CN)$_x$ 薄膜的形成。

(2)元素的定量分析。

首先应当明确的是，XPS 并不是一种很好的定量分析方法。它给出的仅是一种半定量的分析结果，即相对含量而不是绝对含量。由 XPS 提供的定量数据是以原子数分数表示的，而不是平常所使用的质量分数。这种比例关系可以通过下列公式进行换算：

$$c_i^{wt} = \frac{c_i \times A_i}{\sum_{i=1}^{i=n} c_i \times A_i} \tag{8.9}$$

式中 c_i^{wt}——第 i 种元素的质量浓度；

c_i——第 i 种元素的 XPS 物质的量分数；

A_i——第 i 种元素的相对原子质量。

在定量分析中必须注意的是，XPS 给出的相对含量也与谱仪的状况有关。因为不仅各元素的灵敏度因子是不同的，XPS 谱仪对不同能量的光电子的传输效率也是不同的，并随着谱仪受污染程度而改变。XPS 仅提供表面 3~5 nm 厚的表面信息，其组成不能反映体相成分。样品表面的 C、O 污染以及吸附物的存在也会大大影响其定量分析的可靠性。

2. 固体表面相的研究

表面元素化学价态分析是 XPS 最重要的一种分析功能，也是 XPS 谱图解析最难、最容易发生错误的部分。在进行元素化学价态分析前，首先必须对结合能进行正确的校准。因为结合能随化学环境的变化较小，而当荷电校准误差较大时，很容易标错元素的化学价态。此外，有一些化合物的标准数据依据不同的操作者和仪器状态存在很大的差异，在这种情况下这些标准数据仅能作为参考，最好是自己制备标准样，这样才能获得正确的结果。有一些化合物的元素不存在标准数据,要判断其价态,必须用自制的标样进行对比。还有一些元素的化学位移很小,用 XPS 的结合能不能有效地进行化学价态分析,在这种情况下,可以从线形及伴峰结构进行分析,同样也可以获得化学价态的信息。

从图 8.28 可以看出,在锆钛酸铅($Pb(Zr_{1-x}Ti_x)O_3$)(PZT)薄膜表面,C1s 的结合能为 285.0 eV和 281.5 eV,分别对应于有机碳和金属碳化物。有机碳是主要成分,可能是由表面污染所产生的。随着溅射深度的增加,有机碳的信号减弱,而金属碳化物的峰增强。这个结果说明在 PZT 薄膜内部的碳主要以金属碳化物的形式存在。

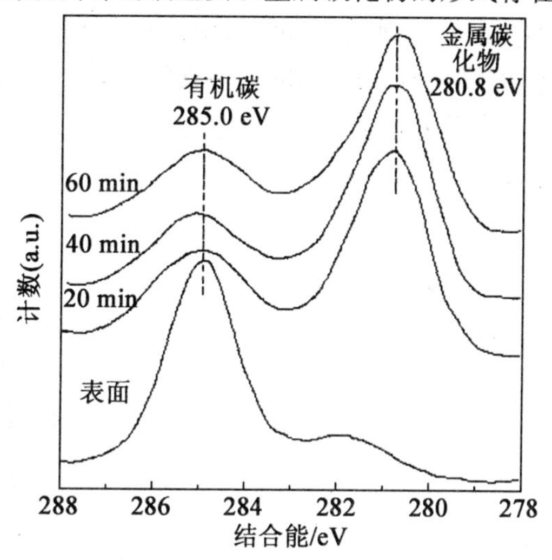

图 8.28 PZT 薄膜中碳的化学价态谱

3. 元素沿深度方向的分布分析

XPS 可以通过多种方法实现元素沿深度方向分布的分析,这里介绍最常用的两种方法,它们分别是 Ar 离子剥离深度分析和变角 XPS 深度分析。

(1) Ar 离子剥离深度分析。

Ar 离子剥离深度分析方法是一种使用最广泛的深度剖析的方法,是一种破坏性分析方法,会引起样品表面晶格的损伤、择优溅射和表面原子混合等现象。其优点是可以分析表面层较厚的体系,深度分析的速度较快。其分析原理是先把表面一定厚度的元素溅射掉,然后再用 XPS 分析剥离后的表面元素含量,这样就可以获得元素沿样品深度方向的分布。由于普通的 X 光枪的束斑面积较大,离子束的束斑面积也相应较大,因此,其剥离速度很慢,深度分辨率也不是很好,其深度分析功能一般很少使用。此外,由于离子束剥离作用时间较长,样品元素的离子束溅射还原会相当严重。为了避免离子束的溅射坑效应,离子束的面积应比 X 光枪束斑面积大 4 倍以上。对于新一代的 XPS 谱仪,由于采用了小束斑 X 光源(微米量级),XPS 深度分析变得较为现实和常用。

(2) 变角 XPS 深度分析。

变角 XPS 深度分析是一种非破坏性的深度分析技术,但只能适用于表面层非常薄(1 ~5 nm)的体系。其原理是利用 XPS 的采样深度与样品表面出射的光电子的接收角的正弦关系,获得元素浓度与深度的关系。图 8.29 是变角 XPS 深度分析的示意图。图

中 α 为掠射角，定义为进入分析器方向的电子与样品表面间的夹角。取样深度(d)与掠射角(α)的关系如下：$d=3\lambda\sin\alpha$。当 α 为90°时，XPS 的采样深度最深，减小 α 可以获得更多的表面层信息；当 α 为5°时，可以使表面灵敏度提高10倍。在运用变角深度分析技术时，必须注意以下因素的影响：①单晶表面的点阵衍射效应；②表面粗糙度的影响；③表面层厚度应小于10 nm。

图8.30是 Si_3N_4 样品表面 SiO_2 污染层的变角 XPS 分析。从图8.30可见，在掠射角为5°时，XPS 的采样深度较浅，主要收集的是最表面的成分。由此可见，在 Si_3N_4 样品表面的硅主要以 SiO_2 物种存在；在掠射角为90°时，XPS 的采样深度较深，主要收集的是次表面的成分。此时，Si_3N_4 的峰较强，是样品的主要成分。从变角 XPS 分析的结果可以认为表面的 Si_3N_4 样品已被自然氧化成 SiO_2。

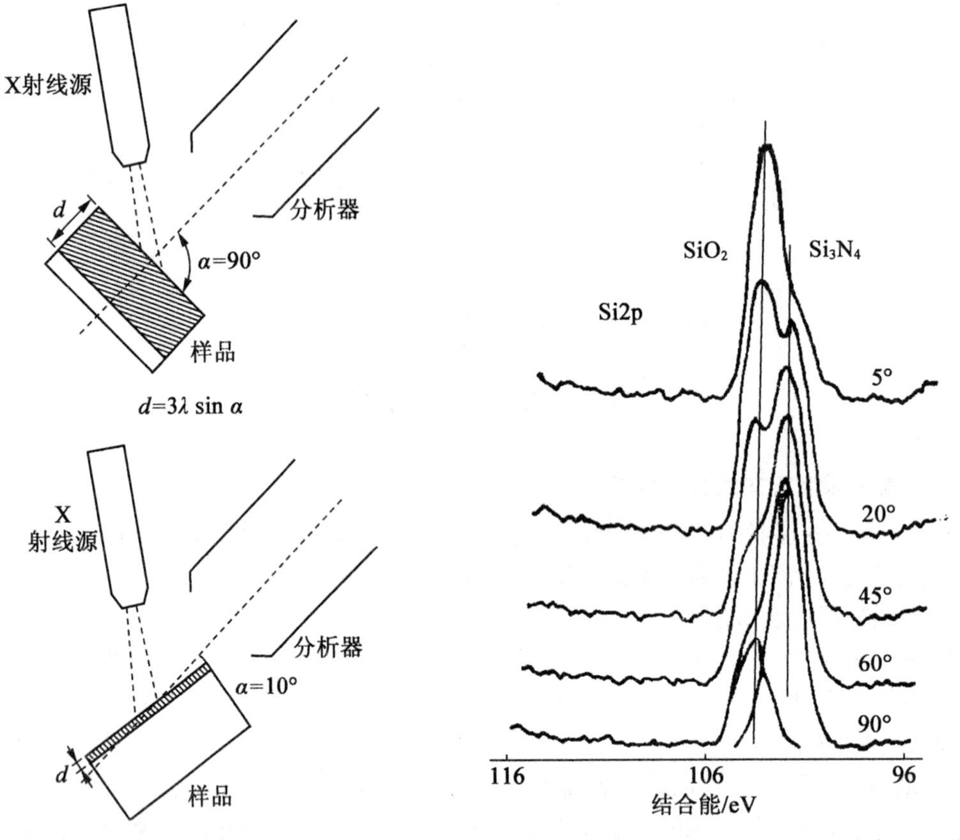

图8.29 变角 XPS 深度分析的示意图　　图8.30 Si_3N_4 样品表面 SiO_2 污染层的变角 XPS 分析

4. XPS 伴峰分析技术

在 XPS 谱中最常见的伴峰包括携上峰、X 射线激发俄歇峰以及 XPS 价带峰。这些伴峰一般不太常用，但在不少体系中可以用来鉴定化学价态，研究成键形式和电子结构，是 XPS 常规分析的一种重要补充。

(1)XPS 的携上峰分析。

在光电离后,内层电子的发射引起价电子从已占有轨道向较高的未占轨道跃迁,这个跃迁过程称为携上过程。在 XPS 主峰的高结合能端出现的能量损失峰即为携上峰。携上峰是一种比较普遍的现象,特别是对于共轭体系会产生较多的携上峰。在有机体系中,携上峰一般由 π-π^* 跃迁所产生,也即由价电子从最高占有轨道(HOMO)向最低未占轨道(LUMO)的跃迁所产生。某些过渡金属和稀土金属,由于在 3d 轨道或 4f 轨道上有未成对电子,也常常表现出很强的携上效应。

图 8.31 是几种碳纳米材料的 C1s 峰和携上峰谱图。从图中可见,C1s 的结合能在不同的碳物种中有一定的差别。在石墨和碳纳米管材料中,其结合能均为 284.6 eV;而在 C_{60}材料中,其结合能为 284.75 eV。由于 C1s 峰的结合能变化很小,难以从 C1s 峰的结合能来鉴别这些纳米碳材料。其携上峰的结构有很大的差别,因此也可以从 C1s 的携上伴峰的特征结构进行物种鉴别。在石墨中,由于 C 原子以 sp^2 杂化存在,并在平面方向形成共轭 π 键。这些共轭 π 键的存在可以在 C1s 峰的高能端产生携上伴峰。这个峰是石墨的共轭 π 键的指纹特征峰,可以用来鉴别石墨碳。从图中还可见,碳纳米管材料的携上峰基本和石墨的一致,这说明碳纳米管材料具有与石墨相近的电子结构,这与碳纳米管的研究结果是一致的。在碳纳米管中,C 原子主要以 sp^2 杂化并形成圆柱形层状结构。C_{60}材料的携上峰的结构与石墨和碳纳米管材料的有很大区别,可分解为 5 个峰,这些峰是由 C_{60}的分子结构决定的。在 C_{60}分子中,不仅存在共轭 π 键,并还存在 π 键。因此,在携上峰中还包含了 π 键的信息。综上所述,不仅可以用 C1s 的结合能表征 C 的存在状态,也可以用它的携上指纹峰研究其化学状态。

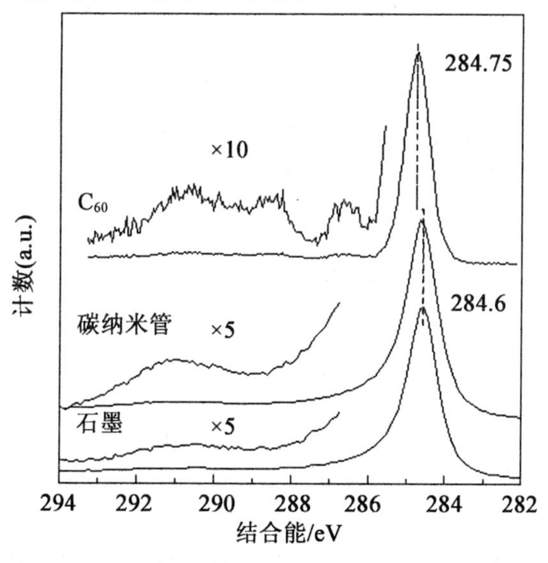

图 8.31 几种碳纳米材料的 C1s 峰和携上峰谱图

(2)X 射线激发俄歇电子能谱(XAES)分析。

在 X 射线电离后的激发态离子是不稳定的,可以通过多种途径产生退激发。其中一种最常见的退激发过程就是产生俄歇电子跃迁的过程,因此 X 射线激发俄歇谱是光电子谱的必然伴峰。其原理与电子束激发的俄歇谱相同,仅是激发源不同。与电子束激发俄歇谱相比,XAES 具有能量分辨率高、信背比高、样品破坏性小及定量精度高等优点。同XPS 一样,XAES 的俄歇动能也与元素所处的化学环境有密切关系。同样可以通过俄歇化学位移来研究其化学价态。由于俄歇过程涉及三电子过程,其化学位移往往比 XPS 的化学位移要大得多。这对于元素的化学状态鉴别非常有效。对于有些元素,XPS 的化学位移非常小,不能用来研究化学状态的变化。不仅可以用俄歇化学位移来研究元素的化学状态,其线形也可以用来进行化学状态的鉴别。

如图 8.32 所示,俄歇动能不同,其线形有较大的差别。天然金刚石的 C KLL 俄歇动能是 263.4 eV,石墨的 C KLL 是 267.0 eV,碳纳米管的 C KLL 是 268.5 eV,而 C_{60}的 C KLL 则为 266.8 eV。这些俄歇动能与 C 原子在这些材料中的电子结构和杂化成键有关。天然金刚石是以 sp^3 杂化成键的,石墨则是以 sp^2 杂化轨道形成离域的平面 π 键,碳纳米管主要也是以 sp^2 杂化轨道形成离域的圆柱形 π 键,而在 C_{60}分子中,主要以 sp^2 杂化轨道形成离域的球形 π 键,并有 σ 键存在。因此,在金刚石的 C KLL 谱上存在 240.0 eV 和246.0 eV 的两个伴峰,这两个伴峰是金刚石 sp^3 杂化轨道的特征峰。在石墨、碳纳米管及 C_{60}的 C KLL 谱上仅有一个伴峰,动能为 242.2 eV,这是 sp^2 杂化轨道的特征峰。因此,可以用这种伴峰结构判断碳材料中的成键情况。

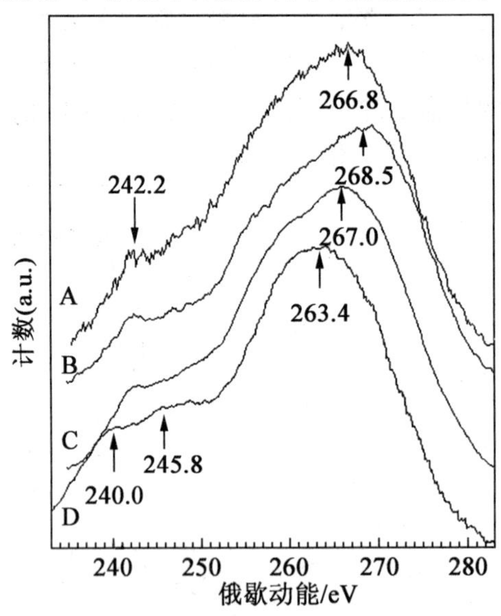

图 8.32 几种纳米碳材料的 XAES 谱

A—C_{60};B—碳纳米管;C—石墨;D—金刚石

(3)XPS 价带谱分析。

XPS 价带谱反映了固体价带结构的信息,由于 XPS 价带谱与固体的能带结构有关,因此可以提供固体材料的电子结构信息。由于 XPS 价带谱不能直接反映能带结构,还必须经过复杂的理论处理和计算,因此在 XPS 价带谱的研究中,一般采用 XPS 价带谱结构的比较进行研究,而理论分析相应较少。

图 8.33 是几种纳米碳材料的 XPS 价带谱。从图 8.33 可见,在石墨、碳纳米管和 C_{60}

分子的价带谱上都有 3 个基本峰。这 3 个峰均是由共轭 π 键所产生的。在 C_{60} 分子中，由于 π 键的共轭度较小，其 3 个分裂峰的强度较强。而在碳纳米管和石墨中由于共轭度较大，特征结构不明显。从图上还可见，在 C_{60} 分子的价带谱上还存在其他 3 个分裂峰，这些是由 C_{60} 分子中的 σ 键所形成的。由此可见，从价带谱上也可以获得材料电子结构的信息。

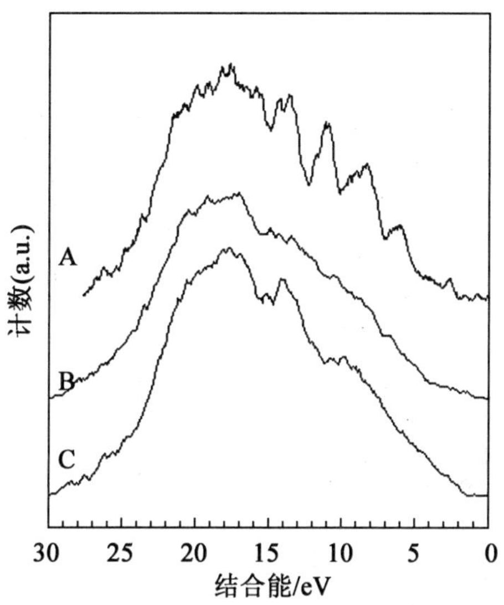

图 8.33 几种纳米碳材料的 XPS 价带谱

A—C_{60}；B—碳纳米管；C—石墨

8.5.5 XPS 在无机材料研究中的应用

1. 水泥熟料硅酸钙表面水化的 XPS 分析

由于熟料中的硅酸盐遇水后的水化过程发生在固-液界面，用光电子能谱研究表面的水化产物的组成，不仅可以了解它的成分变化，也为硅酸钙的初期水化反应机理提供了有价值的信息。图 8.34 为 C_3S 未水化表面的 XPS 图，有 Si2p、Ca2p 和 O1s 电子结合能峰。

图 8.35 是 C_3S 水化不同时间后的 O1s 峰的变化，水化前经清洗的 C_3S 的 O1s 在 (523.9±0.2) eV 处峰形对称，峰宽 2.7 eV。如未经离子溅射清洗则峰形不对称，峰宽大约为 3.2 eV。水化 1 min 后，峰增宽，出现小峰，并且向高结合能方向移动。水化 10 min，峰形对称，峰宽 3.5 eV，结合能位移至 (523.9±0.2) eV。这种变化说明 C_3S 在水化最初几秒已形成了一定的表面反应。同时 O 原子可能存在的状态不止一种，存在结合能较高的 O1s，所以从 O1s 向高能的位移和峰增宽表明了 C_3S 开始水化。另外，水化 10 min 后表面生成物的厚度至少与 XPS 的探针深度(2 nm)相近，因为继续水化，O1s 峰不再变化了。

2. 外加剂吸附性研究

郑大锋等通过 XPS 谱图和 XPS 信息深度的计算方法测定了木质素磺酸盐减水剂

(LS)、改性木质素磺酸盐减水剂(GCL1-T)、萘系减水剂(FDN)和氨基磺酸盐减水剂(ASP)等在水泥颗粒表面和在粉煤灰表面的吸附层厚度。

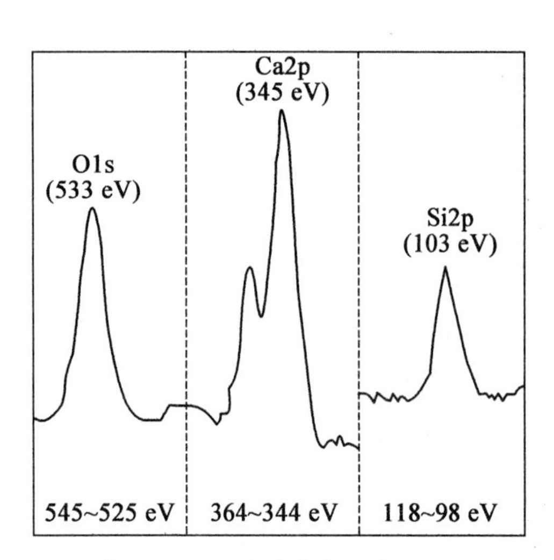

图 8.34 C_3S 未水化表面的 XPS 图

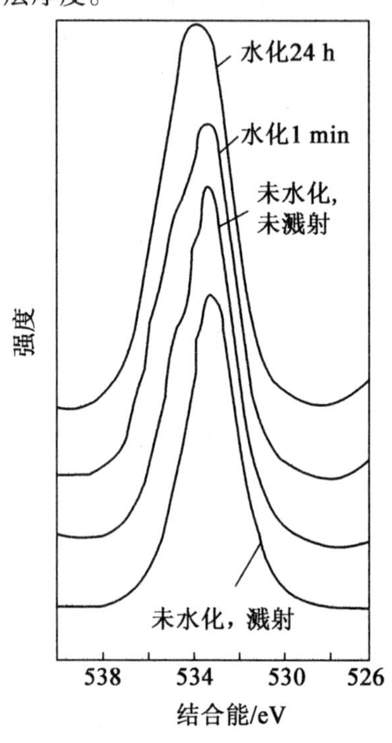

图 8.35 C_3S 水化不同时间后的 O1s 峰的变化

由图 8.36 可知,LS 在水泥颗粒表面吸附后,C 峰明显增强,而 O、Ca 峰减弱。这是由于 LS 分子由大量苯丙烷单元组成,被吸附后,将导致水泥表面 C 元素含量升高,O、Ca 元素含量降低。在空白水泥的 XPS 谱图中,101.6 eV 处出现 Si 峰,说明其表面存在 Si 原子。吸附 LS 后,Si 峰仍然存在,但强度很弱,这是由于 LS 本身不含有 Si 原子,此处的 Si 峰仅是吸附层下的 Si 原子被激发的结果。水泥颗粒表面被其他减水剂吸附后,XPS 谱图也有类似情况。

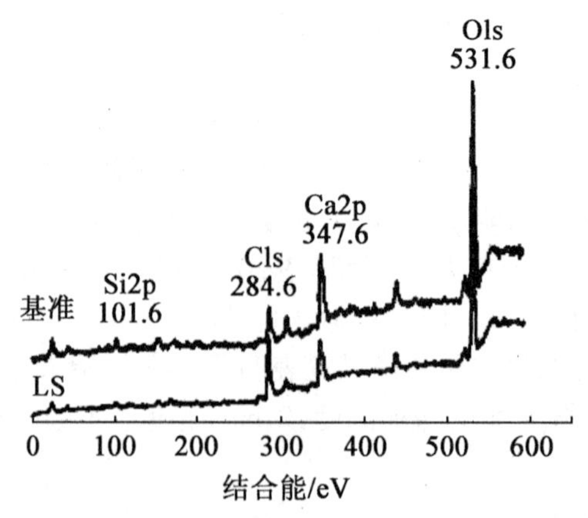

图 8.36 LS 吸附前后水泥颗粒表面的 XPS 元素全扫描谱图

由于 Si 元素只在胶凝颗粒中存在,通过测定 Si2p 光电子经过减水剂吸附层后强度的衰减程度,计算该吸附层厚度。

由图 8.37 可知,Si2p 光电子通过减水剂吸附层后,强度均有不同程度的降低。通过对吸附前后的峰面积进行积分,并且利用公式可计算出各减水剂在胶凝颗粒表面的吸附层厚度。与在水泥表面的吸附相比,减水剂在粉煤灰颗粒表面的吸附层厚度较小,这是由于粉煤灰对减水剂的吸附能力比水泥对减水剂的吸附能力弱。

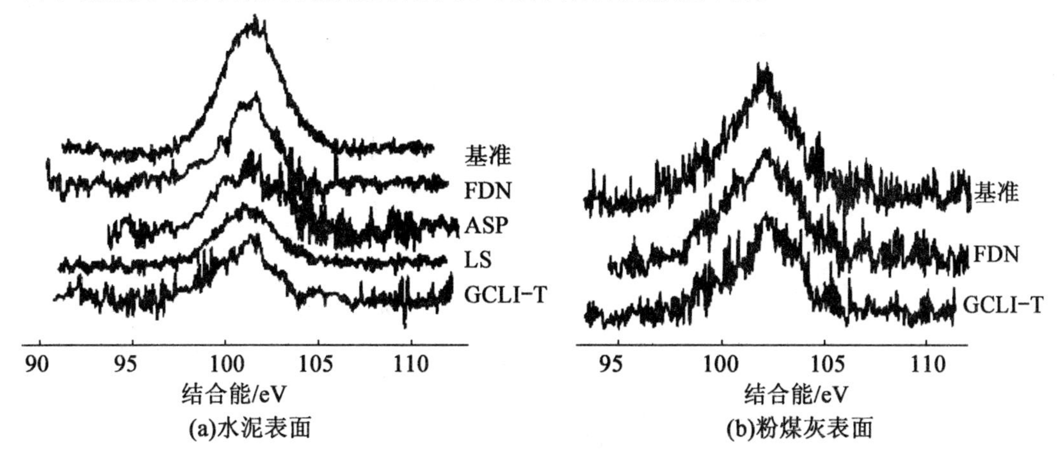

图 8.37 减水剂吸附后胶凝颗粒表面 Si2p 的 XPS 谱图

3. 钢筋钝化膜不同厚度组成分析

在混凝土模拟孔溶液中钢表面生成的钝化膜一般具有双层结构,然而钝化膜的组成成分以及各种铁氧化物大约的比例却仍然存在争议。金祖权课题组通过 XPS 对钢筋样品表面所形成钝化膜的表层和深层组成进行了详细研究、探索,这对更进一步理解钝化膜的生成过程具有十分重要的意义。图 8.38 为钢筋钝化膜在不同深度下的 XPS 谱图。从图中可以看出各元素所处的化学状态,Fe 主要以 Fe 单质、Fe^{2+}($FeO/Fe(OH)_2$)和 Fe^{3+}($Fe_2O_3/FeOOH$)三种价态的形式存在,Fe 峰对应 707 eV,Fe^{2+}峰对应 708.6~709.6 eV,Fe^{3+}峰对应 710.5~711.5eV。从图中可以看出,随着溅射深度增加,钢筋 Fe 单质的峰宽逐渐减小,Fe 单质含量越来越高,而 Fe 的氧化物的含量不断减小。Fe 单质的存在是由于 XPS 测试深度仅为纳米层表面成分信息,因此金属态 Fe 信息来源于钝化膜孔洞处暴露出的钢筋基体,随着溅射深度的不断增加,钝化膜厚度逐渐变薄,钢筋基体暴露面积逐渐增大,直到钝化膜消失,钢筋基体完全暴露。因此,可以通过金属态 Fe 含量变化趋势判断钢筋表面钝化膜厚度。从图中可以很清楚地看到,随着溅射深度的增加,钢筋钝化膜的 Fe 元素含量逐渐增加,O 元素含量先减小后趋于稳定。

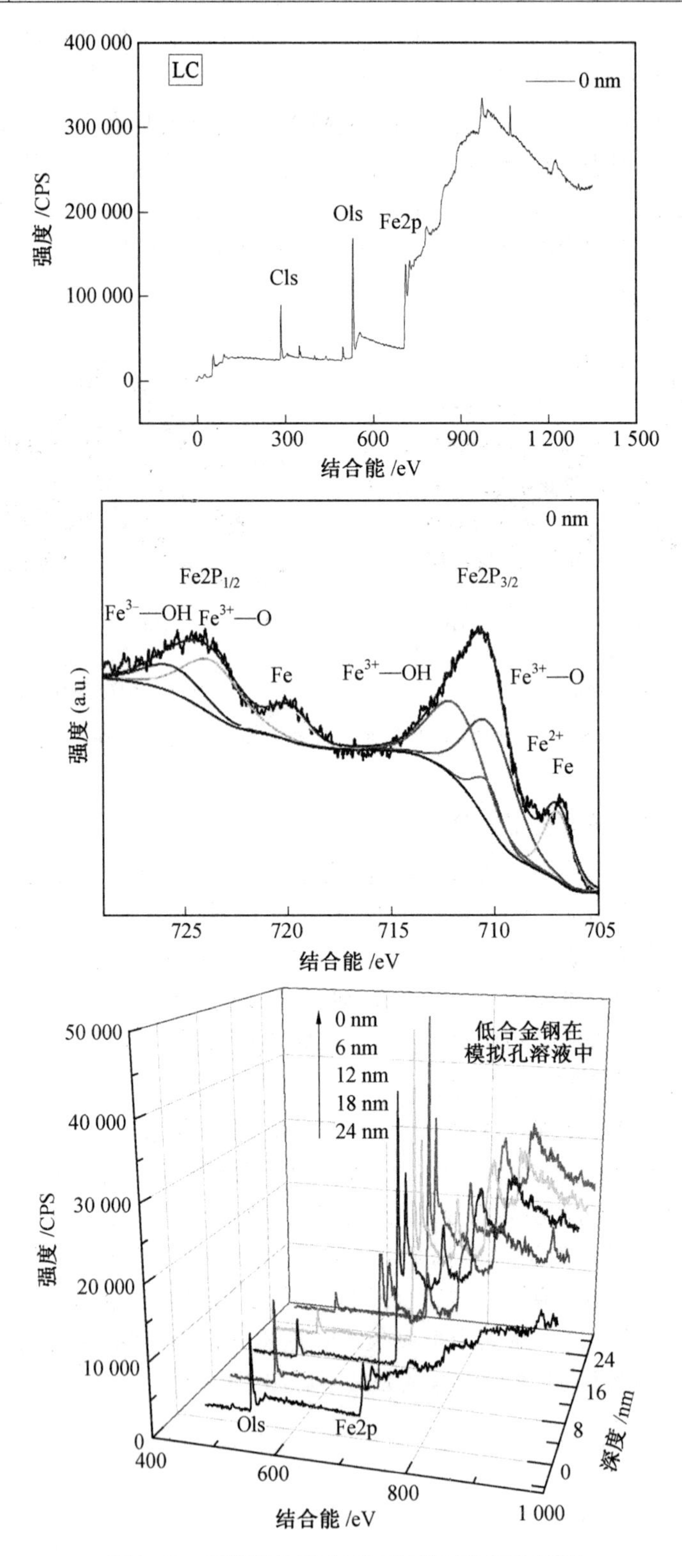

图 8.38　钢筋钝化膜在不同深度下的 XPS 谱图

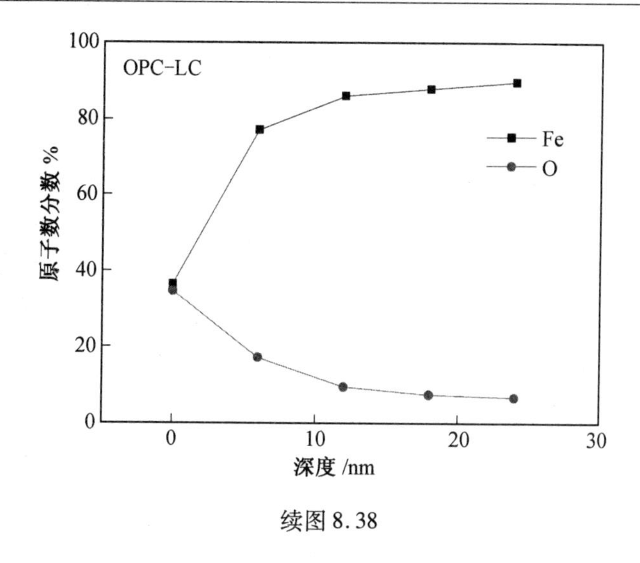

续图 8.38

思考题与习题

1. 产生红外吸收的原因是什么？阐述分子振动的形式和红外光谱振动吸收带的类型。

2. 试根据下图推断化合物 C_8H_7N 的结构，其熔点为 29.5 ℃。

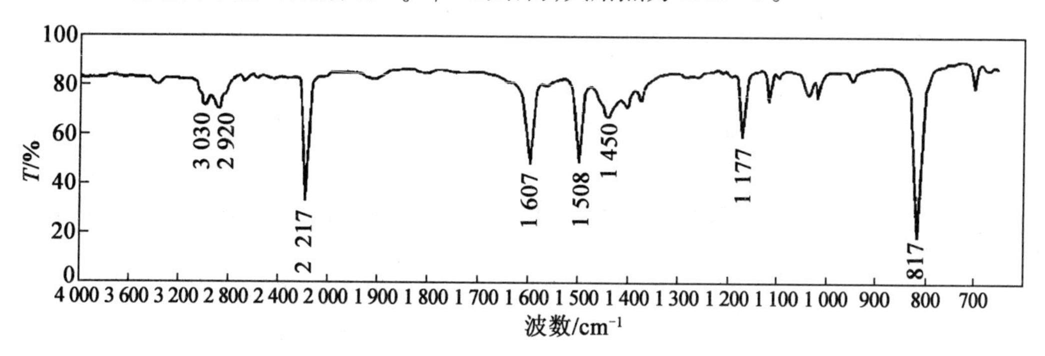

题 2 图　液体薄膜（IRDC 655）的红外光谱图

3. 试根据下图推断化合物 $C_4H_{10}O$ 的结构。

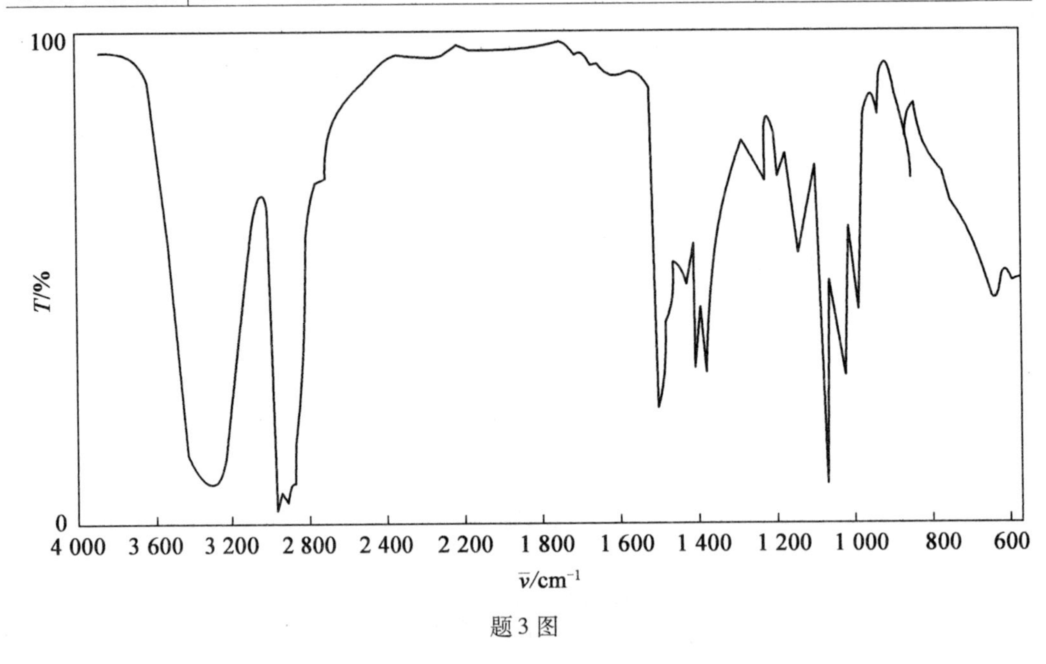

题3图

4. 何谓拉曼效应？请说明拉曼光谱产生的机理与条件。

5. 请叙述 CS_2 的拉曼和红外活性的振动模式。

6. 比较拉曼光谱与红外光谱。

7. 红外与拉曼活性的判断规律是什么？指出分子的振动方式哪些具有红外活性，哪些具有拉曼活性，为什么？

8. 用电子能谱进行表面分析对样品有何一般要求？有哪些清洁表面的常用制备方法？

9. 在 XPS 谱图中可观察到几种类型的峰？从 XPS 谱图中可得到哪些与表面有关的物理和化学信息？

10. 用 X 射线光电子能谱进行元素鉴别时的一般分析步骤有哪些？

第9章　孔结构分析

自然界中的材料大部分是由连续的固相和孔隙组成的,孔隙中存在的流体可以是气体,也可以是液体,但一般是气体。气体以各种尺寸和形态的孔隙存在于材料中,因此这些孔隙具有一定的结构,称为孔结构。不同孔隙特征(包括孔隙开口与闭口状态和孔的尺寸大小)对材料性能有不同影响,甚至决定材料的多种性质,因此材料孔结构的测试和表征是极其重要的。

水泥基复合材料是最大宗、最广泛应用的建筑材料,其孔隙结构的测量方法多种多样,主要有压汞法、气体吸附法、吸水法、氦比重法(helium pyrometry)、热分析、核磁共振法、小角度散射法、光学显微镜分析和电子显微镜分析法。各种测量方法的原理各不相同,其表征孔隙结构的特征也各不相同,见表9.1。不同的测试方法可以相互补充,相互印证。例如,X射线小角度衍射法主要表征多孔材料的有序性,气体吸附法可从宏观上对多孔材料的孔道结构类型和相关性质进行分析表征,显微镜可对多孔材料的局部进行观察等。当前最为广泛采用的还是气体吸附法和压汞法,也是本章介绍的主要内容。

表9.1　表征水泥基材料微结构可用的方法

<table>
<tr><td rowspan="3">间接方法</td><td>孔隙特征</td><td>方法</td></tr>
<tr><td>孔隙率</td><td>压汞法、气体吸附法</td></tr>
<tr><td>孔隙分布</td><td>热分析、压汞法、气体吸附法</td></tr>
<tr><td rowspan="4">直接方法</td><td>孔隙率</td><td>背散射电子显微镜(Back Scattered Electron Microscope,BSEM)、能量色散X射线分析(Energy Dispersion X-ray Analysis,EDXA)</td></tr>
<tr><td>形貌</td><td>扫描电子显微镜</td></tr>
<tr><td>内部结构、固相分布</td><td>高能电子显微镜(High Voltage Electron Microscope,HVEM)、透射电子显微镜</td></tr>
<tr><td>形貌、水化特征</td><td>核磁共振谱</td></tr>
</table>

9.1　固体材料中孔结构的特征

孔结构主要包括孔隙率、孔的形貌、尺寸大小、分布、相互连通情况等。根据ISO 15901—2017的定义,固体多孔材料中的“孔”(按尺寸大小分为微孔、介孔和大孔)可视作固体内的孔、通道或空腔,或者是形成床层、压制体以及团聚体的固体颗粒间的空间(如裂缝或空隙),根据其孔隙特征可将孔分为连通孔和封闭孔,连通孔又分为完全连通孔、半连通孔和交联孔(图9.1(a)),其中交联孔又可进一步划分为具有瓶颈效应和曲折效应的连通孔,相关孔结构模型如图9.1(b)所示。孔的形貌主要有圆柱形孔、锥形孔、墨水瓶形孔、裂隙孔、空隙或裂缝等(图9.1(c))。需要说明的是,首先,用压汞法和气体吸附法所测定的孔是连通孔,闭口孔因流体不能渗入,不在测试范围内。其次,在气体吸附法中不使用孔隙率的概念,因气体吸附法测量上限低于500 nm,有效分析范围仅到100 nm,不能涵盖绝大部分大孔及颗粒间的空隙,故气体吸附法常称为孔隙率,其含义为深度大于宽度的表面特征。

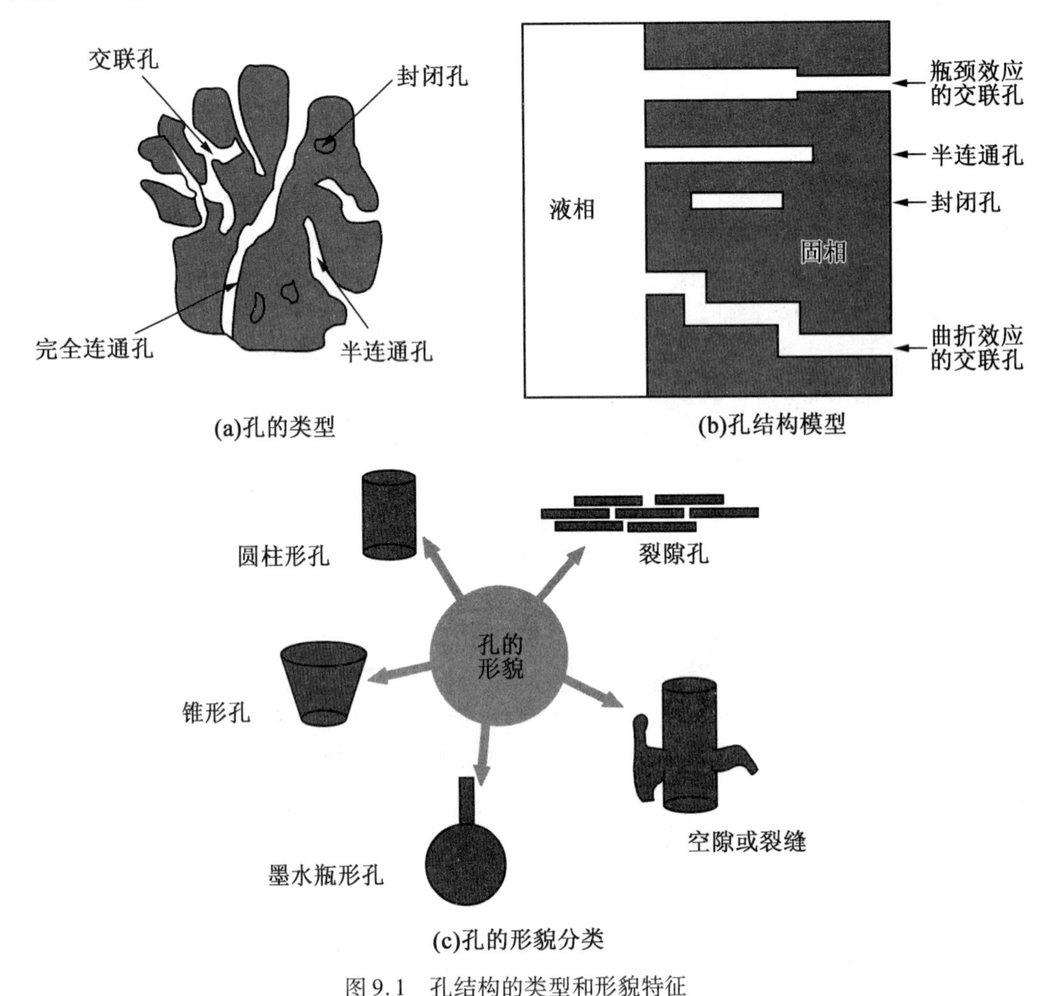

图9.1 孔结构的类型和形貌特征

9.2 压 汞 法

压汞法是测量水泥基材料孔隙分布和孔隙率最为常用的方法之一,主要是由于其测量范围极广,能够测量数毫米的大孔到数纳米的亚微孔。压汞法原理和实验操作均简单,实验连续性好,速度快;相较于气体吸附法,试件所需质量或体积较大,便于排除材料分布不均导致的误差。压汞法可以获得材料孔隙率、孔隙分布、比表面积、临界孔隙半径等孔隙结构信息。

9.2.1 压汞法测孔原理

压汞法是利用液态金属汞极高的表面张力以及与水泥基材料表面不浸润的性质,根据不同压力下压入材料孔隙中液态汞的量来反映材料孔隙的特征。通过加压使汞进入固体中,进入固体孔中的孔体积增量所需的能量等于外力所做的功,即等于处于相同热力学条件下的汞-固界面下的表面自由能。而之所以选择汞作为实验液体,是根据固体界面行为的研究结论,当接触角大于90°时,固体不会被液体润湿,如图9.2所示。要把汞压入毛细孔,必须对汞施加一定的压力克服毛细孔的阻力。

通过实验得到一系列压强 p 和相对应的汞浸入体积 V,提供了孔尺寸分布计算的基本数据。若认为孔隙为图9.3所示的圆柱形结构,则可根据压力与电容的变化关系计算孔体积及比表面积,依据华西堡(Washburn)方程计算孔径分布。

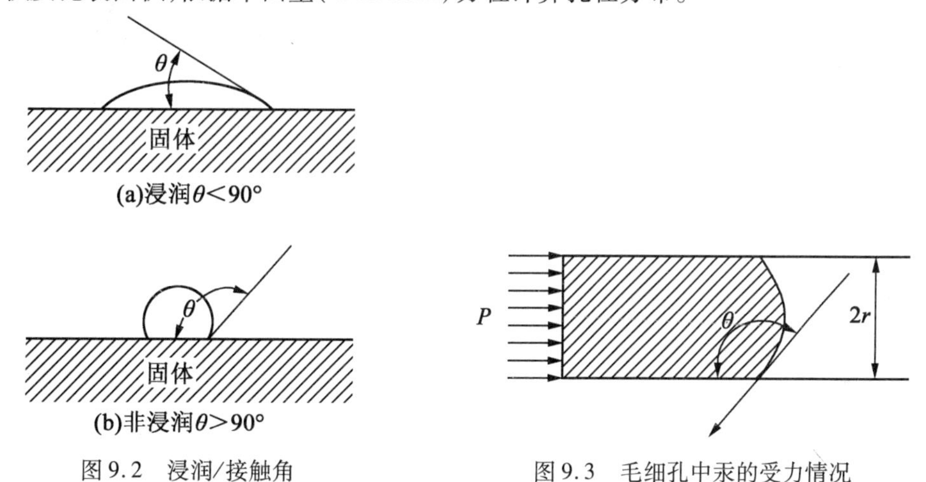

图9.2 浸润/接触角

图9.3 毛细孔中汞的受力情况

若欲使毛细孔中的汞保持一个平衡位置,必须使外界所施加的总压力 P 与毛细孔中汞的表面张力产生的阻力 P_1 相等,根据平衡条件,可得

$$P=\pi r^2 p=P_S=-2\pi\sigma\cos\ (100-\theta) \tag{9.1}$$

式中 p——给汞施加的压强,N/mm²(MPa);

σ——表面张力,N/mm;

P——外界施加给汞的总压力,N;

P_S——由于汞表面张力而引起的毛细孔壁对汞的压力,N;

r——毛细管半径,mm;

θ——所测多孔材料与汞的润湿角(接触角),135°~142°。

只有当施加的外力 $P\geqslant P_S$ 时,即 $\pi r^2 p=-2\pi r\sigma\cos\theta$ 时,汞才可进入毛细孔,从而得到施加压力和孔径之间的关系式,即 Washburn 公式:

$$p=\frac{-2\sigma\cos\theta}{r} \tag{9.2}$$

式中，取 $\sigma=0.482\ \mathrm{N/m}$，$\theta=140°$ 时，则 $p=0.736/r$。

尽管研究表明温度和压力对表面张力值有一定的影响，但是测量过程中一般不考虑这两个因素而进行修正。从压汞法中可以得到很多孔结构参数，如孔体积(pore volume)、孔隙率(porosity)、临界孔径(critical pore diameter)、阈值孔径(threshold pore diameter)、最概然孔径(most probable pore diameter)、平均孔径(average pore diameter)、孔径分布(pore size distribution)、孔面积(pore area)、孔结构(pore structure)、粒度分布(particle size distribution)、分形维数(fractal dimension)等孔隙结构信息。压汞曲线一般包括进汞及退汞两部分。从图 9.4 可以看出，大孔在低压填充，小孔在高压填充；松散的粉末能够在压力下被压紧。

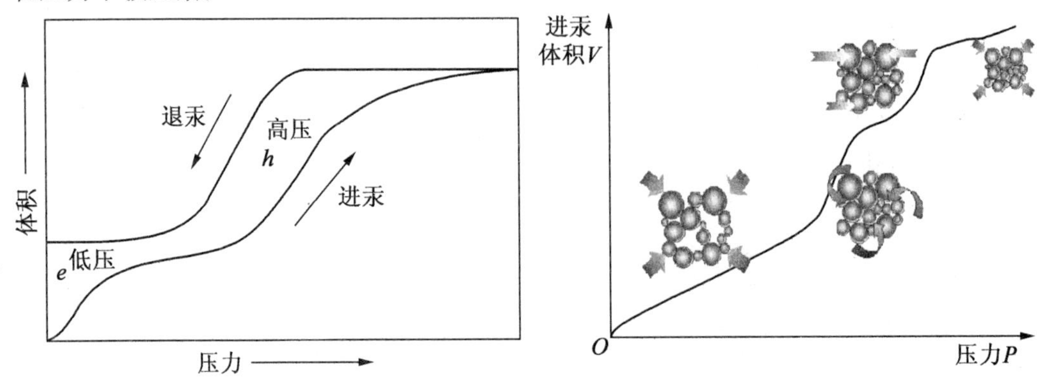

图 9.4　典型的压汞曲线及各压力段进汞示意图

9.2.2　孔结构参数

1. 孔径分布

孔径分布是指材料中存在的各级孔径按数量或体积计算的百分数。压汞法测试孔径分布的原理是根据式(9.2)，一定的压力值对应于一定的孔径值，而相应的汞压入量则相当于该孔径对应的孔体积。这个体积在实际测定中是前后两个相邻的实验压力点所反映的孔径范围内的孔体积。所以，在实验中只要测定多孔材料在各个压力点下的汞压入量，即可求出孔径分布。具体来说，设 $V(r)$ 为孔体积分布函数，即孔半径处于 r 邻近单位间隔的孔体积，从微分角度看，孔径分布就是求此孔体积分布函数 $V(r)$；从积分角度看，求孔径分布就是求半径在(r_i, r_{i-1})内的孔体积，可表达为

$$\Delta V_i = \int_{r_i}^{r_{i-1}} V(r)\,\mathrm{d}r \tag{9.3}$$

故根据式(9.3)，可推导得出表征半径为 r 的孔隙体积在多孔试样内所有开孔隙总体积中所占百分数的孔半径分布函数 $V(r)$：

$$V(r)=\frac{\mathrm{d}V}{V_{\mathrm{TO}}\mathrm{d}r}=\frac{p}{rV_{\mathrm{TO}}}\times\frac{\mathrm{d}(V_{\mathrm{TO}}-V)}{\mathrm{d}p} \tag{9.4}$$

或

$$V(r)=-\frac{p^2}{2\sigma\cos\ (100-\theta)\,V_{TO}}\times\frac{d(V_{TO}-V)}{dp} \tag{9.5}$$

式中 $V(r)$——孔径分布函数,它表示半径为 r 的孔隙体积占有多孔试样中所有开孔隙总体积(V_{TO})的百分数,%;

V——半径小于 r 的所有开孔体积,m^3;

p——将汞压入半径为 r 的孔隙所需的压强(即给予汞的附加压强),Pa;

σ——汞的表面张力,N/m;

θ——汞与材料的浸润角,(°)。

上式右端各量是已知的或可测的。为求得 $V(r)$,式(9.4)和式(9.5)中的导数可用图解微分法得到,最后将 $V(r)$ 值对应的 r 点绘图,即可得出孔径分布曲线。

2. 孔隙率和表观密度

材料的孔隙率是指材料内部孔隙的体积与材料总体积的比值。就压汞法而言,孔隙率的计算是根据在最大实验压力处进入试样内部汞的总体积(即累积进汞体积)除以试样的总体积。累积进汞体积可以直接从实验结果读取,而试样的总体积需要通过实验过程获得,方法如下:先将膨胀计置于充汞装置中,在真空条件下充汞,充好后称出膨胀计的质量 W_1;然后将充的汞排出,装入质量为 W 的多孔试样,再放入充汞装置中在同样的真空条件下充汞,称出带有试样的膨胀计质量 W_2(汞未压入多孔试样孔隙时的状态),之后再将膨胀计置于加压系统中将汞压入开口孔隙内,直至试样为汞饱和时为止,算出汞压入的体积 V_P,则可得到多孔试样的表观密度和孔隙率,其有关的量值关系如下:

$$W_1=W_P+W_3+W_D \tag{9.6}$$

$$W_2=W+W_3+W_D \tag{9.7}$$

由式(9.6)减去式(9.7),得

$$W_P=W+W_1-W_2 \tag{9.8}$$

故多孔试样的总体积(含孔隙)为

$$V_P=\frac{W_P}{\rho_M}=\frac{W+W_1-W_2}{\rho_M} \tag{9.9}$$

式中 W_P——对应于多孔试样所占体积(含孔隙)的汞质量,kg;

W_3——对应于膨胀计中除去多孔试样所占体积(含孔隙)的汞质量,kg;

W_D——膨胀计空载时的自身质量,kg;

ρ_M——汞的密度,kg/m^3。

试样的表观密度(ρ_0)指的是材料在自然状态下单位体积的质量,可表达为

$$\rho_0=\frac{W}{V_P}=\frac{W\rho_M}{W+W_1-W_2} \tag{9.10}$$

3. 比表面积

压汞法也可用来测定多孔体的开孔比表面积。要使汞浸入不浸润的孔隙中,须外力做功以克服过程阻力。视毛细管孔道为圆柱形,用(p+dp)的压强使汞充满半径为 r ~(r-dr)的毛细管孔隙中,若此时多孔体中的汞体积增量为 dV,则其压力所做的功即为

$$(p+dp)\,dV=p\,dV+dp\,dV\approx p\,dV \tag{9.11}$$

此功恰为克服由汞的表面张力所产生的阻力所做的功，即

$$p\mathrm{d}V=2\pi\bar{r}\sigma\cos\alpha L \tag{9.12}$$

式中 p——将汞压入半径为 r 的孔隙所需的压强，Pa；

V——半径小于 r 的所有开孔体积，m^3；

$\bar{r}$——r 和 $(r-\mathrm{d}r)$ 的平均值，当 $\mathrm{d}\bar{r}\to r$，m；

σ——汞的表面张力，N/m；

α——汞与多孔材料的浸润角，(°)；

L——对应于孔隙半径为 $r\sim(r-\mathrm{d}r)$ 的所有孔道总长，m。

由上式中 L 的意义可知，$2\pi\bar{r}L$ 即为对应于区间 $(r,r-\mathrm{d}r)$ 的面积分量 $\mathrm{d}S$：

$$\mathrm{d}S=2\pi\bar{r}L \tag{9.13}$$

由式(9.12)和式(9.13)得

$$\mathrm{d}S\sigma\cos\alpha=p\mathrm{d}V \tag{9.14}$$

从而得出

$$\mathrm{d}S=\frac{p\mathrm{d}V}{\sigma\cos\alpha} \tag{9.15}$$

故总表面积为

$$S=\frac{1}{\sigma\cos\alpha}\int_0^{V\max}p\mathrm{d}V \tag{9.16}$$

此式即为用压汞法测定 p-V 关系曲线来计算表面积的公式，其中积分值 $\int_0^{V\max}p\mathrm{d}V$ 直接从实验所得的压强-累积进汞体积曲线求得，即将 p-V 实测曲线对 V 轴积分(图9.5)。由此得出质量为 m 的试样的质量比表面积为

$$S_m=\frac{1}{\sigma m\cos\alpha}\int_0^{V\max}p\mathrm{d}V \tag{9.17}$$

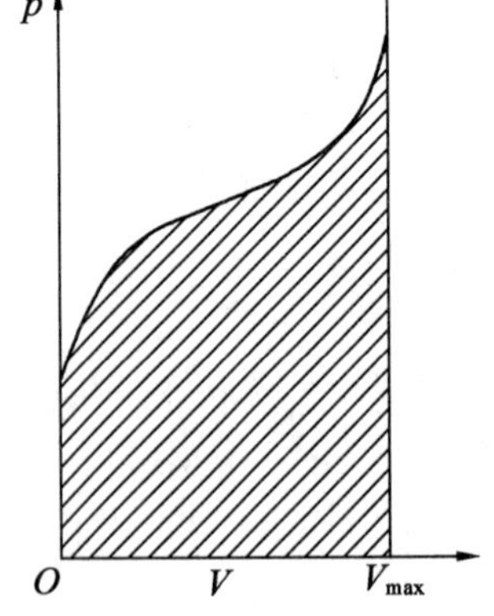

图9.5 压汞法测定的 p-V 曲线

4. 最概然孔径

最概然孔径指的是在孔隙网络中数量最多的孔的孔径，也就是在水泥石或固体材料中

出现概率最大的孔隙。从孔径分布微分曲线上能直接反映最概然孔径，即$\frac{dv}{d\log_2 r}\sim\lg r$峰值处最大值所对应的孔径（一个孔径分布曲线上可以有多个峰值）。

5. 临界孔径

临界孔径也称为阈值（threshold）孔径或逾渗（percolation）孔径，多孔材料中的是相互连通且任意分布的一个孔网络，将此孔网络全部连通成一个整体的孔有许多，其中孔径最大的孔，称为临界孔径，一般用r_c表示。临界孔径对水泥基材料的抗渗性和耐久性有直接影响。孔径凡是大于临界孔径的孔均互不相通，而孔径等于或小于临界孔径的孔则是相通的。所以在水泥基材料中的孔网络中，临界孔径越小，抗渗性和耐久性越好。故在压汞测试中，单位压力变化，进汞量变化率较大时对应的孔半径即为临界孔半径；在压力与压入汞体积曲线上，临界孔径对应于汞体积屈服的末端点压力，或累积孔体积图上开始大量增加孔体积所对应的孔径（累积进汞量-孔径图）。

6. 孔隙体积密度

孔隙体积密度为某孔径体积所占的比例，峰值对应的最大孔径即为临界孔径（开始大量增加孔隙体积时对应的孔径）。通过孔径-孔体积密度分布曲线，可直观快速地分析材料孔结构的变化或在外载作用下孔结构的演变规律。

7. 平均孔径$\bar{r}$

平均孔径的计算是基于假定孔是圆柱形的，根据总的进汞体积与孔隙总表面积之比获得，可表达为

$$\bar{r}=2\frac{V_{汞}}{S} \tag{9.18}$$

式中 $V_{汞}$——试样总的进汞体积，m^3；

S——孔隙总的表面积，m^2，可由式（9.16）获得。

8. 体积密度ρ_{bulk}和骨架密度$\rho_{skeleton}$

水泥浆体的体积密度ρ_{bulk}（g/cm^3）定义为样品的质量W_{sample}（g）与样品的体积V_{bulk}（cm^3）之比：

$$\rho_{bulk}=\frac{W_{sample}}{V_{bulk}} \tag{9.19}$$

水泥浆体的骨架密度（g/cm^3）一般定义为样品的质量W_{sample}（g）与样品骨架（不包括样品孔隙的体积）的体积$V_{skeleton}$（cm^3）之比：

$$\rho_{skeleton}=\frac{W_{sample}}{V_{skeleton}} \tag{9.20}$$

样品骨架的体积$V_{skeleton}$是样品的总体积与在最大压力处进入的最大进汞体积之差。

9. 孔径分布的表示方法

计算出的孔径分布可以采用多种不同的方式来表达，最常见的有：①小于（或大于）孔径的累积孔体积；②孔体积增量与孔径的关系（$\Delta V-r$）；③微分孔体积与孔径的关系（$\frac{\Delta V}{\Delta r}-r$）；④对数（log）微分孔体积对孔径的关系。

这里③和④本质上都是孔体积或孔半径的平均变化率与孔半径的关系。对于累积分布，在特定的孔径范围内，将大于或小于当前孔径的孔隙总体积对孔径作图或列表。对于增量分布，将计算出的两个连续孔径之间的绝对孔体积，对用于计算当前增量的孔径值的中点作图或列表。对于微分分布，将体积增量除以确定该增量的上、下孔径之差，给出随直径变化的体积变化量，并也对确定该增量的孔径值的中点作图或列表表示。对于对数微分分布，将体积增量除以确定该增量的上、下孔径对数值之差，并对孔径增量的中点作图或列表。这里需要补充的是孔径可以表示为宽度、直径或半径。

9.2.3 压汞仪的构造

压力通过液压油传递给汞，升压方式有连续扫描和步进扫描两种方式。随着压力升高，汞被压入样品孔内，汞液面下降，用浸入汞的电极检测压力的变化时汞体积的变化情况，记录进汞曲线。当压力升到预定的压力值后，仪器自动进行降压，此时可记录退汞曲线，如图 9.6 所示。

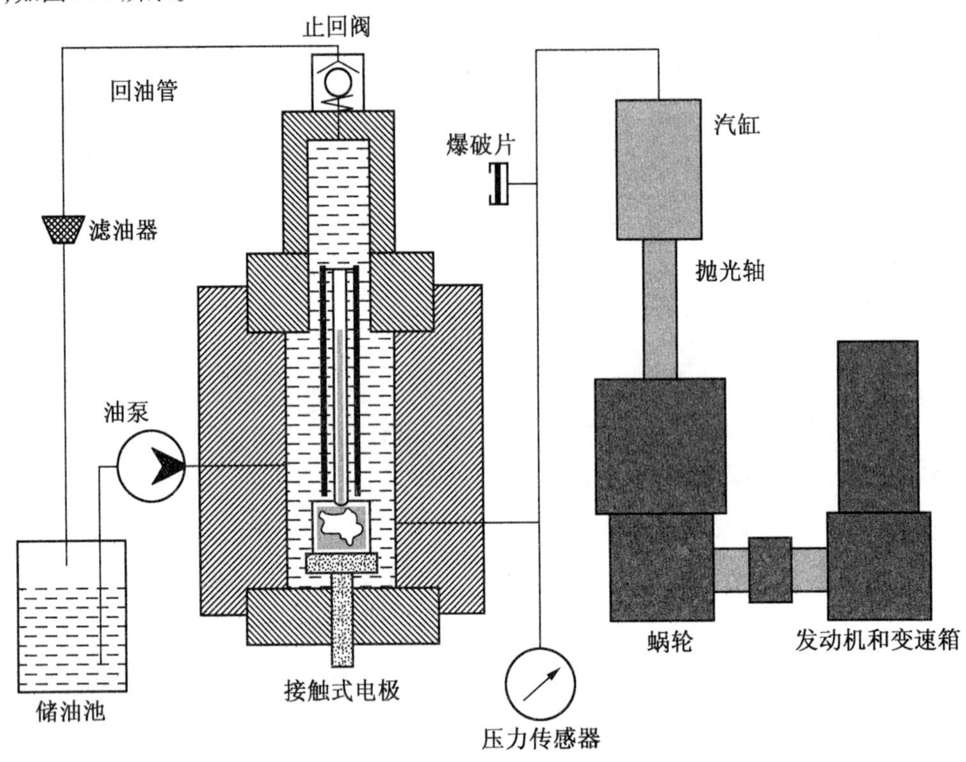

图 9.6 压汞仪高压站设备构造示意图(美国康塔公司 Pore Master 33 型)

压汞仪(图9.7)一般都有低压系统和高压系统，有独立分开的，也有合并在一起以便进行连续测量的。低压系统主要用来注汞和测量大孔的结构，高压系统是压汞仪最重要的组成部分，用来测量中孔和微孔的大小和分布。为缩短分析时间，保护并延长高压部件寿命，应根据样品测定实际需要设定的最高压力，不必要都设置到仪器上限。

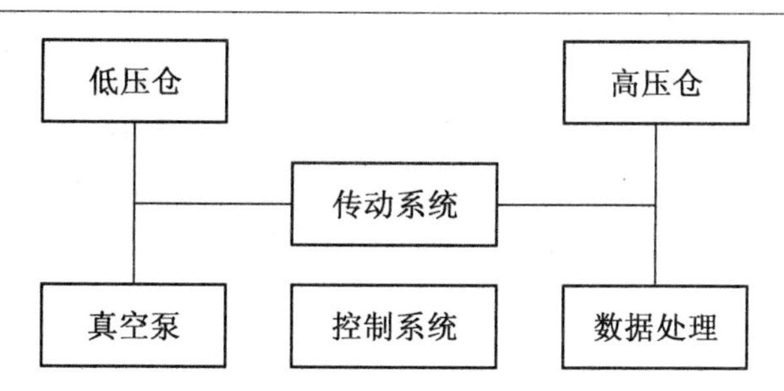

图 9.7 压汞仪设备构造示意图

9.2.4 汞压入体积的测量方法

汞压力测孔的目的是测量出在一定压力下压进某孔隙的汞体积 ΔV。目前有 3 种方法测量汞压入体积——电容法、高度法、电阻法。3 种方法都使用结构相似的膨胀计。图 9.8 所示为电阻法膨胀计。它由毛细管和铂丝所组成;试样放在样品室中;样品是一个玻璃泡,由涂真空脂而密封的磨口与毛细管连接;铂丝的两个接头和电桥相连。

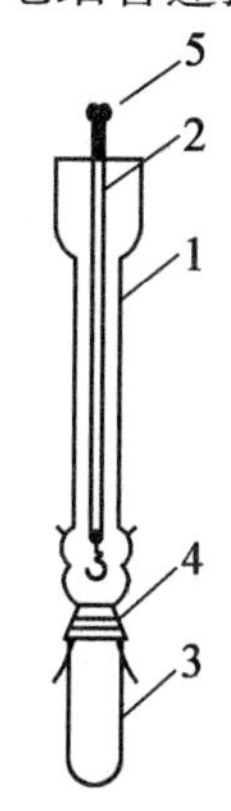

图 9.8 电阻法膨胀计

1—毛细管;2—铂丝;3—样品室;4—磨口;5—铂丝接头

1. 电容法

将毛细管外镀一层金属膜(如钡、银)作为一个极,毛细管内的汞作为另一极。随着测孔压力增加,汞被压入孔内,而在毛细管中汞面下降,电容减小。测量这种电容的变化,根据其与压入汞的体积的关系,可计算出在某级孔径范围中孔的体积。这种方法的膨胀计不易制作,但不受温度影响。

2. 高度法

用毛细管中汞面下降的高度来反映汞体积的变化,即孔体积的变化:

$$\Delta V_{H} = K_{H}\Delta H$$

式中 ΔH——汞高度的变化;

K_{H}——汞高度变化与汞体积变化的比值。

这种方法要求毛细管内径尺寸和 ΔH 的测量精度很高。

3. 电阻法

当毛细管中汞体积变化时，铂丝的电阻值也发生变化，则有 $\Delta V_R = K_R \Delta R$ 的关系。其中，K_R 是单位电阻值变化时汞体积的变化，单位为 mL/Ω。一般毛细管内径尺寸沿高度是变化的，会影响 K_R 值的大小。在毛细管高度 h 处的 K'_R值和平均 K_R 值的关系为

$$K'_R = K_R - K(h) \tag{9.21}$$

式中，$K'_R = (V_{max} - V_{min})/(R_{max} - R_{min})$。

根据实验，在某高度 h 处 K'_R值和平均 K_R 值之间的相对误差≤0.5%，因此可不考虑在毛细管不同高度上 K_R 的差别，只考虑 $\Delta V = K_R \Delta R$，当在一定温度 t_0 下 K_R 的平均值已知时，通过量测膨胀计中铂丝的电阻变化值 ΔR，即可计算出汞体积的变化值 $\Delta V = K_R(t)\Delta R$，测出 R、t、p，从而得到孔径分布曲线。

9.2.5 压汞法的优势与局限性

压汞法相对于其他技术有其优势，但是也存在局限性。对于压汞法用于孔径分析，一些学者提出了自己的看法。Beaudoin 认为压汞法测量水泥系统的孔结构可能受到微观结构的限制，其中：①常规假设汞是完全填充孔隙空间的；②相对较弱的离散孔壁结构的损伤和随后汞进入这些空间；③汞从层状硅酸盐聚集物之间的滞留空间中排除或进入；④在最大侵入压力下，将汞从小孔或小孔入口排除；⑤干扰相（如聚合物乳胶膜）的存在，导致孔隙空间堵塞；⑥汞与表面接触角存在不稳定变化。

尽管学者们对压汞法用于孔径分析提出了质疑，但这项技术仍被视为最常用的水泥浆体孔隙结构表征技术。这源于该项技术在概念上更为简单，实验操作上更快，并且能够评估较大范围的孔径，而其他技术方法针对这些优点并不能作为压汞法的替代方法广泛使用。在使用压汞法对孔径分析时，需要记住一些问题以及该方法的注意事项。

（1）该方法操作相对简单快捷，运行试验所需时间低至 30 ~ 45 min。利用现有的商业设备可以实现实验测试过程完全自动化，并且可以确定各种孔隙结构参数。此外，该技术在过去已经被广泛应用，存在大量的相关实验数据，这些实验数据可供研究人员参考和比较。

（2）汞是一种危险物质，可以通过皮肤吸收，导致疾病甚至死亡，因此在测试过程中需要特别注意安全和预防措施。通常情况下，采用一些必要的安全措施，以尽量减少接触汞蒸气的可能性。操作人员在处理汞时应戴上橡胶手套。同时，汞在室温下有轻微挥发，虽然单质汞是无毒的，但汞蒸气是剧毒的，应该严格规定任何涉及汞的工作，例如适当的工作场所通风以避免汞蒸气积聚。在实验结束后，必须非常小心地处理被汞侵入的标本，并立即以安全和环境可接受的方式进行处理。

（3）在汞侵入过程中，样品必须干燥，因为汞不能侵入被其他液体充斥的孔隙。不同的干燥技术可能会导致不同的结果，因此在试验报告中需要说明干燥方法，以便比较的结果有意义。

（4）试样单元（测透仪）的尺寸限制了试样的尺寸。试样只是原试样的一部分，测试时需要保证试样的体积能够被测试仪器容纳，并且确保试样能够代表原试样。由于在较小的试样中表面的孔隙开口更大，因此该结果不一定能够代表无限的孔隙空间。动态孔

隙计的压力连续变化，可能会产生不同于静态孔隙计的孔径分布，静态孔隙计的压力逐级增加，允许系统在台阶之间有时间达到平衡。

(5)在高压下，压力上升到几百个大气压时，汞入侵测试试样会出现许多新问题，如试样的压缩、汞的压缩和测透仪，以及系统温度的升高。通过仪器空白期的运行，可以对膨胀计和汞的压缩性进行修正。实际上，由于汞存在轻微的压缩性，对多孔材料的测量，总孔隙体积似乎大于其实际孔隙体积。因此，与测透仪中汞含量相比，试样和孔隙体积越大，误差越小。

(6)试样在高压下存在一定的压缩，这会导致孔隙体积和孔隙大小的错误值。这种影响尤其表现在包含封闭孔隙的样品中，并且观察到体积较大的小型孔隙和中型孔隙。试样的可压缩性既取决于试样本身，也取决于其孔隙被汞填充的程度。因此，试件的压缩性随汞入侵实验的进行而变化。目前，似乎没有任何可行的方法来解释汞入侵过程中压缩性的变化。然而，存在可以对试样的非多孔固体部分的压缩性进行近似修正。此外，由于涉及高压，在压汞过程中，多孔结构的破坏可能会发生永久性的结构变化。

(7)当多数物质被压缩时，它们的温度就会上升。由于汞的压缩，测透仪的温度可能会上升到 15 ℃。如果进行得足够慢，使压力系统与实验室环境保持热平衡，那么在测压过程中温度的上升问题并不困难。在加压过程中温度稳定升高的条件下，会观察到明显的挤压现象。液压油和汞的压缩加热导致汞在测透仪计杆和填充孔中膨胀。汞的压缩引入了与加热效应相反的额外误差。

(8)压汞法得到的孔径分布基于许多假设。Washburn 方程将单个孔隙建模为直径均匀的圆柱体，这一模型严重偏离了水泥浆体孔隙系统的现实，水泥浆体孔隙系统具有不同大小和形状的孔隙。此外，大部分孔隙可能由狭窄、曲折的通道组成，这可以从施加压力后完成汞侵入所需的时间中得到证明。另一个不准确的来源是毛细孔的存在，这导致汞滞后和滞留在气孔中。因此，开口小的大孔隙在高压下被填充，并被检测为比实际更小的孔隙。大孔隙的数量被系统地歪曲，孔径分布曲线偏向于小孔径。这样，压汞法测量的不是真实的孔隙大小分布，而是作为孔隙大小函数的总体孔隙率对汞的可达性。实用的汞压法仅限于研究直径大于约 4 nm 的孔隙。

(9)通常，假定汞的表面张力和接触角值恒定。但是，由于参数较多，计算中使用的接触角值不同，需要收集更多的数据。如果不考虑操作接触角的变化，可能会导致孔径分布的严重扭曲。

(10)低压的一个问题是汞明显不愿意进入它应该进入的孔隙。在压力低于约 0.2 atm时，这一问题尤其普遍，随着压力升高，该现象得到缓解，但即使有足够的压力可以侵入一个大的孔隙，汞也可能不会轻易侵入孔隙，除非有某种机械振动可以促使它侵入。也许，这是因为极低的驱动力不足以使汞沿孔壁通过局部粗糙度区域；在这些地方，接触角比其他地方大。

9.3 气体吸附法

气体吸附法(BET)是一种测量比表面积的经典方法,一般可分为容量法和重量法。容量法即通过测定已知量的气体在吸附前后的体积差,进而得到气体的吸附量;而重量法是直接测定固体吸附前后的质量差,计算吸附气体的量。两种方法都需要高真空和预先严格脱气处理。脱气可以用惰性气体流动置换或者抽真空同时加热以清除固体表面原有的吸附物。气体吸附法还可分为静态法和动态法,可测比表面的范围为0.001 ~1 000 m^2/g。

通常吸附法使用的气体是氮气。其原因在于如下几个方面:①很容易得到高纯度的氮气体;②液态氮是最合适的冷却剂,也容易得到;③氮气与大多数固体表面的相互作用的强度比较大;④截面面积被广泛接受。

9.3.1 比表面积计算方法

气体吸附法的原理是:一切物质都是由原子组成的,气态的原子和分子可以自由地运动,相反,固态时原子由于相邻原子间的静电引力而处于固定的位置,但固体最外层(或表面)的原子比内层原子周围具有更少的相邻原子,为了弥补这种静电引力不平衡,表面原子就会吸附周围空气中的气体分子,整个固体表面吸附周围气体分子的过程称为气体吸附。也就是说,任何置于吸附气体环境中的物质,其固态表面在低温下都将发生物理吸附。根据BET多层吸附模型,吸附量与吸附质气体分压之间满足如下关系(BET方程):

$$\frac{p}{V(p_0-p)}=\frac{C-1}{V_m C}\times\frac{p}{p_0}+\frac{1}{V_m C} \tag{9.22}$$

式中 p——测定吸附量时的吸附质气体压强,Pa;

p_0——吸附温度下气体吸附质的饱和蒸气压,Pa;

$\frac{p}{p_0}$——相对压强;

V——测定温度下气体吸附质分压为p时的吸附量,kg(或m^3);

V_m——单分子层吸附质的饱和吸附量,kg(或m^3);

C—与吸附热有关的常数,

$$C=e^{-(Q_1-Q_2)/RT}$$

其中 Q_1——第一层的吸附热;

Q_2——第二层以上的吸附热;

R——气体常数;

T——绝对温度。

常数C值与吸附能量有关,其中,C值的范围如下:

(1)有机物、高分子与金属等材料,$C=2\sim50$。

(2)氧化物、氧化硅等材料,$C=50\sim200$。

(3)活性炭、分子筛等材料,$C\geq200$。

设 $X=\frac{p}{p_0}$，则式(9.22)可写为

$$\frac{p}{V(p_0-p)}=\frac{X}{V(1-X)} \tag{9.23}$$

上式又可写为

$$\frac{X}{V(1-X)}=\frac{C-1}{V_{\mathrm{m}}C}X+\frac{1}{V_{\mathrm{m}}C} \tag{9.24}$$

如果测得不同的相对蒸气压 $X=p/p_0$ 时的 V 值，则可以以 $\frac{X}{V(1-X)}$ 为纵坐标，以 $X=\frac{p}{p_0}$ 为横坐标，得到一条直线，如图 9.9 所示。这时纵坐标的截距 $b=\frac{1}{C}$，而直线的斜率 $a=\frac{C-1}{V_{\mathrm{m}}C}$，从这两个数据便可以计算出单分子层的气体吸附量 $V_{\mathrm{m}}=\frac{1}{a+b}$。

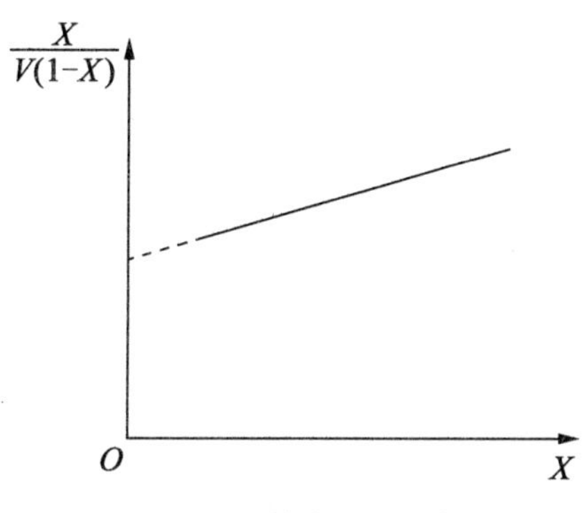

图 9.9 单分子层吸附

通常 C 足够大，故可将直线的截距取为 0。通过饱和单层吸附量就可计算出测定样品的总表面积为

$$S=\frac{aV_{\mathrm{m}}N}{M} \tag{9.25}$$

式中 N——阿伏伽德罗常数，$N=6.023\times10^{23}\ \mathrm{mol^{-1}}$；

a——被吸附分子的横截面积，$\mathrm{m^2}$，对于水蒸气 $a=1.14\ \mathrm{m^2}$(25 ℃)，对于氮气 $a=1.62\ \mathrm{m^2}$(−195.8 ℃)；

M——吸附质的摩尔分子质量（氮气的摩尔分子质量为 $28.013\ 4\times10^{-3}$ kg/mol)，kg/mol。

因此，多孔试样的比表面积为

$$S_m=\frac{S}{m_X} \tag{9.26}$$

$$S_V=\frac{S}{V_X} \tag{9.27}$$

式中 S_m——质量比表面积，$\mathrm{m^2/kg}$；

S_V——体积比表面积，$\mathrm{m^2/m^3}$；

m_X——试样的质量,kg;

V_X——试样的体积,m^3。

依据 BET 方程建立的表面积计算方法,适合微孔、中孔及纯微孔样品;而 Langmuir 公式适用于多微孔材料比表面积的计算。吸附装置既可采用容量法,也可采用重量法。前者测定的是吸附达到平衡后未被吸附的残留气体的压力和体积,其中又分为保持气体体积一定而测定压力变化的恒容法和保持气体压力一定而测定体积变化的恒压法。BET 法测定吸附量广泛采用 Emmett 吸附仪,还可利用电子吸附天平等自动化仪器以及气相色谱法等测定仪器。

对于 Emmett 吸附仪,测试前将试样在用扩散泵抽空的真空下进行加热以使吸附在试样上的任何气体解吸,脱气后的试样置于包有低温浴的试样室中(通常为盛有液氮的杜瓦瓶中)。在量管中通入吸附的气体(通常为氮气),同时用压差计测量其压力。然后打开试样和量管间的旋塞阀,达到平衡后记下压差计上的平衡压力。进入试样室的气体体积与打开旋塞阀前后的压差成比例。吸附的体积即等于引入气体体积减去充满试样室和量管连接管中的死空间所需的气体体积。注意在吸附计算中,还应计入液氮温度下氮的非理想状态修正值。

此外,本法还可衍生出一个等效孔径的计算公式:

$$d=\frac{f\theta}{S_V(1-\theta)} \tag{9.28}$$

式中 f——孔隙形状系数;

θ——多孔体孔隙率,%。

由于 BET 法一般难于测定每克只有十分之几平方米的比表面积,故对比表面积较小的多孔材料大都采用透过法。

$$V_m=\frac{1}{截距+斜率}$$

测试水泥在不同蒸气压下的水蒸气吸附量,见表 9.2(V 为每克水泥样品吸附的水蒸气的质量)。

表 9.2 水泥在不同蒸气压下的水蒸气吸附量

$X=\frac{p}{p_0}$	V	$\frac{X}{1-X}$	$\frac{X}{V(1-X)}$
0.081	0.018 9	0.088	4.66
0.161	0.025 3	0.192	7.59
0.238	0.029 8	0.312	10.48
0.322	0.036 2	0.475	13.12
0.362	0.039 5	0.567	14.36

以$\frac{X}{V(1-X)}$为纵坐标,X 为横坐标作图,如图 9.10 所示,从图中可以求出截距为1.99,

斜率为34.58,则 $V_m=\frac{1}{1.99+34.58}=0.0273$。

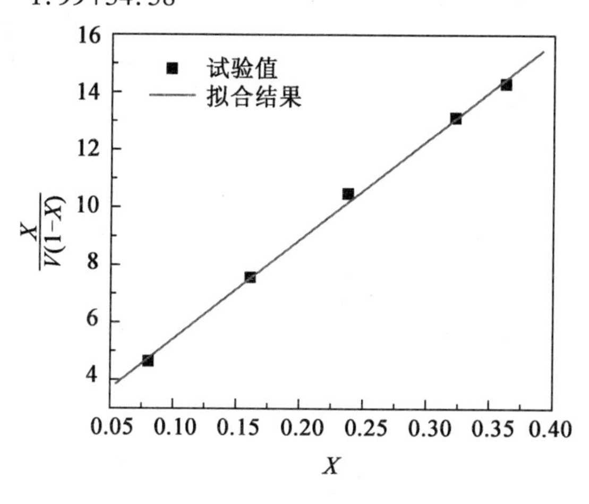

图9.10 单分子层吸附量的计算

理论和实践表明,当$\frac{p}{p_0}$为0.050~0.350时,BET方程与实际吸附过程吻合,图形线性也很好,因此实际测试过程中选点也在此范围内。由于选取了3~5组$\frac{p}{p_0}$进行测定,通常称为多点BET。当被测样品的吸附能力很强,即C值很大时,直线的截距接近于0,可近似认为直线通过原点,此时可只测定一组$\frac{p}{p_0}$数据,与原点相连求出比表面积,称为单点BET。与多点BET相比,单点BET结果误差会大一些。

9.3.2 微孔分布计算

微孔内的物理吸附比在较大孔内或外表面的物理吸附要强,在非常低的相对压力(<0.01)下微孔被顺序充填,这样微孔样品的等温线初始段呈明显陡升(图9.11(a))。由于孔径变化然后弯曲成平台(微孔孔径接近气体分子直径),所以一个材料若既含有微孔又含有介孔,至少须用两个不同的方法从吸附/脱附等温线上获得孔径分布图(图9.11(b))。

目前计算微孔常用的是Dubinin-Radnsbkevich(DR)法、Horvath-Kawazoe(HK)法、Saito和Foley(SF)法(都是基于不同的材料建立模型进而描述微孔填充,不能应用于介孔分析),以及最新的基于密度函数理论(DFT)的计算方法。正确地计算材料的孔分布不仅要求实验的准确性,更要求选择正确的计算方法和模型。本节简要介绍常用的HK和SF的计算方法。

(1)HK算法(适合狭缝孔模型)。

假设:①依照吸附压力大于或小于对应的孔尺寸的一定值,微孔完全充满或完全倒空;②吸附相表现为二维理想气体,其表达式为

$$RT\ln\frac{p}{p_0}=N_{av}\frac{N_aA_a+N_AA_A}{\sigma^4(L-2d_0)}\times\left[\frac{\sigma^4}{3(L-d_0)^3}-\frac{\sigma^{10}}{9(L-d_0)^9}-\frac{\sigma^4}{3d_0^3}+\frac{\sigma^{10}}{9d_0^9}\right] \tag{9.29}$$

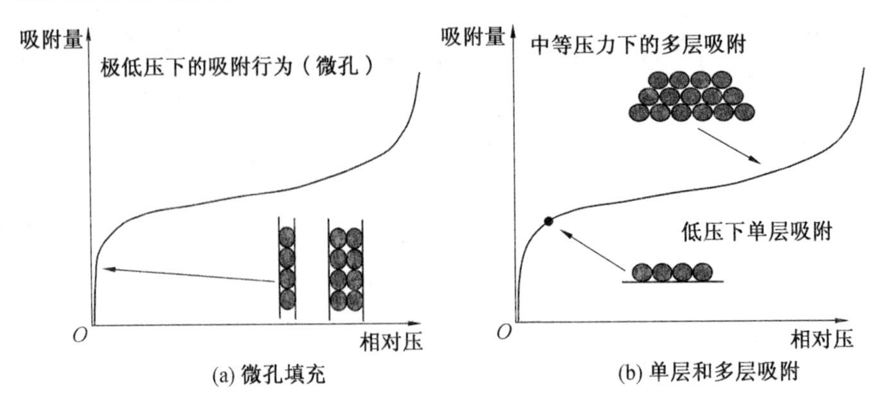

图 9.11 含有微孔和介孔的吸附等温线各区段物理意义示意图

(2)SF 算法。

SF 法是将 HK 法扩展到 87 K 时氩气在沸石分子筛上的吸附等温线计算有效孔径分布,将孔假设为圆柱形孔。依据 HK 对数运算式,得到微孔填充的相对压力与孔径之间的关系,有时也简称 H-K-S-F 算法,其表达式为

$$RT\ln\frac{p}{p_0}=\frac{3}{4}\pi N_{av}\left(\frac{N_aA_a+N_AA_A}{d_0^4}\right)\times\sum_{k=0}^{\infty}\left\{\frac{1}{2k+1}\left(1-\frac{d_0}{r_p}\right)^{2k}\left[\frac{21}{32}a_k\left(\frac{d_0}{r_p}\right)^{10}-\beta_k\left(\frac{d_0}{r_p}\right)^{4}\right]\right\} \tag{9.30}$$

式中,$\alpha_k=\left(\frac{-4.5-k}{k}\right)^2\alpha_{k-1}$, $\beta_k=\left(\frac{-1.5-k}{k}\right)^2\beta_{k-1}$($k$ 是加和的正整数,α_k 与 β_k 可用给定公式求得。给定初值 $\alpha_0=\beta_0=1$)。

(3)HK 改进式(适用于狭缝孔、圆柱孔、球形孔)。

$$RT\ln\frac{p}{p_0}+\left[RT-\frac{RT}{\theta}\ln\frac{1}{1-\theta}\right]=N_{av}\frac{N_aA_a+N_AA_A}{\sigma^4(L-2d_0)}\times\left[\frac{\sigma^4}{3(L-d_0)^3}-\frac{\sigma^{10}}{9(L-d_0)^9}-\frac{\sigma^4}{3d_0^3}+\frac{\sigma^{10}}{9d_0^9}\right] \tag{9.31}$$

式中 N_{av}——阿伏伽德罗常数;

N_a、N_A——单位吸附质面积和单位吸附剂面积的分子数;

A_a、A_A——吸附质和吸附剂的 Lennard-Jones 势常数;

σ——气体原子与零相互作用能处表面的核间距;

L——狭缝孔两平面层的核间距;

θ——微孔充填率;

d_0——吸附质和吸附剂原子直径算术平均值。

对于 HK 和 SF 法计算微孔分布,需要知道吸附质和吸附剂的相关参数,这些参数的选取对运算结果影响较大。

9.3.3 中孔孔径分布计算

利用氮吸附法测定孔径分布,采用的是体积等效代换的原理,即以孔中充满的液氮量等效为孔的体积。主要是根据毛细孔凝聚原理即液体在细管中形成凹液面(图 9.12),

凹液面上的蒸气压(p)小于平液面上的饱和蒸气压(p_0),所以在小于饱和蒸气压时就有可能在凹液面上发生蒸气的凝结,发生这种蒸气凝结的作用总是从小孔向大孔,随着气体压力的增加,发生气体凝结的毛细孔越来越大,因此增压时气体先在小孔中凝结,然后才是大孔。由毛细凝聚现象可知,在不同的$\frac{p}{p_0}$下,能够发生毛细凝聚现象的孔径范围是不一样的,对应于一定的$\frac{p}{p_0}$值,存在一临界孔半径r_k,半径小于r_k的所有孔皆发生毛细凝聚,液氮在其中填充,大于r_k的孔皆不会发生毛细凝聚,液氮不会在其中填充(图9.13)。临界孔半径(r_k)可由凯尔文(Kelvin)方程给出:

$$r_k = -\frac{2\sigma V_m}{RT\ln\frac{p}{p_0}} \tag{9.32}$$

式中 σ——吸附质在沸点时的表面张力;

R——气体常数;

V_m——液体吸附质的摩尔体积(液氮 $3.47\times10^{-5}\ m^3/mol$);

T——液态吸附质的沸点为77 K;

p——达到吸附或脱附平衡后的气体压力;

p_0——气体吸附质在沸点时的饱和蒸气压,亦即液态吸附质的蒸气压力。

将液氮温度达到平衡时,$T=77$ K,$\sigma=8.85$ N/m,V_m 和 R 常数代入式(9.32),r_k 可简化为

$$r_k = -\frac{0.953}{\ln\frac{p}{p_0}} \tag{9.33}$$

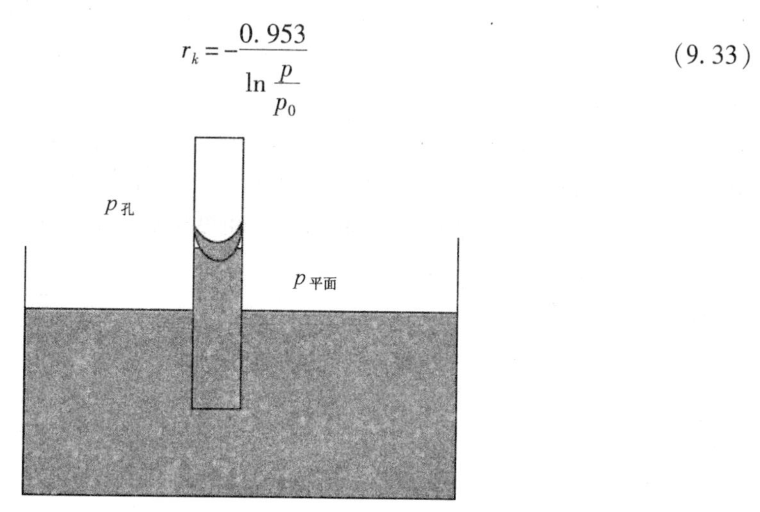

图9.12 毛细管现象

由式(9.33)知r_k完全取决于相对压力p/p_0,即在某一p/p_0下,开始产生凝聚现象的孔半径为一确定值,同时可以理解为当压力低于这一值时,半径大于r_k的孔中的凝聚液将汽化并脱附出来。这里需要强调的是对于半径小于约1 nm的孔,不能使用Kelvin方程,因为此时相邻孔壁之间的相互作用很强,已不再能够将其内的吸附质看作具有常规热力学性质的液体。

由于Kelvin半径没有考虑吸附层厚度变化的影响,在实际过程中,凝聚发生前在孔

内表面已吸附上一定厚度的氮吸附层，而且随着相对压力逐渐升高，气体在各孔壁的吸附层厚度也在增加，该层厚也随 p/p_0 值而变化，实际的孔隙半径(r_p)表达为

$$r_p = r_k + t \tag{9.34}$$

式中 t——吸附层的厚度，一般按照 Harkins-Jura 公式计算吸附层平均厚度，即

$$t = 0.354\left(-5/\ln\frac{p}{p_0}\right)^{1/3} \tag{9.35}$$

r_k——圆柱形孔模型的半径，nm。

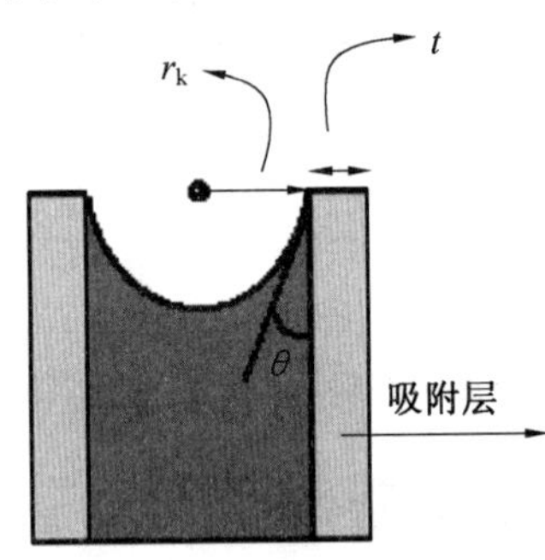

图 9.13 吸附层厚度对孔径影响

目前根据吸附等温线计算中孔孔径分布的理论模型很多，如巴雷特-乔伊纳-哈兰达(Barrett- Joyner-Halenda) 等人提出的 BJH 法、道利茂尔-赫德(Dollimore-Heod) 的 DH 方法、皮尔斯 (Pierce) 公式、克朗斯顿 (Cranston) 公式、拉贝茨 (Roberts) 圆柱孔模型计算公式、杜比宁 (Dubinin) 公式、布鲁诺尔 (Brunauer) 提出的无模型法 (ML 法)、勃洛克荷夫 (Broekhoff) 法、德博尔(Deboer)法、严继民和张启元的推导公式等。这些理论都各有各的前提和假设以及推理方法。为了便于计算，把孔隙假设为正规的几何形状的筒状等效模型，特别是圆筒孔等效模型对于大多数孔隙来说是统计最佳模型。在众多的算法中，BJH 是目前使用历史较长，普遍被接受的孔径分布计算模型，再加上气体物理吸附制造公司如美国麦克仪器公司(Micromeritics)和贝士德仪器科技有限公司，对中孔径分布分析也采用的 BJH 法，进一步推广了其应用。

(1) BJH 计算方法。

对于相对压力为 p/p_0 趋于 1 的孔系统，随着相对压力递减至 $p_1/p_0, p_2/p_0, \cdots$，相应地发生吸附质逐步倒空。对应于为 $p_1/p_0, p_2/p_0, \cdots$，相应地将孔分为 1,2,…组，如图 9.14 所示。每组孔有作为常数的半径 r_{pn}。吸附质的脱附按照孔半径大小顺序逐步发生，当相对压力降至 p_2/p_0，第二组孔脱去其毛细凝聚物，此外，由于第一组孔壁上的吸附层厚由 t_1 降至 t_2 也会脱去一些吸附质。依次类推，每组孔脱附时，脱附量除包括该组孔脱去的毛细凝聚物外，还包括前面各组孔因孔壁吸附层厚度减少而脱去的吸附质，具体公式推导过程如下：

假定在初始相对压力 p/p_0 趋于 1 时，吸附剂所有孔都被凝聚液充满，此时在最大孔半径为 r_{p1} 的孔内是厚度为 t_1 的物理吸附层液氮，在这个厚度内是半径为 r_{k1} 的内层毛细孔，在吸附平衡状态下，孔体积 V_{p1} 与内层毛细孔体积或称为毛细管凝聚体(芯子)体积 V_{k1}(即 Kelvin 半径对应的体积)间的关系满足

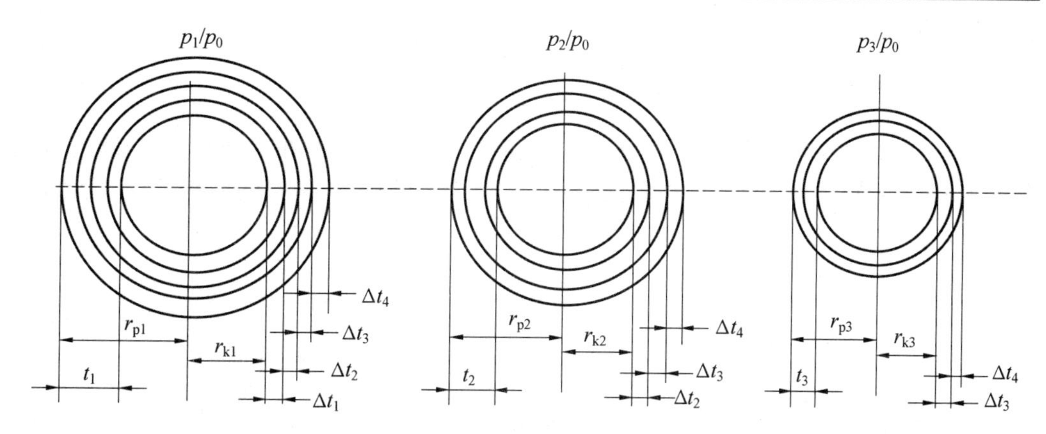

图 9.14　多层吸附和毛细孔凝聚填充满的中孔发生脱附的过程

$$V_{p1}=V_{k1}r_{p1}^2/r_{k1}^2 \tag{9.36}$$

但是,这一关系并无实际作用,因为 V_{k1} 的值是未知的。要取得有用的数据,需将相对压力(p_1/p_0)降低到较小的(p_2/p_0),此时将有 Δv_1 的液态气体脱附出来,该值是可以直接测定的。需要强调的是,相对压力的减小不但会使最大毛细孔中的凝聚液芯放空,还会使得吸附层 t_1 减小 Δt_1,可测得脱附体积 Δv_1,联系式(9.36)可以得到

$$V_{p1}=\Delta v_1\frac{r_{p1}^2}{(r_{k1}+\Delta t_1)^2}=R_1\Delta v_1 \tag{9.37}$$

式中　Δv_1——可以直接测得的液态脱附气体量;

Δt_1——第 1 组吸附层厚度的平均减少量。

如果同样将(p_2/p_0)降低到(p_3/p_0)而取得第二个孔的体积 V_{p2},将会出现很复杂的推理等式;此时脱附的液态气体量 Δv_2 的贡献值不仅来自于第二个孔凝聚液芯的空出,还包括在第一个孔留下的第二层厚度变薄空出的体积 $v_{\Delta t2}$,建立如下等式

$$V_{p2}=\frac{r_{p2}^2}{(r_{k2}+\Delta t2)^2}(\Delta v_2-v_{\Delta t2})=R_2(\Delta v_2-v_{\Delta t2}) \tag{9.38}$$

$$v_{\Delta t2}=\pi L_1\ (r_{k1}+\Delta t_1+\Delta t_2)^2-\pi L_1\ (r_{k1}+\Delta t_1)^2 \tag{9.39}$$

式中　L_1——模型中圆柱形孔的长度。

只计算式(9.39)并不复杂,但如果随着孔数量的增大,求 $v_{\Delta t}$ 会变得非常烦琐,实际上这种计算过程是很难实现的。可选择另一种表达式代替式(9.37):

$$v_{\Delta t2}=\Delta t_2 A_{C1} \tag{9.40}$$

式中　A_{C1}——物理吸附气体脱附时在相对压力点以前的孔壁的暴露面积(或称为脱附掉物理吸附气体处的平均面积)。

将方程(9.40)总结为任一阶段的脱附过程,有一般的表达式

$$v_{\Delta ti}=\Delta t_i\sum_{j=1}^{i-1}A_{Cj} \tag{9.41}$$

应该指出的是,$\sum_{j=1}^{i-1}A_{Cj}$ 是在“未填充满”的孔中直到第 i 次,但不包括第 i 次脱附层平均面积的和,也就是该式不包括第 i 次脱出凝聚液芯的孔,总结式(9.38)并减去式

(9.41),得到

$$\Delta V_i = R_i(\Delta v_i - \Delta t_i \sum_{j=1}^{i-1} A_{Cj}) \tag{9.42}$$

式(9.42)仍然不能计算 ΔV_i,因为任一"放空的孔"的 A_{Cj}值并不是常数,而随着每次的 p/p_0降低都在变化。但是另一方面,假定孔是圆柱形孔,每一孔的面积 A_p 是定值,并可从其体积关系计算

$$A_p = \frac{2\Delta V_p}{r_p} \tag{9.43}$$

BJH 算法提供了由每一个相对压力降低得到的圆柱孔面积 A_p来推导 $\sum AC_j$ 的过程,它是假定在相对压力降低时,所有放空凝聚物的毛细孔有一个平均的孔半径$\overline{r_{pj}}$(在脱附过程中邻近从高到低相对压力 p/p_0间的平均半径)。根据$\overline{r_{pj}}$可获得毛细孔芯半径$\overline{r_{Cj}}$,这样相对压力降低暴露面积可表达为

$$A_{Cj} = A_{pj} \times (\overline{r_{Cj}}/\overline{r_{pj}}) \quad \overline{r_{Cj}} = \overline{r_{pj}} - \overline{t_i}$$

式中 $\overline{t_i}$——在当前压力降低区间内平均吸附层厚度,这样式(9.42)可进一步表达为

$$\Delta V_i = R_i(\Delta v_i - \Delta t_i \sum_{j=1}^{i-1} A_{pj} C_j) \tag{9.44}$$

$$R_i = \frac{r_i}{r_{k,i} + \Delta t_i} \quad C_j = \frac{\overline{r_j} - \overline{t_i}}{\overline{r_j}} \tag{9.45}$$

式中 r_i——第 i 组孔的孔半径;

Δt_i——第 i 组吸附层厚度的平均减少量;

$\overline{r_j}$——蒸气压为 p/p_0的平均孔隙半径;

$\overline{t_i}$——蒸气压为 p/p_0平均吸附厚度;

Δv_i——第 i 组毛细凝聚物的脱附量;

A_{pj}——半径为 r_j 的孔隙比表面积,总的比表面积可以表示为 $A = \sum_{j=1}^{i} A_{pj}$, $\Delta t_i \sum_{j=1}^{i-1} C_j A_{pj}$ 为半径大于 r_i的前面各组孔因吸附层厚度减少导致的吸附质脱去的量。

Barrett、Joyner 和 Halenda 开辟了一条严格计算孔径分布的道路,但是他们在中途遇到了困难,最后用一个人为的指定的待定常数,使计算公式成了近似公式:

$$\Delta V_i = R_i(\Delta v_i - \Delta t_i \sum_{j=1}^{i-1} A_j C_j) \tag{9.46}$$

式中 A_j——半径为$\overline{r_j}$的第 j 组孔的比表面积,这里为了下标标注统一以及后续介绍的其他计算模型,将 A_{pj}统一表达为 A_j,所以对于圆柱形孔,$A_j = \frac{2\Delta V_j}{\overline{r_j}}$,$C_j = \frac{\overline{r_j} - \overline{t_i}}{\overline{r_j}}$,由于 C 值随 i、j 而改变,且 Barrett 等将它视为人为给定的常数,所以 Barrett 等

的公式较粗略。

(2)Pierce 计算方法。

在 Pierce 公式中,若不仅把 C 看成常数,而且令其等于 1,则得

$$\Delta V_i = R_i(\Delta v_i - \Delta t_i \sum_{j=1}^{i-1} A_j) \tag{9.47}$$

由道利茂尔-赫德(Dollimore-Heod)的 DH 方法可得

$$\Delta V_i = R_i\left(\Delta v_i - \Delta t_i \sum_{j=1}^{i-1} \frac{1}{\overline{r_j}}\Delta A_j + 2\pi \overline{t_i}\Delta t_i \sum_{j=1}^{i-1} \Delta L_j\right) \quad i = 1,2,\cdots,n \tag{9.48}$$

同样,对于圆柱形孔, $\Delta A_j = \dfrac{2\Delta V_j}{\overline{r_j}}, \Delta L_j = \dfrac{\Delta V_j}{\overline{r_j}^2}$。

(3)BJH 修正计算算法。

我国关于《压汞法和气体吸附法测定固体材料孔径分布和孔隙率 第 2 部分:气体吸附法分析介孔和大孔》(GB/T 21650.2—2008)在 BJH 模型的基础上进行了修正,也将 C 值作为定值,具体计算模型如下:

$$\Delta V_i = Q(\Delta v_i - C \times \Delta t_i \sum_{j=1}^{i-1} \Delta S_j) \tag{9.49}$$

式中 ΔV_i——平均孔半径 r_p 的每一组孔单位质量的孔体积,mm^3/g;

Δv_i——相对压力降低引起单位质量样品的脱附液态氮量,mm^3/g。

$$C = 0.85\times10^{-3}, \quad Q = [\overline{r_i}/(\overline{r_{k,i}} + \Delta t_i)]^2 \tag{9.50}$$

式中 $\overline{r_i}$——圆柱形孔半径相邻两个值的平均值(即 $\overline{r_i} \equiv \frac{1}{2}[r_{i-1}+r_i]$),nm;

$\overline{r_{k,i}}$——开尔文半径相邻两个值的平均值(即 $\overline{r_{k,i}} \equiv \frac{1}{2}[r_{k,i}+r_{k,i-1}]$),nm;

Δt_i——相邻两个吸附层厚度之差,$\Delta t_i = t_{i-1} - t_i$,nm。

同样,对圆柱形孔:

$$\Delta S_j = \frac{2\times\Delta V_i}{\overline{r_i}} \tag{9.51}$$

式中 ΔS_j——孔体积 ΔV_p 中包含的孔壁比表面积,m^2/g;

$\sum \Delta S_j$——对应于每个相对压力点以前所有孔壁比表面积之和,m^2/g。

(4)严济民等算法。

严继民和张启元等利用数学分析中的中值定理,比较严格地导得了与式(9.42)相同(形式上稍有不同)的孔径分布计算的递推公式:

$$\Delta V_i = R_i\left(\Delta v_i - 2\Delta t_i \sum_{j=1}^{i-1} \frac{\overline{r_i} - \overline{t_i}}{\overline{r_j}^2}\Delta V_j\right) \tag{9.52}$$

将累加号中之和项展开,最后得到用来处理吸附数据计算孔径分布的递推公式:

$$\Delta V_i = R_i\left(\Delta v_i - 2\Delta t_i \sum_{j=1}^{i-1} \frac{1}{\overline{r_j}}\Delta V_j + 2\overline{t_i}\Delta t_i \sum_{j=1}^{i-1} \frac{1}{\overline{r_j}^2}\Delta V_j\right) \quad i = 1,2,\cdots,n \tag{9.53}$$

定义 $R_i \equiv \left(\frac{\bar{r}_i}{\bar{r}_i-\bar{t}_i}\right)^2$，$\bar{t}_i \equiv \frac{1}{2}[t(r_{i-1})+t(r_i)]$，$\Delta t_i = t_{i-1}-t_i$。

式中 r_i——相对压力 p/p_0时的临界孔半径，nm，$r_i = r_{k,i}+t_i$；

Δv_i——实验上可测定的，$\bar{r}_i$、$\bar{t}_i$、Δt_i 及 R_i 都可事先计算成表，因此，所需要的所有 ΔV_i 便可由递推法逐级计算出来，即先由 Δv_1 计算出 ΔV_1，再由 Δv_2 及 ΔV_1 计算出 ΔV_2，$\cdots \Delta v_i$ 及 $\Delta V_j(j=1,2,3,\cdots,i-1)$计算出 ΔV_i。利用严继民和张启元算法还可以得到平行板孔计算模型。

这里需要强调的是采用 BJH 方法计算中孔孔径分布均假定：

①孔隙是刚性的，并具有规则的形状（如圆柱状）。

②不存在微孔。

③孔径分布不连续超出此方法所能测定的最大孔隙，即在最高相对压力处，所有测定的孔隙均已被充满。

上述几种计算方法总体计算步骤如下：

①不论采用的是等温线的吸附分支，还是脱附分支，数据点均按压力降低的顺序排列。把脱附或吸附分为 N 个间隔，第 i 组吸附量由两部分组成，一是在由 Kelvin 方程针对高、低两个压力计算出的尺寸范围内的孔隙中毛细管凝聚物的吸附量的改变；二是大于半径 r_i的孔中因吸附层厚度的增加或减少所引起的吸附量的改变。

②从最大孔（高相对分压）开始，计算每一组中的实验脱附量（或吸附量）之差 Δv_i。

③计算每个相对压力下的开尔文半径 r_k、吸附层厚度 t、实际孔隙半径 r_p 以及根据不同算法计算它们之间的平均值或差值。

④计算每个相对压力下的孔壁比表面积以及每个相对压力点以前所有孔壁比表面积（最高相对压力处因认为充满液体，暴露的孔壁比表面积视为零），再根据孔体积方程计算每一组孔体积 ΔV_i。

9.3.4 孔总体积

在氮气吸附法中样品的孔总体积是根据在 77.3 K 液氮温度和$\frac{p}{p_0}\approx 1$ 时，吸附剂的孔因毛细管凝聚作用会被液化的吸附质充满，将此时测量的吸附量由下式换算为液态体积即得到孔总体积。在标准状态下的气态体积 $V_{脱}$ 与液态体积 V_L 之间的换算公式是：

$$V_L = \frac{V_{脱}}{22\,400} \times 28 \times \frac{1}{0.808} = 1.547 \times 10^{-3} \times V_{脱} \tag{9.54}$$

式中 1.547×10^{-3}——标准状态下 1 mL 氮气凝聚后的液态氮体积，mL。

9.3.5 平均孔径

平均孔径等于对应的孔体积和对应的比表面积相除的结果。公式为：平均孔径 = $k\times$总孔体积/比表面积，k 和选取的孔的模型有关，如果是圆柱形孔，那么 $k=4$，如果是平面板模型，那么 $k=2$。如假定吸附剂的孔是圆柱形，对含有大量孔的吸附剂的整个表面可

以看成由孔壁组成，则样品的平均孔径计算公式为

$$\overline{D}=\frac{4V_{\mathrm{p}}}{S_{\mathrm{BET}}} \tag{9.55}$$

在氮气吸附法的测试报告中还有两个平均孔径：

①BJH 吸附平均孔径。由 BJH 吸附累积总孔体积与 BJH 吸附累积总孔内表面积计算得到的平均孔径，有孔径的上下限。

②BJH 脱附平均孔径。由 BJH 脱附累积总孔体积与 BJH 脱附累积总孔内表面积计算得到的平均孔径，有孔径的上下限。

9.3.6 等温吸附的类型

国际纯粹与应用化学联合会（International Union of Pure and Applied Chemistry，IUPAC）提出的物理吸附等温线分为 6 类，如图9.15 所示。

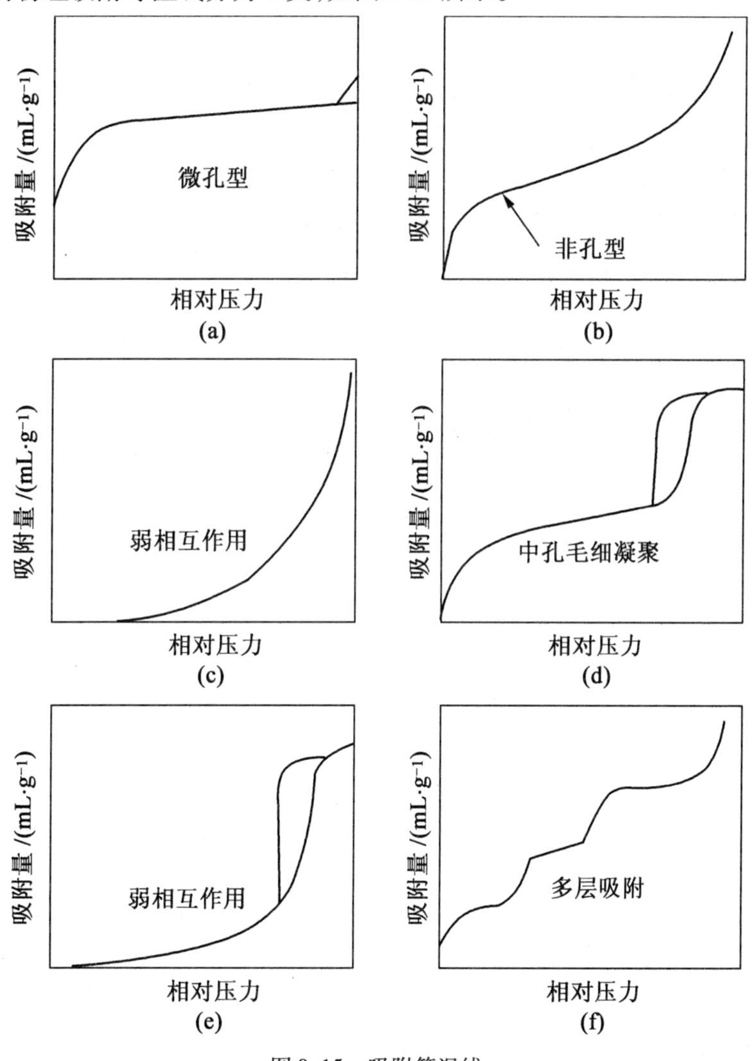

图 9.15 吸附等温线

Ⅰ型等温线的特点是,在低相对压力区域,气体吸附量有一个快速增长。这归因于微孔填充。随后的水平或近水平平台表明,微孔已经充满,很少或没有进一步的吸附发生。达到饱和压力时,可能出现吸附质凝聚。外表面相对较小的微孔固体(如活性炭、分子筛沸石和某些多孔氧化物)表现出这种等温线。

Ⅱ型等温线(S型等温线)一般由非孔或大孔固体产生,相对压力较低时,主要是单分子层吸附,B 点通常被作为单层吸附容量结束的标记,达到饱和蒸气压时,吸附层无限大。

Ⅲ型等温线以相对压力轴凸出为特征。在低压区吸附量少且不出现 B 点,表明吸附剂和吸附质之间的作用力相当弱,相对压力越高,吸附量越多,表现出有孔填充。

Ⅳ型等温线由介孔固体产生。一个典型特征是等温线的吸附分支与等温线的脱附分支不一致,可以观察到迟滞回线。在较低的相对压力下,单分子层吸附;在较高的相对压力下,吸附质发生毛细管凝聚,所有孔发生凝聚后,吸附只在远小于表面积的外表面上发生,曲线平坦;在相对压力 $\frac{p}{p_0}$ 接近 1 时,在大孔上吸附,曲线上升,可观察到一个平台,有时以等温线的最终转而向上结束。

Ⅴ型等温线的特征是向相对压力轴凸起。与Ⅲ型等温线不同,在更高相对压力下存在一个拐点。Ⅴ型等温线来源于微孔和介孔固体上的弱气-固相互作用,而且相对不常见。

Ⅵ型等温线以其吸附过程的台阶状特性而著称。这些台阶来源于均匀非孔表面的依次多层吸附。这种等温线的完整形式不能由液氮温度下的氮气吸附来获得。

这里需要说明的是,不是所有的实验等温线都可以清楚地划归为上述典型类型之一。在这些等温线类型中,已发现存在多种迟滞回线,即吸附-脱附等温线是不重合的,这一现象称为迟滞效应(图 9.16),即结果与过程有关,多发生在Ⅳ型吸附平衡等温线。虽然不同因素对吸附迟滞的影响尚未被充分理解,但其存在 4 种特征,并已由国际纯粹与应用化学联合会给出,这里不再介绍。

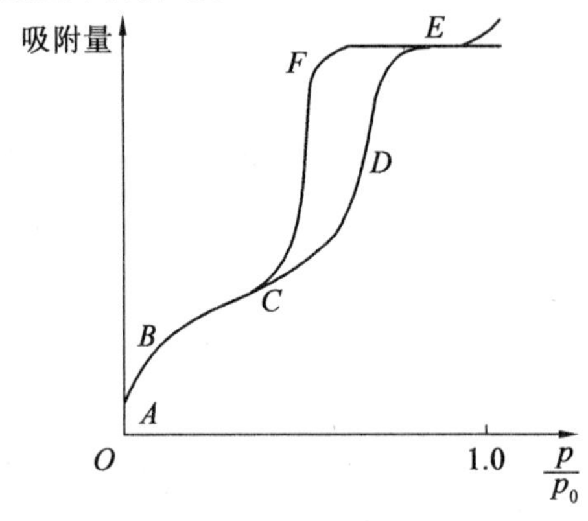

图 9.16 Ⅳ型等温线的滞后现象

ABC—细孔壁上单层吸附;*CDE*—吸附支;*EFC*—脱附支;*CDEF*—滞后环

9.3.7 气体吸附法的优势与限制

气体吸附法对于一般的多孔材料来说是非常成熟的,但也要求一定的实验经验且非常耗时,一次测试将持续 6 h 以上,使用水蒸气吸附实验可能需要更长的时间才能达到实验所需平衡。同时,体积法用于大孔体积材料测量并不理想,因为注入大量的蒸气是十分烦琐的,并且可能会增加累积误差。在测试过程中使用小试样,并要求这些试样具有材料的代表性。当样品具有较小的比表面时,由于吸附的气体很少,因此该实验变得困难。通常使用吸附质和内载气混合物的吸附实验在毛细凝聚区域是不适合的。重力测量系统可以全自动操作,产生的测量结果精度高。

氮气吸附是最为常用且准确的测试方法,结果对标本制备方法的依赖性使正确结果的获得变得复杂。硬化水泥浆体上氮气等温线的形状取决于生产和储存过程。此外,必须采取预防措施,以确保制备和干燥过程中不会产生较大的微观结构变化,导致给出误导性的结果。在所需的吸附温度下使用具有低饱和蒸气压的气体可以更准确地测量具有小比表面积的材料。假定氮气分子与水泥浆体之间在吸附过程中发生的相互作用为纯物理作用,对硬化水泥浆体的详细研究表明,在相对压力 $0<p/p_0<0.4$ 的范围内,可以获得几种不同形状的等温线。水化水泥浆体表面具有一定的离子特性,因此氮等温线形状的变化可能归因于内表面化学性质的改变。也有可能是水汽的吸附导致了水泥浆体的化学相互作用,这可能会掩盖这些情况下结果的正确插值。但试验墨水瓶孔入口十分狭窄,氮分子无法渗透到其中,使得氮气吸附技术精度受限,氮气同样不能渗透到许多大孔隙中,特别是那些含有孔径仅略大于微孔(直径约 2 nm)的硬化水泥浆体。在这些情况下,需要研究其他吸附质,以确认基于氮作为探针分子的结构评价。比如丁烷:其分子不含有永久电荷分离,它与固体表面的物理相互作用应该是非特异性的范德瓦耳斯力。而相对压力 p/p_0 精度仅能控制在 0.98 左右。在达到这个阶段之前,吸附质(表面张力和密度)的物理性质可能与本体性质有很大的差异,从而在孔径计算中导致误差。在氮沸点处吸附需使用精密的恒温器系统,否则液氮沸点的波将造成系统内饱和蒸气压巨大变化,可以使用其他吸附质如丁烷(0 ℃)或四甲基硅烷(15~20 ℃)避免。

另外,具有有限孔隙率和有限孔隙连通性的致密硬化水泥浆体系可能无法正确响应毛细凝聚模型。以氮气吸附为例,液氮在实验进行的温度下,氮通过非常精细的互连线时扩散极其缓慢。因此,由于局部无法获得必要的氮气蒸气,在某些孔隙中可能不会发生毛细凝聚。由于孔隙结构的曲折性,氮气吸附测量也可能会受到干扰。

内部运算环节中,BET 方程是假设一个单分子层覆盖在孔的表面,在第一个吸附层完结之前,可能有第二层吸附的气体分子正在形成。其理论是假设表面所有吸附位点的能量相同,只考虑吸附分子与表面之间的作用力忽略了同一层中相邻分子之间的水平相互作用。假设中 BET 存在常数 C,但为了使 C 恒定,表面必须是能量均匀的,吸附在孔隙表面的第一个分子比后面的分子产生更多的能量,这使得 BET 理论在相对压力小于0.05时不适用。

气体吸附法对孔隙形状不做任何假设,而是假设孔隙全部位于毛细管冷凝可以检测到的范围内,即直径可达 40 nm 左右的孔隙。这对于水泥基材料的研究来说是一个很大的限制,因为水泥基材料的孔体积很大,其尺寸可达 100 nm。对于大多数水泥浆体,需要采用其他方法研究尺寸大于 40 nm 的孔隙,而这些孔隙往往是孔隙体系的主要部分。对于微孔而言,并不完全清楚孔隙填充和空洞的机制。微孔认为是被一种均相机制填充的。当一个孔的相对壁非常紧密以至于它们的吸附场重叠时,那么整个孔可以被看作吸附空间的一部分,并且在非常低的相对压力下由吸附物填充。因此这种孔隙更多的是作为固体表面的延伸而不是作为孔隙体积的一部分出现。开尔文方程的适用性受到限制,在微孔的情况下不能使用毛细管凝聚模型。

最后,涉及除氮气以外的凝析物的毛细管凝聚测量中 t-曲线的使用会产生误差。t-曲线中的任何误差都会对孔径分布产生不明显的影响,在孔径最小的直径区域内,这种影响会变得相当大。也就是说,当滞回伴随毛细凝聚时,需要建立滞回环的边界曲线。因此在开始脱附之前,吸附测量必须达到饱和蒸气压下的吸附极限,并且脱附也必须在不提前逆转的情况下完成。

9.4 孔结构分析的应用实例

9.4.1 压汞法应用实例

1. 样品制备

对压汞而言,因样品管(膨胀计)由一个测量汞压入量的带刻度毛细玻璃管和与一个盛装样品的玻璃样品室连接在一起构成的,如图 9.17 所示,这样可将试样加工成圆柱形。与压汞法取样相比,气体吸附法取样的质量和体积均较小。

对水泥净浆和砂浆而言,将拌和好的浆体装入直径 10 mm(因压汞测试盛装样品的膨胀剂 5 cm^3 管的直径略大于 10 mm)、长度为 50 mm 或 100 mm 左右的试管中(玻璃管、塑料管或者 PVC 管均可,相对而言玻璃管容易拆模且不易损伤试件)。因试管直径较小容易引入气泡,在装模过程中,一般每装入 1/3 的浆体用直径 1 ~ 2 mm 的铁丝从四周向中央捣实,装满之后在振捣台上振动 30 s,进一步驱赶多余气泡,成型后最初的 6 h 内(条件允许最好在 24 h 内),为避免浆体产生的离析和泌水,将密封的试管在室温下以 2.5 r/min 的速度旋转,或者每半小时倒置成型试管一次。流动性变差,泌水分层影响较小后,试件直接放置于养护室或与宏观试件相同的养护条件下直至拆模,这样得到的试件质量相对均匀(图 9.18)。

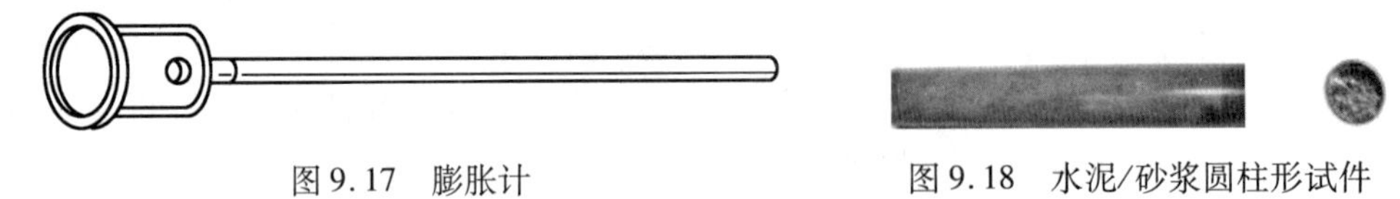

图 9.17 膨胀计　　图 9.18 水泥/砂浆圆柱形试件

在达到预定的龄期后,取出试件,放入丙酮或者酒精溶液中阻止水化,较小的试件尺寸有助于丙酮或者酒精渗透入试件的毛细孔和凝胶孔中,替换孔隙水,终止水化。丙酮或酒精置换水的时间取决于试件自身的养护龄期,养护龄期越长,置换时间越长,适当延长置换时间,一般而言置换一周即可,因龄期超过 28 d,超过 70% 的水泥水化完成,此时水化反应速率很慢,因此,一周内的丙酮或者酒精置换主要是取代孔隙水,而不是完全阻止水化。在置换期内每 2 d 更换一次溶液。

为了使取样具有代表性,在达到规定龄期后,将图所示的小试件用小型切割机或者锯子将两个端头切断，取中间段或将中间段进一步切割选取不同段进行实验。将水泥基试块切割成 1 cm×1 cm×1 cm 或 0.5 cm×0.5 cm×0.5 cm 的立方体试块。若研究粗孔，则用最大粒径为 10 μm 的介质抛光样品的表面，抛光后再用酒精冲洗表面并进行干燥处理，以防止粘连的小颗粒堵塞孔道。若研究细孔，则刚锯下立即实验，将孔径大于 125 μm 的数据去除即可。

对混凝土试块的取样，由于粗骨料的存在会对结果造成很大影响，可以在不同的位置钻芯取样或者将试块劈裂后，取中心部位，尽量去除粗骨料，测试后取均值。取样的大小主要取决于测试时所选用膨胀剂（样品管）容量的大小。例如，美国 Auto Pore 9500 系列仪器的膨胀剂有 3 cm^3、5 cm^3 和 15 cm^3 三种，混凝土试样选用 15 cm^3 进行实验，其实验结果更具有代表性，但用汞量增大，实验的成本增高。

2. 样品的干燥方式

水泥基材料样品在测孔前均需干燥至恒重，干燥的方式主要有 P 干燥、D 干燥、真空烘箱干燥和冰冻干燥 4 种方式。P 干燥是将样品置于真空干燥器中，在置有过氯酸镁溶液的水蒸气压的环境中干燥；D 干燥则是在干冰环境（−78 ℃）所创造的水蒸气压的环境中干燥；真空烘箱干燥，对水泥基材料而言，将样品首先置于干燥箱中抽真空，然后加热，其温度一般不超过 80 ℃持续 24 h 以上；冰冻干燥是将试件置于液氮环境中（−196 ℃）使其固化，然后置于冰冻干燥机中抽真空。

相较于其他干燥方式，冰冻干燥是将试样快速置于液氮环境中形成无定形固态水（冰）而不是常见的冰晶体，可消除结冰过程体积增加造成的孔隙压力。此外，干燥过程是直接让冰升华而非孔隙水蒸发，可以消除弯液面造成的孔隙压力，所以冰冻干燥对试样内部结构损伤最小。Ye 等对比了真空干燥、烘箱干燥和冰冻干燥 3 种方式对孔结构的影响，发现真空干燥和冰冻干燥测试的孔隙率和孔结构分布结果相近，烘箱干燥测试的结果偏大，也就是说烘箱干燥在一定程度上对试样内部结构带来损伤。当然冰冻干燥测试的孔隙率值是 4 种干燥方式中最小的，主要是由于干燥时间较短且水泥基材料较为致密，冰冻干燥不能完全排出所有孔隙水。

3. 参数设置

气体吸附和压汞测试都需要输入样品的质量和平衡时间，一般仪器默认的平衡时间为 10 s，其设置的大小对实验结果影响极大。以压汞为例，一定压力下相应的汞被充入一定的孔中，若平衡时间太短，部分孔还未被充满，就充入下一尺度的孔，得到的孔结构相关参数误差越来越大，若平衡时间太长，对孔长时间持续加压充汞，可能对孔结构产生新损伤，且实验耗时长，成本增加。故对水泥基材料而言，其平衡时间一般设为 20～30 s。

压汞测孔时还需要根据实验环境温度对应选取汞的密度和表面张力，一般选取 4.85×10^{-3} N/cm，根据材料的特性确定接触角 θ 的大小，对水泥混凝土而言，接触角一般取 140°。

压汞测试一般经历的步骤为选择膨胀剂并称重→样品称重→密封膨胀剂并称重（样品+膨胀剂）→抽真空→低压完成→称重（样品+膨胀剂+压入汞）→高压实验（选择高压头内样品文件→输入质量（样品+膨胀剂+汞））。这里需要强调的是，在最终测试完毕后，毛细孔使用率应在25% ~90%，则测试结果较为可靠。

4. 应用实例

（1）孔径分布曲线含义。

孔径分布曲线如图9.19所示，横坐标为孔径 D（或孔半径 r），纵坐标为$\frac{\mathrm{d}V}{\mathrm{dlg}\ D}$，其含义如下：①孔径分布曲线越窄且越高，说明孔径分布均匀且集中，在该区间的孔比较多（图9.19曲线1），若孔径分布曲线宽而矮（图9.19曲线2），说明孔径分布不均匀，孔径值离散程度大；②纵坐标表示孔的数量，某孔径对应的纵坐标越高说明在该孔径大小的孔越多，其最高峰值对应的孔径为最概然孔径；③孔径分布中的峰值表示该孔径的数量比例最大，说明材料属于某种孔结构，也就是说材料的性能主要由该尺度的孔决定的。

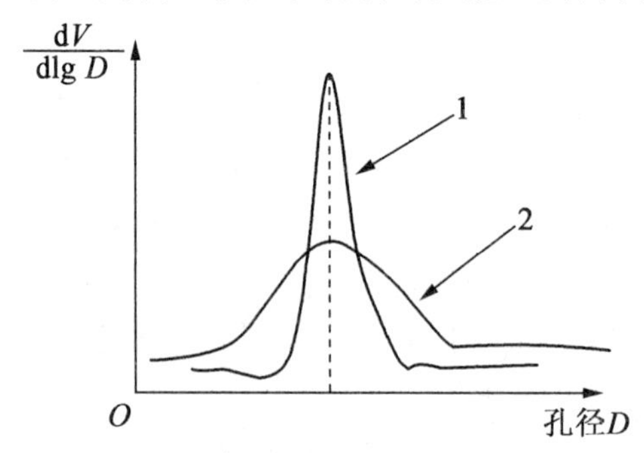

图9.19 孔径分布曲线

（2）有效孔隙率及其分布。

利用压汞可以得到总孔隙率、孔径分布、最概然孔径、临界孔径等结构参数，但MIP测试也存在一定的局限性，尤其是毛细孔的墨水瓶效应会高估小孔的体积，低估大孔的体积。但对水泥基复合材料而言，影响其传输最重要的是毛细孔中的有效孔隙，如何确定这部分孔隙呢？在压汞测试时，第一次高压退汞后，因墨水瓶效应半通孔中的汞会滞留在孔内，若采用二次进汞，只有那些有效的连通孔隙被充满，这样可得到有效孔隙率及其分布。

①二次进汞原理。压汞测试的步骤包括第一次进汞、第一次退汞和第二次进汞。贯通孔和墨水瓶效应的连通孔，可以通过第一次进汞曲线和第一次退汞曲线得到，如图9.20所示。在第一次进汞时，所有的孔洞都充满了汞，如图9.20（b）所示；当压力释放时，除了部分墨水瓶效应的孔以及部分封闭孔外，所有的汞析出，如图9.20（c）所示。析出的这部分汞占有的体积就是有效孔隙率，有效孔隙率对多孔材料的渗透性能影响是最重要的。然后第二次进汞时，有效孔径的大小分布以及孔结构其他参数亦可获得。整个进退汞的含义如图9.21所示，二次进汞主要在测试时就压力参数值进行合理设定即可。

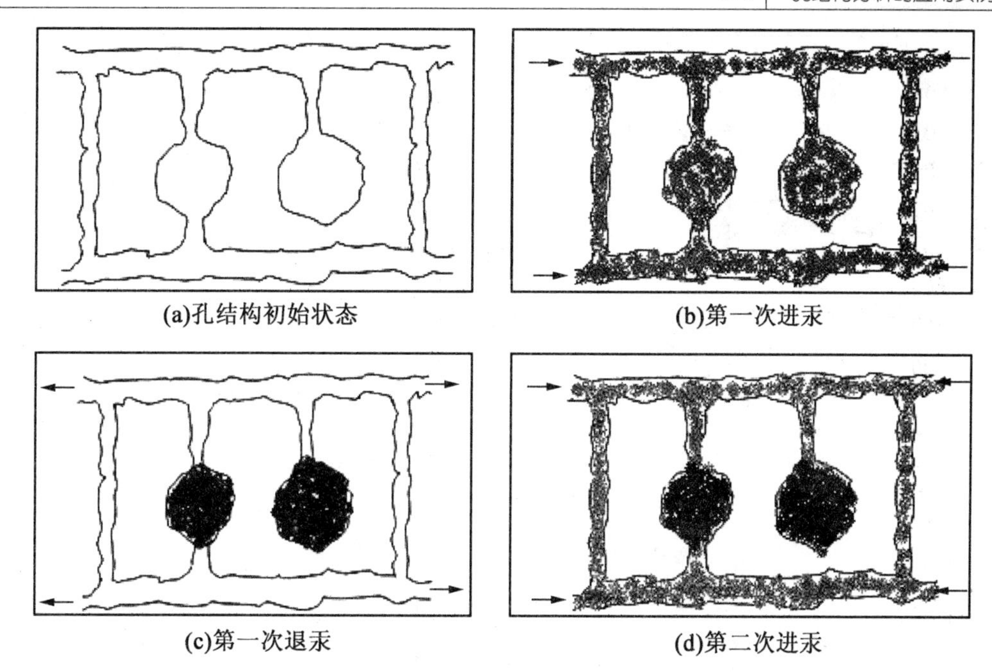

图 9.20 水泥基复合材料进退汞示意图

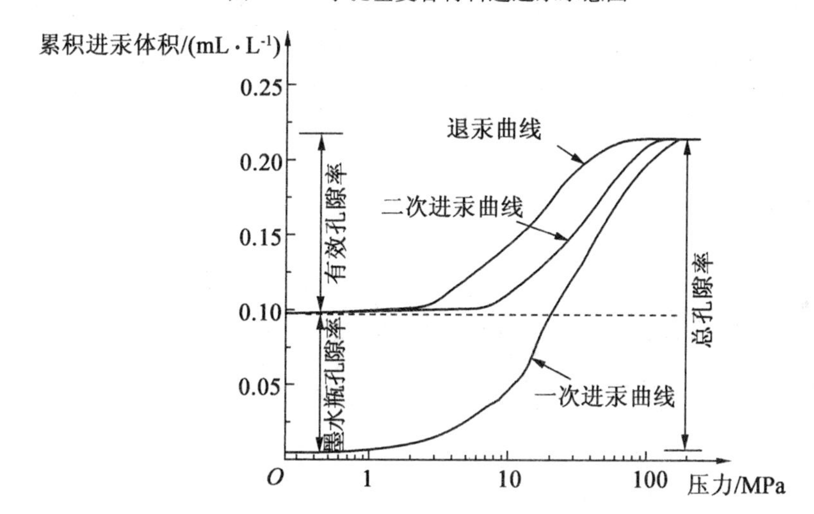

图 9.21 二次压汞曲线的进退汞含义示意图

②二次进汞的应用实例。

图 9.22 是水灰比(w/c)为 0.23、0.35 和 0.53 的硬化浆体在 28 d 时的孔径分布图。由图 9.22 可知:第一次进汞曲线可以得到总的孔隙率,包括墨水瓶孔隙;通过二次进汞将有效孔隙和墨水瓶效应孔隙区分开来,同时得到有效孔隙的孔径分布信息。实验测得的有效孔隙率结果见表 9.3。由表 9.3 知,有效孔隙率是总孔隙率的 25% ~50% 。

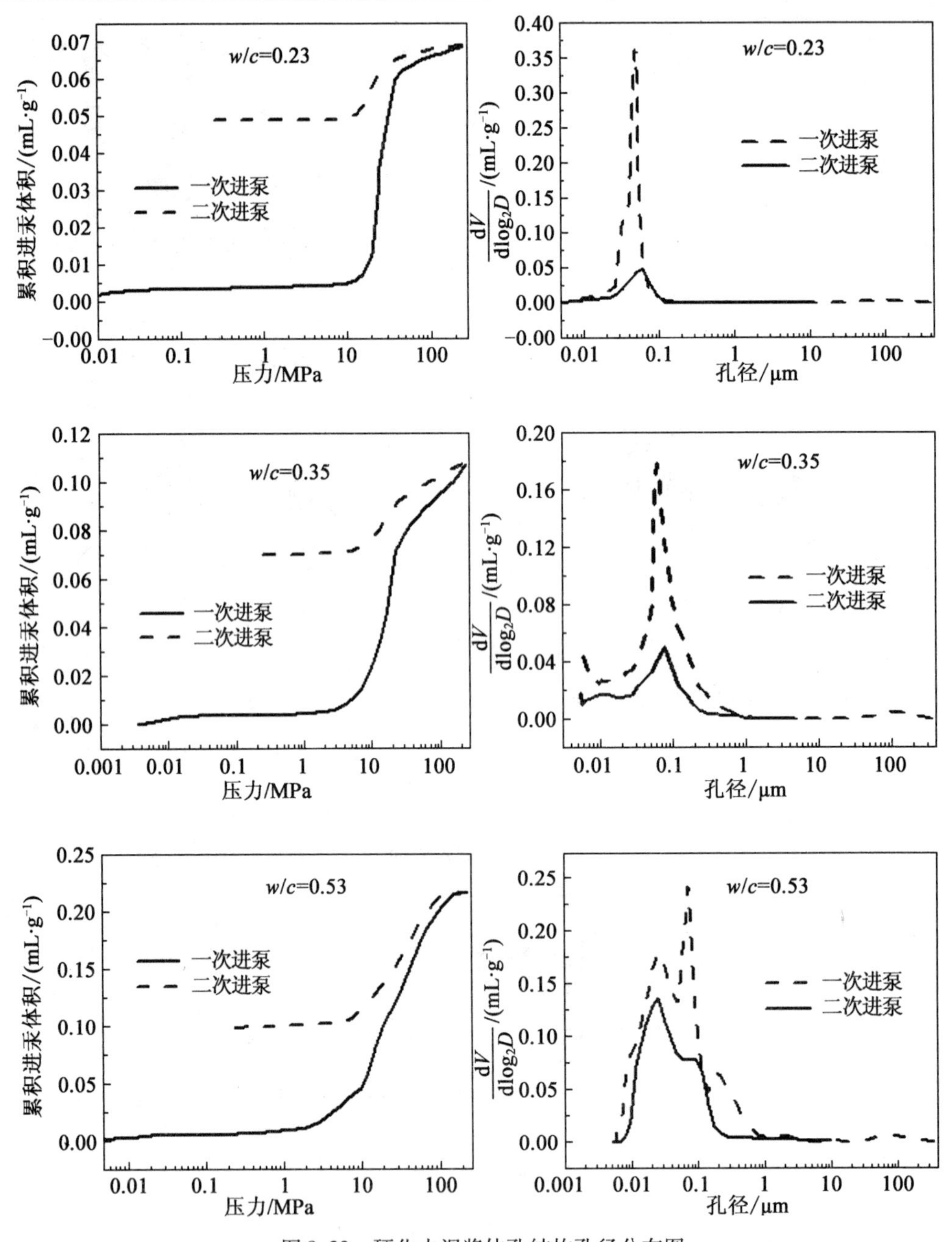

图 9.22 硬化水泥浆体孔结构孔径分布图

表 9.3 硬化水泥浆体的孔隙率测试结果

水灰比	总孔隙率 φ_{to}/%	有效孔隙率 φ_{eff}/%	$\varphi_{eff}/\varphi_{to}$
0.23	14.34	4.12	0.29
0.35	19.29	6.77	0.35
0.53	33.95	18.10	0.53

由图9.22可知,孔径分布曲线提供了更多的关于水灰比对孔结构分布影响的信息。在水泥浆体中,人们普遍认为存在两种不同的孔体系,第一个峰值是毛细孔的临界孔径,范围一般在0.01～10 μm。第二个峰值是凝胶孔的临界孔径,其值小于0.01 μm,在压汞测试中这个值一般介于0.02～0.04 μm。从图9.22中可以看出,当水灰比为0.53时,第一个峰值还是很明显的,其临界孔径为0.077 μm,水灰比为0.35和水灰比为0.23的临界孔径分别是0.053 μm和0.062 μm,但随着水灰比降低,如水灰比达到0.35时,第一峰值已经消失。主要原因是:在早期的水化阶段,毛细孔是完全连通的,这些孔远大于凝胶孔,随着水化过程的进行,水化产物占据这些孔洞。因此,第一次进汞时峰值对应于最小的相互连通的毛细孔网络喉部尺寸,这就是第一条峰变弱而且向小孔径方向移动的原因。第二个峰值在水化产物内,对应着凝胶孔,因水化过程的增加,水化产物阻挡了毛细孔,进汞首先通过C-S-H凝胶孔才能达到毛细孔,其中0.53对应的临界孔径是0.026 μm。说明水灰比越高,第一个峰值越明显,相反,水灰比越小第一个峰值消失得越快,且越来越尖锐。

9.4.2　氮气吸附法应用实例

氮气吸附法测试的结果如图9.23所示,在相对压力为0～0.01时,主要进行微孔的结构分析。在相对压力孔隙为0.05～0.35时进行孔隙比表面积的计算。吸附曲线的类型主要取决于氮气与吸附剂孔之间的相互作用。氮气吸附在水泥基材料中的具体应用如图9.24、图9.25和表9.4所示。

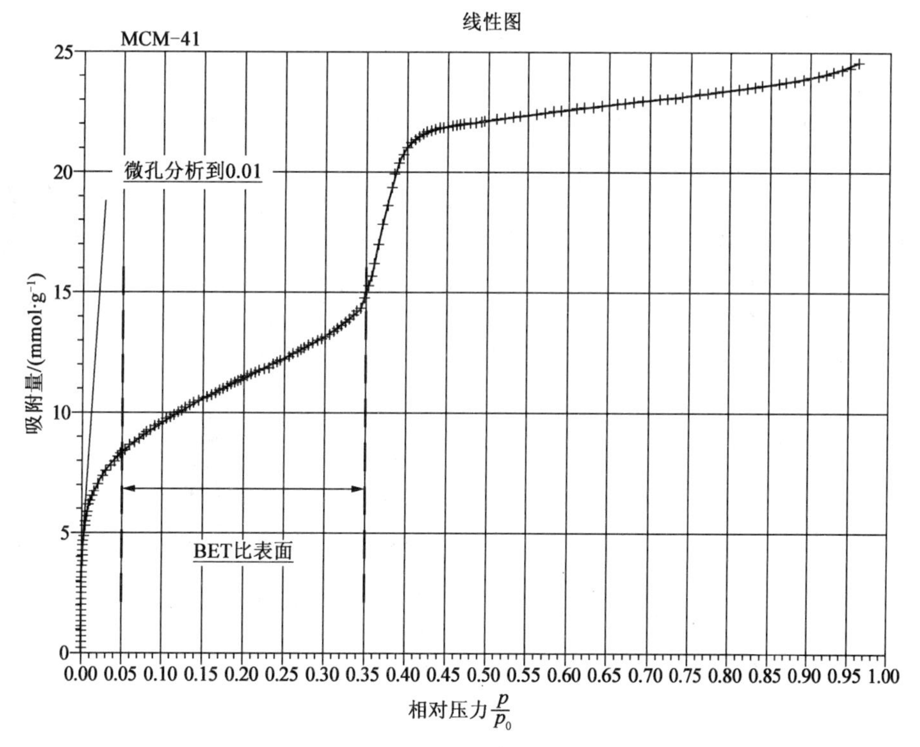

图9.23　氮气吸附法测试的结果

图9.24所示为水胶比为0.45的掺加30%低钙粉煤灰(FA)水泥净浆和纯水泥净浆在不同龄期下的吸附/脱附曲线。微分孔径分布曲线如图9.25所示。从图9.24可以看出,随着相对压力和养护龄期的增大,掺FA试样的氮气吸附量在增加,当养护龄期从7 d增加到28 d时,吸附量从45 mL/g增加到了57 mL/g(图9.24(a))。此外,掺FA浆体的吸附/脱附曲线基本相似,表明掺入FA后硬化浆体的孔隙形态没有发生明显的变化。

而对于未掺粉煤灰的水泥净浆在养护3 d、7 d和28 d的吸附/脱附曲线基本重合(图9.24(b))。表明水泥水化在3 d、7 d和28 d时产生的孔隙结构基本相似,其吸附量最高达到800 mL/g,也说明基准组水化速率均高于FA。

通过氮气吸附法得到的比表面积见表9.4。纯水泥浆体在养护3 d、7 d和28 d时,其孔隙比表面积随龄期的增加而增加并且大于掺入FA浆体孔隙的比表面积。表明纯水泥浆体在3 d时就产生了大量的凝胶孔,而FA的掺入使早期凝胶孔数量减少。

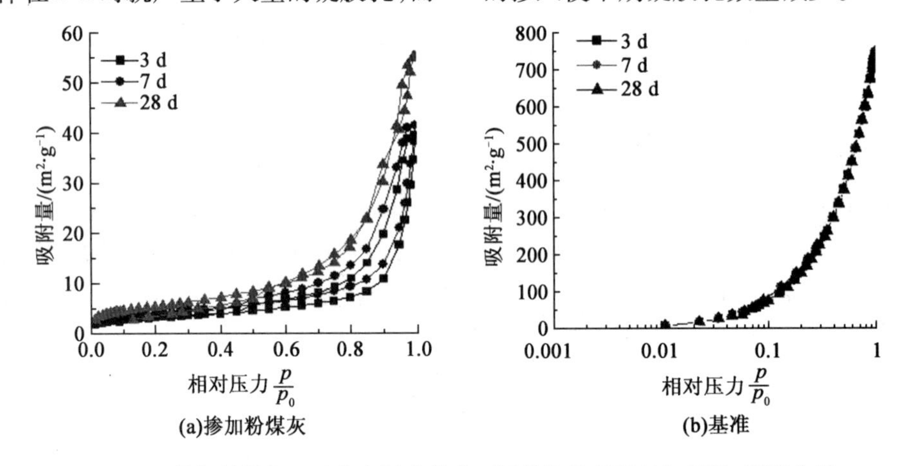

图9.24 掺加粉煤灰和基准水泥净浆在不同龄期的等温氮气吸附/脱附曲线

此外,从孔径分布来看(图9.25),纯水泥浆体的微分孔隙分布峰所在的孔隙尺寸明显高于掺加FA的浆体,并且纯水泥硬化体C试样有两个孔径分布区,即2~3 nm的凝胶孔区和10~30 nm的毛细孔区。掺FA也有两个孔径分布区,即2~2.5 nm的凝胶孔区和10~90 nm的毛细孔区,说明在养护28 d前,掺FA后浆体的粗大孔多,主要的水化产物C-S-H凝胶相对少。

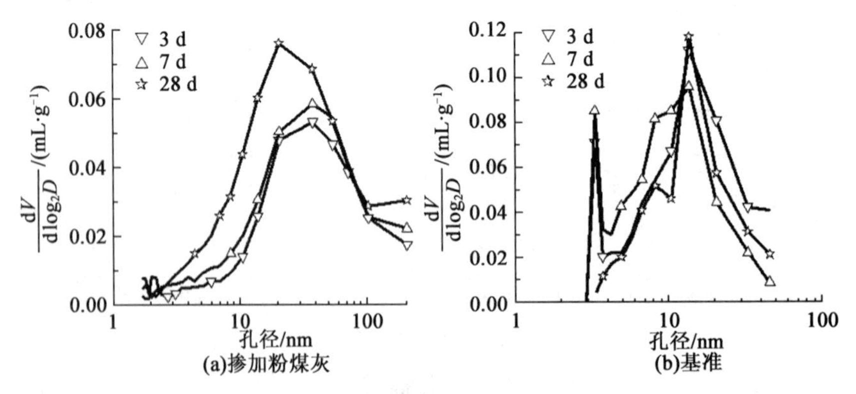

图9.25 掺加粉煤灰和基准水泥净浆在不同龄期的微分孔径分布曲线

表 9.4 FA 和 C 孔隙比表面积对比

养护龄期/d	FA 孔隙比表面积/($m^2 \cdot g^{-1}$)	C 孔隙比表面积/($m^2 \cdot g^{-1}$)
3	11.590 5	15.846 6
7	14.536 2	17.555 8
28	18.523 5	20.904 9

注:FA 表示掺加粉煤灰;C 表示纯基准水泥

9.4.3 孔结构应用分析混凝土微结构

混凝土作为非均质多相混合材料,其孔隙结构是影响材料宏观性能的主要因素,也是反映材料介、微观结构的重要环节。新型混凝土的创新研发离不开对孔隙结构的深入剖析,如超高性能混凝土、地聚合物混凝土、3D 打印混凝土等。

青岛理工大学侯东帅研发团队(王鑫鹏副教授)针对超高性能混凝土(UHPC)微结构及设计制备进行了深入研究。团队基于细观颗粒堆积技术,引入多元材料助力 UHPC 性能提升及绿色发展,大幅优化材料孔隙结构并做解析。如图 9.26 所示,赤泥(工业提取氧化铝产生的固体废弃物)可适量取代水泥;其中,按 20% ~60% 取代率进行赤泥取代的水泥基材料孔结构的临界孔径阈值增大尺寸低于 25 nm(图 9.26(a))。同时,汞的累积侵入值随着赤泥含量的增加而增大。结果表明:随着赤泥的加入,UHPC 的总孔隙率增大;例如,当 UHPC 中含有 20%、40% 和 60% 的赤泥时,总孔隙率分别从对照样品的 11.92% 增加到 17.84%、19.77% 和 24.82%(图 9.26(b))。含赤泥 UHPC 的总孔隙率按质量计算的结果也表现出类似的趋势。其中,赤泥质量分数为 20%、40% 和 60% 的 UHPC 总孔隙率分别增大到 17.37%、22.57% 和 24.91%(表 9.5)。赤泥的加入使水化产物发生了变化,使用含铝的辅助胶凝材料可以形成 C-A-S-H(桥接部位铝取代硅)。当铝元素的数量超过 C-S-H 所能容纳的量时,铝相析出并与 C-S-H 混合。团队发现使用含 23% Al_2O_3 和较少 5% CaO 的赤泥也可以得到类似的结果。此外,UHPC 基体的抗压强度与孔隙率之间存在较好的相关性。

表 9.5 UHPC 样品的总孔隙率和孔径分布

组别	孔径分布/%			最概然孔径/nm	临界孔隙半径/nm	总孔隙率/%
	胶凝孔(<10 nm)	中等毛细孔(10 ~50 nm)	大毛细孔(50 nm ~10 μm)			
Ref.	9.07	1.11	1.74	4.02	7.23	11.92
V20	12.86	2.13	2.85	4.02	9.06	17.84
V40	13.90	3.17	2.70	6.03	12.74	19.77
V60	14.86	6.03	3.99	6.03	17.12	24.82
M20	12.13	2.17	3.04	5.48	11.05	17.34
M40	13.96	3.17	5.37	6.03	14.73	22.57
M60	7.26	14.10	3.55	9.05	21.10	24.91

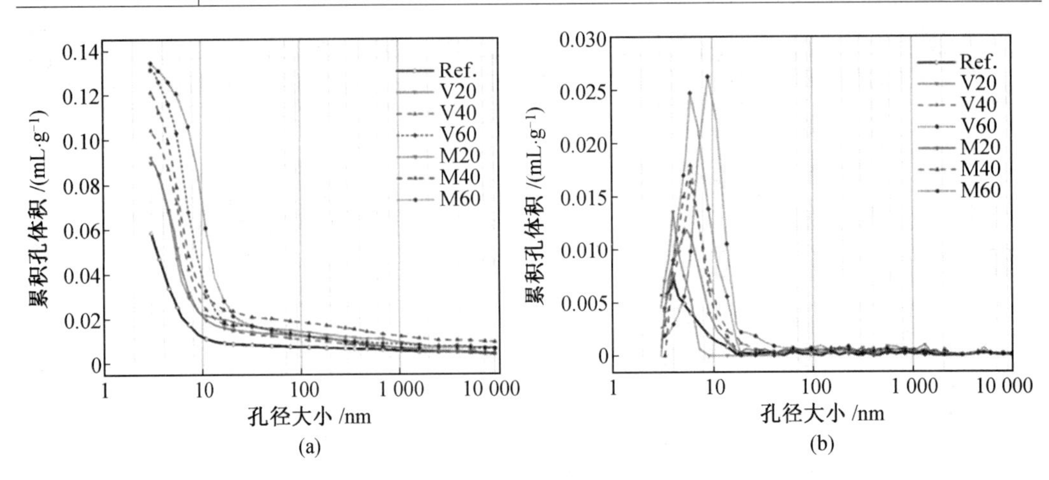

图 9.26 赤泥对 UHPC 孔隙结构影响

同时,团队研究了不同城市垃圾焚烧飞灰掺量下 UHPC 的孔结构演变。由图 9.27 可知飞灰的掺加明显劣化了 UHPC 基体的孔结构,未掺加飞灰的 UHPC 最概然孔径为 3.82 nm,当垃圾焚烧飞灰的掺量增加至 6.25%、12.5%、18.75% 和 25% 时,最概然孔径分别增加至 4.85 nm、3.82 nm、5.60 nm 和 6.63 nm。UHPC 基体总孔隙率也发生了类似的变化,不掺加飞灰时,总孔隙率为 0.82%,飞灰掺入量增加至 6.25%、12.5%、18.75% 和 25% 时,总孔隙率分别增加至 1.89%、3.00%、2.48%、2.52%。除此之外,对于孔径分布范围进行统计,统计结果见表 9.6,总孔隙率的增加主要归结于凝胶孔的增多,这是飞灰基 UHPC 力学性能下降的主要原因。

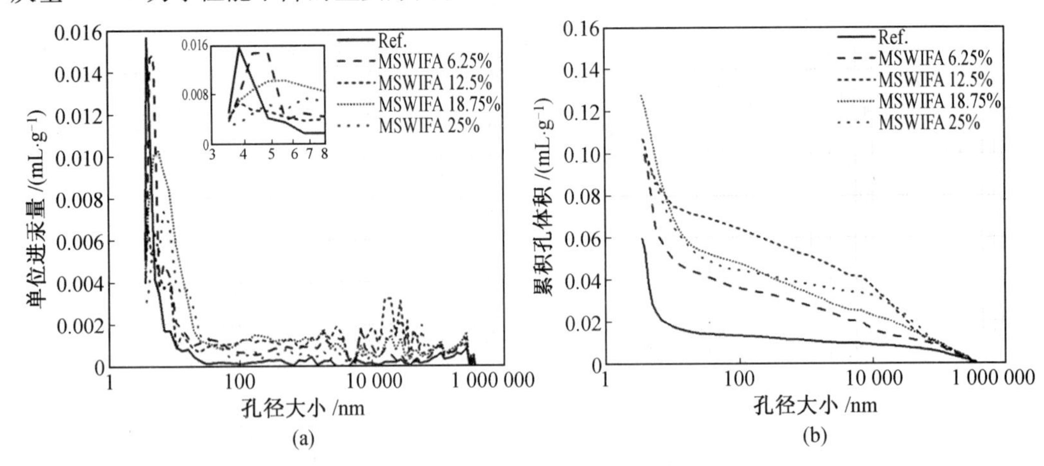

图 9.27 飞灰基超高性能混凝土分级和累积曲线

东南大学利用再生混凝土细粉(RCFP)基地聚合物与不同粒度矿渣(GBFS)混合制备地聚合物混凝土,并通过配合比调控优化混凝土孔隙结构。图 9.28 为样本(GBFS0、GBFS20、GBFS50)的孔隙结构结果。根据实验数据,表征孔隙结构的参数见表 9.7。累积孔隙体积随 GBFS 含量的增加而减小;GBFS 含量为 0、20% 和 50% 的地聚合物的累积孔体积分别为 0.261 mL/g、0.147 mL/g 和 0.047 mL/g,孔隙率分别为 39.35%、23.73% 和 8.43%,表明增加 GBFS 显著降低了基质的孔隙率。此外,GBFS 含量为 0、20% 和 50% 的试样的阈值孔径分别为31.6 μm、14.8 μm和5.1 μm，其中GBFS含量为50%的试样具有明显较小的阈值孔径。

表9.6 UHPC样品的总孔隙率和孔径分布

样品	总孔隙率/%	孔径分布/%			
		凝胶孔 (< 10 nm)	中尺寸孔径 (10 ~ 50 nm)	大尺寸孔径 (50 nm ~ 10 μm)	空隙 (10 μm)
Ref.	0.82	0.24	0.12	0.04	0.42
MSWIFA 6.25%	1.89	0.55	0.35	0.11	0.88
MSWIFA 12.5%	3.00	0.65	0.57	0.20	1.58
MSWIFA 18.75%	2.48	0.74	0.46	0.15	1.13
MSWIFA 25%	2.52	0.63	0.44	0.13	1.32

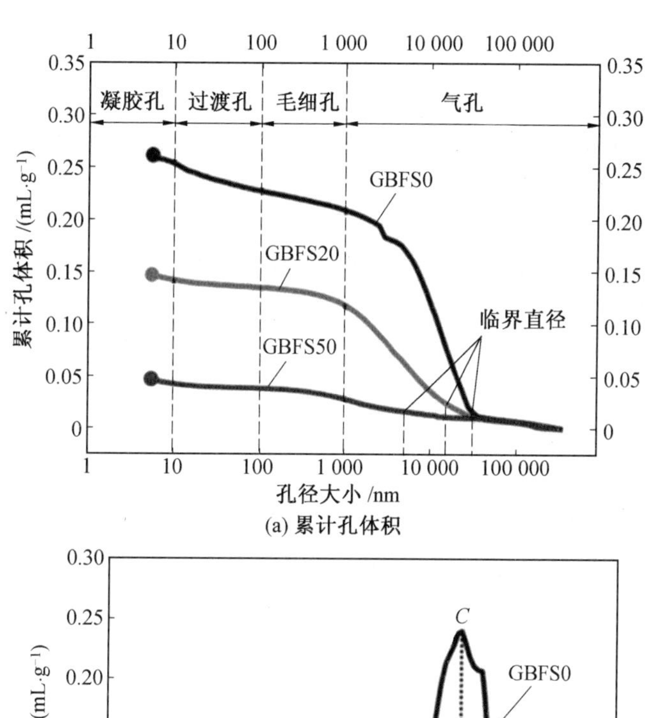

(a) 累计孔体积

(b) 孔尺寸分布

图9.28 样本(GBFS0、GBFS20、GBFS50)的孔隙结构结果

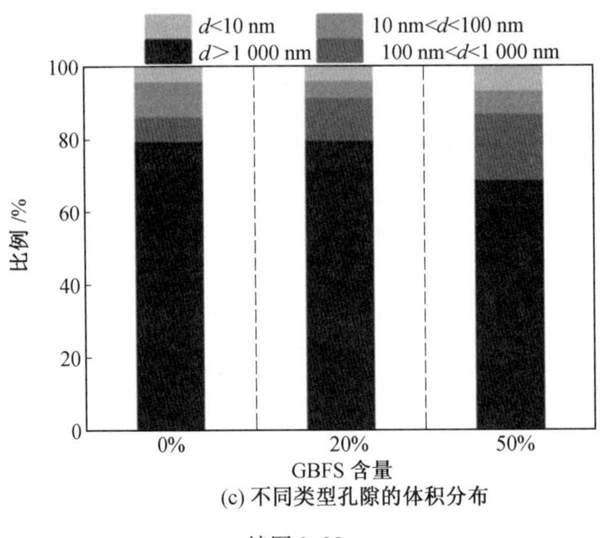

(c) 不同类型孔隙的体积分布

续图 9.28

如图 9.28(b)所示,孔径分别为 13.8 μm、3.6 μm 和 11.9 μm,与阈值孔径相似,孔径随着 GBFS 含量的增加而减小,且 50% GBFS 含量的地聚合物孔径最小,说明了 GBFS 在 RCFP-GBFS 体系中的致密化作用。试样的渗透性以及试样中液体和离子的扩散输运特性与最有效孔径和阈值孔径密切相关。材料内部的孔洞分为四类:孔径大于 1 000 nm 的大孔洞、孔径在 100 ~ 1 000 nm 之间的毛细孔洞、孔径在 10 ~ 100 nm 之间的过渡孔洞和孔径小于 10 nm 的凝胶孔洞。图 9.28(c)给出了三种试样中不同类型孔隙的分布情况。可见,随着 GBFS 含量的增加,大孔数量减少,毛细孔和凝胶孔数量增加。GBFS0 大孔、毛细孔和凝胶孔的数量分别占总孔隙的 79.75%、6.71% 和 3.82%,而 GBFS50 大孔、毛细孔和凝胶孔的比例分别为 68.97%、18.17% 和 6.52%。由此可见,GBFS 的加入和增加有利于形成额外的胶凝成分,使大孔逐渐填充,内部结构更加致密。

表 9.7 孔隙结构参数

样品	孔隙率 /%	累计孔隙体积/($mL \cdot g^{-1}$)	平均孔径 /nm	临界孔径 /nm	最概然孔径 /nm	表观密度 /($g \cdot mL^{-1}$)
GBFS0	39.35	0.261	106.87	31 568.49	13 788.30	2.49
GBFS20	23.73	0.147	134.25	1 483.71	3 593.72	2.12
GBFS50	8.43	0.047	52.47	5 051.07	1 188.68	1.97

东南大学张亚梅教授则在 3D 打印混凝土的制备中引入了孔隙结构测试,进行混凝土浇筑固化的性能分析。图 9.29 显示了在干燥条件下固化 28 d 的打印(Print)和浇筑(Cast)试样的孔隙率随聚丙烯(PP)纤维用量的变化。打印试样的孔隙率普遍低于浇筑试样。PP 纤维用量从 0% 增加到 0.1%,孔隙率随用量的增加而减小。当纤维用量增加到 0.5% 时,孔隙率增大,并与混凝土的流变性进行关联:添加 0.5% PP 纤维后,黏度明显增加,打印试件挤压或浇筑试件振动过程不能使混凝土致密,孔隙率较低纤维掺量试件增大。

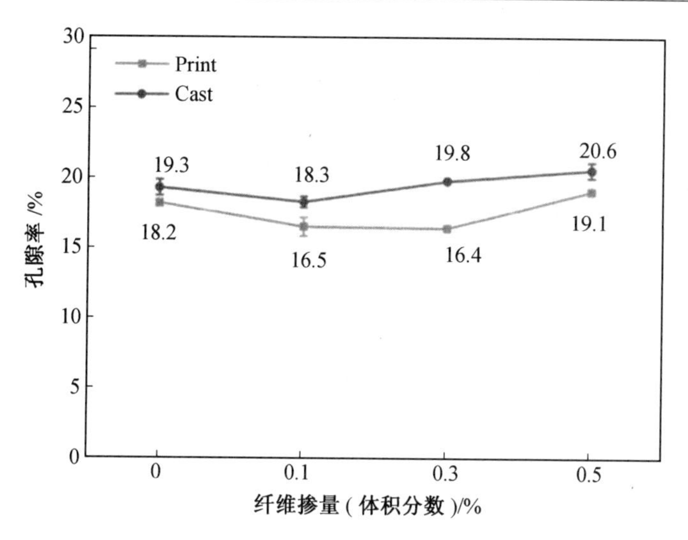

图 9.29 PP 纤维掺量对混凝土孔隙率的影响

图 9.30 比较了打印试样和浇筑试样的孔隙分布。可以识别出三个典型的峰:第一个峰在 5.5 ~ 50 nm 范围内属于中孔,第二个峰在 50 nm ~ 10 μm 范围内属于大孔,第三个峰在 10 μm 以上对应孔隙-微裂纹。既有研究发现,50 nm 以下的孔隙对收缩有重要作用,而 50 nm ~ 10 μm 的孔隙和 10 μm 以上的气孔会影响力学性能。当 PP 纤维体积分数为 0 ~ 0.5% 时,试样的临界孔径位于 50 nm ~ 10 μm(大孔)。无纤维组打印试样的临界孔径大于浇筑试样。然而,PP 纤维的加入显著减少了大孔的数量,尤其是对打印样本。此外,与浇筑样品相比,50 nm 以下的打印样品的孔径峰值从 62.5 nm 移动到 32.4 nm。而 0.5% PP 纤维用量组则未观察到明显的峰移。

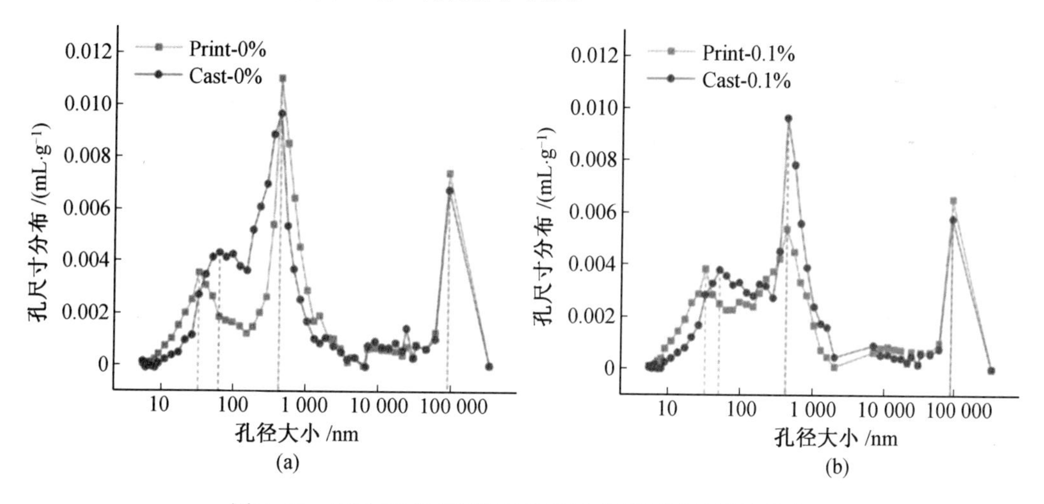

图 9.30 不同 PP 纤维用量下打印和浇筑试样的孔隙分布

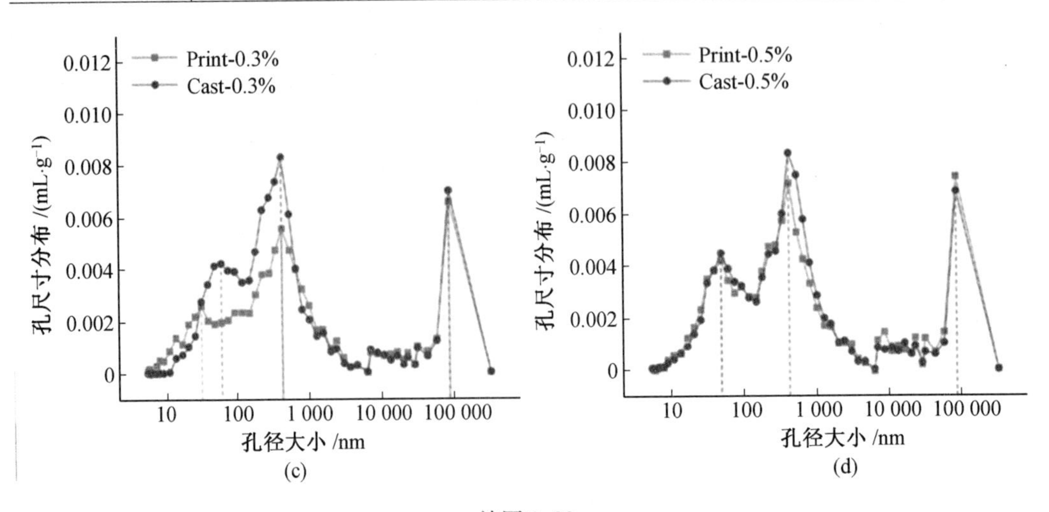

续图 9.30

思考题与习题

1. 表征孔结构的方法主要有哪些?
2. 表面积测定的方法主要有哪些? BET 测表面积的原理是什么?
3. 气体吸附法与压汞测孔的优势是什么?
4. 孔径分布的表示方法有哪些?
5. 何谓有效孔隙率? 其压汞法测试的原理是什么?

第10章　压痕硬度测试技术

10.1　引　　言

材料的硬度能较敏感地反映材料成分与组织结构的变化，与强度、耐磨性以及工艺性能往往存在一定的对应关系，反映了材料表面抵抗其他硬物压入的能力，故可用来检验材料微区性能、控制冷热加工质量等。

常用的硬度测量方法是在某一荷载下将特定形状和尺寸的压头压入表面材料，卸载后测量压痕的投影面积，通过计算荷载与投影面积的比值得到该材料的硬度。根据压头、荷载以及荷载保持时间的不同，压入硬度有布氏硬度、洛氏硬度、表面洛氏硬度和维氏硬度等多种类型，具体分类见表10.1。

表10.1　常用静态压痕硬度测量方法比较

硬度实验	压头形状	压痕对角线或直径/μm	压痕深度/μm	荷载/N	测量方法	应用范围
布氏(Brinell)硬度(HB)	1～10 mm直径球头	240～6 000	<1 000	钢铁用30 000，软金属低于1 000	显微镜下测压痕直径，换算表上读数	块状金属
洛氏(Rockwell)硬度(HR)	120°金刚石锥体、1.59 mm和3.175 mm直径球体	100～1 500	25～350	主荷载600，1 000，1 500；副荷载10	从显示屏上直接读取硬度值	块状硬金属
表面洛氏(Superficial Rockwell)硬度	120°金刚石锥体、1.59 mm直径球体	100～700	10～100	主荷载150，300，450；副荷载30	从显示屏上直接读取硬度值	用于薄样品
维氏(Vickers)硬度(HV)	两对面夹角为136°的金刚石正四棱锥	20～1 400	3～200	10～1 200，可低于0.25	显微镜下测压痕对角线，换算表上读数	用于表面层
努氏(Knoop)硬度(HK)	棱夹角分别为172.5°和130°的金刚石四棱锥	10～1 000	0.3～30	2～40，可低于0.01	显微镜下测压痕长棱对角线，换算表上读数	薄样品
纳米压痕(Hn)	中心线与锥面之间夹角为65.3°的三棱锥、维氏压头、球压头等	0.1～10	0.01～1	≤0.5	实时测量压痕深度和荷载，直接获得压痕硬度和压痕模量	超薄样品

随着现代材料科学的发展，科学家们不仅要了解材料的塑性性质，而且需要掌握材料的弹性性质。试样尺寸的越来越小型化也使传统的硬度测量技术已无法满足新材料研究的需要。纳米压痕技术又称为深度敏感压痕技术（depth sensing indentation），是近几十年发展起来的一种新技术。它是一种先进的微尺度力学测量技术，主要通过测量作用在压头上的荷载和压入试样表面的深度来获得材料的荷载-位移曲线。可测量的材料力学性能包括弹性模量、硬度、屈服强度、断裂韧性、应变硬化效应、黏弹性等。其压入深度一般控制在微/纳米尺度，因此要求测试仪器的位移传感器具有优于 1 nm 的分辨率，所以称为纳米压痕仪。利用纳米压痕技术所得的高分辨位移-荷载数据，还可以测量出位错源的运动、剪切变形、相变等，尤其最近发展的高温纳米压痕技术和压痕的原位成像技术还可进行现象的定量分析。因此，纳米压痕技术在微电子科学、表面喷涂、磁记录以及薄膜等相关的材料科学领域得到了越来越广泛的应用，为未来科学研究提供了更多的方法和机会。不同硬度测试方法的加载范围比较如图 10.1 所示。

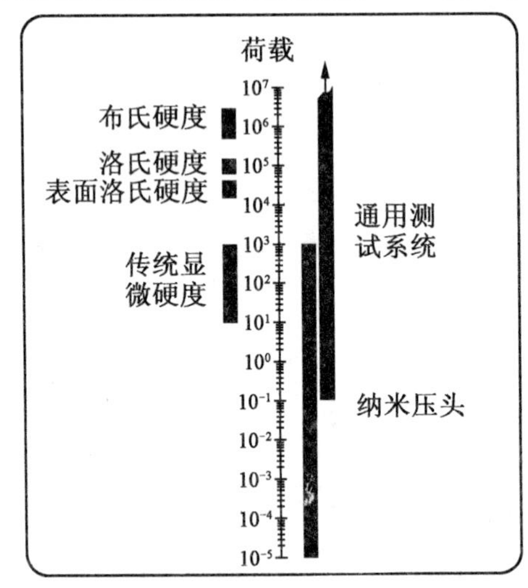

图 10.1 不同硬度测试方法的加载范围比较

10.2 传统硬度测试方法

10.2.1 测试的基本原理

首先简单介绍布氏硬度、洛氏硬度及传统显微硬度测试的基本原理。

布氏硬度的测量原理是施加荷载 P，使直径为 D 的淬火钢球压头压入试件表面并保持一定时间，去除荷载后，测量压痕直径 d，算出压痕面积 F。P/F 即为布氏硬度，用符号 HB 表示。

洛氏硬度的测量原理是用顶角为 120°的金刚石圆锥或 $\phi 1.588$ mm 的淬火钢球为压头，在规定荷载（初荷载及主荷载）的作用下压入材料表面，经规定保持时间后，卸除主实验力，根据压痕深度来确定硬度值。可用不同的压头和不同的总荷载配成不同标尺的洛氏硬度。洛氏硬度共有15种标尺供选择，它们分别为HRA、HRB、HRC、HRD、HRE、HRF、HRG、HRH、HRK、HRL、HRM、HRP、HRR、HRS、HRV；表面洛氏硬度标尺为HR45N、HR30N、HR15N和HR45T、HR30T、HR15T。

显微硬度是相对宏观硬度而言的一种人为的划分。目前这一概念是参照国际标准《金属材料维氏硬度试验》(ISO 6507-1:2018)及国家标准《金属材料维氏硬度试验第1部分:试验方法》(GB/T 4340.1—2009)而确定的。负荷≤0.2 kgf(≤1.961 N)的静力压入被实验样品的实验称为显微硬度实验。

显微硬度的测试原理是采用一定锥体形状的金刚石压头，施以几克到几百克质量所产生的重力(压力)压入实验材料表面，然后测量其压痕的两对角线长度。由于压痕尺度极小，必须在显微镜中测量。试样需要抛光腐蚀制成金相显微试样，以便测量显微组织中各相的硬度。用压痕单位面积上所承受的荷载来表示显微硬度，一般用HM表示。显微硬度如以 kg/mm^2 为单位时，可以将单位省去，如HM300，表示其显微硬度为 $300\ kg/mm^2$。

显微硬度测试也采用压入法，压头是一个极小的金刚石锥体，按几何形状分为两种类型，一种是锥面夹角为136°的正方锥体压头，又称维氏压头，另一种是棱面锥体压头，又称努氏压头。这两种压头分别如图10.2(a)和图10.2(b)所示。

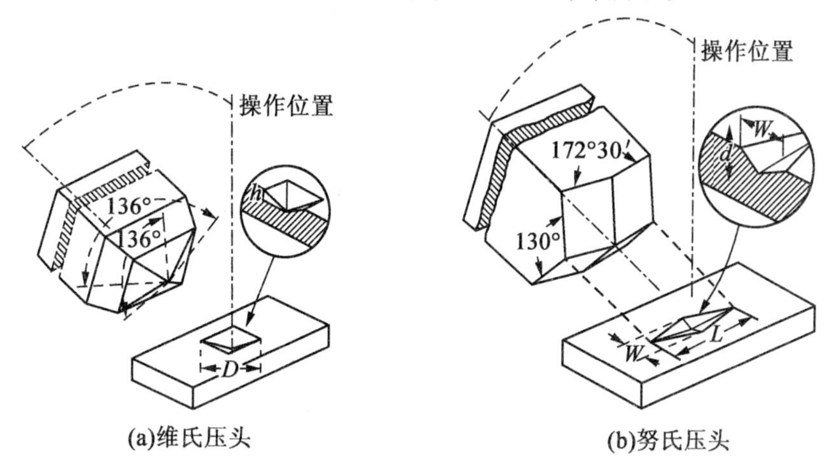

图10.2 压头

1.维氏硬度实验法

两相对棱面间的夹角为136°的金刚石正四棱锥，即为维氏压头(图10.2(a))。

维氏压头在一定的负荷作用下，垂直压入被测样品的表面产生凹痕，其每单位面积所承受力的大小即为维氏硬度。维氏硬度计算公式为

$$H_V=\frac{P}{S}=\frac{2P\sin\frac{\alpha}{2}}{d^2}=\frac{1.854\ 4P}{d^2} \tag{10.1}$$

式中 H_V——维氏硬度，kgf/mm^2；

P——负荷，kgf；

S——压痕面积,mm^2;

d——压痕对角线长度,mm;

α——压头两相对棱面的夹角,$\alpha=136°$。

在显微硬度实验中,此公式表示为

$$H_V=\frac{1\,854.4P}{d^2} \tag{10.2}$$

2. 努氏硬度实验法

两相对棱边的夹角分别为172°30′和130°的四棱金刚石角锥体,即为努氏压头(图10.2(b))。

努氏压头在一定的负荷作用下,垂直压入被测物体的表面所产生的凹痕在其表面的投影,每单位面积所承受的作用力的大小即为努氏硬度。努氏硬度计算公式:

$$H_K=\frac{P}{S_{投}}=\frac{2P\cdot\tan\frac{\alpha}{2}}{d^2\cdot\tan\frac{\beta}{2}}=14.228\,9\,\frac{P}{d^2} \tag{10.3}$$

式中 H_K——努氏硬度,kgf/mm^2;

P——负荷,kgf;

$S_{投}$——压痕的投影面积,mm^2;

α——压头的第一棱夹角,$\alpha=172°30'$;

β——压头的第二棱夹角,$\beta=130°$;

d——压痕的对角线长度,mm。

在显微硬度实验中此公式表示为

$$H_K=\frac{14\,228.9P}{d^2} \tag{10.4}$$

显微硬度实验是一种真正的非破坏性实验,所得压痕为棱形,轮廓清楚,其对角线长度的测量精度高。其得到的压痕小,压入深度浅,在试件表面留下的痕迹往往是非目力所能发现的,因而适用于各种零件及成品的硬度实验。

显微硬度实验可以测定各种原材料、毛坯、半成品的硬度,尤其是其他宏观硬度实验所无法测定的细小薄片零件和零件的特殊部位(如刃具的刀刃等),以及电镀层、氮化层、氧化层、渗碳层等表面层的硬度。可以对一些非金属脆性材料(如陶瓷、玻璃、矿石等)及成品进行硬度测试,不易产生碎裂。可以对试件的剖面沿试件的纵深方向按一定的间隔进行硬度测试(即称为硬度梯度的测试),以判定电镀、氮化、氧化或渗碳层等的厚度。另外,还可通过显微硬度实验间接地得到材料的一些其他性能,如材料的磨损系数、建筑材料中混凝土的结合力、瓷器的强度等。

10.2.2 测试仪器

以HV-1000型显微硬度计(图10.3)为例,仪器组成一般由光学系统、调焦装置、升降及加荷测量系统等组成。

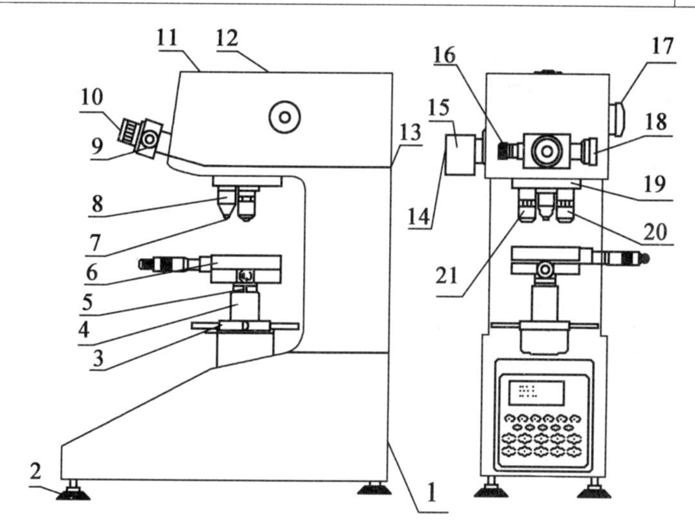

图 10.3　HV-1000 型显微硬度计外形图

1—电源插头;2—水平螺钉;3—升降旋轮;4—升降螺杆;5—螺钉;6—十字试台;7—压头;8—保护套;
9—测微目镜 ;10—眼罩;11—摄影板;12—上盖;13—后盖板;14—灯源上下调节螺母;
15—灯源前后调节螺母;16—左鼓轮;17—变换手轮;18—右鼓轮;19—转塔;20— 40×物镜; 21— 10×物镜

光学系统安置在主体的左半部。由物镜、测微目镜、折射棱镜和照明等部分组成,测微目镜固定在目镜管上,由装着读数装置的目镜组成。内装有一块中间带点的十字虚线可移动划板,旋动左右鼓轮,十字叉线就在视场内移动,可以对压痕进行瞄准。

升降系统是由一对伞形齿轮(升降旋轮)和丝杆传动部分(升降螺杆)等组成的。将标准试块或试件放在十字试台上,转动旋轮使试台上升,然后用目镜观测,在测微目镜的视场内出现明亮光斑,说明聚焦面即将到来,工作台就可以进行缓慢上下调焦,将粗微动结合在一起,直至目镜中观察到试样表面清晰成像,完成聚焦过程。

加荷装置安放在主体的右半部,调整变换手轮可变换负荷,使实验力符合选择要求。

10.2.3　研究应用

河南理工大学王雨利采用上海尚光显微镜有限公司生产的 HXS-1000 型智能显微硬度仪,测试了石灰石粉掺量为 3.5% ~14.0% 的 28 d 龄期水泥石的显微硬度,水泥石的显微硬度测试压痕图如图 10.4 所示。固定水泥砂浆的水灰比为 0.4,砂灰比为 2.5,水泥石显微硬度测试结果如图 10.5 所示。由图 10.5 可以看出,水泥石与骨料的界面过渡区厚度基本在 10 ~20 μm,水泥石硬度从小到大的顺序分别是石灰石粉掺量为 3.5%、7.0%、14.0% 和 10.5%,也就是说,随着石灰石粉掺量的增加,水泥石的硬度先增大,后减小,当石灰石粉掺量为 10.5% 时,水泥石的硬度最大,从而说明石灰石粉提高了水泥石的硬度;界面过渡区的硬度从小到大的顺序分别为石灰石粉掺量为 3.5%、7.0%、10.5% 和 14.0%,即随着石灰石粉掺量的增加,过渡区的硬度逐渐增大,这说明石灰石粉改善了界面过渡区。

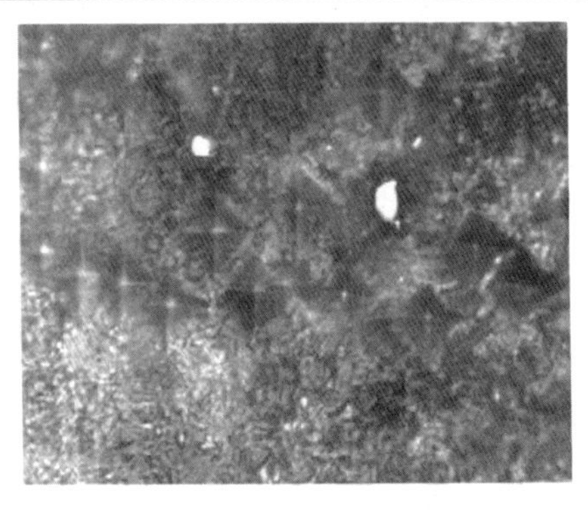

图 10.4 水泥石的显微硬度测试压痕图

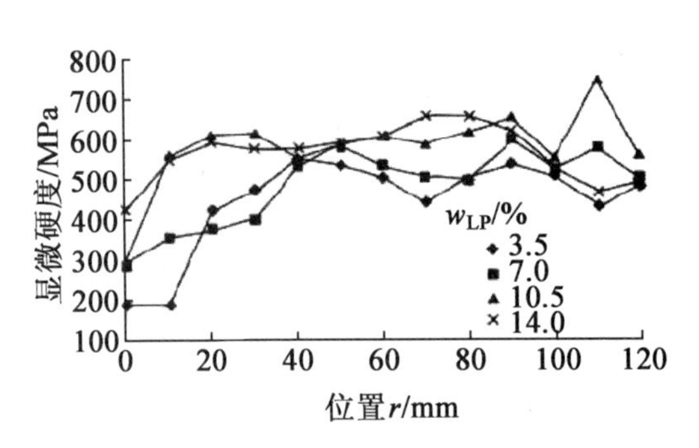

图 10.5 水泥石显微硬度测试结果

混凝土界面区存在大量的 $Ca(OH)_2$ 富集与取向,对其力学性能和耐久性影响显著。与普通混凝土相比,再生混凝土存在多重界面结构,是一种复杂的多相复合体。青岛理工大学李秋义教授利用显微硬度值定量分析再生混凝土的界面过渡区的微观力学性能及界面过渡区宽度。

混凝土岩心样品的制备按照《普通混凝土配合比设计规程》(JGJ 55—2011),设计制作原混凝土,试件为 800 mm×600 mm×100 mm 的长方体,标准养护数月后钻取 ϕ75 mm、h=100 mm 的圆柱体岩心样品。然后将预先制备好的岩心样品(浸泡 24 h,除污并擦拭至面干)放入 100 mm×100 mm×100 mm 规格的试模中心,浇筑水泥砂浆(图 10.6),标准养护至养护龄期后制成 100 mm×100 mm×20 mm 的切片(图 10.7),该切片即包含再生混凝土的 3 种界面结构——LG-LJ 界面、LG-XJ 界面、LJ-XJ 界面。将其放入无水乙醇中浸泡 24 h 终止水化,选取试样的待测面,分别使用 320CW、800CW、P1200、P1500 的砂纸按粒度增加的顺序用金相试样预磨机预磨,并对预磨好的试样进行抛光,制成图 10.8 所示表面平整光滑的试样。

LG-XJ 界面与 LJ-XJ 界面与图 10.9 中骨料与浆体界面类似,在 100 倍显微镜下近似于一条直线。打点方式为矩阵点群,如图 10.10 和图 10.11 所示,打点时压痕对角线长度应满足$L_1>L_2>20$ μm(减小视觉读数误差),纵向两点间间距为 $d>2L_1$(或 50 μm),横向相邻两点间距为 d,高度差为 $h=10$ μm。

如图 10.12 所示,LG-LJ 界面、LG-XJ 界面、LJ-XJ 界面大约在远离界面80 μm 后,三者的显微硬度值相差较小。在界面过渡区内,LG-LJ 界面的显微硬度值略高于后两者,过渡区显微硬度值大小依次为 LG-LJ 界面>LJ-XJ 界面>LG-XJ 界面。其中,LG-LJ 界面水化龄期较长,水泥水化程度高,密实度较好,而 LG-XJ 界面过渡区由于存在边壁效应,导致老骨料表面附近的孔隙率比砂浆基体的孔隙率高,为水泥浆中的水分及水化过程中 Ca^{2+}、Al^{3+}和 SO_4^{2-} 等离子的迁移提供便利,导致 $Ca(OH)_2$ 在界面过渡区富集,致使 LG-XJ 界面过渡区显微硬度值偏低。LJ-XJ 界面过渡区显微硬度值较 LG-XJ 界面过渡区显微硬度值大,可能是由于两方面的原因:①老浆体表面粗糙程度大,与新浆体形成镶嵌咬合力;②老浆体吸水率高于骨料,在水化初期,老浆体会吸收部分界面处富集的水分形成自保水,使得界面处因脱水收缩产生的裂缝减少,同时为后期界面处水泥水化反应提供水分。

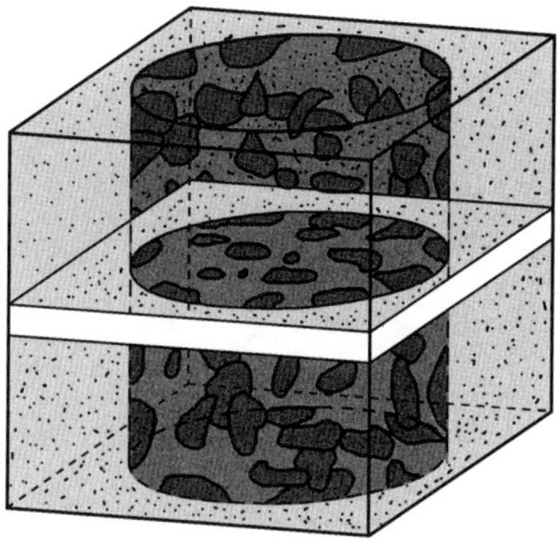

图 10.6 岩心样品混凝土试件模型

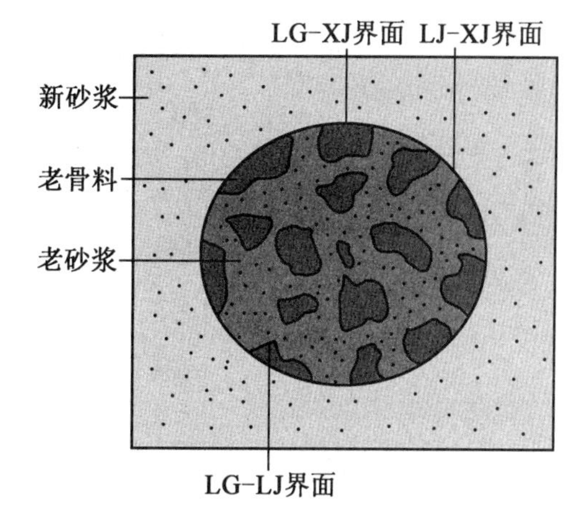

图 10.7 岩心样品混凝土切片模型

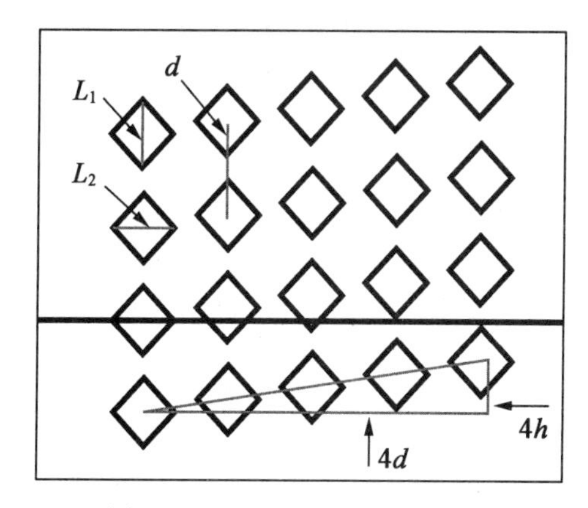

图 10.8 切片抛光后表面平整光滑

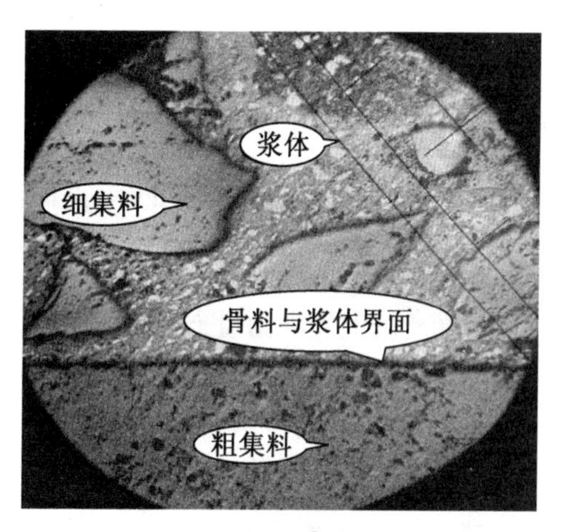

图 10.9 100 倍显微硬度仪下的界面

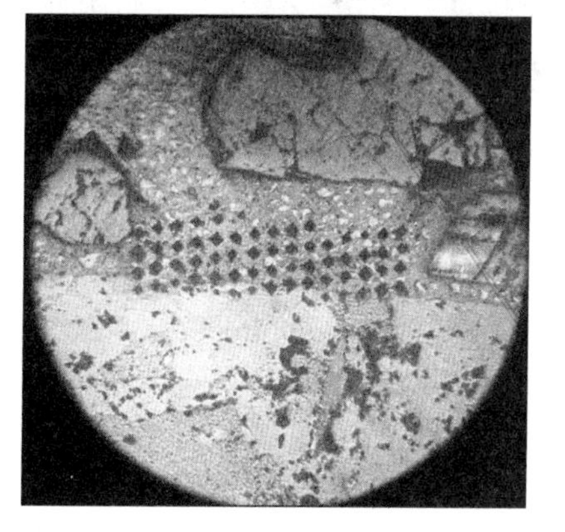

图 10.10 显微硬度点群示意图

图 10.11 矩阵点群实际打点图

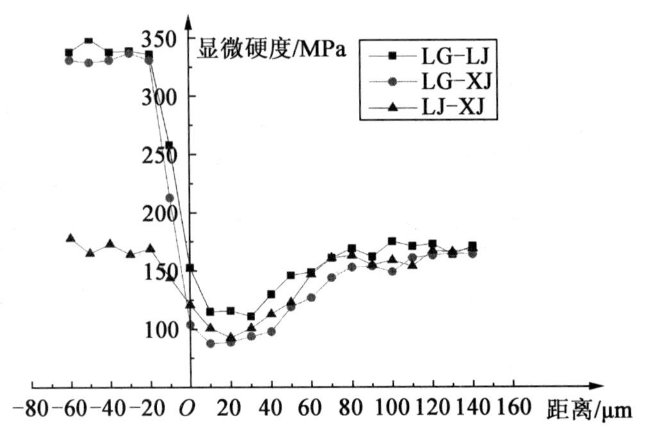

图 10.12 C40 界面过渡区显微维氏硬度

10.3 纳米压痕测试技术

10.3.1 纳米压痕技术的基本原理

随着精密、超精密加工技术的发展,材料在纳米尺度下的力学特性引起了人们的极大关注。而传统的硬度测量方法只适于宏观条件下的研究和应用,无法用于测量压痕深度为纳米级或亚微米级的硬度(即所谓纳米硬度,nano-hardness)。

近年来,测量纳米硬度一般采用新兴的纳米压痕技术,由于采用纳米压痕技术可以在极小的尺寸范围内测试材料的力学性能,除了塑性性质外,还可反映材料的弹性性质,因此得到越来越广泛的应用。

纳米压痕技术也称深度敏感压痕技术(Depth-Sensing Indentation, DSI),是最简单的测试材料力学性质的方法之一,利用计算机控制载荷,通过测量作用在特定形状的刚性压头上的荷载和利用高分辨的位移传感器来采集被测材料表面的压入深度来获得材料的荷载-位移曲线,从而研究微/纳米尺度下材料的力学性能。一个完整的压痕过程包括两个步骤,即加载过程与卸载过程。在加载荷载过程中,给压头施加外载荷,使之压入样品表面,随着载荷的增大,压头压入样品的深度也相应增加;当载荷达到最大值时,移除外载,样品表面会存在残留的压痕痕迹。纳米压痕技术可以在纳米尺度上测量材料的各种力学性质,如载荷-位移曲线、弹性模量、硬度、断裂韧性、应变硬化效应、黏弹性或蠕变行为等。纳米压痕加载范围等见表 10.1 及图 10.13。

从图 10.13(c)可以清楚地看出,随着实验荷载的不断增大,位移不断增加,当荷载达到最大值 P_{max} 时,位移亦达到最大值即最大压痕位移深度 h_{max};随后卸载,位移最终回到一个固定值,此时的深度称为残留压痕深度 h_r,也就是压头在样品上留下的永久塑性变形。

刚度 S 是实验测得的卸载曲线开始部分的斜率,表示为

$$S=\frac{\mathrm{d}P_u}{\mathrm{d}h} \tag{10.5}$$

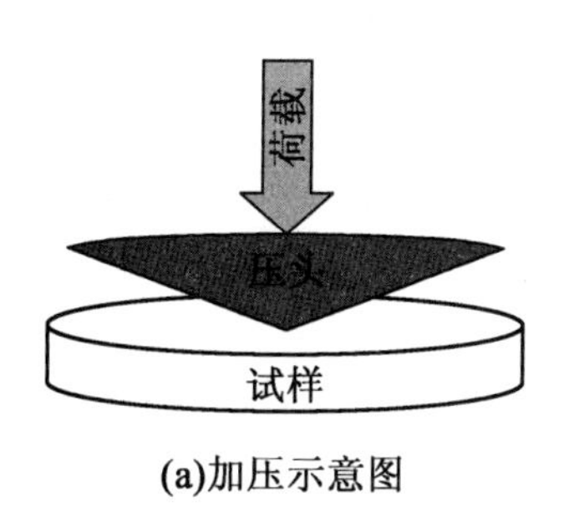

(a)加压示意图

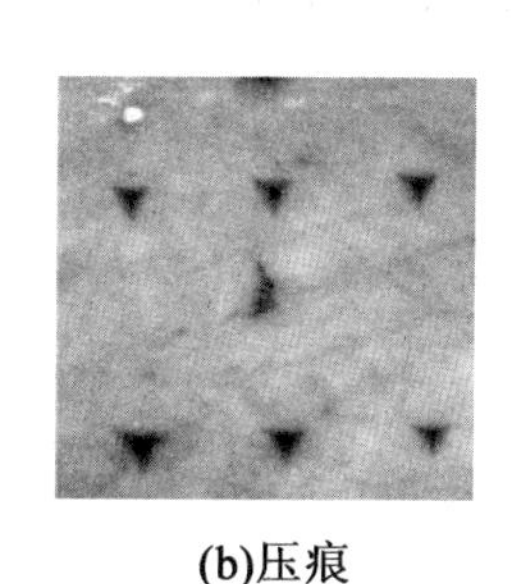
(b)压痕

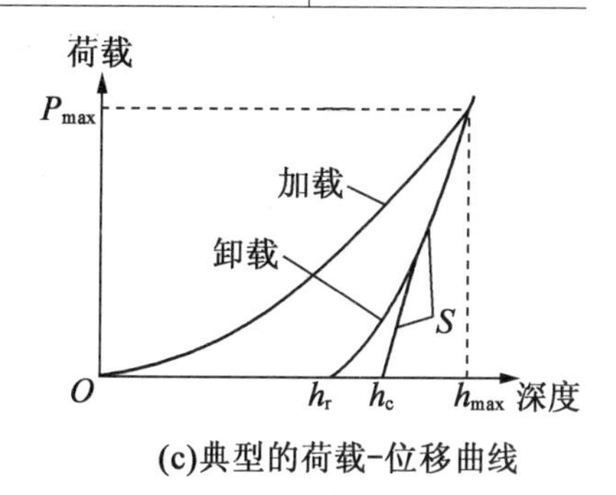

(c)典型的荷载-位移曲线

图 10.13 压痕及典型的荷载-位移曲线

式中 P_u——卸载荷载。

最初人们是选取卸载曲线上部的部分实验数据进行直线拟合来获得刚度值的。但实际上这一方法是存在问题的,因为卸载曲线是非线性的,即使是在卸载曲线的初始部分也并不是完全线性的,这样,用不同数目的实验数据进行直线拟合,得到的刚度值会有明显的差别。因此,Oliver 和 Pharr 提出用幂函数规律来拟合卸载曲线,其公式如下:

$$P_u = A(h - h_f)^m \tag{10.6}$$

式中 A——拟合参数;

h_f——残留深度,即为 h_r;

m——压头形状参数。

m、A 和 h_f 均由最小二乘法确定。对式(10.6)进行微分就可得到刚度值,即

$$S = \left.\frac{\mathrm{d}P_u}{\mathrm{d}h}\right|_{h=h_{max}} = mA(h_{max} - h_f)^{m-1} \tag{10.7}$$

该方法所得的刚度值与所取的卸载数据多少无关,而且十分接近利用很少卸载数据进行线性拟合的结果,因此用幂函数规律拟合卸载曲线是实际可行的好方法。

接触深度 h_c 是指压头压入被测材料时与被压物体完全接触的深度,如图 10.14 所示。

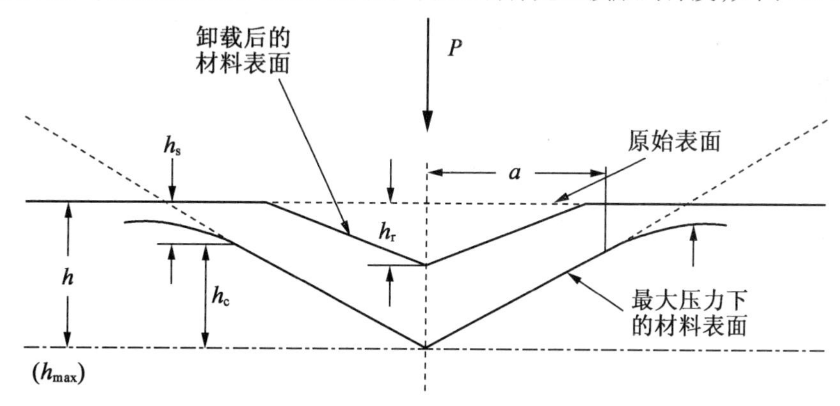

图 10.14 压头压入材料和卸载后的参数示意图

在加载的任一时刻都有

$$h = h_c + h_s \tag{10.8}$$

式中 h——全部深度;

h_s——压头与被测试件接触处周边材料表面的位移量。

接触周边的变形量取决于压头的几何形状,对于圆锥压头有

$$h_s=\frac{\pi-2}{\pi}(h-h_r) \tag{10.9}$$

$$h-h_r=2\cdot\frac{P}{S} \tag{10.10a}$$

故

$$h_s=\varepsilon\frac{P}{S} \tag{10.10b}$$

则

$$h_c=h-\varepsilon\frac{P}{S} \tag{10.11}$$

对于圆锥压头,几何常数 $\varepsilon=\frac{2}{\pi}\cdot(\pi-2)$,即 $\varepsilon=0.72$。同样可以算得,对于平直圆柱压头 $\varepsilon=1.0$,对于旋转抛物线压头 $\varepsilon=0.75$,对于 Berkovich 压头建议取 $\varepsilon=0.75$。

接触面积 A 取决于压头的几何形状和接触深度。人们常常用经验方法获取接触面积 A 与接触深度 h_c 的函数关系 $A(h_c)$,常见的面积函数为

$$A=C_1h_c^2+C_2h_c+C_3h_c^{\frac{1}{2}}+C_4h_c^{\frac{1}{4}}+\cdots \tag{10.12}$$

式中,C_1 取值为24.56,对于理想压头,面积函数为 $A=24.56h_c^2$;C_2、C_3、C_4 等拟合参数是对非理想压头的补偿。

另外,由压头几何形状可以算出压入深度 h 与压痕外接圆直径 d 的关系,以及压入深度 h 与压痕边长 a 的关系。对于理想 Berkovich 压头 $h=0.113d$,$a=7.5h$,以此可以作为在实验中不同压痕之间互不影响的最小距离的参考。

10.3.2 纳米压痕仪的分类及其特点

纳米压痕仪的构造如图10.15所示,纳米压痕实验装置主要由以下3个部分组成:一个特定形状的压头(被固定在可以加载的刚性框架上)、一个提供动力的制动器及一个位移传感器。

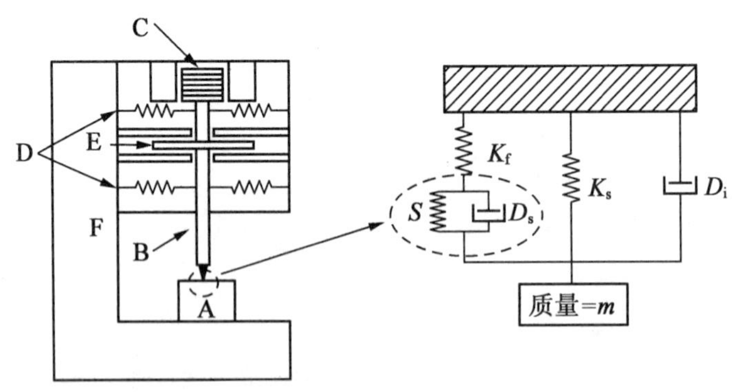

图10.15 纳米压痕实验装置及其动力学模型

A—试件;B—加载线圈;C—制动器;D—支撑弹簧;D_i—压头的阻尼;D_s—试件的阻尼;E—电容位移传感器;F—加载框;K_f—加载框的刚度;K_s—支撑弹簧的刚度;m—等效质量;S—压头刚度

目前,各种纳米压痕装置原理基本相同,差别主要在加载的方式和位移的测量上,加

载方式主要有电磁加载、静电加载和压电加载;位移测量主要采用电容传感器。

纳米压痕实验装置的压头材料最常用金刚石,因为其硬度高,压痕模量小,受力时自身位移变化小。其他材料如蓝宝石、碳化钨、淬火钢等也可用作压头材料,但分析荷载-位移数据时必须扣除压头的弹性变形,压头的形式见表10.2。纳米压痕标准压头是尖三棱锥形金刚石 Berkovich、Vickers 和 Knoop 式压头。为了排除底衬效应的影响,压入深度一般小于薄膜厚度的10%以获得准确的薄膜特性。

表10.2 压痕实验用压头

参数	压头名称					
	维氏	Berkovich	修正 Berkovich	Cube Comer	圆锥	球
$\alpha/(°)$	68	65.03	65.27	35.27	α	—
A_c	$\frac{4\sin\alpha}{\cos^2\alpha}\times h^2\approx$ $26.43h^2$	$\frac{3\sqrt{3}\sin\alpha}{\cos^2\alpha}\times h^2\approx$ $26.43h^2$	$\frac{3\sqrt{3}\sin\alpha}{\cos^2\alpha}\times h^2\approx$ $26.97h^2$	$4.5h^2$	—	$2\pi Rh$
A_P	$4\tan^2\alpha\times h_c^2\approx$ $24.50h_c^2$	$3\sqrt{3}\tan^2\alpha\times h_c^2\approx$ $23.96h_c^2$	$3\sqrt{3}\tan^2\alpha\times h_c^2\approx$ $24.50h_c^2$	$\frac{3\sqrt{3}}{2}\times h_c^2\approx$ $2.598h_c^2$	$\pi\tan^2\alpha\times h_c^2$ —	$\pi(2Rh_e^2-h_c^2)$ —

注:α—中心线与面夹角;A_c—压痕的接触表面积;A_P—压痕的投影接触面积;h—压痕深度;h_e—压痕的接触深度,R—球压头的球半径

10.3.3 纳米压痕仪技术应用范围

随着仪器化压痕技术的发展,纳米压痕实验方法得到了国际标准化组织的重视。1998年,国际标准化组织金属力学性能实验技术委员会制订了第一个纳米压痕国际标准草案并与2002正式实施。标准中将压痕深度≤0.2 μm的仪器化压痕实验定义为纳米压痕实验。

纳米压痕法操作方便,样品制备简单,测量和定位分辨力高,测试内容丰富,压痕仪在材料力学性能的研究中得到了广泛应用。它不但可以给出材料的硬度和弹性模量值,而且可以定量表征材料的流变应力和形变硬化特征、摩擦磨损性能、阻尼和内耗特性(包括储存模量和损失模量值)、蠕变的激活能和应变速率敏感指数、脆性材料的断裂韧性、材料中的残余应力、材料中压力诱发相变的问题、薄膜材料的力学性能等。实际上,任何一个可以从单轴拉伸和压缩测试得到的力学性能参数都可以用压痕的方法得到。近年来,纳米压痕实验方法和技术还在不断发展,许多原子力显微镜配置了纳米压痕实验装置,使得人们可以通过观察微小压痕的三维图像来确定接触面积和研究突起现象;有限元模拟技术开始应用于纳米压痕实验,解释凸起的影响,确定材料的拉伸应力-应变行为等。

1. 硬度和弹性模量

根据荷载-深度曲线及接触面积等可以推算出材料的硬度、弹性模量、屈服强度、断裂强度及残余应力。纳米压痕技术测量得最多的两种材料力学性能是硬度和弹性模量。

(1)弹性模量的测量。

鉴于压头并不是完全刚性的,人们引进了等效弹性模量 E_r,其定义为

$$\frac{1}{E_r}=\frac{1-\nu^2}{E}+\frac{1-\nu_i^2}{E_i} \tag{10.13}$$

式中 E_i、ν_i——压头的弹性模量(1 140 GPa)与泊松比(0.07);

E、ν——被测材料的弹性模量与泊松比(0.3)。

等效弹性模量可由卸载曲线获得:

$$S=\left.\frac{\mathrm{d}P_u}{\mathrm{d}h}\right|_{h=h_{max}}=\frac{2}{\sqrt{\pi}}E_r\sqrt{A} \tag{10.14}$$

故

$$E_r=\frac{\sqrt{\pi}}{2}\cdot\frac{S}{\sqrt{A}} \tag{10.15}$$

(2)硬度的测量。

硬度是指材料抵抗外物压入其表面的能力,可以表征材料的坚硬程度,反映材料抵抗局部变形的能力。纳米硬度的计算仍采用传统的硬度公式:

$$H=\frac{P}{A} \tag{10.16}$$

式中 H——硬度;

P——最大荷载,即 P_{max};

A——压痕面积的投影,它是接触深度 h_c 的函数,不同形状压头的 A 的表达式不同。

2. 合金与非晶金属的硬度与压入深度的关系(尺寸效应)

纳米压痕法是测量材料硬度和弹性模量等力学参量的理想手段。利用测试的荷载-位移曲线,通过 Oliver-Pharr 方法,可得到材料的硬度和弹性模量。

对于一般合金而言,用该方法从一个压痕只能得到一个硬度与弹性模量值,而一般金属材料的硬度并不是一个常量。当压入深度较小时,材料的硬度较大;随着压入深度的增加,硬度趋近一个恒定值,即所谓的尺寸效应。材料的接触刚度与位移的关系是线性的;利用该线性关系,通过两个压痕实验能得到材料在不同压入深度的接触刚度;利用由两个不同压入深度的压痕实验确定的接触刚度-位移关系从加载曲线能可靠地计算出材料的硬度-位移关系及弹性模量。

而对于非晶态金属而言,其比一般金属具有更高的强度;而且强度的尺寸效应很小,非晶材料硬度和弹性模量与测量所用荷载(或压入深度)无关,有人采用 Berkovich 和 Cube Comer 压头测量了铜基非晶硬度和弹性模量,结果发现压头形状对铜基非晶合金的微观变形有影响,对比 Berkovich 压头,经 Cube Comer 压头压入的压痕周围剪切带较多;但压头形状不影响硬度和弹性模量的测量结果,也表明合金没有硬度的尺寸效应,材料的变形没有明显的加工硬化。

3. 研究材料塑性性能

通过纳米压痕实验曲线和经验公式可以计算得到材料的弹性模量和硬度,但是对于微小体积的材料,仅仅知道弹性模量和硬度是不够的,材料的塑性性能或者说材料完整的应力-应变曲线,对于结构的设计和分析也十分关键。纳米压痕是基于对压痕问题的弹性解。因此,从压力-压深曲线中只能计算出有限的材料性能,如弹性模量和硬度等。由于本构关系是非线性的,并且要包含一些描述塑性性能的参数(如屈服强度等),在数学模型中包含塑性性能分析是十分复杂的问题,直接获得解析解比较困难。因此,大多数对材料塑性性能的分析是通过有限元数值仿真来完成,即通过改变输入给有限元计算程序的应力-应变关系曲线,可以得到不同的压力-压深曲线。

4. 研究材料蠕性性能及蠕变速率敏感指数

蠕变即固体受恒定的外力作用时,应力与变形随时间变化的现象。目前获得材料蠕变参数的标准实验是单轴拉伸蠕变测试,需要大量的试样和测试时间,而采用压痕蠕变测试技术仅需要很小体积的材料,试样的制备也非常简单。另外对于薄膜这类本身体积很小的材料,或者难于加工的陶瓷等高硬度或者脆性材料以及类似于 Pb 等的非常软的材料,如果仅需要考察材料的局部蠕变性能,也只能通过压痕蠕变来获得其蠕变性能参数。因此,采用压痕实验来研究材料蠕变是非常有意义的。

10.4 硬度测试的应用实例

东南大学孙伟院士课题组基于纳米压痕技术测试了水泥净浆在氯盐浸泡作用下的模量演变,其采用的设备如图 10.16 所示。

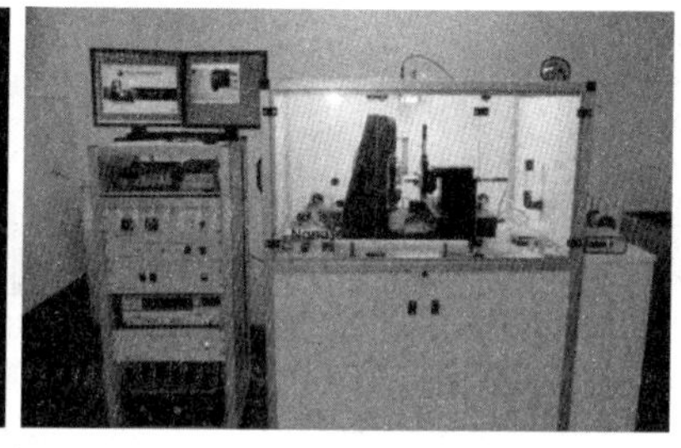

图 10.16 纳米压痕测试仪

其样品制备方法如下:首先用酒精酚酞溶液喷洒在试样断面上,用 Delta AbrasiMet 切割机截取试样,大小约为 $R8$ mm×$L5$ mm,并将上下两个表面切成平行面,然后将试样切片在 Cast N'Vac 真空冷镶嵌机上进行环氧树脂浸渍处理,再在 Phoenix 4000 研磨抛光机上依次采用 180 目、600 目、1 200 目的 SiC 砂纸打磨,打磨好的试样再依次采用 9 μm、3 μm、0.05 μm 的金刚石悬浮抛光液进行抛光处理,其中 0.05 μm 试样的抛光时间为 3 h。最后,将试样置于超声波清洗器中用无水乙醇清洗 15 min,自然干燥后待测。

采用纳米压痕技术对盐浸前后水泥净浆微观力学性能进行测试,其结果如图 10.17 所示。

由图可知,盐浸前后水泥净浆弹性模量的空间分布有显著的不同。氯离子在水泥基材料中可以结合其中的钙离子生成新的化合物,致使孔溶液中钙离子浓度降低,为了维持钙离子的浓度平衡,水泥基材料中的 $Ca(OH)_2$ 分解,释放出钙离子,在 $Ca(OH)_2$ 不足时,钙离子从 C-S-H 凝胶中释放出来维持钙离子浓度的平衡关系。钙离子除了和氯离子结合生成所谓的 F 盐(水泥的氯离子结合产物)外,还有一部分以离子形式流失在溶液中。由于这两点原因,净浆表面的弹性模量发生了变化,盐浸后,弹性模量在 50 GPa 左右的分布减少,而这一范围所对应的化合物即为 $Ca(OH)_2$,这也说明了上述解释的合理性。

对上述经过进行统计分析,如图 10.18 和图 10.19 所示。显然,净浆在盐浸前后,其整体有效弹性模量发生了变化。净浆在盐浸之前,其整体有效弹性模量为 27.95 GPa,而

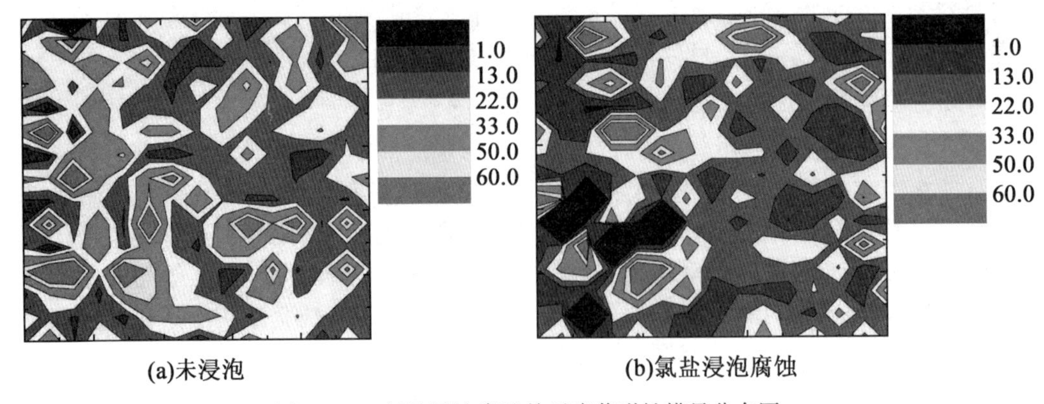

图 10.17 氯盐浸泡腐蚀前后净浆弹性模量分布图

盐浸之后其整体有效弹性模量为 23.78 GPa,弹性模量在盐浸后有所下降。

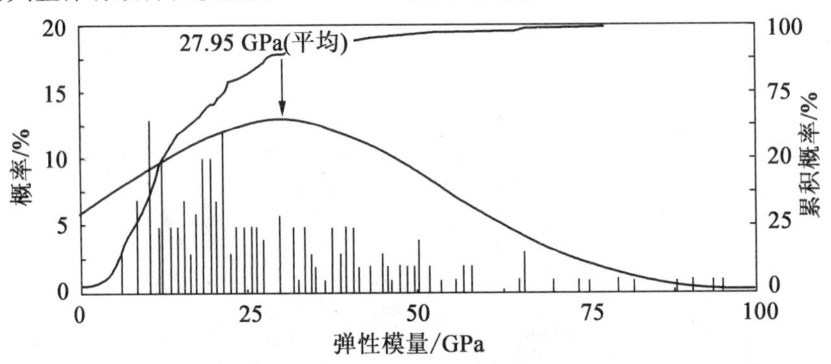

图 10.18 未盐浸净浆弹性模量的统计分布图

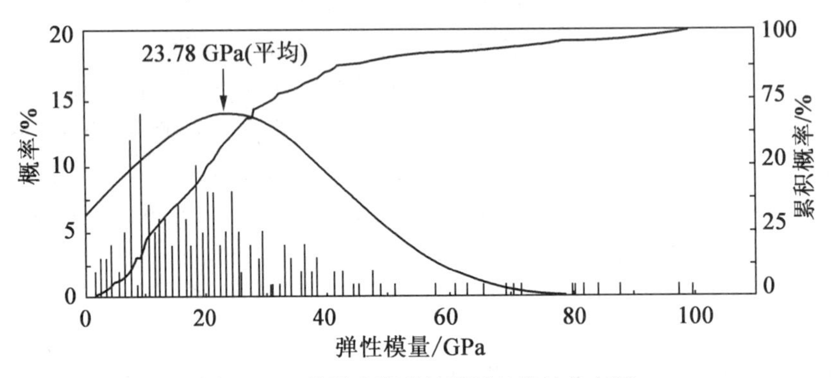

图 10.19 盐浸净浆弹性模量的统计分布图

首先,从图 10.18 和图 10.19 可以看出,净浆在图 10.19 中显示了不同弹性模量范围内的变化情况,因为所测试样尽量避免碳化的影响,因此在 80 GPa 左右无显示。同时,$Ca(OH)_2$ 的分布有所减少,低密度 C-S-H 的分布有所增加,一般而言,C-S-H 凝胶的模量高低与其钙硅比有关,钙硅比越高,其模量越高,在这里低密度 C-S-H 凝胶的变化与其钙离子流失有关。

浙江大学赵羽习教授对取自日本横须贺市暴露 40 年钢筋混凝土中钢筋纵向(S1)和环向(S2)铁锈、恒电位(300 $\mu A/cm^2$)加速 7 d 的钢筋混凝土试件(S3)、干湿循环两年的钢筋混凝土构件(S4)取样(烘干在相对湿度为 30% 中)后打磨,利用纳米压痕测试不同类型腐蚀钢筋铁锈的弹性模量。如图10.20和图10.21所示,实验结果表明:自然腐蚀钢筋混凝土构件弹性模量测试稳定,其纵向外锈层的弹性模量为61 GPa,环形弹性模量为86 GPa。其原因在于钢筋锈蚀沿纵向方向是逐渐发展的。在电加速和干湿循环作用下,钢筋铁锈的外锈层弹性模量高于内锈层,其内锈层的弹性模量分别为47 GPa和51 GPa。总体而言,内锈层的平均弹性模量顺序为:自然状态>干湿循环>电加速。其中,电加速为快速实验,其内锈层小而薄。

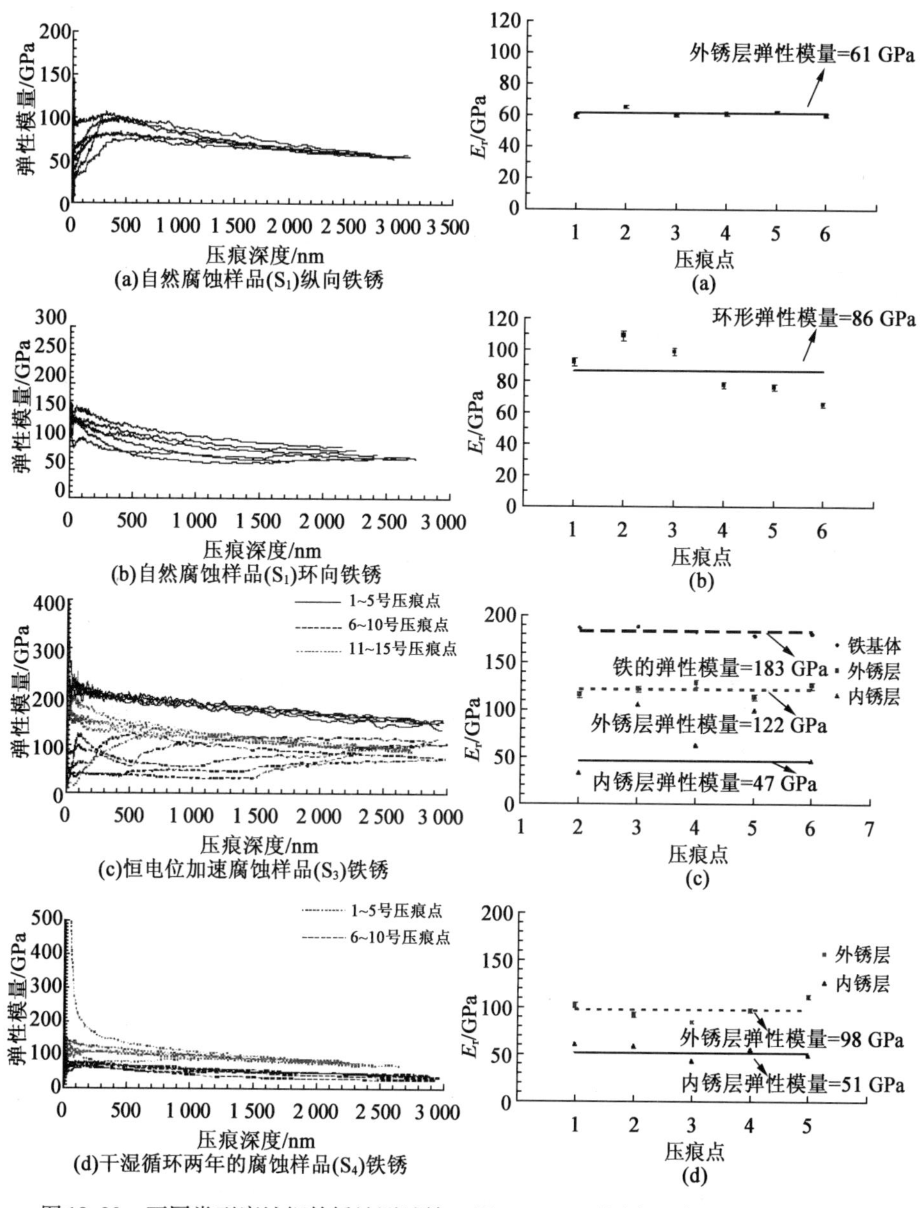

图10.20 不同类型腐蚀钢筋锈蚀测试结果(安捷伦纳米压痕仪G200)

图10.21 不同类型腐蚀钢筋锈蚀的等效弹性模量

思考题与习题

1. 什么是纳米压痕？纳米压痕的原理是什么？
2. 纳米压痕与布氏硬度、洛氏硬度、维氏硬度测试相比的优点有哪些？

附　　录

附录 1　常用 X 射线管 K 系辐射的波长、激发电压和工作电压、吸收与滤波片

阳极材料		波长/Å				电压/kV		将被强烈吸收及散射的元素		滤波片				
靶材元素	原子序数	$K_{\alpha1}$	$K_{\alpha2}$	K_{α}	K_{β}	激发电压 U_K	工作电压 U	K_{α}	K_{β}	滤波材料元素	原子序数	K 吸收限 λ_K/Å	厚度/mm	K_{α} 的透过系数 I/I_0
Cr	24	2.289 8	2.293 7	2.291 1	2.084 9	6.0	20～25	Ti、Sc、Ca	V	V	23	2.269 0	0.016	0.50
Fe	26	1.936 1	1.940 0	1.937 4	1.756 7	7.5	25～30	Cr、V、Ti	Mn	Mn	25	1.896 4	0.016	0.46
Co	27	1.789 0	1.792 9	1.790 3	1.620 8	7.7	30	Mn、Cr、V	Fe	Fe	26	1.742 9	0.018	0.44
Ni	28	1.657 9	1.661 8	1.659 2	1.500 2	8.3	30～35	Fe、Mn、Cr	Co	Co	27	1.608 2	0.020	0.42
Cu	29	1.540 6	1.544 4	1.541 9	1.392 2	8.9	35～40	Co、Fe、Mn	Ni	Ni	28	1.488 1	0.021	0.40
Mo	42	0.709 3	0.713 6	0.710 8	0.632 3	20.2	50～55	Y、Sr、Rb	Zr	Zr	40	0.688 8	0.108	0.31
Ag	47	0.559 4	0.563 8	0.560 9	0.497 1	25.5	55～60	Rh、Mo、Nb	Rh	Rh	45	0.533 8	0.079	0.29

附录 2　质量吸收系数

元素	原子序数	密度 ρ /(g·cm^{-3})	质量吸收系数 μ_m/(cm^2·g^{-1})				
			Mo-K_{α} λ=0.071 07 nm	Cu-K_{α} λ=0.154 18 nm	Co-K_{α} λ=0.179 03 nm	Fe-K_{α} λ=0.193 73 nm	Cr-K_{α} λ=0.229 09 nm
B	5	2.3	0.45	3.06	4.67	5.80	9.37
C	6	2.22(石墨)	0.70	5.50	8.05	10.73	17.9
N	7	1.164 9×10^3	1.10	8.51	13.6	17.3	27.7
O	8	1.331 8×10^3	1.50	12.7	20.2	25.2	40.1

续附录 2

元素	原子序数	密度 ρ /(g·cm^{-3})	质量吸收系数 μ_m/(cm^2·g^{-1})				
			Mo-Ka λ=0.071 07 nm	Cu-K$_\alpha$ λ=0.154 18 nm	Co-K$_\alpha$ λ=0.179 03 nm	Fe-K$_\alpha$ λ=0.193 73 nm	Cr-K$_\alpha$ λ=0.229 09 nm
Mg	12	1.74	4.38	40.6	60.0	75.7	120.1
Al	13	2.70	5.30	48.7	73.4	92.8	149
Si	14	2.33	6.70	60.3	94.1	116.3	192
P	15	1.82(黄)	7.98	73.0	113	141.1	223
S	16	2.07(黄)	10.03	91.3	139	175	273
Ti	22	4.54	23.7	204	304	377	603
V	23	6.0	26.5	227	339	422	77.3
Cr	24	7.19	30.4	259	392	490	99.9
Mn	25	7.43	33.5	284	431	63.6	99.4
Fe	26	7.87	38.3	324	59.5	72.8	114.5
Co	27	8.9	41.6	354	65.9	80.6	125.8
Ni	28	8.90	47.4	49.2	75.1	93.1	145
Cu	29	8.96	49.7	52.7	79.8	98.8	154
Zn	30	7.13	54.8	59.0	88.5	109.4	169
Ga	31	5.91	57.3	63.3	94.3	116.5	179
Ge	32	5.36	63.4	69.4	104	128.4	196
Zr	40	6.5	17.2	143	211	260	391
Nb	41	8.57	18.7	153	225	279	415
Mo	42	10.2	20.2	164	242	299	439
Rh	45	12.44	25.3	198	293	361	522
Pd	46	12.0	26.7	207	308	376	545
Ag	47	10.49	28.6	223	332	402	585
Cd	48	8.65	29.9	234	352	417	608
Sn	50	7.30	33.3	265	382	457	681
Sb	51	6.62	35.3	284	404	482	727
Ba	56	3.5	45.2	359	501	599	819
La	57	6.19	47.9	378	—	632	218
Ta	73	16.6	100.7	164	246	305	440
W	74	19.3	105.4	171	258	320	456
Ir	77	22.5	117.9	194	292	362	498
Au	79	19.32	128	214	317	390	537
Pb	82	11.34	141	241	354	429	585

附录3　原子散射因子

轻原子	*f*												
	$\frac{\sin\theta}{\lambda}=0.0$	$\frac{\sin\theta}{\lambda}=1.0$	$\frac{\sin\theta}{\lambda}=2.0$	$\frac{\sin\theta}{\lambda}=3.0$	$\frac{\sin\theta}{\lambda}=4.0$	$\frac{\sin\theta}{\lambda}=5.0$	$\frac{\sin\theta}{\lambda}=6.0$	$\frac{\sin\theta}{\lambda}=7.0$	$\frac{\sin\theta}{\lambda}=8.0$	$\frac{\sin\theta}{\lambda}=9.0$	$\frac{\sin\theta}{\lambda}=10.0$	$\frac{\sin\theta}{\lambda}=11.0$	$\frac{\sin\theta}{\lambda}=12.0$
B	5.0	3.5	2.4	1.9	1.7	1.5	1.4	1.2	1.2	1.0	0.9	0.7	—
C	6.0	4.6	3.0	2.2	1.9	1.7	1.6	1.4	1.3	1.16	1.0	0.9	—
N	7.0	5.8	4.2	3.0	2.3	1.9	1.65	1.54	1.49	1.39	1.29	1.17	—
Mg	12.0	10.5	8.6	7.25	5.95	4.8	3.85	3.15	2.55	2.2	2.0	1.8	—
Al	13.0	11.0	8.95	7.75	6.6	5.5	4.5	3.7	3.1	2.65	2.3	2.0	—
Si	14.0	11.35	9.4	8.2	7.15	6.1	5.1	4.2	3.4	2.95	2.6	2.3	—
P	15.0	12.4	10.0	8.45	7.45	6.5	5.65	4.8	4.05	3.4	3.0	2.6	—
S	16.0	13.6	10.7	8.95	7.85	6.85	6.0	5.25	4.5	3.9	3.35	2.9	—
Ti	22	19.3	15.7	12.8	10.9	9.5	8.2	7.2	6.3	5.6	5.0	4.6	4.2
V	23	20.2	16.6	13.5	11.5	10.1	8.7	7.6	6.7	5.9	5.3	4.9	4.4
Cr	24	21.1	17.4	14.2	12.1	10.6	9.2	8.0	7.1	6.3	5.7	5.1	4.6
Mn	25	22.1	18.2	14.9	12.7	11.1	9.7	8.4	7.5	6.6	6.0	5.4	4.9
Fe	26	23.1	18.9	15.6	13.3	11.6	10.2	8.9	7.9	7.0	6.3	5.7	5.2
Co	27	24.1	19.8	16.4	14.0	12.1	10.7	9.3	8.3	7.3	6.7	6.0	5.5
Ni	28	25.0	20.7	17.2	14.6	12.7	11.2	9.8	8.7	7.7	7.0	6.3	5.8
Cu	29.0	25.9	21.6	17.9	15.2	13.3	11.7	10.2	9.1	8.1	7.3	6.6	6.0
Zn	30.0	26.8	22.4	18.6	15.8	13.9	12.2	10.7	9.6	8.5	7.6	6.9	6.3
Ga	31.0	27.8	23.3	19.3	16.5	14.5	12.7	11.2	10.0	8.9	7.9	7.3	6.7
Ge	32.0	28.8	24.1	20.0	17.1	15.0	13.2	11.6	10.4	9.3	8.3	7.6	7.0
Nb	41.0	37.3	31.7	26.8	22.8	20.2	18.1	16.0	14.3	12.8	11.6	10.6	9.7
Mo	42.0	38.2	32.6	27.6	23.5	20.3	18.6	16.5	14.8	13.2	12.0	10.9	10.0
Rh	45.0	41.0	35.1	29.9	25.4	22.5	20.2	18.0	16.1	14.5	13.1	12.0	11.0
Pd	46.0	41.9	36.0	30.7	26.2	23.1	20.8	18.5	16.6	14.9	13.6	12.3	11.3
Ag	47.0	42.8	36.9	31.5	26.9	23.8	21.3	19.0	17.1	15.3	14.0	12.7	11.7
Cd	48.0	34.7	37.7	32.2	27.5	24.4	21.8	19.6	17.6	15.7	14.3	13.0	12.0
In	49.0	44.7	38.6	33.0	28.1	25.0	22.4	20.1	18.0	16.2	14.7	13.4	12.3
Sn	50.0	45.7	39.5	33.8	28.7	25.6	22.9	20.6	18.5	16.6	15.1	13.7	12.7
Sb	51.0	46.7	40.4	34.6	29.5	26.3	23.5	21.1	19.0	17.0	15.5	14.1	13.0
La	57.0	52.6	45.6	39.3	33.8	29.8	26.9	24.3	21.9	19.7	17.0	16.4	15.0

续附录 3

轻原子	f												
	$\frac{\sin\theta}{\lambda}=0.0$	$\frac{\sin\theta}{\lambda}=1.0$	$\frac{\sin\theta}{\lambda}=2.0$	$\frac{\sin\theta}{\lambda}=3.0$	$\frac{\sin\theta}{\lambda}=4.0$	$\frac{\sin\theta}{\lambda}=5.0$	$\frac{\sin\theta}{\lambda}=6.0$	$\frac{\sin\theta}{\lambda}=7.0$	$\frac{\sin\theta}{\lambda}=8.0$	$\frac{\sin\theta}{\lambda}=9.0$	$\frac{\sin\theta}{\lambda}=10.0$	$\frac{\sin\theta}{\lambda}=11.0$	$\frac{\sin\theta}{\lambda}=12.0$
Ta	73.0	67.8	59.5	52.0	45.3	39.9	36.2	32.9	29.8	27.1	24.7	22.6	20.9
W	74.0	68.8	60.4	52.8	46.1	40.5	36.8	33.5	30.4	27.6	25.2	23.0	21.3
Pt	78.0	72.5	64.0	56.2	48.9	43.1	39.2	35.6	32.5	29.5	27.0	24.7	22.7
Pb	82.0	76.5	67.5	59.5	51.9	45.7	41.6	37.9	34.6	31.5	28.8	26.4	24.5

附录 4　德拜特征温度

金属	Θ/K	金属	Θ/K	金属	Θ/K	金属	Θ/K
Al	390	Au	175	Ta	245	Ni	400
Ca	230	Cr	485	Pb	88	Pb	275
Cu	320	Mo	380	Fe	430	Ir	285
Ag	210	W	310	Co	410	Pt	230

附录 5　$\varphi(x)$值

x	0.0	0.1	0.2	0.3	0.4	0.5	0.6	0.7	0.8	0.9
0	1.000	0.975	0.951	0.928	0.904	0.882	0.860	0.839	0.818	0.797
1	0.778	0.758	0.739	0.721	0.703	0.686	0.669	0.653	0.637	0.622
2	0.607	0.592	0.578	0.565	0.552	0.539	0.526	0.514	0.503	0.491
3	0.480	0.470	0.460	0.450	0.110	0.431	0.422	0.413	0.404	0.396
4	0.388	0.380	0.373	0.366	0.359	0.352	0.345	0.339	0.333	0.327
5	0.321	0.315	0.310	0.304	0.299	0.294	0.289	0.285	0.280	0.276
6	0.271	0.267	0.263	0.259	0.255	0.251	0.248	0.244	0.241	0.237

注：当 $x>7$ 时，$\varphi(x)\approx\frac{1.642}{x}$

附录6 e^{-M}值

$B/\times10^{16}$	$\frac{\sin\theta}{\lambda}\times10^{-8}$												
	0.0	0.1	0.2	0.3	0.4	0.5	0.6	0.7	0.8	0.9	1.0	1.1	1.2
0.0	1.000	1.000	1.000	1.000	1.000	1.000	1.000	1.000	1.000	1.000	1.000	1.000	1.000
0.1	1.000	0.999	0.996	0.991	0.984	0.975	0.964	0.952	0.938	0.923	0.905	0.886	0.866
0.2	1.000	0.998	0.992	0.982	0.968	0.951	0.931	0.906	0.880	0.850	0.819	0.785	0.750
0.3	1.000	0.997	0.988	0.973	0.953	0.928	0.898	0.863	0.826	0.784	0.741	0.695	0.649
0.4	1.000	0.996	0.984	0.964	0.938	0.905	0.866	0.821	0.774	0.724	0.670	0.616	0.562
0.5	1.000	0.995	0.980	0.955	0.924	0.882	0.834	0.782	0.726	0.667	0.607	0.548	0.487
0.6	1.000	0.994	0.976	0.947	0.909	0.860	0.804	0.745	0.681	0.615	0.549	0.484	0.421
0.7	1.000	0.993	0.972	0.939	0.894	0.839	0.776	0.710	0.639	0.567	0.497	0.429	0.365
0.8	1.000	0.992	0.968	0.931	0.880	0.818	0.750	0.676	0.599	0.523	0.449	0.380	0.314
0.9	1.000	0.991	0.964	0.923	0.866	0.798	0.724	0.644	0.561	0.482	0.406	0.336	0.273
1.0	1.000	0.990	0.960	0.915	0.852	0.779	0.698	0.613	0.527	0.445	0.368	0.298	0.236
1.1	1.000	0.989	0.957	0.907	0.839	0.759	0.672	0.584	0.494	0.410	0.333	0.264	0.205
1.2	1.000	0.988	0.953	0.898	0.826	0.740	0.649	0.556	0.464	0.378	0.301	0.234	0.178
1.3	1.000	0.9897	0.950	0.890	0.813	0.722	0.626	0.529	0.435	0.349	0.273	0.207	0.154
1.4	1.000	0.986	0.946	0.882	0.800	0.702	0.604	0.503	0.408	0.332	0.247	0.184	0.133
1.5	1.000	0.985	0.942	0.874	0.787	0.687	0.582	0.479	0.383	0.297	0.223	0.167	0.166
1.6	1.000	0.984	0.938	0.866	0.774	0.670	0.562	0.458	0.359	0.274	0.202	0.144	0.100
1.7	1.000	0.983	0.935	0.856	0.862	0.654	0.543	0.436	0.337	0.252	0.183	0.128	0.086
1.8	1.000	0.982	0.931	0.850	0.750	0.638	0.523	0.414	0.316	0.233	0.165	0.113	0.075
1.9	1.000	0.981	0.927	0.842	0.739	0.622	0.505	0.394	0.296	0.215	0.149	0.100	0.065
2.0	1.000	0.980	0.924	0.934	0.727	0.607	0.487	0.375	0.278	0.198	0.135	0.089	0.056

附录7 常见无机物中阴离子在红外区中的吸收情况

基团	吸收峰位置/cm^{-1}
$B_4O_7^{2-}$	1 200~1 040(强、宽),1 150~1 100,1 050~1 000,1 050~800
CN^-	2 230~2 180(强)
SCN^-	2 160~2 040(强)
HCO_3^-	3 300~2 000(宽、多个峰),1 930~1 840(弱、宽),1 700~1 600(强),1 000~940,840~830,710~690
CO_3^{2-}	1 530~1 320(强),1 100~1 040(弱),890~800,745~670(弱)
SiO_3^{2-}	1 010~970(强、宽)
SiO_4^{4-}	1 175~860(强、宽)
TiO_3^{2-}	700~500(强、宽)
ZrO_3^{2-}	770~700(弱),600~500(强、弱)
SnO_3^{2-}	700~600(强、宽)
NO_2^-	1 350~1 170(强、宽),850~820(弱)
NO_3^-	1 810~1 730(弱、尖、有的呈双峰)
$H_2PO_3^-$	1 450~1 330(强、宽),1 060~1 020(弱、尖),850~800(尖),770~715(弱、中)
HPO_3^{2-}	2 400~3 200(强),1 220~1 140(强、宽),102~1 075,1 065~1 035,825~800 2 400~2 340(强),1 120~1 070(强、宽),1 102~1 005,1 000~870
PO_3^{3-}	1 350~1 200(强、宽),1 150~1 040(强),800~650(常出现多个峰)
$H_2PO_4^-$	2 000~2 750(弱、宽),2 500~2 150(弱、宽),1 900~1 600(弱、宽),1 410~1 200,1 150~1 040(强、宽),1 000~950,920~830
PO_4^{3-}	1 120~940(强、宽)
$P_3O_4^-$	1 220~1 100(强、宽),1 060~960(常以尖的双峰或多峰出现),950~850,770~705
AsO_4^{3-}	840~700(强、宽)
AsO_3^-	850~770(强、宽)
VO_4^{3-}	900~700(强、宽)
HSO_4^-	0~288(宽),2 600~2 200(宽),1 360~1 100(强、宽),1 080~1 000,800~850
SO_3^{2-}	980~910(强、(NH_4)$_2SO_4$ 无此峰),660~615
SO_4^{2-}	1 210~1 040(强、宽),1 036~960(弱、尖),680~580
$S_2O_4^{2-}$	1 310~1 260(强、宽),1 070~1 050(尖),740~690
ScO_4^-	770~700(强、宽)
SeO_4^-	910~840(强、宽)
$Cr_2O_7^{2-}$	990~880(弱、常在920~880出现1~2个尖峰),840~720(强)
CrO_4^{2-}	930~850(强、宽)
MnO_4^{2-}	840~750(强、宽)
WO_3^{2-}	900~750(强、宽)
ClO_3^-	1 050~900(强、双峰或多个峰)
ClO_2^-	1 150~1 050(强、宽)
BrO_3^-	850~740(强、宽)
IO_3^-	830~800(强、宽)
MnO_4^-	950~870(强、宽)
结晶水	3 600~3 000(强、宽),1 670~1 600

附录 8　常用官能团的红外吸收频率

化合物类型	化学键	吸收频率/cm^{-1}	强度类型	振动方式
烷	$R_3C—H$	2 960～2 850	s	伸缩
	$—CH_3$ 变形	1 380～1 370	s	弯曲
	$—CH_2—$	1 465±20	m	弯曲
烯	$>C=C—H$	3 095～3 010	m	伸缩
	$>C=C<$	1 680～1 620	可变	伸缩
	$RCH=CH_2$	920～605 1 000～965	s s	C—H 面外弯曲
	$R_2C=CH_2$	900～880	s	
	顺-RCH＝CHR′	720～675	m	
	反-RCH＝CHR′	975～960	s	
	RCH＝CHR	840～790	s	
炔	—C≡C—N	3 310～3 300	s	伸缩
	—C≡C—	2 200～2 100	可变	伸缩
	—C≡C—H	700～600	s	弯曲
卤代烷	—C—F	1 350～1 000	s	伸缩
	—C—Cl	850～750	m	
	—C—Br	700～500	m	
	—C—I	610～480	m	
醇、酚、羧酸	O—H	3 650～3 500(游离)	可变	伸缩
	(醇、酚)	3 400～3 200(缔合)	s(宽)	
	O—H(羧酸)	3 000～2 500	s(宽)	
	C—O	1 300～1 050	s	
醛	—C＝O H	2 820,2 720 1 740～1 720	m s	伸缩
酮、羧酸、酯	—C＝O —COOH —CO—O—	1 760～1 690	s	伸缩
胺、腈	N—H	3 500～3 300	m	—
	C≡N	2 260～2 220	m	

续附录 8

化合物类型	化学键	吸收频率/cm^{-1}	强度类型	振动方式
芳烃		3 100 ~ 3 010	m	伸缩
	H	1 525 ~ 1 475	s	
		1 575 ~ 1 525	m	
	═C—H(苯)(变形)	670	s	环上 C—H 面外弯折
	（一取代苯）	710 ~ 690	s	
		770 ~ 730	s	
	（二取代苯）			
	1,2-	770 ~ 735	s	
	1,3-	720 ~ 680	m	
		810 ~ 750	s	
	1,4-	840 ~ 790	s	
苯骨架	—	1 600,1 585,1 500,1 450	—	—

参考文献

[1] 曹春娥,顾幸勇.无机材料测试技术[M].南昌:江西高校出版社,2011.

[2] 冯修吉,胡曙光.聚合物-铝酸一钙界面组成与结构的 XPS 研究[J].硅酸盐学报,1991,19(6):481-487.

[3] 高汉斌,张振芳.核磁共振原理与实验方法[M].武汉:武汉大学出版社,2008.

[4] 高礼雄,杜雪刚,孔丽娟.石灰石粉对水泥基材料抗碳硫硅钙石侵蚀破坏的定量分析[J].东南大学学报(自然科学版),2012,42(3):483-486.

[5] 廖晓玲.材料现代测试技术[M].北京:冶金工业出版社,2010.

[6] 李德栋.硫铝酸盐水泥的红外光谱研究[J].硅酸盐学报,1984,12(1):119-125.

[7] 刘培生,马晓明.多孔材料检测方法[M].北京:冶金工业出版社,2006.

[8] 宁永成.有机波谱学谱图解析[M].北京:科学出版社,2010.

[9] 宁永成.有机化合物结构鉴定与有机波谱学[M].北京:科学出版社,2000.

[10] 孙国文.氯离子在水泥基复合材料中的传输行为与多尺度模拟[D].南京:东南大学,2012.

[11] 唐胜程,王伟山,景希玮,等.PCE 结构对硅酸三钙结构和形貌的影响[J].建筑材料学报,2016,19(6):1073-1076.

[12] 王培铭,许乾慰.材料研究方法[M].北京:科学出版社,2005.

[13] 王任胜,董乐,马良,等.预应力加载条件下零件干磨削表面强化层特征[J].东北大学学报(自然科学版),2017,38(1):101-104.

[14] 杨南如.无机非金属材料测试方法[M].武汉:武汉理工大学出版社,2008.

[15] 朱和国.材料科学研究与测试方法[M].南京:东南大学出版社,2008.

[16] 朱和国,王新龙.材料科学研究与测试方法[M].2 版.南京:东南大学出版社,2013.

[17] 郑大锋,邱学青,楼宏铭.XPS 测定减水剂吸附层厚度[J],化工学报,2008,59(1):256-259.

[18] VISCO A M, CALABRESE L, CIANCIAFARA P. Comparison of seawater absorption properties of thermoset resins based composites[J]. Composites(Part A), 2011(42): 123-130.

[19] VISCO A M, CALABRESE L, CIANCIAFARA P. Modification of polyester resin based composites induced by seawater absorption[J]. Composites(Part A), 2008(39):805-814.

[20] CONJEAUD M, BOYER H. Some possibilities of Raman microprobe in cement chemistry [J]. Cem. Concr. Res., 1980, 10:61-70.

[21] COOK R A, HOVER K C. Mercury porosimetry of hardened cement pastes[J]. Cement and Concrete Research, 1999, 29(6):933-943.

[22] EI-JAZAIRI B, ILLSTON J M. A simultaneous semi-isothermal method of thermogravimetry and derivative thermogravimetry, and its application to cement pastes [J]. Cement and Concrete Research, 1977, 7(3): 247-257.

[23] GUANG YE, HU J, BREUGEL K V, et al. Characterization of the development of microstructure and porosity of cement-based material by numerical simulation and ESEM image analysis[J]. Materials and Structures, 2002, 35(10):603-613.

[24] GUANG Y E. Percolation of capillary pores in hardening cement pastes[J]. Cement and Concrete Research, 2005, 35(1):167-176.

[25] HUANG G U. Behaviours of glass fiber/unsaturated polyester composites under seawater environment[J]. Materials and Design, 2009(30):1337-1340.

[26] HAN Y M, HONG S K. Relationship between average pore diameter and chloride diffusivity in various concretes[J]. Construction and Building Materials, 2006, 20(9): 725-732 .

[27] GARBEN K,STEMMERMANN P. Structural features of C-S-H(Ⅰ)and its carbonation in air—a Raman spectro-scopic study(Part Ⅰ):fresh phases[J]. J. Am. Ceram. Soc. , 2007, 90(3):900-907.

[28] MOUNANGA P, KHELIDJA A, LOUKILIB A, et al. Predicting $Ca(OH)_2$ content and chemical shrinkage of hydrating cement pastes using analytical approach[J]. Cement and Concrete Research,2004,34:255-265.

[29] KIRKPATRICK R J,YATGER J L,MCMILLAN P F,et al. Raman spectroscopy of C-S-H, tobermorite and jennite[J]. Adv. Cem. Based Mater. , 1997, 5:93-99.

[30] KUMARA R,BHATTACHARJEE B. Assessment of permeation quality of concrete through mercury intrusion porosimetry[J]. Cement and Concrete Research, 2004, 34(2):321-328.

[31] NEWMAN S P,CLIFFORD S J,COVENEY P V,et al. Anomalous fluorescence in near-infrared Raman spectroscopy of cementitious materials[J]. Cement and Concrete Research, 2005(35):1620-1628.

[32] CARÉ S. Influence of aggregates on chloride diffusion coefficient into mortar [J]. Cement and Concrete Research, 2003, 33(7):1021-1028.